普通高等教育"十一五"国家级规划教材

新世纪土木工程系列教材

钢结构设计原理

GANG JIEGOU SHEJI YUANLI

张耀春　主编
周绪红　副主编

高等教育出版社·北京
HIGHER EDUCATION PRESS　BEIJING

内容提要

本书是"十二五"普通高等教育本科国家级规划教材,同时是新世纪土木工程系列教材之一。

本书着重讲述钢结构的基本原理,包括钢结构材性、连接和各种基本构件的设计,单层厂房钢结构的设计与应用,钢结构塑性设计和抗震设计方法等内容。书内附有适当的例题和习题。为了适应不同学时和不同读者对象的要求,书内编入了一部分比较深入的内容,供自由选读。

本书内容丰富、系统、理论联系实际,可作为高等学校土木工程专业本科生教学用书,也可作为有关科研人员和工程设计人员的参考书。

图书在版编目(CIP)数据

钢结构设计原理/张耀春主编. -- 北京:高等教育出版社,2011.1 (2016.9重印)

普通高等教育"十一五"国家级规划教材 新世纪土木工程系列教材

ISBN 978-7-04-030975-1

Ⅰ.①钢… Ⅱ.①张… Ⅲ.①钢结构-结构设计-高等学校-教材 Ⅳ.①TU391.04

中国版本图书馆CIP数据核字(2010)第232842号

策划编辑	赵湘慧	责任编辑	葛 心	封面设计	王 雎	版式设计	张 岚
责任校对	王效珍	责任印制	毛斯璐				

出版发行	高等教育出版社	咨询电话	400-810-0598
社 址	北京市西城区德外大街4号	网 址	http://www.hep.edu.cn
邮政编码	100120		http://www.hep.com.cn
印 刷	三河市骏杰印刷有限公司	网上订购	http://www.landraco.com
开 本	787×1092 1/16		http://www.landraco.com.cn
印 张	30.75		
字 数	760 000	版 次	2011年1月第1版
插 页	1	印 次	2016年9月第17次印刷
购书热线	010-58581118	定 价	54.10元

本书如有缺页、倒页、脱页等质量问题,请到所购图书销售部门联系调换

版权所有 侵权必究

物 料 号 30975-B0

教育部高等教育出版社土建类系列教材

编辑委员会委员名单

名誉主任：沈蒲生（湖南大学）
主任委员：周绪红（重庆大学）
副主任委员：（按姓氏笔画排序）
　　　　　　叶志明（上海大学）
　　　　　　白国良（西安建筑科技大学）
　　　　　　沙爱民（长安大学）
　　　　　　吴胜兴（河海大学）
　　　　　　邹超英（哈尔滨工业大学）
　　　　　　强士中（西南交通大学）
委　　员：（按姓氏笔画排序）
　　　　　　卫　军（中南大学）　　　王　健（北京建筑大学）
　　　　　　王　湛（华南理工大学）　王清湘（大连理工大学）
　　　　　　朱彦鹏（兰州理工大学）　刘　明（沈阳建筑大学）
　　　　　　江见鲸（清华大学）　　　杨和礼（武汉大学）
　　　　　　李远富（西南交通大学）　张印阁（东北林业大学）
　　　　　　张家良（辽宁工业大学）　尚守平（湖南大学）
　　　　　　周　云（广州大学）　　　赵明华（湖南大学）
　　　　　　高　波（西南交通大学）　黄政宇（湖南大学）
　　　　　　黄醒春（上海交通大学）　梁兴文（西安建筑科技大学）
　　　　　　廖红建（西安交通大学）　霍　达（北京工业大学）

出版者的话

根据1998年教育部颁布的《普通高等学校本科专业目录（1998年）》，我社从1999年开始进行土木工程专业系列教材的策划工作，并于2000年成立了由具丰富教学经验、有较高学术水平和学术声望的教师组成的"高等教育出版社土建类教材编委会"，组织出版了新世纪土木工程系列教材，以适应当时"大土木"背景下的专业、课程教学改革需求。系列教材推出以来，几经修订，陆续完善，较好地满足了土木工程专业人才培养目标对课程教学的需求，对我国高校土木工程专业拓宽之后的人才培养和课程教学质量的提高起到了积极的推动作用，教学适用性良好，深受广大师生欢迎。至今，共出版37本，其中22本纳入普通高等教育"十一五"国家级规划教材，5本被评为普通高等教育精品教材，若干本获省市级优秀教材奖。

2012年教育部颁布了新修订的《普通高等学校本科专业目录（2012年）》。新的专业目录中土木与建筑分开单独设类，土木类包括土木工程、建筑环境与能源应用工程、给排水科学与工程、建筑电气与智能化等4个专业，并增加了城市地下空间工程和道路桥梁与渡河工程2个特设专业。其中土木工程专业包含了1998年版专业目录中土建类的土木工程和建筑工程教育。

为了更好地帮助各高等学校根据新的专业目录对土木工程专业进行设置和调整，利于其人才培养，与时俱进，编委会决定，根据新的专业目录精神对本系列教材进行重新审视，并予以调整和修订。进行这一工作的指导思想是：

一、紧密结合人才培养模式和课程体系改革，适应新专业目录指导下的土木工程专业教学需求。

二、加强专业核心课程与专业方向课程的有机沟通，用系统的观点和方法优化课程体系结构。具体如，在体系上，将既有的一个系列整合为三个系列，即专业核心课程教材系列、专业方向课程教材系列和专业教学辅助教材系列。在内容上，对内容经典、符合新的专业设置要求的课程教材继续完善；对因新的专业设置要求变化而必须对内容、结构进行调整的课程教材着手修订。同时，跟踪已推出系列教材使用情况，以适时进行修订和完善。

三、各门课程教材要具有与本门学科发展相适应的学科水平，以科技进步和社会发展的最新成果充实、更新教材内容，贯彻理论联系实际的原则。

四、要正确处理继承、借鉴和创新的关系，不能简单地以传统和现代划线，决定取舍，而应根据教学需求取舍。继承、借鉴历史和国外的经验，注意研究结合我国的现实情况，择善而从，消化创新。

五、随着高新技术、特别是数字化和网络技术的发展，在本系列教材建设中，要充分考虑文字教材与音像、电子、网络教材的综合发展，发挥综合媒体在教学中的优势，提高教学质量与效率。在开发研制教学软件时，要充分借鉴和利用精品课程建设和精品资源共享课建设的优质课程教学资源，要注意使文字教材与先进的软件接轨，明确不同形式教学资源之间的关系是相辅相成、相互补充的。

  六、坚持质量第一。图书是特殊的商品，教材是特殊的图书。教材质量的优劣直接影响教学质量和教学秩序，最终影响学校人才培养的质量。教材不仅具有传播知识、服务教育、积累文化的功能，也是沟通作者、编辑、读者的桥梁，一定程度上还代表着国家学术文化或学校教学、科研水平。因此，遴选作者、审定教材、贯彻国家标准和规范等方面需严格把关。

  为此，编委会在原系列教材的基础上，研究提出了符合新专业目录要求的新的土木工程专业系列教材的选题及其基本内容与编审或修订原则，并推荐作者。希望通过我们的努力，可以为新专业目录指导下的土木工程专业学生提供一套经过整合优化的比较系统的专业系列教材，以期为我国的土木工程专业教材建设贡献自己的一份力量。

  本系列教材的编写和修订都经过了编委会的审阅，以求教材质量更臻完善。如有疏漏之处，恳请读者批评指正！

高等教育出版社
高等教育理工出版事业部
建筑与力学分社
二〇一三年三月一日

前　言

本书为普通高等教育"十一五"国家级规划教材，同时是新世纪土木工程系列教材之一，是为适应"大土木"专业覆盖面广的需要而编写的。

本书以阐述钢结构的基本设计原理为重点，结合新版《钢结构设计规范》和《冷弯薄壁型钢结构技术规范》的修订内容，着重讲述了钢材的性能、连接和各种基本构件的设计原理，各类节点的构造和设计；同时以单层厂房钢结构为例，介绍了整体房屋钢结构的设计方法；书中还介绍了钢结构的塑性设计方法和抗震设计特点。

考虑到近年来轻钢结构快速发展的需要，书中适当安排了冷弯薄壁型钢结构设计原理的部分内容，教学时可不作为基本内容要求。

近期许多规范正在修订，这些修订可能来不及在本书中得到全面反映，有待再印或再版时补充。

本书可作为土木工程专业本科生的专业基础课教材，也可作为钢结构技术工作者和土建人员的学习参考用书。

参加本书编写的人员有：哈尔滨工业大学张耀春（主编，第 1、2、10 章）、武振宇（第 4、5 章）、张连一（第 8 章）、张文元（附录），华南理工大学王湛（第 3 章），兰州大学周绪红（副主编，第 6 章），长安大学刘永健（第 7 章），湖南大学舒兴平（第 9 章）。全书由张耀春统稿，由哈尔滨工业大学钟善桐教授审阅。

在本书编写过程中得到了编委会和高等教育出版社的大力支持和帮助，对此表示衷心的感谢。另外，哈尔滨工业大学研究生王春刚同志协助主编整理了部分书稿，在此深表谢意。

限于编者水平，书中不妥之处在所难免，敬请读者批评指正。

编　者

2010 年 8 月

目　　录

第 1 章　绪论 …… 1
　§1.1　钢结构发展简史 …… 1
　§1.2　钢结构的特点及应用 …… 2
　§1.3　钢结构的设计方法 …… 6
　§1.4　钢结构的新发展 …… 15

第 2 章　钢结构的材料 …… 18
　§2.1　概述 …… 18
　§2.2　钢材的生产 …… 18
　§2.3　钢材的主要性能 …… 23
　§2.4　各种因素对钢材性能的影响 …… 27
　§2.5　钢材的疲劳 …… 35
　§2.6　建筑用钢的种类、规格和选用 …… 42
　习题 …… 51

第 3 章　连接 …… 52
　§3.1　钢结构的连接 …… 52
　§3.2　对接焊缝的构造和计算 …… 62
　§3.3　角焊缝的构造和计算 …… 66
　§3.4　焊接残余应力和焊接变形 …… 85
　§3.5　螺栓连接的构造和工作性能 …… 90
　§3.6　螺栓连接的计算 …… 98
　§3.7　轻钢结构紧固件连接的构造和计算 …… 111
　习题 …… 113

第 4 章　受弯构件的计算原理 …… 118
　§4.1　概述 …… 118
　§4.2　受弯构件的强度和刚度 …… 118
　§4.3　梁的扭转 …… 123
　§4.4　梁的整体稳定 …… 127
　§4.5　梁板件的局部稳定 …… 133
　§4.6　梁腹板的屈曲后强度 …… 145
　习题 …… 150

第 5 章　梁的设计 …… 151
　§5.1　梁的类型和梁格布置 …… 151
　§5.2　梁的设计 …… 153
　§5.3　腹板加劲肋的布置和设计 …… 160
　§5.4　实腹梁的构造设计 …… 164
　§5.5　吊车梁的设计特点 …… 175
　§5.6　冷弯型钢檩条和墙梁的设计特点 …… 179
　习题 …… 182

第 6 章　轴心受力构件 …… 183
　§6.1　轴心受力构件的应用和截面形式 …… 183
　§6.2　轴心受力构件的强度和刚度 …… 185
　§6.3　轴心受压构件的整体稳定 …… 188
　§6.4　实际轴心受压构件整体稳定的计算 …… 198
　§6.5　轴心受压构件的局部稳定 …… 206
　§6.6　实腹式轴心受压构件的截面设计 …… 209
　§6.7　格构式轴心受压构件 …… 214
　§6.8　冷弯薄壁型钢轴心受压构件的设计特点 …… 224
　习题 …… 230

第 7 章　拉弯、压弯构件 …… 231
　§7.1　拉弯、压弯构件的应用和截面形式 …… 231
　§7.2　拉弯、压弯构件的强度 …… 233
　§7.3　实腹式压弯构件在弯矩作用平面内的稳定计算 …… 237
　§7.4　实腹式压弯构件在弯矩作用平面外的稳定计算 …… 242
　§7.5　实腹式压弯构件的局部稳定 …… 245
　§7.6　实腹式压弯构件的截面设计 …… 248
　§7.7　格构式压弯构件的计算 …… 253
　§7.8　冷弯薄壁型钢拉弯和压弯构件的设计特点 …… 259
　习题 …… 262

第 8 章　节点设计原理 …… 265

§8.1 节点设计的原则 …………… 265
§8.2 次梁与主梁的连接节点 …… 265
§8.3 梁与柱的连接节点 ………… 267
§8.4 桁架与柱的连接节点 ……… 274
§8.5 变截面柱的节点构造 ……… 277
§8.6 柱脚节点 …………………… 279
§8.7 支座节点 …………………… 291
§8.8 直接焊接管节点 …………… 294
习题 ……………………………… 300

第9章 单层厂房钢结构 …………… 301

§9.1 单层厂房钢结构的组成及布置原则 …………………… 301
§9.2 横向框架的结构类型及主要尺寸 …………………… 303
§9.3 结构的纵向传力系统 ……… 305
§9.4 屋盖结构体系 ……………… 312
§9.5 檩条及压型钢板的设计 …… 317
§9.6 桁架的形式和截面设计 …… 326
§9.7 桁架的节点设计 …………… 337
§9.8 有吊车的单层工业厂房的设计特点 …………………… 360
§9.9 轻型门式刚架结构的设计特点 …… 368

习题 ……………………………… 373

第10章 钢结构的塑性设计和抗震设计 …………………… 375

§10.1 塑性设计的基本概念 ……… 375
§10.2 塑性设计的必要条件 ……… 380
§10.3 塑性设计的构件计算 ……… 383
§10.4 钢结构抗震设计特点 ……… 387
习题 ……………………………… 395

附录 ………………………………… 397

附录1 钢材和连接的强度设计值 … 397
附录2 结构或构件的变形容许值 … 400
附录3 梁的整体稳定系数 ………… 401
附录4 轴心受压构件的稳定系数 … 406
附录5 各种截面回转半径的近似值 … 410
附录6 柱的计算长度系数 ………… 411
附录7 疲劳计算的构件和连接分类 … 423
附录8 常用型钢规格及截面特性 … 426
附录9 锚栓和螺栓规格 …………… 469
附录10 型钢螺栓线距表 …………… 471

索引 ………………………………… 474

参考文献 …………………………… 479

第1章 绪 论

§1.1 钢结构发展简史

  钢（steel）是铁碳合金，人类采用钢结构的历史和炼铁、炼钢技术的发展是密不可分的。早在公元前2000年左右，在人类古代文明的发祥地之一的美索不达米亚平原（位于现代伊拉克境内的幼发拉底河和底格里斯河之间）就出现了早期的炼铁术。

  我国也是较早发明炼铁技术的国家之一，在河南辉县等地出土的大批战国时代（公元前475～前221年）的铁制生产工具说明，早在战国时期，我国的炼铁技术已很盛行了。公元65年（汉明帝时代），已成功地用锻铁（wrought iron）为环，相扣成链，建成了世界上最早的铁链悬桥——兰津桥。此后，为了便利交通，跨越深谷，曾陆续建造了数十座铁链桥。其中跨度最大的为1705年（清康熙四十四年）建成的四川泸定大渡河桥，桥宽2.8 m，跨长100 m，由9根桥面铁链和4根桥栏铁链构成，两端系于直径20 cm、长4 m的生铁铸成的锚桩上。该桥比美洲1801年建造的跨长23 m的铁索桥早近百年，比号称世界最早的英格兰跨长30 m铸铁（cast iron）拱桥也早74年。

  除铁链悬桥外，我国古代还建有许多铁建筑物，如公元694年在洛阳建成的"天枢"，高35 m，直径4 m，顶有直径为11.3 m的"腾云承露盘"，底部有直径约16.7 m用来保持天枢稳定的"铁山"，相当符合力学原理。又如公元1061年（宋代）在湖北荆州玉泉寺建成的13层铁塔，目前依然存在。所有这些都表明，中华民族对铁结构的应用，曾经居于世界领先地位。

  欧美等国家中最早将铁作为建筑材料的当属英国，但直到1840年以前，还只采用铸铁来建造拱桥。1840年以后，随着铆钉（rivets）连接和锻铁技术的发展，铸铁结构逐渐被锻铁结构取代，1846—1850年间在英国威尔士修建的布里塔尼亚桥（Brittania Bridge）是这方面的典型代表。该桥共有4跨，跨长分别为70 m、140 m、140 m、70 m，每跨均为箱型梁式桥，由锻铁型板和角铁经铆钉连接而成。随着1855年英国人发明贝氏转炉炼钢法和1865年法国人发明平炉炼钢法，以及1870年成功轧制出工字钢之后，形成了工业化大批量生产钢材（steel products）的能力，强度高且韧性好的钢材才开始在建筑领域逐渐取代锻铁材料，自1890年以后成为金属结构的主要材料。20世纪初焊接（welding）技术的出现，以及1934年高强度螺栓（high-strength bolts）连接的出现，极大地促进了钢结构的发展。除西欧、北美之外，钢结构在苏联和日本等国家也获得了广泛的应用，逐渐发展成为全世界所接受的重要结构体系。

  由于我国长期处于封建主义统治之下，束缚了生产力的发展，1840年鸦片战争以后，更沦为半封建半殖民地国家，经济凋敝，工业落后，古代在铁结构方面的技术优势早已丧失殆尽。我国在1907年才建成了汉阳钢铁厂，年产钢只有0.85万吨。日本帝国主义侵略中国期间，曾在东北的鞍山、本溪建设了几个钢铁企业，疯狂掠夺我国的宝贵资源。1943年是我国历史上钢铁产量最高的一年，生产生铁180万吨，钢90万吨，绝大部分是在东北生产的。这些钢铁很少用于建设，大部分被日本帝国主义用于侵略战争。

新中国成立后，随着经济建设的发展，钢结构曾起过重要作用，如第一个五年计划期间，建设了一大批钢结构厂房、桥梁。但由于受到钢产量的制约，在其后的很长一段时间内，钢结构被限制使用在其他结构不能代替的重大工程项目中，在一定程度上，影响了钢结构的发展。

自1978年我国实行改革开放政策以来，经济建设获得了飞速的发展，钢产量逐年增加。自1996年超过1亿吨以来，一直位列世界钢产量的首位，2009年更达到创纪录的5.68亿吨，是排在中国后面四位的日本、俄罗斯、美国和印度粗钢产量之和的2.2倍，进一步确立了中国世界钢铁大国的地位，彻底改变了我国钢材供不应求的局面。我国的钢结构技术政策，也从"限制使用"改为积极合理地推广应用。近年来，随着市场经济的不断完善，钢结构制作和安装企业像雨后春笋般在全国各地涌现，外国著名钢结构厂商也纷纷打入中国市场。我国GB 50017—2003《钢结构设计规范》（以下简称GB 50017或《规范》）和GB 50018—2002《冷弯薄壁型钢结构技术规范》（以下简称GB 50018）已发布实施多年，目前，正在工程实践和科学研究的基础之上，对上述两本规范进行全面的修订。所有这些，为钢结构在我国的快速发展创造了条件。

§1.2　钢结构的特点及应用

1.2.1　钢结构的特点

与其他材料的结构相比，钢结构具有如下特点：

① 钢材强度高，结构重量轻。钢与砖石和混凝土相比，虽然密度较大，但强度更高，故其密度与强度的比值较小，承受同样荷载时，钢结构要比其他结构轻。例如，当跨度和荷载均相同时，钢屋架的重量仅为钢筋混凝土屋架的1/3～1/4，冷弯薄壁型钢屋架甚至接近1/10。为运输和吊装提供了方便。由于钢构件常较柔细，因此稳定问题比较突出，应给予充分注意。

② 材质均匀，且塑性韧性好。与砖石和混凝土相比，钢材属单一材料，由于生产过程质量控制严格，因此组织构造比较均匀，且接近各向同性，钢材的弹性模量很高，在正常使用情况下具有良好的延性，可简化为理想弹塑性体，最符合一般工程力学的基本假定，计算结果比较可靠。由于重量轻、延性和韧性好，钢结构的抗震性能也好于其他结构。

③ 良好的加工性能和焊接性能。钢材具有良好的冷热加工性能和焊接性能，便于在专业化的金属结构厂大批量生产出精度较高的构件，然后运至现场，进行工地拼接和吊装，既可保证质量，又可缩短施工周期。

④ 密封性好。采用焊接连接的钢板结构，具有较好的水密性和气密性，可用来制作压力容器、管道，甚至载人太空结构。

⑤ 钢材的可重复使用性。钢结构加工制造过程中产生的余料和碎屑，以及废弃和破坏了的钢结构或构件，均可回炉重新冶炼成钢材重复使用。因此钢材被称为绿色建筑材料或可持续

发展的材料。

⑥ 钢材耐热但不耐火。钢材长期经受 100 ℃ 辐射热时，性能变化不大，具有一定的耐热性能。但当温度超过 200 ℃ 时，会出现蓝脆现象，当温度达 600 ℃ 时，钢材进入热塑性状态，将丧失承载能力。因此在有防火要求的建筑中采用钢结构时，必须考虑防火问题。

⑦ 耐腐蚀性差。钢材耐锈蚀的性能较差，因此必须对钢结构采取防护措施，维护费用较砖石和钢筋混凝土结构为高。不过在没有侵蚀性介质的一般厂房中，钢构件经过彻底除锈并涂上合格的油漆后，锈蚀问题并不严重。对处于湿度大，有侵蚀性介质环境中的结构，可采用耐候钢或不锈钢提高其抗锈蚀性能。

⑧ 钢结构的低温冷脆倾向。由厚钢板焊接而成的承受拉力和弯矩的构件及其连接节点，在低温下有脆性破坏的倾向，应引起足够的重视。

1.2.2 钢结构的应用

随着我国国民经济的不断发展和科学技术的进步，钢结构在我国的应用范围也在不断扩大。目前钢结构应用范围大致如下：

（1）大跨结构

结构跨度越大，自重在荷载中所占的比例就越大，减轻结构的自重会带来明显的经济效益。钢材强度高、结构重量轻的优势正好适合于大跨结构，因此钢结构在大跨空间结构和大跨桥梁结构中得到了广泛的应用（图 1.2.1～1.2.3）。所采用的结构形式有空间桁架、网架、网壳、悬索（包括斜拉体系）、张弦梁、实腹或格构式拱架和框架等。

图 1.2.1　国家游泳中心——水立方
（平面尺寸 185 m×185 m）

图 1.2.2　哈尔滨会展中心屋盖（跨度 128 m）

图 1.2.3　苏通长江公路大桥（斜拉桥主孔跨度 1 088 m）

（2）工业厂房

吊车起重量较大或者其工作较繁重的车间的主要承重骨架多采用钢结构（图 1.2.4）。另外，有强烈辐射热的车间，也经常采用钢结构。结构形式多为由钢屋架和阶形柱组成的门式刚架或排架，也有采用网架做屋盖的结构形式。

近年来，随着压型钢板等轻型屋面材料的采用，轻钢结构工业厂房得到了迅速的发展。其结构形式主要为实腹式变截面门式刚架（图 1.2.5）。

图 1.2.4　工业厂房承重骨架

图 1.2.5　轻钢工业厂房门式刚架

（3）受动力荷载影响的结构

由于钢材具有良好的韧性，设有较大锻锤或产生动力作用的其他设备的厂房，即使屋架跨度不大，也往往由钢制成。对于抗震能力要求高的结构，采用钢结构也是比较适宜的。

（4）多层和高层建筑

由于钢结构的综合效益指标优良，近年来在多、高层民用建筑中也得到了广泛的应用（图 1.2.6）。其结构形式主要有多层框架、框架-支撑结构、框筒、悬挂、巨型框架等。

（5）高耸结构

高耸结构包括塔架和桅杆结构，如高压输电线路的塔架、广播、通信和电视发射用的塔架（图 1.2.7）和桅杆、火箭（卫星）发射塔架（图 1.2.8）等。

（6）可拆卸的结构

钢结构不仅重量轻，还可以用螺栓或其他便于拆装的手段来连接，因此非常适用于需要搬迁的结构，如建

图 1.2.6　上海陆家嘴中心区超高层建筑群

（左：环球金融中心 492 m，中：上海中心大厦（在建）632 m，右：金茂大厦 421 m）

筑工地、油田和需野外作业的生产和生活用房的骨架等。钢筋混凝土结构施工用的模板和支架，以及建筑施工用的脚手架等也大量采用钢材制作。

图1.2.7　广州电视塔（600 m）

图1.2.8　火箭发射塔架

（7）容器和其他构筑物

冶金、石油、化工企业中大量采用钢板做成的容器结构，包括储油罐（图1.2.9）、煤气罐、高炉、热风炉等。此外，经常使用的还有皮带通廊栈桥、管道支架、锅炉支架等其他钢构筑物，海上采油平台也大都采用钢结构。

（8）轻型钢结构

钢结构重量轻不仅对大跨结构有利，对屋面活荷载特别轻的小跨结构也有优越性。因为当屋面活荷载特别轻时，小跨结构的自重也成为一个重要因素。冷弯薄壁型钢屋架在一定条件下的用钢量可比钢筋混凝土屋架的用钢量还少。轻钢结构的结构形式有实腹变截面门式刚架、冷弯薄壁型钢结构（包括金属拱形波纹屋盖）以及钢管结构（图1.2.10）等。

图1.2.9　立式储油罐

图1.2.10　南京航空港直接焊接钢管结构

（9）钢和混凝土的组合结构

钢构件和板件受压时必须满足稳定性要求，往往不能充分发挥它的强度高的作用，而混凝土则最宜于受压不适于受拉,将钢材和混凝土并用,使两种材料都充分发挥它的长处,是一种很合理的结构。近年来这种结构在我国获得了长足的发展,广泛应用于高层建筑(如深圳的赛格广场,图 1.2.11)、大跨桥梁、工业厂房和地铁站台柱等。主要构件形式有钢与混凝土组合梁和钢管混凝土柱等。

图 1.2.11 赛格广场(355.8 m)

§1.3 钢结构的设计方法

建筑结构要解决的基本问题是,力求以较为经济的手段,使所要建造的结构在预定的使用期限内具有足够的可靠性(reliability),以满足各种预定功能的要求。

由于荷载和结构的抗力都是随机的,而内力的计算方法也是有误差的,因此结构的可靠性也是不确定的,只能用概率来度量。目前我国钢结构的设计方法主要以概率极限状态设计法(probability limit state design method)为主,对于钢结构的疲劳验算,以及储液罐和压力容器等结构,则依然沿用以经验为主的容许应力(许用应力)设计法(allowable stress design method)。

1.3.1 概率极限状态设计法

1. 结构的功能要求

结构在规定的设计使用年限内应满足的功能有:
① 在正常施工和正常使用时,能承受可能出现的各种作用;
② 在正常使用时具有良好的工作性能;
③ 在正常维护下具有足够的耐久性;
④ 在设计规定的偶然事件(如火灾、爆炸、撞击、罕遇地震作用等)发生时及发生后,仍能保持必需的整体稳定性。

上述"各种作用"是指使结构产生内力或变形的各种原因,如施加在结构上的集中荷载或分布荷载,以及引起结构外加变形或约束变形的原因,例如地震、地基沉降、温度变化等。

2. 结构的可靠度

结构在规定的时间内,在规定的条件下,完成预定功能的能力,称为结构的可靠性。结构可靠度是对结构可靠性的定量描述,即结构在规定的时间内,在规定的条件下,完成预定功能的概率。对结构可靠度的要求与结构的设计基准期长短有关,设计基准期长,可靠度要求就高,反之则低。一般建筑物的设计基准期为 50 年。

3. 结构的极限状态

整个结构或结构的一部分超过某一特定状态就不能满足设计规定的某一功能要求,称此特定状态为该功能的极限状态。极限状态实质上是结构可靠与不可靠的界限,故也可称为"界限状态"。对于结构的各种极限状态,均应规定明确的标志或限值。

我国《规范》规定,承重结构应按下列两类极限状态进行设计:

(1) 承载能力极限状态

包括:构件和连接的强度破坏、疲劳破坏和因过度变形而不适于继续承载,结构和构件丧失稳定,结构转变为机动体系和结构倾覆。

(2) 正常使用极限状态

包括:影响结构、构件和非结构构件正常使用或外观的变形,影响正常使用的振动,影响正常使用或耐久性能的局部损坏(包括组合结构中混凝土裂缝)。

承载能力极限状态与正常使用极限状态相比较,前者可能导致人身伤亡和大量财产损失,故其出现的概率应当很低,而后者对生命的危害较小,故允许出现的概率可高些,但仍应给予足够的重视。

4. 概率极限状态设计原理

设结构的极限状态采用下列极限状态方程描述:

$$Z = g(x_1, x_2, \cdots, x_n) = 0 \tag{1.3.1}$$

式中,$g(\cdot)$ 为结构的功能函数;x_i ($i=1, 2, \cdots, n$) 为影响结构或构件可靠度的基本变量,系指结构上的各种作用和材料性能、几何参数等;进行结构可靠度分析时,也可采用作用效应和结构抗力作为综合的基本变量;基本变量均可考虑为相互独立的随机变量。

当仅有作用效应 S 和结构抗力 R 两个基本变量时,结构的功能函数可表示为:

$$Z = g(R, S) = R - S \tag{1.3.2}$$

由于 R 和 S 都是随机变量,其函数 Z 也是一个随机变量。功能函数 Z 存在三种可能状态:

$$Z = R - S \begin{cases} > 0 & \text{结构处于可靠状态} \\ = 0 & \text{结构达到极限状态} \\ < 0 & \text{结构处于失效状态} \end{cases}$$

定值设计法认为 R 和 S 都是确定性的变量,结构只要按 $Z \geq 0$ 设计,并赋予一定的安全系数,结构就是绝对安全的。事实并非如此,由于 Z 的随机性,结构失效事故仍时有所闻。

结构或构件的失效概率可表示为:

$$P_f = P(Z < 0) \tag{1.3.3}$$

设 R 和 S 的概率统计值均服从正态分布,可分别算出它们的平均值 μ_R、μ_S 和标准差 σ_R、σ_S,则功能函数 $Z=R-S$ 也服从正态分布,它的平均值和标准差分别为:

$$\mu_Z = \mu_R - \mu_S \tag{1.3.4}$$

$$\sigma_Z = \sqrt{\sigma_R^2 + \sigma_S^2} \tag{1.3.5}$$

图 1.3.1 所示功能函数 $Z=R-S$ 为正态分布的概率密度曲线。图中由 $-\infty$ 到 0 的阴影面积

表示 $Z<0$ 的概率，即失效概率 P_f，需采用积分法求得。由图 1.3.1 中可见，在正态分布的概率密度曲线中存在着 Z 的平均值和标准差的下述关系：

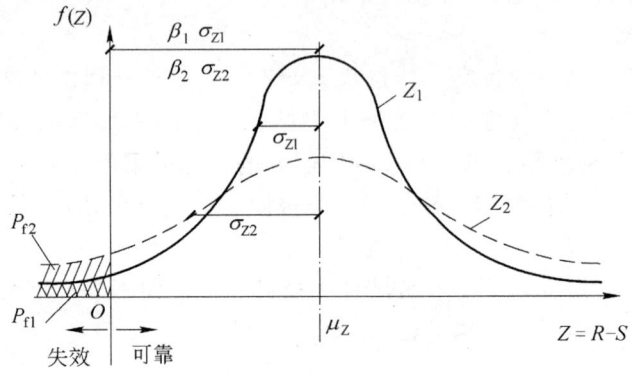

图 1.3.1　功能函数 Z 的概率密度曲线

$$\beta \sigma_Z = \mu_Z \tag{1.3.6}$$

令

$$\beta = \frac{\mu_Z}{\sigma_Z} \tag{1.3.7}$$

由图中可以看出两个具有相同平均值，不同标准差的功能函数 Z_1 和 Z_2 的 β 间有如下关系：$\beta_1 > \beta_2$，或 $-\beta_2 > -\beta_1$，而 $P_{f2} > P_{f1}$，说明 β 值与失效概率存在着对应关系：

$$P_f = \phi(-\beta) \tag{1.3.8}$$

式中，$\phi(\cdot)$ 为标准正态分布函数。

式（1.3.8）说明，只要求出 β 就可获得对应的失效概率 P_f（而可靠度 $P_s = 1 - P_f$），故称 β 为结构构件的可靠指标（reliability index）。P_f 与可靠指标 β 的对应关系见表 1.3.1。

表 1.3.1　失效概率与可靠指标的对应关系

β	2.5	2.7	3.2	3.7	4.2
P_f	5×10^{-3}	3.5×10^{-3}	6.9×10^{-4}	1.1×10^{-4}	1.3×10^{-5}

将式（1.3.4）和（1.3.5）代入式（1.3.7）有：

$$\beta = \frac{\mu_Z}{\sigma_Z} = \frac{\mu_R - \mu_S}{\sqrt{\sigma_R^2 + \sigma_S^2}} \tag{1.3.9}$$

当 R 和 S 的统计值不按正态分布时，结构构件的可靠指标应以它们的当量正态分布的平均值和标准差代入公式（1.3.9）来计算。当功能函数 Z 为非线性函数时，可将此函数展为泰勒级数而取其线性项计算 β。由于 β 的计算只采用分布的特征值，即一阶原点矩（均值）μ_Z 和二阶中心矩（方差，即标准差的平方）σ_Z^2，对非线性函数只取线性项，而不考虑 Z 的全分布，故称此法为一次二阶矩法。

结构构件设计时采用的可靠指标，可根据对现有结构构件的可靠度分析（所谓校准法），并考虑使用经验和经济因素等确定。我国 GB 50068—2001《建筑结构可靠度设计统一标准》规定，结构构件承载能力极限状态的可靠指标，不应小于表 1.3.2 的规定。钢结构各种构件，按《规范》设计，经校准分析，其 β 值在 3.2 左右，钢结构一般情况下属延性破坏，故总体安全等级为二级。

表 1.3.2 结构构件承载能力极限状态的可靠指标

破坏类型	安 全 等 级		
	一级	二级	三级
延性破坏	3.7	3.2	2.7
脆性破坏	4.2	3.7	3.2

5. 设计表达式

（1）承载能力极限状态表达式

为了应用简便并符合人们长期已熟悉的形式，可将公式（1.3.9）做如下变换：

$$\mu_S = \mu_R - \beta\sqrt{\sigma_R^2 + \sigma_S^2}$$

由于

$$\sqrt{\sigma_R^2 + \sigma_S^2} = \frac{\sigma_R^2 + \sigma_S^2}{\sqrt{\sigma_R^2 + \sigma_S^2}}$$

故得

$$\mu_S + \alpha_S \beta \sigma_S \leqslant \mu_R - \alpha_R \beta \sigma_R \tag{1.3.10}$$

式中，$\alpha_S = \dfrac{\sigma_S}{\sqrt{\sigma_R^2 + \sigma_S^2}}$；$\alpha_R = \dfrac{\sigma_R}{\sqrt{\sigma_R^2 + \sigma_S^2}}$。

公式（1.3.10）就是以平均值表示的一次二阶矩法的设计表达式，只要根据结构的重要性和破坏特性确定了结构的可靠指标，又统计出各随机变量的平均值和标准差，就可利用式（1.3.10）进行设计。

考虑到工程设计中经常以 S 和 R 的标准值 S_K 和 R_K（图 1.3.2）为统计对象：

$$S_K = \mu_S + \eta_S \sigma_S$$
$$R_K = \mu_R - \eta_R \sigma_R$$

式中，η_S、η_R 分别为确定标准值时所用的保证度系数。一般取 95% 的保证度（对应于 0.05 分位数）时，$\eta = 1.645$。

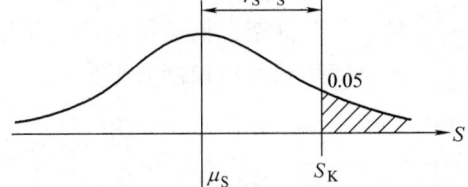

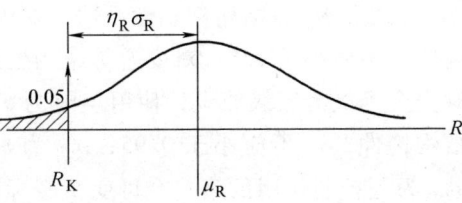

图 1.3.2 S_K 和 R_K 的取值

利用以上关系，可以将公式（1.3.10）转化为以标准值表示的设计公式：

$$r_S S_K \leqslant R_K / r_R \tag{1.3.11}$$

式中，r_S 为荷载分项系数；r_R 为抗力分项系数。其表达式分别为：

$$r_S = \frac{1+\alpha_S \beta \sigma_S/\mu_S}{1+\eta_S \sigma_S/\mu_S}$$

$$r_R = \frac{1-\eta_R \sigma_R/\mu_R}{1-\alpha_R \beta \sigma_R/\mu_R}$$

GB 50068—2001《建筑结构可靠度设计统一标准》规定结构构件的极限状态设计表达式，应根据各种极限状态的设计要求，采用有关的荷载代表值、材料性能标准值、几何参数标准值以及各种分项系数等表达。

荷载分项系数 γ_S（包括永久、可变荷载分项系数 γ_G、γ_Q）和结构构件抗力分项系数 γ_R 应根据结构功能函数中基本变量的统计参数和概率分布类型，以及表 1.3.2 规定的结构构件可靠指标，通过计算分析，并考虑工程经验确定。

考虑到施加在结构上的可变荷载往往不止一种，这些荷载不可能同时达到各自的最大值，因此，还要根据组合荷载效应分布来确定荷载的组合系数 ψ_{ci} 和 ψ。结构重要性系数 γ_0 应按结构构件的安全等级、设计使用年限并考虑工程经验确定。

根据结构的功能要求，进行承载能力极限状态设计时，应考虑作用效应的基本组合，必要时尚应考虑作用效应的偶然组合（考虑如火灾、爆炸、撞击等偶然事件的组合）。

① 基本组合。

在荷载（作用）效应的基本组合条件下，式（1.3.11）可转化为等效的以基本变量标准值、分项系数和组合系数，并以应力形式表达的极限状态公式。其荷载效应的基本组合按下列设计表达式中的最不利值确定：

可变荷载效应控制的组合：

$$\gamma_0 \left(\gamma_G \sigma_{Gk} + \gamma_{Q1} \sigma_{Q1k} + \sum_{i=2}^{n} \gamma_{Qi} \psi_{ci} \sigma_{Qik} \right) \leq f \qquad (1.3.12)$$

永久荷载效应控制的组合：

$$\gamma_0 \left(\gamma_G \sigma_{Gk} + \sum_{i=1}^{n} \gamma_{Qi} \psi_{ci} \sigma_{Qik} \right) \leq f \qquad (1.3.13)$$

对于一般排架、框架结构，可采用简化式计算。

由可变荷载效应控制的组合：

$$\gamma_0 \left(\gamma_G \sigma_{Gk} + \psi \sum_{i=1}^{n} \gamma_{Qi} \sigma_{Qik} \right) \leq f \qquad (1.3.14)$$

由永久荷载效应控制的组合，仍按式（1.3.13）进行计算。

式中，γ_0 为结构重要性系数，对安全等级为一级或设计使用年限为 100 年及以上的结构构件，不应小于 1.1；对安全等级为二级或设计使用年限为 50 年的结构构件，不应小于 1.0；对安全等级为三级或设计使用年限为 5 年的结构构件，不应小于 0.9；对使用年限为 25 年的结构构件，γ_0 不应小于 0.95；σ_{Gk} 为永久荷载标准值在结构构件截面或连接中产生的应力；σ_{Q1k} 为起控制作用的第一个可变荷载标准值在结构构件截面或连接中产生的应力（该值使计算结果为最大）；σ_{Qik} 为其他第 i 个可变荷载标准值在结构构件截面或连接中产生的应力；γ_G 为永久荷载分项系数，当永久荷载效应对结构构件的承载能力不利时取 1.2，但对式（1.3.13）则取 1.35。当永久荷载效应对结构构件的承载能力有利时，取为 1.0；验算结构倾覆、滑移或漂浮时取 0.9；γ_{Q1}、γ_{Qi} 为第一个和其他第 i 个可变荷载分项系数，当可变荷载效应对结构构件的承载能力不利时取 1.4（当楼面活荷载大于 $4.0\,kN/m^2$ 时，取 1.3），有利时取 0；ψ_{ci} 为第 i 个可变荷载的组合值系数，可按荷载规范的规定采用；ψ 为简化式中采用的荷载组合值系数，一般情况下可采用 0.9；当只有一个可变荷载时，取为 1.0；f 为钢材或连接的强度设计值，对钢材为屈服点 f_y 除以抗力分项系数 γ_R 的商。如 Q235 钢抗拉强度设计值 $f=f_y/1.087$；对于端面承压和连接则为极限强度 f_u 除以抗力分项系数 γ_{Ru}，即 $f=f_u/\gamma_{Ru}$。各种钢材和连接的强度设计值见附录 1。

在钢结构设计中，除第一个可变荷载的组合值系数 $\psi_{c1}=1.0$ 的楼盖（例如仪器车间仓库、金工车间、轮胎厂准备车间、粮食加工车间等的楼盖）或屋盖（高炉附近的屋面积灰），可能由式（1.3.13）控制设计，取 $\gamma_G=1.35$ 外，其他只有大型混凝土屋面板的重型屋盖以及很特殊情况才有可能由式（1.3.13）控制，多数由式（1.3.12）控制设计。

② 偶然组合。

对于偶然组合，极限状态设计表达式宜按下列原则确定：偶然作用的代表值不乘分项系数；与偶然作用同时出现的可变荷载，应根据观测资料和工程经验采用适当的代表值，具体的设计表达式及各种系数，应符合专门规范的规定。

（2）正常使用极限状态表达式

对于正常使用极限状态，按 GB 50068—2001《建筑结构可靠度设计统一标准》的规定要求分别采用荷载的标准组合、频遇组合和准永久组合进行设计，并使变形等设计值不超过相应的规定限值。

钢结构只考虑荷载的标准组合，其设计式为：

$$v_{Gk} + v_{Q1k} + \sum_{i=2}^{n}\psi_{ci}v_{Qik} \leq [v] \tag{1.3.15}$$

式中，v_{Gk} 为永久荷载的标准值在结构或结构构件中产生的变形值；v_{Q1k} 为起控制作用的第一个可变荷载的标准值在结构或结构构件中产生的变形值（该值使计算结果为最大）；v_{Qik} 为其他第 i 个可变荷载标准值在结构或结构构件中产生的变形值；$[v]$ 为结构或结构构件的变形容许值，具体规定见附录 2。

1.3.2　容许应力设计法

长期以来，人们采用以经验为主的容许应力设计方法进行结构设计，其表达式为：

$$\sigma \leq [\sigma] = \frac{f_b}{K} \tag{1.3.16}$$

式中，σ 为由标准荷载采用弹性分析求得的结构构件中的最大应力；$[\sigma]$ 为规范规定的钢材的容许应力；f_b 为材料的极限强度，对塑性材料取屈服点 f_y，对脆性材料取强度极限 f_u；K 为安全系数，凭工程经验取值。例如中国的 TJ 17—1974《钢结构设计规范》，取 $K=1.41$；交通部 JTJ 025—1986《公路桥涵钢结构及木结构设计规范》取 $K=1.6\sim 1.7$。

该方法的优点是简单适用，已有多年的使用经验，目前疲劳验算、钢桥、储液罐和压力容器等结构仍在应用。缺点是将非确定性的结构可靠性问题作为确定性问题考虑，用单一的安全系数来表达，不能保证各种结构具有比较一致的可靠度水平，该法以弹性分析得到的某点强度来确定整个结构安全与否，没有考虑钢材的塑性性能和内力重分布。

1.3.3 结构内力的分析方法

1. 一阶弹性分析

建筑结构的内力一般按结构静力学的方法进行一阶弹性分析（first order elastic analysis）求得。分析时力的平衡条件按变形前的结构杆件轴线建立，即不考虑结构变形对内力的影响。因此，可以利用叠加原理，先分别按各种荷载单独计算结构内力，然后进行内力组合得到结构各部位的最不利内力设计值。这正是极限状态设计表达式（1.3.12）～（1.3.15）建立的基础之一。

2. 框架结构的近似二阶弹性分析

（1）二阶弹性分析

二阶弹性分析（second order elastic analysis）与一阶弹性分析的不同之处在于，力的平衡条件是按发生变形后的杆件轴线建立的。现以图 1.3.3a 所示横梁刚度为无穷大的单跨有侧移的对称框架为例，来说明二者的不同。

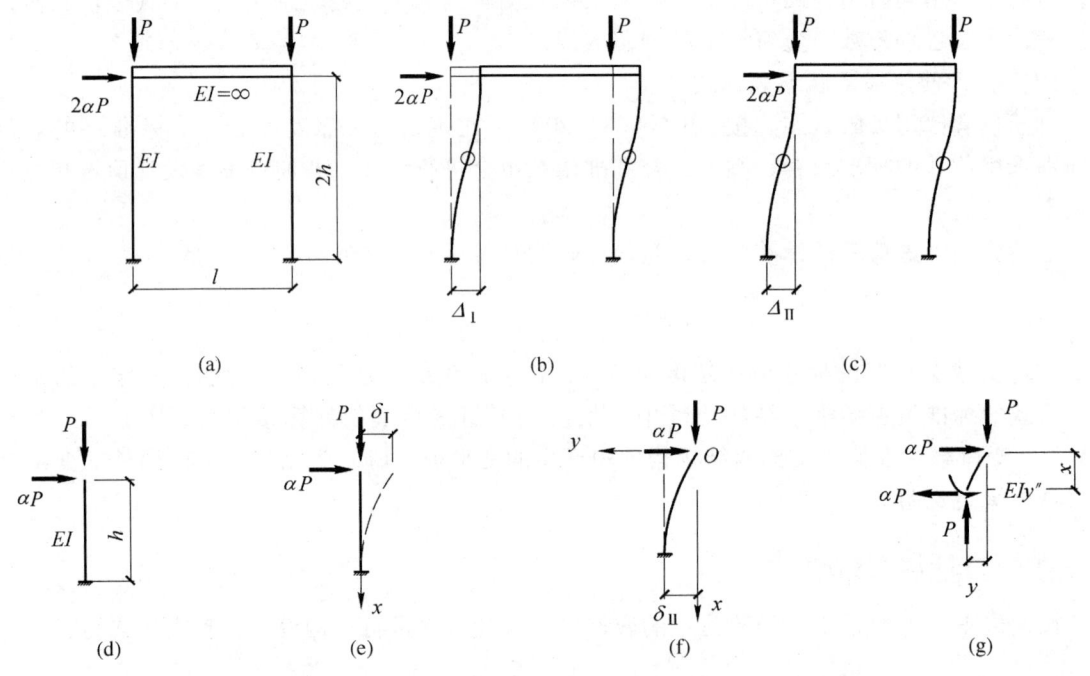

图 1.3.3 单跨对称框架分析

由于横梁刚度无穷大，框架在荷载作用下，无节点角位移而只有侧移，柱子的反弯点位于柱子中点，因此分析时可将框架简化为悬臂柱，如图 1.3.3d 所示。图 1.3.3b 和图 1.3.3e 分别为框架和悬臂柱按一阶弹性分析时的计算简图。显然框架的柱顶位移为：

$$\Delta_{\mathrm{I}} = 2\delta_{\mathrm{I}} = \frac{2\alpha P h^3}{3EI} \tag{1.3.17}$$

固端弯矩为：

$$M_{\mathrm{I}} = \alpha P h \tag{1.3.18}$$

由位移和内力公式可见，一阶分析的位移和内力均与水平荷载 αP 成线性关系。

图 1.3.3c 和图 1.3.3f 分别为框架和悬臂柱按二阶分析时的计算简图。图 1.3.3g 为按悬臂柱模型进行二阶分析时的隔离体图。可写出隔离体的平衡方程为：

$$EIy'' + Py + \alpha Px = 0 \quad (1.3.19)$$

由二阶微分方程可解得弹性位移曲线 $y=f(x)$，取 $x=h$ 时，可求得 δ_{II}：

$$\delta_{II} = \frac{\alpha Ph^3}{3EI} \cdot \frac{3(\tan u - u)}{u^3} \quad (1.3.20)$$

则

$$\Delta_{II} = 2\delta_{II} = \frac{2\alpha Ph^3}{3EI} \cdot \frac{3(\tan u - u)}{u^3} \quad (1.3.21)$$

式中，$u = h\sqrt{\frac{P}{EI}}$。固端弯矩为：

$$M_{II} = \alpha Ph + P\delta_{II} \quad (1.3.22)$$

由式（1.3.20）可见，位移 δ_{II} 与 P 成非线性关系，这是与一阶分析的根本不同之处。

比较两种分析方法，可见二阶弹性分析的结果更接近于实际，而且自动考虑了杆件的弹性稳定问题，但计算工作量却大大增加，计算结果中还包含超越函数，解算难度较大。

（2）框架结构的近似二阶弹性分析

① P-Δ 效应的基本概念。

设图 1.3.4a 所示为单跨对称框架在受到竖向和水平荷载共同作用下的最终变形状态，根据上述分析可知，柱顶侧移 Δ_i 与竖向荷载 P_i 之间呈复杂的非线性关系。现假设 Δ_i 已知，则 P_i 将对框架柱底产生一附加弯矩，该值为 $P_i\Delta_i$，相当于在该柱顶增加了一个假想水平力 $\frac{P_i\Delta_i}{h_i}$ 的作用。如果将两个柱子的假想水平力 $\sum \frac{P_i\Delta_i}{h_i}$ 施加于框架顶部，如图 1.3.4c 所示，就可以用一阶分析的方式考虑竖向荷载的二阶影响，最终计算可按图 1.3.4d 分析。

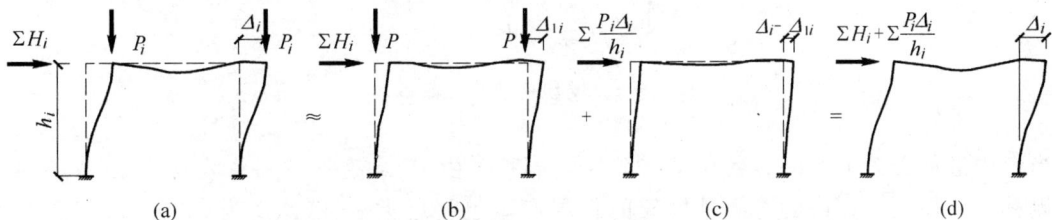

图 1.3.4 P-Δ 二阶效应分析

（a）终了状态；（b）一阶侧移 Δ_{1i}；（c）二阶影响；（d）P-Δ 效应分析

定义该框架的侧移刚度为单位侧移所需施加的水平力。由图 1.3.4b 知该刚度为 $\sum H_i/\Delta_{1i}$，由图 1.3.4d 知该刚度为 $(\sum H_i + \sum P_i\Delta_i/h_i)/\Delta_i$。在一阶分析中，假设框架的刚度与轴力无关，故有：

$$\frac{\sum H_i}{\Delta_{1i}} = \frac{\sum H_i + \sum P_i\Delta_i/h_i}{\Delta_i} \quad (1.3.23)$$

可解出：

$$\Delta_i = \frac{\Delta_{1i}}{1-\dfrac{\Delta_{1i}\sum P_i}{h_i \sum H_i}} = \alpha_{2i}\Delta_{1i} \tag{1.3.24}$$

式中

$$\alpha_{2i} = \frac{1}{1-\dfrac{\Delta_{1i}\sum P_i}{h_i \sum H_i}} \tag{1.3.25}$$

称为考虑 P-Δ 二阶效应的侧移增大系数。因此可以用一阶侧移 Δ_{1i} 乘以 α_{2i} 求得考虑二阶效应影响的最终侧移 Δ_i。

由图 1.3.4a 可以看出，由于变形的影响，结构将增加 $\sum P_i \Delta_i = \alpha_{2i} \sum P_i \Delta_{1i}$ 的二阶弯矩作用，即在一阶弯矩的基础上，将增加 α_{2i} 倍的一阶侧移弯矩的作用。

② 多层框架的近似二阶弹性分析。

对于多层框架，同样可以采用上述的 P-Δ 分析方法，在一阶分析的基础上考虑二阶效应的影响。

图 1.3.5 所示为典型的多层框架一阶分析计算过程图。原结构的一阶弯矩 M_I 可由无侧移框架（图 1.3.5b 为结构力学位移法的基本结构）的弯矩 M_Ib 和有侧移框架（图 1.3.5c，为撤掉各层约束后的框架位移）的弯矩 M_Is 叠加求得：

$$M_\mathrm{I} = M_\mathrm{Ib} + M_\mathrm{Is} \tag{1.3.26}$$

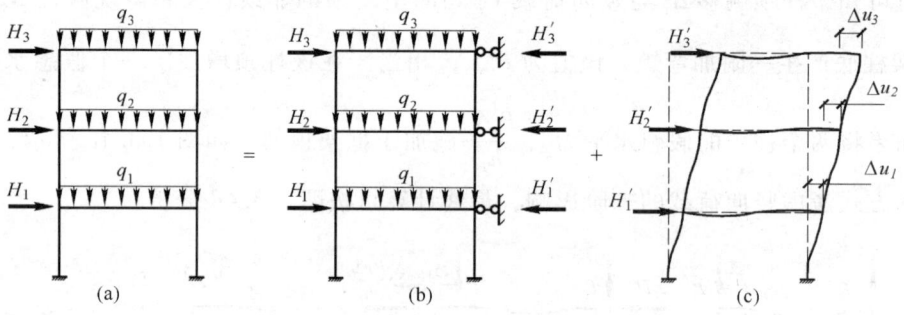

图 1.3.5　多层框架的一阶分析

当考虑近似二阶分析时，各层的二阶层间侧移可由 P-Δ 效应增大系数 α_{2i} 乘以各层的一阶层间侧移 Δu_i 得到。相应的有侧移框架的各层弯矩也将增大 α_{2i} 倍，变为 $\alpha_{2i} M_\mathrm{Is}$。于是，当采用二阶近似分析时，框架杆件的弯矩 M_II 为：

$$M_\mathrm{II} = M_\mathrm{Ib} + \alpha_{2i} M_\mathrm{Is} \tag{1.3.27}$$

式中，M_Ib 为假定框架无侧移时（图 1.3.5b）按一阶弹性分析求得的各杆弯矩；M_Is 为框架各节点侧移时（图 1.3.5c）按一阶弹性分析求得的杆件弯矩；α_{2i} 为考虑二阶效应第 i 层杆件的侧移弯矩增大系数，

$$\alpha_{2i} = \frac{1}{1-\dfrac{\Delta u \sum N}{h \sum H}} \tag{1.3.28}$$

其中 $\sum H$ 系指产生层间侧移 Δu 的所计算楼层及其以上各层的水平荷载之和；$\sum N$ 是本层所有

柱的轴力之和。

算例分析表明，当 $\frac{\Delta u \sum N}{h \sum H} \leq 0.25$（即 $\alpha_{2i} \leq 1.33$）时，该近似方法的精确度较高，弯矩误差在 7% 以内。当 $\frac{\Delta u \sum N}{h \sum H} > 0.25$ 时，误差较大，此时应增加框架结构的侧向刚度，使 $\alpha_{2i} \leq 1.33$。当 $\frac{\Delta u \sum N}{h \sum H} \leq 0.1$ 时，二阶分析和一阶分析的结果差别很小，说明框架结构的抗侧移刚度较大，可忽略侧移对内力分析的影响，采用一阶分析法来计算框架的内力。式中 Δu 是一阶的层间侧移值，为能简便判别是否要用二阶分析的条件，计算时可用层间侧移的容许值 $[\Delta u]$ 代替。

《规范》还规定，当采用此近似二阶弹性分析时，还要考虑结构和构件的各种缺陷对内力的影响，其影响可通过在框架每层柱顶施加假想水平力（概念荷载）H_{ni} 来综合体现，有关细节请参阅规范。

必须指出，由于二阶弹性分析时荷载和位移呈非线性关系，叠加原理已不再适用，上一节给出的极限状态设计表达式也同样不再适用。为了得到柱子各个截面上的最不利内力设计值，必须先进行荷载组合。在各种荷载组合下进行二阶弹性分析，然后相互比较求得最不利的内力设计值。在用二阶内力计算框架柱的整体稳定时，框架柱的计算长度系数可取 1.0，这是二阶分析与一阶分析在稳定计算中的重要不同之处。

§1.4 钢结构的新发展

随着人类社会在经济和科学技术方面的不断发展和进步，在钢结构领域也取得了不少新的进展。

1.4.1 结构用钢的新发展

国内外在高性能钢材的应用方面取得不少新进展，其中包括高强度高性能钢、低屈服点钢和耐火钢的开发和应用等。

我国钢结构设计规范中已增列了性能优良的 Q420 钢，该钢材（15MnVN）已成功地应用在九江长江大桥的建设中。另外我国为适应建筑结构向高层化和大跨度发展的需要，研发了 GB/T 19879—2005《建筑结构用钢板》，该钢板是专门供高层建筑和其他重要建（构）筑物用来生产厚板焊接截面构件的。其性能与日本建筑结构用钢材相近，而且质量上有所改进。我国有些企业已生产出了屈服点达到 100 N/mm²① 的低屈服点钢材，相当于日本的 LY100 钢，可用于抗震结构的耗能部件。有的企业已开发出了耐火钢，该钢即使加热到 600 ℃ 也能保持 2/3 以上的常温强度。

日本在 1994 年制定了新的建筑结构专用钢材规格《建筑结构用轧制钢材（JSG3136）SN 标准》。该种钢材的质量等级已不再按夏比（Charpy）冲击试验分类，而是按使用部位、提示

---

① 单位 N/mm² 即为 MPa。

有关需要分类。如 SN400A（相当于我国的 Q235A）只能使用在次要构件处于弹性范围的、原则上非焊接的构件或部位；SN400B 及 SN490B（接近于我国 Q345 强度等级）是能保证塑性变形和焊接性能的钢材，使用在抗震结构构件和部位中；SN400C 及 SN490C 具有非常好的抗层状撕裂性能，主要使用在如箱型柱的外部板材等需要板厚方向性能（Z 向性能）的构件和部位中。SN B、C 类钢材均对屈服点的上限值做出了规定，以防构件需塑性变形耗能的部位不能进入塑性屈服；并对碳当量及磷、硫的上限予以严格限制。SN C 类钢材对硫的含量提出了更严格的限制，并规定生产厂家有义务进行超声探伤试验，以确保板厚方向的性能。目前日本国内建筑用厚钢板的 70% 为 SN 钢材。日本已开发出 LY225 钢、LY100 钢等低屈服点钢和耐火钢（FR 钢）。美国和欧洲等国家也在高强度高性能钢材的研制和应用等方面做出了不少贡献。如美国生产的经调质处理的合金钢板 A514，其屈服点高达 690 N/mm^2，并可用于焊接生产。

相对来说，我国钢材的种类和质量均不及工业发达国家的。如何研制开发新型高性能钢材乃是摆在我国冶金战线科技工作者面前的一项重要任务。

1.4.2 新型结构体系的应用和发展

近年来，在全国各地修建了大量的大跨空间结构，网架和网壳结构形式已在全国普及，张弦桁架、悬挂结构也有很多应用实例；直接焊接钢管结构、变截面轻钢门式刚架、金属拱形波纹屋盖等轻钢结构也已遍地开花；钢结构的高层建筑也在不少城市拔地而起；适合我国国情的钢-混凝土组合结构和混合结构也有了广泛应用；目前好多地方都在建造索膜结构的大跨建筑、罩棚和建筑小品；……。可以毫不夸张地说，我国已成了各种钢结构体系的展览馆和试验场。

各种不同的结构体系各有所长，但生命力较强的结构体系均具有如下特点：
① 必须是几何不可变的（除悬索、薄膜等张拉结构）空间整体，在各类作用的效应之下能保持稳定性、必要的承载力和刚度；
② 应使结构材料的强度得到充分地利用，使自重趋于最低；
③ 能利用材料的长处，避免克服其短处；
④ 能使结构空间和建筑空间互相协调、统一；
⑤ 能适合本国情况，制作、安装简便，综合效益好。

目前我国正在进行大规模的基本建设，许多大型复杂的钢结构工程，包括已建的 2008 年奥运场馆工程、上海世博会工程、广州亚运会工程，在建的深圳世界大学生运动会工程，所采用的结构体系千奇百怪。选择先进合理的结构体系，既能满足各种功能要求和建筑艺术需要，又能做到技术先进、经济合理、安全适用、确保质量就显得非常重要。目前有一种为追求建筑造型新奇、怪异，而不惜浪费钢材的倾向是值得警惕的，譬如像中央电视台新楼这种在发达国家都难以通过的方案，在我国却建起来了，不仅浪费了大量钢材，还留有安全隐患，这与我国所处的发展中国家的经济地位是极不相称的。

1.4.3 设计方法的新发展

目前我国采用的概率极限状态设计法的特点是用各种不定性分析得到的失效概率（或可靠指标）去度量结构的可靠性，并使所设计的结构构件的可靠度达到预期的一致性和可比性。

但是该方法还有待发展，因为用它计算的可靠度还只是构件或某一截面的可靠度而不是结构体系的可靠度，该方法也不适用于构件或连接的疲劳验算。

目前大多数国家（当然包括我国）采用计算长度法计算钢结构的稳定问题。该方法的步骤是：采用一阶分析求解结构内力，按各种荷载组合求出各杆件的最不利内力，按第一类弹性稳定问题建立结构达临界状态时的特征方程，确定各压杆的计算长度；将各杆件隔离出来，按单独的压弯构件进行稳定承载力验算，验算中考虑了弹塑性、残余应力和几何缺陷等的影响。该方法的最大特点是采用计算长度系数来考虑结构体系对被隔离出来的构件的影响，计算比较简单，对比较规则的结构也可给出较好的结果。

《规范》在 5.3.3 条中列入了有支撑框架柱计算长度系数的有关条款，并给出了强、弱支撑框架的概念。认为弱支撑不足以阻止框架的侧移，其框架压杆的稳定系数可利用规范中查得的相应于有、无侧移框架柱的稳定系数经插值求得。该法计算比较简单，概念也较清楚，完善了有支撑框架的稳定计算方法。

计算长度法存在以下缺陷（以框架结构为例）：① 不考虑节间荷载的影响，按理想框架分枝失稳求特征值的方法求解稳定问题，得不到失稳时框架的准确位移，无法精确考虑二阶效应的影响；② 不能考虑结构体系中内力的塑性重分布，因此对大型结构体系常常给出保守的设计，使结构体系的可靠度高于构件的可靠度；③ 不能精确地考虑结构体系与它的构件之间的相互影响，无法在给定荷载下预测结构体系的破坏模式；④ 需要花费大量时间进行各构件的承载力验算，包括计算长度的计算；⑤ 不便于基于计算机的分析和设计。

要克服上述问题，必须开展以整个框架结构体系为对象的二阶非弹性分析，即所谓高等分析和设计。此时，可求得在特定荷载作用下框架体系的极限承载力和失效模态，而无需对各个构件进行验算。目前欧洲钢结构试行规范（EC3）和澳大利亚钢结构标准都列有二阶弹塑性分析或高等分析的条款。我国规范 GB 50017 则列入了无支撑纯框架可采用二阶弹性分析的条款。上述的方法主要是用来计算内力的，然后还要验算构件的承载力，只是计算长度或取构件的实际长度，或者按无侧移框架确定计算长度。

应当指出，同时考虑几何非线性和材料非线性的全过程分析（高等分析）给出的结构承载能力，将同时满足整个体系和它的组成构件的强度和稳定性的要求，可完全抛弃计算长度和单个构件验算的概念，对结构进行直接的分析和设计。但目前仅平面框架的高等分析和设计法研究的比较成熟，空间框架的高等分析距实用还有很大的一段距离有待跨越。

高等分析和设计方法的缺陷是：① 由于考虑了非线性的影响，对荷载的不同组合都需要单独进行分析，叠加原理不再适用；② 高等分析依赖于精确的计算模型，如果初选截面不合理，将耗费较多的时间调整截面；③ 构件的局部稳定和出平面空间稳定必须确保，目前的高等分析还不包括这些方面的验算内容；④ 该法是基于计算机的设计方法，无法进行手算，因此计算程序的优劣将直接影响设计效率。

高等分析和设计是一个正在发展和完善的新设计方法，而且是一种较精确的方法，可以用其来评价计算长度法的精度问题，提出有关计算长度法的改进建议。可以预期，在近期内这两种方法将并存，并获得共同的发展。今后，随着计算机技术的发展，高等分析和设计法将逐渐成为主要的设计方法。对于这一点，我们必须有清醒的认识，应加紧开展相应的研究，以便在下一次钢结构规范修订时能达到国际先进水平。

第2章
钢结构的材料

§2.1 概述

钢是以铁和碳为主要成分的合金，其中铁是最基本的元素，碳和其他元素所占比例甚少，但却左右着钢材的物理和化学性能。钢材的种类繁多，性能差别很大，适用于钢结构的钢材只是其中的一小部分。为了确保质量和安全，这些钢材应具有较高的强度、塑性和韧性，以及良好的加工性能。我国《规范》具体推荐碳素结构钢（carbon structural steels）中的Q235和低合金高强度结构钢（high strength low alloy structural steels）中的Q345、Q390和Q420等牌号的钢材作为承重钢结构用钢。

钢材的性能与其化学成分、组织构造、冶炼和成型方法等内在因素密切相关，同时也受到荷载类型、结构形式、连接方法和工作环境等外界因素的影响。本章简要介绍钢材的生产过程和组织构造；重点介绍钢材的主要性能以及各种因素对钢材性能的影响；介绍钢材的种类、规格及选用原则。

§2.2 钢材的生产

2.2.1 钢材的冶炼

除了天外来客——陨石中可能存在少量的天然铁之外，地球上的铁都蕴藏在铁矿中。从铁矿石开始到最终产品的钢材为止，钢材的生产大致可分为炼铁、炼钢和轧制三道工序。

1. 炼铁

矿石中的铁是以氧化物的形态存在的，因此要从矿石中得到铁，就要用与氧的亲和力比铁更大的物质——一氧化碳与碳等还原剂，通过还原作用从矿石中除去氧，还原出铁。同时，为了使砂质和粘土质的杂质（矿石中的废石）易于熔化为熔渣，常用石灰石作为熔剂。所有这些作用只有在足够的温度下才会发生，因此铁的冶炼都是在可以鼓入热风的高炉内进行。装入炉膛内的铁矿石、焦炭、石灰石和少量的锰矿石，在鼓入的热风中发生反应，在高温下成为熔融的生铁（含碳量超过2.06%的铁碳合金称为生铁或铸铁）和漂浮其上的熔渣。常温下的生铁质坚而脆，但由于其熔化温度低，在熔融状态下具有足够的流动性，且价格低廉，故在机械制造业的铸件生产中有广泛的应用。铸铁管是土木建筑业中少数应用生铁的例子之一。

2. 炼钢

含碳量在 2.06% 以下的铁碳合金称为碳素钢。因此，当用生铁制钢时，必须通过氧化作用除去生铁中多余的碳和其他杂质，使它们转变为氧化物进入渣中，或成气体逸出。这一作用也要在高温下进行，称为炼钢。常用的炼钢炉有三种形式：转炉、平炉和电炉。

电炉炼钢是利用电热原理，以废钢和生铁等为主要原料，在电弧炉内冶炼。由于不与空气接触，易于清除杂质和严格控制化学成分，炼成的钢质量好。但因耗电量大，成本高，一般只用来冶炼特种用途的钢材。

转炉炼钢是利用高压空气或氧气使炉内生铁熔液中的碳和其他杂质氧化，在高温下使铁液变为钢液。氧气顶吹转炉冶炼的钢中有害元素和杂质少，质量和加工性能优良，且可根据需要添加不同的元素，冶炼碳素钢和合金钢。由于氧气顶吹转炉可以利用高炉炼出的生铁熔液直接炼钢，生产周期短，效率高，质量好，成本低，已成为国内外发展最快的炼钢方法。

平炉炼钢是利用煤气或其他燃料供应热能，把废钢、生铁熔液或铸铁块和不同的合金元素等冶炼成各种用途的钢。平炉的原料广泛，容积大，产量高，冶炼工艺简单，化学成分易于控制，炼出的钢质量优良。但平炉炼钢周期长，效率低，成本高，现已逐渐被氧气顶吹转炉炼钢所取代。

3. 钢材的浇注和脱氧

按钢液在炼钢炉中或盛钢桶中进行脱氧的方法和程度的不同，碳素结构钢可分为沸腾钢、半镇静钢、镇静钢和特殊镇静钢四类。沸腾钢采用脱氧能力较弱的锰作脱氧剂，脱氧不完全，在将钢液浇注入钢锭模时，会有气体逸出，出现钢液的沸腾现象。沸腾钢在铸模中冷却很快，钢液中的氧化铁和碳作用生成的一氧化碳气体不能全部逸出，凝固后在钢材中留有较多的氧化铁夹杂和气孔，钢的质量较差。镇静钢采用锰加硅作脱氧剂，脱氧较完全，硅在还原氧化铁的过程中还会产生热量，使钢液冷却缓慢，使气体充分逸出，浇注时不会出现沸腾现象。这种钢质量好，但成本高。半镇静钢的脱氧程度介于上述二者之间。特殊镇静钢是在锰硅脱氧后，再用铝补充脱氧，其脱氧程度高于镇静钢。低合金高强度结构钢一般都是镇静钢。

随着冶炼技术的不断发展，用连续铸造法生产钢坯（用作轧制钢材的半成品）的工艺和设备已逐渐取代了笨重而复杂的铸锭—开坯—初轧的工艺流程和设备。连铸法的特点是：钢液由钢包经过中间包连续注入被水冷却的铜制铸模中，冷却后的坯材被切割成半成品。连铸法的机械化、自动化程度高，可采用电磁感应搅拌装置等先进设施提高产品质量，生产的钢坯整体质量均匀，但只有镇静钢才适合连铸工艺。因此国内大钢厂已很少生产沸腾钢，若采用沸腾钢，不但质量差，而且供货困难，价格并不便宜。

2.2.2 钢材的组织构造和缺陷

1. 钢材的组织构造

碳素结构钢是通过在强度较低而塑性较好的纯铁中加适量的碳来提高强度的，一般常用的低碳钢含碳量不超过 0.25%。低合金结构钢则是在碳素结构钢的基础上，适当添加总量不超过 5% 的其他合金元素，来改善钢材的性能。

碳素结构钢在常温下主要由铁素体和渗碳体（Fe_3C）所组成。铁素体是碳溶入体心立方晶体的α铁①中的固溶体，常温下溶碳仅0.000 8%，与纯铁的显微组织没有明显的区别，其强度、硬度较低，而塑性、韧性良好。铁素体在钢中形成不同取向的结晶群（晶粒），是钢的主要成分，约占重量的99%。渗碳体是铁碳化合物，含碳6.67%，其熔点高，硬度大，几乎没有塑性，在钢中其与铁素体晶粒形成机械混合物——珠光体，填充在铁素体晶粒的空隙中，形成网状间层（图2.2.1a）。珠光体强度很高，坚硬而富于弹性。另外，还有少量的锰、硅、硫、磷及其化合物溶解于铁素体和珠光体中。碳素钢的力学性能在很大程度上与铁素体和珠光体这两种成分的比例有关。同时，铁素体的晶粒越细小，珠光体的分布越均匀，钢的性能也就越好。

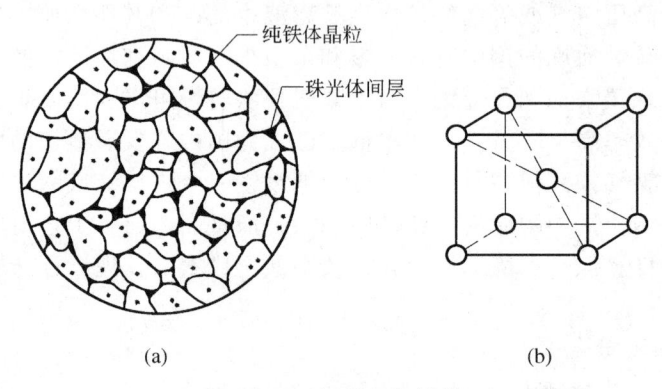

图2.2.1 钢的组织结构
（a）碳素钢多晶体结构示意图；（b）α铁的体心立方晶格

低合金结构钢是在低碳钢中加入少量的锰、硅、钒、铌、钛、铝、铬、镍、铜、氮、稀土等合金元素炼成的钢材，其组织结构与碳素钢类似。合金元素及其化合物溶解于铁素体和珠光体中，形成新的固溶体——合金铁素体和新的合金渗碳体组成的珠光体类网状间层，使钢材的强度得到提高，而塑性、韧性和焊接性能并不降低。

2. 钢材的铸造缺陷

当采用铸模浇注钢锭时，与连续铸造生产的钢坯质量均匀相反，由于冷却过程中向周边散热，各部分冷却速度不同，在钢锭内形成了不同的结晶带（图2.2.2）。靠近铸模外壳区形成了细小的等轴晶带，靠近中部形成了粗大的等轴晶带，在这两部分之间形成了柱状晶带。这种组织结构的不均匀性，会给钢材的性能带来差异。

钢在冶炼和浇注过程中还会产生其他的冶金缺陷，如偏析、非金属夹杂、气孔、缩孔和裂纹等。所谓偏析是指化学成分在钢内的分布不均匀，特别是有害元素如硫、磷等在钢锭中的富集现象；非金属夹杂是指钢中含有硫化物与氧化物等杂质；气孔是指由氧化铁与碳作用生成的一氧化碳气体，在浇注时不能充分逸出而留在钢锭中的微小孔洞；缩孔是因钢液在钢锭模中由外向内、自下而上凝固时体积收缩，因液面下降，最后凝固部位得不到钢液补充而形成；钢液在凝固中因先后次序的不同会引起内应力，拉力较大的部位可能出现裂纹。

钢材的组织构造和缺陷，均会对钢材的力学性能产生重要的影响。

---

① 纯铁在不同温度下有同素异构现象，在铁液凝固点1 538～1 394 ℃之间为高温体心立方晶格的δ铁，在912 ℃以下为α铁，而在1 394～912 ℃之间为面心立方晶格的γ铁。

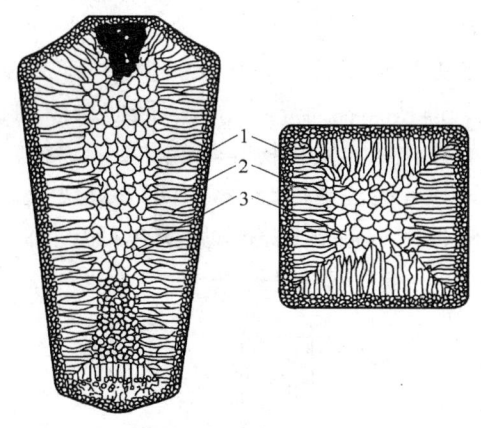

图 2.2.2 钢锭组织示意图
1—表面细晶粒层；2—柱状晶粒区；3—心部等轴晶粒区

2.2.3 钢材的加工

钢材的加工分为热加工、冷加工和热处理三种。将钢坯加热至塑性状态，依靠外力改变其形状，产生出各种厚度的钢板和型钢，称为热加工。在常温下对钢材进行加工称为冷加工。通过加热、保温、冷却的操作方法，使钢的组织结构发生变化，以获得所需性能的加工工艺称为热处理。

1. 热加工

将钢锭或钢坯加热至一定温度时，钢的组织将完全转变为奥氏体状态，奥氏体是碳溶入面心立方晶格的γ铁的固溶体，虽然含碳量很高，但其强度较低，塑性较好，便于塑性变形。因此钢材的轧制或锻压等热加工，经常选择在形成奥氏体时的适当温度范围内进行。选择原则是开始热加工时的温度不得过高，以免钢材氧化严重，而终止热加工时的温度也不能过低，以免钢材塑性差，引发裂纹。一般开轧和锻压温度控制在 1 150～1 300 ℃。

钢材的轧制是通过一系列轧辊，使钢坯逐渐辊轧成所需厚度的钢板或型钢，图 2.2.3 是宽翼缘 H 型钢的轧制示意图。钢材的锻压是将加热了的钢坯用锤击或模压的方法加工成所需的形状，钢结构中的某些连接零件常采用此种方法制造。

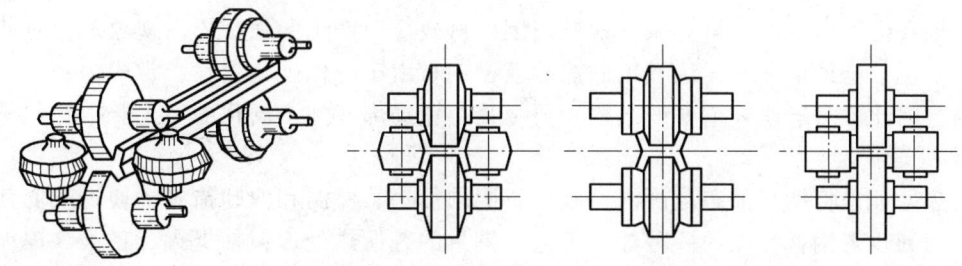

图 2.2.3 宽翼缘 H 型钢轧制示意图

热加工可破坏钢锭的铸造组织，使金属的晶粒变细，还可在高温和压力下压合钢坯中的气孔、裂纹等缺陷，改善钢材的力学性能。热轧薄板和壁厚较薄的热轧型钢，因辊轧次数较多，轧制的压缩比大，钢材的性能改善明显，其强度、塑性、韧性和焊接性能均优于厚板和厚壁型钢。钢材的强度按板厚分组就是这个缘故。

热加工使金属晶粒沿变形方向形成纤维组织，使钢材沿轧制方向（纵向）的性能优于垂直轧制方向（横向）的性能，即使其各向异性增大。因此对于钢板部件应沿其横向切取试件进行拉伸和冷弯试验。钢中的硫化物和氧化物等非金属夹杂，经轧制之后被压成薄片，对轧制压缩比较小的厚钢板来说，该薄片无法被压合，会出现分层现象。分层使钢板沿厚度方向受拉的性能恶化，在焊接连接处沿板厚方向有拉力作用（包括焊接产生的约束拉应力作用）时，可能出现层状撕裂现象（图2.2.4），应引起重视。

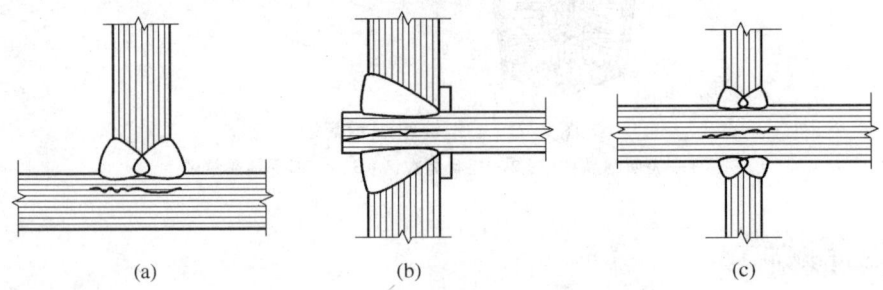

图 2.2.4　因焊接产生的层状撕裂

2. 冷加工

在常温或低于再结晶温度①情况下，通过机械的力量，使钢材产生所需要的永久塑性变形，获得需要的薄板或型钢的工艺称为冷加工。冷加工包括冷轧、冷弯、冷拔等延伸性加工，也包括剪、冲、钻、刨等切削性加工。冷轧卷板和冷轧钢板就是将热轧卷板或热轧薄板经带钢冷轧机进一步加工得到的产品。在轻钢结构中广泛应用的冷弯薄壁型钢和压型钢板也是经辊轧或模压冷弯所制成。组成平行钢丝束、钢绞线或钢丝绳等的基本材料——高强钢丝，就是由热处理的优质碳素结构钢盘条经多次连续冷拔而成的。

经过冷加工的钢材均产生了不同程度的塑性变形，金属晶粒沿变形方向被拉长，局部晶粒破碎，位错密度增加，并使残余应力增加。钢材经冷加工后，会产生局部或整体硬化，即在局部或整体上提高了钢材的强度和硬度，但却降低了塑性和韧性，这种现象称为冷作硬化（或应变硬化）。冷拔高强度钢丝充分利用了冷作硬化现象，在悬索结构中有广泛的应用。冷弯薄壁型钢结构在强度验算时，可有条件地利用因冷弯效应而产生的强度提高现象。但对截面复杂的钢构件来说，这种情况是无法利用的。相反，钢材由于冷作硬化变脆，常成为钢结构脆性断裂的起因。因此，对于比较重要的结构，要尽量避免局部冷加工硬化的发生。

3. 热处理

钢的热处理是将钢在固态范围内，施以不同的加热、保温和冷却措施，通过改变其内部组织构造，达到改善钢材性能的一种加工工艺。钢材的普通热处理包括退火、正火、淬火和回火四种基本工艺。

退火和正火是应用非常广泛的热处理工艺，用其可以消除加工硬化、软化钢材、细化晶

---

① 当温度超过再结晶温度时，由于冷加工而破碎拉长的晶粒会转变成新的等轴晶粒，但晶格的类型不变。碳素结构钢及合金钢的再结晶温度一般为 680~720℃。

粒、改善组织以提高钢的力学性能；消除残余应力，以防钢件的变形和开裂；为进一步的热处理作好准备。对一般低碳钢和低合金钢而言，其操作方法为：在炉中将钢材加热至 850～900 ℃，保温一段时间后，若随炉温冷却至 500 ℃ 以下，再放至空气中冷却的工艺称为完全退火；若保温后从炉中取出在空气中冷却的工艺称为正火。正火的冷却速度比退火快，正火后的钢材组织比退火细，强度和硬度有所提高。如果钢材在终止热轧时的温度正好控制在上述范围内，可得到正火的效果，称为控轧。如果热轧卷板的成卷温度正好在上述范围内，则卷板内部的钢材可得到退火的效果，钢材会变软。

还有一种去应力退火，又称低温退火，主要用来消除铸件、热轧件、锻件、焊接件和冷加工件中的残余应力。去应力退火的操作是将钢件随炉缓慢加热至 500～600 ℃，经一段时间后，随炉缓慢冷却至 300～200 ℃ 以下出炉。钢在去应力退火过程中并无组织变化，残余应力是在加热、保温和冷却过程中消除的。

淬火工艺是将钢件加热到 900 ℃ 以上，保温后快速在水中或油中冷却。在极大的冷却速度下原子来不及扩散，因此含有较多碳原子的面心立方晶格的奥氏体，以无扩散方式转变为碳原子过饱和的 α 铁固溶体，称为马氏体。由于 α 铁的含碳量是过饱和状态，从而使体心立方晶格被撑长为歪曲的体心正方晶格。晶格的畸变增加了钢材的强度和硬度，同时使塑性和韧性降低。马氏体是一种不稳定的组织，不宜用于建筑结构。

回火工艺是将淬火后的钢材加热到某一温度进行保温，而后在空气中冷却。其目的是消除残余应力，调整强度和硬度，减少脆性，增加塑性和韧性，形成较稳定的组织。将淬火后的钢材加热至 500～650 ℃，保温后在空气中冷却，称为高温回火。高温回火后的马氏体转化为铁素体和粒状渗碳体的机械混合物，称为索氏体。索氏体钢具有强度、塑性、韧性都较好的综合力学性能。通常称淬火加高温回火的工艺为调质处理。强度较高的钢材，如 Q420 中的 C、D、E 级钢和高强度螺栓的钢材都要经过调质处理。

§2.3 钢材的主要性能

2.3.1 钢材的破坏形式

钢材有两种完全不同的破坏形式：塑性破坏（ductile fracture）和脆性破坏（brittle fracture）。钢结构所用的钢材在正常使用条件下，虽然有较高的塑性和韧性，但在某些条件下，仍然存在发生脆性破坏的可能性。

塑性破坏的主要特征是，破坏前具有较大的塑性变形，常在钢材表面出现明显的相互垂直交错的锈迹剥落线。只有当构件中的应力达到抗拉强度后才会发生破坏，破坏后的断口呈纤维状，色泽发暗。由于塑性破坏前总有较大的塑性变形发生，且变形持续时间较长，容易被发现和抢修加固，因此不至发生严重后果。钢材塑性破坏前的较大塑性变形能力，可以实现构件和结构中的内力重分布，钢结构的塑性设计就是建立在这种足够的塑性变形能力上。

脆性破坏的主要特征是，破坏前塑性变形很小，或根本没有塑性变形，而突然迅速断裂。破坏后的断口平直，呈有光泽的晶粒状或有人字纹。由于破坏前没有任何预兆，破坏速度又极快，无法察觉和补救，而且一旦发生常引发整个结构的破坏，后果非常严重，因此在钢结构的设计、施工和使用过程中，要特别注意防止这种破坏的发生。

钢材存在的两种破坏形式与其内在的组织构造和外部的工作条件有关。试验和分析均证明，在剪力作用下，具有体心立方晶格的铁素体很容易通过位错移动形成滑移，即形成塑性变形；而其抵抗沿晶格方向伸长至拉断的能力却强大得多，因此当单晶铁素体承受拉力作用时，总是首先沿最大剪应力方向产生塑性滑移变形（图 2.3.1）。实际钢材是由铁素体和珠光体等组成的，由于珠光体间层的限制，阻遏了铁素体的滑移变形，因此受力初期表现出弹性性能。当应力达到一定数值，珠光体间层失去了约束铁素体在最大剪应力方向滑移的能力，此时钢材将出现屈服现象，先前铁素体被约束了的塑性变形就充分表现出来，直到最后破坏。显然当内外因素使钢材中铁素体的塑性变形无法发生时，钢材将出现脆性破坏。

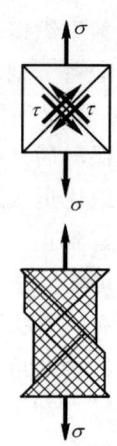

图 2.3.1 铁素体单晶体的塑性滑移

2.3.2 钢材在单向一次拉伸下的工作性能

钢材的多项性能指标可通过单向一次（也称单调）拉伸试验获得。试验一般都是在标准条件下进行的，即：试件的尺寸符合国家标准，表面光滑，没有孔洞、刻槽等缺陷；荷载分级逐次增加，直到试件破坏；室温为 20 ℃ 左右。图 2.3.2 给出了相应钢材的单调拉伸应力-应变曲线。由低碳钢和低合金钢的试验曲线看出，在比例极限（proportional limit）σ_p 以前钢材的工作是弹性的；比例极限以后，进入了弹塑性阶段；达到了屈服点（yield point 或 yield strength）f_y 后，出现了一段纯塑性变形，也称为塑性平台；此后强度又有所提高，出现所谓自强阶段，直至产生颈缩而破坏。破坏时的残余延伸率表示钢材的塑性性能。调质处理的低合金钢没有明显的屈服点和塑性平台。这类钢的屈服点是以卸载后试件中残余应变为 0.2% 所对应的应力人为定义的，称为名义屈服点或 $f_{0.2}$（见图 2.3.2）。

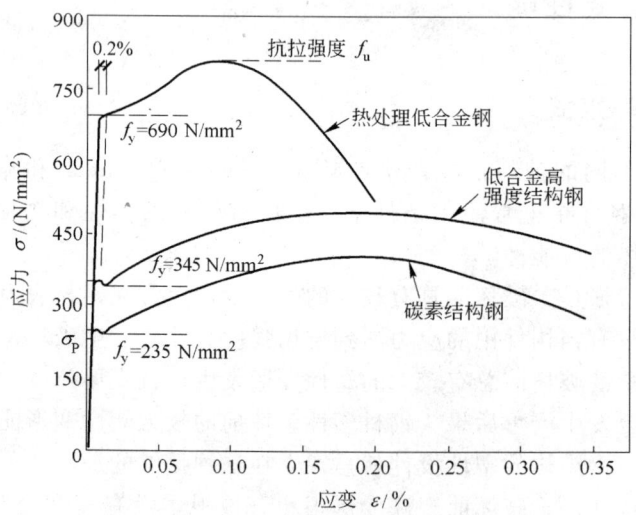

图 2.3.2 钢材的单调拉伸应力-应变曲线

钢材的单调拉伸应力-应变曲线提供了三个重要的力学性能指标：抗拉强度（tensile strength）f_u、伸长率（elongation）δ 和屈服点 f_y。抗拉强度 f_u 是钢材一项重要的强度指标，它反映钢材受拉时所能承受的极限应力。伸长率 δ 是衡量钢材断裂前所具有的塑性变形能力的指标，以试件破坏后在标定长度内的残余应变表示。取圆试件直径的 5 倍或 10 倍为标定长度，其相应伸长率分别用 δ_5 或 δ_{10} 表示。屈服点 f_y 是钢结构设计中应力允许达到的最大限值，因为当构件中的应力达到屈服点时，结构会因过度的塑性变形而不适于继续承载。承重结构的钢材应满足相应国家标准对上述三项力学性能指标的要求。

断面收缩率 Ψ 是试样拉断后，颈缩处横断面积的最大缩减量与原始横断面积的百分比，也是单调拉伸试验提供的一个塑性指标。Ψ 越大，塑性越好。在国家标准 GB/T 5313—1985《厚度方向性能钢板》中，使用沿厚度方向的标准拉伸试件的断面收缩率来定义 Z 向钢的种类，如 Ψ 分别大于或等于 15%、25%、35% 时，为 Z15、Z25、Z35 钢。

由单调拉伸试验还可以看出钢材的韧性好坏。韧性可以用材料破坏过程中单位体积吸收的总能量来衡量，包括弹性能和非弹性能两部分，其数值等于应力-应变曲线（图 2.3.2）下的总面积。当钢材有脆性破坏的趋势时，裂纹扩展释放出来的弹性能往往成为裂纹继续扩展的驱动力，而扩展前所消耗的非弹性能量则属于裂纹扩展的阻力。因此，上述的静力韧性中非弹性能所占的比例越大，材料抵抗脆性破坏的能力越高。

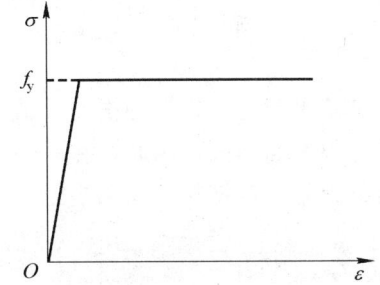

由图 2.3.2 可以看到，屈服点以前的应变很小，如把钢材的弹性工作阶段提高到屈服点，且不考虑自强阶段，则可把应力-应变曲线简化为图 2.3.3 所示的两条直线，称为理想弹塑性体的工作曲线。它表示钢材在屈服点以前应力与应变关系符合胡克定律，接近理想弹性体工作；屈服点以后塑性平台阶段又近似于理想的塑性体工作。

图 2.3.3 理想弹塑性体应力-应变曲线

这一简化，与实际误差不大，却大大方便了计算，成为钢结构弹性设计和塑性设计的理论基础。

2.3.3 钢材的其他性能

1. 冷弯性能

钢材的冷弯性能（cold-bending behavior）由冷弯试验确定。试验时，根据钢材的牌号和不同的板厚，按国家相关标准规定的弯心直径，在试验机上把试件弯曲 180°（图 2.3.4），以试件表面和侧面不出现裂纹和分层为合格。冷弯试验不仅能检验材料承受规定的弯曲变形能力的大小，还能显示其内部的冶金缺陷，因此是判断钢材塑性变形能力和冶金质量的综合指标。焊接承重结构以及重要的非焊接承重结构采用的钢材，均应具有冷弯试验的合格保证。

2. 冲击韧性

由单调拉伸试验获得的韧性没有考虑应力集中和动荷作用的影响，只能用来比较不同钢材在正常情况下的韧性好坏。冲击韧性也称缺口韧性（notch toughness）是评定带有缺口的钢材在冲击荷载

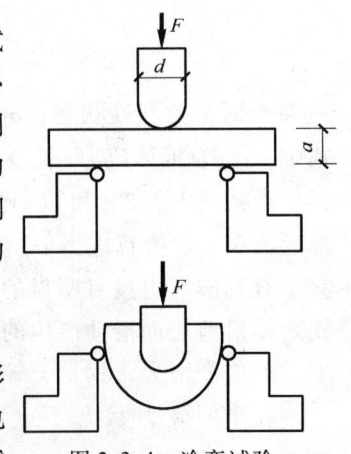

图 2.3.4 冷弯试验

作用下抵抗脆性破坏能力的指标,通常用带有夏比 V 型缺口 (Charpy V-notch) 的标准试件做冲击试验 (图 2.3.5),以冲断试样所消耗的能量的大小来判断钢材缺口韧性的高低。缺口冲击韧性简称冲击韧性或冲击功,冲击功用 A_{kv} 表示,单位为 J。

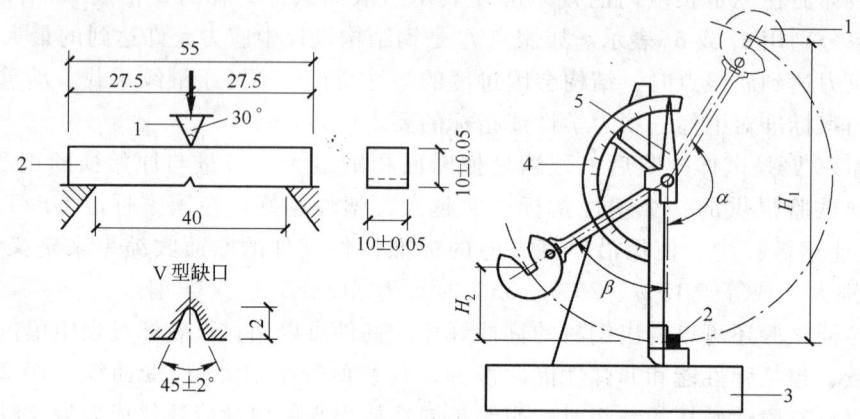

图 2.3.5 夏比 V 型缺口冲击试验和标准试件
1—摆锤;2—试件;3—试验机台座;4—刻度盘;5—指针

试验表明,钢材的冲击韧性值随温度的降低而降低,但不同牌号和质量等级钢材的降低规律又有很大的不同。因此,在寒冷地区承受动力作用的重要承重结构,应根据其工作温度和所用钢材牌号,对钢材提出相当温度下的冲击韧性指标的要求,以防脆性破坏发生。

2.3.4 钢材在复杂应力状态下的屈服条件

单调拉伸试验得到的屈服点是钢材在单向应力作用下的屈服条件,实际结构中,钢材常常受到平面或三向应力作用。根据形状改变比能理论(或称剪应变能量理论),钢在复杂应力状态由弹性过渡到塑性的条件,也称米泽斯屈服条件 (Mises yield condition) 为:

$$\sigma_{zs} = \sqrt{\sigma_x^2 + \sigma_y^2 + \sigma_z^2 - (\sigma_x\sigma_y + \sigma_y\sigma_z + \sigma_z\sigma_x) + 3(\tau_{xy}^2 + \tau_{yz}^2 + \tau_{zx}^2)} = f_y \quad (2.3.1)$$

或以主应力表示为:

$$\sigma_{zs} = \sqrt{\frac{1}{2}[(\sigma_1 - \sigma_2)^2 + (\sigma_2 - \sigma_3)^2 + (\sigma_3 - \sigma_1)^2]} = f_y \quad (2.3.2)$$

$\sigma_{zs} \geq f_y$ 时,为塑性状态;$\sigma_{zs} < f_y$ 时,为弹性状态。

式中,σ_{zs} 为折算应力;f_y 为单向应力作用下的屈服点。其他应力见图 2.3.6。

由式 (2.3.2) 可以明显看出,当 σ_1、σ_2、σ_3 为同号应力且数值接近时,即使它们各自都远大于 f_y,折算应力 σ_{zs} 仍小于 f_y,说明钢材很难进入塑性状态。当为三向拉应力作用时,甚至直到破坏也没有明显的塑性变形产生,破坏表现为脆性。这是因为钢材的塑性变形主要是铁素体沿剪切面滑动产生的,同号应力场剪应力很小,钢材转变为脆性。相反,在异号应力场下,剪应变增大,钢材会较早地进入塑性状态,提高了钢材的塑性性能。

在平面应力状态下(如钢材厚度较薄时,厚度方向应力很小,常可忽略不计),式 (2.3.1) 成为:

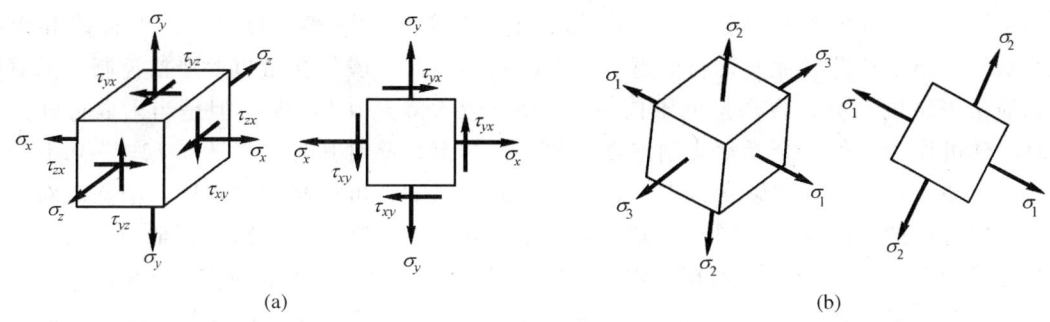

图 2.3.6　钢材单元体上的复杂应力状态
(a) 一般应力分量状态；(b) 主应力状态

$$\sigma_{zs} = \sqrt{\sigma_x^2 + \sigma_y^2 - \sigma_x\sigma_y + 3\tau_{xy}^2} = f_y \tag{2.3.3}$$

当只有正应力和剪应力时，为：

$$\sigma_{zs} = \sqrt{\sigma^2 + 3\tau^2} = f_y \tag{2.3.4}$$

当承受纯剪时，变为 $\sigma_{zs} = \sqrt{3\tau^2} = f_y$，或 $\tau = f_y/\sqrt{3} = \tau_y$，则有：

$$\tau_y = 0.58 f_y \tag{2.3.5}$$

式中，τ_y 为钢材的屈服剪应力，或剪切屈服强度，有时也用 f_{vy} 表示。

§2.4　各种因素对钢材性能的影响

2.4.1　化学成分的影响

正如§2.1所述，钢是以铁和碳为主要成分的合金，虽然碳和其他元素所占比例甚少，但却左右着钢材的性能。

碳是各种钢中的重要元素之一，在碳素结构钢中则是铁以外的最主要元素。碳是形成钢材强度的主要成分，随着含碳量的提高，钢的强度逐渐增高，而塑性和韧性下降，冷弯性能、焊接性能和抗锈蚀性能等也变劣。碳素钢按碳的含量区分，小于0.25%的为低碳钢，介于0.25%和0.6%之间的为中碳钢，大于0.6%的为高碳钢。含碳量超过0.3%时，钢材的抗拉强度很高，但却没有明显的屈服点，且塑性很小。含碳量超过0.2%时，钢材的焊接性能将开始恶化。因此，规范推荐的钢材，含碳量均不超过0.22%，对于焊接结构则严格控制在0.2%以内。

硫是有害元素，常以硫化铁形式夹杂于钢中。当温度达 800～1 000 ℃ 时，硫化铁会熔化使钢材变脆，因而在进行焊接或热加工时，有可能引发热裂纹，称为热脆。此外，硫还会降低钢材的冲击韧性、疲劳强度、抗锈蚀性能和焊接性能等。非金属硫化物夹杂经热轧加工后还会在厚钢板中形成局部分层现象，在采用焊接连接的节点中，沿板厚方向承受拉力时，会发生层状撕裂破坏。因而应严格限制钢材中的含硫量，随着钢材牌号和质量等级的提高，含硫量的限值由0.05%依次降至0.025%，厚度方向性能钢板（抗层状撕裂钢板）的含硫量更限制在0.01%以下。

磷可提高钢的强度和抗锈蚀能力，但却严重地降低钢的塑性、韧性、冷弯性能和焊接性能，特别是在温度较低时促使钢材变脆，称为冷脆。因此，磷的含量也要严格控制，随着钢材牌号和质量等级的提高，含磷量的限值由 0.045% 依次降至 0.025%。但是当采取特殊的冶炼工艺时，磷可作为一种合金元素来制造含磷的低合金钢，此时其含量可达 0.12% ~ 0.13%。

锰是有益元素，在普通碳素钢中，它是一种弱脱氧剂，可提高钢材强度，消除硫对钢的热脆影响，改善钢的冷脆倾向，同时不显著降低塑性和韧性。锰还是我国低合金钢的主要合金元素，其含量为 0.8% ~ 1.8%。但锰对焊接性能不利，因此含量也不宜过多。

硅是有益元素，在普通碳素钢中，它是一种强脱氧剂，常与锰共同除氧，生产镇静钢。适量的硅，可以细化晶粒，提高钢的强度，而对塑性、韧性、冷弯性能和焊接性能无显著不良影响。硅的含量在一般镇静钢中为 0.12% ~ 0.30%，在低合金钢中为 0.2% ~ 0.55%。过量的硅会恶化焊接性能和抗锈蚀性能。

钒、铌、钛等元素在钢中形成微细碳化物，加入适量，能起细化晶粒和弥散强化作用，从而提高钢材的强度和韧性，又可保持良好的塑性。

铝是强脱氧剂，还能细化晶粒，可提高钢的强度和低温韧性，在要求低温冲击韧性合格保证的低合金钢中，其含量不小于 0.015%。

铬、镍是提高钢材强度的合金元素，用于 Q390 及以上牌号的钢材中，但其含量应受限制，以免影响钢材的其他性能。

铜和铬、镍、钼等其他合金元素，可在金属基体表面形成保护层，提高钢对大气的抗腐蚀能力，同时保持钢材具有良好的焊接性能。在我国的焊接结构用耐候钢中，铜的含量为 0.20% ~ 0.40%。

镧、铈等稀土元素（RE）可提高钢的抗氧化性，并改善其他性能，在低合金钢中其含量按 0.02% ~ 0.20% 控制。

氧和氮属于有害元素。氧与硫类似（使钢热脆），氮的影响和磷类似，因此其含量均应严格控制。但当采用特殊的合金组分匹配时，氮可作为一种合金元素来提高低合金钢的强度和抗腐蚀性，如在九江长江大桥中已成功使用的 15MnVN 钢，就是 Q420 中的一种含氮钢，氮含量控制在 0.010% ~ 0.020%。

氢是有害元素，呈极不稳定的原子状态溶解在钢中，其溶解度随温度的降低而降低，常在结构疏松区域、孔洞、晶格错位和晶界处富集，生成氢分子，产生巨大的内压力，使钢材开裂，称为氢脆。氢脆属于延迟性破坏，在有拉应力作用下，常需要经过一定孕育发展期才会发生。在破裂面上常可见到白点，称为氢白点。含碳量较低且硫、磷含量较少的钢，氢脆敏感性低。钢的强度等级越高，对氢脆越敏感。

2.4.2 钢材的焊接性能

钢材的焊接性能受含碳量和合金元素含量的影响。当含碳量在 0.12% ~ 0.20% 范围内时，碳素钢的焊接性能最好；含碳量超过上述范围时，焊缝及热影响区容易变脆。一般 Q235A 的含碳量较高，且含碳量不作为交货条件，因此这一牌号通常不能用于焊接构件。而 Q235B、C、D 的含碳量控制在上述的适宜范围之内，是适合焊接使用的普通碳素钢牌号。在高强度低合金钢中，低合金元素大多对可焊性有不利影响，我国行业标准 JGJ 81—2002《建筑钢结构焊

§2.4 各种因素对钢材性能的影响

接技术规程》推荐使用碳当量来衡量低合金钢的可焊性,其计算公式如下:

$$C_E = C + \frac{Mn}{6} + \frac{Cr + Mo + V}{5} + \frac{Ni + Cu}{15} \quad (2.4.1)$$

式中,C、Mn、Cr、Mo、V、Ni、Cu 分别为碳、锰、铬、钼、钒、镍和铜的百分含量。当 C_E 不超过 0.38% 时,钢材的可焊性很好,可以不用采取措施直接施焊;当 C_E 在 0.38%~0.45% 范围内时,钢材呈现淬硬倾向,施焊时需要控制焊接工艺,采用预热措施并使热影响区缓慢冷却,以免发生淬硬开裂;当 C_E 大于 0.45% 时,钢材的淬硬倾向更加明显,需严格控制焊接工艺和预热温度才能获得合格的焊缝。

钢材焊接性能的优劣除了与钢材的碳当量有直接关系之外,还与母材厚度、焊接方法、焊接工艺参数以及结构形式等条件有关。目前,国内外都采用可焊性试验的方法来检验钢材的焊接性能,从而制定出重要结构和构件的焊接制度和工艺。

2.4.3 钢材的硬化

钢材的硬化有三种情况:时效硬化、冷作硬化(或应变硬化)和应变时效硬化。

在高温时溶于铁中的少量氮和碳,随着时间的增长逐渐由固溶体中析出,生成氮化物和碳化物,散存在铁素体晶粒的滑动界面上,对晶粒的塑性滑移起到遏制作用,从而使钢材的强度提高,塑性和韧性下降(图 2.4.1a)。这种现象称为时效硬化(也称老化)。产生时效硬化的过程一般较长,但在振动荷载、反复荷载及温度变化等情况下,会加速发展。

在冷加工(或一次加载)使钢材产生较大的塑性变形的情况下,卸荷后再重新加载,钢材的屈服点提高,塑性和韧性降低的现象称为冷作硬化(图 2.4.1a)。

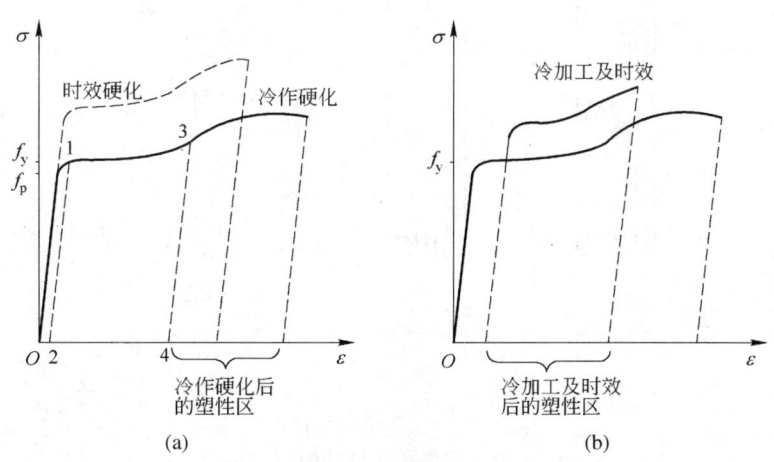

图 2.4.1 硬化对钢材性能的影响
(a) 时效硬化及冷作硬化; (b) 应变时效硬化

在钢材产生一定数量的塑性变形后,铁素体晶体中的固溶氮和碳将更容易析出,从而使已经冷作硬化的钢材又发生时效硬化现象,称为应变时效硬化(图 2.4.1b)。这种硬化在高温作用下会快速发展,人工时效就是据此提出来的,方法是:先使钢材产生 10% 左右的塑性变形,卸载后再加热至 250 ℃,保温一小时后在空气中冷却。用人工时效后的钢材进行冲击韧性试验,可以判断钢材的应变时效硬化倾向,确保结构具有足够的抗脆性破坏能力。

正如本章有关钢材的冷加工部分所述,对于比较重要的钢结构,要尽量避免局部冷作硬化现象的发生。如钢材的剪切和冲孔,会使切口和孔壁发生分离式的塑性破坏,在剪断的边缘和冲出的孔壁处产生严重的冷作硬化,甚至出现微细的裂纹,促使钢材局部变脆。此时,可将剪切处刨边;冲孔用较小的冲头,冲完后再行扩钻或完全改为钻孔的办法来除掉硬化部分或根本不发生硬化。

2.4.4　应力集中的影响

由单调拉伸试验所获得的钢材性能,只能反映钢材在标准试验条件下的性能,即应力均匀分布且是单向的。实际结构中不可避免地存在孔洞、槽口、截面突然改变以及钢材内部缺陷等,此时截面中的应力分布不再保持均匀,由于主应力线在绕过孔口等缺陷时发生弯转,不仅在孔口边缘处会产生沿力作用方向的应力高峰,而且会在孔口附近产生垂直于力的作用方向的横向应力,甚至会产生三向拉应力(如图 2.4.2 所示),而且厚度越厚的钢板,在其缺口中心部位的三向拉应力也越大,这是因为在轴向拉力作用下,缺口中心沿板厚方向的收缩变形受到较大的限制,形成所谓平面应变状态所致。应力集中的严重程度用应力集中系数衡量,缺口边缘沿受力方向的最大应力 σ_{max} 和净截面的平均应力 $\sigma_0 = N/A_n$(A_n 为净截面面积)的比值称为应力集中系数,即 $k = \sigma_{max}/\sigma_0$。图 2.4.2 中的 σ_a 是按毛截面计算的平均应力。

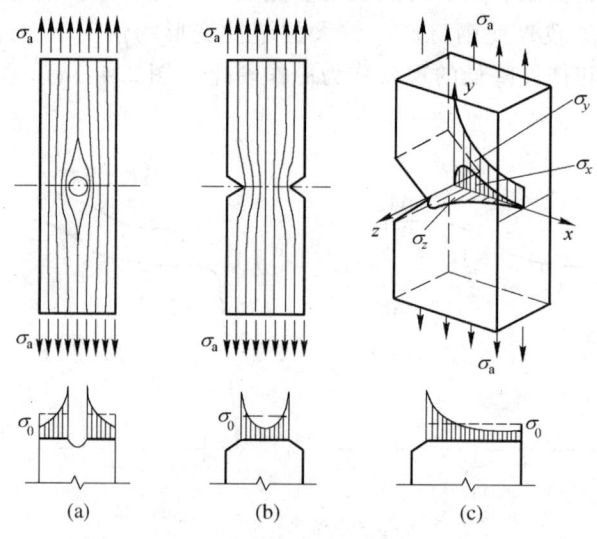

图 2.4.2　板件在孔口处的应力集中

(a) 薄板圆孔处的应力分布;(b) 薄板缺口处的应力分布;(c) 厚板缺口处的应力分布

由公式(2.3.1)或(2.3.2)可知,当出现同号力场或同号三向力场时,钢材将变脆,而且应力集中越严重,出现的同号三向力场的应力水平越接近,钢材越趋于脆性。具有不同缺口形状的钢材拉伸试验结果也表明(如图 2.4.3 所示,其中第 1 种试件为标准试件,2、3、4 为不同应力集中水平的对比试件),截面改变的尖锐程度越大的试件,其应力集中现象就越严重,引起钢材脆性破坏的危险性就越大。第 4 种试件已无明显屈服点,表现出高强钢的脆性破坏特征。

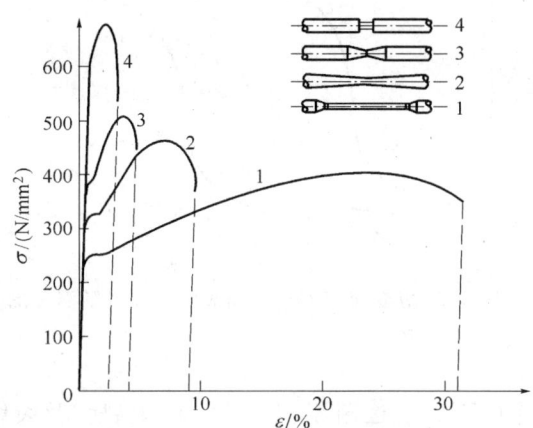

图 2.4.3 应力集中对钢材性能的影响

应力集中现象还可能由内应力产生。内应力的特点是力系在钢材内自相平衡，而与外力无关，其在浇注、轧制和焊接加工过程中，因不同部位钢材的冷却速度不同，或因不均匀加热和冷却而产生。其中焊接残余应力的量值往往很高，在焊缝附近的残余拉应力常达到屈服点，而且在焊缝交叉处经常出现双向、甚至三向残余拉应力场，使钢材局部变脆。当外力引起的应力与内应力处于不利组合时，会引发脆性破坏。

因此，在进行钢结构设计时，应尽量使构件和连接节点的形状和构造合理，防止截面的突然改变。在进行钢结构的焊接构造设计和施工时，应尽量减少焊接残余应力。

2.4.5 荷载类型的影响

荷载可分为静力的和动力的两大类。静力荷载中的永久荷载属于一次加载，活荷载可看作重复加载。动力荷载中的冲击荷载属于一次快速加载，吊车梁所受的吊车荷载以及建筑结构所承受的地震作用则属于连续交变荷载，或称循环荷载。

1. 加载速度的影响

在冲击荷载作用下，加载速度很高，由于钢材的塑性滑移在加载瞬间跟不上应变速率，因而反映出屈服点提高的倾向。但是，试验研究表明，在 20 ℃左右的室温环境下，虽然钢材的屈服点和抗拉强度随应变速率的增加而提高，塑性变形能力却没有下降，反而有所提高，即处于常温下的钢材在冲击荷载作用下仍保持良好的强度和塑性变形能力。

应变速率在温度较低时对钢材性能的影响要比常温下大得多。图 2.4.4 给出了三条不同应变速率下的缺口韧性试验结果与温度的关系曲线，图中中等加载速率相当于应变速率 $\dot{\varepsilon}=10^{-3}\ \mathrm{s}^{-1}$，即每秒施加应变 $\varepsilon=0.1\%$，若以 100 mm 为标定长度，其加载速度相当于 0.1 mm/s。由图中可以看出，随着加载速率的减小，曲线向温度较低侧移动。在温度较高和较低两侧，三条曲线趋于接近，应变速率的影响变得不十分明显，但在常用温度范围内其对应变速率的影响十分敏感，即在此温度范围内，加载速率越高，缺口试件断裂时吸收的能量越低，变得越脆。因此在钢结构防止低温脆性破坏设计中，应考虑加载速率的影响。

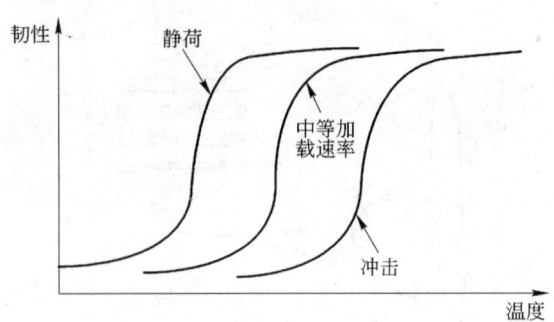

图 2.4.4 不同应变速率下钢材断裂吸收能量随温度的变化

2. 循环荷载的影响

钢材在连续交变荷载作用下，会逐渐累积损伤、产生裂纹及裂纹逐渐扩展，直到最后破坏，这种现象称为疲劳（fatigue）。按照断裂寿命和应力高低的不同，疲劳可分为高周疲劳（high-cycle fatigue）和低周疲劳（low-cycle fatigue）两类。高周疲劳的断裂寿命较长，断裂前的应力循环次数 $n \geq 5\times 10^4$，断裂应力水平较低，$\sigma < f_y$，因此也称低应力疲劳或疲劳，一般常见的疲劳多属于这类。低周疲劳的断裂寿命较短，破坏前的循环次数 $n = 10^2 \sim 5\times 10^4$，断裂应力水平较高，$\sigma \geq f_y$，伴有塑性应变发生，因此也称为应变疲劳或高应力疲劳。有关高周疲劳的内容将在下节叙述，本节重点介绍有关低周疲劳的若干概念。

试验研究发现，当钢材承受拉力至产生塑性变形，卸载后，再使其受拉，其受拉的屈服强度将提高至卸载点（冷作硬化现象）；而当卸载后使其受压，其受压的屈服强度将低于一次受压时所获得的值。这种经预拉后抗拉强度提高，抗压强度降低的现象称为包辛格效应（Bauschinger effect），如图 2.4.5a 所示。在交变荷载作用下，随着应变幅值的增加，钢材的应力-应变曲线将形成滞回环（hysteresis loops），如图 2.4.5b 所示。低碳钢的滞回环丰满而稳定，滞回环所围的面积代表荷载循环一次单位体积的钢材所吸收的能量，在多次循环荷载作用下，将吸收大量的能量，十分有利于抗震。

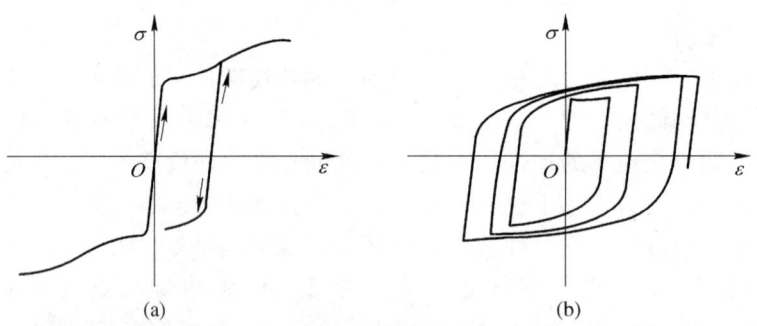

图 2.4.5 钢材的包辛格效应和滞回环

显然，在循环应变幅值作用下，钢材的性能仍然用由单调拉伸试验引伸出的理想应力-应变曲线（图 2.4.6a）表示将会带来较大的误差，此时采用双线型和三线型曲线（图 2.4.6b、c）模拟钢材性能将更为合理。钢构件和节点在循环应变幅值作用下的滞回性能要比钢材的复杂得

§2.4　各种因素对钢材性能的影响

多，受很多因素的影响，应通过试验研究或较精确的模拟分析获得。钢结构在地震荷载作用下的低周疲劳破坏，大部分是由于构件或节点的应力集中区域产生了宏观的塑性变形，由循环塑性应变累积损伤到一定程度后发生的。其疲劳寿命取决于塑性应变幅值的大小，塑性应变幅值大的疲劳寿命就低。由于问题的复杂性，有关低周疲劳问题的研究还在发展和完善过程中。

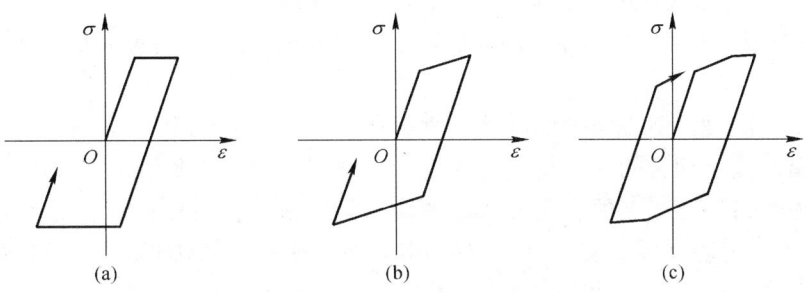

图 2.4.6　钢材在滞回应变荷载作用下应力应变简化模拟

2.4.6　温度的影响

钢材的性能受温度的影响十分明显，图 2.4.7 给出了低碳钢在不同正温下的单调拉伸试验结果。由图中可以看出，在 150 ℃ 以内，钢材的强度、弹性模量和塑性均与常温相近，变化不大。但在 250 ℃ 左右，抗拉强度有局部性提高，伸长率和断面收缩率均降至最低，出现了所谓的蓝脆现象（钢材表面氧化膜呈蓝色）。显然钢材的热加工应避开这一温度区段。在 300 ℃ 以后，强度和弹性模量均开始显著下降，塑性显著上升，达到 600 ℃ 时，强度几乎为零，塑性急剧上升，钢材处于热塑性状态。

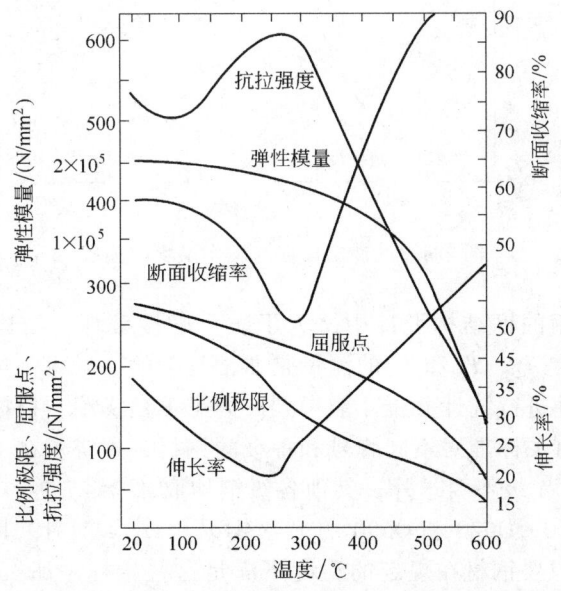

图 2.4.7　低碳钢在高温下的性能

由上述可以看出，钢材具有一定的抗热性能，但不耐火，一旦钢结构的温度达 600 ℃ 及以上时，会在瞬间因热塑而倒塌。因此受高温作用的钢结构，应根据不同情况采取防护措施：当结构可能受到炽热熔化金属的侵害时，应采用砖或耐热材料做成的隔热层加以保护；当结构表面长期受辐射热达 150 ℃ 以上或在短时间内可能受到火焰作用时，应采取有效的防护措施（如加隔热层或水套等）。防火是钢结构设计中应考虑的一个重要问题，通常按国家有关防火的规范或标准，根据建筑物的防火等级对不同构件所要求的耐火极限进行设计，选择合适的防火保护层（包括防火涂料等的种类、涂层或防火层的厚度及质量要求等）。

当温度低于常温时，随着温度的降低，钢材的强度提高，而塑性和韧性降低，逐渐变脆，称为钢材的低温冷脆。钢材的冲击韧性对温度十分敏感，图 2.4.8 给出了冲击韧性与温度的关系。图中实线为冲击功随温度的变化曲线，虚线为试件断口中晶粒状区所占面积随温度的变化曲线，温度 T_1 也称为脆性转变温度（Nil Ductility Temperature，NDT），为脆性转变温度或零塑性转变温度，在该温度以下，冲击试件断口由 100% 晶粒状组成，表现为完全的脆性破坏。温度 T_2 也称为全塑性转变温度（Fracture Transition Plastic，FTP），在该温度以上，冲击试件的断口由 100% 纤维状组成，表现为完全的塑性破坏。温度由 T_2 向 T_1 降低的过程中，钢材的冲击功急剧下降，试件的破坏性质也从韧性变为脆性，故称该温度区间为脆性转变温度区。冲击功曲线的反弯点（或最陡点）对应的温度 T_0 称为转变温度。不同牌号和等级的钢材具有不同的转变温度区和转变温度，均应通过试验来确定。

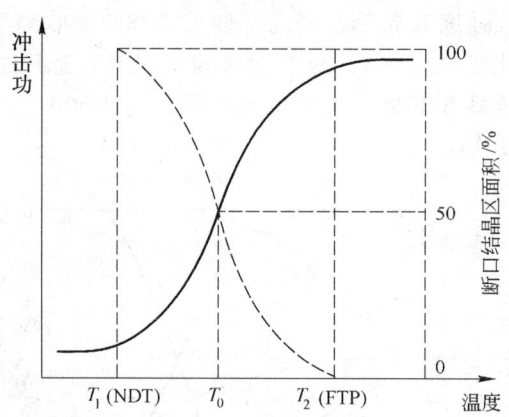

图 2.4.8　冲击韧性与工作温度的关系

在直接承受动力作用的钢结构设计中，为了防止脆性破坏，结构的工作温度应大于 T_1，接近 T_0，可小于 T_2。但是 T_1、T_2 和 T_0 的测量是非常复杂的，对每一炉钢材，都要在不同的温度下做大量的冲击试验并进行统计分析才能得到。为了工程实用，根据大量的使用经验和试验资料的统计分析，我国有关标准对不同牌号和等级的钢材，规定了在不同温度下的冲击韧性指标，例如对 Q235 钢，除 A 级不要求外，其他各级钢均取 $A_{kv} \geq 27$ J；对低合金高强度钢，除 A 级不要求外，Q500、Q550、Q620 和 Q690 的 E 级钢采用 $A_{kv} \geq 31$ J，其他板厚小于 150 mm 的各级钢均取 $A_{kv} \geq 34$ J。只要钢材在规定的温度下满足这些指标，那么就可按《规范》的有关规定，根据结构所处的工作温度，选择相应的钢材作为防脆断措施。

2.4.7 防止脆性断裂的方法

由上述介绍可以看出,影响钢材在一定条件下出现脆性破坏的因素主要有:钢材的内在因素,如钢材的化学成分、组织构造和缺陷等;钢材的外在因素,如构造缺陷和焊接加工引起的应力集中(特别是厚板的应力集中)、低温影响、动荷作用、冷作硬化和应变时效硬化等。因此,为了防止脆性破坏的发生,应在钢结构的设计、制造和使用过程中注意以下各点。

(1) 合理设计

首先,应正确选用钢材。随着钢材强度的提高,其韧性和工艺性能一般都有所下降。因此,不宜采用比实际需要强度更高的材料。同时,对于低温下工作、受动力荷载的钢结构,应使所选钢材的脆性转变温度低于结构的工作温度,例如,分别选择适当质量等级的 Q235、Q345 等钢材,并应尽量使用较薄的型钢和板材。构造应力求合理,避免构件截面的突然改变,使之能均匀、连续地传递应力,减少构件和节点的应力集中。在满足结构的正常使用条件下,应尽量减少结构的刚度和整体性,以防断裂的失稳扩展,例如构件和节点的连接应尽量采用螺栓连接。如必须采用焊接连接时,应避免焊缝的密集和交叉,尽量采用焊接残余应力小的构造形式,可参考第 3 章有关焊接连接的内容。

(2) 正确制造

应严格按照设计要求进行制作,例如不得随意进行钢材代换,不得随意将螺栓连接改为焊接连接,不得随意加大焊缝厚度,等等。应尽量采用钻孔或冲孔后再扩钻,以及对剪切边进行刨边等方法来避免冷作硬化现象。为了保证焊接质量,尽量减少焊接残余应力,应制定合理的焊接工艺和技术措施,并由考试合格的焊工施焊,必要时可采用热处理方法消除主要构件中的焊接残余应力。焊接中不得在构件上任意打火起弧。在制作和安装过程中所造成的缺陷,如定位焊缝、引弧板、吊装辅件等均应进行清理和修复。制作和安装过程中及完成后,均要严格执行质量检验制度。

(3) 合理使用

不得随意改变结构使用用途或任意超负荷使用结构;原设计在室温工作的结构,在冬季停产检修时要注意保暖;不在主要结构上任意焊接附加零件悬挂重物;避免因生产和运输不当对结构造成撞击或机械损伤;平时应注意检查和维护等。

§2.5 钢材的疲劳

2.5.1 疲劳破坏的特征

上节已介绍了疲劳的分类和有关低周疲劳的概念,本节主要介绍高周疲劳(以下简称疲劳)问题。引起疲劳破坏的交变荷载有两种类型:一种为常幅交变荷载,引起的应力称为常幅循环应力,简称循环应力;一种为变幅交变荷载,引起的应力称为变幅循环应力,简称变幅应力,如图 2.5.1 所示。由这两种荷载引起的疲劳分别称为常幅疲劳和变幅疲劳。转动的机械零件常发生常幅疲劳破坏,吊车桥、钢桥等则主要是变幅疲劳破坏。

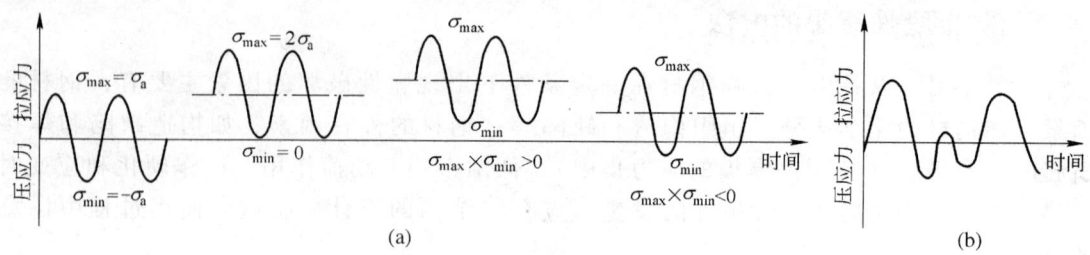

图 2.5.1 循环应力和变幅应力
(a) 循环应力；(b) 变幅应力

上述两种疲劳破坏均具有以下特征：

① 疲劳破坏具有突然性，破坏前没有明显的宏观塑性变形，属于脆性断裂。但与一般脆断的瞬间断裂不同，疲劳是在名义应力低于屈服点的低应力循环下，经历了长期的累积损伤过程后才突然发生的。其破坏过程一般经历三个阶段，即裂纹的萌生、裂纹的缓慢扩展和最后迅速断裂，因此疲劳破坏是有寿命的破坏，是延时断裂。

② 疲劳破坏的断口与一般脆性断口不同，可分为三个区域：裂纹源、裂纹扩展区和断裂区（图 2.5.2）。裂纹扩展区表面较光滑，常可见到放射和年轮状花纹，这是疲劳断裂的主要断口特征。根据断裂力学的解释，只有当裂纹扩展到临界尺寸，发生失稳扩展后才形成瞬间断裂区，出现人字纹或晶粒状脆性断口。

③ 疲劳对缺陷（包括缺口、裂纹及组织缺陷等）十分敏感。缺陷部位应力集中严重，会加快疲劳破坏的裂纹萌生和扩展。

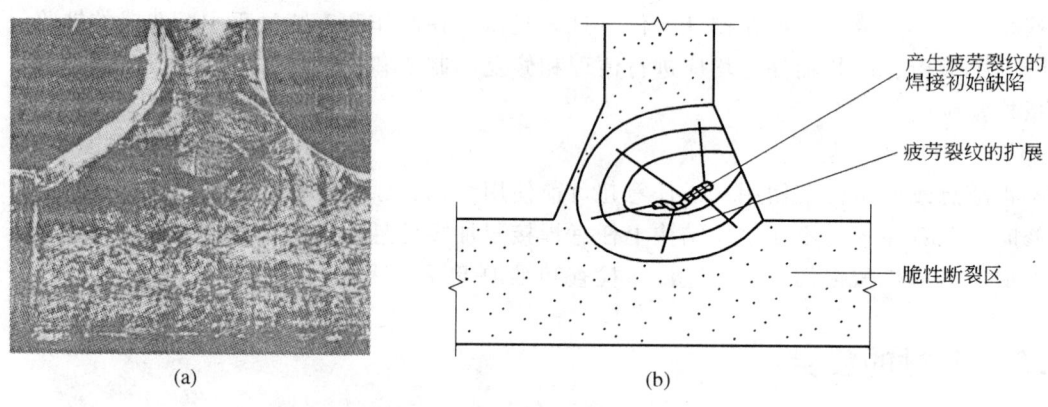

图 2.5.2 疲劳破坏的断口特征

2.5.2 常幅疲劳

1. 非焊接结构的疲劳

金属材料疲劳性能的系统性研究始于 19 世纪中期，大量的试验研究表明，疲劳强度除与主体金属和连接类型有关外，还与循环应力的应力比（循环特征）ρ 和循环次数 n 有关。应力

比 ρ 等于按绝对值计算的最小应力和最大应力之比,即 $\rho=\sigma_{\min}/\sigma_{\max}$(拉应力取正号,压应力取负号)。当以 $n=2\times10^6$ 次为疲劳寿命时,我国 TJ 17—1974《钢结构设计规范》曾根据试验得到的简化疲劳曲线,给出了验算以拉应力为主的疲劳计算公式如下:

$$\sigma_{\max} \leqslant [\sigma^p] \tag{2.5.1}$$

$$[\sigma^p] = \frac{[\sigma_0^p]}{1-k\rho} \tag{2.5.2}$$

式中,$\sigma_{\max}$ 为交变荷载作用下,需验算部位的最大拉应力;$[\sigma^p]$ 为与构造形式有关的以拉应力为主的疲劳容许强度;$[\sigma_0^p]$ 为相应构造形式当 $\rho=0$ 时的疲劳容许强度,由试验确定;k 为与构造形式有关的系数,由试验确定。

目前,我国公路和铁路钢桥的疲劳计算仍按上述方法进行。

2. 焊接结构的疲劳

随着焊接结构的不断发展和应用,发现上述以应力为准则的疲劳验算方法不适用于焊接结构。对大量试验数据进行统计分析表明:控制焊接结构疲劳寿命最主要的因素是构件和连接的构造类型和应力幅 $\Delta\sigma$,而与应力比无关。应力幅 $\Delta\sigma=\sigma_{\max}-\sigma_{\min}$,是最大拉应力与最小拉应力或压应力的代数差,即当 $\sigma_{\min}$ 为压应力时,应取负值。

焊接结构与非焊接结构的根本差别在于焊接残余应力。在焊接结构中,焊缝部位的残余拉应力通常达到钢材的屈服点 f_y,该处是萌生和发展疲劳裂纹最敏感的区域。以图 2.5.3 中的焊接板件承受纵向拉压循环荷载为例,当名义循环应力为拉时,因焊缝附近的残余拉应力已达屈服点不再增加,实际拉应力保持 f_y 不变;当名义循环应力减小到最小时,焊缝附近的实际应力将降至 $f_y-\Delta\sigma=f_y-(\sigma_{\max}-\sigma_{\min})$。显然,焊缝附近的真实应力比为 $\rho=\dfrac{f_y-\Delta\sigma}{f_y}$,而不是名义应力比 $\rho=\dfrac{\sigma_{\min}}{\sigma_{\max}}$。只要应力幅 $\Delta\sigma=\sigma_{\max}-\sigma_{\min}$ 为常数,不管循环荷载下的名义应力比为何值,焊缝附近的真实应力比也为常数。由此可见,焊缝部位的疲劳寿命主要与 $\Delta\sigma$ 有关。

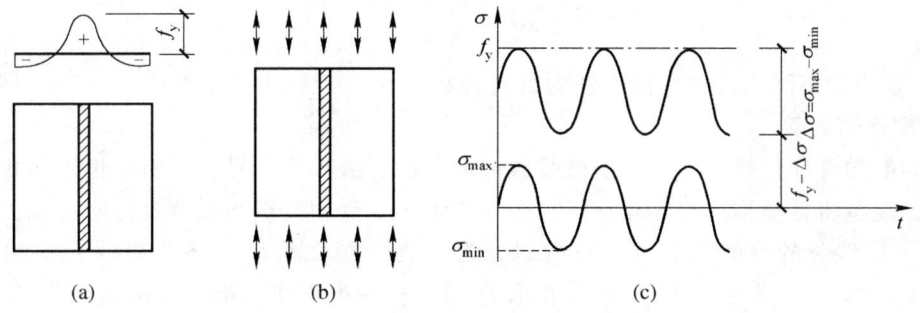

图 2.5.3 焊缝附近的真实循环应力
(a)残余应力分布;(b)拉压循环荷载;(c)应力变化曲线

国内外的大量疲劳试验证明,构件或连接的应力幅 $\Delta\sigma$ 与疲劳寿命 n 之间呈指数为负数的幂函数关系,如图 2.5.4a 所示。对应某一循环寿命(也称疲劳寿命)n_1,就有一个应力幅 $\Delta\sigma_1$ 与之相应,说明在该应力幅值下循环 n_1 次,构件或连接就会发生疲劳破坏。为了方便分析,可对该曲线关系取对数,则 $\lg \Delta\sigma$ 和 $\lg n$ 之间在双对数坐标系中成直线关系,如图 2.5.4b 所示。考虑到 $\Delta\sigma$ 与 n 之间的关系曲线系试验回归方程,反映了平均值之间的关系,同时考虑到试验数据的离散性,取平均值减去 2 倍 $\lg n$ 的标准差($2\sigma_n$)作为疲劳强度的下限值,如图 2.5.4b 中的虚线所示。如 $\lg n$ 符合正态分布,则构件或连接的疲劳强度的保证率为 97.7%,称该虚线上的应力幅为对应某疲劳寿命的容许应力幅 $[\Delta\sigma]$。

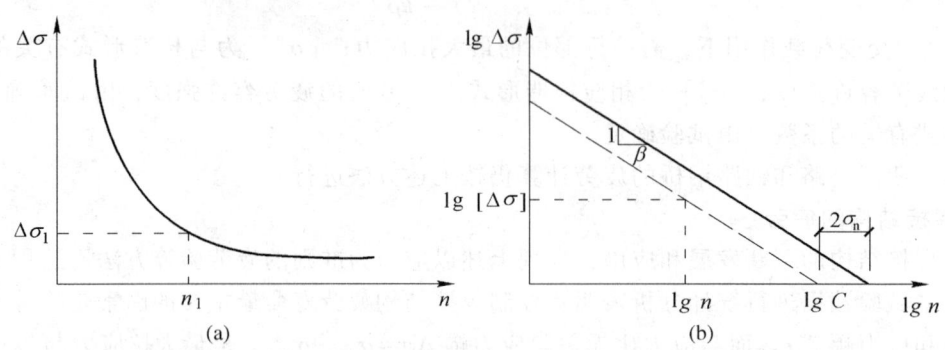

图 2.5.4 应力幅与循环寿命的关系

将图 2.5.4b 中的虚线延长与横坐标交于 $\lg C$ 点,设该线对纵坐标的斜率为 $-1/\beta$,则对应疲劳寿命 n 的容许应力幅可由两个相似三角形的关系求出:

$$\frac{1}{\beta} = \frac{\lg [\Delta\sigma]}{\lg C - \lg n} = \frac{\lg [\Delta\sigma]}{\lg \frac{C}{n}}$$

或

$$n \cdot [\Delta\sigma]^\beta = C \tag{2.5.3}$$

可求得容许应力幅的表达式为:

$$[\Delta\sigma] = \left(\frac{C}{n}\right)^{1/\beta} \tag{2.5.4}$$

式中,C、β 均为不同构件和连接类别的试验参数。

3. 常幅疲劳验算

对不同的构件和连接类型,由于试验数据回归的直线方程各异,其斜率也不尽相同。为了设计方便,规范将各类型的构件和连接,按连接方式、受力特点和疲劳容许应力幅,并适当照顾 $[\Delta\sigma]$-n 曲线族的等间隔设置,归纳划分为 8 类(图 2.5.5)。各类直线斜率的倒数取整数,其中 1、2 类的 β 为 -4,3~8 类的 β 取为 -3。从每类直线与横坐标的截距 $\lg C$ 中可求出 C。各类的 β 和 C 见表 2.5.1,构件和连接的分类见附录 7。

公式(2.5.4)中忽略了钢材静力强度对疲劳强度的影响,认为所有连接形式的容许应力幅都与钢材的静力强度无关。国内外的试验均证明,除个别在疲劳计算中不起控制作用的类别的疲劳强度有随钢材的强度提高而稍有增加外,大多数焊接连接类别的疲劳强度均不受钢材静力强度的影响,为简化表达式,在进行回归验算时,忽略了这些差异的影响。

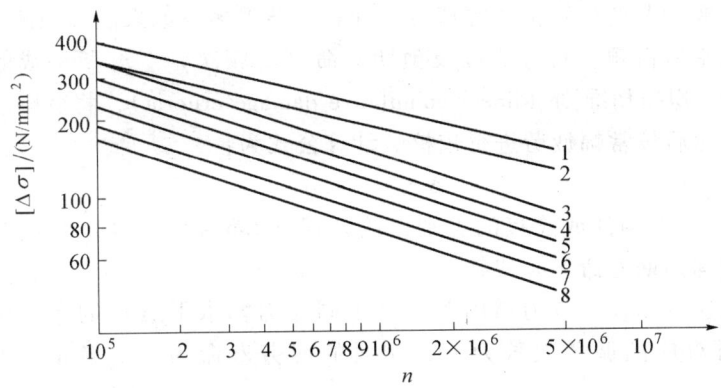

图 2.5.5 各类构件和连接的 $[\Delta\sigma]$-n 双对数曲线

表 2.5.1 参数 C、β

构件和连接类别	1	2	3	4	5	6	7	8
C	1940×10^{12}	861×10^{12}	3.26×10^{12}	2.18×10^{12}	1.47×10^{12}	0.96×10^{12}	0.65×10^{12}	0.41×10^{12}
β	4	4	3	3	3	3	3	3

对于非焊接结构,例如在使用螺栓和铆钉的连接和构件中,残余拉应力很小或根本不存在,此时疲劳寿命不仅与应力幅 $\Delta\sigma$ 有关,也与名义应力比 ρ 有关。为了统一用一种表达式计算,《规范》引入了折算应力幅的概念。由式 (2.5.1) 和 (2.5.2),令 $\sigma_{\max}=[\sigma^p]$ 有:

$$\sigma_{\max}-k\sigma_{\min}=[\sigma_0^p] \tag{2.5.5}$$

令式 (2.5.5) 的左侧为折算应力幅,并由试验统计得到 k 的近似值为 0.7,则:

$$\Delta\sigma=\sigma_{\max}-0.7\sigma_{\min} \tag{2.5.6}$$

在计算时,取应力比 $\rho=0$ 时的容许疲劳强度 $[\sigma_0^p]$ 为容许应力幅 $[\Delta\sigma]$,按公式 (2.5.4) 的形式,反求出参数 C 和 β。

在这里必须强调指出,由于疲劳问题的复杂性,目前尚没有条件采用以概率理论为基础的极限状态设计法,仍然采用容许应力设计法。进行内力计算时,应采用荷载的标准值。由于确定容许应力幅的试验中自动包括了动力作用,故内力计算中也不再乘以动力系数。

常幅疲劳的统一校核准则为:

$$\Delta\sigma\leq[\Delta\sigma] \tag{2.5.7}$$

式中,$\Delta\sigma$ 对焊接部位为应力幅,$\Delta\sigma=\sigma_{\max}-\sigma_{\min}$;对非焊接部位为折算应力幅,$\Delta\sigma=\sigma_{\max}-0.7\sigma_{\min}$;$\sigma_{\max}$ 为计算部位每次应力循环中的最大拉应力(取正值),$\sigma_{\min}$ 为计算部位每次应力循环中的最小拉应力或压应力(拉应力取正值,压应力取负值);$[\Delta\sigma]$ 为常幅疲劳的容许应力幅,单位为 N/mm^2,按公式 (2.5.4) 计算。

公式 (2.5.7) 同样适用于剪应力的情况。

2.5.3 变幅疲劳

1. 变幅疲劳的一般计算方法

实际结构中作用的交变荷载一般不是常幅循环荷载,而是变幅随机荷载,例如吊车梁和桥梁的荷载。显然变幅疲劳的计算比常幅疲劳的计算复杂得多。如果能够预测出结构在使用寿命期间各级应力幅水平所占频次百分比以及预期寿命（总频次）$\sum n_i$ 所构成的设计应力谱，则可根据 Miner 线性累积损伤准则（linear cumulative damage criteria），将变幅应力幅折算为常幅等效应力幅 $\Delta\sigma_e$，然后按常幅疲劳进行校核。计算公式为：

$$\Delta\sigma_e \leqslant [\Delta\sigma] \tag{2.5.8}$$

式中的 $[\Delta\sigma]$ 仍然根据构件或连接的类别，按公式（2.5.4）计算，但式中的 n 应用以应力循环次数表示的结构预期寿命 $\sum n_i$ 代替。

设某个构件或连接的设计应力谱由若干个不同应力幅水平 $\Delta\sigma_i$ 的常幅循环应力组成，各应力幅水平 $\Delta\sigma_i$ 所对应的循环次数为 n_i，相对的疲劳寿命为 N_i，Miner 的线性累积损伤准则为：

$$\sum \frac{n_i}{N_i} = 1 \tag{2.5.9}$$

上式可这样理解：当某一水平的应力幅 $\Delta\sigma_i$ 循环一次时，将引起 $1/N_i$ 的损伤，n_i 次循环后的损伤为 n_i/N_i；其他应力幅水平的常幅循环应力也有各自的损伤份额，当这些损伤份额之和等于 1 时，将发生疲劳破坏。

假设构件或连接类别相同的变幅疲劳和常幅疲劳具有相同的疲劳曲线，如图 2.5.6 所示，该图给出了具有三个应力幅水平的变幅疲劳的例子。与常幅疲劳相同，每一个应力幅水平均可列出与公式（2.5.3）相同的公式：

$$N_i(\Delta\sigma_i)^\beta = C \quad \text{或} \quad N_i = \frac{C}{(\Delta\sigma_i)^\beta} \tag{2.5.10}$$

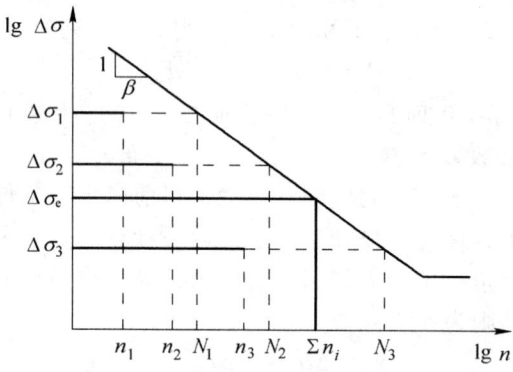

图 2.5.6　变幅疲劳的疲劳曲线

设想另有一等效常幅疲劳应力幅 $\Delta\sigma_e$（见图 2.5.6），循环 $\sum n_i$ 次后，也使该类别的部件产生疲劳破坏，则有：

$$\sum n_i \cdot (\Delta\sigma_e)^\beta = C \quad \text{或} \quad \sum n_i = \frac{C}{(\Delta\sigma_e)^\beta} \tag{2.5.11}$$

将上述各式代入下式

$$\sum \frac{n_i}{N_i} = \frac{n_1}{N_1} + \frac{n_2}{N_2} + \cdots + \frac{n_i}{N_i} + \cdots + \frac{n_n}{N_n} = 1 \tag{2.5.12}$$

有

$$\frac{n_1(\Delta\sigma_1)^\beta}{C}+\frac{n_2(\Delta\sigma_2)^\beta}{C}+\cdots+\frac{n_n(\Delta\sigma_n)^\beta}{C}=\frac{\sum n_i(\Delta\sigma_i)^\beta}{C}=1$$

同时考虑公式（2.5.11），得：

$$\sum n_i(\Delta\sigma_i)^\beta = C = \sum n_i \cdot (\Delta\sigma_e)^\beta$$

则：

$$\Delta\sigma_e = \left[\frac{\sum n_i(\Delta\sigma_i)^\beta}{\sum n_i}\right]^{1/\beta} \tag{2.5.13}$$

式中，$\sum n_i$ 为以应力循环次数表示的结构预期使用寿命；n_i 为预期寿命内应力幅水平为 $\Delta\sigma_i$ 的应力循环次数。

线性累积损伤准则假定疲劳破坏与不同水平的应力幅出现的先后次序无关，虽与实际有所不同，但可简化计算，且能保证安全。据此，可按工程方法如水库计数法（也称泄水池法）等由设计应力谱找出不同水平的应力幅 $\Delta\sigma_i$ 和与其相应的频次 n_i。图 2.5.7 给出了水库计数法的分析示意图。该法的计算流程为：首先在设计应力谱中找出波峰应力所在点，在该点切断曲线，并将该点之前的曲线段平移至尾端，形成两端高的"水库"，最大水深即为 $\Delta\sigma_1$；在水库的最深处排水后，形成的新水面内相应最大水深为 $\Delta\sigma_2$；重复上一步，直到把水排空，依次找到其他应力幅 $\Delta\sigma_i$，比较大小，并计算出频次 n_i。

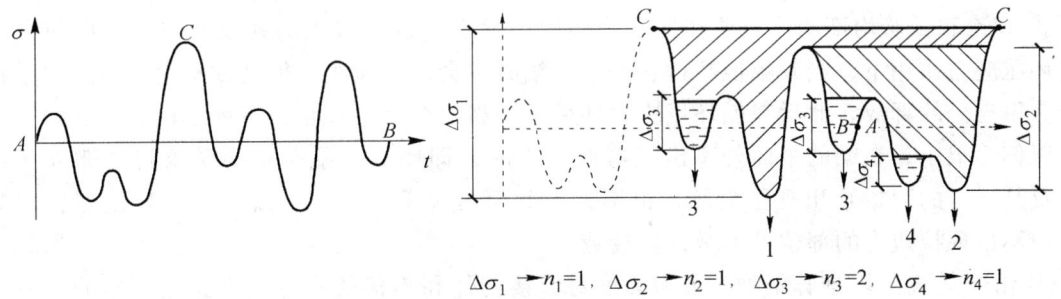

图 2.5.7 水库计数法示意图

2. 吊车梁的疲劳验算

众所周知，吊车梁是钢结构中处于变幅疲劳工作环境的典型构件。经过多年的工程实践和现场测试分析，已获得了一些有代表性的车间的重级工作制吊车梁和重级、中级工作制吊车桁架的设计应力谱。由于不同车间内的吊车梁在 50 年设计基础期内的应力循环次数并不相同，为便于比较，统一按 2×10^6 循环次数计算出了相应的等效应力幅 $\Delta\sigma_e$。将变幅应力谱中的最大应力幅 $\Delta\sigma_1$ 看成满负荷工作的常幅设计应力幅 $\Delta\sigma$，则实际工作的吊车梁的欠载效应的等效系数为：

$$\alpha_f = \frac{\Delta\sigma_e}{\Delta\sigma} \tag{2.5.14}$$

于是重级工作制吊车梁和重级、中级工作制吊车桁架的疲劳可作为常幅疲劳，按下式计算：

$$\alpha_f \cdot \Delta\sigma \leq [\Delta\sigma]_{2\times10^6} \tag{2.5.15}$$

式中，α_f 为欠载效应的等效系数，对重级工作制硬钩吊车为 1.0，软钩吊车为 0.8；对中级工作制吊车为 0.5；$\Delta\sigma$ 为吊车标准轮压下的试验应力幅，即最大应力幅；$[\Delta\sigma]_{2\times10^6}$ 为循环次数 n 为 2×10^6 次的容许应力幅，按式（2.5.4）计算，或查 GB 50017 表 6.2.3-2。

2.5.4 疲劳验算中一些值得注意的问题

① 疲劳验算仍然采用容许应力设计方法，而不采用以概率理论为基础的设计方法。也就是说，采用标准荷载进行弹性分析求内力（并不采用任何动力系数），用容许应力幅作为疲劳强度。《规范》规定，直接承受动力荷载重复作用的钢结构构件及其连接，当应力变化的循环次数 $n \geqslant 5\times10^4$ 次时，应进行疲劳计算。

②《规范》中提出的疲劳强度是以试验为依据的，包含了外形变化和内在缺陷引起的应力集中，以及连接方式不同而引起的内应力的不利影响。当遇到《规范》规定的 8 种以外的连接构造时，应进行专门的研究之后，再决定是考虑相近的连接类别予以套用，还是通过相应的疲劳试验确定疲劳强度。基于同样原因，凡是能改变原有应力状态的措施和环境，例如高温环境下（构件表面温度大于 150 ℃）、处于海水腐蚀环境、焊后经热处理消除残余应力以及低周高应变疲劳等条件下的构件或连接的疲劳问题，均不可采用《规范》中的方法和数据。我国 GB 50018 中，目前尚未考虑直接承受动力荷载的问题，因此如将其用于循环荷载环境中，对其疲劳问题应进行专门研究。

③ 理论和试验均证明，只要在构件和连接中存在高达屈服点的残余拉应力，即使在完全的循环压应力作用下，当其幅值超过容许应力幅时也会产生裂纹，但裂纹产生同时，残余拉应力会获得充分的释放，此后在循环压应力环境下，裂纹会自动停止，不继续扩展。例如当轨道和轮压偏心很小，在梁的平面外不出现弯曲应力时，即使焊接吊车梁的受压翼缘部位（包括焊缝及其附近的腹板）出现了裂纹，也不会因此而丧失承载力。所以《规范》规定，在应力循环中不出现拉应力的部位可不必计算疲劳。

④ 由于《规范》推荐钢种的静力强度对焊接构件和连接的疲劳强度无显著影响，故可以认为，疲劳容许应力幅与钢种无关。显然，当某类型的构件和连接的承载力由疲劳强度起控制作用时，采用高强钢材往往不能充分发挥作用。决定局部应力状态的构造细节是控制疲劳强度的关键因素，因此在进行构造设计、加工制造和质量控制等过程中，要特别注意构造合理，措施得当，以便最大限度地减少应力集中和残余应力，使构件或连接的分类序号尽量靠前，达到改善工作性能，提高疲劳强度，节约钢材的目的。

§2.6 建筑用钢的种类、规格和选用

2.6.1 建筑用钢的种类

我国的建筑用钢主要为碳素结构钢、低合金高强度结构钢和建筑结构用钢板（steel plates for building structure）三种，优质碳素结构钢在冷拔碳素钢丝和连接用紧固件中也有应用。另外，厚度方向性能钢板、焊接结构用耐候钢、铸钢等在某些情况下也有应用。

§2.6 建筑用钢的种类、规格和选用

1. 碳素结构钢

按国家标准 GB/T 700—2006《碳素结构钢》生产的钢材共有 Q195、Q215、Q235 和 Q275 等 4 种品牌，板材厚度不大于 16 mm 的相应牌号钢材的屈服点分别为 195 N/mm²、215 N/mm²、235 N/mm² 和 275 N/mm²。其中 Q235 含碳量在 0.22% 以下，属于低碳钢，钢材的强度适中，塑性、韧性均较好。该牌号钢材又根据化学成分和冲击韧性的不同划分为 A、B、C、D 共 4 个质量等级，按字母顺序由 A 到 D，表示质量等级由低到高。除 A 级外，其他三个级别的含碳量均在 0.20% 以下，焊接性能也很好。因此，《规范》将 Q235 牌号的钢材选为承重结构用钢。

碳素结构钢的钢号由代表屈服点的字母 Q、屈服点数值（单位为 N/mm²）、质量等级符号、脱氧方法符号等四个部分组成。符号"F"代表沸腾钢，符号"Z"和"TZ"分别代表镇静钢和特种镇静钢。在具体标注时"Z"和"TZ"可以省略。例如 Q235B 代表屈服点为 235 N/mm² 的 B 级镇静钢。碳素结构钢的化学成分和脱氧方法、拉伸和冲击试验以及冷弯试验结果均应符合表 2.6.1、2.6.2 和 2.6.3 的规定。

在冷弯薄壁型钢结构的压型钢板设计中，如由刚度条件而非强度条件起控制作用时，也允许采用 Q215 牌号的钢材，可参考本书第 9 章单层厂房钢结构的有关内容。

表 2.6.1 碳素结构钢的化学成分（GB/T 700—2006）

牌号	统一数字代号[①]	等级	厚度（或直径）/mm	脱氧方法	化学成分（质量分数）/%，不大于				
					C	Si	Mn	P	S
Q195	U11952	—	—	F、Z	0.12	0.30	0.50	0.035	0.040
Q215	U12152	A		F、Z	0.15	0.35	1.20	0.045	0.050
	U12155	B							0.045
Q235	U12352	A	—	F、Z	0.22	0.35	1.40	0.045	0.050
	U12355	B			0.20[②]			0.045	0.045
	U12358	C		Z	0.17			0.040	0.040
	U12359	D		TZ				0.035	0.035
Q275	U12752	A	—	F、Z	0.24	0.35	1.50	0.045	0.050
	U12755	B	≤40	Z	0.21			0.045	0.045
			>40		0.22				
	U12758	C	—	Z	0.20			0.040	0.040
	U12759	D		TZ				0.035	0.035

① 表中为镇静钢、特殊镇静钢牌号的统一数字，沸腾钢牌号的统一数字代号如下：
Q195F——U11950；
Q215AF——U12150，Q215BF——U12153；
Q235AF——U12350，Q235BF——U12353；
Q275AF——U12750。

② 经需方同意，Q235B 的碳含量可不大于 0.22%。

表 2.6.2 碳素结构钢的拉伸试验和冲击试验结果要求 (GB/T 700—2006)

| 牌号 | 等级 | 屈服强度[①] R_{eH}/(N/mm²),不小于 | | | | | | 抗拉强度[②] R_m/(N/mm²) | 断后伸长率 A/%,不小于 | | | | | 冲击试验(V 型缺口) | |
| | | 厚度(或直径)/mm | | | | | | | 厚度(或直径)/mm | | | | | 温度/℃ | 冲击吸收功(纵向)/J 不小于 |
		≤16	>16~40	>40~60	>60~100	>100~150	>150~200		≤40	>40~60	>60~100	>100~150	>150~200		
Q195	—	195	185	—	—	—	—	315~430	33	—	—	—	—	—	—
Q215	A	215	205	195	185	175	165	335~450	31	30	29	27	26	—	—
	B													+20	27
Q235	A	235	225	215	215	195	185	370~500	26	25	24	22	21	—	27[③]
	B													+20	
	C													0	
	D													-20	
Q275	A	275	265	255	245	225	215	410~540	22	21	20	18	17	—	27
	B													+20	
	C													0	
	D													-20	

① Q195 的屈服强度值仅供参考,不作交货条件。
② 厚度大于 100 mm 的钢材,抗拉强度下限允许降低 20 N/mm²。宽带钢(包括剪切钢板)抗拉强度上限不作交货条件。
③ 厚度小于 25 mm 的 Q235B 级钢材,如供方能保证冲击吸收功值合格,经需方同意,可不作检验。

表 2.6.3 碳素结构钢的冷弯试验结果要求 (GB/T 700—2006)

牌号	试样方向	冷弯试验 180° $B = 2a$[①]	
		钢材厚度(或直径)[②]/mm	
		≤60	>60~100
		弯心直径 d	
Q195	纵	0	—
	横	0.5a	—
Q215	纵	0.5a	1.5a
	横	a	2a
Q235	纵	a	2a
	横	1.5a	2.5a
Q275	纵	1.5a	2.5a
	横	2a	3a

① B 为试样宽度,a 为试样厚度(或直径)。
② 钢材厚度(或直径)大于 100 mm 时,弯曲试验由双方协商确定。

2. 低合金高强度结构钢

按国家标准 GB/T 1591—2008《低合金高强度结构钢》生产的钢材共有 Q345、Q390、Q420、Q460、Q500、Q550、Q620 和 Q690 等 8 种牌号，板材厚度不大于 16 mm 的相应牌号钢材的屈服点分别为 345 N/mm²、390 N/mm²、420 N/mm²、460 N/mm²、500 N/mm²、550 N/mm²、620 N/mm² 和 690 N/mm²。这些钢的含碳量均不大于 0.20%，强度的提高主要依靠添加少量几种合金元素来达到，合金元素的总量低于 5%，故称为低合金高强度钢。其中 Q345、Q390 和 Q420 均按化学成分和冲击韧性各划分为 A、B、C、D、E 共 5 个质量等级，字母顺序越靠后的钢材质量越高。这三种牌号的钢材均有较高的强度和较好的塑性、韧性、焊接性能，被规范选为承重结构用钢。这三种低合金高强度钢的牌号命名与碳素结构钢的类似，只是前者的 A、B 级为镇静钢，C、D、E 级为特种镇静钢，故可不加脱氧方法的符号。低合金高强度钢的化学成分和拉伸、冲击、冷弯试验结果以及可焊性指标均应符合 GB/T 1591—2008 的有关规定，此处不再赘述。

3. 建筑结构用钢板

按现行国家标准 GB/T 19879—2008《建筑结构用钢板》生产的钢材共有 Q235GJ、Q345GJ、Q390GJ、Q420GJ 和 Q460GJ 等 5 种牌号，板材厚度不大于 16 mm 的相应牌号的钢材的屈服点均与碳素结构钢和低合金高强度结构钢相应强度等级的钢相同。各强度级别又分为 Z 向和非 Z 向钢，Z 向钢有 Z15、Z25、Z35 三个等级。各牌号又按不同冲击试验要求分为不同质量等级。这种钢材的牌号由屈服点、高性能、建筑的汉语拼音字母、屈服点数值、质量级别符号组成。对于有厚度方向性能要求的钢板，在质量等级符号后加上 Z 向钢级别。如 Q345GJCZ15，其中 Q、G、J 分别为屈服点、高性能、建筑的首个汉语拼音字母；345 为屈服点数值，单位为 N/mm²；C 为对应于 0 ℃ 冲击试验温度要求的质量等级，Z15 为厚度方向性能级别。

该钢板纯净度高（有害的 S、P 元素含量少），轧制过程控制严格，具有强度高，强度波动小，强度厚度效应小，塑性、韧性、焊接性能好等优点，是一种高性能的钢材，特别适用于地震区高层大跨等重大钢结构工程。考虑到与现行钢结构设计规范相适应，建议选择前 4 种牌号钢材为承重结构用钢。其化学成分、力学性能和可焊性要求均应符合现行 GB/T 19879—2008 的有关规定，此处不再赘述。

4. 优质碳素结构钢

优质碳素结构钢（quality carbon structure steels）与碳素结构钢的主要区别在于钢中含杂质元素较少，磷、硫等有害元素的含量均不大于 0.035%，其他缺陷的限制也较严格，具有较好的综合性能。按照国家标准 GB/T 699—1999《优质碳素结构钢》生产的钢材共有两大类，一类为普通含锰量的钢，另一类为较高含锰量的钢，两类的钢号均用两位数字表示，它表示钢中的平均含碳量的万分数，前者数字后不加 Mn，后者数字后加 Mn，如 45 钢，表示平均含碳量为 0.45% 的优质碳素钢；45Mn 钢，则表示同样含碳量、但锰的含量也较高的优质碳素钢。可按不热处理和热处理（正火、淬火、回火）状态交货，用做压力加工用钢（热压力加工、顶锻及冷拔坯料）和切削加工用钢。由于价格较高，钢结构中使用较少，仅用经热处理的优质碳素结构钢冷拔高强钢丝或制作高强度螺栓、自攻螺钉等。

5. 其他建筑用钢

在某些情况下，要采用一些有别于上述牌号的钢材时，其材质应符合国家的相关标准。例如，当焊接承重结构为防止钢材的层状撕裂而采用Z向钢时，应符合GB/T 5313—1985《厚度方向性能钢板》的规定；处于外露环境对耐腐蚀有特殊要求或在腐蚀性气、固态介质作用下的承重结构采用耐候钢时，应满足GB/T 4172—2008《耐候结构钢》的规定；当在钢结构中采用铸钢件时，应满足GB/T 11352—2009《一般工程用铸造碳钢件》的规定等。

2.6.2 钢材规格

钢结构所用钢材主要为热轧成型的钢板和型钢，以及冷加工成型的冷轧薄钢板和冷弯薄壁型钢等。为了减少制作工作量和降低造价，钢结构的设计和制作者应对钢材的规格有较全面的了解。

1. 钢板

钢板有厚钢板、薄钢板、扁钢（或带钢）之分。厚钢板常用做大型梁、柱等实腹式构件的翼缘和腹板，以及节点板等；薄钢板主要用来制造冷弯薄壁型钢；扁钢可用做焊接组合梁、柱的翼缘板、各种连接板、加劲肋等。钢板截面的表示方法为在符号"−"后加"宽度×厚度"，如−200×20等。钢板的供应规格如下：

厚钢板：厚度4.5~60 mm，宽度600~3 000 mm，长度4~12 m；

薄钢板：厚度0.35~4 mm，宽度500~1 500 mm，长度0.5~4 m；

扁钢：厚度4~60 mm，宽度12~200 mm，长度3~9 m。

2. 热轧型钢

常用的有角钢、工字钢、槽钢等，见图2.6.1a~f。

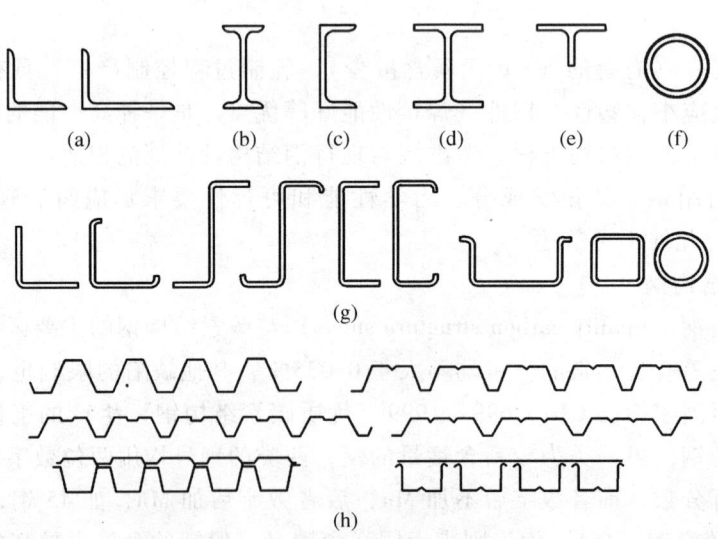

图2.6.1 热轧型钢及冷弯薄壁型钢

（a）角钢；（b）工字钢；（c）槽钢；（d）H型钢；（e）T型钢；（f）钢管；（g）冷弯薄壁型钢；（h）压型钢板

角钢分为等边（也叫等肢）的和不等边（也叫不等肢）的两种，主要用来制作桁架等格构式结构的杆件和支撑等连接杆件。角钢型号的表示方法为在符号"∟"后加"长边宽×短边宽×厚度"（对不等边角钢，如∟125×80×8），或加"边长×厚度"（对等边角钢，如∟125×8）。目前我国生产的角钢最大边长为 250 mm，角钢的供应长度一般为 4~19 m。

工字钢有普通工字钢、轻型工字钢和 H 型钢三种。普通工字钢和轻型工字钢的两个主轴方向的惯性矩相差较大，不宜单独用作受压构件，而宜用作腹板平面内受弯的构件，或由工字钢和其他型钢组成的组合构件或格构式构件。宽翼缘 H 型钢平面内外的回转半径较接近，可单独用作受压构件。

普通工字钢的型号用符号"工"后加截面高度的厘米数来表示，20 号以上的工字钢，又按腹板的厚度不同，分为 a、b 或 a、b、c 等类别，例如工 20a 表示高度为 200 mm，腹板厚度为 a 类的工字钢。轻型工字钢的翼缘要比普通工字钢的翼缘宽而薄，回转半径较大。普通工字钢的型号为 10~63 号，轻型工字钢为 10~70 号，供应长度均为 5~19 m。

H 型钢与普通工字钢相比，其翼缘板的内外表面平行，便于与其他构件连接。H 型钢的基本类型可分为宽翼缘（HW）、中翼缘（HM）及窄翼缘（HN）三类。还可剖分成 T 型钢供应，代号分别为 TW、TM、TN。H 型钢和相应的 T 型钢的型号分别为代号后加"高度 H×宽度 B×腹板厚度 t_1×翼缘厚度 t_2"，例如 HW400×400×13×21 和 TW200×400×13×21 等。宽翼缘和中翼缘 H 型钢可用于钢柱等受压构件，窄翼缘 H 型钢则适用于钢梁等受弯构件。目前国内生产的最大型号 H 型钢为 HN1000×300×21×40。供货长度可与生产厂家协商，通常定尺长度为 12 m。

槽钢有普通槽钢和轻型槽钢两种。适于作檩条等双向受弯的构件，也可用其组成组合或格构式构件。槽钢的型号与工字钢相似，例如 [32a 指截面高度 320 mm，腹板较薄的槽钢。目前国内生产的最大型号为 [40c，供货长度为 5~19 m。

钢管有无缝钢管和焊接钢管两种。由于回转半径较大，常用作桁架、网架、网壳等平面和空间格构式结构的杆件；在钢管混凝土柱中也有广泛的应用。型号可用代号"D"后加"外径 d×壁厚 t"表示，如 D180×8 等。国产热轧无缝钢管标准系列的最大外径为 610 mm。供货长度为 3~12 m。焊接钢管的外径可以做得更大，一般由施工单位卷制。

3. 冷弯薄壁型钢

采用 1.5~6 mm 厚的钢板经冷弯和辊压成型的型材（见图 2.6.1g），和采用 0.4~1.6 mm 的薄钢板经辊压成型的压型钢板（见图 2.6.1h），其截面形式和尺寸均可按受力特点合理设计，能充分利用钢材的强度、节约钢材，在国内外轻钢建筑结构中被广泛地应用。近年来，冷弯高频焊接圆管和方、矩形管的生产和应用在国内有了很大的进展，冷弯型钢的壁厚已达 12.5 mm（部分生产厂的可达 22 mm，国外为 25.4 mm）。

2.6.3 钢材的选择

1. 钢材选用原则和建议

钢材的选用既要确保结构物的安全可靠，又要经济合理，必须慎重对待。为了保证承重结构的承载能力，防止在一定条件下出现脆性破坏，应根据结构的重要性、荷载特征、连接方法、工作环境、应力状态和钢材厚度等因素综合考虑，选用合适牌号和质量等级的钢材。

一般而言，对于直接承受动力荷载的构件和结构（如吊车梁、工作平台梁或直接承受车辆荷载的栈桥构件等）、重要的构件或结构（如桁架、屋面楼面大梁、框架横梁及其他受拉力较大的类似结构和构件等）、采用焊接连接的结构以及处于低温下工作的结构，应采用质量较高的钢材。对承受静力荷载的受拉及受弯的重要焊接构件和结构，宜选用较薄的型钢和板材构成；当选用的型材或板材的厚度较大时，宜采用质量较高的钢材，以防钢材中较大的残余拉应力和缺陷等与外力共同作用形成三向拉应力场，引起脆性破坏。

承重结构采用的钢材应具有抗拉强度、伸长率、屈服强度和硫、磷含量的合格保证，对焊接结构尚应具有含碳量的合格保证。焊接承重结构以及重要的非焊接承重结构采用的钢材，还应具有冷弯试验的合格保证。

根据多年的实践经验总结，并适当参考了有关国外规范的规定，GB 50017 具体给出了需要验算疲劳的钢结构钢材应具有的冲击韧性合格保证的建议，如表 2.6.4 所示。

为了简化订货，选择钢材时要尽量统一规格，减少钢材牌号和型材的种类，还要考虑市场的供应情况和制造厂的工艺可能性。对于某些拼接组合结构（如焊接组合梁、桁架等）可以选用两种不同牌号的钢材，受力大、由强度控制的部分（如组合梁的翼缘、桁架的弦杆等），用强度高的钢材；受力小、由稳定控制的部分（如组合梁的腹板、桁架的腹杆等），用强度低的钢材，可达到经济合理的目的。

表 2.6.4 需验算疲劳的钢材选择表

结构类别	结构工作温度[①]	要求下列低温冲击韧性合格保证		
		0 ℃	-20 ℃	-40 ℃
要求验算疲劳的焊接结构或构件	0 ℃ ≥ t > -20 ℃	Q235C Q345C	Q390D Q420D	—
	t ≤ -20 ℃	—	Q235D Q345D	Q390E Q420E
要求验算疲劳的非焊接结构或构件	t ≤ -20 ℃	Q235C Q345C	Q390D Q420D	—

① 结构工作温度：对露天和非采暖房屋的结构，按 GB 50019—2003《采暖通风与空气调节设计规范》，取建筑物所在地区室外累并最低日平均温度（见文献 [29] 的 4.1.9 条）；对采暖房屋内的结构，考虑到采暖设备可能发生临时故障，使室内的结构暂时处于室外的温度中，偏于安全，可按室外累并最低日平均温度提高 10 ℃ 取用，也可经合理地研究确定。

2. 国外防脆选材的有关建议

欧洲钢结构设计规范第 10 部分（EN 1993-1-10：2005）对承受拉力的构件，承受含有拉应力部分的疲劳荷载的焊接构件，针对三种不同的参考应力水平（σ_{Ed}）和七种不同的参考温度（T_{Ed}），给出了不必进行脆性断裂验算的各种牌号钢材制成的构件的最大板厚限值，见表 2.6.5。表中数值是假定加载应变速率为 $4 \times 10^{-4}/s$；钢材没经任何冷弯加工的情况下给出的，当实际情况有出入时，可通过调整参考温度的办法进行修正。文中还给出了应

§2.6 建筑用钢的种类、规格和选用

用断裂力学进行评估的方法。这些方法同时考虑了钢材的强度等级、材料韧性、材料厚度、应力水平、加载速率、参考温度和构件冷加工情况等对脆性破坏的影响，规定比较详细，具有可操作性。

表 2.6.5　欧洲规范规定的钢构件板件最大厚度限值　　　　mm

钢材牌号	质量等级	冲击功温度 T/℃	J_{min}	参考温度 T_{Ed}/℃ $\sigma_{Ed}=0.75f_y(t)$							$\sigma_{Ed}=0.50f_y(t)$							$\sigma_{Ed}=0.25f_y(t)$						
				10	0	-10	-20	-30	-40	-50	10	0	-10	-20	-30	-40	-50	10	0	-10	-20	-30	-40	-50
S235	JR	20	27	60	50	40	35	30	25	20	90	75	65	55	45	40	35	135	115	100	85	75	65	60
	J0	0	27	90	75	60	50	40	35	30	125	105	90	75	65	55	45	175	155	135	115	100	85	75
	J2	-20	27	125	105	90	75	60	50	40	170	145	125	105	90	75	65	200	200	175	155	135	115	100
S275	JR	20	27	55	45	35	30	25	20	15	80	70	55	50	45	35	30	125	110	95	80	70	60	55
	J0	0	27	75	65	55	45	35	30	25	115	95	80	70	55	50	40	165	145	125	110	95	80	70
	J2	-20	27	110	95	75	65	55	45	35	155	130	115	95	80	70	55	200	190	165	145	125	110	95
	M,N	-20	40	135	110	95	75	65	55	45	180	155	130	115	95	80	70	200	200	190	165	145	125	110
	ML,NL	-50	27	185	160	135	110	95	75	65	200	200	180	155	130	115	95	230	200	200	200	190	165	145
S355	JR	20	27	40	35	25	20	15	15	10	65	55	45	40	30	25	25	110	95	80	70	60	55	45
	J0	0	27	60	50	35	25	20	15	15	95	80	65	55	45	35	30	150	130	110	95	80	70	60
	J2	-20	27	90	75	60	45	35	25	20	135	110	95	75	60	50	40	175	150	130	110	95	85	80
	K2,M,N	-20	40	110	90	75	60	50	40	35	155	135	110	95	80	65	55	200	200	175	150	130	110	95
	ML,NL	-50	27	155	130	110	90	75	60	50	200	180	155	135	110	95	80	210	200	200	200	175	150	130
S420	M,N	-20	40	95	80	65	55	45	35	30	140	120	100	85	70	60	50	200	185	160	140	120	100	85
	ML,NL	-50	27	135	115	95	80	65	55	45	190	165	140	120	100	85	70	200	200	200	185	160	140	120

注：1. 表中数值可以采用内插法插入。

2. 冲击功最小值（J_{min}）是沿着钢材的轧制方向提取的。

3. 表中钢材 S235、S355、S420 相当于我国 Q235、Q345、Q420，强度等级大于 S420 的钢材的参数没有收录。表中的 JR、J0、J2 大致相当于我国的 B、C、D 级钢。

俄罗斯地处欧洲西北部，冬季气候寒冷，过去曾发生过不少钢结构的脆性破坏事故。经过大量的理论和试验研究，苏联《钢结构设计规范》（$CH_NⅡⅡ-23-81$）提出了一套考虑脆性破坏的强度计算方法。该规范规定，建造在-30 ℃至-65 ℃气温地区的钢结构中，都要考虑脆性破坏的抗力，按下式验算强度：

$$\sigma_{max} \leq \beta R_u/\gamma_u \tag{2.6.1}$$

式中，σ_{max} 为构件计算截面的最大名义拉应力，计算时不考虑动力系数，按净截面算出；β 为计算系数，考虑了使用时的最低计算温度、钢材牌号、构件的构造和连接形式以及构件板厚的影响，总的趋势是计算温度越低、所用钢材的屈服强度越高、构件的板厚越厚、采用焊接连接形式引起的应力集中越严重，β 就越低，最低时可达 0.6；R_u 为钢材的计算抗拉强度；γ_u 为相应的抗力系数，取 1.3。

美国钢结构协会《钢结构规范》在材料一章中单列了重型型材一节，规定采用全熔透坡口焊缝相连接的重型型钢（翼缘板厚≥50 mm），当主要承受由拉力和弯矩引起的拉应力作用时，在钢材的供货合同中应由供货商提供 A_{kv} 试验值，并满足+70 °F（+20 ℃）的 A_{kv} 平均值不小于 20 ft·lbs（27 J）的要求。同时规定，由板厚≥50 mm 的钢板焊接成的重型组合截面型钢，当采用全熔透的坡口焊缝与其他构件相连接，并承受由拉力和弯矩引起的拉应力作用时，其钢材也应满足上述要求。该规范的条文说明指出，由于真实结构中钢材的应变速率远低于夏比 V 型缺口冲击试验中的应变速率，因此规定的试验温度比预期的结构使用温度高。美国公路钢桥规范对非累赘钢桥构件的断裂控制规定，采用屈服强度为 248 N/mm² 和 345 N/mm² 的钢材构件，当型材板厚不超过 38 mm 时，按所在地区最低温度增加 39 ℃ 进行夏比试验，而不是在服役环境的最低温度下做冲击试验，这和上述的道理是一样的。

与上述文献相比，我国对需要验算疲劳的钢构件的冲击试验要求没有考虑板厚因素的影响，即不管板件厚薄，处于某一工作温度下的钢构件，均要求相同的 A_{kv} 保证值，显然是不尽合理的。以工作温度低于-20 ℃ 需要验算疲劳的 Q345 钢制成的焊接钢构件为例，按 GB 50017 的规定，不管板厚是多少，均应选择 Q345D 级钢，也就是应具有-20 ℃ 冲击韧性合格保证的 Q345 钢。而按欧洲规范的规定，假设应力水平为 $0.75f_y(t)$，当板件厚度 $t \leq$ 20 mm 时，可选用 S355JR 级钢（大致相当于我国 Q345B 级钢，但 A_{kv} 只要求 27 J，以下类似）；当 20 mm<t≤35 mm 时，应选用 S355J0 级钢；当 35 mm<t≤50 mm 时，应选用 S355J2 级钢；当 50 mm<t≤60 mm 时，应选用 S355K2，M，N 级钢（相当于我国 Q345D 级和 E 级之间质量等级的钢材）。而按美国 LRFD 的规定当板厚小于 50 mm 时，可不对钢材提出 A_{kv} 值的要求，当板厚≥50 mm 时，可只保证+20 ℃ 的冲击韧性不小于 27 J 即可，比我国规范宽松得多。当然，各国的钢材牌号和质量有很大的差别，上例只能定性的比较，不能得出定量的结论。

钢材的板厚越薄，轧下量越大，钢材的综合性能越好，显然，考虑实际板厚进行设计是合理的。在规范 GB 50017 中，仅在提高寒冷地区抗脆断能力要求一节中，提出了在工作温度等于或低于-30 ℃ 的地区，焊接构件宜采用较薄的板件组成的定性要求；在材料选用一节中除增加了对 Q235 和 Q345 钢的 0 ℃ 时 A_{kv} 保证要求和将 Q345 钢的 A_{kv} 试验温度提高到和 Q235 钢的相同以外，没有按板厚选材的具体规定。这就有可能在构件板厚较薄时对钢材提出过高要求，而在板厚较大时，采用同一质量等级的钢材又可能留下不安全的隐患。期望我国钢结构工程界和科技工作者，能开展这方面的研究，以便使我国的钢材选用建立在更加科学合理的基础之上。

3. 国内外钢材的互换问题

随着经济全球化时代的到来，不少国外钢材进入了中国的建筑领域。由于各国的钢材标准不同，在使用国外钢材时，必须全面了解不同牌号钢材的质量保证项目，包括化学成分和力学性能，检查厂家提供的质保书，并应进行抽样复验，其复验结果应符合现行国家产品标准和设计要求，方可与我国相应的钢材进行代换。表 2.6.6 给出了以强度指标为依据的各国钢材牌号与我国钢材牌号的近似对应关系，供代换时参考。

表 2.6.6　国内外钢材牌号对应关系

国别	中国	美国	日本	欧盟	英国	俄罗斯	澳大利亚
钢材牌号	Q235	A36	SS400 SM400 SN400	Fe360	40	C235	250 C250
	Q345	A242、A441、 A572-50、A588	SM490 SN490	Fe510 FeE355	50B、C、D	C345	350 C350
	Q390				50F	C390	400 Hd400
	Q420	A572-60	SA440B SA440C			C440	

习　题

2.1　何谓碳素结构钢、低合金高强度结构钢和建筑结构用钢板？生产和加工过程对其工作性能有何影响？

2.2　钢材有哪两种主要的破坏形式？与其化学成分和组织构造有何关系？

2.3　试述钢材的主要力学性能指标及其测试方法。

2.4　影响钢材性能的主要化学成分有哪些？碳、硫、磷对钢材性能有何影响？

2.5　何谓钢材的焊接性能？影响钢材焊接性能的化学元素有哪些？

2.6　钢材在高温下的力学性能如何？为何钢材不耐火？

2.7　解释下列名词：① 低温冷脆；② 时效硬化；③ 冷作硬化；④ 应变时效硬化；⑤ 转变温度；⑥ 包辛格效应；⑦ 滞回性能；⑧ 低周疲劳；⑨ 高周疲劳；⑩ 线性累积损伤准则。

2.8　引起钢材脆性破坏的主要因素有哪些？应如何防止脆性破坏的发生？

2.9　为何影响焊接结构疲劳强度的主要因素是应力幅，而不是应力比？

2.10　何谓等效应力幅 $\Delta\sigma_e$？它是根据什么原理求得的？

2.11　在选用钢材时应注意哪些问题？

2.12　钢材的力学性能为何要按厚度分类？在选用钢材时，应如何考虑板厚的影响？

第 3 章 连 接

§3.1 钢结构的连接

钢结构的构件是由型钢、钢板等通过连接（connections）构成的，各构件再通过安装连接架构成整个结构。因此，连接在钢结构中处于重要的枢纽地位。在进行连接的设计时，必须遵循安全可靠、传力明确、构造简单、制造方便和节约钢材的原则。

钢结构的连接方法可分为焊接连接、铆钉连接、螺栓连接和轻型钢结构用的紧固件连接等（图 3.1.1）。

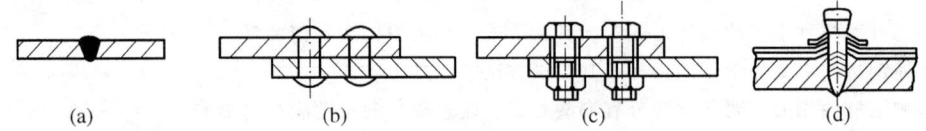

图 3.1.1 钢结构的连接方法
（a）焊接连接；（b）铆钉连接；（c）螺栓连接；（d）紧固件连接

3.1.1 焊接连接

1. 焊缝连接的特点

焊接连接（welded connection）是现代钢结构最主要的连接方法。其优点是：构造简单，任何形式的构件都可直接相连；用料经济，不削弱截面；制作加工方便，可实现自动化操作；连接的密闭性好，结构刚度大。其缺点是：在焊缝附近的热影响区内，钢材的金相组织发生改变，导致局部材质变脆；焊接残余应力和残余变形使受压构件承载力降低；焊接结构对裂纹很敏感，局部裂纹一旦发生，就容易扩展到整体，低温冷脆问题较为突出。

2. 钢结构常用的焊接方法

一般情况下，焊接方法可分为两大类，即熔化焊和压力焊。我们通常所见的手工电弧焊、自动埋弧焊、气体保护焊等均属于熔化焊，电阻焊属于压力焊。

焊接方法也可以分为手工焊、半自动焊和全自动焊三种。其中，半自动焊可以分为气体保护焊、埋弧焊、螺柱焊等；全自动焊可以分为埋弧焊、气体保护焊、电渣焊等。

（1）手工电弧焊

这是最常用的一种焊接方法（图 3.1.2）。通电后，在涂有药皮的焊条和焊件间产生电弧电弧提供热源，使焊条中的焊丝熔化，滴落在焊件上被电弧所吹成的小凹槽熔池中。由电焊条药皮形成的熔渣和气体覆盖着熔池，防止空气中的氧、氮等气体与熔化的液体金属接触，避免形成脆性易裂的化合物。焊缝金属冷却后把被连接件连成一体。

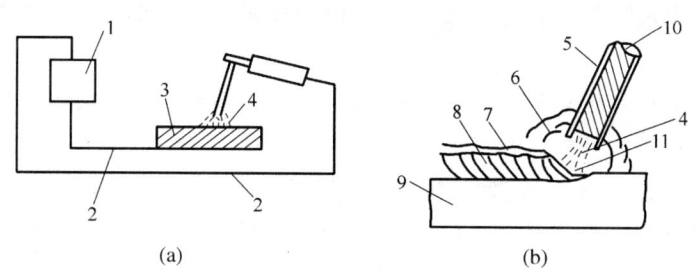

图 3.1.2　手工电弧焊

(a) 电路；(b) 施焊过程

1—电焊机；2—导线；3—焊件；4—电弧；5—药皮；6—起保护作用的气体；
7—熔渣；8—焊缝金属；9—主体金属；10—焊丝；11—熔池

手工电弧焊设备简单，操作灵活方便，适于任意空间位置的焊接，特别适于焊接短焊缝。但生产效率低，劳动强度大，焊接质量与焊工的技术水平和精神状态有很大的关系。

手工电弧焊所用焊条应与焊件钢材（或称主体金属）相适应，例如：对 Q235 钢采用 E43 型焊条；对 Q345 钢采用 E50 型焊条；对 Q390 钢和 Q420 钢采用 E55 型焊条。焊条型号中字母 E 表示焊条（electrodes），两位数字为熔敷金属的最小抗拉强度（单位为 kgf/mm^2），后边还有两位数字或再附加符号，用来表示适用焊接位置、电流以及药皮类型等。不同钢种的钢材相焊接时，宜采用低组配方案，即宜采用与低强度钢相适应的焊条。

(2) 埋弧焊（自动或半自动）

埋弧焊是电弧在焊剂层下燃烧的一种电弧焊方法。焊丝送进和焊接方向的移动有专门机构控制的称埋弧自动电弧焊（图 3.1.3）；焊丝送进有专门机构控制，而焊接方向的移动靠工人操作的称为埋弧半自动电弧焊。电弧焊的焊丝不涂药皮，但施焊端靠由焊剂漏头自动流下的颗粒状焊剂所覆盖，电弧完全被埋在焊剂之内，电弧热量集中，熔深大，适于厚板的焊接，具有很高的生产率。由于采用了自动或半自动化操作，焊接时的工艺条件稳定，焊缝的化学成分均匀，故焊成的焊缝的质量好，焊件变形小。同时，高焊速也减小了热影响区的范围。但埋弧焊对焊件边缘的装配精度（如间隙）要求比手工焊高，而且焊接位置受到限制，一般用于平焊和横焊。埋弧焊主要用于自动焊、长焊缝、中等

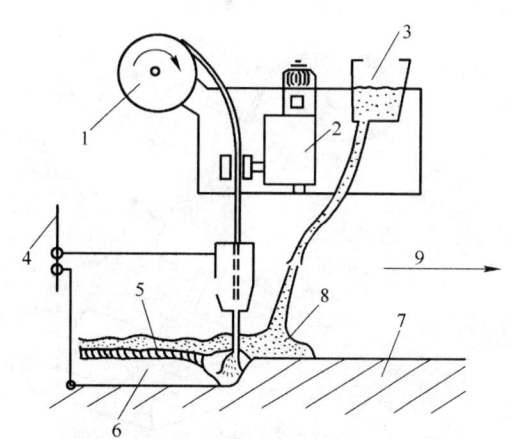

图 3.1.3　埋弧自动电弧焊

1—焊丝转盘；2—转动焊丝的电动机；3—焊剂漏斗；
4—电源；5—熔化的焊剂；6—焊缝金属；7—焊件；
8—焊剂；9—移动方向

以上厚度板的焊接，对于半自动焊和短焊缝，设备移动不如气体保护焊方便。在小电流下电弧的稳定性比较差，所以也不适合焊接薄板。

埋弧焊所用焊丝和焊剂应与主体金属的力学性能相适应，并应符合现行国家标准的规定。

（3）气体保护焊

气体保护焊是利用二氧化碳气体或其他惰性气体作为保护介质的一种电弧熔焊方法。它直接依靠保护气体在电弧周围形成局部的保护层，以防止有害气体的侵入并保证了焊接过程的稳定性。

气体保护焊的焊缝熔化区没有熔渣，焊工能够清楚地看到焊缝成型的过程；由于保护气体是喷射的，有助于熔滴的过渡；又由于热量集中，焊接速度快，焊件熔深大，故所形成的焊缝强度比手工电弧焊高，塑性和抗腐蚀性好，适用于全位置的焊接。

实施二氧化碳保护焊时（图3.1.4），电源的输出两端分别接在焊枪和焊件上，盘状焊丝由送丝机经软管和喷嘴不断向电弧区送给；同时二氧化碳气体以一定的压力和流量送入焊枪，通过喷嘴后形成连续的保护气流，使熔池和电弧不受空气的侵入。随着焊枪的移动，熔池金属冷却凝固而成焊缝。二氧化碳保护焊以其生产率高、耗能低、抗锈能力强、焊接变形小、操作能力好、适用范围广等优点，已成为钢铁材料焊接中不可缺少的一种重要焊接方法。但是，二氧化碳保护焊也存在一些缺点，例如使用大电流焊接时，焊缝表面成形较差，飞溅较多，难于用交流电源焊接及在有风的地方施焊。

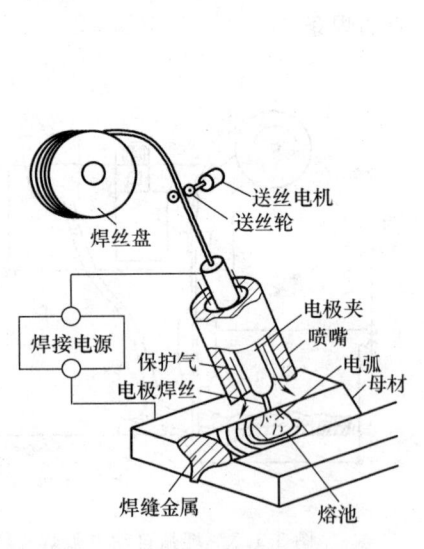

图 3.1.4　二氧化碳保护焊方法示意图

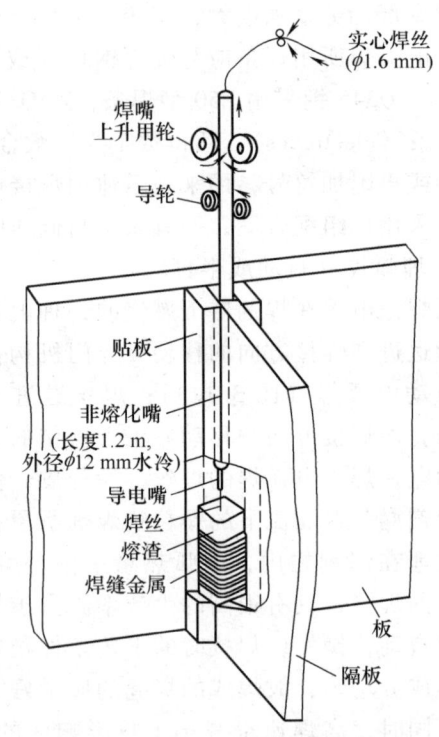

图 3.1.5　非熔嘴电渣焊示意图

（4）电渣焊

电渣焊是利用通过液体熔渣所产生的电阻热进行焊接的方法。高温的熔渣把热量传递给电极和焊件，使电极和焊件与渣池接触的部位熔化，熔化的液态金属在渣池中因密度较熔渣大，下沉到底部形成金属熔池，而熔渣始终轻浮于金属熔池上部。随着焊接过程的连续进行，温度逐渐降低的金属熔池在冷却滑块的作用下强迫形成焊缝。电渣焊一般分为熔嘴电渣焊和非熔嘴电渣焊（图3.1.5）两类。

非熔嘴电渣焊是熔嘴电渣焊的改进技术，其导电嘴外表不涂药皮，焊接时不断上升，自身并不熔化。由于非熔嘴电渣焊所用的电流密度高，焊接速度大，所以不但生产效率高，而且焊接质量好。

高层建筑的箱型柱为了保证足够的刚性和抗扭能力，通常在柱内设置隔板。其中隔板与腹板之间的焊接通常采用电渣焊，参见图3.1.6。

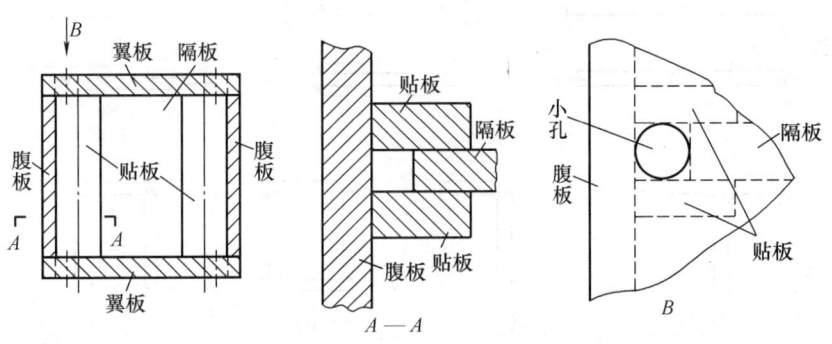

图 3.1.6　箱型柱焊道位置

（5）电阻焊

电阻焊属于压力焊，是利用电流通过焊件接触点表面电阻所产生的热来熔化金属，再通过加压使其焊合。电阻焊与其他连接方法相比，具有连接头质量高、辅助工序少、无须添加焊接材料等优点，易于机械化、自动化。

电阻焊适用于板叠厚度不大于 12 mm 的焊接。对冷弯薄壁型钢构件，电阻焊可用来缀合壁厚不超过 3.5 mm 的构件，如将两个冷弯槽钢或 C 型钢组合成工型截面构件等。

（6）螺柱焊

螺柱焊（焊钉焊）是指将焊钉一端与板件（或管件）表面接触通电引弧，待接触面熔化后，给焊钉一定的压力以完成焊接的方法（图3.1.7）。

在型钢混凝土结构和一些钢-混凝土组合结构中，为了保证钢构件和钢筋混凝土牢固连接，在钢构件上会焊上许多预埋件。螺柱焊的出现，使这一工序简便了很多，其焊接效率比手工电弧焊高出数十倍。

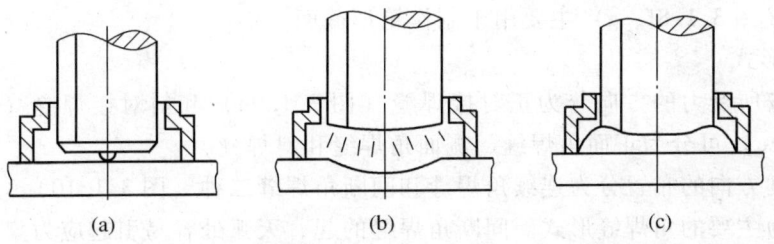

图 3.1.7　螺柱焊过程
(a) 拉弧准备；(b) 大电弧发生；(c) 焊缝形成

3. 焊缝连接形式及焊缝形式

(1) 焊缝连接形式

焊缝连接形式按被连接钢材的相互位置可分为对接、搭接、T形连接和角部连接四种（图3.1.8）。这些连接所采用的焊缝主要有对接焊缝和角焊缝。

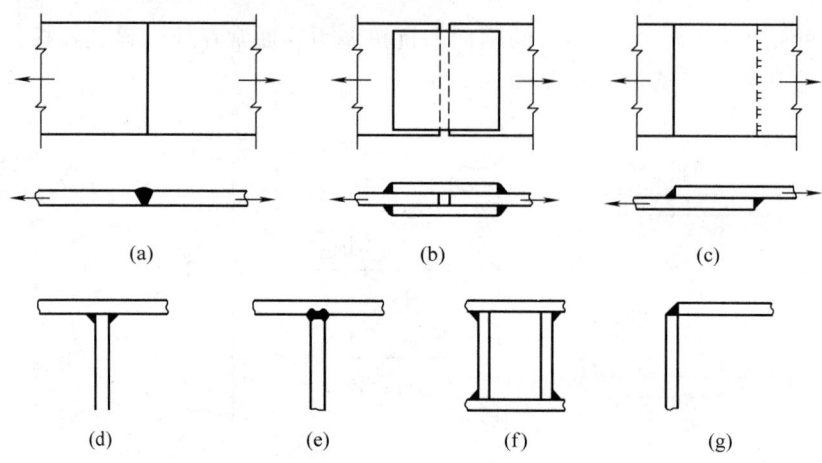

图3.1.8 焊缝连接的形式

(a) 对接连接；(b) 用拼接盖板的对接连接；(c) 搭接连接；
(d)、(e) T形连接；(f)、(g) 角部连接

对接连接主要用于厚度相同或接近相同的两构件的相互连接。图3.1.8a所示为采用对接焊缝的对接连接，由于相互连接的两构件在同一平面内，因而传力均匀平缓，没有明显的应力集中，且用料经济，但是焊件边缘需要加工，对被连接两板的间隙和坡口尺寸有严格的要求。

图3.1.8b所示为用双层盖板和角焊缝的对接连接，这种连接传力不均匀、费料，但施工简便，所连接两板的间隙大小无需严格控制。

图3.1.8c所示为用角焊缝的搭接连接，特别适用于不同厚度构件的连接。传力不均匀，材料较费，但构造简单，施工方便，目前还广泛应用。

T形连接省工省料，常用于制作组合截面。当采用角焊缝连接时（图3.1.8d），焊件间存在缝隙，截面突变，应力集中现象严重，疲劳强度较低，可用于不直接承受动力荷载的结构的连接中。对于直接承受动荷载的结构，如重级工作制吊车梁，其上翼缘与腹板的连接，应采用如图3.1.8e所示的焊透的T形对接与角接组合焊缝进行连接。

角部连接（图3.1.8f、g）主要用于制作箱形截面。

(2) 焊缝形式

对接焊缝按所受力的方向分为正对接焊缝（图3.1.9a）和斜对接焊缝（图3.1.9b）。角焊缝（图3.1.9c）可分为正面角焊缝、侧面角焊缝和斜焊缝。

焊缝沿长度方向的布置分为连续角焊缝和间断角焊缝二种（图3.1.10）。连续角焊缝的受力性能较好，为主要的角焊缝形式。间断角焊缝的起、灭弧处容易引起应力集中，重要结构应避免采用，只能用于一些次要构件的连接或受力很小的连接中。间断角焊缝的间断距离 l 不宜过长，以免连接不紧密，潮气侵入引起构件锈蚀。一般在受压构件中应满足 $l \leq 15t$；在受拉构

件中 $l ≤ 30t$，t 为较薄焊件的厚度。

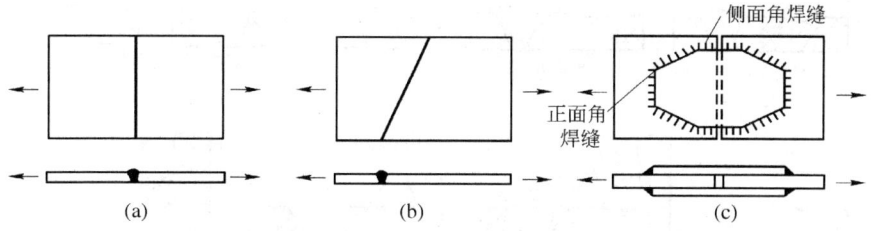

图 3.1.9 焊缝形式
（a）正对接焊缝；（b）斜对接焊缝；（c）角焊缝

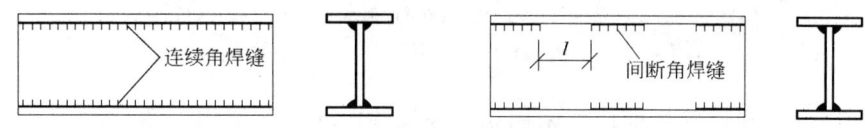

图 3.1.10 连续角焊缝和间断角焊缝

焊缝按施焊位置分为平焊、横焊、立焊及仰焊（图 3.1.11）。平焊（又称俯焊）施焊方便。立焊和横焊要求焊工的操作水平比较高。仰焊的操作条件最差，焊缝质量不易保证，因此应尽量避免采用仰焊。

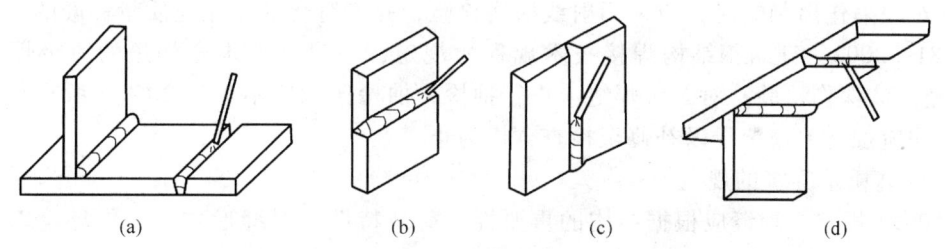

图 3.1.11 焊缝施焊位置
（a）平焊；（b）横焊；（c）立焊；（d）仰焊

4. 焊缝缺陷及焊缝质量检验

（1）焊缝缺陷

焊缝缺陷指焊接过程中产生于焊缝金属或附近热影响区钢材表面或内部的缺陷。常见的缺陷有裂纹、焊瘤、烧穿、弧坑、气孔、夹渣、咬边、未熔合、未焊透（图 3.1.12）等；以及焊缝尺寸不符合要求、焊缝成形不良等。裂纹是焊缝连接中最危险的缺陷。产生裂纹的原因很多，如钢材的化学成分不当，焊接工艺条件（如电流、电压、焊速、施焊次序等）选择不合适，焊件表面油污未清除干净等。

（2）焊缝质量检验

焊缝缺陷的存在将削弱焊缝的受力面积，在缺陷处引起应力集中，故对连接的强度、冲击韧性及冷弯性能等均有不利影响。因此，焊缝质量检验极为重要。

焊缝质量检验一般可用外观检查及内部无损检验，前者检查外观缺陷和几何尺寸，后者检

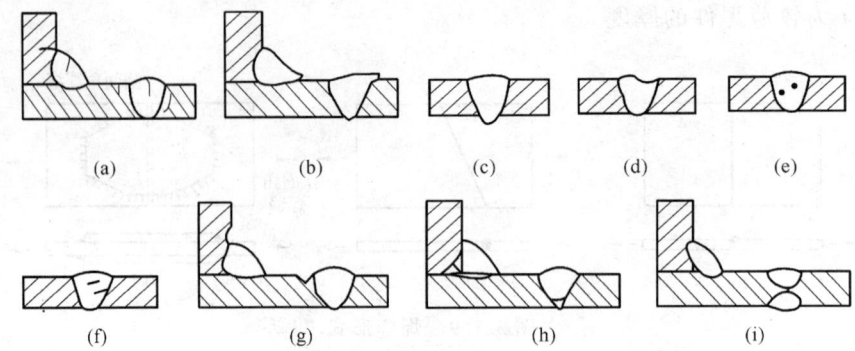

图 3.1.12 焊缝缺陷
(a) 裂纹；(b) 焊瘤；(c) 烧穿；(d) 弧坑；(e) 气孔；(f) 夹渣；
(g) 咬边；(h) 未熔合；(i) 未焊透

查内部缺陷。内部无损检验目前广泛采用超声波检验。该方法使用灵活、经济，对内部缺陷反应灵敏，但不易识别缺陷性质；有时还用磁粉检验、荧光检验等较简单的方法作为辅助。此外还可采用 X 射线或 γ 射线透照或拍片。

GB 50205—2001《钢结构工程施工质量验收规范》规定焊缝按其检验方法和质量要求分为一级、二级和三级。三级焊缝只要求对全部焊缝作外观检查且符合三级质量标准；设计要求全焊透的一级、二级焊缝则除外观检查外，还要求用超声波探伤进行内部缺陷的检验，超声波探伤不能对缺陷作出判断时，应采用射线探伤检验，并应符合国家相应质量标准的要求。

JGJ 81—2002《建筑钢结构焊接技术规程》规定，对设计要求全焊透的一级焊缝应进行 100% 的超声波探伤检验；对二级焊缝应进行抽检，抽检比例应不少于 20%。所有查出的不合格焊缝，均应按有关规定予以补修至检查合格为止。

(3) 焊缝质量等级的规定

GB 50017 规定，焊缝应根据结构的重要性、荷载特性、焊缝形式、工作环境以及应力状态等情况，按下述原则分别选用不同的质量等级：

① 在需要进行疲劳计算的构件中，凡对接焊缝均应焊透，其质量等级为：

a. 作用力垂直于焊缝长度方向的横向对接焊缝或 T 形对接与角接组合焊缝，受拉时应为一级，受压时应为二级；

b. 作用力平行于焊缝长度方向的纵向对接焊缝应为二级。

② 不需要计算疲劳的构件中，凡要求与母材等强的对接焊缝应予焊透，其质量等级当受拉时应不低于二级，受压时宜为二级。

③ 重级工作制和起重量 $Q \geqslant 50$ t 的中级工作制吊车梁的腹板与上翼缘之间以及吊车桁架上弦杆与节点板之间的 T 形接头焊缝均要求焊透。焊缝形式一般为对接与角接的组合焊缝，其质量等级不应低于二级。

④ 不要求焊透的 T 形接头采用的角焊缝或部分焊透的对接与角接组合焊缝，以及搭接连接采用的角焊缝，其质量等级为：

a. 对直接承受动力荷载且需要验算疲劳的结构和吊车起重量等于或大于 50 t 的中级工作制吊车梁，焊缝的外观质量标准应符合二级；

b. 对其他结构，焊缝的外观质量标准可为三级。

3.1.2 铆钉和螺栓连接

1. 铆钉连接

铆钉连接（riveted connections）的制造有热铆和冷铆两种方法。热铆是由烧红的钉坯插入构件的钉孔中，用铆钉枪或压铆机铆合而成。冷铆是在常温下铆合而成。在建筑结构中一般都采用热铆。

铆钉的材料应有良好的塑性，通常采用专用钢材 BL2 和 BL3 钢制成。

铆钉连接的质量和受力性能与钉孔的制法有很大关系。钉孔的制法分为Ⅰ、Ⅱ两类。Ⅰ类孔是用钻模钻成，或先冲成较小的孔，装配时再扩钻而成，质量较好。Ⅱ类孔是冲成或不用钻模钻成，虽然制法简单，但构件拼装时钉孔不易对齐，故质量较差。重要的结构应该采用Ⅰ类孔。

铆钉打好后，钉杆由高温逐渐冷却而发生收缩，但被钉头之间的钢板阻止住，所以钉杆中产生了收缩拉应力，对钢板则产生压缩系紧力。这种系紧力使连接十分紧密。当构件受剪力作用时，钢板接触面上产生很大的摩擦力，因而能大大提高连接的工作性能。

铆钉连接由于构造复杂，费钢费工，现已很少采用。但是铆钉连接的塑性和韧性较好，传力可靠，质量易于检查，在一些重型和直接承受动力荷载的结构中，有时仍然采用。

2. 螺栓连接

螺栓连接分普通螺栓连接（bolted connections）和高强度螺栓连接（high-strength bolted connections）两种。

（1）普通螺栓连接

普通螺栓分为 A、B、C 三级。A 级与 B 级为精制螺栓，C 级为粗制螺栓。C 级螺栓材料性能等级为 4.6 级或 4.8 级。小数点前的数字表示螺栓成品的抗拉强度不小于 400 N/mm^2，小数点及小数点以后数字表示其屈强比（屈服点与抗拉强度之比）为 0.6 或 0.8。A 级和 B 级螺栓材料性能等级则为 5.6 级和 8.8 级，其抗拉强度分别不小于 500 N/mm^2 和 800 N/mm^2，屈强比分别为 0.6 和 0.8。

C 级螺栓由未经加工的圆钢压制而成。由于螺栓表面粗糙，一般采用在单个零件上一次冲成或不用钻模钻成的孔（Ⅱ类孔）。螺栓孔的直径比螺栓杆的直径大 1.5~3 mm。对于采用 C 级螺栓的连接，由于螺杆与栓孔之间有较大的间隙，受剪力作用时，将会产生较大的剪切滑移，连接的变形大。但安装方便，且能有效地传递拉力，故一般可用于沿螺栓杆轴受拉的连接中，以及次要结构的抗剪连接或安装时的临时固定。

A、B 级精制螺栓是由毛坯在车床上经过切削加工精制而成。表面光滑，尺寸准确，螺杆直径与螺栓孔径相同，但螺杆直径仅允许负公差，螺栓孔直径仅允许正公差，对成孔质量要求高。由于有较高的精度，因而受剪性能好。但制作和安装复杂，价格较高，已很少在钢结构中采用。

（2）高强度螺栓连接

高强度螺栓一般采用 45 钢，40B 钢，35VB 钢和 20MnTiB 钢等加工制作，经热处理后，螺栓抗拉强度应分别不低于 800 N/mm^2 和 1 000 N/mm^2，且屈强比分别为 0.8 和 0.9，因此，其性能等级分别称为 8.8 级和 10.9 级。

高强度螺栓分大六角头型（图 3.1.13a）和扭剪型（图 3.1.13b，图 3.1.14）两种。安装时通过特别的扳手，以较大的扭矩上紧螺帽，使螺杆产生很大的预拉力。高强度螺栓的预拉力把被连接的部件夹紧，使部件的接触面间产生很大的摩擦力，外力通过摩擦力来传递。这种连接称为高强度螺栓摩擦型连接。它的优点是施工方便，对构件的削弱较小，可拆换，能承受动力荷载，耐疲劳，韧性和塑性好，包含了普通螺栓和铆钉连接的各自优点，目前已成为代替铆接的优良连接形式。另外，高强度螺栓也可同普通螺栓一样，允许接触面滑移，依靠螺栓杆和螺栓孔之间的承压来传力。这种连接称为高强度螺栓承压型连接。

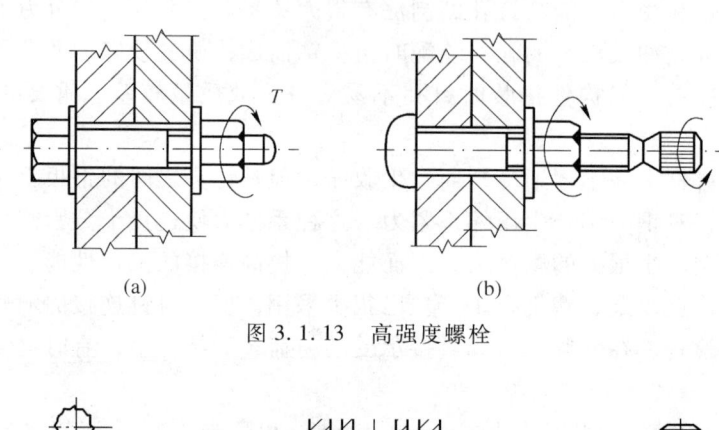

图 3.1.13 高强度螺栓

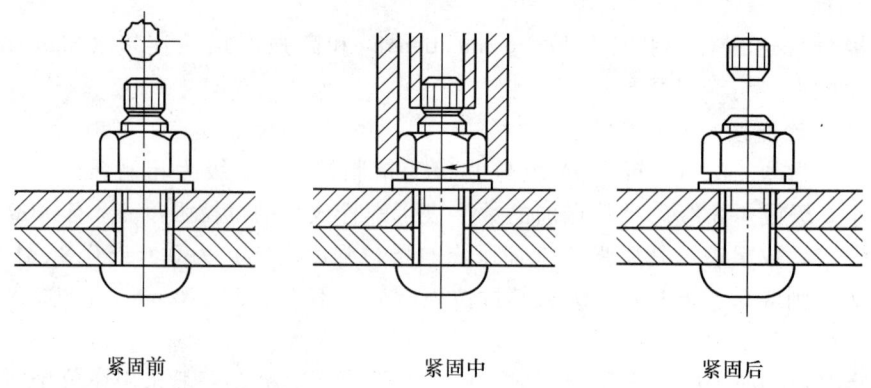

紧固前　　　　　紧固中　　　　　紧固后

图 3.1.14 扭剪型高强度螺栓的紧固过程

高强度螺栓孔应采用钻成孔。摩擦型连接的栓孔直径比螺杆的公称直径 d 大 1.5～2.0 mm，承压型连接的栓孔直径比螺杆的公称直径 d 大 1.0～1.5 mm。摩擦型连接的剪切变形小，弹性性能好，特别适用于承受动荷载的结构。承压型连接的承载力高于摩擦型，但剪切变形大，不得用于承受动力荷载的结构中。

3.1.3　轻钢结构的紧固件连接

在冷弯薄壁型钢结构中经常采用自攻螺钉（self drilling screws）、钢拉铆钉（steel blind rivets）、射钉（powder-actuated fasteners）等机械式紧固件连接方式（图 3.1.15），主要用于压型钢板之间和压型钢板与冷弯型钢等支承构件之间的连接。

§ 3.1 钢结构的连接

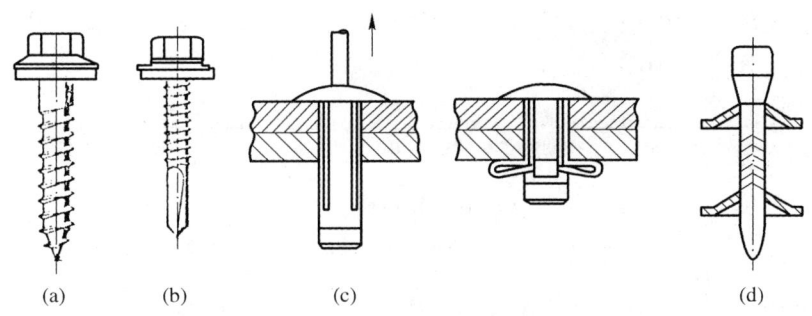

图 3.1.15 轻钢结构紧固件

自攻螺钉有两种类型，一类为一般的自攻螺钉（图 3.1.15a），需先行在被连板件和构件上钻一定大小的孔后，再用电动扳手或扭力扳手将其拧入连接板的孔中；一类为自钻自攻螺钉（图 3.1.15b），无需预先钻孔，可直接用电动扳手自行钻孔和攻入被连板件。

拉铆钉（图 3.1.15c）有铝材和钢材制作的二类，为防止电化学反应，轻钢结构均采用钢制拉铆钉。

射钉（图 3.1.15d）由带有锥杆和固定帽的杆身与下部活动帽组成，靠射钉枪的动力将射钉穿过被连板件打入母材基体中（见图 3.1.1d）。射钉只用于薄板与支承构件（如檩条、墙梁等）的连接。

3.1.4 焊缝代号、螺栓图例

GB/T 324—2008《焊缝符号表示法》规定：焊缝代号由引出线、图形符号和辅助符号三部分组成。引出线由横线和带箭头的斜线组成。箭头指到图形上的相应焊缝处，横线的上面和下面用来标注图形符号和焊缝尺寸。当引出线的箭头指向焊缝所在的一面时，应将图形符号和焊缝尺寸等标注在水平横线的上面；当箭头指向对应焊缝所在的另一面时，则应将图形符号和焊缝尺寸标注在水平横线的下面。必要时，可在水平横线的末端加一尾部作为其他说明之用。图形符号表示焊缝的基本形式，如用△表示角焊缝，用 V 表示 V 形坡口的对接焊缝。辅助符号表示辅助要求，如用 ▶ 表示现场安装焊缝等。表 3.1.1 列出了一些常用焊缝代号，可供设计时参考。

表 3.1.1 焊缝代号

	角 焊 缝				对接焊缝	塞 焊 缝	三面围焊
	单面焊缝	双面焊缝	安装焊缝	相同焊缝			
形式							
标注方法							

当焊缝分布比较复杂或用上述标注方法不能表达清楚时，在标注焊缝代号的同时，可在图形上加栅线表示（图 3.1.16）。

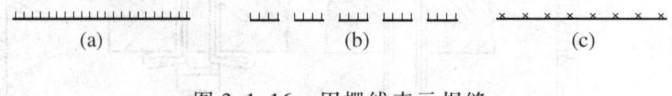

图 3.1.16 用栅线表示焊缝
(a) 正面焊缝；(b) 背面焊缝；(c) 安装焊缝

螺栓及其孔眼图例见表 3.1.2，在钢结构施工图上需要将螺栓及其孔眼的施工要求用图形表示清楚，以免引起混淆。

表 3.1.2 螺栓及其孔眼图例

名称	永久螺栓	高强度螺栓	安装螺栓	圆形螺栓孔	长圆形螺栓孔
图例	◇	◆	◇	● ϕ	b ϕ

§3.2 对接焊缝的构造和计算

对接焊缝包括焊透的对接焊缝和 T 形对接与角接组合焊缝（以下简称对接焊缝），以及部分焊透的对接焊缝和 T 形对接与角接组合焊缝。由于部分焊透的对接焊缝的受力与角焊缝相似，将在下节中介绍。

3.2.1 对接焊缝的构造

对接焊缝（butt welds）的焊件常需做成坡口，故又叫坡口焊缝（groove welds）。坡口形式与焊件厚度有关。当焊件厚度很小（手工焊 6 mm，埋弧焊 10 mm）时，可用直边缝。对于一般厚度的焊件可采用具有斜坡口的单边 V 形或 V 形焊缝。斜坡口和根部间隙 b 共同组成一个焊条能够运转的施焊空间，使焊缝易于焊透；钝边 p 有托住熔化金属的作用。对于较厚的焊件（$t>20$ mm），则采用 U 形、K 形和 X 形坡口（图 3.2.1）。对于 V 形缝和 U 形缝需对焊缝根部进行补焊。对接焊缝坡口形式的选用，应根据板厚和施工条件按现行标准 GB 985.1—2008《气焊、焊条电弧焊、气体保护焊和高能束焊的推荐坡口》和 GB 985.2—2008《埋弧焊的推荐坡口》的要求进行。

在对接焊缝的拼接处，当焊件的宽度不同或厚度相差 4mm 以上时，应分别在宽度方向或厚度方向从一侧或两侧做成坡度不大于 1∶2.5 的斜角（图 3.2.2），以使截面过渡缓和，减小应力集中。

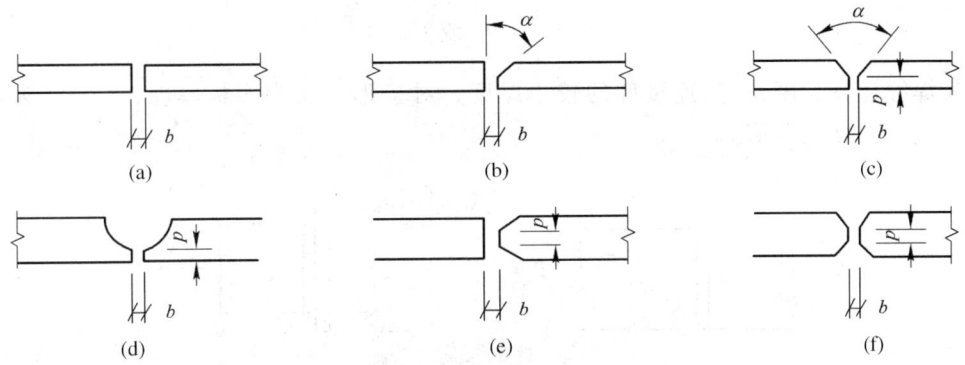

图 3.2.1 对接焊缝的坡口形式
(a) 直边缝；(b) 单边 V 形坡口；(c) V 形坡口；(d) U 形坡口；(e) K 形坡口；(f) X 形坡口

在焊缝的起灭弧处，常会出现弧坑等缺陷，这些缺陷对承载力影响极大，故焊接时一般应设置引弧板或引出板（图 3.2.3），焊后将它割除。对受静力荷载的结构设置引弧（出）板有困难时，允许不设引弧（出）板，此时，可令焊缝计算长度等于实际长度减 $2t$（此处 t 为较薄焊件厚度）。

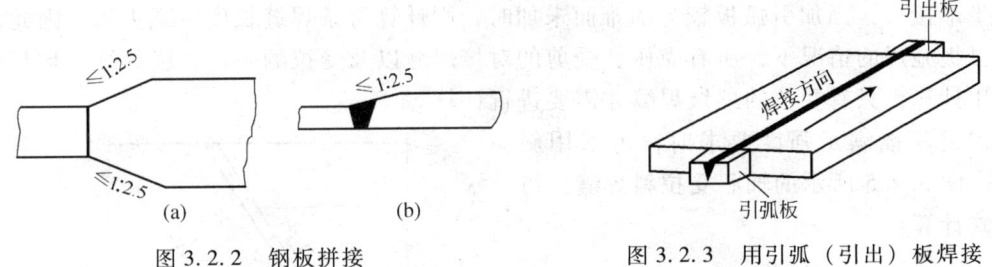

图 3.2.2 钢板拼接
(a) 改变宽度；(b) 改变厚度

图 3.2.3 用引弧（引出）板焊接

3.2.2 对接焊缝的计算

对接焊缝的强度与所用钢材的牌号、焊条型号及焊缝质量的检验标准等因素有关。

如果焊缝中不存在任何缺陷，焊缝金属的强度是高于母材的。但由于焊接技术问题，焊缝中可能有气孔、夹渣、咬边、未焊透等缺陷。实验证明，焊接缺陷对受压、受剪的对接焊缝影响不大，故可认为受压、受剪的对接焊缝与母材强度相等，但受拉的对接焊缝对缺陷甚为敏感。当缺陷面积与焊件截面积之比超过 5% 时，对接焊缝的抗拉强度将明显下降。由于三级检验的焊缝允许存在的缺陷较多，故其抗拉强度为母材强度的 85%，而一、二级检验的焊缝的抗拉强度可认为与母材强度相等。

由于对接焊缝是焊件截面的组成部分，焊缝中的应力分布情况基本上与焊件原来的情况相同，故计算方法与构件的强度计算一样。

1. 轴心受力的对接焊缝

在对接接头和 T 形接头中，垂直于轴心拉力或轴心压力 N 的对接焊缝（图 3.2.4），其强度应按下式计算：

$$\sigma = \frac{N}{l_w t} \leqslant f_t^w \text{ 或 } f_c^w \qquad (3.2.1)$$

式中，l_w 为焊缝计算长度；t 为连接件的较小厚度，对 T 形接头为腹板厚度；f_t^w、f_c^w 为对接焊缝的抗拉、抗压强度设计值。

图 3.2.4 直对接焊缝

按 GB 50205—2001《钢结构工程施工质量验收规范》的规定，对接焊缝施焊时均应加引弧板，以避免焊缝两端的起落弧缺陷，这样，焊缝计算长度应取为实际长度。但在某些特殊情况下，如 T 形接头，当加引弧板较为困难而未加时，则计算每条焊缝长度应减去 $2t$。因此，在一般加引弧板施焊的情况下，所有受压、受剪的对接焊缝以及受拉的一、二级焊缝，均与母材等强，不用计算，只有受拉的三级焊缝才需要进行计算。

当直焊缝不能满足强度要求时，可采用斜对接焊缝。图 3.2.5 所示的轴心受拉斜焊缝，可按下列公式计算：

$$\sigma = \frac{N \cdot \sin \theta}{l_w t} \leqslant f_t^w \qquad (3.2.2)$$

$$\tau = \frac{N \cdot \cos \theta}{l_w t} \leqslant f_v^w \qquad (3.2.3)$$

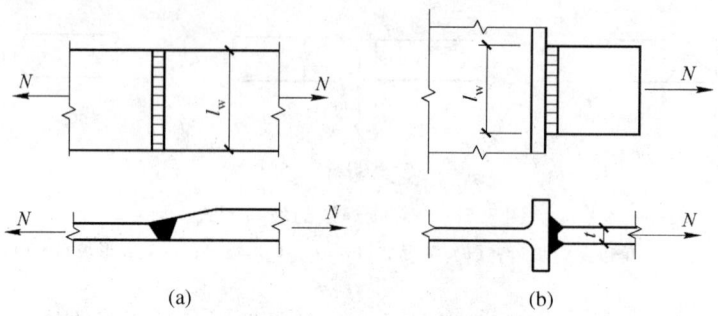

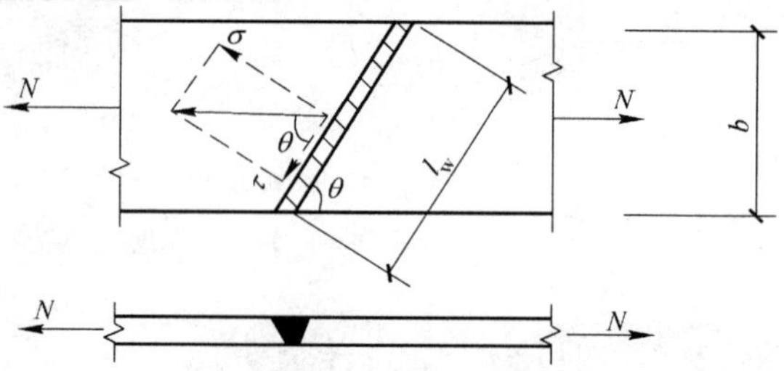

图 3.2.5 斜对接焊缝

式中，l_w 为焊缝的计算长度，加引弧板时，$l_w = b/\sin\theta$；不加引弧板时，$l_w = b/\sin\theta - 2t$；f_v^w 为对接焊缝抗剪强度设计值。

计算证明，当斜焊缝倾角 $\theta \leqslant 56.3°$，即 $\tan\theta \leqslant 1.5$ 时，可与母材等强，不用计算。

斜对接焊缝在 20 世纪 50 年代用得较多，由于消耗材料较多，施工也不方便，已逐渐摒弃不用，而代之以直对接焊缝。直缝一般加引弧板施焊，若抗拉强度不满足要求，可采用二级检验标准，或将接头位置挪至内力较小处。

[例题 3.1] 试验算图 3.2.6 所示钢板的对接焊缝的强度。图中 $a = 540$ mm，$t = 22$ mm，轴心力的设计值为 $N = 2\,400$ kN。钢材为 Q235B，手工焊，焊条为 E43 型，三级检验标准的焊缝，施焊时加引弧板。$f_t^w = 0.85 f = 0.85 \times 205$ N/mm² ≈ 175 N/mm²。

[解] 直缝连接其计算长度 $l_w = 54$ cm。焊缝正应力为：

$$\sigma = \frac{N}{l_w t} = \frac{2\,400 \times 10^3 \text{ N}}{540 \text{ mm} \times 22 \text{ mm}} = 202 \text{ N/mm}^2 > f_t^w = 175 \text{ N/mm}^2$$

§ 3.2 对接焊缝的构造和计算

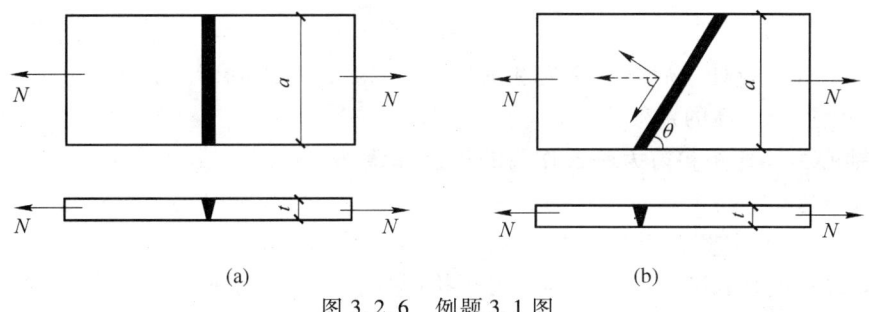

图 3.2.6 例题 3.1 图

不满足要求,改用斜对接焊缝,取截割斜度为 1.5∶1,即 $\theta = 56°$,焊缝长度 $l_w = \dfrac{a}{\sin\theta} = \dfrac{54\ \text{cm}}{\sin 56°} = 65\ \text{cm}$。故此时焊缝的正应力为:

$$\sigma = \frac{N\sin\theta}{l_w t} = \frac{2\,400\times 10^3\ \text{N}\times\sin 56°}{650\ \text{mm}\times 22\ \text{mm}} = 139\ \text{N}/\text{mm}^2 < f_t^w = 175\ \text{N}/\text{mm}^2$$

剪应力为:

$$\tau = \frac{N\cos\theta}{l_w t} = \frac{2\,400\times 10^3\ \text{N}\times\cos 56°}{650\ \text{mm}\times 22\ \text{mm}} = 94\ \text{N}/\text{mm}^2 < f_v^w = 120\ \text{N}/\text{mm}^2$$

这就说明当 $\tan\theta \leq 1.5$ 时,焊缝强度能够保证,可不必验算。

2. 承受弯矩和剪力联合作用的对接焊缝

图 3.2.7a 所示对接接头受弯矩和剪力的联合作用,由于焊缝截面是矩形,正应力与剪应力图形分别为三角形与抛物线形,其最大值应分别满足下列强度条件:

$$\sigma_{\max} = \frac{M}{W_w} = \frac{6M}{l_w^2 t} \leq f_t^w \tag{3.2.4}$$

$$\tau_{\max} = \frac{VS_w}{I_w t} \leq f_v^w \tag{3.2.5}$$

式中,W_w 为焊缝截面模量;S_w 为计算剪应力处焊缝截面面积矩;I_w 为焊缝截面惯性矩。

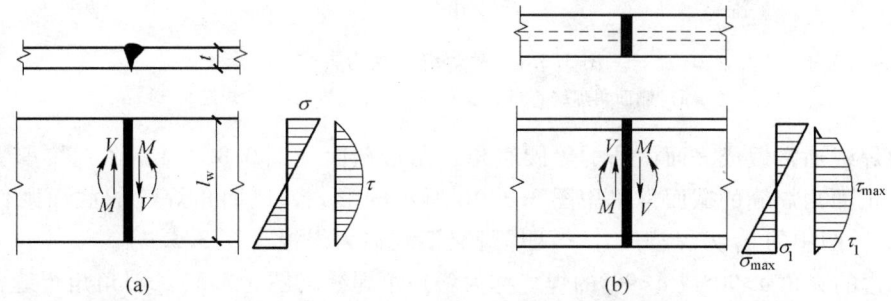

图 3.2.7 对接焊缝受弯矩和剪力联合作用

图 3.2.7b 所示是工字形截面梁的接头,采用对接焊缝,除应分别验算最大正应力和剪应力外,对于同时受有较大正应力和较大剪应力处,例如腹板与翼缘的交接点处,还应按下式验算折算应力:

$$\sqrt{\sigma_1^2+3\tau_1^2} \leqslant 1.1 f_t^w \tag{3.2.6}$$

式中，σ_1、τ_1 为验算点处的焊缝正应力和剪应力；1.1 为考虑到最大折算应力只在局部出现，而将强度设计值适当提高的系数。

3. 承受轴心力、弯矩和剪力联合作用的对接焊缝

当轴心力与弯矩、剪力联合作用时，轴心力和弯矩在焊缝中引起的正应力应进行叠加，剪应力仍按式（3.2.5）验算，折算应力仍按式（3.2.6）验算。

除考虑焊缝长度是否减少，焊缝强度要否折减外，对接焊缝的计算方法与母材的强度计算完全相同。

§3.3 角焊缝的构造和计算

3.3.1 角焊缝的构造

1. 角焊缝的形式和强度

角焊缝（fillet welds）是最常用的焊缝。角焊缝按其与作用力的关系可分为：焊缝长度方向与作用力平行的侧面角焊缝（图 3.3.1a）；焊缝长度方向与作用力垂直的正面角焊缝（端焊缝，图 3.1.1b）；以及倾斜于作用力方向的斜向角焊缝（图 3.3.1c）。按其截面形式可分为直角角焊缝（图 3.3.2）和斜角角焊缝（图 3.3.3）。

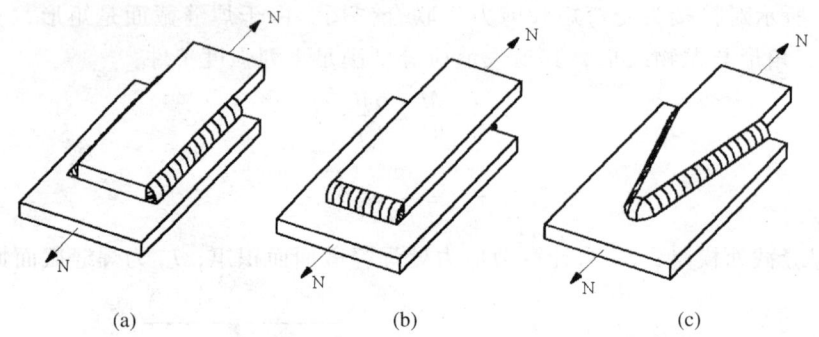

图 3.3.1 角焊缝的受力方式
(a) 侧面角焊缝；(b) 正面角焊缝；(c) 斜向角焊缝

直角角焊缝通常做成表面微凸的等腰直角三角形截面（图 3.3.2a）。在直接承受动力荷载的结构中，正面角焊缝的截面常采用图 3.3.2b 所示的形式，侧面角焊缝的截面则作成凹面式（图 3.3.2c）。图中的 h_f 为焊脚尺寸。两焊脚交汇处称为焊根（图 3.3.9）。

两焊脚边的夹角 $a>90°$ 或 $a<90°$ 的焊缝称为斜角角焊缝（图 3.3.3）。斜角角焊缝常用于钢漏斗和钢管结构中。对于夹角 $a>135°$ 或 $a<60°$ 的斜角角焊缝，除钢管结构外，不宜用作受力焊缝。

大量试验结果表明，侧面角焊缝（图 3.3.4a）主要承受剪应力。塑性较好，弹性模量低（$E=7\times10^4$ N/mm²），强度也较低。传力线通过侧面角焊缝时产生弯折，应力沿焊缝长度方向的分布不均匀，呈两端大而中间小的状态。焊缝越长，应力分布越不均匀，但在进入塑性工作阶段时产生应力重分布，可使应力分布的不均匀现象渐趋缓和。

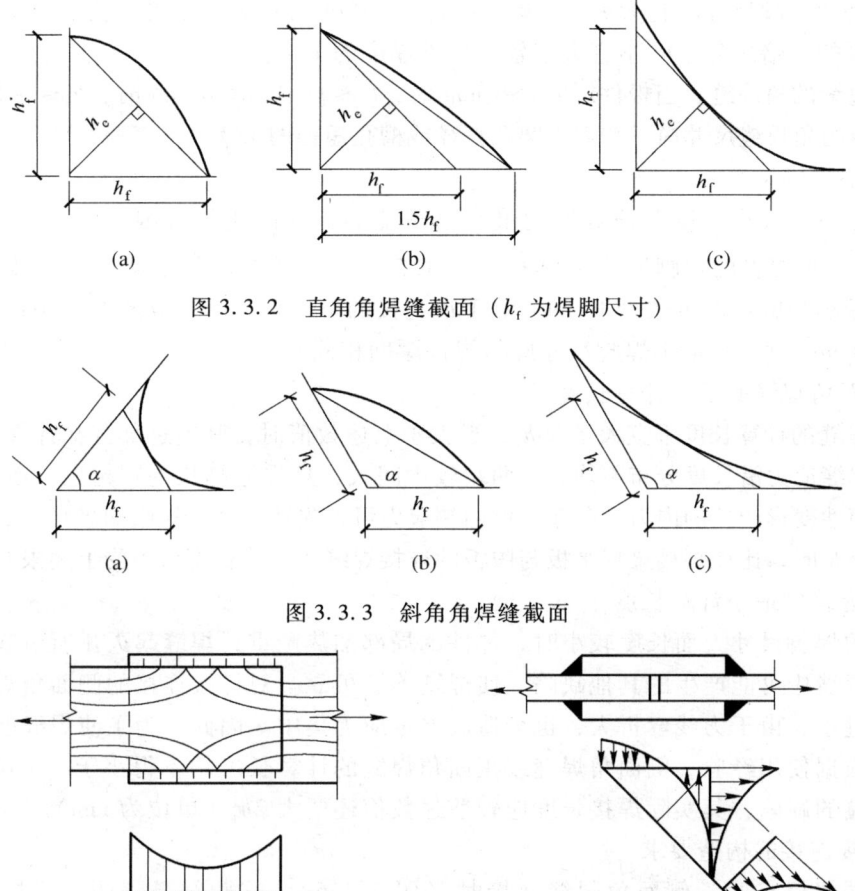

图 3.3.2　直角角焊缝截面（h_f 为焊脚尺寸）

图 3.3.3　斜角角焊缝截面

图 3.3.4　角焊缝的应力状态

正面角焊缝（图 3.3.4b）受力较复杂，截面的各面均存在正应力和剪应力，焊根处有很大的应力集中。这一方面由于力线的弯折，另一方面焊根处正好是两焊件接触间隙的端部，相当于裂缝的尖端。经试验，正面角焊缝的静力强度高于侧面角焊缝。国内外试验结果表明，相当于 Q235 钢和 E43 型焊条焊成的正面角焊缝的平均破坏强度比侧面角焊缝要高出 35% 以上（图 3.3.5）。低合金钢的试验结果也有类似情况。由图 3.3.5 看出，斜焊缝的受力性能和强度介于正面角焊缝和侧面角焊缝之间。

2. 角焊缝的构造要求

（1）最大焊脚尺寸

为了避免烧穿较薄的焊件，减少焊接应力和焊接

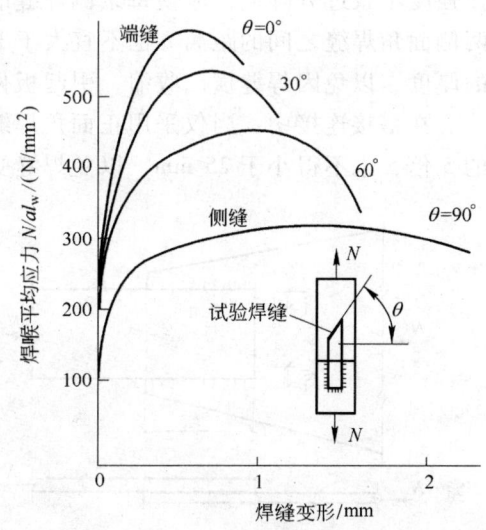

图 3.3.5　角焊缝荷载与变形关系

变形，角焊缝的焊脚尺寸不宜太大。《规范》规定：除了直接焊接钢管结构的焊脚尺寸 h_f 不宜大于支管壁厚的 2 倍之外，h_f 不宜大于较薄焊件厚度的 1.2 倍。

在板件边缘的角焊缝，当板件厚度 $t>6$ mm 时，$h_f \leqslant t$；当 $t \leqslant 6$ mm 时，$h_f \leqslant t-(1\sim 2)$ mm。圆孔或槽孔内的角焊缝尺寸尚不宜大于圆孔直径或槽孔短径的 1/3。

(2) 最小焊脚尺寸

焊脚尺寸不宜太小，以保证焊缝的最小承载能力，并防止焊缝因冷却过快而产生裂纹。《规范》规定：角焊缝的焊脚尺寸 h_f 不得小于 $1.5\sqrt{t}$，t 为较厚焊件厚度（单位为 mm）；自动焊熔深大，最小焊脚尺寸可减少 1 mm；对 T 形连接的单面角焊缝，应增加 1 mm。当焊件厚度等于或小于 4 mm 时，则最小焊脚尺寸应与焊件厚度相同。

(3) 侧面角焊缝的最大计算长度

侧面角焊缝的计算长度不宜大于 $60h_f$，当大于上述数值时，其超过部分在计算中不予考虑。这是因为侧焊缝应力沿长度分布不均匀，两端较中间大，且焊缝越长差别越大。当焊缝太长时，虽然仍有因塑性变形产生的内力重分布，但两端应力可首先达到强度极限而破坏。若内力沿侧面角焊缝全长分布时，比如焊接梁翼缘板与腹板的连接焊缝，计算长度可不受上述限制。

(4) 角焊缝的最小计算长度

角焊缝的焊脚尺寸大而长度较小时，焊件的局部加热严重，焊缝起灭弧所引起的缺陷相距太近，以及焊缝中可能产生的其他缺陷，使焊缝不够可靠。对搭接连接的侧面角焊缝而言，如果焊缝长度过小，由于力线弯折大，也会造成严重应力集中。因此，为了使焊缝能够有一定的承载能力，根据使用经验，侧面角焊缝或正面角焊缝的计算长度均不得小于 $8h_f$ 和 40 mm，考虑到焊缝两端的缺陷，其实际焊接长度应较前述数值还要大 $2h_f$（单位为 mm）。

(5) 搭接连接的构造要求

当板件端部仅有两条侧面角焊缝连接时（图 3.3.6），试验结果表明，连接的承载力与 b/l_w 有关。b 为两侧焊缝的距离，l_w 为侧焊缝长度。当 $b/l_w>1$ 时，连接的承载力随着 b/l_w 比值的增大而明显下降。这主要是因应力传递的过分弯折使构件中应力分布不均匀造成的。为使连接强度不致过分降低，应使每条侧焊缝的长度不宜小于两侧面角焊缝之间的距离，即 $b/l_w \leqslant 1$。两侧面角焊缝之间的距离 b 也不宜大于 $16t$（$t>12$ mm）或 190 mm（$t \leqslant 12$ mm），t 为较薄焊件的厚度，以免因焊缝横向收缩，引起板件发生较大拱曲。

在搭接连接中，当仅采用正面角焊缝时（图 3.3.7），其搭接长度不得小于焊件较小厚度的 5 倍，也不得小于 25 mm，以免焊缝受偏心弯矩影响太大而破坏。

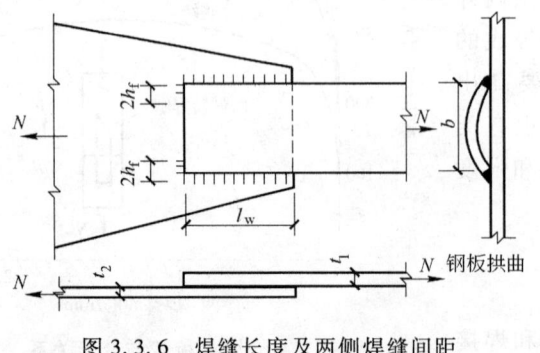

图 3.3.6 焊缝长度及两侧焊缝间距

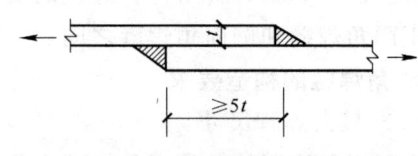

图 3.3.7 搭接连接

§3.3 角焊缝的构造和计算

杆件端部搭接采用三面围焊时，在转角处截面突变，会产生应力集中，如在此处起灭弧，可能出现弧坑或咬肉等缺陷，从而加大应力集中的影响。故所有围焊的转角处必须连续施焊。对于非围焊情况，当角焊缝的端部在构件转角处时，可连续地作长度为 $2h_f$ 的绕角焊（图3.3.6）。

杆件与节点板的连接焊缝宜采用两面侧焊，也可用三面围焊，对角钢杆件可采用 L 形围焊（图3.3.8），所有围焊的转角处也必须连续施焊。

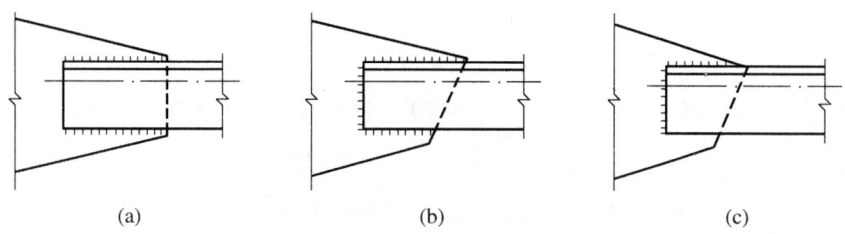

图 3.3.8 杆件与节点板的焊缝连接
(a) 两面侧焊；(b) 三面围焊；(c) L 形围焊

3.3.2 直角角焊缝的基本计算公式

当角焊缝的两焊脚边夹角为 90° 时，称为直角角焊缝，即一般所指的角焊缝。

角焊缝的受力状态比较复杂，因此精确计算比较困难，一般是根据试验结果，找出一个比较合理而又简单的设计方法和相应的公式供设计时应用。为了弄清焊缝的应力与焊缝强度的关系，许多国家对角焊缝进行了大量不同应力状态下的试验。

试验表明，直角角焊缝的破坏常发生在喉部，故长期以来对角焊缝的研究均着重于这一部位。通常认为直角角焊缝是以 45° 方向的最小截面作为有效计算截面。角焊缝的有效截面为焊缝有效厚度（喉部尺寸）与计算长度的乘积，而有效厚度 $h_e = 0.7h_f$ 为焊缝横截面的内接等腰三角形的最短距离，即不考虑熔深和凸度的距离（图3.3.9）。作用于焊缝有效截面上的应力如图3.3.10所示，这些应力包括：垂直于焊缝有效截面的正应力 $\sigma_\perp$，垂直于焊缝长度方向的剪应力 $\tau_\perp$，以及沿焊缝长度方向的剪应力 $\tau_{/\!/}$。

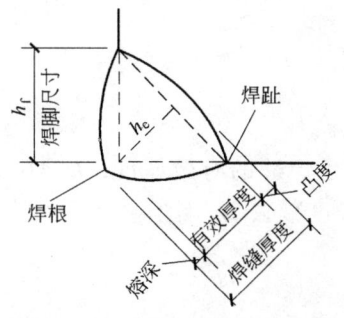

图 3.3.9 直角角焊缝截面

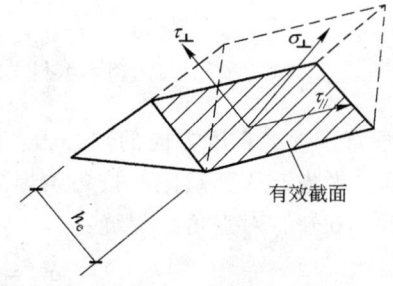

图 3.3.10 角焊缝有效截面上的应力

为了弄清 $\sigma_\perp$、$\tau_\perp$ 及 $\tau_{/\!/}$ 对角焊缝强度的影响，许多国家对角焊缝进行了大量不同应力状态下的试验。根据多国试验结果，国际标准化组织（ISO）推荐用下式来确定角焊缝的极限强度：

$$\sqrt{\sigma_\perp^2 + 1.8(\tau_\perp^2 + \tau_\|^2)} = f_u^w \tag{3.3.1}$$

上式是根据 ST37（相当于国产的 Q235 钢）提出的，式中 f_u^w 为焊缝金属的抗拉强度。对于其他钢种，公式左边的系数不是 1.8，而是在 1.7～3.0 之间变化。偏于安全，同时也为了与母材的能量强度理论的折算应力公式一致，欧洲钢结构协会（ECCS）将式（3.3.1）的 1.8 改为 3，即：

$$\sqrt{\sigma_\perp^2 + 3(\tau_\perp^2 + \tau_\|^2)} = f_u^w \tag{3.3.2}$$

我国《规范》采用了折算应力公式（3.3.2）。引入抗力分项系数后，得角焊缝的计算式：

$$\sqrt{\sigma_\perp^2 + 3(\tau_\perp^2 + \tau_\|^2)} \leq \sqrt{3} f_f^w \tag{3.3.3}$$

式中，f_f^w 为规范规定的角焊缝强度设计值。由于 f_f^w 是由角焊缝的抗剪条件确定的，所以 $\sqrt{3} f_f^w$ 相当于角焊缝的抗拉强度设计值。

采用公式（3.3.3）进行计算，即使是在简单外力作用下，都要花费时间去求有效截面上的应力分量 $\sigma_\perp$、$\tau_\perp$、$\tau_\|$，太过繁琐。我国规范采用了下述方法进行简化。

现以图 3.3.11a 所示承受互相垂直的 N_y 和 N_z 两个轴心力作用的直角角焊缝为例，说明角焊缝基本公式的推导。N_y 在焊缝有效截面上引起垂直于焊缝一个直角边的应力 σ_f，该应力对有效截面既不是正应力，也不是剪应力，而是 $\sigma_\perp$ 和 $\tau_\perp$ 的合应力：

$$\sigma_f = \frac{N_y}{h_e l_w} \tag{3.3.4}$$

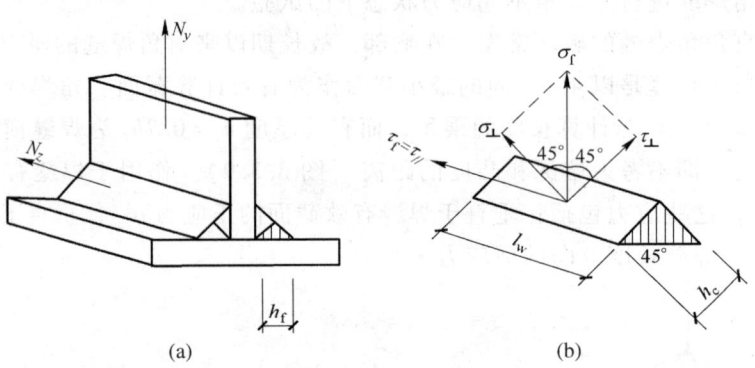

图 3.3.11 直角角焊缝的计算

式中，N_y 为垂直于焊缝长度方向的轴心力；h_e 为垂直角焊缝的有效厚度，$h_e = 0.7 h_f$；l_w 为焊缝的计算长度，考虑起灭弧缺陷，按各条焊缝的实际长度减去 $2h_f$ 计算。

由图 3.3.11b 知，对直角角焊缝：

$$\sigma_\perp = \tau_\perp = \sigma_f / \sqrt{2}$$

沿焊缝长度方向的分力 N_z 在焊缝有效截面上引起平行于焊缝长度方向的剪应力 $\tau_f = \tau_\|$：

$$\tau_f = \tau_\| = \frac{N_z}{h_e l_w} \tag{3.3.5}$$

则得直角角焊缝在各种应力综合作用下，σ_f 和 τ_f 共同作用处的计算公式为：

§3.3 角焊缝的构造和计算

$$\sqrt{4\left(\frac{\sigma_\mathrm{f}}{\sqrt{2}}\right)^2+3\tau_\mathrm{f}^2}\leqslant\sqrt{3}f_\mathrm{f}^\mathrm{w}$$

或

$$\sqrt{\left(\frac{\sigma_\mathrm{f}}{\beta_\mathrm{f}}\right)^2+\tau_\mathrm{f}^2}\leqslant f_\mathrm{f}^\mathrm{w} \tag{3.3.6}$$

式中，β_f 为正面角焊缝的强度增大系数，$\beta_\mathrm{f}=\sqrt{\frac{3}{2}}=1.22$。

当仅正面角焊缝受力时，$\tau_\mathrm{f}=0$，得：

$$\sigma_\mathrm{f}=\frac{N}{h_\mathrm{e}l_\mathrm{w}}\leqslant\beta_\mathrm{f}f_\mathrm{f}^\mathrm{w} \tag{3.3.7}$$

当仅侧面角焊缝受力时，$\sigma_\mathrm{f}=0$，得：

$$\tau_\mathrm{f}=\frac{N}{h_\mathrm{e}l_\mathrm{w}}\leqslant f_\mathrm{f}^\mathrm{w} \tag{3.3.8}$$

式（3.3.6）~式（3.3.8）即为角焊缝的基本计算公式。只要将焊缝应力分解为垂直于焊缝长度方向的应力 σ_f 和平行于焊缝长度方向的应力 τ_f，上述基本公式就可适用于任何受力状态。

对于直接承受动力荷载结构中的焊缝，由于正面角焊缝的刚度大，韧性差，应将其强度降低使用，取 $\beta_\mathrm{f}=1.0$，相当于按 σ_f 和 τ_f 的合应力进行计算，即 $\sqrt{\sigma_\mathrm{f}^2+\tau_\mathrm{f}^2}\leqslant f_\mathrm{f}^\mathrm{w}$。

若在图 3.3.11a 中尚有垂直于 y-z 平面的轴心力 N_x 作用于焊缝时，焊缝两个直角边分别受到合应力 σ_{fx} 和 σ_{fy} 的作用，可按下式计算：

$$\sqrt{\frac{\sigma_{\mathrm{fx}}^2+\sigma_{\mathrm{fy}}^2-\sigma_{\mathrm{fx}}\sigma_{\mathrm{fy}}}{\beta_\mathrm{f}^2}+\tau_\mathrm{f}^2}\leqslant f_\mathrm{f}^\mathrm{w}$$

式中，σ_{fx} 和 σ_{fy}，若使焊缝有效截面受拉，则取为正值，反之取负值。

由于对此种受力复杂的直角角焊缝的研究还不够，同时在工程实践中又极少遇到，因此在规范中没有单独列出。但规范建议，对于这种直角角焊缝，宜采用不考虑应力方向的计算式进行计算，即

$$\sqrt{\sigma_{\mathrm{fx}}^2+\sigma_{\mathrm{fy}}^2+\tau_\mathrm{f}^2}\leqslant f_\mathrm{f}^\mathrm{w}$$

角焊缝的强度与熔深有关。埋弧自动焊熔深较大，若在确定焊缝有效厚度时考虑熔深对焊缝强度的影响，可带来较大的经济效益，如美国、苏联等均予以考虑。我国规范不分手工焊和埋弧焊，均统一取有效厚度 $h_\mathrm{e}=0.7h_\mathrm{f}$，对自动焊来说，是偏于保守的。

3.3.3 角焊缝的计算

1. 承受轴心力作用时角焊缝连接的计算

（1）用盖板的对接连接

当焊件受轴心力，且轴心力通过连接焊缝中心时，可认为焊缝应力是均匀分布的。图 3.3.12 用盖板的对接连接中，当只有侧面角焊缝时，按式（3.3.8）计算；当采用三面围焊时，对矩形盖板，可先按式（3.3.7）计算正面角焊缝承担的内力

$$N' = \beta_f f_f^w \sum h_e l_w$$

式中，$\sum l_w$ 为连接一侧正面角焊缝计算长度的总和；再由力 $(N-N')$ 计算侧面角焊缝的强度：

$$\tau_f = \frac{N-N'}{\sum h_e l_f} \leq f_f^w \quad (3.3.8a)$$

式中，$\sum l_w$ 为连接一侧的侧面角焊缝计算长度的总和。

(2) 承受斜向轴心力的角焊缝

图 3.3.13 所示受斜向轴心力的角焊缝连接，有两种计算方法。

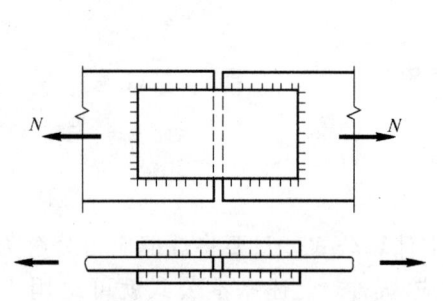
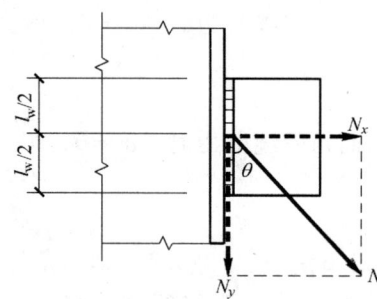

图 3.3.12 受轴心力的盖板连接　　　图 3.3.13 斜向轴心力作用

① 分力法。

将 N 分解为垂直于焊缝长度的分力 $N_x = N \cdot \sin\theta$，和沿焊缝长度的分力 $N_y = N \cdot \cos\theta$，则：

$$\sigma_f = \frac{N \cdot \sin\theta}{\sum h_e l_w}, \quad \tau_f = \frac{N \cdot \cos\theta}{\sum h_e l_w} \quad (3.3.9)$$

代入公式（3.3.6）中进行计算：

$$\sqrt{\left(\frac{\sigma_f}{\beta_f}\right)^2 + \tau_f^2} \leq f_f^w$$

② 合力法。

不将 N 力分解，按下列方法导出的计算式直接进行计算。

将公式（3.3.9）的 σ_f 和 τ_f 代入公式（3.3.6）中：

$$\sqrt{\left(\frac{N \cdot \sin\theta}{\beta_f \sum h_e l_w}\right)^2 + \left(\frac{N \cdot \cos\theta}{\sum h_e l_w}\right)^2} \leq f_f^w$$

取 $\beta_f^2 = 1.22^2 \approx 1.5$，得：

$$\frac{N}{\sum h_e l_w}\sqrt{\frac{\sin^2\theta}{1.5} + \cos^2\theta} = \frac{N}{\sum h_e l_w}\sqrt{1 - \frac{\sin^2\theta}{3}} \leq f_f^w$$

令 $\beta_{f\theta} = \dfrac{1}{\sqrt{1-\dfrac{\sin^2\theta}{3}}}$，则斜焊缝的计算式为：

$$\frac{N}{\beta_{f\theta} \sum h_e l_w} \leq f_f^w \quad (3.3.10)$$

式中，θ 为作用力（或焊缝应力）与焊缝长度方向的夹角；$\beta_{f\theta}$ 为斜焊缝强度增大系数（或有效截面增大系数），其值介于 1.0～1.22 之间。

（3）承受轴力的角钢端部连接

在钢桁架中，角钢腹杆与节点板的连接焊缝一般采用两面侧焊，也可采用三面围焊，特殊情况也允许采用 L 形围焊（图 3.3.14）。腹杆受轴心力作用，为了避免焊缝偏心受力，焊缝所传递的合力的作用线应与角钢杆件的轴线重合。

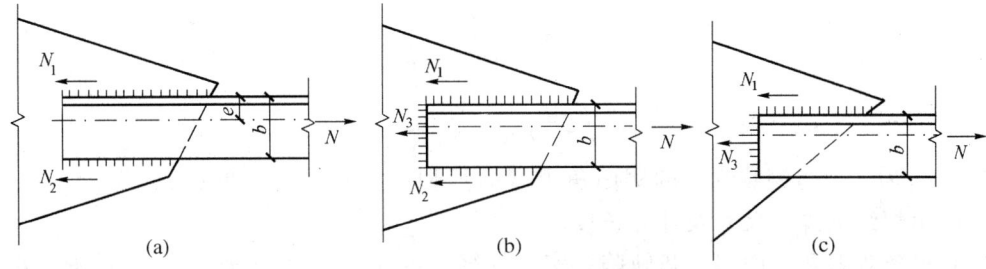

图 3.3.14 桁架腹杆节点板的连接

对于三面围焊（图 3.3.14b）可先假定正面角焊缝的焊脚尺寸 h_{f3}，求出正面角焊缝所分担的轴心力 N_3。当腹杆为双角钢组成的 T 形截面，且肢宽为 b 时，

$$N_3 = 2\times 0.7 h_{f3} b \beta_f f_f^w \tag{3.3.11}$$

由平衡条件（$\sum M = 0$）可得：

$$N_1 = \frac{N(b-e)}{b} - \frac{N_3}{2} = K_1 N - \frac{N_3}{2} \tag{3.3.12}$$

$$N_2 = \frac{Ne}{b} - \frac{N_3}{2} = K_2 N - \frac{N_3}{2} \tag{3.3.13}$$

式中，N_1、N_2 为角钢肢背和肢尖上的侧面角焊缝所分担的轴力；e 为角钢背的形心距；K_1、K_2 为角钢肢背和肢尖焊缝的内力分配系数，可按表 3.3.1 查用；也可近似取 $K_1 = \frac{2}{3}$，$K_2 = \frac{1}{3}$。

表 3.3.1 角钢缝内力分配系数 K

角钢类型	连接形式		肢背 K_1	肢尖 K_2
a 等肢角钢			0.7	0.3
b 不等肢角钢		长肢水平	0.75	0.25
c 不等肢角钢		长肢垂直	0.65	0.35

对于两面侧焊（图 3.3.14a），因 $N_3=0$，得：

$$N_1 = K_1 N \tag{3.3.14}$$
$$N_2 = K_2 N \tag{3.3.15}$$

求得各条焊缝所受的内力后，按构造要求（角焊缝的尺寸限制）假定肢背和肢尖焊缝的焊脚尺寸，即可求出焊缝的计算长度。例如对双角钢截面：

$$l_{w1} = \frac{N_1}{2 \times 0.7 h_{f1} f_f^w} \tag{3.3.16}$$

$$l_{w2} = \frac{N_2}{2 \times 0.7 h_{f2} f_f^w} \tag{3.3.17}$$

式中，h_{f1}、l_{w1} 为一个角钢肢背上的侧面角焊缝的焊脚尺寸及计算长度；h_{f2}、l_{w2} 为一个角钢肢尖上的侧面角焊缝的焊脚尺寸及计算长度。

考虑到每条焊缝两端的起灭弧缺陷，实际焊缝长度应为计算长度加 $2h_f$；对于采用绕角焊的侧面角焊缝实际长度等于计算长度（绕角焊缝长度 $2h_f$ 不进入计算）。

当杆件受力很小时，可采用 L 形围焊（图 3.3.14c）。由于只有正面角焊缝和角钢肢背上的侧面角焊缝，令式（3.3.13）中的 $N_2=0$，得：

$$N_3 = 2K_2 N \tag{3.3.18}$$
$$N_1 = N - N_3 \tag{3.3.19}$$

角钢肢背上的角焊缝计算长度可按式（3.3.16）计算，角钢端部的正面角焊缝的长度已知，可按下式计算其焊脚尺寸：

$$h_{f3} = \frac{N_3}{2 \times 0.7 \times l_{w3} \beta_f f_f^w} \tag{3.3.20}$$

式中，$l_{w3} = b - h_{f3}$。

[**例题 3.2**] 试设计用拼接盖板的对接连接（图 3.3.15）。已知钢板宽 $B=270$ mm，厚度 $t_1=28$ mm，拼接盖板厚度 $t_2=16$ mm。该连接承受的静态轴心力 $N=1\,400$ kN（设计值），钢材为 Q235B，手工焊，焊条为 E43 型。

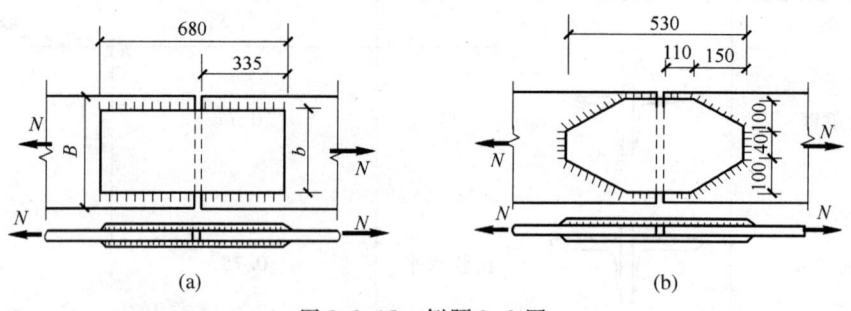

图 3.3.15 例题 3-2 图

[**解**] 设计拼接盖板的对接连接有两种方法。一种方法是假定焊脚尺寸求得焊缝长度，再由焊缝长度确定拼接盖板的尺寸；另一方法是先假定焊脚尺寸和拼接盖板的尺寸，然后验算焊缝的承载力。如果假定的焊缝尺寸不能满足承载力要求时，则应调整焊脚尺寸，再行验算，直到满足承载力要求为止。

角焊缝的焊脚尺寸 h_f 应根据板件厚度确定。

由于此处的焊缝在板件边缘施焊,且拼接盖板厚度 $t_2 = 16$ mm>6 mm, $t_2 < t_1$,则:

$$h_{f\max} = t_2 - (1 \sim 2) \text{ mm} = 16 \text{ mm} - (1 \sim 2) \text{ mm} = 15 \text{ mm 或 } 14 \text{ mm}$$

$$h_{f\min} = 1.5\sqrt{t_1} = 1.5\sqrt{28} \text{ mm} = 7.9 \text{ mm}$$

取 $h_f = 10$ mm,查附表 1.3 得角焊缝强度设计值 $f_f^w = 160$ N/mm²。

(1) 采用两侧焊缝时(图 3.3.15a)

连接一侧所需焊缝的总长度,可按式(3.3.8)算得:

$$\sum l_w = \frac{N}{h_e f_f^w} = \frac{1\,400 \times 10^3 \text{ N}}{0.7 \times 10 \text{ mm} \times 160 \text{ N/mm}^2} = 1\,250 \text{ mm}$$

该连接采用了上下两块拼接盖板,共有 4 条侧焊缝,一条侧焊缝的实际长度为:

$$l'_w = \frac{\sum l_w}{4} + 2h_f = \frac{1\,250 \text{ mm}}{4} + 20 \text{ mm} = 333 \text{ mm} < 60h_f = 60 \times 10 \text{ mm} = 600 \text{ mm}$$

所需拼装盖板长度:

$$L = 2l_w + 10 \text{ mm} = 2 \times 333 \text{ mm} + 10 \text{ mm} = 676 \text{ mm},\text{取 } 680 \text{ mm}$$

式中,10 mm 为两块被连接钢板间的间隙。

拼接盖板的宽度 b 就是两条侧面角焊缝之间的距离,应根据强度条件和构造要求确定。

选定拼接盖板宽度 $b = 240$ mm,则拼接盖板的截面面积 A' 为:

$$A' = 240 \text{ mm} \times 2 \times 16 \text{ mm} = 7\,680 \text{ mm}^2 > A = 270 \text{ mm} \times 28 \text{ mm} = 7\,560 \text{ mm}^2$$

且由附表 1.1 知盖板的强度设计值 $f = 215$ N/mm² ($t_2 = 16$ mm),而被连接钢板板厚 $t_1 = 28$ mm>16 mm,其强度设计值 $f = 205$ N/mm²,故满足强度要求。

根据构造要求,应满足:

$$b = 240 \text{ mm} < l'_w = 335 \text{ mm}$$

且

$$b < 16\,t = 16 \times 16 \text{ mm} = 256 \text{ mm}$$

满足要求,故选定拼接盖板尺寸为 680 mm×240 mm×16 mm。

(2) 采用菱形拼接盖板时(图 3.3.15b)

当拼接板宽度较大时,采用菱形拼接盖板可减小角部的应力集中,从而使连接的工作性能得以改善。菱形拼接盖板的连接焊缝由正面角焊缝、侧面角焊缝和斜焊缝等组成。设计时,一般先假定拼接盖板的尺寸再进行验算。拼接盖板尺寸如图 3.3.15b 所示,仍取 $h_f = 10$ mm,则各部分焊缝的承载力分别为:

正面角焊缝

$$N_1 = 2h_e l_{w1} \beta_f f_f^w = 2 \times 0.7 \times 10 \text{ mm} \times 40 \text{ mm} \times 1.22 \times 160 \text{ N/mm}^2 = 109.3 \text{ kN}$$

侧面角焊缝

$$N_2 = 4h_f l_{w2} f_f^w = 4 \times 0.7 \times 10 \text{ mm} \times (110 \text{ mm} - 10 \text{ mm}) \times 160 \text{ N/mm}^2 = 448.0 \text{ kN}$$

斜焊缝

此焊缝与作用力夹角 $\theta = \arctan\left(\dfrac{100}{150}\right) = 33.7°$,可得 $\beta_{f\theta} = 1/\sqrt{1 - \sin^2 33.7°/3} = 1.06$,$l_{w3} = 150$ mm/cos 33.7° ≈ 180 mm,由式(3.3.10)有:

$$N_3 = 4h_e l_{w3} \beta_{f\theta} f_f^w = 4 \times 0.7 \times 10 \text{ mm} \times 180 \text{ mm} \times 1.06 \times 160 \text{ N/mm}^2 = 854.8 \text{ kN}$$

连接一侧焊缝所能承受的内力为：

$$N' = N_1 + N_2 + N_3 = 109.3 \text{ kN} + 448.0 \text{ kN} + 854.8 \text{ kN} = 1\,412 \text{ kN} > N = 1\,400 \text{ kN}$$

满足要求。

[例题 3.3] 试确定图 3.3.16 所示承受静态轴心力的三面围焊连接的承载力及肢尖焊缝的长度。已知角钢 2∟125×10，与厚度为 8 mm 的节点板连接，其搭接长度为 300 mm，焊脚尺寸 $h_f = 8$ mm，钢材为 Q235B，手工焊，焊条为 E43 型。

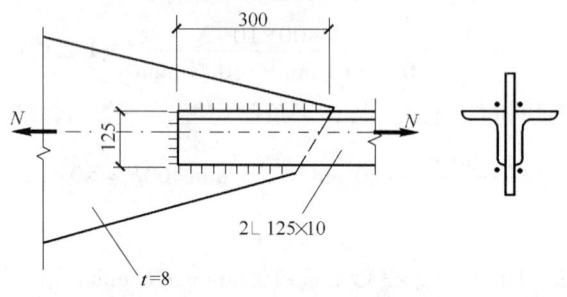

图 3.3.16 例题 3.3 图

[解] 角焊缝强度设计值 $f_f^w = 160 \text{ N/mm}^2$。由表 3.3.1 知焊缝内力分配系数为 $K_1 = 0.70$，$K_2 = 0.30$。正面角焊缝的长度等于相连角钢肢的宽度，即 $l_{w3} = b = 125$ mm，则正面角焊缝所能承受的内力 N_3 为：

$$N_3 = 2h_e l_{w3} \beta_f f_f^w = 2 \times 0.7 \times 8 \text{ mm} \times 125 \text{ mm} \times 1.22 \times 160 \text{ N/mm}^2 = 273.3 \text{ kN}$$

肢背角焊缝所能承受的内力 N_1 为：

$$N_1 = 2h_e l_w f_f^w = 2 \times 0.7 \times 8 \text{ mm} \times (300 \text{ mm} - 8 \text{ mm}) \times 160 \text{ N/mm}^2 = 523.3 \text{ kN}$$

由式（3.3.12）知：

$$N_1 = K_1 N - \frac{N_3}{2} = 0.70 N - \frac{273.3 \text{ kN}}{2} = 523.3 \text{ kN}$$

则：

$$N = \frac{523.3 \text{ kN} + 136.6 \text{ kN}}{0.70} = 942.7 \text{ kN}$$

由式（3.3.13）计算肢尖焊缝承受的内力 N_2 为：

$$N_2 = K_2 N - \frac{N_3}{2} = 0.30 \times 942.7 \text{ kN} - 136.6 \text{ kN} = 146.2 \text{ kN}$$

由此可算出肢尖焊缝所要求的实际长度为：

$$l'_{w2} = \frac{N_2}{2h_e f_f^w} + h_f = \frac{146.2 \times 10^3 \text{ N}}{2 \times 0.7 \times 8 \text{ mm} \times 160 \text{ N/mm}^2} + 8 \text{ mm} = 89.5 \text{ mm}$$

取 90 mm。

由计算知该连接的承载力 $N \approx 943$ kN，肢尖焊缝长度应为 90 mm。

2. 复杂受力时角焊缝连接计算

当焊缝非轴心受力时，可以将外力的作用分解为轴力、弯矩、扭矩、剪力等简单受力情

§3.3 角焊缝的构造和计算

况，分别求出各自的焊缝应力，然后利用叠加原理，找出焊缝中受力最大的几个点，利用公式（3.3.6）进行验算。

(1) 承受轴力、弯矩、剪力的联合作用时角焊缝的计算

图 3.3.17 所示的双面角焊缝连接承受偏心斜拉力 N 作用，计算时，可将作用力 N 分解为 N_x 和 N_y 两个分力。角焊缝同时承受轴心力 N_x、剪力 N_y 和弯矩 $M=N_x \cdot e$ 的共同作用。焊缝计算截面上的应力分布如图 3.3.17b 所示，图中 A 点应力最大，为控制设计点。此处垂直于焊缝长度方向的应力由两部分组成，即由轴心拉力 N_x 产生的应力：

$$\sigma_N = \frac{N_x}{A_e} = \frac{N_x}{2h_e l_w}$$

由弯矩 M 产生的应力：

$$\sigma_M = \frac{M}{W_e} = \frac{6M}{2h_e l_w^2}$$

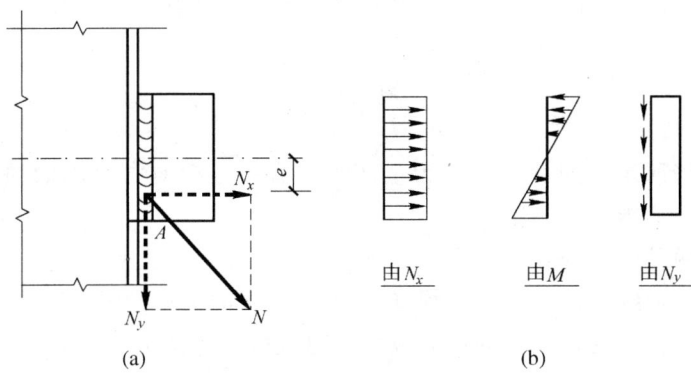

图 3.3.17 承受偏心斜拉力的角焊缝

这两部分应力由于在 A 点处的方向相同，可直接叠加，故 A 点垂直于焊缝长度方向的应力为：

$$\sigma_f = \frac{N_x}{2h_e l_w} + \frac{6M}{2h_e l_w^2}$$

剪力 N_y 在 A 点处产生平行于焊缝长度方向的应力：

$$\tau_f = \frac{N_y}{A_e} = \frac{N_y}{2h_e l_w}$$

式中，l_w 为焊缝的计算长度，为实际长度减 $2h_f$。

则焊缝的强度计算式为：

$$\sqrt{\left(\frac{\sigma_f}{\beta_f}\right)^2 + \tau_f^2} \leqslant f_f^w$$

当连接直接承受动力荷载作用时，取 $\beta_f = 1.0$。

对于工字梁（或牛腿）与钢柱翼缘的角焊缝连接（图 3.3.18），通常只承受弯矩 M 和剪力 V 的联合作用。由于翼缘的竖向刚度较差，在剪力作用下，如果没有腹板焊缝存在，翼缘

将发生明显挠曲。这就说明，翼缘板的抗剪能力极差。因此，计算时通常假设腹板焊缝承受全部剪力，而弯矩则由全部焊缝承受。

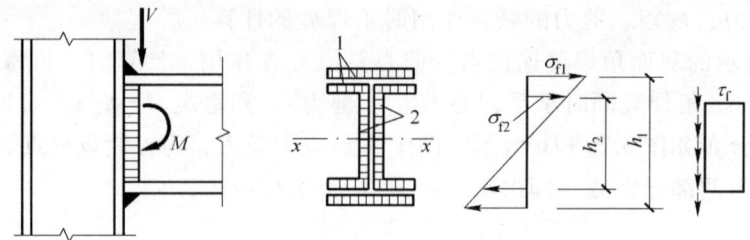

图 3.3.18　工字形梁（或牛腿）的角焊缝连接

为了焊缝分布较合理，宜在每个翼缘的上下两侧均匀布置焊缝，弯曲应力沿梁高度呈三角形分布，最大应力发生在翼缘焊缝的最外纤维处，由于翼缘焊缝只承受垂直于焊缝长度方向的弯曲应力，为了保证此焊缝的正常工作，应使翼缘焊缝最外纤维处的应力满足角焊缝的强度条件，即：

$$\sigma_{f1} = \frac{M}{I_w} \cdot \frac{h_1}{2} \leqslant \beta_f f_f^w \tag{3.3.21}$$

式中，M 为全部焊缝所承受的弯矩；I_w 为全部焊缝有效截面对中性轴的惯性矩；h_1 为上下翼缘焊缝有效截面最外纤维之间的距离。

腹板焊缝承受两种应力的联合作用，即垂直于焊缝长度方向且沿梁高度呈三角形分布的弯曲应力，以及平行于焊缝长度方向且沿焊缝截面均匀分布的剪应力的作用，设计控制点为翼缘焊缝与腹板焊缝 2 的交点处，此处的弯曲应力和剪应力分别按下式计算：

$$\sigma_{f2} = \frac{M}{I_w} \cdot \frac{h_2}{2}$$

$$\tau_f = \frac{V}{\sum (h_{e2} l_{w2})}$$

式中，$\sum (h_{e2} l_{w2})$ 为腹板焊缝有效截面积之和；h_2 为腹板焊缝的实际长度。

则腹板焊缝 2 的端点应按下式验算强度：

$$\sqrt{\left(\frac{\sigma_{f2}}{\beta_f}\right)^2 + \tau_f^2} \leqslant f_f^w$$

工字梁（或牛腿）与钢柱翼缘角焊缝的连接的另一种计算方法是使焊缝传递应力近似与母材所承受应力相协调，即假设腹板焊缝只承受剪力；翼缘焊缝承担全部弯矩，并将弯矩 M 化为一对水平力 $H = M/h_1$。则

翼缘焊缝的强度计算式为：

$$\sigma_f = \frac{H}{\sum h_{e1} l_{w1}} \leqslant \beta_f f_f^w$$

腹板焊缝的强度计算式为：

$$\tau_f = \frac{V}{2 h_{e2} l_{w2}} \leqslant f_f^w$$

式中，$\sum h_{e1}l_{w1}$ 为一个翼缘上角焊缝的有效截面积之和；$2h_{e2}l_{w2}$ 为两条腹板焊缝的有效截面积。

[**例题 3.4**]　　试验算图 3.3.19 所示牛腿与钢柱连接角焊缝的强度。钢材为 Q235，焊条为 E43 型，手工焊。荷载设计值 $N = 365$ kN，偏心距 $e = 350$ mm，焊脚尺寸 $h_{f1} = 8$ mm，$h_{f2} = 6$ mm。图 3.3.19b 为焊缝有效截面。

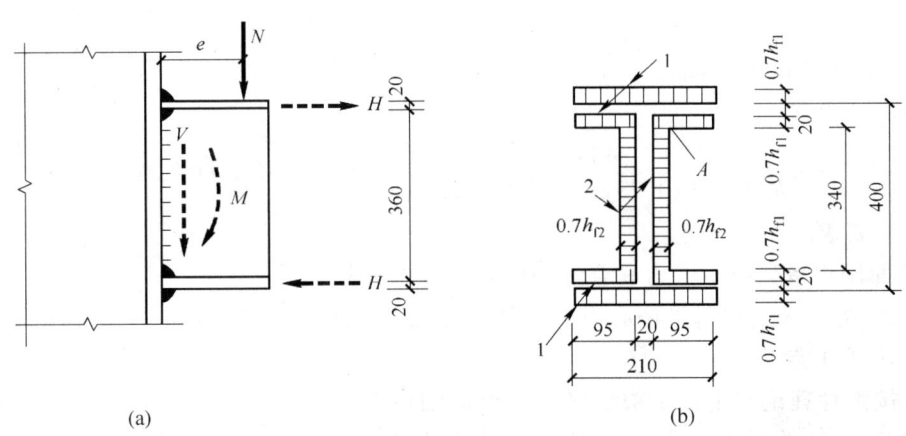

图 3.3.19　例题 3.4 图

[**解**]　N 力在角焊缝形心处引起剪力 $V = N = 365$ kN 和弯矩 $M = Ne = 365$ kN × 0.35 m = 127.8 kN·m。

① 考虑腹板焊缝参加传递弯矩的计算方法。

为了计算方便，将图中尺寸尽可能取为整数。

全部焊缝有效截面对中和轴的惯性矩为：

$$I_w = 2 \times \frac{0.42 \text{ cm} \times 34^3 \text{ cm}^3}{12} + 2 \times 21 \text{ cm} \times 0.56 \text{ cm} \times 20.28^2 \text{ cm}^2 +$$
$$4 \times 9.5 \text{ cm} \times 0.56 \text{ cm} \times 17.28^2 \text{ cm}^2 = 18\,779 \text{ cm}^4$$

翼缘焊缝的最大应力：

$$\sigma_{f1} = \frac{M}{I_w} \cdot \frac{h}{2} = \frac{127.8 \times 10^6 \text{ N·mm}}{18\,779 \times 10^4 \text{ mm}^4} \times 205.6 \text{ mm}$$
$$= 140 \text{ N/mm}^2 < \beta_f f_f^w = 1.22 \times 160 \text{ N/mm}^2 = 195 \text{ N/mm}^2$$

腹板焊缝中由于弯矩 M 引起的最大应力：

$$\sigma_{f2} = 140 \text{ N/mm}^2 \times \frac{170 \text{ mm}}{205.6 \text{ mm}} = 115.8 \text{ N/mm}^2$$

由于剪力 V 在腹板焊缝中产生的平均剪应力：

$$\tau_f = \frac{V}{\sum (h_{e2}l_{w2})} = \frac{365 \times 10^3 \text{ N}}{2 \times 0.7 \times 6 \text{ mm} \times 340 \text{ mm}} = 127.8 \text{ N/mm}^2$$

则腹板焊缝的强度（A 点为设计控制点）为：

$$\sqrt{\left(\frac{\sigma_{f2}}{\beta_f}\right)^2 + \tau_f^2} = \sqrt{\left(\frac{115.8}{1.22}\right)^2 + 127.8^2} = 159.2 \text{ N/mm}^2 < f_f^w = 160 \text{ N/mm}^2$$

故均满足强度要求。

② 按不考虑腹板焊缝传递弯矩的计算方法。

翼缘焊缝所承受的水平力：

$$H = \frac{M}{h} = \frac{127.8 \times 10^6 \text{ N} \cdot \text{mm}}{380 \text{ mm}} = 336 \text{ kN} \quad (h \text{ 值近似取为翼缘中线间距离})$$

翼缘焊缝的强度：

$$\sigma_f = \frac{H}{h_{e1}l_{w1}} = \frac{336 \times 10^3 \text{ N}}{0.7 \times 8 \text{ mm} \times (210 \text{ mm} + 2 \times 95 \text{ mm})} = 150 \text{ N/mm}^2 < \beta_f f_f^w = 195 \text{ N/mm}^2$$

腹板焊缝的强度：

$$\tau_f = \frac{V}{h_{e2}l_{w2}} = \frac{365 \times 10^3 \text{ N}}{2 \times 0.7 \times 6 \text{ mm} \times 340 \text{ mm}} = 127.8 \text{ N/mm}^2 < 160 \text{ N/mm}^2$$

故均满足强度要求。

（2）三面围焊承受扭矩剪力联合作用时角焊缝的计算

图 3.3.20 为三面围焊承受偏心力 F 的搭接连接。此偏心力产生轴心力 F 和扭矩 $T = F \cdot e$。最危险点为 A 或 A' 点。

计算时按弹性理论假定：① 被连接件是绝对刚性的，它有绕焊缝形心 O 旋转的趋势，而角焊缝本身是弹性的；② 角焊缝群上任一点的应力方向垂直于该点与形心的连线，且应力大小与连线长度 r 成正比。图 3.3.20 中，A 点与 A' 点距形心 O 点最远，故 A 点和 A' 点由扭矩 T 引起的应力 σ_T 最大，该两点为设计控制点。

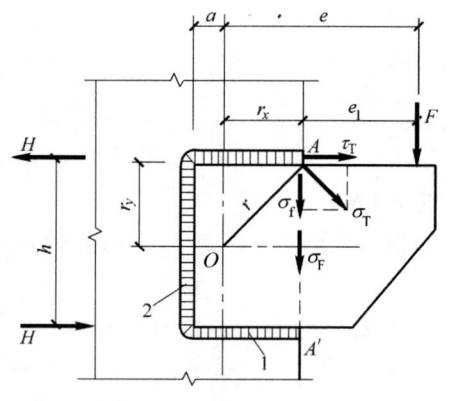

图 3.3.20 承受偏心力的三面围焊

扭矩 $T = F \cdot e$ 在 A 点产生的应力为 σ_T，其水平分应力 τ_T 和垂直分应力 σ_f 分别是：

$$\tau_T = \frac{Tr_y}{I_p}$$

$$\sigma_f = \frac{Tr_x}{I_p}$$

式中，$I_p = I_x + I_y$ 为有效焊缝截面对其形心的极惯性矩。

轴心力 F 产生的应力按均匀分布于全截面计算：

$$\sigma_F = \frac{F}{\sum(h_e l_w)}$$

在 A 点，由于 τ_T 为沿焊缝长度方向，而 σ_f 和 σ_F 为垂直于长度方向，故验算式为：

$$\sqrt{\left(\frac{\sigma_f + \sigma_F}{\beta_f}\right)^2 + \tau_T^2} \leq f_f^w$$

此种焊缝也可采用近似方法计算，即将偏心力移至竖直焊缝处，则产生扭矩为：

$$T' = F(e + a)$$

两水平焊缝能承担的扭矩为：

$$T_1 = Hh = h_{e1}l_{w1}f_f^w h$$

§ 3.3 角焊缝的构造和计算

式中，H 为一根水平焊缝传递的水平剪力，$h_{e1}l_{w1}$ 为一根水平焊缝的有效截面；h 为水平焊缝的距离。

当 $T_2 = T' - T_1 \leqslant 0$ 时，表示水平焊缝已足以承担全部扭矩，竖直焊缝只承受竖向力 F，按下式计算：

$$\frac{F}{h_{e2}l_{w2}} \leqslant f_f^w$$

式中，$h_{e2}l_{w2}$ 为竖直焊缝的有效截面。

当 $T_2 = T' - T_1 > 0$ 时，表示水平焊缝不足以承担全部扭矩。此不足部分应由竖直焊缝承担，其计算式为：

$$\sqrt{\left(\frac{6T_2}{\beta_f h_{e2} l_{w2}^2}\right)^2 + \left(\frac{F}{h_{e2}l_{w2}}\right)^2} \leqslant f_f^w$$

[例题 3.5] 图 3.3.20 中钢板高度 $h = 400$ mm，搭接长度 $l = a + r_x = 400$ mm，钢板厚 $t = 12$ mm，荷载设计值 $F = 230$ kN，荷载至柱边距离 $e_1 = 540$ mm，钢材为 Q235B 级钢，手工焊，焊条 E43 型，试确定焊脚尺寸，并验算该焊缝强度。

[解] 图 3.3.20 几段焊缝组成的围焊共同承受剪力 V 和扭矩 $T = F(e_1 + r_x)$ 的作用，设焊缝的焊脚尺寸均为 $h_f = 10$ mm。

焊缝计算截面的重心位置为：

$$x_0 = \frac{2l \cdot l/2}{2l + h} = \frac{40^2 \text{ cm}^2}{80 \text{ cm} + 40 \text{ cm}} = 13.3 \text{ cm}$$

在计算中，由于焊缝的实际长度稍大于 h 和 l，故焊缝的计算长度直接采用 h 和 l，不再扣除水平焊缝的端部缺陷。

焊缝截面的极惯性矩：

$$I_x = 0.7 \times 1.0 \text{ cm} \left(\frac{40^3 \text{ cm}^3}{12} + 2 \times 40 \text{ cm} \times 20^2 \text{ cm}^2\right) = 26\ 135 \text{ cm}^4$$

$$I_y = 0.7 \times 1.0 \text{ cm} \left[40 \text{ cm} \times 13.3^2 \text{ cm}^2 + \frac{40^3 \text{ cm}^3}{12} \times 2 + 40 \text{ cm} \times 2 \times \left(\frac{40 \text{ cm}}{2} - 13.3 \text{ cm}\right)^2\right]$$

$$= 14\ 935 \text{ cm}^4$$

$I_p = I_x + I_y = 26\ 135 \text{ cm}^4 + 14\ 935 \text{ cm}^4 = 41\ 070 \text{ cm}^4$

$r_x = 40 \text{ cm} - 13.3 \text{ cm} = 26.7 \text{ cm}$

$r_y = 20 \text{ cm}$

扭矩：

$$T = F(e_1 + r_x) = 230 \text{ kN} \times (540 \text{ mm} + 267 \text{ mm}) = 185.6 \text{ kN} \cdot \text{m}$$

$$\sigma_f = \frac{T \cdot r_x}{I_p} = \frac{185.6 \times 10^6 \text{ N} \cdot \text{mm} \times 267 \text{ mm}}{41\ 070 \times 10^4 \text{ mm}^4} = 121 \text{ N/mm}^2$$

$$\tau_T = \frac{T \cdot r_y}{I_p} = \frac{185.6 \times 10^6 \text{ N} \cdot \text{mm} \times 200 \text{ mm}}{41\ 070 \times 10^4 \text{ mm}^4} = 91 \text{ N/mm}^2$$

$$\sigma_F = \frac{F}{\sum(h_e l_w)} = \frac{230 \times 10^3 \text{ N}}{0.7 \times 10 \text{ mm} \times 3 \times 400 \text{ mm}} = 27 \text{ N/mm}^2$$

$$\sqrt{\left(\frac{\sigma_T+\sigma_F}{\beta_f}\right)^2+\tau_T^2}=\sqrt{\left(\frac{121+27}{1.22}\right)^2+91^2}=152\text{ N/mm}^2<160\text{ N/mm}^2$$

故焊脚尺寸 $h_f = 10$ mm 的三面围焊角焊缝连接满足强度要求。

3.3.4 斜角角焊缝和部分焊透的对接焊缝的计算

1. 斜角角焊缝的计算

两焊脚边的夹角不是 90°的角焊缝为斜角角焊缝（obligue fillet welds），如图 3.3.21 所示。这种焊缝往往用于料仓壁板、管形构件等的端部 T 形接头连接中。

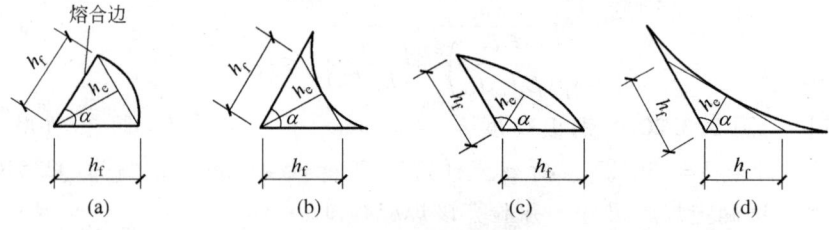

图 3.3.21 斜角角焊缝截面

斜角角焊缝的计算方法与直角焊缝相同，应按公式（3.3.6）至公式（3.3.8）计算，只是应注意以下两点：

① 不考虑应力方向，任何情况都取 β_f（或 $\beta_{f\theta}$）= 1.0。这是因为以前对角焊缝的试验研究一般都是针对直角角焊缝进行的，对斜角角焊缝研究很少。而且，我国采用的计算公式也是根据直角角焊缝简化而成，不能直接用于斜角角焊缝。

② 在确定斜角角焊缝的有效厚度时（图 3.3.22），假定焊缝在其所成夹角的最小斜面上发生破坏。因此规范规定：当两焊角边夹角 60°≤α_2<90°或 90°<α_1≤135°，且根部间隙（b、b_1 或 b_2）不大于 1.5 mm 时，取焊缝有效厚度为：

$$h_e = h_f \cos\frac{\alpha}{2} \tag{3.3.22}$$

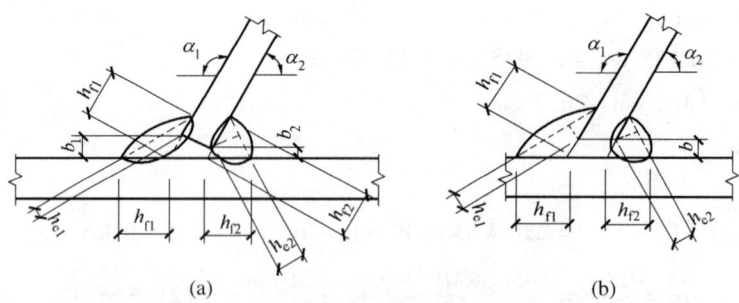

图 3.3.22 T 形接头的根部间隙和焊缝截面

当根部间隙大于 1.5 mm 时，焊缝有效厚度取为：

$$h_e = \left[h_f - \frac{b\ (\text{或}\ b_1\text{、}b_2)}{\sin\alpha}\right]\cos\frac{\alpha}{2} \tag{3.3.23}$$

任何根部间隙不得大于 5 mm。当图 3.3.22a 中的 $b_1 > 5$ mm 时，可将板端切割成图 3.3.21b 的形式。

2. 部分焊透的对接焊缝的计算

部分焊透的对接焊缝（partial penetration butt welds）常用于外部需要平整的箱形柱和 T 形连接，以及其他不需要焊透之处（图 3.3.23）。

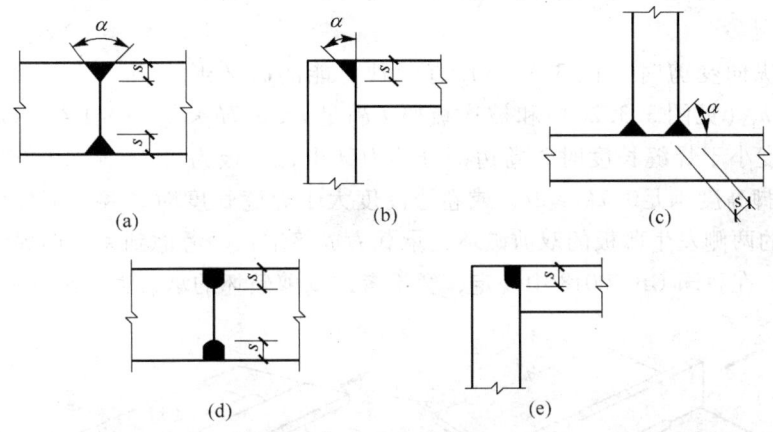

图 3.3.23　部分焊透的对接焊缝和其与角焊缝的组合焊缝截面

箱形柱的纵向焊缝通常只承受剪力，采用对接焊缝时往往不需要焊透全厚度。但在与横梁刚性连接处要求焊透。

板厚和受力大的 T 形连接，当采用焊缝的焊脚步尺寸很大时，可将竖直板开坡口做成带坡口的角焊缝（图 3.3.23e），与普通角焊缝相比，在相同的 h_e 情况下，可以大大节约焊条。此种焊缝国外常归入角焊缝的范畴，而我国却定名为不焊透的对接焊缝。

坡口形式有 V 形（全 V 形和半 V 形）、U 形和 J 形三种。在转角处采用半 V 形和 J 形坡口时，宜在板的厚度上开坡口（图 3.3.23c、e），这样可避免焊缝收缩时在板厚度方向产生裂纹。

部分焊透的对接焊缝，在焊件之间存在缝隙，焊根处有较大的应力集中，受力性能接近于角焊缝。故部分焊透的对接焊缝（图 3.3.23a、b、d、e）和 T 形对接与角接组合焊缝（图 3.3.23c）的强度，应按角焊缝的计算公式（3.3.6）至公式（3.3.8）计算，在垂直于焊缝长度方向的压力作用下，取 $\beta_f = 1.22$，其他受力情况取 $\beta_f = 1.0$。

有效厚度 h_e 采用坡口根部至焊缝表面（不考虑凸度）的最短距离 s。但对坡口角 $\alpha < 60°$ 的 V 形坡口焊缝，考虑到焊缝根部不易焊满，取 $h_e = 0.75s$。规范规定 h_e 的具体取值如下：

V 形坡口（图 3.3.23a）：当 $\alpha \geq 60°$ 时，$h_e = s$；当 $\alpha < 60°$，$h_e = 0.75s$。

单边 V 形和 K 形坡口（图 3.3.23b、c）：当 $\alpha = 45° \pm 5°$ 时，$h_e = s - 3$ mm。

U 形、J 形坡口（图 3.3.23d、e）：$h_e = s$。

s 为坡口深度，即根部至焊缝表面（不考虑余高）的最短距离（单位为 mm）；α 为 V 形、单边 V 形或 K 形坡口角度。

当熔合线处焊缝截面边长等于或接近于最短距离 s 时（图 3.3.23b、c、e），抗剪强度设计值应按角焊缝的强度设计值乘以 0.9。

3.3.5 喇叭形焊缝的计算

在冷弯薄壁型钢结构中，经常遇到如图 3.3.24 至图 3.3.26 所示的喇叭形焊缝（flare groove welds）。从外形看，与斜角角焊缝有点相似。试验研究证明，当被连板件的厚度 $t \leqslant 4.5$ mm 时，沿焊缝的横向和纵向传递剪力的连接的破坏模式均为沿焊缝轮廓线处的薄板撕裂。

喇叭形焊缝纵向受剪时（图 3.3.25）有两种可能的破坏形式：当焊脚高度 h_f（见图 3.3.26）和被连板厚 t 满足 $t \leqslant 0.7h_f <2t$，或当卷边高度小于焊缝长度时，卷边部分传力甚少，薄板为单剪破坏；当焊脚高度满足 $0.7h_f \geqslant 2t$，或卷边高度大于焊缝长度时，卷边部分也可传递较大的剪力，能在焊缝的两侧发生薄板的双剪破坏，承载力成倍增长。考虑到喇叭形焊缝在我国的研究和应用尚不充分，在我国 GB 50018 中规定，暂不考虑双剪破坏的承载力提高，一律按单剪计算。

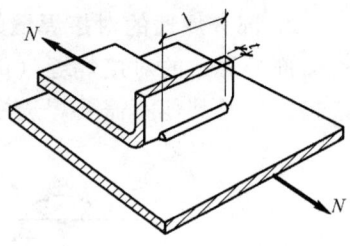

图 3.3.24 端缝受剪的单边喇叭形焊缝

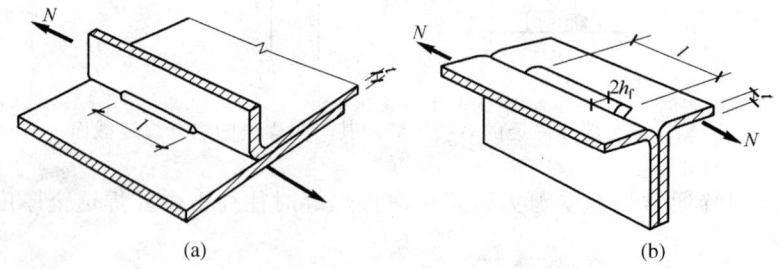

图 3.3.25 纵向受剪的喇叭形焊缝
（a）单边喇叭形焊缝；（b）喇叭形焊缝

喇叭形焊缝的强度按下列公式计算：

① 当连接板件的最小厚度小于或等于 4 mm 时，轴力 N 垂直于焊缝轴线方向作用的焊缝（图 3.3.24）的抗剪强度应按下式计算：

$$\tau = \frac{N}{l_w t} \leqslant 0.8f \tag{3.3.24}$$

轴力 N 平行于焊缝轴线方向作用的焊缝（图 3.3.25）的抗剪强度应按下式计算：

$$\tau = \frac{N}{l_w t} \leqslant 0.7f \tag{3.3.25}$$

式中，t 为连接钢板的最小厚度；l_w 为焊缝计算长度之和，每条焊缝的计算长度均取实际长度 l 减去 $2h_f$，h_f 应按图 3.3.26 确定；f 为连接钢板的抗拉强度设计值，按 GB 50018 规范表 4.2.1 取值。

② 当连接板件的最小厚度大于 4 mm 时，纵向受剪的喇叭形焊缝的强度除按公式（3.3.25）计算外，尚应按公式（3.3.8）做补充验算，但 h_f 应按图 3.3.25b 或图 3.3.26 确定。

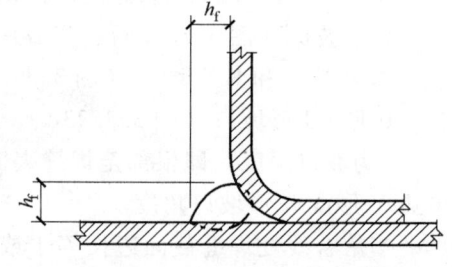

图 3.3.26 单边喇叭形焊缝

当采用喇叭形焊缝时,为了保证焊接质量,单边喇叭形焊缝的焊脚尺寸 h_f(图 3.3.26)不得小于被连接板件最小厚度的 1.4 倍。

顺便提一下,薄板的焊接还可通过电阻点焊,具体计算和构造,可参见 GB 50018。

§3.4 焊接残余应力和焊接变形

3.4.1 焊接残余应力和变形的成因

1. 焊接残余应力的成因

焊接残余应力(welding residual stresses)简称焊接应力,有沿焊缝长度方向的纵向焊接应力、垂直于焊缝长度方向的横向焊接应力和沿厚度方向的焊接应力。

(1) 纵向焊接应力

焊接过程是一个不均匀加热和冷却的过程。在施焊时,焊件上产生不均匀的温度场,焊缝及其附近温度最高,可达 1 600 ℃以上,而邻近区域温度则急剧下降(图 3.4.1)。不均匀的温度场产生不均匀的膨胀。温度高的钢材膨胀大,但受到两侧温度较低、膨胀量较小的钢材所限制,产生了热塑性压缩。焊缝冷却时,被塑性压缩的焊缝区趋向于缩短,但受到两侧钢材限制而产生纵向拉应力。在低碳钢和低合金钢中,这种拉应力经常达到钢材的屈服强度。焊接应力是一种无荷载作用下的内应力,因此会在焊件内部自相平衡,这就必然在距焊缝稍远区段内产生压应力(图 3.4.1c)。

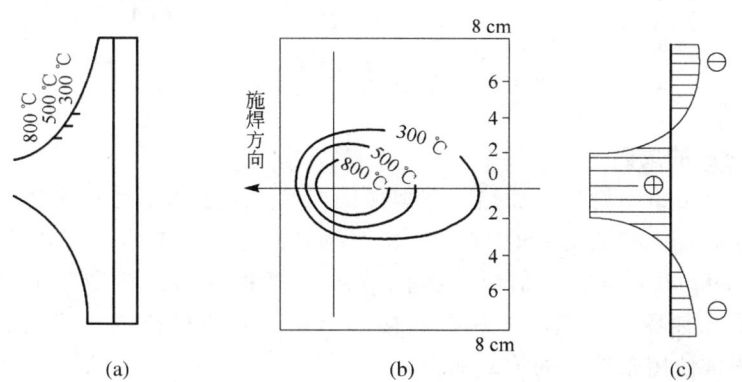

图 3.4.1 施焊时焊缝及附近的温度场和焊接残余应力
(a)、(b) 施焊时焊缝及附近的温度场;(c) 钢板上的纵向焊接应力

(2) 横向焊接应力

横向焊接应力产生的原因有二。一是由于焊缝纵向收缩,使两块钢板趋向于形成反方向的弯曲变形,但实际上焊缝将两块钢板连成整体,不能分开,于是两块板的中间产生横向拉应力,而两端则产生压应力(图 3.4.2b)。二是由于先焊的焊缝已经凝固,会阻止后焊焊缝在横向自由膨胀,使其发生横向塑性压缩变形。当焊缝冷却时,后焊焊缝的收缩受到已凝固的焊缝限制而产生横向拉应力,而先焊部分则产生横向压应力,在最后施焊的末

端的焊缝中必然产生拉应力（图 3.4.2c）。焊缝的横向应力是上述两种应力合成的结果（图 3.4.2d）。

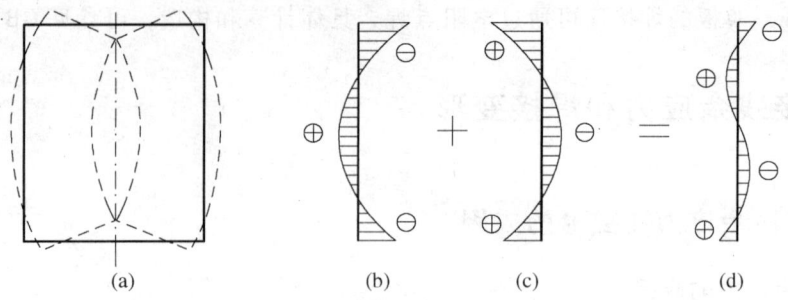

图 3.4.2　焊缝的横向焊接应力

（3）厚度方向的焊接应力

在厚钢板的焊接连接中，焊缝需要多层施焊。因此，除有纵向和横向焊接应力 σ_x、σ_y 外，还存在着沿钢板厚度方向的焊接应力 σ_z（图 3.4.3）。在最后冷却的焊缝中部，这三种应力形成同号三向拉应力，将大大降低连接的塑性。

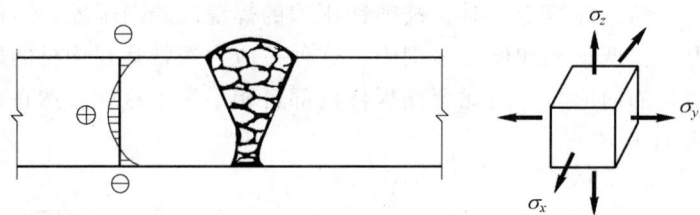

图 3.4.3　厚板中的焊接残余应力

2. 焊接残余变形的成因

在焊接过程中，由于不均匀的加热，在焊接区局部产生了热塑性压缩变形，当冷却时焊接区要在纵向和横向收缩，势必导致构件产生局部鼓曲、弯曲、歪曲和扭转等。焊接残余变形（welding residual deformations）包括纵、横向收缩，弯曲变形，角变形和扭曲变形等（图 3.4.4），且通常是几种变形的组合。任一焊接变形超过验收规范的规定时，必须进行校正，以免影响构件在正常使用条件下的承载能力。

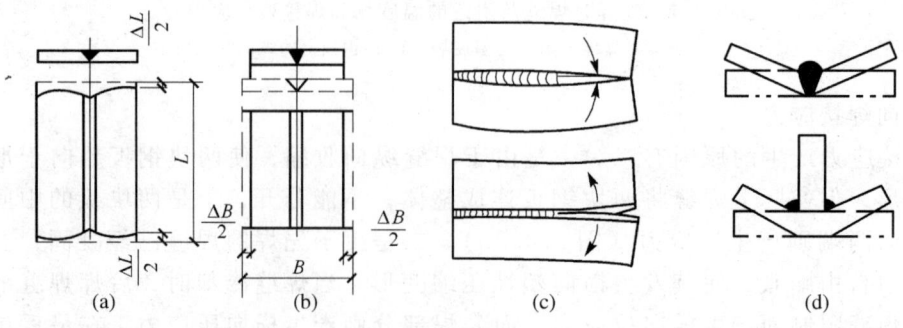

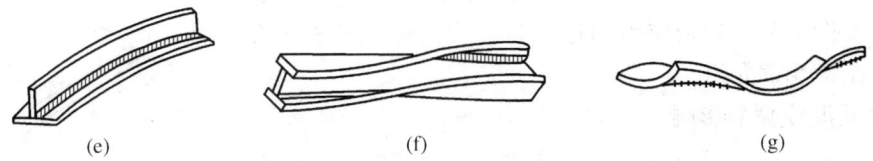

图 3.4.4 焊接残余变形类别示意图

(a)、(b) 纵横向收缩；(c) 面内弯曲变形；(d) 角变形；
(e) 弯曲变形；(f) 扭曲变形；(g) 薄板失稳翘曲变形

3.4.2 焊接应力和变形对结构工作性能的影响

1. 焊接应力的影响

（1）对结构静力强度的影响

对在常温下工作并具有一定塑性的钢材，在静荷载作用下，焊接应力是不会影响结构强度的。设轴心受拉构件在受荷前（$N=0$）截面上就存在纵向焊接应力，并假设其分布如图 3.4.5a 所示。在轴心力 N 作用下，截面 bt 部分的焊接拉应力已达屈服点 f_y，应力不再增加，如果钢材具有一定的塑性，拉力 N 就仅由受压的弹性区承担。两侧受压区应力由原来受压逐渐变为受拉，最后应力也达到屈服点 f_y，这时全截面应力都达到 f_y（图 3.4.5b）。

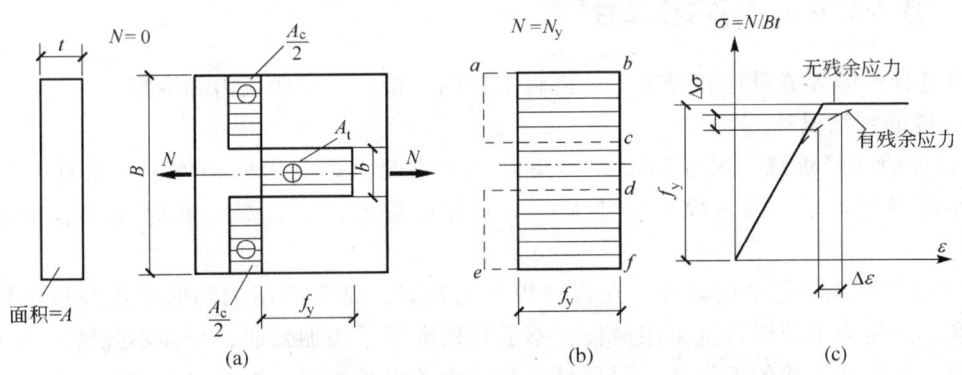

图 3.4.5 具有焊接残余应力的轴心受拉杆受荷过程

由于焊接应力自相平衡，故受拉区应力面积 A_t（实际为总残余拉力）必然和受压区应力面积 A_c（总残余压力）相等，即 $A_t = A_c = btf_y$。则构件全截面达到屈服点 f_y 时所承受的外力 $N_y = A_c + (B-b)tf_y = Btf_y$。而 Btf_y 即是无焊接应力且无应力集中现象的轴心受拉构件，当全截面上的应力达到 f_y 时所承受的外力。由此可知，有焊接应力构件的承载能力和无焊接应力者完全相同，即焊接应力不影响结构的强度。

（2）对结构刚度的影响

构件上的焊接应力会降低结构的刚度。仍以图 3.4.5 为例，由于截面的 bt 部分的拉应力已达 f_y，这部分的刚度为零，则具有图 3.4.5a 所示残余应力的拉杆的抗拉刚度为 $(B-b)tE$，而无残余应力的相同截面的拉杆的抗拉刚度为 BtE，显然 $BtE > (B-b)tE$，即有焊接残余应力的杆件的抗拉刚度降低了，在外力作用下其变形将会较无残余应力的大，对结构工作不利。残余应力的存在将较大的影响压杆的稳定性，有关内容将在第 6 章介绍。

（3）对低温冷脆的影响

焊接残余应力对低温冷脆的影响经常是决定性的，必须引起足够的重视。在厚板和具有严重缺陷的焊缝中，以及在交叉焊缝（图 3.4.6）的情况下，产生了阻碍塑性变形的三轴拉应力，使裂纹容易发生和发展。

（4）对疲劳强度的影响

在焊缝及其附近的主体金属残余拉应力通常达到钢材屈服点，此部位正是形成和发展疲劳裂纹最为敏感的区域。因此，焊接残余应力对结构的疲劳强度有明显不利影响。

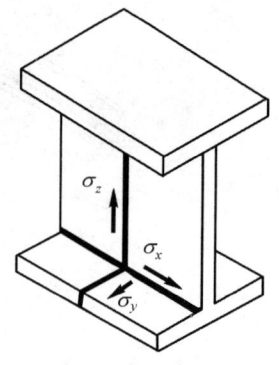

图 3.4.6　三向交叉焊缝的残余应力

2. 焊接变形的影响

焊接变形是焊接结构中经常出现的问题。焊接构件出现了变形，就需要花许多工时去矫正。比较复杂的变形，矫正的工作量可能比焊接的工作量还要大。有时变形太大，甚至无法矫正，变成废品。

焊接变形不但影响结构的尺寸和外形美观，而且有可能降低结构的承载能力，引起事故。

3.4.3　减少焊接应力和变形的措施

可通过合理的焊缝设计和焊接工艺措施来控制焊接结构焊接应力和变形。

1. 合理的焊缝设计

① 合理的选择焊缝的尺寸和形式，在保证结构的承载能力的条件下，设计时应该尽量采用较小的焊缝尺寸。因为焊缝尺寸大，不但焊接量大，而且焊缝的焊接变形和焊接应力也大。

② 尽可能减少不必要的焊缝。在设计焊接结构时，常常采用加劲肋来提高板结构的稳定性和刚度。但是为了减轻自重采用薄板，不适当地大量采用加劲肋，反而不经济。因为这样做不但增加了装配和焊接的工作量，而且易引起较大的焊接变形，增加校正工时。

③ 合理地安排焊缝的位置。安排焊缝时尽可能对称于截面中性轴，或者使焊缝接近中性轴（图 3.4.7a、c），这对减少梁、柱等构件的焊接变形有良好的效果。而图 3.4.7b 和图 3.4.7d 的焊缝布置易引起焊接变形。

④ 尽量避免焊缝的过分集中和交叉。如几块钢板交汇一处进行连接时，应采用图 3.4.7e 的方式，避免采用图 3.4.7f 的方式，以免热量集中，引起过大的焊接变形和应力，恶化母材的组织构造。又如图 3.4.7g 中，为了让腹板与翼缘的纵向连接焊缝连续通过，加劲肋进行切角，其与翼缘和腹板的连接焊缝均在切角处中断，避免了三条焊缝的交叉。

⑤ 尽量避免在母材厚度方向的收缩应力。如图 3.4.7i 的构造措施是正确的，而图 3.4.7j 的构造常引起厚板的层状撕裂（由约束收缩焊接应力引起的）。

§3.4 焊接残余应力和焊接变形

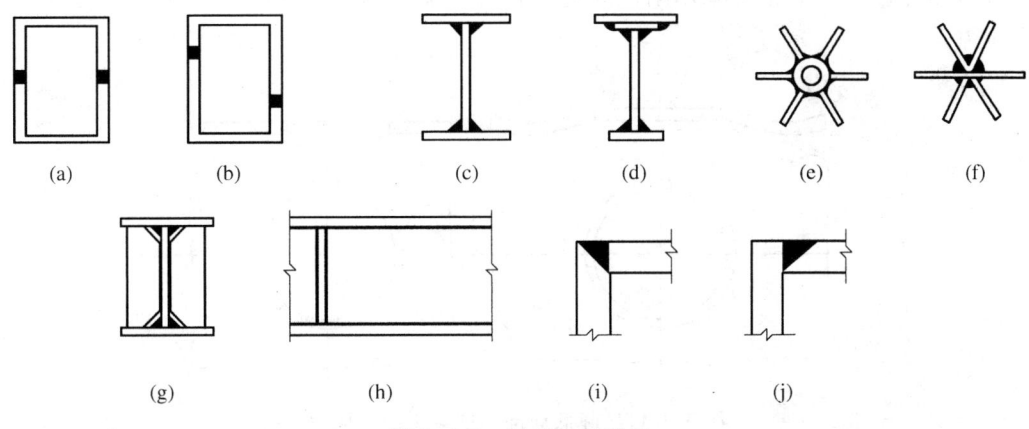

图 3.4.7 焊缝布置举例

2. 合理的工艺措施

① 采用合理的焊接顺序和方向。尽量使焊缝能自由收缩，先焊工作时受力较大的焊缝或收缩量较大的焊缝。如图 3.4.8 所示，在工地焊接工字梁的接头时，应留出一段翼缘角焊缝 3 最后焊接，先焊受力最大的翼缘对接焊缝 1，再焊腹板对接缝 2。又如图 3.4.9 所示的拼接板的施焊顺序：先焊短焊缝 1、2，最后焊长焊缝 3，可使各长条板自由收缩后再连成整体。上述措施均可有效地降低焊接应力。

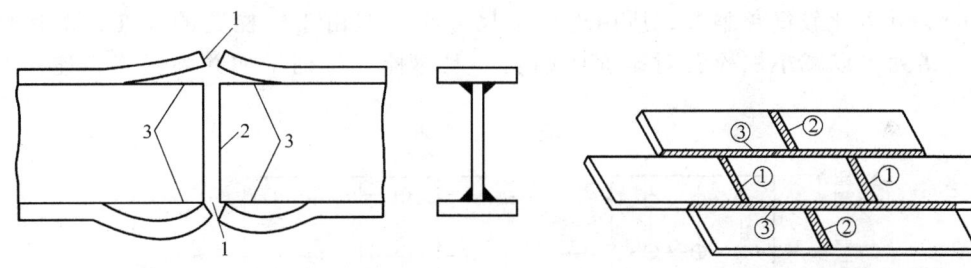

图 3.4.8 按受力大小确定焊接顺序　　　　图 3.4.9 按焊缝布置确定焊接次序
1、2—对接焊缝；3—角焊缝

② 采用反变形法减小焊接变形或焊接应力。事先估计好结构变形的大小和方向，然后在装配时给予一个相反方向的变形与焊接变形相抵消，使焊后的构件保持设计的要求，例如图 3.4.10 所示为焊前反变形的设置。

在焊接封闭焊缝或其他刚性较大、自由度较小的焊缝时，可以采用反变形法来增加焊缝的自由度，减小焊接应力，如图 3.4.11 所示。

③ 锤击或碾压焊缝，使焊缝得到延伸，从而降低焊接应力。锤击或碾压焊缝均应在刚焊完时进行。锤击应保持均匀、适度，避免锤击过分产生裂纹。

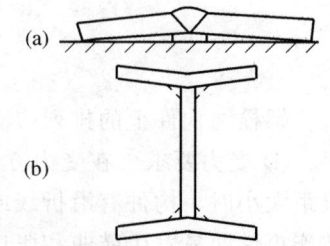

图 3.4.10 焊接前反变形

④ 对于小尺寸焊件，焊前预热，或焊后回火加热至 600 ℃ 左右，然后缓慢冷却，可以消

除焊接应力和焊接变形。也可采用刚性固定法将构件加以固定来限制焊接变形，但却增加了焊接残余应力。

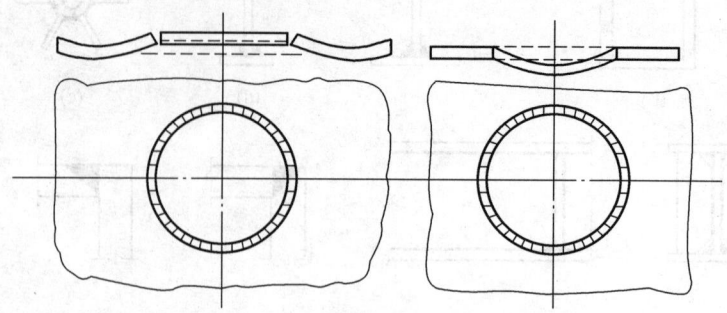

图 3.4.11 降低局部刚度减小的内应力

§3.5 螺栓连接的构造和工作性能

3.5.1 螺栓的排列和其他构造要求

1. 螺栓的排列

螺栓在构件上排列应简单、统一、整齐而紧凑，通常分为并列和错列两种形式（图 3.5.1a、b）。并列比较简单整齐，所用连接板尺寸小，但由于螺栓孔的存在，对构件截面削弱较大。错列可以减小螺栓孔对截面的削弱，但螺栓孔排列不如并列紧凑，连接板尺寸较大。

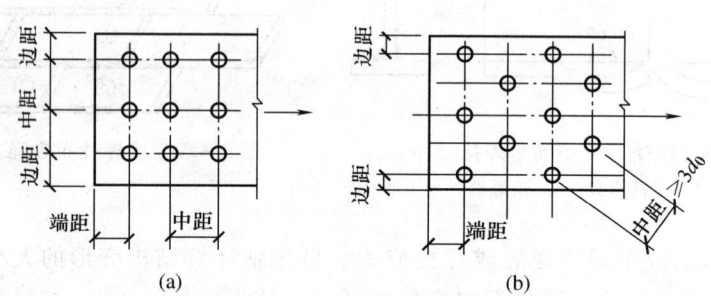

图 3.5.1 钢板上的螺栓（铆钉）排列

螺栓在构件上的排列应满足受力、构造和施工要求：

① 受力要求　在受力方向螺栓的端距过小时，钢材有剪断或撕裂的可能。各排螺栓距和线距太小时，构件有沿折线或直线破坏的可能。对受压构件，当沿力作用方向螺栓距过大时，被连板件间易发生鼓曲和张口现象。

② 构造要求　螺栓的中矩及边距不宜过大，否则钢板间不能紧密贴合，潮气侵入缝隙使钢材锈蚀。

③ 施工要求　要保证一定的空间，便于转动螺栓扳手拧紧螺帽。

根据上述要求,规定了螺栓(或铆钉)的最大、最小容许距离,见表 3.5.1。螺栓沿型钢长度方向上排列的间距,除应满足表 3.5.1 的要求外,尚应满足附录 10 螺栓线距的要求。

表 3.5.1 螺栓或铆钉的最大、最小容许距离

名称	位置和方向			最大容许距离 (取两者的较小值)	最小容许距离
中心间距	外排(垂直内力方向或顺内力方向)			$8d_0$ 或 $12t$	$3d_0$
	中间排	垂直内力方向		$16d_0$ 或 $24t$	
		顺内力方向	构件受压力	$12d_0$ 或 $18t$	
			构件受拉力	$16d_0$ 或 $24t$	
	沿对角线方向			—	
中心至构件边缘距离	顺内力方向			$4d_0$ 或 $8t$	$2d_0$
	垂直内力方向	剪切边或手工气割边			$1.5d_0$
		轧制边、自动气割或锯割边	高强度螺栓		
			其他螺栓或铆钉		$1.2d_0$

注:1. d_0 为螺栓或铆钉的孔径,t 为外层较薄板件的厚度。
2. 钢板边缘与刚性构件(如角钢、槽钢等)相连的螺栓或铆钉的最大间距,可按中间排的数值采用。

2. 螺栓的其他构造要求

螺栓连接除了满足上述螺栓排列的容许距离外,根据不同情况尚应满足下列构造要求:

① 为了使连接可靠,每一杆件在节点上以及拼接接头的一端,永久性螺栓数不宜少于两个。但根据实践经验,对于组合构件的缀条,其端部连接可采用一个螺栓。

② 对直接承受动力荷载的普通螺栓连接应采用双螺帽或其他防止螺帽松动的有效措施。例如采用弹簧垫圈,或将螺帽或螺杆焊死等方法。

③ 由于 C 级螺栓与孔壁有较大间隙,只宜用于沿其杆轴方向受拉的连接。承受静力荷载结构的次要连接、可拆卸结构的连接和临时固定构件用的安装连接中,也可用 C 级螺栓受剪。但在重要的连接中,例如制动梁或吊车梁上翼缘与柱的连接,由于传递制动梁的水平支承反力,同时受到反复动力荷载作用,不得采用 C 级螺栓。柱间支撑与柱的连接,以及在柱间支撑处吊车梁下翼缘的连接,因承受着反复的水平制动力和卡轨力,应优先采用高强度螺栓。

④ 沿杆轴方向受拉的螺栓连接中的端板(法兰板),应适当加强其刚度(如加设加劲肋),以减少撬力对螺栓抗拉承载力的不利影响。

⑤ 当型钢构件拼接采用高强度螺栓连接时,其拼接件宜采用钢板,以使被连接部分能紧密贴合,保证预拉力的建立。

⑥ 在高强度螺栓连接范围内,构件接触面的处理方法应在施工图中说明。

3.5.2 螺栓的工作性能

1. 螺栓的抗剪性能

螺栓连接按受力情况可分为三类:螺栓只承受剪力,螺栓只承受拉力,螺栓承受拉力和剪

力的共同作用。

抗剪连接是最常见的螺栓连接。如果以图 3.5.2a 所示的螺栓连接试件作抗剪试验,可得出试件上 a、b 两点之间的相对位移 δ 与作用力 N 的关系曲线(图 3.5.2b)。该曲线给出了试件由零载一直加载至连接破坏的全过程,经历了以下四个阶段:

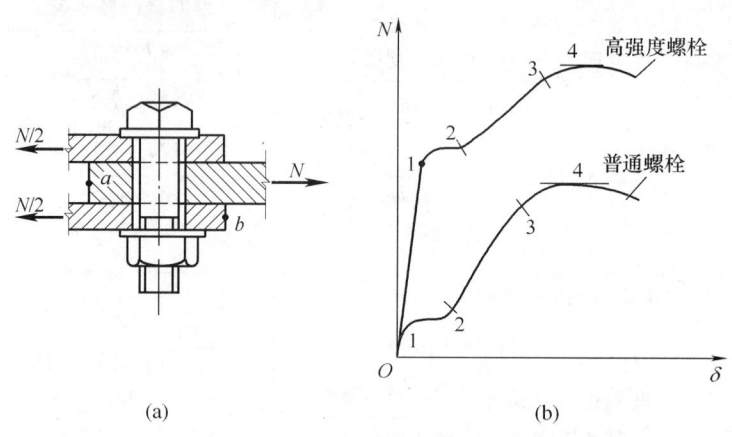

图 3.5.2 单个螺栓抗剪试验结果

(1) 摩擦传力阶段

在施加荷载之初,荷载较小,荷载靠构件间接触面的摩擦力传递,螺栓杆与孔壁之间的间隙保持不变,连接工作处于弹性阶段,在 $N\text{-}\delta$ 图上呈现出 0~1 斜直线段。但由于板件间摩擦力的大小取决于拧紧螺帽时在螺杆中的初始拉力,一般说来,普通螺栓的初拉力很小,故此阶段很短;而由于高强度螺栓连接有较大的预拉力,从而使被连接板中有很大的预压力,因此可以产生较普通螺栓连接大得多的摩擦力。高强度螺栓摩擦型连接就是以最大的摩擦力作为其极限承载力。

(2) 滑移阶段

当荷载增大,连接中的剪力达到构件间摩擦力的最大值,板件间产生相对滑移,其最大滑移量为螺栓杆与孔壁之间的间隙,直至螺栓与孔壁接触,相应于 $N\text{-}\delta$ 曲线上的1~2水平段。

(3) 栓杆传力阶段

荷载继续增加,连接所承受的外力主要靠栓杆与孔壁接触传递。栓杆除主要受剪力外,还有弯矩和轴向拉力,而孔壁则受到挤压。随着作用力 N 的增大,相对位移 δ 也随之增大,即 $N\text{-}\delta$ 曲线呈上升状态。同时,由于栓杆的伸长受到螺帽的约束,增大了板件间的压紧力,使板件间的摩擦力也随之增大。达到"3"点时,曲线开始明显弯曲,表明螺栓或连接板达到弹性极限,此阶段结束。

(4) 弹塑性阶段

荷载继续增加,$N\text{-}\delta$ 曲线升势趋缓,荷载达"4"点后开始下降,剪切迅速增大,直到剪切破坏。显然"4"点所对应的为极限承载力状态。

普通螺栓连接和高强度螺栓承压型连接的极限状态相似,均以螺栓或钢板破坏为承载力的极限状态;而高强度螺栓摩擦型连接是以剪力达到摩擦力极限承载力为极限状态。因此，高强度螺栓摩擦型连接与普通螺栓连接和高强度螺栓承压型连接的重要区别，就是完全不依靠螺杆的抗剪和孔壁的承压来传力，而只靠钢板间接触面的摩擦力传力。根据高强度螺栓摩擦型连接和高强度螺栓承压型连接不同的力学行为，规范规定了不同的极限承载力计算方法。

除高强度螺栓摩擦型连接外，受剪螺栓连接达到极限承载力时，可能的破坏形式有：①螺栓杆剪断（图3.5.3a）；②板件被挤坏（图3.5.3b），由于栓杆和板件的挤压是相对的，故也可把这种破坏叫做螺栓承压破坏；③端距太小，端距范围内的板件被栓杆冲剪破坏（图3.5.3c）；④板件因螺栓孔削弱太多而被拉断（图3.5.3d）；⑤螺栓杆发生弯曲破坏（图3.5.3e）

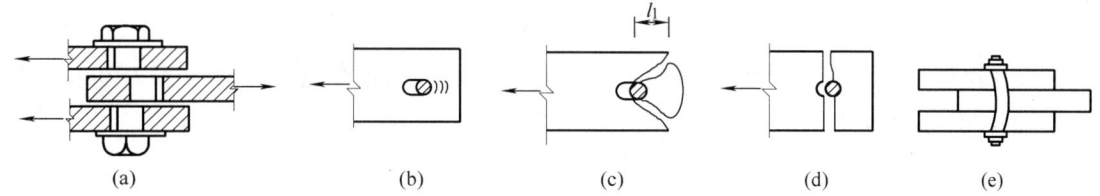

图 3.5.3　受剪螺栓连接的破坏形式

上述第③种破坏形式由螺栓端距 $l_1 \geq 2d_0$ 来保证；第④种破坏通过构件的强度验算来保证；一般情况下，被连接板件总厚度小于 5 倍的螺栓直径时，第⑤种破坏形式可以避免。因此，螺栓的受剪连接满足上述要求后，只需考虑①、②两种破坏形式。

2. 螺栓的抗拉性能

（1）普通螺栓的抗拉性能

沿螺栓杆轴方向受拉时，拉力不是直接作用在螺杆轴线上，而是通过被连接板件传递，如图3.5.4所示。由于与螺栓直接相连的板件的刚度有限，产生弯曲变形，使螺栓受到撬力的附加作用，杆力增加到：

$$N_t = N + Q$$

式中，Q 称为撬力。撬力的大小与板件厚度、螺杆直径、螺栓位置、连接总厚度等因素有关，准确求值非常困难。

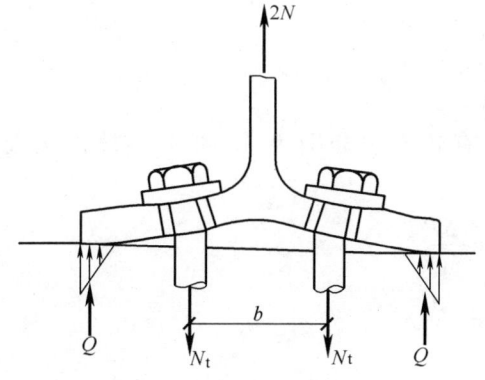

图 3.5.4　受拉螺栓的撬力

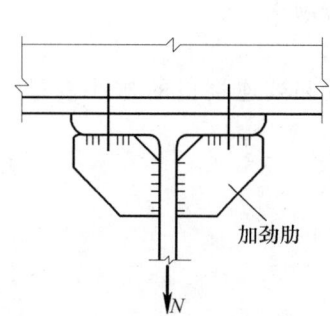

图 3.5.5　翼缘加强措施

为了简化计算,规范将螺栓的抗拉强度设计值降低20%来考虑撬力影响。例如4.6级普通螺栓（Q235钢做成）,取抗拉强度设计值为:

$$f_t^b = 0.8f = 0.8 \times 215 \text{ N/mm}^2 = 170 \text{ N/mm}^2$$

这相当于考虑了撬力 $Q = 0.25\ N$。一般来说,只要按构造要求取翼缘板厚度 $t \geq 20$ mm,而且螺栓距离 b 不要过大,这样简化处理是可靠的。当不满足构造要求考虑撬力的影响时,一般需要在螺栓两侧设置加劲肋加强板件,如图3.5.5所示。当然,该措施同样适用于高强度螺栓连接。

（2）高强度螺栓的抗拉性能

高强度螺栓在承受外拉力前,螺杆中已有很高的预拉力 P,它与板层之间的总压力 C 相平衡（图3.5.6a）。即：

$$C = P \tag{a}$$

当对连接施加外拉力 N_t,螺栓伸长 Δ_t,被连接板压缩量恢复 Δ_e。此时,螺杆中拉力增量为 ΔP,同时被连接板的压力 C 减少 ΔC（图3.5.6b）。

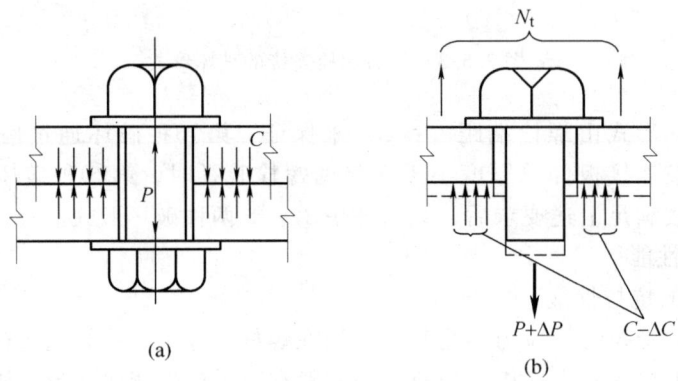

图3.5.6 高强度螺栓受拉

根据平衡条件有:

$$P + \Delta P = N_t + C - \Delta C$$

代入等式（a）有:

$$\Delta P = N_t - \Delta C \tag{b}$$

根据变形协调条件:

$$\Delta_t = \Delta_e$$

设螺栓和被连接板的弹性模量均为 E,有效面积分别为 A_b 和 A_μ,被连接板的厚度为 δ,则

$$\Delta_t = \frac{\Delta P}{A_b E}\delta$$

$$\Delta_e = \frac{\Delta C}{A_\mu E}\delta$$

即:

代入等式（b）有：

$$\frac{\Delta P}{A_b E}\delta = \frac{\Delta C}{A_\mu E}\delta$$

$$\Delta P = \frac{N_t}{1 + \dfrac{A_\mu}{A_b}}$$

由于 $A_\mu \gg A_b$，取 $A_\mu = 10 A_b$，则：

$$\Delta P = 0.09 N_t$$

对 N_t 考虑平均荷载分项系数 1.3，则有：

$$\Delta P = 0.07 N_t$$

若 $N_t = P$，则 $\Delta P = 0.07P$，即当外拉力达到 P 时，螺栓内拉力只增加 7%，几乎接近 5%。经分析表明，只要板层之间压力没有完全消失，螺杆中的拉力只会增加 5%~10%。所以，外拉力基本只能使板层间压力减少，而对螺杆预拉力没有大的影响。当外拉力 N_t 过大时（$N>0.8P$），螺栓将发生松弛现象，这样就丧失了摩擦型连接高强度螺栓的优越性。为了避免螺栓松弛并保留一定的压紧力，规范规定：每个摩擦型连接的高强度螺栓在其杆轴方向的外拉力不得大于 $0.8P$。

但是，这种取值方法并没有考虑撬力的影响。虽然高强度螺栓连接板件之间有压紧力，受拉时不太容易产生图 3.5.4 那样严重的变形，撬开作用有所缓和。但根据试验，一般的构造情况，只要外拉力 $N_t > 0.5P$ 就会出现不可忽略的撬力（图 3.5.7）。因此，要完全忽略撬力的影响，宜使外拉力不大于 $0.5P$，或者使端板有足够的刚度（图 3.5.5）。另外，该撬力，起初增加缓慢，以后逐渐加快。由于撬力 Q 的存在，外拉力的极限值由 N_u 下降到 N'_u。在直接承受动力荷载的结构中，由于高强度螺栓连接受拉时的疲劳强度较低，每个高强度螺栓的外拉力也不宜超过 $0.5P$。

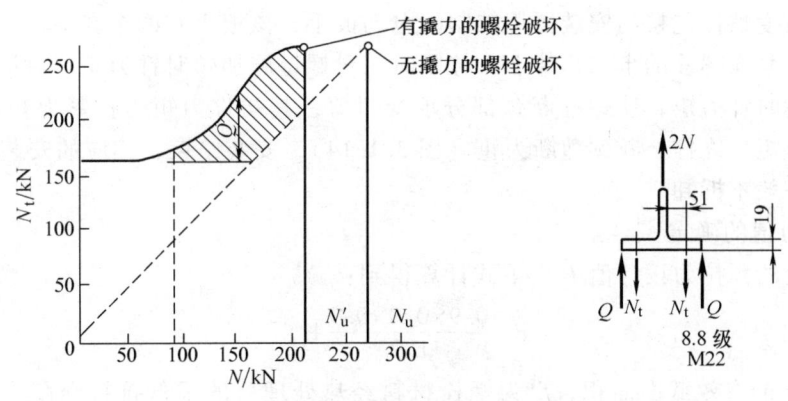

图 3.5.7 高强度螺栓的撬力影响

3. 高强度螺栓的预拉力

(1) 高强度螺栓预拉力的建立方法

为了保证通过摩擦力传递剪力，高强度螺栓的预拉力 P 的准确控制非常重要。针对不同类型的高强度螺栓，其预拉力的建立方法不尽相同。

① 大六角头螺栓的预拉力控制。

a. 力矩法　一般采用指针式扭力（测力）扳手或预置式扭力（定力）扳手。目前用得多的是电动扭矩扳手。力矩法是通过控制拧紧力矩来实现控制预拉力。拧紧力矩可由试验确定，应使施工时控制的预拉力为设计预拉力的 1.1 倍。当采用电动扭矩扳手时，所需要的施工扭矩 T_f 为：

$$T_f = kP_f d \tag{3.5.1}$$

式中，P_f 为施工预拉力，为设计预拉力的 1/0.9 倍；k 为扭矩系数平均值，由供货厂方给定，施工前复验；d 为高强度螺栓直径。

为了克服板件和垫圈等的变形，基本消除板件之间的间隙，使拧紧力矩系数有较好的线性度，从而提高施工控制预拉力值的准确度，在安装大六角头高强度螺栓时，应先按拧紧力矩的 50% 进行初拧，然后按 100% 拧紧力矩进行终拧。对于大型节点在初拧之后，还应按初拧力矩进行复拧，然后再行终拧。

力矩法的优点是较简单、易实施、费用少，但由于连接件和被连接件的表面和拧紧速度的差异，测得的预拉力值误差大且分散，一般误差为 ±25%。

b. 转角法　先用普通扳手进行初拧，使被连接板件相互紧密贴合，再以初拧位置为起点，按终拧角度，用长扳手或风动扳手旋转螺母，拧至该角度值时，螺栓的拉力即达到施工控制预拉力。

② 扭剪型高强度螺栓的预拉力控制。

扭剪型高强度螺栓是我国 20 世纪 60 年代开始研制、80 年代制订出标准的新型连接件之一。它具有强度高、安装简单和质量易于保证、可以单面拧紧、对操作人员没有特殊要求等优点。扭剪型高强度螺栓如图 3.1.13b 所示，螺栓头为盘头，螺纹段端部有一个承受拧紧反力矩的十二角体和一个能在规定力矩下剪断的断颈槽。

扭剪型高强度螺栓连接的安装需用特制的电动扳手，该扳手有两个套头，一个套在螺母六角体上；另一个套在螺栓的十二角体上。拧紧时，对螺母施加顺时针力矩，对螺栓十二角体施加大小相等的逆时针力矩，使螺栓断颈部分承受扭剪，其初拧力矩为拧紧力矩的 50%，复拧力矩等于初拧力矩，终拧至断颈剪断为止（图 3.1.14），安装结束，相应的安装力矩即为拧紧力矩。安装后一般不拆卸。

（2）预拉力值的确定

高强度螺栓的预拉力设计值 P 由下式计算得到：

$$P = \frac{0.9 \times 0.9 \times 0.9}{1.2} A_e f_u \tag{3.5.2}$$

式中，A_e 为螺栓的有效截面面积；f_u 为螺栓材料经热处理后的最低抗拉强度。对于 8.8 级螺栓，$f_u = 830 \text{ N/mm}^2$；10.9 级螺栓，$f_u = 1\,040 \text{ N/mm}^2$。

式（3.5.2）中的系数考虑了以下几个因素：

① 拧紧螺帽时螺栓同时受到由预拉力引起的拉应力和由螺纹力矩引起的扭转剪应力作用。折算应力为：

$$\sqrt{\sigma^2 + 3\tau^2} = \eta\sigma \tag{3.5.3}$$

根据试验分析，系数 η 在 1.15~1.25 之间，取平均值为 1.2。式（3.5.2）中分母的 1.2 为考虑拧紧螺栓时扭矩对螺杆的不利影响系数。

② 为了弥补施工时高强度螺栓预拉力的松弛损失，在确定施工控制预拉力时，考虑了预拉力设计值的 1/0.9 的超张拉，故式（3.5.2）右端分子应考虑超张拉系数 0.9。

③ 考虑螺栓材质的不定性系数 0.9；再考虑用 f_u 而不是用 f_y 作为标准值的系数 0.9。

各种规格高强度螺栓预拉力的取值见表 3.5.2 和表 3.5.3。

表 3.5.2 高强度螺栓的预拉力 P 值（GB 50017） kN

螺栓的性能等级	螺栓公称直径					
	M16	M20	M22	M24	M27	M30
8.8 级	80	125	150	175	230	280
10.9 级	100	155	190	225	290	355

表 3.5.3 高强度螺栓的预拉力 P 值（GB 50018） kN

螺栓的性能等级	螺栓公称直径		
	M12	M14	M16
8.8 级	45	60	80
10.9 级	55	75	100

（3）高强度螺栓摩擦面抗滑移系数

高强度螺栓摩擦面抗滑移系数的大小与连接处构件接触面的处理方法和构件的钢号有关。试验表明，此系数值有随连接构件接触面间的压紧力减小而降低的现象，故与物理学中的摩擦系数有区别。

我国规范推荐采用的接触面处理方法有：喷砂（丸）、喷砂（丸）后涂无机富锌漆、喷砂后生赤锈和钢丝刷消除浮锈或对干净轧制表面不作处理等，各种处理方法相应的 μ 值详见表 3.5.4 和表 3.5.5。

表 3.5.4 摩擦面的抗滑移系数 μ 值（GB 50017）

在连接处构件接触面的处理方法	构件的钢号		
	Q235 钢	Q345、Q230 钢	Q420 钢
喷砂	0.45	0.50	0.50
喷砂后涂无机富锌漆	0.35	0.40	0.40
喷砂后生赤锈	0.45	0.50	0.50
钢丝刷清除浮锈或未经处理的干净轧制表面	0.30	0.35	0.40

表 3.5.5　摩擦面的抗滑移系数 μ 值（GB 50018）

连接处构件接触面的处理方法	构件的钢材牌号	
	Q235	Q345
喷砂（丸）	0.40	0.45
热轧钢材轧制表面清除浮锈	0.30	0.35
冷轧钢材轧制表面清除浮锈	0.25	—

注：除锈方向应与受力方向相垂直。

由于冷弯薄壁型钢构件板壁较薄，其抗滑移系数均较普通钢结构的有所降低。

钢材表面经喷砂除锈后，表面看来光滑平整，实际上金属表面尚存在着微观的凹凸不平，高强度螺栓连接在很高的压紧力作用下，使被连接构件表面相互啮合，钢材强度和硬度愈高，要使这种啮合的面产生滑移的力就愈大，因此，μ 值与钢种有关。

试验证明，摩擦面涂红丹后 $\mu<0.15$，即使经处理后仍然很低，故严禁在摩擦面上涂刷红丹。另外，连接在潮湿或淋雨条件下拼装，也会降低 μ 值，故应采取有效措施保证连接处表面的干燥。

§3.6　螺栓连接的计算

3.6.1　普通螺栓连接的计算

1. 单个普通螺栓的受剪承载力计算

如前所述，普通螺栓的受剪承载力主要由栓杆受剪和孔壁承压两种破坏模式控制，因此应分别计算，取其小值进行设计。计算时做了如下假定：①栓杆受剪计算时，假定螺栓受剪面上的剪应力是均匀分布的；②孔壁承压计算时，假定挤压力沿栓杆直径平面（实际上是相应于栓杆直径平面的孔壁部分）均匀分布。

每个螺栓的受剪和承压承载力设计值如下：

受剪承载力设计值

$$N_v^b = n_v \frac{\pi d^2}{4} f_v^b \tag{3.6.1}$$

承压承载力设计值

$$N_c^b = d \sum t \cdot f_c^b \tag{3.6.2}$$

式中，n_v 为受剪面数目；d 为螺栓杆直径；$\sum t$ 为在不同受力方向中，同一个受力方向承压构件总厚度的较小值；f_v^b、f_c^b 分别为螺栓的抗剪和承压强度，由附表 1.4 查用。

2. 普通螺栓群受剪

（1）普通螺栓群轴心受剪

试验证明，螺栓群的受剪连接承受轴心力时，与侧焊缝的受力相似，在长度方向各螺栓受力是不均匀的（图 3.6.1），两端受力大，中间受力小。当连接长度 $l_1 \leqslant 15 d_0$（d_0 为螺孔直径）

时，由于连接工作进入弹塑性阶段后，内力发生重分布，螺栓群中各螺栓受力逐渐接近，故可认为轴心力 N 由每个螺栓平均分担，即螺栓数 n 为：

$$n = \frac{N}{N_{\min}^b} \tag{3.6.3}$$

式中，$N_{\min}^b$ 为一个螺栓受剪承载力与承压承载力的较小值。

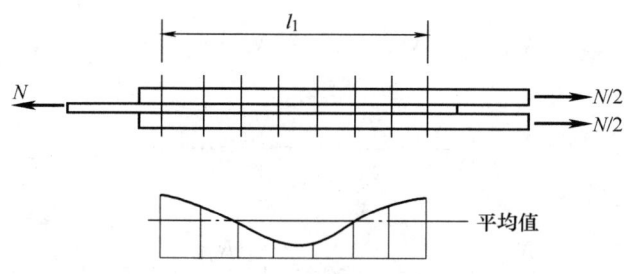

图 3.6.1　长接头螺栓的内力分布

当 $l_1 > 15d_0$ 时，连接进入弹塑性阶段后，各螺杆所受内力仍不易均匀，端部螺栓首先达到极限强度而破坏，随后由外向里依次破坏。

根据试验，并参考国外的规定，我国规范规定，当 $l_1 > 15d_0$ 时，应将承载力设计值乘以折减系数：

$$\eta = 1.1 - \frac{l_1}{150d_0} \geqslant 0.7 \tag{3.6.4}$$

则对长连接，所需抗剪螺栓数为：

$$n = \frac{N}{\eta N_{\min}^b} \tag{3.6.5}$$

（2）普通螺栓群偏心受剪

如图 3.6.2 所示为螺栓群承受偏心剪力的情形。将剪力 F 向螺栓群形心简化，则螺栓群可看成同时受到轴心剪力 F 和扭矩 $T = Fe$ 的联合作用。

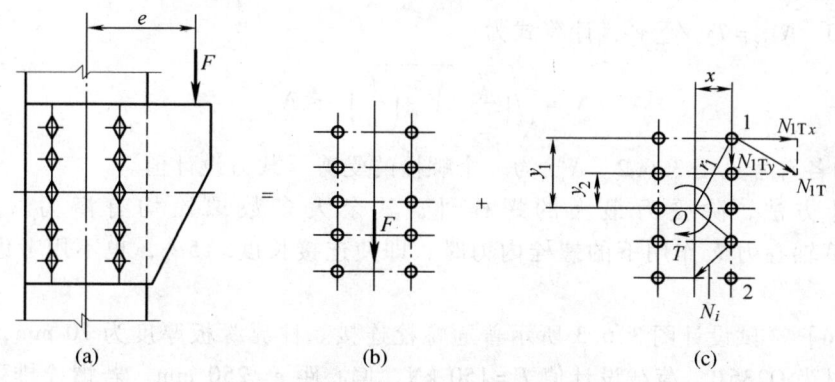

图 3.6.2　偏心受剪的螺栓群

在轴心力作用下可认为每个螺栓平均受力,即:

$$N_{1F} = \frac{F}{n} \tag{3.6.6}$$

在扭矩 $T=Fe$ 作用下,通常采用弹性分析,假定连接板的旋转中心在螺栓群的形心,则螺栓剪力的大小与该螺栓至中心点距离 γ_i 成正比,方向与螺栓和旋转中心的连线垂直(图 3.6.2c)。由

$$N_{1T} \cdot \gamma_1 + N_{2T} \cdot \gamma_2 + \cdots + N_{iT} \cdot \gamma_i + \cdots = T$$

因为

$$\frac{N_{1T}}{\gamma_1} = \frac{N_{2T}}{\gamma_2} = \cdots = \frac{N_{iT}}{\gamma_i} = \cdots$$

得

$$\frac{N_{1T}}{\gamma_1}(\gamma_1^2 + \gamma_2^2 + \cdots + \gamma_i^2 + \cdots) = \frac{N_{1T}}{\gamma_1}\sum \gamma_i^2 = T$$

由上可知,由扭矩 T 引起的剪力,最大值出现在上下端的四个螺栓处。结合轴心剪力的方向,螺栓 1、2 将是最不利位置(图 3.6.2c)。

由扭矩 T 引起的最大剪力

$$N_{1T} = \frac{T \cdot r_1}{\sum r_i^2} = \frac{T \cdot r_i}{\sum x_i^2 + \sum y_i^2}$$

将 N_{1T} 分解为水平分力和垂直分力:

$$N_{1Tx} = N_{1T} \cdot \frac{y_1}{r_1} = \frac{T \cdot y_1}{\sum x_i^2 + \sum y_i^2} \tag{3.6.7}$$

$$N_{1Ty} = N_{1T} \cdot \frac{x_1}{r_1} = \frac{T \cdot x_1}{\sum x_i^2 + \sum y_i^2} \tag{3.6.8}$$

由此可得受力最大螺栓所承受的合力 N_1 的计算式:

$$N_1 = \sqrt{N_{1Tx}^2 + (N_{1Ty} + N_{1F})^2} \leqslant N_{\min}^b \tag{3.6.9}$$

当螺栓布置在一个狭长带,即 $y_1 \geqslant 3x_1$ 时,可假定式(3.6.7)和式(3.6.8)中的 $x_i = 0$,由此得 $N_{1Ty} = 0$,$N_{1Tx} = Ty_1/\sum y_i^2$,计算式为:

$$N_1 = \sqrt{\left(\frac{Ty_1}{\sum y_i^2}\right)^2 + \left(\frac{F}{n}\right)^2} \leqslant N_{\min}^b \tag{3.6.10}$$

公式中的各符号见图 3.6.2。$N_{\min}^b$ 为一个螺栓的受剪承载力设计值。

以上设计方法,除受力最大的螺栓外,其余大多数螺栓均有潜力。所以按公式(3.6.6)计算轴心力 F 作用下的螺栓内力时,即使连接长度 $>15d_0$,也不用考虑长接头的折减系数 η。

[例题 3.6] 试设计图 3.6.3 所示普通螺栓连接。柱翼缘板厚度为 10 mm,连接板厚度为 8 mm,钢材为 Q235B,荷载设计值 $F=150$ kN,偏心距 $e=250$ mm。若螺栓排列为竖向排距 $2x_1 = 120$ mm,竖向行距 $y_2 = 80$ mm,竖向端距为 50 mm,试选 C 级螺栓规格。

§3.6 螺栓连接的计算

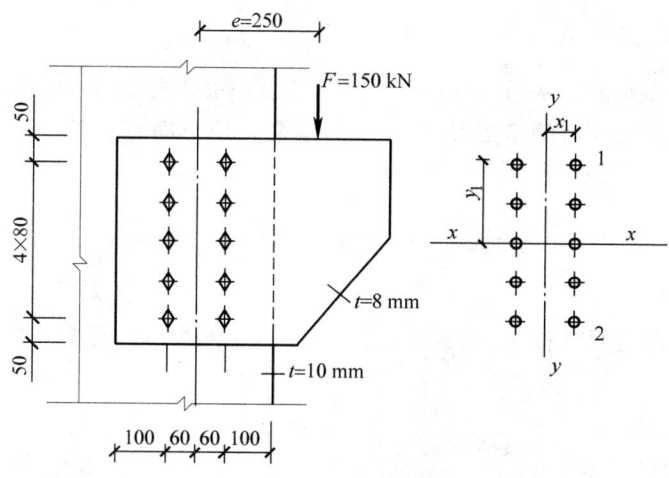

图 3.6.3 例题 3.6 图

[解] 螺栓群中受力最大的点为 1、2 二点的螺栓,1 点螺栓所受的剪力 N_{1T} 计算如下:

$$T = F \cdot e = \frac{150 \text{ kN} \times 25 \text{ m}}{10^2} = 37.5 \text{ kN} \cdot \text{m}$$

$$\sum x_i^2 + \sum y_i^2 = 10 \times 6^2 \text{ cm}^2 + (4 \times 8^2 \text{ cm}^2 + 4 \times 16^2 \text{ cm}^2) = 1\,640 \text{ cm}^2$$

$$N_{1Tx} = \frac{Ty_1}{\sum x_i^2 + \sum y_i^2} = \frac{37.5 \text{ kN} \cdot \text{m} \times 16 \text{ cm}}{1\,640 \text{ cm}^2} = 36.6 \text{ kN}$$

$$N_{1Ty} = \frac{Tx_1}{\sum x_i^2 + \sum y_i^2} = \frac{37.5 \text{ kN} \cdot \text{m} \times 6 \text{ cm}}{1\,640 \text{ cm}^2} = 13.7 \text{ kN}$$

$$N_{1F} = \frac{F}{n} = \frac{150 \text{ kN}}{10} = 15 \text{ kN}$$

$$N_{1T} = \sqrt{N_{1Tx}^2 + (N_{1Ty} + N_{1F})^2} = \sqrt{36.6^2 + (13.7+15)^2} \text{ kN} = 46.5 \text{ kN}$$

为求所需螺栓直径,首先要确定 C 级螺栓的抗剪和承压强度设计值。由附表 1.4 查得: $f_v^b = 140 \text{ N/mm}^2$,$f_c^b = 305 \text{ N/mm}^2$。则可分别由式(3.6.1)和式(3.6.2)求出所需的螺栓直径:

受剪所需直径

$$d_v \geqslant \sqrt{\frac{4N_{1T}}{\pi n_v f_v^b}} = \sqrt{\frac{4 \times 46.5 \times 10^3 \text{ N}}{3.14 \times 1 \times 140 \text{ N/mm}^2}} = 20.6 \text{ mm}$$

承压所需直径

$$d_c \geqslant \frac{N_{1T}}{\sum t \cdot f_c^b} = \frac{46.5 \times 10^3 \text{ N}}{8 \text{ mm} \times 305 \text{ N/mm}^2} = 19.1 \text{ mm}$$

故取 $d = 22$ mm 的 C 级螺栓可满足强度要求。图中螺栓排列构造均大于中距 $3d = 66$ mm,边距 $2d = 44$ mm,符合构造要求。

3. 单个普通螺栓的受拉承载力

当采用前述的方法考虑撬力之后,单个螺栓的受拉承载力的设计值为:

$$N_t^b = A_e \cdot f_t^b = \frac{\pi d_e^2}{4} \cdot f_t^b \tag{3.6.11}$$

式中，A_e 为螺栓有效截面积；d_e 为螺纹处的有效直径。由于螺纹呈倾斜方向，螺栓受拉时采用的直径，既不是扣去螺纹后的净直径 d_n，也不是全直径与净直径的平均直径 d_m，而是由下式计算的有效直径：

$$d_e = \frac{d_n + d_m}{2} = d - \frac{13}{24}\sqrt{3}P \approx d - 0.9382P \tag{3.6.12}$$

式中，P 为螺纹的螺距。

附表 9.2 给出了普通螺栓按有效直径 d_e 算得的螺栓净截面面积 A_n（即有效截面面积 A_e），可直接查用。

4. 普通螺栓群受拉

（1）栓群轴心受拉

如图 3.6.4 所示为栓群轴心受拉。计算中，通常假定各个螺栓平均受拉，则连接所需的螺栓数为：

$$n = \frac{N}{N_t^b} \tag{3.6.13}$$

（2）栓群承受弯矩作用

图 3.6.5 所示为螺栓群在弯矩作用下的受拉连接（图中的剪力 V 通过承托板传递）。按弹性设计法，在弯矩作用下，离中和轴越远的螺栓所受拉力越大，而压力则由部分受压的端板承受，设中和轴至端板受压边缘的距离为 c（图 3.6.5a）。这种连接的受力有如下特点：受拉螺栓截面只是孤立的几个螺栓点；而端板受压区则是宽度较大的实体矩形截面（图 3.6.5b、c）。当计算其形心位置作为中和轴时，所求得的端板受压区高度 c 总是很小，中和轴通常在受压一侧最外排螺栓附近的某个位置。因此，实际计算时可近似地取中和轴位于最下排螺栓 O 处，即认为连接变形为绕 O 处水平轴转动，螺栓拉力与 O 点算起的纵坐标 y 成正比。在对 O 点水平轴列弯矩平衡方程时，偏安全地忽略了力臂很小的端板受压区部分的力矩。

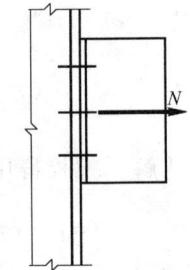

图 3.6.4 螺栓群承受轴心拉力

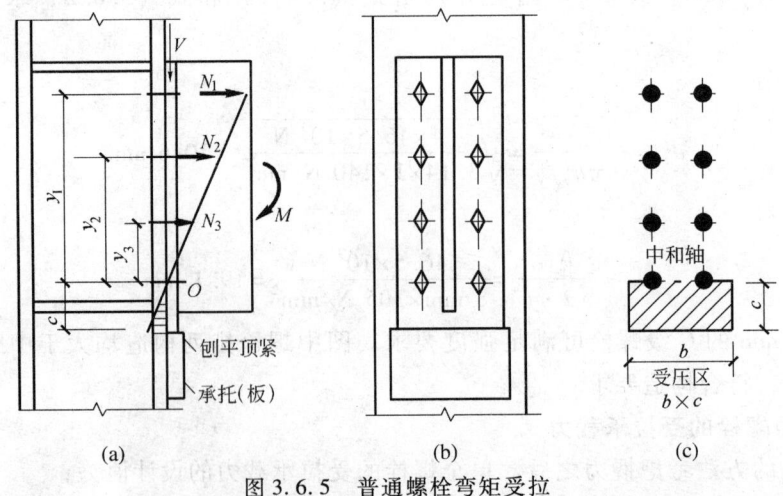

图 3.6.5 普通螺栓弯矩受拉

考虑到：
$$N_1/y_1 = N_2/y_2 = \cdots = N_i/y_i = \cdots = N_n/y_n$$
则：
$$\begin{aligned}M &= N_1y_1 + N_2y_2 + \cdots + N_iy_i + \cdots + N_ny_n \\ &= (N_1/y_1)y_1^2 + (N_2/y_2)y_2^2 + \cdots + (N_i/y_i)y_i^2 + \cdots + (N_n/y_n)y_n^2 \\ &= (N_i/y_i)\sum y_i^2\end{aligned}$$

螺栓 i 的拉力为：
$$N_i = My_i/\sum y_i^2$$

设计时要求受力最大的最外排螺栓 1 的拉力不超过一个螺栓的抗拉承载力设计值：
$$N_1 = My_1/\sum y_i^2 \leqslant N_t^b \tag{3.6.14}$$

（3）栓群偏心受拉

螺栓群偏心受拉相当于连接承受轴心拉力 N 和弯矩 $M = N \cdot e$ 的联合作用。按弹性设计法，根据偏心距的大小可能出现小偏心受拉和大偏心受拉两种情况。

① 小偏心受拉。

当偏心较小时，所有螺栓均承受拉力作用，端板与柱翼缘有分离趋势，故在计算时轴心拉力 N 由各螺栓均匀承受；弯矩 M 则引起以螺栓群形心 O 为中和轴的三角形内力分布（图 3.6.6b），使上部螺栓受拉，下部螺栓受压；叠加后全部螺栓均受拉。可推出最大、最小受力螺栓的拉力和满足设计要求的公式如下（y_i 均自 O 点算起）：

$$N_{\max} = N/n + Ney_1/\sum y_i^2 \leqslant N_t^b \tag{3.6.15a}$$
$$N_{\min} = N/n - Ney_1/\sum y_i^2 \geqslant 0 \tag{3.6.15b}$$

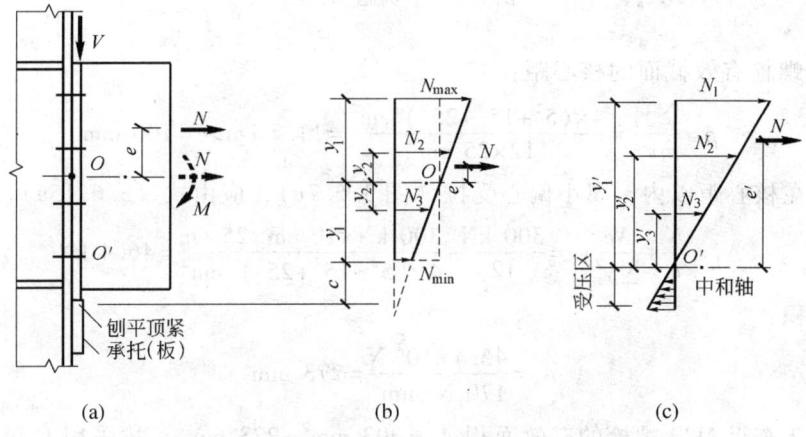

图 3.6.6 螺栓群偏心受拉

式（3.6.15b）为公式使用条件，由此式可得 $N_{\min} \geqslant 0$ 时的偏心距 $e = \sum y_i^2/(ny_1)$。令 $\rho = \dfrac{W_e}{nA_e} = \sum y_i^2/(ny_1)$ 为螺栓有效截面组成的核心距，则当 $e \leqslant \rho$ 时为小偏心受拉。

② 大偏心受拉。

当偏心距 e 较大时，即 $e > \rho = \sum y_i^2/(ny_1)$ 时，在端板底部将出现受压区（图 3.6.6c）。

仿式（3.6.14）近似并偏安全取中和轴位于最下排螺栓 O' 处，按相似步骤列对 O' 点的弯矩平衡方程，可得（e' 和 y'_i 自 O' 点算起，最上排螺栓 1 的拉力最大）：

$$N_1/y'_1 = N_2/y'_2 = \cdots = N_i/y'_i = \cdots N_n/y'_n$$
$$Ne' = N_1 y'_1 + N_2 y'_2 + \cdots + N_i y'_i + \cdots + N_n y'_n$$
$$= (n_1/y'_1) y'^2_1 + (N_2/y'_2) y'^2_2 + \cdots + (N_i/y'_i) y'^2_i + \cdots + (N_n/y'_n) y'^2_n$$
$$= (N_i/y'_i) \sum y'^2_i$$
$$N_i = Ne' y'_i / \sum y'^2_i, \quad N_1 = Ne' y'_1 / \sum y'^2_i \leq N^b_t \quad (3.6.16)$$

[例题 3.7] 设图 3.6.7 为一刚接屋架下弦节点，竖向力由承托承受。螺栓为 C 级，只承受偏心拉力。设 $N = 300$ kN，$e = 100$ mm。螺栓布置如图 3.6.7a 所示。试求所需的 C 级螺栓规格。

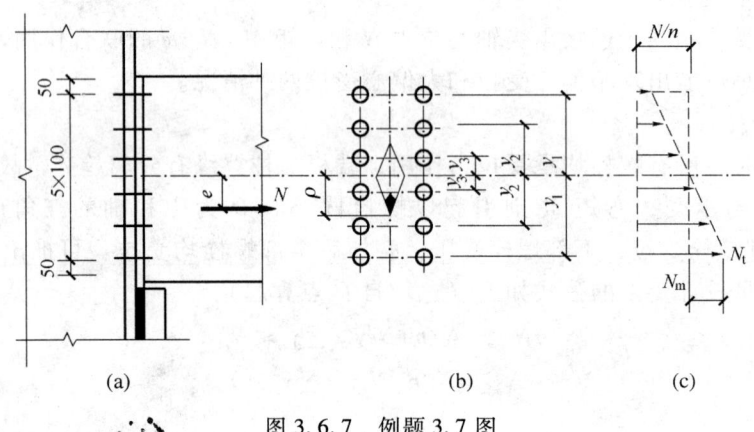

图 3.6.7 例题 3.7 图

[解] 螺栓有效截面的核心距：

$$\rho = \frac{\sum y^2_i}{n y_1} = \frac{4 \times (5^2 + 15^2 + 25^2) \text{ cm}^2}{12 \times 25 \text{ cm}} = 11.7 \text{ cm} > e = 100 \text{ mm}$$

即偏心力作用在核心距以内，属小偏心受拉（图 3.6.7c），应由式（3.6.15a）计算：

$$N_1 = \frac{N}{n} + \frac{Ne}{\sum y^2_i} y_1 = \frac{300 \text{ kN}}{12} + \frac{300 \text{ kN} \times 10 \text{ cm} \times 25 \text{ cm}}{4 \times (5^2 + 15^2 + 25^2) \text{ cm}^2} = 46.4 \text{ kN}$$

需要的有效面积：

$$A_e = \frac{46.4 \times 10^3 \text{ N}}{170 \text{ N/mm}^2} = 273 \text{ mm}^2$$

由附表 9.2 查得 M22 螺栓的有效面积 $A_e = 303 \text{ mm}^2 > 273 \text{ mm}^2$，故采用 C 级 M22 螺栓。显然连接的布置满足构造要求。

5. 普通螺栓受剪力和拉力的联合作用

试验研究结果表明，同时承受剪力和拉力作用的普通螺栓（图 3.6.8）有两种可能破坏形式：一是螺栓杆受剪受拉破坏；二是孔壁承压破坏。

大量的试验结果表明，当将拉-剪联合作用下螺栓杆处于极限承载力时的拉力和剪力，分别除以各自单独作用时的承载力，所得到的关于 N_t/N^b_t 和 N_v/N^b_v 的相关曲线，近似为圆曲线

(图 3.6.9)。

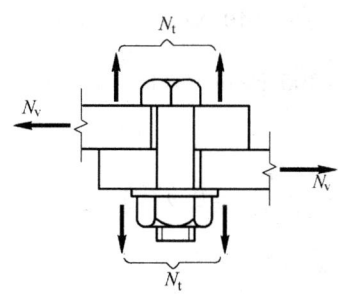

图 3.6.8 拉-剪联合作用的螺栓

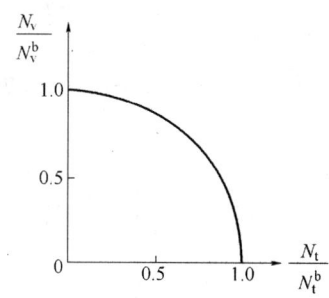

图 3.6.9 剪力和拉力的相关曲线

于是,规范规定:同时承受剪力和杆轴方向拉力的普通螺栓,应分别符合下列公式的要求:

验算拉-剪作用

$$\sqrt{\left(\frac{N_v}{N_v^b}\right)^2 + \left(\frac{N_t}{N_t^b}\right)^2} \leq 1 \tag{3.6.17}$$

验算孔壁承压

$$N_v \leq N_c^b \tag{3.6.18}$$

式中,N_v、N_t 为一个螺栓所承受的剪力和拉力设计值;N_v^b、N_t^b 为一个螺栓的螺杆抗剪和抗拉承载力设计值;N_c^b 为一个螺栓的孔壁承压承载力设计值。

[例题 3.8] 如图 3.6.10 所示为一承受斜拉力的螺栓连接。已知被连板件的厚度均为 20 mm,钢材均为 Q235B,已知斜拉力的两个分力分别为 $V = 300$ kN,$N = 200$ kN,偏心距 $e = 120$ mm,螺栓采用等距离布置,行距为 100 mm,端距为 50 mm,共设两排 C 级螺栓,试选择螺栓规格。

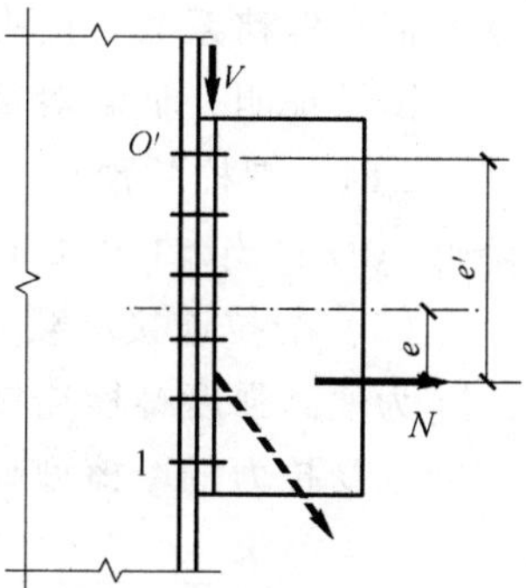

[解] 栓群有效截面的核心距为:

$$\rho = \frac{\sum y^2}{n y_1} = \frac{4 \times (5^2 + 15^2 + 25^2)\text{cm}^2}{12 \times 25 \text{ cm}} = 11.7 \text{ cm} = 117 \text{ mm} < e = 120 \text{ mm}$$

故按大偏心求解螺栓中的最大拉力,此时距最上一行螺栓轴 O' 的偏心距 $e' = 250$ mm $+ e = 370$ mm $= 37$ cm。

图 3.6.10 例题 3.8 图

由公式 (3.6.16) 求出受拉力最大的 1 号螺栓的拉力为:

$$N_t = N_1 = \frac{Ne'y_1'}{\sum y_i'^2} = \frac{200 \text{ kN} \times 37 \text{ cm} \times 50 \text{ cm}}{2 \times (50^2 + 40^2 + 30^2 + 20^2 + 10^2)\text{cm}^2} = 33.5 \text{ kN}$$

由剪力引起的螺栓剪力由 12 个螺栓共同承受:

$$N_v = \frac{V}{n} = \frac{300 \text{ kN}}{12} = 25 \text{ kN}$$

试选用 M20C 级螺栓,查附表 9.2 知,其有效面积 $A_e = 245$ mm^2,查附表 1.4 知 $f_t^b = 170$ N/mm^2,$f_v^b = 140$ N/mm^2,$f_c^b = 305$ N/mm^2。

由

$$N_t^b = A_e f_t^b = 245 \text{ mm}^2 \times 170 \text{ N/mm}^2 = 41.7 \text{ kN}$$

$$N_v^b = n_v \frac{\pi d^2}{4} f_v^b = 1 \times \frac{3.14 \times 20^2 \text{ mm}^2}{4} \times 140 \text{ N/mm}^2 = 44 \text{ kN}$$

$$N_c^b = d \sum t f_c^b = 20 \text{ mm} \times 20 \text{ mm} \times 305 \text{ N/mm}^2 = 122 \text{ kN}$$

则

$$\sqrt{\left(\frac{N_v}{N_v^b}\right)^2 + \left(\frac{N_t}{N_t^b}\right)^2} = \sqrt{\left(\frac{25}{44}\right)^2 + \left(\frac{33.5}{41.7}\right)^2} = 0.97 < 1$$

$$N_v = 25 \text{ kN} < N_c^b = 122 \text{ kN}$$

故所选螺栓满足强度要求。

3.6.2 高强度螺栓连接的计算

1. 摩擦型高强度螺栓连接计算

(1) 受剪连接承载力

摩擦型连接的承载力取决于构件接触面的摩擦力,而此摩擦力的大小与螺栓所受预拉力和摩擦面的抗滑移系数以及连接的传力摩擦面数有关。因此,一个摩擦型连接高强度螺栓的受剪承载力设计值为:

$$N_v^b = 0.9 n_f \mu P \tag{3.6.19}$$

式中,0.9 为抗力分项系数 γ_R 的倒数,即取 $\gamma_R = 1/0.9 = 1.111$;n_f 为传力摩擦面数目,单剪时 $n_f = 1$,双剪时 $n_f = 2$;P 为一个高强度螺栓的设计预拉力,按表 3.5.2 和表 3.5.3 采用;μ 为摩擦面抗滑移系数,按表 3.5.4 和表 3.5.5 采用。

试验证明,低温对摩擦型连接高强度螺栓抗剪承载力无明显影响,但当温度 $t = 100 \sim 150$ ℃时,螺栓的预拉力将产生温度损失,故应将摩擦型连接高强度螺栓的抗剪承载力设计值降低 10%;当 $t > 150$ ℃时,应采取隔热措施,以使连接温度在 150 ℃ 或 100 ℃ 以下。

(2) 受拉连接承载力

为使高强度螺栓连接在承受拉力作用时,被连接板间保持一定的压紧力,规范规定在杆轴方向承受拉力的摩擦型高强度螺栓连接中,单个高强度螺栓受拉承载力设计值为:

$$N_t^b = 0.8P \tag{3.6.20}$$

(3) 同时承受剪力和拉力连接的承载力

如§3.5 所述,当螺栓所受外拉力 $N_t \leq P$ 时,虽然螺杆中的预拉力 P 基本不变,但板层间压力将减少到 $P - N_t$。试验研究表明,这时接触面的抗滑移系数 μ 值也有所降低,而且 μ 值随 N_t 的增大而减小,试验结果表明,外加剪力 N_v 和拉力 N_t 与高强度螺栓的受拉、受剪承载力设计值之间具有线性相关关系,故《规范》规定,当高强度螺栓摩擦型连接同时承受摩擦面间的剪力和螺栓杆轴方向的外拉力时,其承载力应按下式计算:

$$\frac{N_v}{N_v^b} + \frac{N_t}{N_t^b} \leq 1 \tag{3.6.21}$$

式中,N_v、N_t 为某个高强度螺栓所承受的剪力和拉力设计值;N_v^b、N_t^b 为一个高强度螺栓的受剪、受拉承载力设计值。

2. 承压型高强度螺栓连接计算

(1) 受剪连接承载力

高强度螺栓承压型连接的计算方法与普通螺栓连接相同,仍可用式 (3.6.1) 和式 (3.6.2) 计算单个螺栓的抗剪设计承载力,只是应采用承压型连接高强度螺栓的强度设计值 (见附表 1.4)。当剪切面在螺纹处时,承压型连接高强度螺栓的抗剪承载力应按螺纹处的有效截面计算。但对于普通螺栓,其抗剪强度设计值是根据连接的试验数据统计而定的,试验时不分剪切面是否在螺纹处,故计算抗剪强度设计值时用公称直径。

(2) 受拉连接承载力

承压型连接高强度螺栓沿杆轴方向受拉时,规范给出了相应强度级别的螺栓抗拉强度设计值 $f_t^b \approx 0.48 f_u^b$,抗拉承载力设计值的计算公式与普通螺栓相同,见式 (3.6.11) 只是抗拉强度设计值不同,该值可直接由附表 1.4 查得。

(3) 同时承受剪力和拉力连接的承载力

同时承受剪力和杆轴方向拉力的承压型连接高强度螺栓的计算方法与普通螺栓相同,即

$$\sqrt{\left(\frac{N_v}{N_v^b}\right)^2 + \left(\frac{N_t}{N_t^b}\right)^2} \leqslant 1 \quad (3.6.22)$$

$$N_v \leqslant N_c^b/1.2 \quad (3.6.23)$$

式中,N_v、N_t 为某个高强度螺栓所承受的剪力和拉力设计值;N_v^b、N_t^b、N_c^b 为一个高强度螺栓的受剪、受拉和承压承载力设计值。

由于在剪应力单独作用下,高强度螺栓对板层间产生强大压紧力。当板层间的摩擦力被克服,螺杆与孔壁接触时,板件孔前区形成三向压应力场,因而承压型连接高强度螺栓的承压强度比普通螺栓高得多,两者相差约 50%。当承压型连接高强度螺栓受有杆轴拉力时,板层间的压紧力随外拉力的增加而减小,因而其承压强度设计值也随之降低。为了计算简便,规范规定,只要有外拉力存在,就将承压强度除以 1.2 予以降低,而未考虑承压强度设计值变化幅度随外拉力大小而变化这一因素。因为所有高强度螺栓的外拉力一般均不大于 0.8P。此时,可认为整个板层间始终处于紧密接触状态,采用统一除以 1.2 的做法来降低承压强度,一般能保证安全。

3.6.3 高强度螺栓群的计算

1. 高强度螺栓群受剪

(1) 轴心受剪

此时,高强度螺栓连接所需螺栓数目应由下式确定:

$$n \geqslant \frac{N}{N_{\min}^b}$$

式中,$N_{\min}^b$ 是相应连接类型的单个高强度螺栓受剪承载力的最小值,应按相应连接类型由式 (3.6.19) 或式 (3.6.1) 和式 (3.6.2) 计算。

(2) 高强度螺栓群的非轴心受剪

高强度螺栓群在扭矩或扭矩、剪力共同作用时的抗剪计算方法与普通螺栓群相同,但应采用高强度螺栓承载力设计值进行计算。

2. 高强度螺栓群受拉

（1）轴心受拉

高强度螺栓群连接所需螺栓数目：

$$n \geq \frac{N}{N_t^b}$$

式中，N_t^b 为在杆轴方向受拉力时，一个高强度螺栓（摩擦型或承压型）的承载力设计值，根据连接类型按公式（3.6.20）或公式（3.6.11）计算。

（2）高强度螺栓群受弯矩作用

高强度螺栓（摩擦型和承压型）的外拉力总是小于预拉力 P，在连接受弯矩而使螺栓沿栓杆方向受力时，被连接构件的接触面一直保持紧密贴合。因此，可认为中和轴在螺栓群的形心轴上（图 3.6.11），最外排螺栓受力最大。最大拉力及其验算式为：

$$N_1 = \frac{M \cdot y_1}{\sum y_i^2} \leq N_t^b \tag{3.6.24}$$

式中，y_1 为螺栓群形心轴至螺栓的最大距离；$\sum y_i^2$ 为形心轴上、下各螺栓至形心轴距离的平方和。

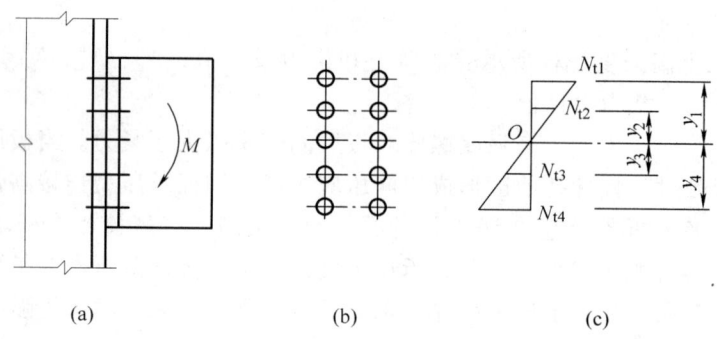

图 3.6.11　承受弯矩的高强度螺栓连接

（3）高强度螺栓群偏心受拉

同样原理，当高强度螺栓群偏心受拉（即拉、弯联合作用）时，由于存在较大的预拉力，能够保证板层之间始终保持紧密贴合，端板不会拉开，故摩擦型连接高强度螺栓和承压型连接高强度螺栓均可按普通螺栓小偏心受拉计算，即：

$$N_1 = \frac{N}{n} + \frac{Ne}{\sum y_i^2} y_1 \leq N_t^b \tag{3.6.25}$$

3. 高强度螺栓群承受拉力、弯矩和剪力的共同作用

（1）高强度螺栓摩擦型连接的计算

图 3.6.12 所示为摩擦型连接高强度螺栓承受拉力、弯矩和剪力共同作用时的情况。由于螺栓连接板层间的压紧力和接触面的抗滑移系数，随外拉力的增加而减小。已知摩擦型连接高强度螺栓承受剪力和拉力联合作用时，螺栓的承载力设计值应符合公式（3.6.21）：

$$\frac{N_v}{N_v^b} + \frac{N_t}{N_t^b} \leq 1$$

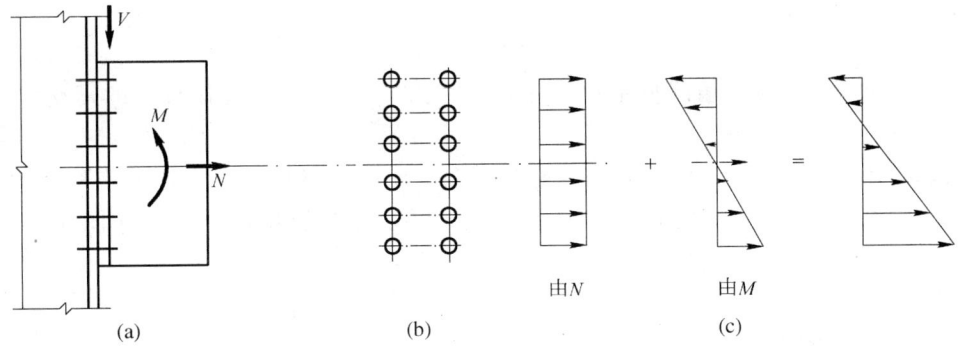

图 3.6.12 摩擦型连接高强度螺栓的内力分布

该式可改写为：

$$N_v = N_v^b \left(1 - \frac{N_t}{N_t^v}\right)$$

将 $N_v^b = 0.9 n_f \mu P$，$N_t^v = 0.8 P$ 代入上式得：

$$N_v \leq 0.9 n_f \mu (P - 1.25 N_t)$$

由此，可以得出螺栓在拉、剪联合作用时，其抗剪承载力设计值为：

$$N_v^b = 0.9 n_f \mu (P - 1.25 N_t)$$

此时，螺栓应满足以下公式：

$$N_v \leq N_v^b = 0.9 n_f \mu (P - 1.25 N_t) \tag{3.6.26}$$

即公式（3.6.21）和（3.6.26）是等价的。式中的 N_v^b 是同时作用剪力和拉力时，单个螺栓所能承受的最大剪力设计值。

在弯矩和拉力共同作用下，高强度螺栓群中的拉力各不相同，即：

$$N_{ti} = \frac{N}{n} \pm \frac{M y_i}{\sum y_i^2} \tag{3.6.27}$$

其抗剪承载力也各不相同，则剪力 V 的验算应满足下式：

$$V \leq \sum_{i=1}^{n} 0.9 n_f \mu (P - 1.25 N_{ti})$$

或

$$V \leq 0.9 n_f \mu \left(nP - 1.25 \sum_{i=1}^{n} N_{ti}\right) \tag{3.6.28}$$

式（3.6.27）中，当 $N_{ti} < 0$ 时，取 $N_{ti} = 0$。

在式（3.6.28）中，只考虑螺栓拉力对抗剪承载力的不利影响，未考虑受压区板层间压力增加的有利作用，故按该式计算的结果是略偏安全的。

此外，螺栓最大拉力应满足：

$$N_{ti} \leq N_t^b$$

（2）高强度螺栓承压型连接的计算

对承压型连接高强度螺栓，应按公式（3.6.22）和（3.6.23）验算拉剪的共同作用。即：

$$\sqrt{\left(\frac{N_v}{N_v^b}\right)^2 + \left(\frac{N_t}{N_t^b}\right)^2} \leq 1$$

$$N_v \leqslant \frac{N_c^b}{1.2}$$

式中的 1.2 为承压强度设计值降低系数。计算 N_c^b 时，f_c^b 值应按被连接板件的钢材种类由附表 1.4 查取。

[**例题 3.9**] 图 3.6.13 所示高强度螺栓摩擦型连接，被连接构件的钢材为 Q235B。螺栓为 10.9 级，直径 20 mm，接触面采用喷砂处理。试验算此连接的承载力。图中内力均为设计值。

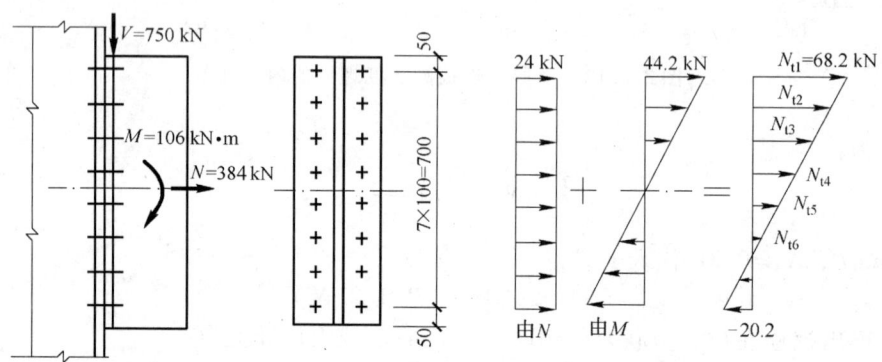

图 3.6.13 例题 3.9 图

[**解**] 由表 3.5.2 和表 3.5.4 查得预拉力 $P=155$ kN，抗滑移系数 $\mu=0.45$。
受力最大的一个螺栓的拉力为：

$$N_{t1} = \frac{N}{n} + \frac{My_1}{m\sum y_i^2} = \frac{384 \text{ kN}}{16} + \frac{106 \text{ kN} \cdot \text{m} \times 10^2 \times 35 \text{ cm}}{2 \times 2 \times (35^2 + 25^2 + 15^2 + 5^2) \text{ cm}^2}$$

$$= 24 \text{ kN} + \frac{106 \text{ kN} \cdot \text{m} \times 10^2 \times 35 \text{ cm}}{8\,400 \text{ cm}^2} = 68.2 \text{ kN} < 0.8P = 124 \text{ kN}$$

按比例关系可求得：

$$N_{t2} = 55.6 \text{ kN}$$
$$N_{t3} = 42.9 \text{ kN}$$
$$N_{t4} = 30.3 \text{ kN}$$
$$N_{t5} = 17.7 \text{ kN}$$
$$N_{t6} = 5.1 \text{ kN}$$

有

$$\sum N_{ti} = (68.2 \text{ kN} + 55.6 \text{ kN} + 42.9 \text{ kN} + 30.3 \text{ kN} + 17.7 \text{ kN} + 5.1 \text{ kN}) \times 2 = 440 \text{ kN}$$

按公式（3.6.28）验算受剪承载力设计值：

$$\sum N_v^b = 0.9 n_f \mu (nF - 1.25 \sum N_{ti})$$
$$= 0.9 \times 1 \times 0.45 \times (16 \times 155 \text{ kN} - 1.25 \times 440 \text{ kN})$$
$$= 781.7 \text{ kN} > V = 750 \text{ kN}$$

故满足强度要求。

§3.7 轻钢结构紧固件连接的构造和计算

3.7.1 紧固件连接的构造要求

用于薄壁型钢结构中的紧固件应满足下述构造要求：

① 抽芯铆钉（拉铆钉）和自攻螺钉的钉头部分应靠在较薄的板件一侧。连接件的中距和端距不得小于连接件直径的 3 倍，边距不得小于连接件直径的 1.5 倍。受力连接中的连接件不宜少于 2 个。

② 抽芯铆钉的适用直径为 2.6~6.4 mm，在受力蒙皮结构中宜选用直径不小于 4 mm 的抽芯铆钉；自攻螺钉的适用直径为 3.0~8.0 mm，在受力蒙皮结构中宜选用直径不小于 5 mm 的自攻螺钉。

③ 自攻螺钉连接的板件上的预制孔径 d_0 应符合下式要求：

$$d_0 = 0.7d + 0.2t_t \tag{3.7.1}$$

且

$$d_0 \leq 0.9d \tag{3.7.2}$$

式中，d 为自攻螺钉的公称直径，mm；t_t 为被连接板的总厚度，mm。

④ 射钉只用于薄板与支承构件（即基材如檩条）的连接。射钉的间距不得小于射钉直径的 4.5 倍，且其中距不得小于 20 mm，到基材的端部和边缘的距离不得小于 15 mm，射钉的适用直径为 3.7~6.0 mm。

射钉的穿透深度（指射钉尖端到基材表面的深度，如图 3.7.1 所示）应不小于 10 mm。

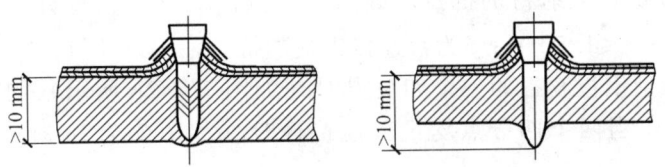

图 3.7.1 射钉的穿透深度

基材的屈服强度应不小于 150 N/mm²，被连钢板的最大屈服强度应不大于 360 N/mm²。被连钢板和基材的厚度应满足表 3.7.1 和表 3.7.2 的要求。

表 3.7.1 被连钢板的最大厚度　　　　mm

射钉直径	≥3.7	≥4.5	≥5.2
单一方向			
单层被固定钢板最大厚度	1.0	2.0	3.0
多层被固定钢板最大厚度	1.4	2.5	3.5
相反方向			
所有被固定钢板最大厚度	2.8	5.0	7.0

表 3.7.2 基材的最小厚度

射钉直径/mm	≥3.7	≥4.5	≥5.2
最小厚度/mm	4.0	6.0	8.0

⑤ 在抗拉连接中，自攻螺钉和射钉的钉头或垫圈直径不得小于 14 mm；且应通过试验保证连接件由基材中的拔出强度不小于连接件的抗拉承载力设计值。

上述规定大部分引自国外的相关规范，项次③是根据我国自己的试验结果归纳出的经验公式。

3.7.2 紧固件的强度计算

1. 紧固件受拉

根据大量的试验结果，得到了静荷载和反复荷载作用下，自攻螺钉和射钉连接抗拉强度的计算公式。风是反复荷载的根本起因，在风吸力作用下，压型钢板上下波动，使紧固件承受反复荷载作用，常引起钉头部位的疲劳破坏。因此含风组合时承载力降低。

GB 50018 规定，在压型钢板与冷弯型钢等支承构件之间的连接件杆轴方向受拉的连接中，每个自攻螺钉或射钉所受的拉力应不大于按下列公式计算的抗拉承载力设计值。

当只受静荷载作用时：

$$N_t^f = 17tf \tag{3.7.3}$$

当受含有风荷载的组合荷载作用时：

$$N_t^f = 8.5tf \tag{3.7.4}$$

式中，N_t^f 为一个自攻螺钉或射钉的抗拉承载力设计值，N；t 为紧挨钉头侧的压型钢板厚度，mm，应满足 $0.5 \text{ mm} \leq t \leq 1.5 \text{ mm}$；$f$ 为被连接钢板的抗拉强度设计值，N/mm²。

当连接件位于压型钢板波谷的一个四分点时（如图 3.7.2b 所示），其抗拉承载力设计值应乘以折减系数 0.9；当两个四分点均设置连接件时（如图 3.7.2c 所示）则应乘以折减系数 0.7。

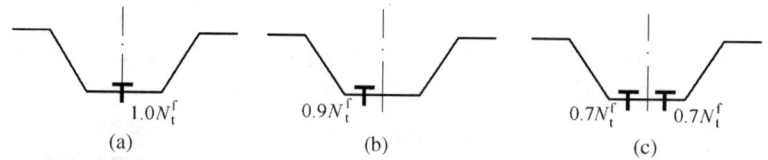

图 3.7.2 压型钢板连接示意图

自攻螺钉在基材中的钻入深度 t_c 应大于 0.9 mm，其所受的拉力应不大于按下式计算的抗拉承载力设计值：

$$N_t^f = 0.75 t_c df \tag{3.7.5}$$

式中，d 为自攻螺钉的直径，mm；t_c 为钉杆的圆柱状螺纹部分钻入基材中的深度，mm；f 为基材的抗拉强度设计值，N/mm²。

2. 紧固件受剪

当紧固件能牢固的将压型钢板与其支承构件（如檩条和墙梁等）连在一起时，压型钢板面层除能承受法向于它的面外荷载之外，还可与支承构件一起承受面内的剪力，这一效应称为受力蒙皮作用（stressed skin action），此时紧固件要承受剪力作用。试验研究表明，紧固件受剪的破坏形式主要是薄板被挤压，或被撕裂。GB 50018 规定当连接件受剪时，每个连接件所承受的剪力应不大于按下列公式计算的抗剪承载力设计值。

抽芯铆钉和自攻螺钉：

当 $\dfrac{t_1}{t} = 1$ 时

$$N_v^f = 3.7\sqrt{t^3 df} \tag{3.7.6}$$

且

$$N_v^f \leqslant 2.4 tdf \tag{3.7.7}$$

当 $\dfrac{t_1}{t} \geqslant 2.5$ 时

$$N_v^f = 2.4 tdf \tag{3.7.8}$$

当 $\dfrac{t_1}{t}$ 介于 1 和 2.5 之间时，N_v^f 可由公式（3.7.6）和（3.7.8）插值求得。

式中，N_v^f 为一个连接件的抗剪承载力设计值，N；d 为铆钉或螺钉直径，mm；t 为较薄板（钉头接触侧的钢板）的厚度，mm；t_1 为较厚板（在现场形成钉头一侧的板或钉尖侧的板）的厚度，mm；f 为被连接钢板的抗拉强度设计值，N/mm²。

射钉：

$$N_v^f = 3.7 tdf \tag{3.7.9}$$

式中，t 为被固定的单层钢板的厚度，mm；d 为射钉直径，mm；f 为被固定钢板的抗拉强度设计值，N/mm²。

当抽芯铆钉或自攻螺钉用于压型钢板端部与支承构件（如檩条）的连接时，其抗剪承载力设计值应乘以折减系数 0.8。

3. 紧固件同时承受拉力和剪力

试验研究表明紧固件在拉、剪联合作用下的承载力符合圆曲线相关方程，GB 50018 规定同时承受剪力和拉力作用的自攻螺钉和射钉连接，应符合下式要求：

$$\sqrt{\left(\dfrac{N_v}{N_v^f}\right)^2 + \left(\dfrac{N_t}{N_t^f}\right)^2} \leqslant 1 \tag{3.7.10}$$

式中，N_v、N_t 为一个连接件所承受的剪力和拉力设计值；N_v^f、N_t^f 为一个连接件的抗剪和抗拉承载力设计值。

习 题

3.1 焊缝的连接方式有哪几种？焊缝连接形式有哪些？

3.2 在实际工程中，焊缝因施工措施不当等原因会出现哪些缺陷？我国规范如何对焊缝质量进行控制？

3.3 影响焊接残余应力的因素主要有哪些？减少焊接应力和变形的措施有哪些？

3.4 试述普通螺栓连接、高强度螺栓摩擦型连接和高强度螺栓承压型连接受剪时的力学性能。

3.5 普通螺栓受剪破坏有哪些形式？

3.6 我国规范对直角角焊缝的受力特点做了哪些假设？在计算中如何体现这些假设？

3.7 高强度螺栓的预拉力起什么作用？预拉力的大小与高强度螺栓的承载力有什么关系？

3.8 试设计如图所示的对接连接（直缝或斜缝）。轴心拉力 $N=1\,500$ kN，钢材 Q345A，焊条 E50 型，手工焊，焊缝质量Ⅲ级。

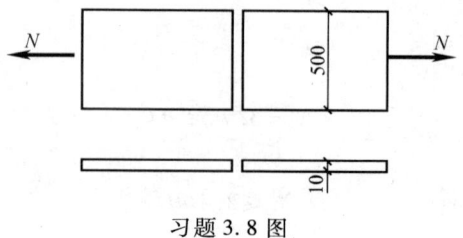

习题 3.8 图

3.9 条件同习题 3.8，受静力荷载。试设计加盖板的对接连接。

3.10 有一支托角钢，两边用角焊缝与柱相连，如图所示，钢材为 Q345A，焊条为 E50 型，手工焊，已知柱翼缘厚 20 mm，外力 $N=400$ kN。试确定焊缝厚度（焊缝有绕角，焊缝长度可以不减去 $2h_f$）。

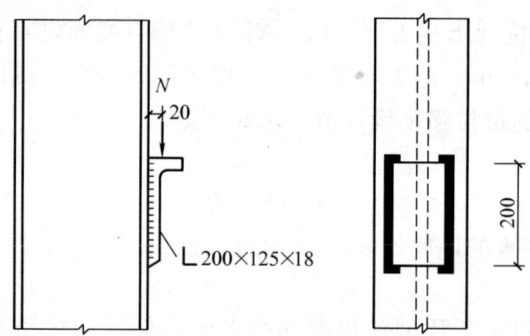

习题 3.10 图

3.11 试设计如图所示牛腿与柱的角焊缝连接。钢材 Q235B，焊条 E43 型，手工焊，$N=98$ kN（静力荷载），偏心距 $e=120$ mm（注意 N 力对水平焊缝也有偏心）。

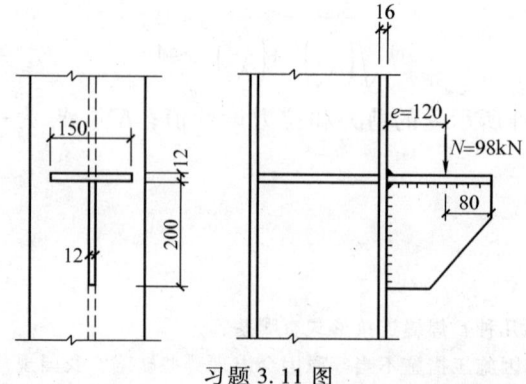

习题 3.11 图

3.12 试设计桁架节点中的角焊缝。钢材为 Q235B，焊条用 E43 型，手工焊。杆件力分别为 $N_1 = 150$ kN，$N_2 = 489.41$ kN，$N_3 = 230$ kN，$N_4 = 14.1$ kN，$N_5 = 250$ kN。

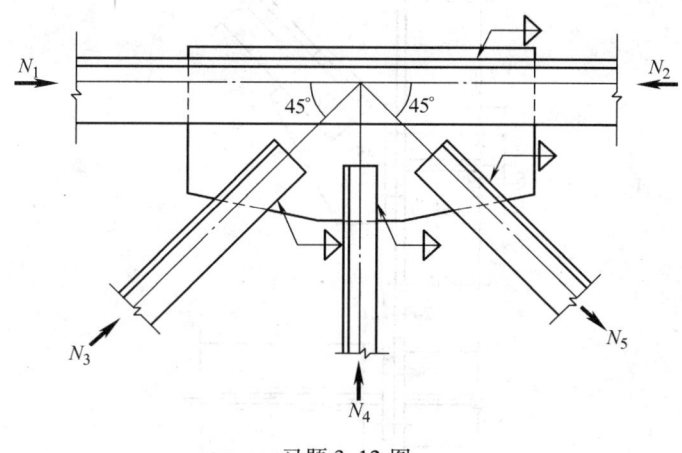

习题 3.12 图

3.13 如图所示梁与柱（钢材为 Q235B）的连接中，$M = 100$ kN·m，$V = 600$ kN，已知梁端板和柱翼缘厚均为 14 mm，支托厚 20 mm，试完成下列设计和验算：

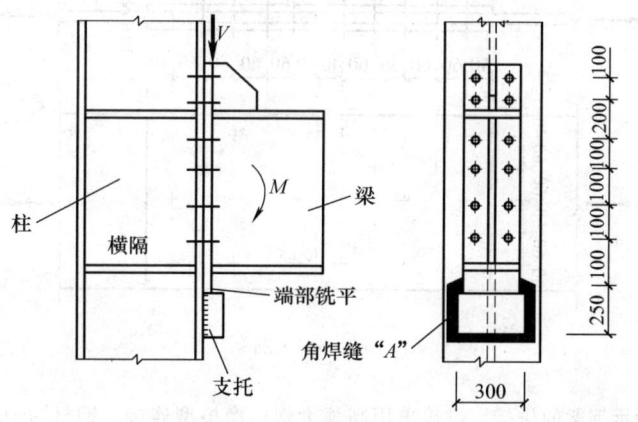

习题 3.13 图

(1) 剪力 V 由支托焊缝承受，焊条采用 E43 型，手工焊，求焊缝 A 的高度 h_f。
(2) 弯矩 M 由普通 C 级螺栓承受，螺栓直径 24 mm，验算螺栓是否满足要求。

3.14 试验算如图所示拉力螺栓连接的强度。C 级螺栓 M20，所用钢材为 Q235B。若改用 M20 的 8.8 级高强度螺栓摩擦型连接（摩擦面间仅用钢丝刷清理浮锈），其承载力有何差别？

3.15 如图所示螺栓连接采用 Q235B 钢。C 级螺栓直径 $d = 20$ mm，求此连接最大能承受的 F_{max} 值。

3.16 如上题中将 C 级螺栓改用 M20（$d = 20$ mm）的 10.9 级高强度螺栓。求此连接最大能承受的 F_{max} 值。要求按摩擦型连接和承压型连接分别计算（钢板表面仅用钢丝清理浮锈）。

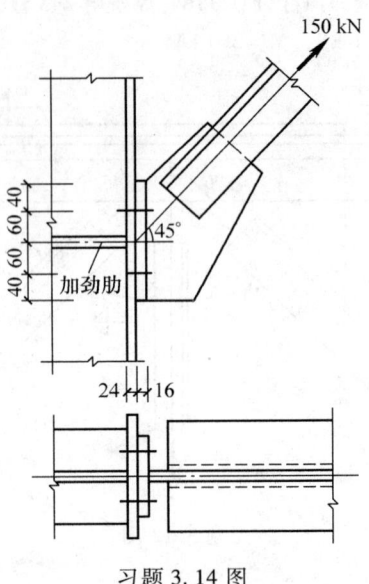

习题 3.14 图

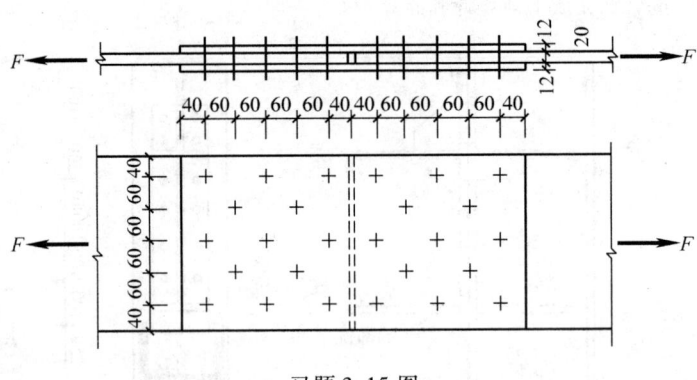

习题 3.15 图

3.17 试验算如图所示钢梁的拼接。拼接采用高强度螺栓摩擦型连接。钢材为 Q345 钢，采用 10.9 级 M20 高强度螺栓，孔径为 22 mm，接触面喷砂后涂无机富锌漆。拼接处梁的内力为 $V=650$ kN，$M=2\,500$ kN·m（翼缘拼接可按轴心力计算，轴心力取翼缘截面面积和翼缘内平均正应力的乘积，腹板拼接承受全部的剪力和按截面惯性矩比例分配给腹板的弯矩）。

3.18 双角钢拉杆与柱的连接如图。拉力 $N=550$ kN。钢材为 Q235B 钢。角钢与节点板、节点板与端板采用焊缝连接，焊条采用 E43 型焊条。端板与柱采用双排 10.9 级 M20 高强度螺栓连接。构件表面采用喷砂后涂无机富锌漆处理。试求：

（1）角钢与节点板连接的焊缝长度；

（2）节点板与端板的焊缝高度；

（3）验算高强度螺栓连接（分别按摩擦型和承压型连接考虑）。

习 题

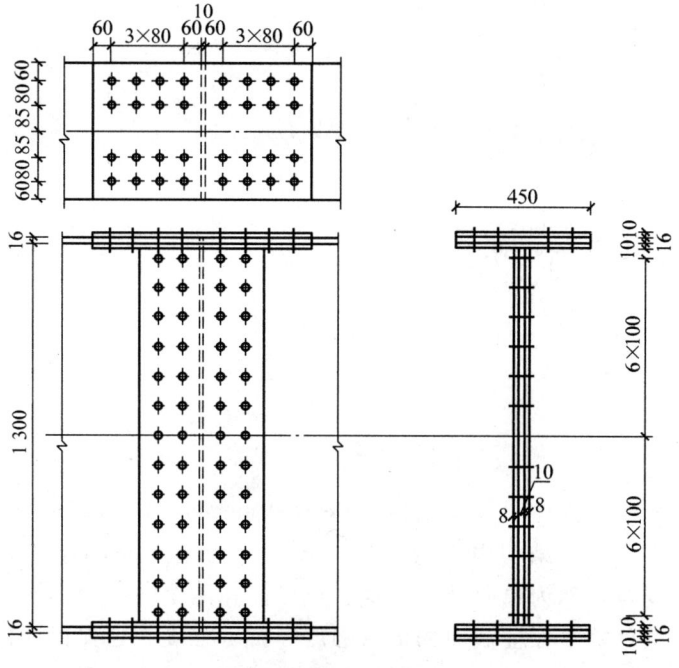

习题 3.17 图

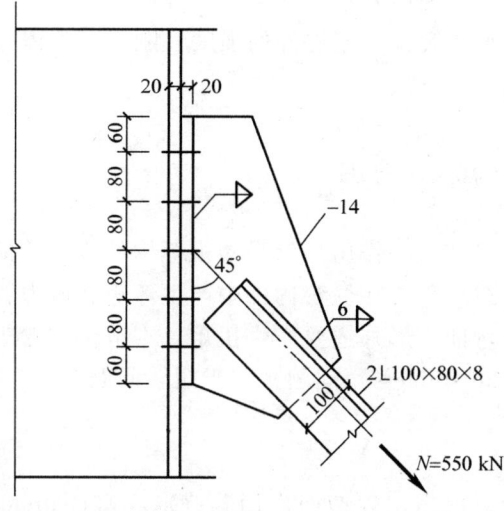

习题 3.18 图

第4章
受弯构件的计算原理

§4.1 概述

承受横向荷载和弯矩的构件叫受弯构件(flexural members),如果构件中的弯矩不均匀分布,那么构件中还存在剪力。结构中受弯构件一般称之为梁(beams),根据使用情况,它可能只在一个主平面内受弯,称为单向受弯构件,也可能在两个主平面内同时受弯,称为双向受弯构件。钢结构受弯构件除要保证截面的抗弯强度、抗剪强度外还要保证构件的整体稳定性和受压翼缘板件的局部稳定要求。对不利用腹板屈曲后强度的构件还要满足腹板局部稳定要求。这些属于构件设计的第一极限状态问题,即承载力极限状态问题。此外受弯构件要有足够的刚度,保证构件的变形不影响正常使用要求,这属于构件设计的第二极限状态问题,即正常使用极限状态问题。本章主要介绍实腹式受弯构件的强度、刚度、整体稳定、局部稳定及腹板屈曲后强度的基本概念和相关的计算方法。

§4.2 受弯构件的强度和刚度

在结构中受弯构件——梁的主要作用是承受楼板等构件传来的横向荷载,在框架结构中还承受水平力的作用。这些荷载或作用在受弯构件中产生弯矩和剪力,如果剪力没有作用在构件截面的剪心上,构件除产生弯曲变形外还要产生扭矩。本节讲述弯矩、剪力作用下受弯构件截面的强度和刚度(strength and stiffness)问题,关于扭转问题在§4.3中介绍。

4.2.1 弯曲强度

由材料力学知:在弹性阶段当构件截面作用着绕形心(centroid)主轴 x 轴的弯矩时,构件截面边缘最大正应力为:

$$\sigma = \frac{M_x}{W_{nx}} \qquad (4.2.1)$$

式中,W_{nx} 为截面对 x 轴的净截面模量。

当 σ 达到钢材屈服点 f_y 时,构件截面处于弹性极限状态(图4.2.1b),其上作用的弯矩为屈服弯矩(yield moment) $M_y = W_x f_y$。随着 M_x 进一步增大,构件截面开始向内发展塑性,进入弹塑性状态,此时应力状态如图4.2.1c所示。如图4.2.1d所示当整个构件截面完全进入塑

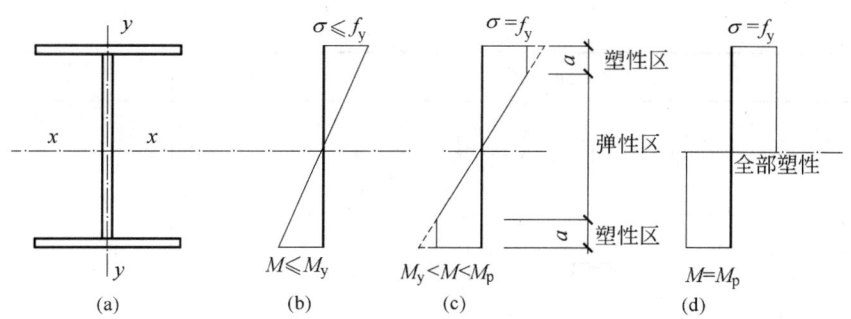

图 4.2.1 各荷载阶段梁截面上的正应力分布

性,截面达到最大抗弯承载力,称为塑性弯矩(plastic moment)$M_p = W_p f_y$,这时此截面形成塑性铰(plastic hinge),达到塑性极限状态。W_p 为截面对 x 轴的截面塑性模量。通常定义 $\gamma_{xp} = M_p / M_y$ 为截面的绕 x 轴的塑性系数。在钢梁设计中,如按截面形成塑性铰进行设计,虽然可节省钢材,但变形比较大,有时会影响正常使用。因此,《规范》规定可通过限制塑性发展区有限度地利用塑性,一般限制图 4.2.1c 中的 a 在 $h/8 \sim h/4$ 之间,根据这一工作阶段定出塑性发展系数 γ_x。表 4.2.1 给出了常用截面的塑性发展系数,如对于双轴对称工字形截面 $\gamma_x = 1.05$,当绕 y 轴弯曲时 $\gamma_y = 1.2$;对于箱形截面 $\gamma_x = \gamma_y = 1.05$。这时梁的抗弯强度应满足:

$$\frac{M_x}{\gamma_x W_{nx}} \leq f_y / \gamma_R = f \quad (4.2.2)$$

式中,γ_R 为材料抗力分项系数,对 Q235 钢取 1.087,对 Q345、Q390、Q420 钢取 1.111。

同理对双向受弯的梁,其强度应满足:

$$\frac{M_x}{\gamma_x W_{nx}} + \frac{M_y}{\gamma_y W_{ny}} \leq f \quad (4.2.3)$$

式中,M_y、W_{ny}、γ_y 分别为作用在截面上绕 y 轴的弯矩、绕 y 轴的净截面模量和相应的塑性发展系数。

对于需要计算疲劳的梁不宜考虑塑性的发展,这时在式(4.2.2)、(4.2.3)中 γ_x、γ_y 取 1.0。

表 4.2.1 截面塑性发展系数 γ_x、γ_y

项次	截 面 形 式	γ_x	γ_y
1		1.05	1.2
2		1.05	1.05

续表

项次	截面形式	γ_x	γ_y
3		$\gamma_{x1}=1.05$ $\gamma_{x2}=1.2$	1.2
4			1.05
5		1.2	1.2
6		1.15	1.15
7		1.0	1.05
8			1.0

4.2.2 抗剪强度

1. 剪力中心

在构件截面所在平面内可以找到一点，当外力产生的剪力作用在这一点时构件只产生线位移，不产生扭转，这一点称为构件的剪力中心 [简称剪心 (shear center)]。对于有对称轴的截面，按剪力流沿截面各部分中心线分布的规律，其剪力中心必位于对称的轴线上，对于由几个狭长的矩形截面组成且其中心线交于一点的截面，其剪力中心即在这一点上。对于剪力中心位置的确定，材料力学已给出明确的方法，本文不再赘述。图 4.2.2 给出常见截面剪力中心的位置。当外荷载产生的剪力作用在其他位置而不是剪心上时，可以将其挪到剪心上。这时剪心上不但作用剪力，还作用有平移剪力产生的扭矩。扭矩使整个截面绕剪心转动，关于扭矩产生的应力将在 §4.3 中介绍。本部分讲述由弯曲产生的剪应力的计算。

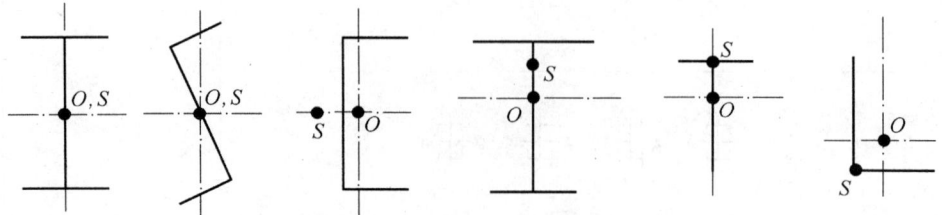

图 4.2.2　开口截面剪心位置示意图
O 为截面形心，S 为截面剪心

2. 弯曲剪应力计算

按照材料力学知识，实腹梁截面上的剪应力（图 4.2.3）为：

$$\tau = \frac{V_y S_x}{I_x t} \quad (4.2.4)$$

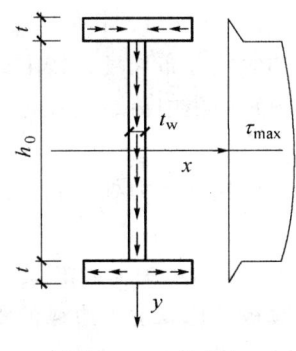

图 4.2.3 剪应力

式中，V_y 为计算截面 y 轴主平面内的剪力；S_x 为计算剪应力处以上（或以下）截面对中和轴（neutral axis）x 轴的面积矩；I_x 为绕 x 轴的毛截面惯性矩；t 为计算点处板件的厚度。

当构件在两个主轴方向均作用剪力时，按下式计算剪应力：

$$\tau = \frac{V_y S_x}{I_x t} + \frac{V_x S_y}{I_y t} \quad (4.2.5)$$

式中，V_x 为计算截面 x 轴主平面内的剪力；S_y 为计算剪应力处以左（或以右）截面对中和轴 y 轴的面积矩；I_y 为绕 y 轴的毛截面惯性矩；t 为计算点处板件的厚度。

按弹性设计时，截面最大剪应力达到钢材抗剪屈服点时为极限状态。因此设计时应满足下式：

$$\tau_{max} \leq f_v \quad (4.2.6)$$

式中，τ_{max} 为截面最大剪应力；f_v 为钢材的抗剪设计强度。

4.2.3 局部压应力

如图 4.2.4 所示，在梁的固定集中荷载（包括支座反力）作用处无支承加劲肋，或有移动的集中荷载（如吊车轮压），这时梁的腹板将承受集中荷载产生的局部压应力。局部压应力在梁腹板与上翼缘交界处最大，到下翼缘处减为零，如图 4.2.4b 所示。计算时，假设局部压应力在荷载作用点以下的 h_R（吊车轨道高度）高度范围内以 45°角扩散，在 h_y 高度范围内以 1∶2.5 的比例扩散，传至腹板与翼缘交界处，实际上局部压应力沿梁纵向分布并不均匀，但为简化计算，假设在 l_z 范围内局部压应力均匀分布，并按下式计算腹板边缘的局部压应力。

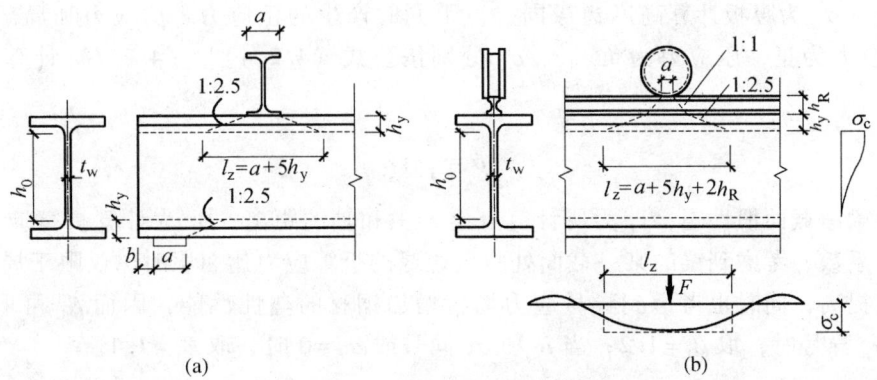

(a)   (b)

图 4.2.4 腹板边缘局部压应力分布

$$\sigma_c = \frac{\psi F}{t_w l_z} \leq f \quad (4.2.7)$$

式中，F 为集中荷载，对动力荷载应考虑动力系数；ψ 为集中荷载放大系数，对重级工作制吊车梁，$\psi=1.35$；其他梁 $\psi=1.0$；在所有梁支座处 $\psi=1.0$；l_z 为集中荷载在腹板计算高度上边缘的假定分布长度，按下式计算：

跨中集中荷载
$$l_z = a + 5h_y + 2h_R \tag{4.2.8}$$

梁端支反力处
$$l_z = a + 2.5h_y + b \tag{4.2.9}$$

式中，a 为集中荷载沿梁跨度方向的支承长度，对钢轨上的轮压可取为 50 mm；h_y 为自梁顶面至腹板计算高度上边缘的距离；h_R 为轨道的高度，对梁顶无轨道的梁 $h_R=0$；b 为梁端到支座板外边缘距离，如果 b 大于 $2.5h_y$，取 $2.5h_y$；f 为钢材的抗压强度设计值。

腹板计算高度 h_0：对轧制型钢梁，为腹板与上、下翼缘相连处两内弧起点之间的距离；对焊接组合梁，为腹板高度；对铆接（或高强度螺栓连接）组合梁，为上、下翼缘与腹板连接的铆钉（或高强度螺栓）线间最近距离。

当计算不能满足要求时，对集中荷载（包括支座反力），可采用设置支承加劲肋的办法，对吊车荷载只能采用增加腹板厚度的方法。

4.2.4 折算应力

梁上一般同时作用有剪力和弯矩，有时还作用有局部集中力。在进行梁的强度设计时不仅最大剪应力、最大正应力和局部压应力要满足要求，若在组合梁腹板计算高度边缘处同时受有较大的正应力、剪应力和局部压应力，或同时受有较大的正应力和剪应力（如连续梁中部支座处或梁的翼缘截面改变处等）时，在这些部位尽管正应力、剪应力都不是最大，但在它们同时作用下该处可能更危险。在设计时要对这些部位进行验算。根据第四强度理论，在复杂应力状态下，若某一点的折算应力达到钢材单向拉伸的屈服点，则该点进入塑性状态。在设计中危险点处的折算应力 σ_z 应满足：

$$\sigma_z = \sqrt{\sigma^2 + \sigma_c^2 - \sigma\sigma_c + 3\tau^2} \leqslant \beta_1 f \tag{4.2.10}$$

式中，σ、τ、σ_c 为腹板计算高度边缘同一点上同时产生的正应力、剪应力和局部压应力，σ 和 σ_c 以拉应力为正，压应力为负。τ、σ_c 分别按公式（4.2.4）、（4.2.7）计算，σ 按下式计算：

$$\sigma = \frac{M_x}{I_n} y_1 \tag{4.2.11}$$

式中，I_n 为梁净截面惯性矩；y_1 为所计算点至梁中和轴的距离；β_1 为计算折算应力时的强度设计值增大系数，考虑到梁的某一截面处腹板边缘的折算应力达屈服时，仅限于局部，所以设计强度予以提高；同时也考虑到异号应力场将增加钢材的塑性性能，因而 β_1 可取得大一些；故当 σ 和 σ_c 异号时，取 $\beta_1=1.2$；当 σ 和 σ_c 同号或 $\sigma_c=0$ 时，取 $\beta_1=1.1$。

4.2.5 受弯构件的刚度

梁的刚度用标准荷载作用下的挠度大小来度量。梁的刚度不足将影响正常使用或外观。所谓正常使用系指设备的正常运行、装饰物与非结构构件不受损坏以及人的舒适感等。一般梁在动力影响下发生的振动亦可以通过限制梁的变形来控制。因此，梁的刚度可按下式验算：

$$v \leqslant [v] \tag{4.2.12}$$

式中，v 为由荷载的标准值（不考虑荷载的分项系数和动力系数）引起的梁中最大挠度；$[v]$ 为梁的容许挠度值，一般情况下可参照附表 2.1 采用，当有实践经验或有特殊要求时，可根据不影响正常使用和观感的原则，对附表 2.1 的规定进行适当地调整。

§4.3 梁的扭转

4.3.1 自由扭转

当作用在梁上的剪力未通过剪力中心时梁不仅产生弯曲变形，还将绕剪力中心扭转（torsion）。当扭转发生时除圆形截面的构件截面保持平面外，其他截面形式的构件由于截面上的诸纤维沿纵向产生位移而使表面凹凸不平，截面不再保持为平面，产生翘曲变形。如果各纤维沿纵向的位移不受约束，则为自由扭转（pure torsion）。图 4.3.1 所示为一等截面工字形构件在两端大小相等、方向相反的扭矩作用下，端部并无添加特殊的构造措施，截面可自由翘曲，构件发生的是自由扭转。自由扭转在开口截面构件上产生的剪力流如图 4.3.2 所示，方向与壁厚中心线平行，沿壁厚方向线性变化，在壁厚中部剪应力为零，在两壁面处达最大值 τ_t，τ_t 的大小与构件扭转角的变化率 φ'（即扭转率）呈正比例关系。此剪力流形成抵抗外扭矩的合力矩为 $GI_\mathrm{t}\varphi'$，则作用在构件上的自由扭矩 M_t 为：

图 4.3.1 工字形截面构件自由扭转

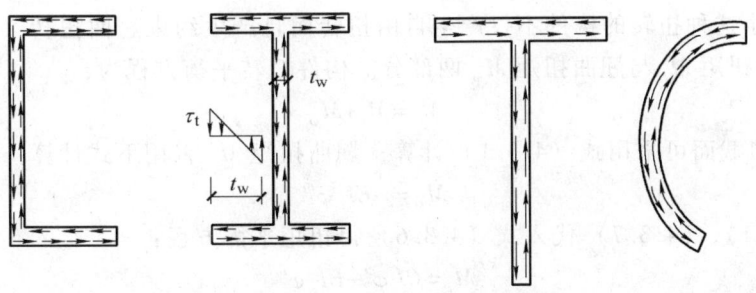

图 4.3.2 自由扭转剪应力

$$M_\mathrm{t} = GI_\mathrm{t}\varphi' \tag{4.3.1}$$

式中，G 为材料剪切模量；φ 为截面的扭转角，和 M_t 一样用右手螺旋规律确定其正负号；I_t 为扭转常数（torsion constant），也称为抗扭惯性矩，对由几个狭长矩形截面组成的开口薄壁截面 I_t 由下式计算：

$$I_t = \frac{k}{3}\sum_{i=1}^{n} b_i t_i^3 \tag{4.3.2}$$

式中，b_i、t_i 为第 i 块板件的宽度和厚度；k 考虑热轧型钢在板件交接处凸出部分的有利影响，其值由试验确定，对角钢取 1.0，对 T 形截面取 1.15，对槽形截面取 1.12，对工字形截面取 1.25。

最大剪应力 τ_t 与 M_t 的关系为：

$$\tau_t = \frac{M_t t}{I_t} \tag{4.3.3}$$

对闭口截面，剪力流的分布如图 4.3.3 所示，沿构件截面成封闭状。对于薄壁截面可认为剪应力 τ 沿壁厚均匀分布，方向与截面中线相切，沿构件截面任意处 τt 为常数。因此有：

$$M_t = \oint \rho \tau t \mathrm{d}s = \tau t \oint \rho \mathrm{d}s \tag{4.3.4}$$

式中，ρ 为剪力中心至微元段 $\mathrm{d}s$ 的中心线的距离，故 $\oint \rho \mathrm{d}s$ 为截面中心线所围面积 A 的 2 倍，即：

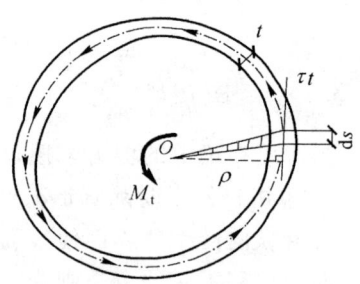

图 4.3.3 闭口截面的自由扭转

$$M_t = 2\tau t A \quad \text{或} \quad \tau = \frac{M_t}{2At} \tag{4.3.5}$$

式中，t 为计算截面处的壁厚。

从以上叙述可见闭口截面比开口截面有更强的抗自由扭转的能力。

4.3.2 开口截面构件的约束扭转

如图 4.3.4 所示，悬臂工字形构件在扭矩 M_z 作用下发生扭转，尽管自由端处不受约束但固定端处截面完全不能翘曲，因此中间各截面受到不同程度的约束。截面的翘曲变形受到约束后产生纵向翘曲正应力，并伴随产生翘曲剪应力，翘曲剪应力绕截面剪心形成抵抗翘曲扭矩 M_ω 的能力。发生这种扭转的构件不仅产生自由扭转而且产生约束翘曲扭转（warping torsion），总扭矩分成自由扭矩 M_t 与翘曲扭矩 M_ω 两部分。构件扭转平衡方程为：

$$M_z = M_t + M_\omega \tag{4.3.6}$$

式中，M_t 对开口截面可采用式 (4.3.1) 计算；翘曲扭矩 M_ω 采用下式计算：

$$M_\omega = -EI_\omega \varphi''' \tag{4.3.7}$$

将式 (4.3.1)、(4.3.7) 代入式 (4.3.6) 得扭矩平衡方程：

$$M_z = GI_t \varphi' - EI_\omega \varphi''' \tag{4.3.8}$$

式中，I_ω 为截面翘曲扭转常数（warping constant），又称扇性惯性矩，量纲为 L^6，其一般计算公式为：

$$I_\omega = \int_0^s \omega^2 t \mathrm{d}s = \int_A \omega^2 \mathrm{d}A \tag{4.3.9}$$

式中，ω 为主扇性坐标（sectorial area），其量纲为 L^2。下面介绍 ω 的计算方法。

如图 4.3.5 所示以 O_1 为起点沿截面中线的长度定义为曲线坐标 s。截面中线上任意点 P

的扇性坐标为 O_1 与 P 点间的弧线与剪心 S 围成的面积的 2 倍。在 P,O_1 间任取一微元段 ds,S 距 ds 的垂直距离为 ρ_s,这一微段扇形面积为 $\dfrac{d\omega_s}{2}=\dfrac{\rho_s ds}{2}$,$P$ 点扇性坐标 ω_s 为:

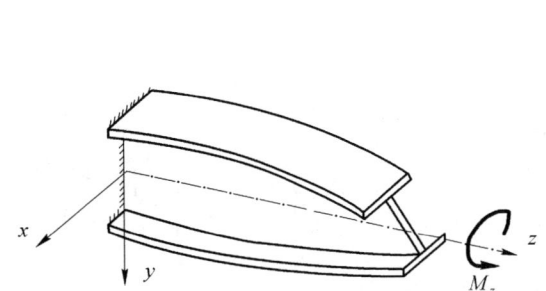

图 4.3.4 悬臂工字形构件发生的约束扭转

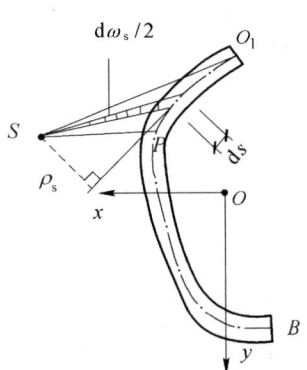

图 4.3.5 扇性坐标计算

$$\omega_s = \int_0^s \rho_s ds \tag{4.3.10}$$

O_1 点是扇性坐标零点,并令当矢 SP 以逆时针方向转动得到的扇性坐标 ω_s 为正。可在截面上任取一点作为 O_1 点,当然随 O_1 点的变化,ω_s 是变化的。得到扇性坐标 ω_s 后可按下式计算主扇性坐标 ω:

$$\omega = \omega_s - \dfrac{\int_A \omega_s dA}{A} \tag{4.3.11}$$

式中,A 为截面面积。如果选择的 O_1 点恰好使 $\omega = \omega_s$ (即 $\int_A \omega_s dA = 0$),那么 ω_s 就是主扇性坐标了。

对某一确定的截面,截面上各点的主扇性坐标 ω 是确定的值。

现以图 4.3.4 所示受扭悬臂工字形构件为例,说明约束扭转的计算方法。

设距坐标原点 Z 处的任意截面的扭转角为 φ,则如图 4.3.6a 所示,上、下翼缘水平方向的位移为:

$$u = \dfrac{h}{2}\varphi$$

将每个翼缘看作单个的受弯构件,则有

$$M_f = -EI_f u'' = -EI_f \dfrac{h}{2}\varphi''$$

式中,I_f 为一个翼缘绕 y 轴的惯性矩,$I_f = \dfrac{1}{2}I_y$;M_f 为一个翼缘平面内的弯矩。

根据弯矩和剪力间的关系,翼缘中的剪力为:

$$V_f = \dfrac{dM_f}{dZ} = -EI_f \dfrac{h}{2}\varphi'''$$

则由上下翼缘方向相反的两个剪力(图 4.3.6b)形成的翘曲扭矩为:

$$M_\omega = V_f h = -EI_f \frac{h^2}{2}\varphi''' \tag{4.3.12}$$

定义图 4.3.6b 中上、下翼缘中两个方向相反的弯矩 M_f 与其间的距离 h 的乘积为双力矩 (bimoment) B：

$$B = M_f h = -EI_f \frac{h^2}{2}\varphi'' \tag{4.3.13}$$

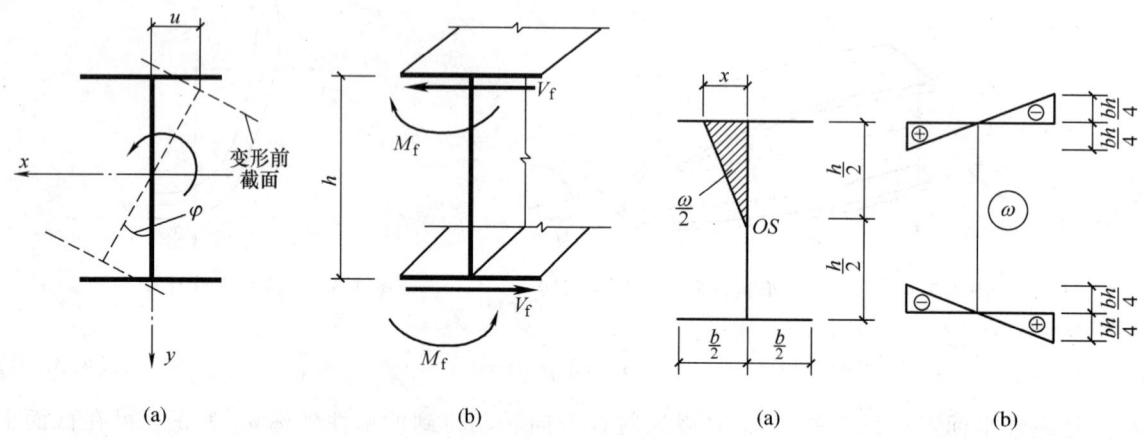

图 4.3.6 约束扭转的变形和内力（以中线代替截面） 　图 4.3.7 工字形截面的扇性坐标

为了将上述公式转换为更一般的表达式，下面来研究工字形截面的扇性坐标。可以证明双轴对称截面的形心（也是剪心）的主扇性坐标为零，则可由式（4.3.10）求出截面各点的扇性坐标。注意到 $\rho_s = \frac{h}{2}$（图 4.3.7a）为常数，则可得工字形截面的扇性坐标（只有翼缘有非零值）表达式为：

$$\omega = \frac{h}{2}x \tag{4.3.14}$$

工字形截面各点的扇性坐标示于图 4.3.7b 中。由式（4.3.14）可以证明：

$$I_f \frac{h^2}{2} = \left(\frac{h}{2}\right)^2 (2I_f) = \left(\frac{h}{2}\right)^2 I_y = \left(\frac{h}{2}\right)^2 \int_A x^2 dA = \int_A \omega^2 dA = I_\omega \tag{4.3.15}$$

将式（4.3.15）代入式（4.3.12）和（4.3.13），可得翘曲扭矩［即式（4.3.7）］和双力矩的一般表达式为：

$$\begin{aligned} M_\omega &= -EI_\omega \varphi''' \\ B &= -EI_\omega \varphi'' \end{aligned} \tag{4.3.16}$$

由约束扭转产生的翘曲正应力和翘曲剪应力分别为：

$$\sigma_\omega = -E\omega\varphi'' = \frac{B}{I_\omega}\omega = \frac{B}{W_\omega} \tag{4.3.17}$$

$$\tau_\omega = -\frac{M_\omega S_\omega}{I_\omega t} \tag{4.3.18}$$

式中，$W_\omega = \dfrac{I_\omega}{\omega}$ 为截面中某点的截面扇性模量；S_ω 为截面上某一计算点 P 以下部分（见

图 4.3.5)的扇性静矩,是曲线坐标 S 的函数,量纲为 L^4,计算公式为:

$$S_\omega = \int_P^B \omega t \, ds \qquad (4.3.19)$$

附表 8.17~8.21 中给出了典型冷弯薄壁型钢截面的 I_ω 和 W_ω 的数值,可供查用。

§4.4 梁的整体稳定

4.4.1 梁整体稳定的概念

图 4.4.1 所示的梁在弯矩作用下上翼缘受压,下翼缘受拉,使梁犹如受压构件和受拉构件的组合体。对于受压的上翼缘可沿刚度较小的翼缘板平面外方向屈曲,但腹板和稳定的受拉下翼缘对其提供了此方向连续的抗弯和抗剪约束,使它不可能在这个方向上发生屈曲。当外荷载产生的翼缘压力达到一定值时,翼缘板只能绕自身的强轴发生平面内的屈曲,对整个梁来说上翼缘发生了侧向位移,同时带动相连的腹板和下翼缘发生侧向位移并伴有整个截面的扭转,这时我们称梁发生了整体弯扭失稳(overall flexural-torsional buckling)或侧向失稳(lateral buckling)。梁中的最大弯矩称为临界弯矩(critical moment),对应的最大弯曲应力称为临界应力。从稳定问题的分类来看,无初始缺陷的梁的稳定问题应属第一类稳定问题,当弯矩未达临界弯矩时,梁在弯矩作用的平面内发生弯曲,当达到临界弯矩时梁突然发生弯矩作用平面外的位移和扭转。当临界应力低于屈服点时,属于弹性弯扭失稳,可采用弹性稳定理论通过在梁失稳后的位置上建立平衡微分方程的方法求解。

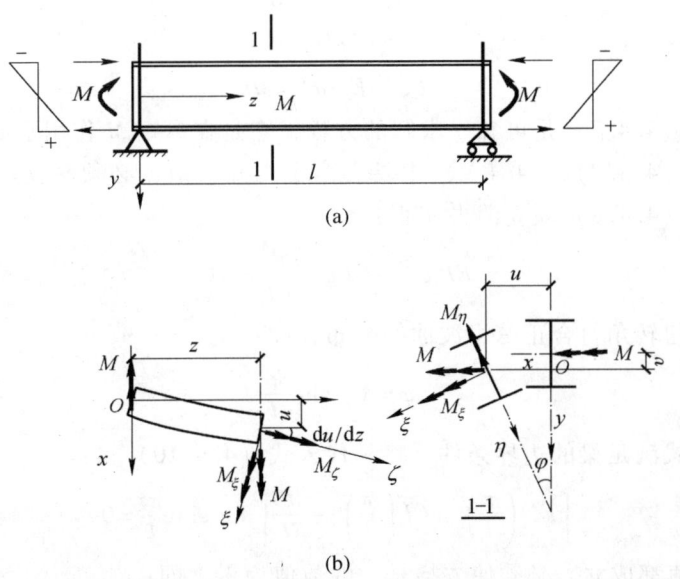

图 4.4.1 工字形截面简支梁整体弯扭失稳

4.4.2 双轴对称工字形截面简支梁纯弯作用下的整体稳定

1. 临界弯矩

图 4.4.1 中的简支梁两端是夹支支座,即在支座处梁不能发生 x、y 方向的位移,也不能发生绕 z 轴的转动,可发生绕 x、y 轴的转动,梁端截面不受约束,可自由发生翘曲。梁端左支座不能发生 z 方向位移,右支座可以。

图 4.4.1b 给出了梁失稳后的位置,在梁上任意截取截面 1-1,变形后 1-1 截面沿 x、y 轴的位移为 u、v,截面扭转角为 φ。根据小变形假设,可认为变形前后作用在 1-1 截面上的弯矩 M 矢量的方向不变,变形后可在梁上建立随截面移动的坐标,ξ、η 为截面两主轴方向,ζ 为构件纵轴切线方向,z 轴与 ζ 轴间的夹角为 $\theta \approx du/dz$。M 在 ξ、η、ζ 上的分量为:

$$M_\xi = M\cos\theta\cos\varphi \approx M \tag{4.4.1}$$

$$M_\eta = M\cos\theta\sin\varphi \approx M\varphi \tag{4.4.2}$$

$$M_\zeta = M\sin\theta \approx M\frac{du}{dz} = Mu' \tag{4.4.3}$$

建立绕两主轴的弯曲平衡微分方程为:

$$-EI_y u'' = M_\eta \tag{4.4.4}$$

$$-EI_x v'' = M_\xi \tag{4.4.5}$$

由式 (4.3.8) 可得绕纵轴的扭转平衡微分方程为:

$$GI_t \varphi' - EI_\omega \varphi''' = M_\zeta \tag{4.4.6}$$

将式 (4.4.1)、(4.4.2)、(4.4.3) 分别代入式 (4.4.4)、(4.4.5)、(4.4.6) 得:

$$EI_x v'' + M = 0 \tag{4.4.7}$$

$$EI_y u'' + M\varphi = 0 \tag{4.4.8}$$

$$GI_t \varphi' - EI_\omega \varphi''' = Mu' \tag{4.4.9}$$

以上方程中式 (4.4.7) 是可独立求解的方程,它是在弯矩 M 作用平面内的弯曲问题,与梁的扭转无关。式 (4.4.8)、(4.4.9) 中具有两个未知数值,必须联立求解。将式 (4.4.9) 微分一次后,与式 (4.4.8) 联立消去 u'' 得:

$$EI_\omega \varphi^{IV} - GI_t \varphi'' - \frac{M^2}{EI_y}\varphi = 0 \tag{4.4.10}$$

假设两端简支梁的扭转角符合正弦半波曲线分布,即:

$$\varphi = A \cdot \sin\frac{\pi z}{l} \tag{4.4.11}$$

可以证明,该式满足梁的边界条件。将其代入式 (4.4.10) 得:

$$\left[EI_\omega \left(\frac{\pi}{l}\right)^4 + GI_t \left(\frac{\pi}{l}\right)^2 - \frac{M^2}{EI_y}\right] A \cdot \sin\frac{\pi z}{l} = 0 \tag{4.4.12}$$

要使上式对任意 z 值都成立,必须使方括号中的数值为零,即:

$$EI_\omega \left(\frac{\pi}{l}\right)^4 + GI_t \left(\frac{\pi}{l}\right)^2 - \frac{M^2}{EI_y} = 0 \tag{4.4.13}$$

上式中的 M 即为双轴对称工字形截面梁整体失稳时的临界弯矩 M_{cr},解之得:

$$M_{cr} = \pi \sqrt{1 + \frac{EI_\omega}{GI_t}\left(\frac{\pi}{l}\right)^2} \frac{\sqrt{EI_y GI_t}}{l} \tag{4.4.14}$$

进一步得：

$$M_{cr} = k \frac{\sqrt{EI_y GI_t}}{l} \tag{4.4.15}$$

式中，k 为梁的弯扭屈曲系数，对于双轴对称工字形截面 $I_\omega = \frac{h^2}{2}I_1 \approx \frac{h^2}{4}I_y$，故

$$k = \pi \sqrt{1 + \frac{EI_\omega}{GI_t}\left(\frac{\pi}{l}\right)^2} = \pi \sqrt{1 + \pi^2 \frac{EI_y}{GI_t}\left(\frac{h}{2l}\right)^2} = \pi\sqrt{1+\pi^2\psi} \tag{4.4.16}$$

其中

$$\psi = \frac{EI_y}{GI_t}\left(\frac{h}{2l}\right)^2 \tag{4.4.17}$$

从 k 的表达式可以看出，其与梁的侧向抗弯刚度、抗扭刚度、梁的夹支跨度 l 及梁高 h 有关。

为下面分析讨论方便将式 (4.4.14) 变换成：

$$M_{cr} = \frac{\pi^2 EI_y}{l^2} \sqrt{\frac{I_\omega}{I_y}\left(1+\frac{GI_t l^2}{\pi^2 EI_\omega}\right)} \tag{4.4.18}$$

式中，$\frac{\pi^2 EI_y}{l^2}$ 项为将梁当做压杆时绕弱轴 y 的欧拉临界力。

2. 荷载种类及梁端和跨中约束对梁的整体稳定影响

梁的整体稳定（overall stability）还与荷载种类有关。采用弹性稳定理论可以推出在各种荷载条件下梁的临界弯矩表达式，表 4.4.1 列出双轴对称工字形截面的 k 值。从表可以看出纯弯情况下 k 值最低，这是因为此时梁上翼缘的压力在全长范围内不变，如果将上翼缘看作轴心压杆，则纯弯显然是最不利荷载。作用于形心上的均布荷载情况稍不利于集中荷载，其弯矩图较为饱满。集中力作用于跨中形心上时 k 值最高，此时只有在跨中上翼缘处压力最大，其后按线性折减。

表 4.4.1 双轴对称工字形截面简支梁的弯扭屈曲系数 k

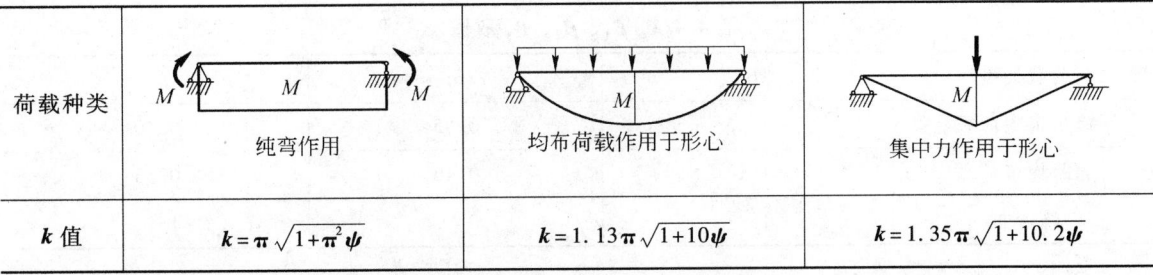

荷载种类	纯弯作用	均布荷载作用于形心	集中力作用于形心
k 值	$k = \pi\sqrt{1+\pi^2\psi}$	$k = 1.13\pi\sqrt{1+10\psi}$	$k = 1.35\pi\sqrt{1+10.2\psi}$

改变梁端和跨中侧向约束相当于改变了梁的侧向夹支长度 l，随梁端约束程度的加大，和跨中侧向支承点的设置，将梁的侧向计算长度减小为 l_1（图 4.4.2），使梁的临界弯矩显著提高，因此增加梁端和跨中约束也是提高梁的临界弯矩的一个有效措施。

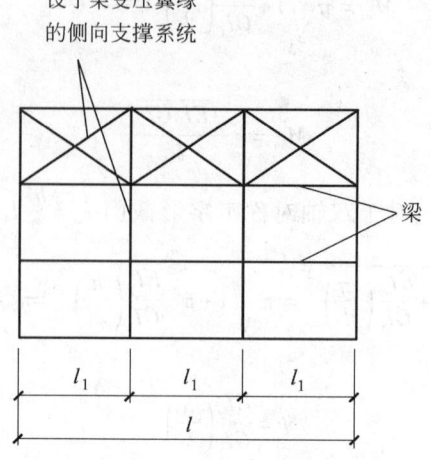

图 4.4.2 梁的侧向支撑系统

4.4.3 单轴对称工字形截面梁的整体稳定

将 4.4.1 中图 4.4.1 所示的双轴对称工字形截面换成单轴对称截面（图 4.4.3），边界条件仍为简支和夹支，采用能量法可求出在不同荷载种类和作用位置情况下的梁的临界弯矩为：

$$M_{cr} = \beta_1 \frac{\pi^2 EI_y}{l^2}\left[\beta_2 a + \beta_3 B_y + \sqrt{(\beta_2 a + \beta_3 B_y)^2 + \frac{I_\omega}{I_y}\left(1 + \frac{GI_t l^2}{\pi^2 EI_\omega}\right)}\right] \quad (4.4.19)$$

式中，β_1、β_2、β_3 为和荷载类型有关的系数，取值见表 4.4.2；a 为荷载作用点至剪心 S 的距离，荷载在剪心以下时为正，反之为负；B_y 为截面不对称修正系数，

$$B_y = \frac{1}{2I_x}\int_A y(x^2 + y^2)\,dA - y_0 \quad (4.4.20)$$

式中，y_0 为剪力中心与截面形心的距离，如图 4.4.3 所示，在形心以上时为负。

式（4.4.19）也适用于双轴对称截面，此时 $B_y = 0$。当 β_1 取 1，β_2 取 0，β_3 取 1 时，式（4.4.19）变成式（4.4.18）。从式（4.4.19）、（4.4.20）可以看出增大受压翼缘截面对梁的整体稳定承载力是有利的。

表 4.4.2　β_1、β_2、β_3 取值表

荷载类型	β_1	β_2	β_3
跨中集中荷载	1.35	0.55	0.40
满跨均布荷载	1.13	0.46	0.53
纯弯曲	1	0	1

另外，由式（4.4.19）还可看出荷载作用点的位置对整体稳定的影响。当荷载作用点在剪心以上时，a 为负值，M_{cr} 将降低；当荷载作用点在剪心以下时，a 为正值，M_{cr} 将提高。图 4.4.4 给出了双轴对称工字形截面，当荷载分别作用于上、下翼缘的情况。显然当荷载作用于上翼缘时，梁一旦扭转，荷载会对剪心 S 产生不利的附加扭矩，促进扭转，加速屈曲；而当荷

载位于下翼缘时，会产生减缓梁扭转的附加扭矩，延缓屈曲。

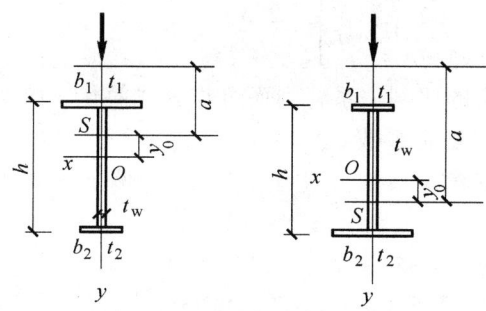

图 4.4.3 单轴对称工字形截面

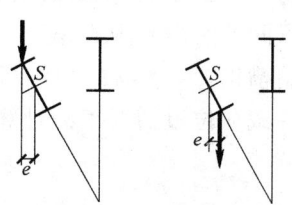

图 4.4.4 荷载作用位置的影响

4.4.4 梁的整体稳定实用算法

1. 单向受弯梁

为保证梁不发生整体失稳，梁中最大弯曲压应力应不超过临界弯矩时的临界应力 σ_{cr}，即：

$$\sigma = \frac{M_x}{W_x} \leq \sigma_{cr} = \frac{M_{cr}}{W_x} \tag{4.4.21}$$

考虑材料抗力分项系数：

$$\sigma \leq \frac{\sigma_{cr}}{\gamma_R} = \frac{\sigma_{cr} f_y}{f_y \gamma_R} = \varphi_b \, f$$

或

$$\frac{M_x}{\varphi_b W_x} \leq f \tag{4.4.22}$$

式中，φ_b 为梁的整体稳定系数，

$$\varphi_b = \frac{\sigma_{cr}}{f_y} = \frac{M_{cr}}{M_y} \tag{4.4.23}$$

将式（4.4.18）代入 φ_b 的表达式，并令 λ_y 为梁在侧向支承点间绕 y 轴的长细比，A 为梁的毛截面面积，t_1 为受压翼缘的厚度，得纯弯作用下简支的双轴对称焊接工字形截面梁的整体稳定系数：

$$\varphi_b = \frac{4\,320}{\lambda_y^2} \cdot \frac{Ah}{W_x} \sqrt{1 + \left(\frac{\lambda_y t_1}{4.4h}\right)^2} \cdot \frac{235}{f_y} \tag{4.4.24}$$

该式只适用于纯弯情况，对于其他荷载种类仍可以通过式（4.4.15）求得整体稳定系数 $\overline{\varphi}_b$，定义等效临界弯矩系数 $\beta_b = \overline{\varphi}_b/\varphi_b$，这样在式（4.4.24）中乘以 β_b 就可以考虑其他荷载情况了。β_b 可按附表 3.1 选用。对于双轴对称的工字形等截面（含 H 型钢）的悬臂梁，β_b 应按附表 3.3 选用。

对于单轴对称工字形截面，应引入截面不对称修正系数 η_b，它和参数 $\alpha_b = I_1/(I_1 + I_2)$ 有关。I_1、I_2 分别是受压翼缘和受拉翼缘对 y 轴的惯性矩：$I_1 = \frac{1}{12} t_1 b_1^3$，$I_2 = \frac{1}{12} t_2 b_2^3$。加强受压翼缘时 $\eta_b = 0.8(2\alpha_b - 1)$，加强受拉翼缘时 $\eta_b = 2\alpha_b - 1$，双轴对称截面 $\eta_b = 0$。

因此，整体稳定系数的通式为：

$$\varphi_b = \beta_b \frac{4\,320}{\lambda_y^2} \frac{Ah}{W_x} \left[\sqrt{1+\left(\frac{\lambda_y t_1}{4.4h}\right)^2} + \eta_b \right] \cdot \frac{235}{f_y} \tag{4.4.25}$$

对于轧制普通工字钢，截面几何尺寸有一定的比例关系，因而可将公式简化，由型钢号码和侧向支承点间的距离 l_1 从附表 3.2 中直接查得稳定系数 φ_b。

对于轧制槽钢，《规范》按纯弯情况给出其稳定系数公式（4.4.26），偏于安全地用于各种载荷和各种载荷位置情况下的计算。

$$\varphi_b = \frac{570bt}{l_1 h} \cdot \frac{235}{f_y} \tag{4.4.26}$$

式中，h、b、t 分别为槽钢截面的高度、翼缘宽度和其平均厚度。

上述整体稳定系数是按弹性稳定理论求得的，如果考虑残余应力的影响，当 $\varphi_b > 0.6$ 时梁已进入弹塑性阶段。《规范》规定此时必须按式（4.4.27）对 φ_b 进行修正，用 φ_b' 代替 φ_b，考虑钢材弹塑性对整体稳定的影响。

$$\varphi_b' = 1.07 - \frac{0.282}{\varphi_b} \leq 1.0 \tag{4.4.27}$$

2. 双向受弯梁

对于在两个主平面内受弯的 H 型钢截面构件或工字形截面构件，其整体稳定可按下列经验公式计算：

$$\frac{M_x}{\varphi_b W_x} + \frac{M_y}{\gamma_y W_y} \leq f \tag{4.4.28}$$

式中，W_x、W_y 分别为按受压纤维确定的对 x 和对 y 轴的毛截面模量；φ_b 为绕强轴弯曲所确定的梁整体稳定系数。

4.4.5 影响梁整体稳定的因素及增强梁整体稳定的措施

1. 影响梁整体稳定的因素

从以上分析可以看出截面的侧向抗弯刚度 EI_y、抗扭刚度 GI_t 和翘曲刚度 EI_ω 越大，临界弯矩越高；梁两端的支承条件对临界弯矩也有不可忽视的影响，约束程度越高，临界弯矩越高；构件侧向支承点间的距离 l_1 越小，临界弯矩越大；梁的整体失稳是由受压翼缘侧向失稳引起，受压翼缘宽大的截面，临界弯矩高一些。此外，荷载的种类和作用位置对临界弯矩也有不可忽视的影响，弯矩图饱满的构件，临界弯矩低些；荷载作用的位置越高对梁的整体稳定也越不利。

2. 增强梁整体稳定的措施

从影响梁整体稳定的因素来看可以采用以下办法增强梁的整体稳定性：

① 增大梁截面尺寸，其中增大受压翼缘的宽度是最为有效的；

② 增加侧向支撑系统，减小构件侧向支承点间的距离 l_1，侧向支承应设在受压翼缘处，按第 6 章的方法将受压翼缘视为轴心压杆计算支承所受的力。

③ 当梁跨内无法增设侧向支承时，宜采用闭合箱形截面，因其 I_y、I_t 和 I_ω 均较开口截面的大。

④ 增加梁两端的约束提高其稳定承载力。在公式（4.4.14）、（4.4.19）中假定支座是夹支支座，因此在实际设计中，必须采取措施使梁端不能发生扭转。

在以上措施中没有提到荷载种类和荷载作用位置，这是因为在设计中它们一般并不取决于设计者。

4.4.6 不需验算整体稳定的情况

以下情况梁的整体稳定不需验算：

① 当有铺板（各种钢筋混凝土板和钢板）密铺在梁的受压翼缘上并与其牢固相连，能阻止梁的受压翼缘侧向位移时。

② 前面已经提到影响钢梁整体稳定性的主要因素是受压翼缘侧向支承点的间距 l_1 和受压翼缘的平面内刚度，因此主要取决于 l_1 和 b_1。经过计算发现，对于 H 型钢截面或工字形截面简支梁当 l_1/b_1 满足表 4.4.3 要求时，整体稳定可以保证。

③ 重型吊车梁和锅炉构架大板梁有时采用箱形截面（图 4.4.5），这种截面抗扭刚度大，只要截面尺寸满足 $h/b_0 \leq 6$, $l_1/b_1 \leq 95(235/f_y)$ 就不会丧失整体稳定。

表 4.4.3 H 型钢或工字形截面简支梁
不需计算整体稳定的最大 l_1/b_1 值

钢号	跨中无侧向支承点的梁		跨中受压翼缘有侧向支承点的梁，无论荷载作用于何处
	荷载作用于上翼缘	荷载作用于下翼缘	
Q235	13.0	20.0	16.0
Q345	10.5	16.5	13.0
Q390	10.0	15.5	12.5
Q420	9.5	15.0	12.0

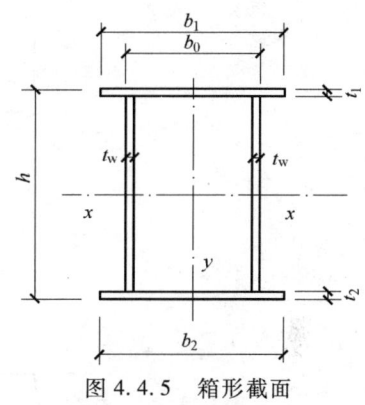

图 4.4.5 箱形截面

§4.5 梁板件的局部稳定

由于钢材的轻质高强，钢构件的承载力往往由整体稳定承载力控制着。为合理有效使用钢材，钢结构构件截面一般设计的比较开展，板件宽而薄对整体稳定是有利的，但这又带来了局部稳定（local stability）问题。除方、圆形等实体截面外一般构件都可看成由薄板按一定构成规律组成的，构件的局部稳定问题就是保证这些板件在构件整体失稳前不发生局部失稳或者在设计中合理利用板件的屈曲后性能（post-buckling behavior）。

4.5.1 矩形薄板的屈曲

板按其厚度分为厚板、薄板，如果板的板面最小宽度 b 与厚度 t 的比值 $b/t < 5 \sim 8$，这样的板称为厚板。此时板内的横向剪应力产生的剪切变形与弯曲变形属同量级大小，在计算时不能忽略不计。$b/t > 5 \sim 8$ 的板称为薄板，板件剪切变形与弯曲变形相比很微小，可以忽略不计。

薄板既具有抗弯能力，同时随板弯曲挠度的增大还可能产生薄膜张拉力。当板薄到一定程度，其抗弯刚度几乎降为零，这种完全靠薄膜力来承担横向荷载作用的板称为薄膜。本节主要讨论外力作用于板件中面内的薄板稳定问题。

如图 4.5.1、图 4.5.2 所示，当面内荷载达到一定值时板会由平板状态变为微微弯曲状态，这时称板发生了屈曲。根据弹性力学小挠度理论，得到薄板的屈曲平衡方程为：

$$D\left(\frac{\partial^4 w}{\partial x^4}+2\frac{\partial^4 w}{\partial x^2 \partial y^2}+\frac{\partial^4 w}{\partial y^4}\right)+N_x\frac{\partial^2 w}{\partial x^2}-2N_{xy}\frac{\partial^2 w}{\partial x \partial y}+N_y\frac{\partial^2 w}{\partial y^2}=0 \tag{4.5.1}$$

式中，w 为板的挠度；N_x、N_y 分别为在 x、y 方向沿板中面周边单位宽度上所承受的力，压力为正，拉力为负，此力沿板厚均匀分布；N_{xy} 为沿板周边单位宽度上所承受的剪力，图 4.5.1 中所示剪力为正；D 为板单位宽度的抗弯刚度（plate flexural rigidity），也称柱面刚度：$D=\dfrac{Et^3}{12(1-\nu^2)}$，$t$ 为板厚，ν 为钢材泊松比，取 0.3。

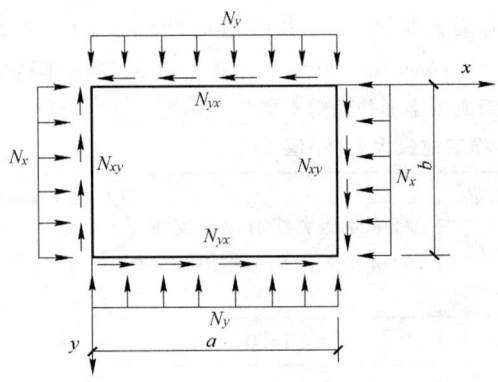

图 4.5.1　N_x、N_y、N_{xy} 作用下的板

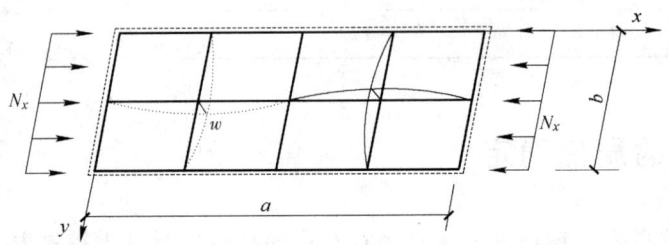

图 4.5.2　单向面内荷载作用下的四边简支板

对于图 4.5.2 所示四边简支板，单向荷载 N_x 作用在板的中面，对于此种情况方程 (4.5.1) 变为：

$$D\left(\frac{\partial^4 w}{\partial x^4}+2\frac{\partial^4 w}{\partial x^2 \partial y^2}+\frac{\partial^4 w}{\partial y^4}\right)+N_x\frac{\partial^2 w}{\partial x^2}=0 \tag{4.5.2}$$

对于简支矩形板，方程 (4.5.2) 的解可用下式（双重三角级数）表示：

$$w=\sum_{m=1}^{\infty}\sum_{n=1}^{\infty}A_{mn}\sin\frac{m\pi x}{a}\sin\frac{n\pi y}{b} \tag{4.5.3}$$

式中，m 为板屈曲时沿 x 方向的半波数；n 为沿 y 方向的半波数。

式（4.5.3）满足板的边界条件：

当 $x=0$ 和 $x=a$ 时：

$$w=0,\quad \frac{\partial^2 w}{\partial x^2}+\nu\frac{\partial^2 w}{\partial y^2}=0 \;(\text{即}\; M_x=0)$$

当 $y=0$ 和 $y=b$ 时：

$$w=0,\quad \frac{\partial^2 w}{\partial y^2}+\nu\frac{\partial^2 w}{\partial x^2}=0 \;(\text{即}\; M_y=0)$$

将式（4.5.3）代入方程（4.5.2）得到的 N_x 即为单向均匀受压荷载下四边简支板的临界屈曲荷载 N_{xcr}：

$$N_{xcr}=\frac{\pi^2 D}{b^2}\left(\frac{mb}{a}+\frac{n^2 a}{mb}\right)^2 \tag{4.5.4}$$

下面讨论当 m、n 取何值时，N_{xcr} 最小，这不仅可以获得板的临界屈曲荷载，同时还可得出板挠曲屈曲时的形状。

从式（4.5.4）可以看出，当 $n=1$ 时，N_{xcr} 最小，意味着板屈曲时沿 y 方向只形成一个半波，将式（4.5.4）表示为：

$$N_{xcr}=k\frac{\pi^2 D}{b^2} \tag{4.5.5}$$

其中 $k=\left(\dfrac{mb}{a}+\dfrac{a}{mb}\right)^2$，称为板的屈曲系数。

当 m 取 1，2，3，4，…时，将 k 与 a/b 的关系画成曲线，如图 4.5.3 所示，图中这些曲线构成的下界线是 k 的取值。当边长比 $a/b>1$ 时，板将挠曲成几个半波，而 k 基本为常数；只有 $a/b<1$ 时，才可能使临界力大大提高。因此当 $a/b\geq 1$ 时，对任何 m 和 a/b 情况均可取 $k=4$，即：

$$N_{xcr}=4\frac{\pi^2 D}{b^2} \tag{4.5.6}$$

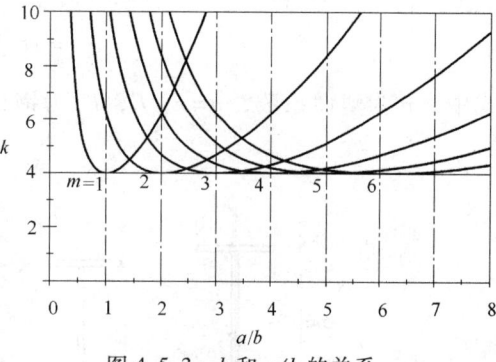

图 4.5.3 k 和 a/b 的关系

对其他边界条件和面内荷载情况，矩形板的屈曲临界荷载都可写成式（4.5.5）的形式，只是 k 的取值有变化而已。其他边界条件和面内荷载情况下 k 的推导本书不作详细介绍，有兴趣的同学可查阅弹性稳定理论方面的书籍。为了以后使用方便，将 D 的表达式代入式（4.5.5）后除 t 得临界应力 σ_{cr}：

$$\sigma_{cr}=\frac{k\pi^2 E}{12(1-\nu^2)}\left(\frac{t}{b}\right)^2 \tag{4.5.7}$$

式中，k 为板的屈曲系数，与荷载种类、分布状态及板的边长比例和边界条件有关。因而上式不仅适用于四边简支板，也适用于一边自由其他三边简支的板。

考虑到钢梁受力时，并不是组成梁的所有板件同时屈曲，板件之间存在相互约束作用，可在式（4.5.7）中引入约束系数 χ，得到：

$$\sigma_{cr} = \frac{\chi k \pi^2 E}{12(1-\nu^2)}\left(\frac{t}{b}\right)^2 \quad (4.5.8)$$

取 $E = 2.06 \times 10^5 \text{ N/mm}^2$，$\nu = 0.3$ 代入上式，得：

$$\sigma_{cr} = \frac{N_{cr}}{t} = 18.6 k \chi \left(\frac{t}{b}\right)^2 \times 10^4 \quad (4.5.9)$$

梁是由板件组成的，考虑梁的整体稳定及强度要求时，希望板尽可能宽而薄，但过薄的板可能导致在整体失稳或强度破坏前，腹板或受压翼缘出现波形鼓曲，即出现局部失稳。在钢梁设计中可以采用两种方法处理局部失稳问题：① 对普通钢梁构件，按 GB 50017 设计，可通过设置加劲肋、限制板件宽厚比（width to thickness ratio）的方法，保证板件不发生局部失稳。对于非承受疲劳荷载的梁可利用腹板屈曲后强度。② 对冷弯薄壁型钢构件当超过板件宽厚比限制时，只考虑一部分宽度有效，采用有效宽度的概念按 GB 50018 计算。对于型钢梁，其板件宽厚比较小，都能满足局部稳定要求，不需要计算。此处主要介绍钢板组合梁［也称板梁（plate girders）］的局部稳定问题。

4.5.2 梁受压翼缘板的局部稳定

梁的受压翼缘主要承受弯矩产生的均匀压应力，对于箱形截面翼缘中间部分（图 4.5.4）属四边简支板，为充分发挥材料的强度，翼缘的临界应力应不低于钢材屈服点。同时考虑梁翼缘发展塑性，引入塑性系数 η，由式（4.5.9）有：

$$\sigma_{cr} = 18.6 k \sqrt{\eta} \chi \left(\frac{t}{b}\right)^2 \times 10^4 \geqslant f_y \quad (4.5.10)$$

式中，η 为塑性系数，$\eta = E_t / E$，E_t 为钢材切线模量。

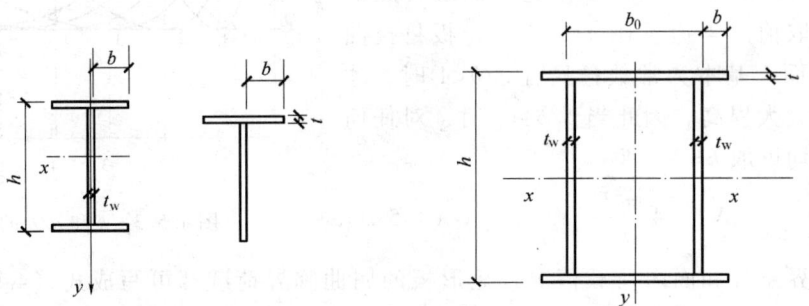

图 4.5.4 工字形、T 形截面的翼缘及箱形截面

由于腹板比较薄对翼缘没有什么约束作用，故取 $\chi = 1.0$，宽为 b_0 的翼缘相当于四边简支板。对于两对边均匀受压的四边简支板 $k = 4.0$，如取 $\eta = 0.25$，并令 $\sigma_{cr} = f_y$，得翼缘达强度极限承载力时不会失去局部稳定的宽厚比限值为：

$$\frac{b_0}{t} \leqslant 40 \sqrt{\frac{235}{f_y}} \quad (4.5.11)$$

对工字形、T 形截面的翼缘及箱形截面悬伸部分的翼缘，属于一边自由其余三边简支的板，其 k 值为：

$$k = 0.425 + \left(\frac{b}{a}\right)^2 \tag{4.5.12}$$

式中，a 为纵边长度；b 为翼缘板悬伸部分的长度，对焊接构件，取腹板边至翼缘板边缘的距离；对轧制构件，取内圆弧起点至翼缘板边缘的距离。

一般 a 大于 b，按最不利情况 $a/b = \infty$ 考虑，$k_{\min} = 0.425$，取 $\chi = 1.0$，$\eta = 0.25$ 代入式 (4.5.10) 得不失去局部稳定的宽厚比限值为：

$$\frac{b}{t} \leqslant 13\sqrt{\frac{235}{f_y}} \tag{4.5.13}$$

如梁按弹性设计时可放宽至：

$$\frac{b}{t} \leqslant 15\sqrt{\frac{235}{f_y}} \tag{4.5.14}$$

4.5.3 梁腹板的局部稳定

1. 腹板的纯剪屈曲

图 4.5.5 所示梁腹板横向加劲肋之间的一段，属四边支承的矩形板，四边受均布剪力作用，处于纯剪状态。板中主应力与剪应力大小相等并与它成 45°角，主压应力可引起板的屈曲，屈曲时呈现出大约沿 45°方向倾斜的鼓曲，与主压应力方向垂直。如不考虑发展塑性，可将公式（4.5.9）改写为：

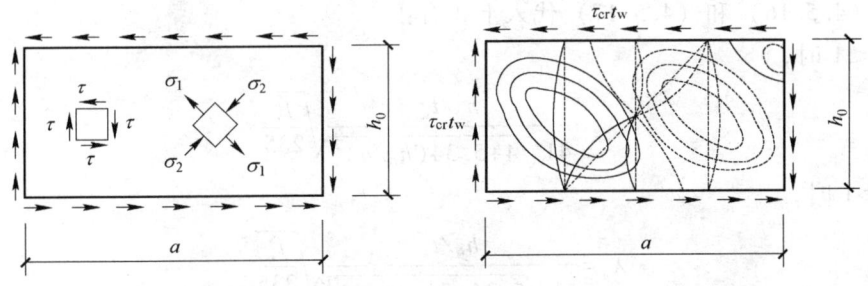

图 4.5.5 腹板纯剪屈曲

$$\tau_{cr} = 18.6 k\chi\left(\frac{t_w}{b}\right)^2 \times 10^4 \tag{4.5.15}$$

式中，b 为板的边长 a 与 h_0 中较小者；t_w 为腹板厚度；h_0 为腹板高度。考虑翼缘对腹板的约束作用 χ 取 1.23。屈曲系数 k 与板的边长比有关：

当 $a/h_0 \leqslant 1$（a 为短边）时，

$$k = 4 + 5.34/(a/h_0)^2 \tag{4.5.16}$$

当 $a/h_0 > 1$（a 为长边）时，

$$k = 5.34 + 4/(a/h_0)^2 \tag{4.5.17}$$

图 4.5.6 给出了 k 与 a/h_0 的关系。从图中可见随 a 的减小临界剪应力提高。当然增加 t_w，临界剪应力也提高，但这样做并不经济。一般采用在腹板上设置横向加劲肋以减少 a 的办法来提高临界剪应力，如图 4.5.7 所示。剪应力在梁支座处最大，向着跨中逐渐减少，故横向加劲

肋也可不等距布置，靠近支座处密些。但为制作和构造方便，常取等距布置。如图 4.5.6 所示，当 $a/h_0>2$ 时，k 值变化不大，即横向加劲肋作用不大。因此《规范》规定横向加劲肋最大间距为 $2h_0$（对无局部压应力的梁，当 $h_0/t_w \leqslant 100$ 时，可放宽至 $2.5h_0$）。

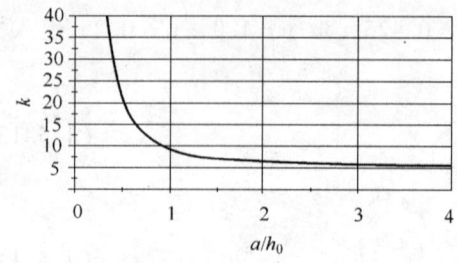

图 4.5.6　k 与 a/h_0 关系

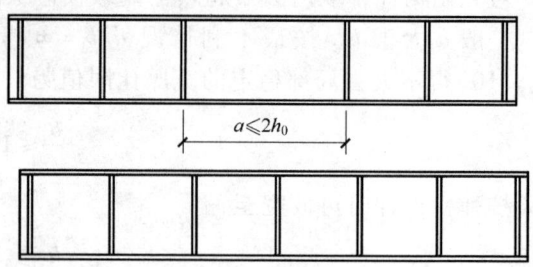

图 4.5.7　横向加劲肋的布置

令腹板受剪时的通用高厚比（normalized slenderness）或称正则化高厚比为：

$$\lambda_s = \sqrt{f_{vy}/\tau_{cr}} \tag{4.5.18}$$

式中，f_{vy} 为钢材的剪切屈服强度，$f_{vy}=f_y/\sqrt{3}$。将式（4.5.15）代入上式，并令 $b=h_0$，可得用于腹板受剪计算时的通用高厚比：

$$\lambda_s = \frac{h_0/t_w}{41\sqrt{k}}\sqrt{\frac{f_y}{235}} \tag{4.5.19}$$

当将式（4.5.16）和（4.5.17）代入上式有：

当 $a/h_0 \leqslant 1$ 时，

$$\lambda_s = \frac{h_0/t_w}{41\sqrt{4+5.34(h_0/a)^2}}\sqrt{\frac{f_y}{235}} \tag{4.5.20}$$

当 $a/h_0 > 1$ 时，

$$\lambda_s = \frac{h_0/t_w}{41\sqrt{5.34+4\ (h_0/a)^2}}\sqrt{\frac{f_y}{235}} \tag{4.5.21}$$

在弹性阶段梁腹板的临界剪应力可表示为：

$$\tau_{cr} = f_{vy}/\lambda_s^2 \approx 1.1 f_v/\lambda_s^2 \tag{4.5.22}$$

已知钢材的剪切比例极限等于 $0.8 f_{vy}$，再考虑 0.9 的几何缺陷影响系数，令 $\tau_{cr}=0.8\times 0.9 f_{vy}$ 代入式（4.5.22）可得到满足弹性失稳的通用高厚比界限为 $\lambda_s>1.2$。当 $\lambda_s \leqslant 0.8$ 时，《规范》认为临界剪应力会进入塑性，当 $0.8<\lambda_s\leqslant 1.2$ 时，τ_{cr} 处于弹塑性状态。因此《规范》规定 τ_{cr} 按下列公式计算：

当 $\lambda_s \leqslant 0.8$ 时，

$$\tau_{cr} = f_v \tag{4.5.23}$$

当 $0.8<\lambda_s \leqslant 1.2$ 时，

$$\tau_{cr} = [1-0.59(\lambda_s-0.8)]f_v \tag{4.5.24}$$

当 $\lambda_s>1.2$ 时，

$$\tau_{cr} = 1.1 f_v/\lambda_s^2 \tag{4.5.25}$$

临界剪应力的三个公式如图 4.5.8 所示。显然《规范》将 $f_{vy}/\gamma_R = f_v$ 作为临界剪应力的最大值。

当腹板不设横向加劲肋时，$a/h \to \infty$，$k = 5.34$，若要求 $\tau_{cr} = f_v$，则 λ_s 应不大于 0.8，代入式（4.5.19）得 $h_0/t_w = 75.8\sqrt{\dfrac{235}{f_y}}$。考虑到梁腹板中的平均剪应力一般低于 f_v，故《规范》规定仅受剪应力作用的腹板，其不会发生剪切失稳的高厚比限值为：

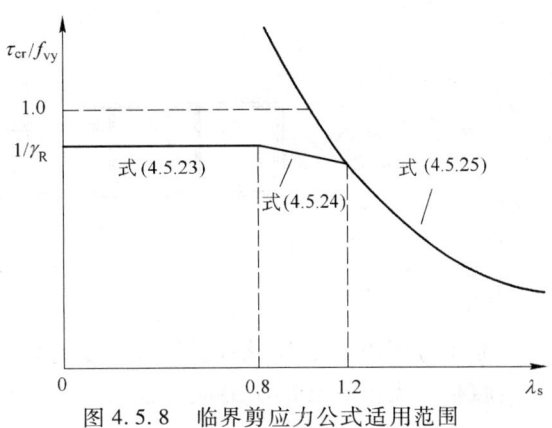

图 4.5.8 临界剪应力公式适用范围

$$\frac{h_0}{t_w} \leq 80\sqrt{\frac{235}{f_y}} \tag{4.5.26}$$

2. 腹板的纯弯屈曲

如图 4.5.9 所示，设梁腹板为纯弯作用下的四边简支板，如果腹板过薄，当弯矩达到一定值后，在弯曲压应力作用下腹板会发生屈曲，形成多波失稳。沿横向（h_0 方向）为一个半波，波峰在压力作用区偏上的位置。沿纵向形成的屈曲波数取决于板长。屈曲系数 k 的大小取决于板的边长比。图 4.5.10 给出 k 与 a/h_0 的关系，a/h_0 超过 0.7 后 k 值变化不大，$k_{min} = 23.9$，只有小于 0.7 后 k 才显著变化，可见除非横向加劲肋配置得相当密才能显著提高腹板的临界应力，否则意义不大。比较有效的措施是在腹板受压区中部偏上的部位设置纵向加劲肋（如图 4.5.11），加劲肋距受压边的距离为 $h_1 = (1/5 \sim 1/4)h_0$，以便有效阻止腹板的屈曲。纵向加劲肋只需设在梁弯曲应力较大的区段。

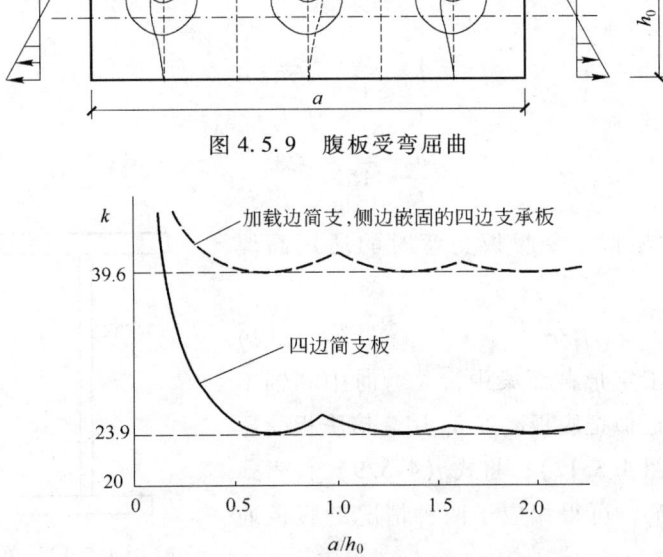

图 4.5.9 腹板受弯屈曲

图 4.5.10 矩形板受弯的屈曲系数

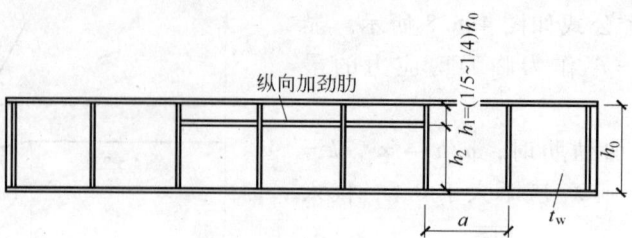

图 4.5.11 焊接组合梁的纵向加劲肋

如不考虑上、下翼缘对腹板的转动约束作用,将 $k_{min}=23.9$ 和 $b=h_0$ 代入式 (4.5.7) 中可得到腹板简支于翼缘的临界应力公式:

$$\sigma_{cr} = 445\left(\frac{t_w}{h_0}\right)^2 \times 10^4 \tag{4.5.27}$$

实际上,由于受拉翼缘刚度很大,梁腹板和受拉翼缘相连接边的转动基本被约束,相当于完全嵌固。受压翼缘对腹板的约束作用除与本身的刚度有关外,还和限制其转动的构造有关。例如当受压翼缘连有刚性铺板或焊有钢轨时,很难发生扭转,因此腹板的上边缘也相当于完全嵌固,此时嵌固系数 χ 可取为 1.66(相当于加载边简支,其余两边为嵌固时的四边支承板的屈曲系数 $k_{min}=39.6$);当无构造限制其转动时,腹板上部的约束介于简支和嵌固之间,χ 可取为 1.23。将公式 (4.5.27) 分别乘以不同的 χ 值得:

当梁受压翼缘的扭转受到约束时,

$$\sigma_{cr} = 738\left(\frac{t_w}{h_0}\right)^2 \times 10^4 \tag{4.5.28}$$

当梁受压翼缘的扭转未受到约束时,

$$\sigma_{cr} = 547\left(\frac{t_w}{h_0}\right)^2 \times 10^4 \tag{4.5.29}$$

令 $\sigma_{cr}=f_y$,可得到上述两种情况腹板在纯弯曲作用下边缘屈服前不发生局部失稳的高厚比限值分别为:

$$\frac{h_0}{t_w} \leq 177\sqrt{\frac{235}{f_y}} \tag{4.5.30}$$

$$\frac{h_0}{t_w} \leq 153\sqrt{\frac{235}{f_y}} \tag{4.5.31}$$

与腹板受纯剪时相似,令腹板受弯时的通用高厚比为:

$$\lambda_b = \sqrt{f_y/\sigma_{cr}} \tag{4.5.32}$$

考虑单轴对称的工字形截面梁中,受弯时中和轴不在腹板中央,此时可近似把腹板高度 h_0 用 2 倍腹板受压区高度即 $2h_c$ 代替(图 4.5.12),将式 (4.5.9) 代入式 (4.5.32),并令 $b=2h_c$,可得相应于两种情况的腹板通用高厚比:

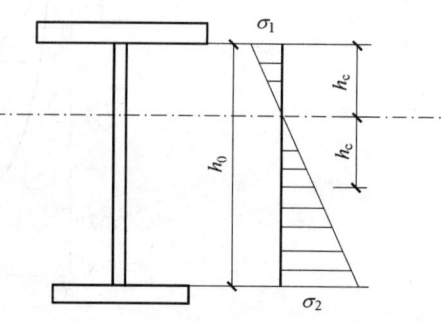

图 4.5.12 单轴对称梁的 h_c

当梁受压翼缘扭转受到约束时，

$$\lambda_b = \frac{2h_c/t_w}{177}\sqrt{\frac{f_y}{235}} \quad (4.5.33)$$

当梁受压翼缘扭转未受到约束时，

$$\lambda_b = \frac{2h_c/t_w}{153}\sqrt{\frac{f_y}{235}} \quad (4.5.34)$$

与 τ_{cr} 相似，临界弯曲应力 σ_{cr} 也可分为塑性、弹塑性和弹性三段，按下列公式计算：

当 $\lambda_b \leq 0.85$ 时，

$$\sigma_{cr} = f \quad (4.5.35)$$

当 $0.85 < \lambda_b \leq 1.25$ 时，

$$\sigma_{cr} = [1 - 0.75(\lambda_b - 0.85)]f \quad (4.5.36)$$

当 $\lambda_b > 1.25$ 时，

$$\sigma_{cr} = 1.1f/\lambda_b^2 \quad (4.5.37)$$

三段公式适用范围 λ_b 的取值如下：考虑板件内存在残余应力和几何缺陷的影响，取 $\lambda_b = 0.85$ 为弹塑性修正的上起始点；考虑梁整体稳定计算中，取弹性界限为 $0.6f_y$，相应的 $\lambda_b = \sqrt{1/0.6} = 1.29$，因腹板局部屈曲受残余应力的影响不如整体屈曲大，故取弹塑性修正的下起始点为 $\lambda_b = 1.25$。

3. 腹板在局部压应力作用下的屈曲

§4.2 中提到，在集中荷载作用处未设支承加劲肋及吊车荷载作用的情况下，都会使腹板处于局部压应力 σ_c 作用之下。其应力分布状态如图 4.5.13 所示，在上边缘处最大，到下边缘减为零。其临界应力为：

$$\sigma_{c,cr} = 18.6k\chi\left(\frac{t_w}{h_0}\right)^2 \times 10^4 \quad (4.5.38)$$

屈曲系数 k 与板的边长比有关：

当 $0.5 \leq a/h_0 \leq 1.5$ 时，

$$k = \frac{7.4}{a/h_0} + \frac{4.5}{(a/h_0)^2} \quad (4.5.39)$$

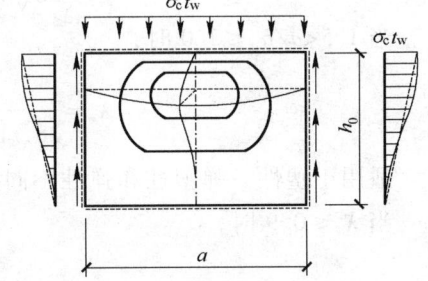

图 4.5.13 腹板在局部压应力作用下的失稳

当 $1.5 < a/h_0 \leq 2.0$ 时，

$$k = \frac{11.0}{a/h_0} - \frac{0.9}{(a/h_0)^2} \quad (4.5.40)$$

翼缘对腹板的约束系数为：

$$\chi = 1.81 - 0.255h_0/a \quad (4.5.41)$$

根据临界屈曲应力不小于屈服应力的准则，按 $a/h_0 = 2$ 考虑得到不发生局压局部屈曲的腹板高厚比限值为：

$$h_0/t_w \leq 84\sqrt{\frac{235}{f_y}}$$

取为：

$$h_0/t_w \leqslant 80\sqrt{\frac{235}{f_y}} \tag{4.5.42}$$

如不满足这一条件,应把横向加劲肋间距减小,或设置短加劲肋(见图 4.5.14)。

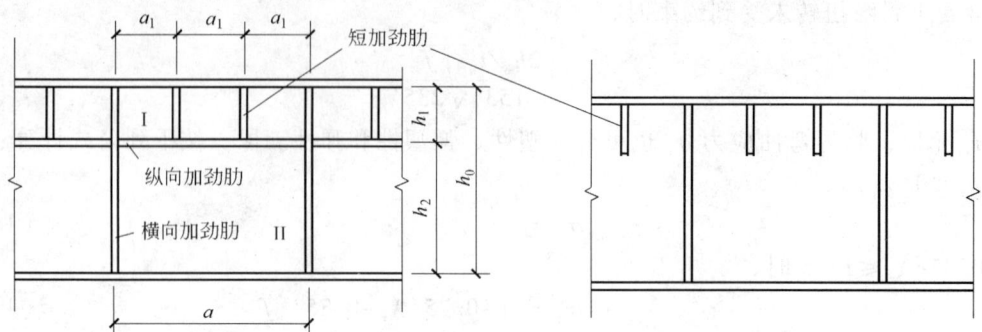

图 4.5.14 加劲肋的布置

将屈曲系数 k 和约束系数 χ 乘积的简化式代入式(4.5.38),类似于 λ_s、λ_b,可得相应于局压的通用高厚比 λ_c 为:

当 $0.5 \leqslant a/h_0 \leqslant 1.5$ 时,

$$\lambda_c = \frac{h_0/t_w}{28\sqrt{10.9+13.4(1.83-a/h_0)^3}}\sqrt{\frac{f_y}{235}} \tag{4.5.43}$$

当 $1.5 < a/h_0 \leqslant 2.0$ 时,

$$\lambda_c = \frac{h_0/t_w}{28\sqrt{18.9-5a/h_0}}\sqrt{\frac{f_y}{235}} \tag{4.5.44}$$

适用于塑性、弹塑性和弹性不同范围的腹板局部受压临界应力 $\sigma_{c,cr}$ 按下列公式计算:

当 $\lambda_c \leqslant 0.9$ 时,

$$\sigma_{c,cr} = f \tag{4.5.45}$$

当 $0.9 < \lambda_c \leqslant 1.2$ 时,

$$\sigma_{c,cr} = [1-0.79(\lambda_c-0.9)]f \tag{4.5.46}$$

当 $\lambda_c > 1.2$ 时,

$$\sigma_{c,cr} = 1.1f/\lambda_c^2 \tag{4.5.47}$$

局部压应力和弯曲应力均为正应力,但腹板中引起横向非弹性变形的残余应力不如纵向的大,故取 $\lambda_c = 1.2$ 作为弹塑性影响的下起始点,偏于安全取 $\lambda_c = 0.9$ 为弹塑性影响的上起始点。

4. 加劲肋设置原则

经过以上分析,对直接承受动力荷载的吊车梁及类似构件,或其他不考虑屈曲后强度的组合梁,应按以下原则布置腹板加劲肋:

① 当 $h_0/t_w \leqslant 80\sqrt{\frac{235}{f_y}}$ 时,$\sigma_c = 0$ 腹板局部稳定能够保证,不必配置加劲肋;对吊车梁及类似构件($\sigma_c \neq 0$),应按构造配置横向加劲肋。

② 当 $h_0/t_w > 80\sqrt{\dfrac{235}{f_y}}$ 时，应配置横向加劲肋。

③ 当 $h_0/t_w > 170\sqrt{\dfrac{235}{f_y}}$（受压翼缘扭转受到约束，如连有刚性铺板或焊有铁轨）时或 $h_0/t_w > 150\sqrt{\dfrac{235}{f_y}}$（受压翼缘扭转未受到约束）时，或按计算需要，除配置横向加劲肋外，还应在弯矩较大的受压区配置纵向加劲肋。局部压应力很大的梁，必要时尚应在受压区配置短加劲肋。任何情况下（包括考虑腹板屈曲后强度的设计）h_0/t_w 均不宜超过 $250\sqrt{\dfrac{235}{f_y}}$，以免高厚比过大时产生焊接翘曲变形。在本条中的 h_0 为腹板的计算高度，对单轴对称梁，h_0 应取为腹板受压区高度 h_c 的 2 倍。

④ 梁的支座处和上翼缘受有较大固定集中荷载处，宜设置支承加劲肋。

5. 腹板在几种应力联合作用下的屈曲

以上介绍的是腹板在几种应力单独作用下的屈曲问题，在实际梁的腹板中常同时存在几种应力联合作用的情况，下面分情况介绍其稳定计算方法。

（1）横向加劲肋加强的腹板

如图 4.5.15 所示两横向加劲肋之间的腹板段，同时承受着弯曲正应力 σ，均布剪应力 τ 及局部压应力 σ_c 的作用。当这些内力达到某种组合值时，腹板将由平板转变为微微弯曲的平衡状态，这就是腹板失稳的临界状态。其平衡方程求解运算非常繁复，此时可按下面《规范》提供的近似相关公式验算腹板的稳定：

$$\left(\dfrac{\sigma}{\sigma_{cr}}\right)^2 + \left(\dfrac{\tau}{\tau_{cr}}\right)^2 + \dfrac{\sigma_c}{\sigma_{c,cr}} \leqslant 1 \qquad (4.5.48)$$

式中，σ 为所计算腹板区格内，由平均弯矩产生的腹板计算高度边缘的弯曲压应力；τ 为所计算腹板区格内，由平均剪力产生的腹板平均剪应力，$\tau = V/(h_w t_w)$，h_w 为腹板高度；σ_c 为腹板边缘的局部压应力，按式（4.2.7）计算，但 $\psi = 1.0$；分母为各应力单独计算时的临界应力。σ_{cr}、τ_{cr} 及 $\sigma_{c,cr}$ 分别按式（4.5.35）~（4.5.37），式（4.5.23）~（4.5.25），式（4.5.45）~（4.5.47）计算。

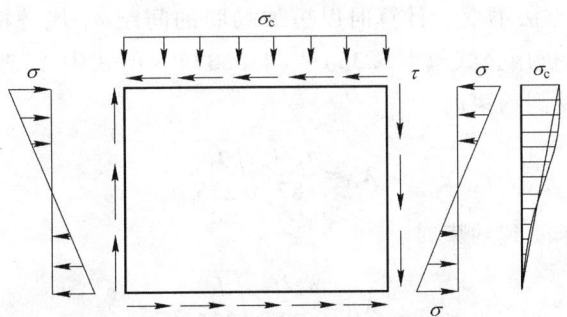

图 4.5.15　仅用横向加劲肋加强的腹板段

（2）同时用横向加劲肋和纵向加劲肋加强的腹板

同时用横向加劲肋和纵向加劲肋加强的腹板分为上板段——板段Ⅰ和下板段——板段Ⅱ两

种情况，应分别验算。

1) 上板段

板段 I 的受力状态见图 4.5.16a，两侧受近乎均匀的压应力和剪应力，上下边也按受 σ_c 的均匀压应力考虑。这时的局部稳定的相关公式为：

$$\frac{\sigma}{\sigma_{cr1}}+\left(\frac{\sigma_c}{\sigma_{c,cr1}}\right)^2+\left(\frac{\tau}{\tau_{cr1}}\right)^2 \leqslant 1 \qquad (4.5.49)$$

式中，σ_{cr1} 按公式（4.5.35）~（4.5.37）计算，但式中的 λ_b 改用下列 λ_{b1} 代替：

当梁受压翼缘扭转受到约束时，

$$\lambda_{b1}=\frac{h_1/t_w}{75}\sqrt{\frac{f_y}{235}} \qquad (4.5.50)$$

当梁受压翼缘扭转未受到约束时，

$$\lambda_{b1}=\frac{h_1/t_w}{64}\sqrt{\frac{f_y}{235}} \qquad (4.5.51)$$

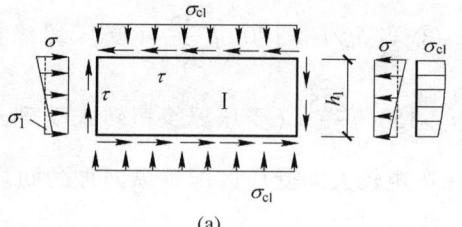

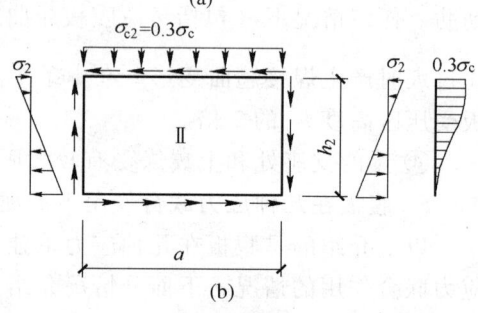

图 4.5.16 上、下板段受力状态
(a) 上板段；(b) 下板段

式中，h_1 为纵向加劲肋至腹板计算高度受压边缘的距离；τ_{cr1} 按公式（4.5.20）~（4.5.21），（4.5.23）~（4.5.25）计算，但式中的 h_0 改为 h_1；$\sigma_{c,cr1}$ 亦按公式（4.5.35）~（4.5.37）计算，但式中的 λ_b 改用下列 λ_{c1} 代替：

当梁受压翼缘扭转受到约束时，

$$\lambda_{c1}=\frac{h_1/t_w}{56}\sqrt{\frac{f_y}{235}} \qquad (4.5.52)$$

当梁受压翼缘扭转未受到约束时，

$$\lambda_{c1}=\frac{h_1/t_w}{40}\sqrt{\frac{f_y}{235}} \qquad (4.5.53)$$

在受压翼缘与纵向加劲肋之间设有短加劲肋的区格，其局部稳定性也按公式（4.5.49）验算。计算 σ_{cr1} 和 τ_{cr1} 的方法不变，计算时以短加劲肋的间距 a_1 代替横向加劲肋的间距 a，以 h_1 代替 h_0。计算 $\sigma_{c,cr1}$ 也仍用公式（4.5.35）~（4.5.37），但式中 λ_b 改用下列 λ_{c1} 代替：

当梁受压翼缘扭转受到约束时，

$$\lambda_{c1}=\frac{a_1/t_w}{87}\sqrt{\frac{f_y}{235}} \qquad (4.5.54)$$

当梁受压翼缘扭转未受到约束时，

$$\lambda_{c1}=\frac{a_1/t_w}{73}\sqrt{\frac{f_y}{235}} \qquad (4.5.55)$$

对 $a_1/h_1>1.2$ 的区格，公式（4.5.54）、（4.5.55）右侧应乘以 $1\left/\left(0.4+0.5\frac{a_1}{h_1}\right)^{\frac{1}{2}}\right.$。

2) 下板段

板段Ⅱ的受力状态见图4.5.16b，局部稳定的相关公式为：

$$\left(\frac{\sigma_2}{\sigma_{cr2}}\right)^2 + \left(\frac{\tau}{\tau_{cr2}}\right)^2 + \frac{\sigma_{c2}}{\sigma_{c,cr2}} \leqslant 1 \tag{4.5.56}$$

式中，σ_2为所计算区格内腹板在纵向加劲肋处压应力的平均值；σ_{c2}为腹板在纵向加劲肋处的横向压应力，取为$0.3\sigma_c$；σ_{cr2}按公式（4.5.35）~（4.5.37）计算，但式中的λ_b改用下列λ_{b2}代替：

$$\lambda_{b2} = \frac{h_2/t_w}{194}\sqrt{\frac{f_y}{235}} \tag{4.5.57}$$

τ_{cr2}按公式（4.5.20）~（4.5.21），（4.5.23）~（4.5.25）计算，但式中的h_0改为h_2（$h_2 = h_0 - h_1$）；$\sigma_{c,cr2}$按公式（4.5.45）~（4.5.47）计算，但式中的h_0改为h_2，当$a/h_2 > 2$时，取$a/h_2 = 2$。

§4.6 梁腹板的屈曲后强度

4.6.1 薄板的屈曲后强度

前面分析板的局部稳定时假设板发生的是小变形，忽略了板中面产生的薄膜力。采用大挠度理论，分析如图4.5.2所示的单向均匀受压四边简支矩形板屈曲后强度，得出板所受压力N_x与板挠度w的量纲一关系曲线如图4.6.1所示。由图中可见，侧边有支承的无缺陷薄板，在失去局部稳定之后，仍可继续承担更大的荷载，直到A点板边开始屈服，此后由于塑性发展，板的挠度迅速增加，很快达到极限荷载。一般实际中的板都或多或少存在缺陷，考虑缺陷影响后板的极限承载力与A点的荷载接近。因此可把无缺陷板侧边纤维达屈服时的荷载作为板的极限承载力，称为薄板的屈曲后强度（post-buckling strength）。

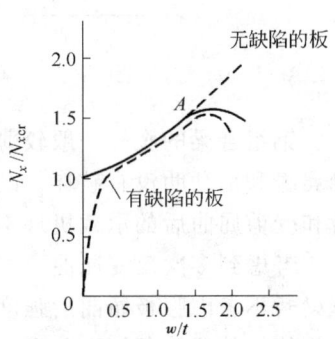

图4.6.1 板的荷载挠度曲线

如图4.6.2所示，板屈曲后中面应力分布为：

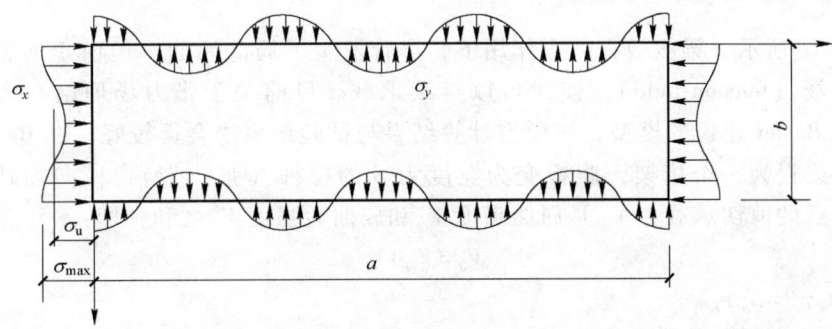

图4.6.2 板屈曲后应力分布

$$\sigma_x = \sigma_u + (\sigma_u - \sigma_{xcr}) \cos 2\pi y/b \tag{4.6.1}$$
$$\sigma_y = (\sigma_u - \sigma_{xcr}) \cos 2m\pi x/b \tag{4.6.2}$$

在板屈曲前纵向应力 σ_x 是均匀分布的。σ_x 超过 σ_{xcr} 后（即屈曲后），随压力的增大在板中产生横向应力 σ_y，在每个波节中，两端是压应力，中部是拉应力。正由于这个拉应力牵制了板纵向变形的发展，使板屈曲后有继续承载的潜能，同时 σ_x 的分布也不再均匀，呈现两端大，中间小的马鞍形。

从以上介绍可见板有较大的屈曲后潜能可以利用。国内外学者在理论与试验研究的基础上提出有效宽度（effective width）的概念：根据合力不变原则将截面应力分布等效成图 4.6.3 右侧所示形式，中间无应力部分认为无效，在计算时从截面中扣除。两端应力为 f_y 的部分认为有效，两部分宽度之和即为板的有效宽度。当非均匀受压时，板件两边的有效宽度不相等。目前有效宽度的计算是采用来源于试验的经验公式，有效宽度概念广泛用于冷弯薄壁型钢构件设计中，较详细的介绍见 §6.8。

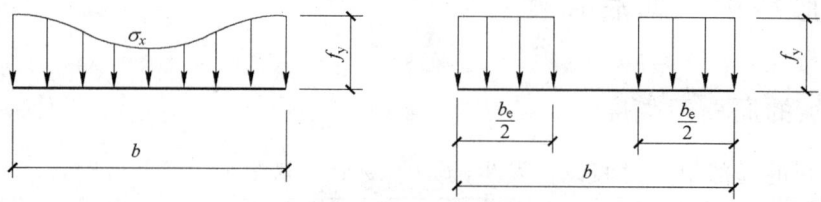

图 4.6.3 板件有效宽度

钢组合梁的腹板一般较薄，往往有横向加劲肋加强，试验研究和理论分析均已证明，只要梁翼缘和加劲肋没有破坏，既使梁腹板失去了局部稳定，钢梁仍可继续承载。梁腹板受压屈曲后和受剪屈曲后的承载机理不同，本节将重点介绍这两种屈曲后强度的计算问题。

考虑到多次反复屈曲可能导致腹板边缘出现疲劳裂纹，因此对直接承受动力荷载的梁如吊车梁暂不考虑腹板屈曲后强度。此外进行塑性设计时也不能利用屈曲后强度，因为板件局部屈曲将使构件塑性不能充分发展。在组合梁的设计中，不考虑翼缘屈曲后承载力的提高，因为对工字形截面来说翼缘属三边简支、一边自由板件，屈曲后继续承载的潜能不是很大。利用腹板屈曲后强度的梁，一般不再考虑设置纵向加劲肋。

4.6.2 梁腹板受剪屈曲后强度

如图 4.6.4a 所示，梁腹板在剪力作用下，尽管发生了局部屈曲，但由于薄膜效应在腹板中形成了张力场（tension-field），使梁可以继续承载。目前关于张力场理论有多种模型和假定，本文介绍 Basler 建议的模型，该模型计算结果与试验结果吻合得较好。在 Basler 模型中将腹板屈曲后的梁视为一个桁架，腹板变为宽度为 S 的拉杆（张拉带），横向加劲肋为受压竖杆。腹板屈曲后的剪切承载力 V_u 是屈曲强度 V_{cr} 和屈曲后强度 V_t 之和，即：

$$V_u = V_{cr} + V_t \tag{4.6.3}$$

式中，$V_{cr} = h_0 t_w \tau_{cr} = A_w \tau_{cr}$。

如图 4.6.4a 所示张拉带的宽度为 $S = h_0 \cos\theta - a\sin\theta$，当张拉带的应力为 σ_t 时，由张力场产生的竖向分剪力为：

§4.6 梁腹板的屈曲后强度

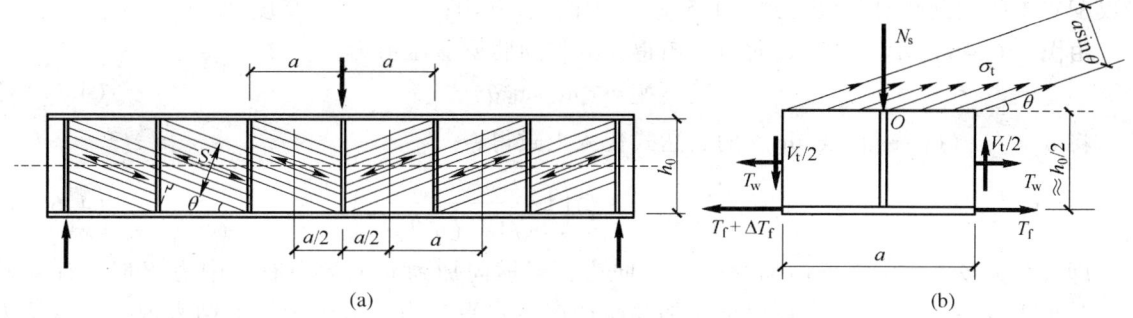

图 4.6.4 梁腹板中形成的张拉场

$$V'_t = \sigma_t t_w (h_0 \cos\theta - a\sin\theta)\sin\theta = \sigma_t t_w \left(\frac{h_0}{2}\sin 2\theta - a\sin^2\theta\right) \quad (4.6.4)$$

由 $\dfrac{\partial V'_t}{\partial \theta}=0$ 得产生最大拉力的 θ 角：

$$\tan 2\theta = h_0/a \quad (4.6.5)$$

屈曲后强度 V_t 为拉力带产生的竖向剪力 V'_t 与除拉力带以外部分腹板所承受的屈曲后剪力之和。可通过建立图 4.6.4b 所示的隔离体平衡得到。由水平力平衡的下翼缘拉力差为：

$$\Delta T_f = (\sigma_t t_w a\sin\theta)\cos\theta = \frac{1}{2}\sigma_t t_w a\sin 2\theta \quad (4.6.6)$$

由绕 O 点的力矩平衡得：

$$V_t = \Delta T_f h_0/a = \frac{1}{2}\sigma_t h_0 t_w \sin 2\theta = \frac{1}{2}\sigma_t A_w \frac{1}{\sqrt{1+(a/h_0)^2}} \quad (4.6.7)$$

腹板屈曲时 τ_{cr} 引起的主应力方向与 σ_t 的方向并不一致，为简化计算可假设一致。可得屈服条件为：$\tau_{cr} + \sigma_t/\sqrt{3} = f_{vy}$，将 $\sigma_t = \sqrt{3}(f_{vy}-\tau_{cr})$ 代入式（4.6.7）得：

$$V_t = \frac{\sqrt{3}}{2}A_w \frac{f_{vy}-\tau_{cr}}{\sqrt{1+(a/h_0)^2}} \quad (4.6.8)$$

将上式代入式（4.6.3）得：

$$V_u = \tau_{cr} A_w + \frac{\sqrt{3}}{2}A_w \frac{f_{vy}-\tau_{cr}}{\sqrt{1+(a/h_0)^2}} = A_w \left(\tau_{cr} + \frac{f_{vy}-\tau_{cr}}{1.15\sqrt{1+(a/h_0)^2}}\right) \quad (4.6.9)$$

上式即为腹板的极限抗剪承载力。为了简化计算，我国《规范》采用下面的近似公式计算 V_u 的设计值。

当 $\lambda_s \leq 0.8$ 时，

$$V_u = h_w t_w f_v \quad (4.6.10)$$

当 $0.8 < \lambda_s \leq 1.2$ 时，

$$V_u = h_w t_w f_v [1 - 0.5(\lambda_s - 0.8)] \quad (4.6.11)$$

当 $\lambda_s > 1.2$ 时，

$$V_u = h_w t_w f_v/\lambda_s^{1.2} \quad (4.6.12)$$

式中，λ_s 为用于抗剪计算的腹板通用高厚比，按公式（4.5.20）和（4.5.21）计算，当组合梁仅配置支座加劲肋时，取公式（4.5.21）中的 $h_0/a=0$；h_w 为腹板高度。

由图 4.6.4b 所示隔离体竖向力平衡得横向加劲肋所受压力为：

$$N_s = \sigma_t a t_w \sin^2\theta \tag{4.6.13}$$

将 $\sigma_t = \sqrt{3}(f_{vy}-\tau_{cr})$ 及 $\sin^2\theta$ 的表达式代入上式得：

$$N_s = \frac{a t_w}{1.15}(f_{vy}-\tau_{cr})\left(1-\frac{a/h_0}{\sqrt{1+(a/h_0)^2}}\right) \tag{4.6.14}$$

即为张力场产生的对横向加劲肋的竖向力，当横向加劲肋上端尚有集中力 F 时，计算时应将其加入 N_s 中。此外张力场对横向加劲肋还产生水平分力，对中间加劲肋来说，可以认为两相邻区格的水平力相互抵消。因此，这类加劲肋只按轴心压力计算其在腹板平面外的稳定。对支座加劲肋则必须考虑这个水平力的影响，按压弯构件计算其在腹板平面外的稳定。

为了简化计算，与对 V_u 的处理类似，我国《规范》采用下列近似公式计算 N_s：

$$N_s = V_u - \tau_{cr} h_w t_w + F \tag{4.6.15}$$

式中，V_u 按式（4.6.10）~（4.6.12）计算；τ_{cr} 按式（4.5.23）~（4.5.25）计算；F 为作用于中间支承加劲肋上的集中力，只有在计算该加劲肋时才加上此力。

4.6.3　腹板受弯屈曲后梁的极限弯矩

在 4.5.3 中我们得出当 h_0/t_w 不满足式（4.5.30）或（4.5.31）时，在纯弯作用下腹板会发生弹性屈曲，此时板边缘的压应力 σ_{cr} 尚未达到钢材屈服点 f_y。腹板屈曲后，因薄膜效应，梁还可继续承载，但受压区的应力分布不再是线性（图 4.6.5），中和轴位置下移，直到板边缘纤维达到钢材屈服点 f_y 才达到极限承载力。设计中仍可在受压区引入有效宽度的概念，认为受压区上下两部分有效，中间部分退出工作，受拉区全部有效。研究表明对 Q235 钢来说，受压翼缘受到扭转约束的梁，当腹板高厚比达到 200 时（或受压翼缘扭转未受到约束的梁，当腹板高厚比达到 175 时），腹板屈曲后梁的抗弯承载力与全截面有效的梁相比，仅下降 5%。这说明腹板局部屈曲对梁的抗弯影响不大，我国《规范》采用图 4.6.5 最右侧的腹板有效截面分布假设，得到如下近似公式计算腹板受弯屈曲后梁的抗弯承载力设计值 M_{eu}：

$$M_{eu} = \gamma_x \alpha_e W_x f \tag{4.6.16}$$

$$\alpha_e = 1 - \frac{(1-\rho)h_c^3 t_w}{2I_x} \tag{4.6.17}$$

式中，α_e 为梁截面模量考虑腹板有效高度的折减系数；I_x 为按梁截面全部有效算得的绕 x 轴的惯性矩；h_c 为按梁截面全部有效算得的腹板受压区高度；γ_x 为梁截面塑性发展系数；ρ 为腹板受压区有效高度系数，

当 $\lambda_b \leq 0.85$ 时，

$$\rho = 1.0 \tag{4.6.18}$$

当 $0.85 < \lambda_b \leq 1.25$ 时，

$$\rho = 1 - 0.82(\lambda_b - 0.85) \tag{4.6.19}$$

当 $\lambda_b > 1.25$ 时，

$$\rho = \frac{1}{\lambda_b}\left(1 - \frac{0.2}{\lambda_b}\right) \tag{4.6.20}$$

λ_b 为腹板受弯时通用高厚比,按式(4.5.33)、(4.5.34)计算。

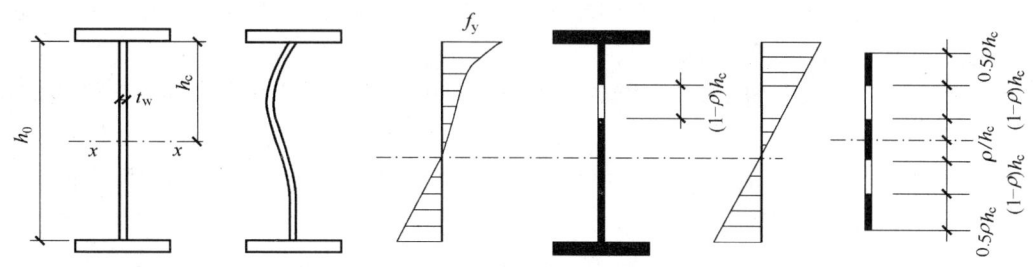

图 4.6.5　梁腹板受弯屈曲后的有效截面

4.6.4　同时受弯和受剪的梁考虑腹板屈曲后的强度

实际工程中梁腹板大多承受弯剪的联合作用。研究表明:①当剪力 $V \leqslant 0.5V_u$ 时,梁的极限弯矩仍可取为 M_{eu};②当梁所受的弯矩不超过两个翼缘的抗弯能力 M_f 时可以认为腹板不参与承担弯矩,故梁的抗剪能力为 V_u;③当 $V>0.5V_u$ 或 $M>M_f$ 时,《规范》采用类似欧洲钢结构试行规范(EC3)的相关公式验算梁的抗弯和抗剪承载能力:

$$\left(\frac{V}{0.5V_u}-1\right)^2+\frac{M-M_f}{M_{eu}-M_f}\leqslant 1 \quad (4.6.21)$$

$$M_f=\left(A_{f1}\frac{h_1^2}{h_2}+A_{f2}h_2\right)f \quad (4.6.22)$$

式中,M、V 分别为所计算区格内梁的任一截面上同时产生的弯矩和剪力设计值;计算时,当 $V<0.5V_u$ 取 $V=0.5V_u$;当 $M<M_f$ 取 $M=M_f$;M_f 为两翼缘所承担的弯矩设计值;A_{f1}、h_1 分别为较大翼缘截面积及其形心至梁中和轴的距离;A_{f2}、h_2 分别为较小翼缘截面积及其形心至梁中和轴的距离;M_{eu}、V_u 分别为梁抗弯和抗剪承载力设计值,见式(4.6.16)、(4.6.10)~(4.6.12)。

图 4.6.6 给出了本条开头所述的三种情况的适用范围。

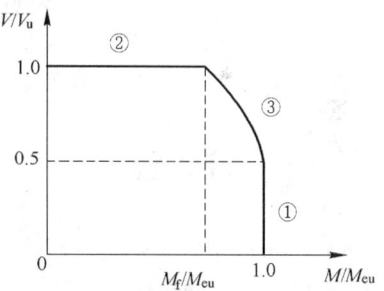

图 4.6.6　利用腹板屈曲后强度的梁的剪力和弯矩相关曲线

4.6.5　利用腹板屈曲后强度的梁的加劲肋设计

《规范》规定:当梁仅配支加劲肋不能满足式(4.6.21)的要求时,应在两侧成对布置中间横向加劲肋。间距一般为 $(1 \sim 2)h_0$,其截面尺寸除应满足构造要求外,中间加劲肋还要能够承担由式(4.6.15)计算的张力场产生的竖向力和集中力,按轴心受压构件验算其平面外的稳定性。

支座加劲肋承担的竖向力按支座反力 R 考虑,当腹板在支座旁的区格利用屈曲后强度亦即 $\lambda_s>0.8$ 时,支座加劲肋还要承受张力场产生的水平分力 H 的作用,按压弯构件计算其强度和在腹板平面外的稳定。H 力按下式计算:

$$H = (V_u - h_0 t_w \tau_{cr})\sqrt{1+(a/h_0)^2} \quad (4.6.23)$$

对设中间横向加劲肋的梁，a 取支座端区格的加劲肋间距。对不设中间加劲肋的腹板，a 取梁支座至跨内剪力为零点的距离。

H 的作用点在距腹板计算高度上边缘 $h_0/4$ 处。此压弯构件的计算长度同一般支座加劲肋。

如果为增强梁的抗弯能力在支座处采用如图 4.6.7a 所示的加封头肋板的构造形式时，可按下述简化方法进行计算：加劲肋 1 作为承受支座反力 R 的轴心压杆计算，封头肋板 2 的截面积不应小于 A_c，

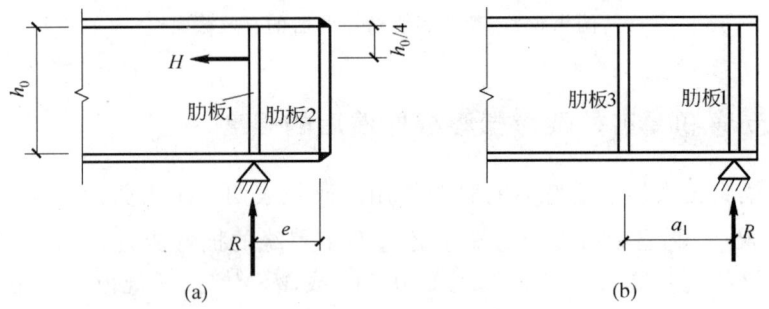

图 4.6.7 利用腹板屈曲后强度的梁端构造

$$A_c = \frac{3h_0 H}{16ef} \quad (4.6.24)$$

式中，e 为支座加劲肋与封头肋板之间的距离；f 为钢材设计强度。

图 4.6.7b 给出了另一种梁端构造方法，即在梁端处减小支座肋板 1 与相邻肋板 3 的间距 a_1，使该区格腹板的通用高厚比 $\lambda_s \leqslant 0.8$，使其不会发生局部屈曲。这样支座加劲肋就不会受到拉力的作用了，只按承受支座反力 R 的轴心压杆验算其平面外的稳定性即可。

 习 题

4.1 进行梁的强度验算时，都验算哪些内容？

4.2 什么是自由扭转？什么是约束扭转？举例说明构件在什么情况下只产生自由扭转。

4.3 梁整体失稳发生的原因是什么，发生何种失稳，属第几类稳定问题？

4.4 以纯弯梁为例，分析哪些因素影响其临界弯矩及提高临界荷载的可能措施。

4.5 在钢梁整体稳定计算时，残余应力的影响是如何考虑的？

4.6 哪些内力可引起薄板的屈曲，屈曲后变形状态如何？

4.7 什么原因使梁腹板失稳后还有承载潜能，在什么情况下可以利用其屈曲后承载力？

4.8 利用梁的腹板屈曲后强度时，对加劲肋有何要求？为什么？

第 5 章 梁的设计

§5.1 梁的类型和梁格布置

5.1.1 梁的类型

在工业与民用建筑中钢梁主要用做楼盖梁、工作平台梁、吊车梁、墙架梁及檩条等。按梁的支承情况可将梁分为简支梁、连续梁、悬臂梁等。按梁在结构中的作用不同可将梁分为主梁（girders 或 floor beams）与次梁（joists）。按截面是否沿构件轴线方向变化可将梁分为等截面梁与变截面梁。改变梁的截面会增加一些制作成本，但可达到节省材料的目的。

钢梁按制作方法的不同分为型钢梁和焊接组合梁。型钢梁又分为热轧型钢梁和冷弯薄壁型钢梁两种。目前常用的热轧型钢有普通工字钢、槽钢、热轧 H 型钢等（如图 5.1.1a～c）。冷弯薄壁型钢梁截面种类较多，但在我国目前常用的有 C 形槽钢（图 5.1.1d）和 Z 型钢（图 5.1.1e）。冷弯薄壁型钢是通过冷轧加工成形的，板壁都很薄，截面尺寸较小。在梁跨较小、承受荷载不大的情况下采用比较经济，例如屋面檩条和墙梁。型钢梁具有加工方便、成本低廉的优点，在结构设计中应优先选用。但由于型钢规格型号所限，在大多情况下，用钢量要多于焊接组合梁。

如图 5.1.1f、g 所示，由钢板焊成的组合梁在工程中应用较多，当抗弯承载力不足时可在翼缘加焊一层翼缘板。如果梁所受荷载较大、而梁高受限或者截面抗扭刚度要求较高时可采用

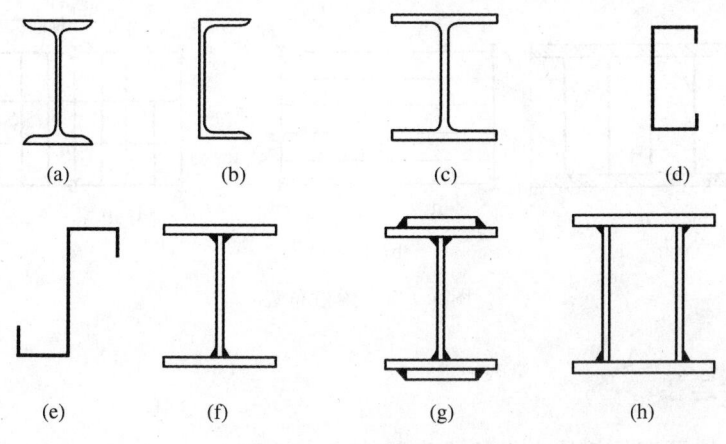

图 5.1.1 梁的截面形式

箱形截面（图5.1.1h）。

蜂窝梁在工程实践中也有较多应用，该梁能够有效节省钢材，而且腹板空洞可作为设备通道。如图5.1.2所示，将工字钢、H型钢或焊接组合工字钢沿腹板折线状切开，然后错动半个折线或颠倒重新焊连即可制成蜂窝梁。

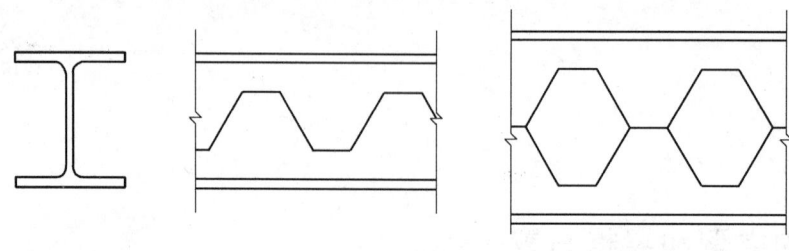

图 5.1.2 蜂窝梁

5.1.2 梁格布置

在设计梁式楼板结构或其他类似结构时必须选择承重梁体系，称之为梁格。梁格可分为三个主要形式：简单式、普通式和复式梁格。

1. 简单式梁格

如图5.1.3a所示的简单式梁格中，荷载由楼板传至主梁，并经主梁传至墙壁或柱等承重结构上。由于板的承载力不大，所以梁布置的较密，这只有在梁跨度不大时才合理。

2. 普通式梁格

如图5.1.3b所示的布置中，荷载由楼板传至次梁，次梁再将荷载传至主梁，主梁支承在柱或墙等承重结构上。这是一种常用的梁格布置方式。

3. 复式梁格

如图5.1.3c所示的复式梁格中，主梁间加设纵向次梁，纵向次梁间设横向次梁。荷载由楼板传至横向次梁，再由横向次梁传至纵向次梁，经纵向次梁传给主梁。荷载传递路径长，构造复杂，只用在主梁跨度大、荷载重的情况下。

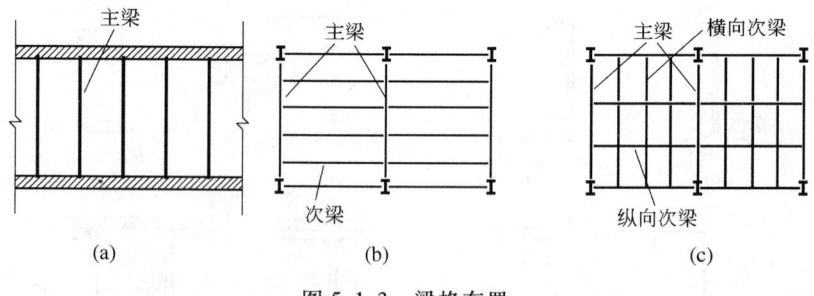

图 5.1.3 梁格布置

5.1.3 主次梁连接

主次梁间的连接可以是叠接、平接或降低连接。

1. 叠接

如图 5.1.4a 所示，叠接就是次梁直接放在主梁或其他次梁上，用焊缝或螺栓固定。从安装上看这是最简单最方便的连接方法，但建筑高度大，使用常受限制。

2. 平接

平接又称等高连接，如图 5.1.4b～i 所示，次梁与主梁上翼缘位于同一平面，其上铺板。该法允许在给定的楼板建筑高度里增大主梁的高度。

3. 降低连接

降低连接用于复式梁格中，如图 5.1.4j 所示，纵向次梁在低于主梁上翼缘的水平处与主梁相连，纵向次梁上叠放横向次梁，铺板位于主梁之上。该法同样允许在给定的楼板建筑高度里增大主梁的高度。

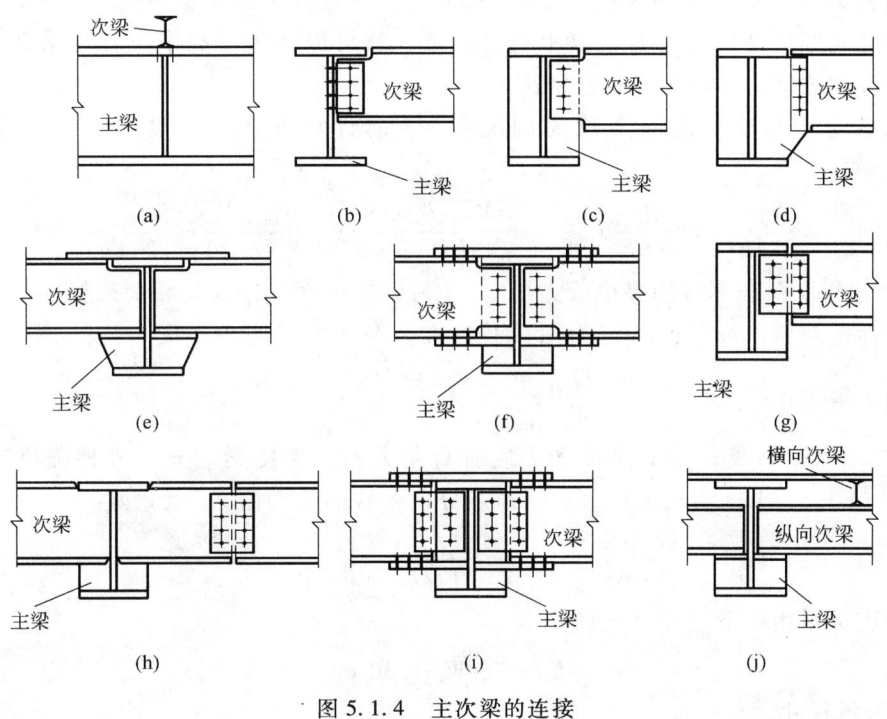

图 5.1.4 主次梁的连接

有关主次梁连接的详细介绍，见第 8 章。

§5.2 梁的设计

5.2.1 梁的截面选择

1. 型钢梁截面的选择

型钢梁的选择比较简单，只需根据计算所得到的梁中最大弯矩按下列公式求出需要的净截面模量：

$$W_{nx} = \frac{M_x}{\gamma_x f} \tag{5.2.1}$$

然后在型钢规格表中选择截面模量接近 W_{nx} 的型钢作为试选截面。为节省钢材,设计时应避免在最大弯矩作用的截面上开栓钉孔,以免削弱截面。

2. 组合梁截面的选择

组合梁截面的选择包括:估算梁高、腹板厚度和翼缘尺寸。

(1) 梁高的估算

确定梁的高度应考虑建筑要求、梁的刚度和梁的经济条件。梁的建筑高度要求决定了梁的最大高度 h_{max},而建筑要求取决于使用要求。梁的刚度要求决定了梁的最小高度 h_{min}。在组成截面时,为了满足需要的截面模量,可以有多种方案。梁既可以是高而窄,也可以是矮而宽。前者翼缘用钢量少,而腹板用钢量多,后者则相反,合理方案是使总用钢量最少。根据这一原则确定的梁高叫经济高度 h_e。有了以上三种高度,就可以选择梁高了。合理梁高是介于最大高度与最小高度之间,尽可能接近经济高度。

下面以承受均布荷载的简支梁为例说明 h_{min} 的计算方法。该梁的最大挠度应符合式(4.2.12) 的要求:

$$v_{max} = \frac{5q_k l^4}{384EI_x} = \frac{5l^2}{48EI_x} \cdot \frac{q_k l^2}{8} = \frac{5M_{kmax} l^2}{48EI_x} = \frac{5}{48} \cdot \frac{M_{kmax} l^2}{EW_x(h/2)} = \frac{5\sigma_{kmax} l^2}{24Eh} \leqslant [v] \tag{5.2.2}$$

式中,v_{max} 为按标准荷载算得的梁中最大挠度;l 为梁的跨度;q_k 为均布荷载标准值;I_x、W_x 为梁截面的惯性矩与截面模量;M_{kmax} 为由荷载标准值产生的梁跨中最大弯矩;σ_{kmax} 为梁中最大弯矩处截面的最大正应力,$\sigma_{kmax} = \frac{M_{kmax}}{W_x}$。

由式(5.2.2) 可见,梁的刚度和高度有直接关系,为使梁能充分发挥强度又能保证刚度,取 $\sigma_{max} = f/1.3$(1.3 为永久荷载和活荷载分项系数的平均值)。由此得:

$$h_{min} = \frac{5f\,l}{31.2E} \left[\frac{l}{v}\right] \tag{5.2.3}$$

经济高度可采用如下经验公式计算:

$$h_e = 7\sqrt[3]{W_x} - 30 \text{ cm} \tag{5.2.4}$$

(2) 腹板尺寸

梁高确定后腹板高也就确定了,腹板高为梁高减两个翼缘的厚度,在取腹板高时要考虑钢板的规格尺寸,一般使腹板高度为 50 mm 的模数。从经济角度出发,腹板薄一些比较省钢,但腹板厚度的确定要考虑腹板的抗剪强度,腹板的局部稳定和构造要求。从抗剪强度角度来看,应满足下式:

$$\tau_{max} = 1.2 \frac{V_{max}}{h_w t_w} \leqslant f_v \tag{5.2.5}$$

式中,假定腹板最大剪应力为平均剪应力的 1.2 倍,V_{max} 为梁的最大剪力。

由式(5.2.5) 得腹板厚度应满足:

$$t_w \geqslant \frac{1.2 V_{max}}{h_w f_v} \tag{5.2.6}$$

由上式算得的 t_w 值一般较小，为满足局部稳定和构造要求，常按下列经验公式估算：

$$t_w = \frac{\sqrt{h_w}}{3.5} \quad (5.2.7)$$

由以上两式即可确定腹板的厚度。腹板厚度的选取要符合钢板的规格。腹板选的薄固然省钢，但为保证局部稳定需配置加劲肋，使构造复杂。同时厚度太小容易因锈蚀而降低承载力，在制造过程也易发生较大的变形。厚度太大除不经济外，制造上也困难，因此选取腹板厚度要综合考虑以上因素。一般来说，腹板厚度最好在 8~22 mm 范围内，对个别小跨度梁，腹板最小厚度可采用 6 mm。

(3) 翼缘尺寸

由式 (5.2.1) 求得需要的净截面模量，则整个截面需要的惯性矩为：

$$I_x = W_{nx} \cdot \frac{h}{2} \quad (5.2.8)$$

由于腹板尺寸已确定，其惯性矩为：

$$I_w = \frac{1}{12} t_w h_0^3 \quad (5.2.9)$$

则翼缘需要的惯性矩为：

$$I_t = I_x - I_w \approx 2bt(h_0/2)^2 \quad (5.2.10)$$

由式 (5.2.10) 得：

$$bt = \frac{2(I_x - I_w)}{h_0^2} \quad (5.2.11)$$

整个翼缘宽度 b 或厚度 t 只要定出一个，就能确定另一个。b 通常取 $(1/3 \sim 1/5)h$，同时为保证局部稳定 $b/t \leq 30\sqrt{f_y/235}$，如果截面考虑发展部分塑性则 $b/t \leq 26\sqrt{f_y/235}$。选择 b 和 t 时要符合钢板规格尺寸，一般 b 取 10 mm 的倍数，t 取 2 mm 的倍数，且不小于 8 mm。

5.2.2 梁的验算

梁的验算包括刚度、强度、整体稳定，对于组合梁还包括局部稳定验算。

1. 强度验算

强度验算包括：正应力、剪应力、局部压应力验算，对组合梁还要验算翼缘与腹板交界处的折算应力。

(1) 正应力

运用材料力学知识找出梁截面最大弯矩及可能产生最大正应力处的弯矩（如变截面处和截面有较大削弱处），单向受弯时按公式 (4.2.2) 验算截面最大正应力 σ 是否满足要求。双向受弯时采用公式 (4.2.3) 验算。使用公式 (4.2.2) 及 (4.2.3) 时应注意 W_{nx} 及 W_{ny} 为验算截面处的净截面模量。

(2) 剪应力

根据梁是单向受剪还是双向受剪采用公式 (4.2.4) 或 (4.2.5) 计算剪应力，并应满足公式 (4.2.6) 要求。对于型钢梁由于腹板较厚，一般均能满足上式要求，只在剪力较大处截面有较大削弱时方需进行剪应力计算。

(3) 局部压应力

当梁上翼缘受有沿腹板平面作用的集中荷载、且该荷载处又未设置支承加劲肋时,腹板计算高度上边缘的局部承压强度应该满足式(4.2.7)的要求。在梁支座处,当不设支承加劲肋时局部承压强度也应该满足式(4.2.7)的要求。应注意在跨中集中荷载处与支座处荷载在腹板计算高度边缘的分布长度计算公式不同。

(4) 折算应力

在组合梁的腹板计算高度边缘处,若同时受有较大的正应力、剪应力和局部压应力,或同时受有较大的正应力和剪应力(如连续梁中部支座处或梁的翼缘截面改变处等),应按公式(4.2.10)验算折算应力。

2. 梁的刚度验算

众所周知,楼盖梁的挠度过大会给人们一种不舒适感和不安全感,同时也会使附着物如抹灰等脱落,影响使用。吊车梁的挠度过大会影响吊车的正常运行。因此除承载力满足要求外,尚应按式(4.2.12)验算梁的刚度,以保证梁的正常使用。使用要求不同的构件,最大挠度的限制值也是不同的,附表2.1给出了吊车梁、楼盖梁、屋盖梁、工作平台梁以及墙架梁的挠度容许值。

梁的挠度计算方法较多,可按材料力学和结构力学的方法计算,也可由结构静力计算手册取用,也可采用通用的力学软件计算。梁的荷载一般为均布荷载和集中力,等截面梁均布荷载情况下可用公式(5.2.12)计算。受多个集中力作用情况(如吊车梁、楼盖主梁等),其挠度的精确计算比较麻烦,但由于其与受均布荷载作用的梁在最大弯矩相同情况下挠度接近,我们可以得出下列简化计算公式:

对等截面简支梁

$$v = \frac{5}{384} \frac{q_k l^4}{EI_x} = \frac{5}{48} \frac{q_k l^4}{8EI_x} \approx \frac{M_{k\max} l^2}{10 EI_x} \tag{5.2.12}$$

对变截面简支梁

$$v = \frac{M_{k\max} l^2}{10 EI_x} \left(1 + \frac{3}{25} \frac{I_x - I_{x1}}{I_x}\right) \tag{5.2.13}$$

式中,q_k为均布线荷载标准值;$M_{k\max}$为荷载标准值下梁的最大弯矩;I_x为跨中毛截面惯性矩;I_{x1}为支座附近毛截面惯性矩。

对于组合梁,选截面时梁高大于$h_{\min}$,可不必验算刚度。

3. 整体稳定验算

首先根据4.4.6中所述的原则判断该梁是否需要进行整体稳定验算。如需要则按照梁的截面类型选择适当的公式计算整体稳定系数。对于焊接工字钢和轧制H型钢简支梁可按公式(4.4.25)计算,轧制普通工字钢简支梁可查附表3.2。轧制槽钢简支梁按公式(4.4.26)计算。不论哪种情况算得的稳定系数φ_b大于0.6时,都应采用公式(4.4.27)算得相应的φ'_b代替φ_b值。单向受弯、双向受弯构件应分别采用公式(4.4.22)、(4.4.28)验算整体稳定承载力是否满足要求。

4. 局部稳定验算

型钢梁的局部稳定都已满足要求不必再验算。对于焊接组合梁,翼缘可通过限制板件宽厚比保证其不发生局部失稳。腹板则较为复杂些,一种方法是通过设置加劲肋的方法保证其不发生局部失稳,设置加劲肋的原则及局部稳定验算见 4.5.3;另一种方法是允许腹板发生局部失稳,利用其屈曲后承载力,规范建议对于承受静力荷载和间接承受动力荷载的梁宜考虑利用屈曲后强度。

[**例题 5.1**] 某建筑物采用如图 5.1.3b 所示的梁格布置,次梁间距 2 m,主梁间距 6 m,柱截面高 0.5 m。采用普通工字钢作为主次梁。梁上铺设钢筋混凝土预制板,并与主次梁有可靠的连接,能够保证其整体稳定。均布活荷载标准值为 3 kN/m², 楼板自重标准值为 3 kN/m²。主梁和次梁、主梁和柱子均采用构造为铰接的连接方法。次梁选用工25a,试设计边部主梁截面。

[**解**] 从图 5.1.3b 中取出边部主梁,计算简图如图 5.2.1 所示。

梁的计算跨度为:$2 \times 5 \text{ m} - 0.5 \text{ m} = 9.5 \text{ m}$

次梁重量为:$38.1 \times 6 \text{ kg} = 228.6 \text{ kg}$

次梁传来的恒荷载标准值为:19.1 kN,设计值为:22.9 kN

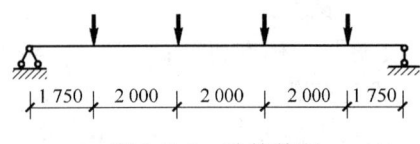

图 5.2.1 计算简图

次梁传来的活荷载标准值为:18 kN,设计值为:25.2 kN

次梁传来的总荷载标准值为:37.1 kN,总设计值为 48.1 kN

设计荷载产生的支座处最大剪力为:$V = 48.1 \text{ kN} \times 4/2 = 96.2 \text{ kN}$

跨中最大弯矩为:

$$M_{\max} = 96.2 \text{ kN} \times 9.5 \text{ m}/2 - 48.1 \text{ kN} \times 1 \text{ m} - 48.1 \text{ kN} \times 3 \text{ m} = 264.6 \text{ kN} \cdot \text{m}$$

承担此弯矩所需梁的净截面模量为:

$$W_{nx} = \frac{M_{\max}}{\gamma_x f} = \frac{264.6 \times 10^6 \text{ N} \cdot \text{mm}}{1.05 \times 215 \text{ N/mm}^2} = 1.17 \times 10^6 \text{ mm}^3$$

按此查附录 8.5,试采用工45a,$I_x = 32\ 241 \text{ cm}^4$,$W_x = 1\ 433 \text{ cm}^3$,质量为 80.4 kg/m,由此产生的跨中最大弯矩为:

$$M'_{\max} = 1.2 \times 80.4 \times 9.8 \times 10^{-3} \text{ kN/m} \times 9.5^2 \text{ m}^2/8 = 10.7 \text{ kN} \cdot \text{m}$$

梁跨中最大弯矩处的应力为:

$$\sigma_{\max} = \frac{M_{\max} + M'_{\max}}{\gamma_x W_{nx}} = \frac{(264.6 + 10.7) \times 10^6 \text{ N} \cdot \text{mm}}{1.05 \times 1\ 433 \times 10^3 \text{ mm}^3}$$

$= 183 \text{ N/mm}^2 < f = 205 \text{ N/mm}^2$(因翼缘厚 $t = 18 \text{ mm} > 16 \text{ mm}$)

由荷载标准值产生的最大弯矩为:

$$M_k = 74.2 \text{ kN} \times 9.5 \text{ m}/2 - 37.1 \text{ kN} \times 1 \text{ m} - 37.1 \text{ kN} \times 3 \text{ m} +$$
$$80.4 \times 9.8 \times 10^{-3} \text{ kN/m} \times 9.5^2 \text{ m}^2/8 = 212.9 \text{ kN} \cdot \text{m}$$

产生的最大挠度为:

$$v_{\max} = \frac{M_k l^2}{10 E I_x} = \frac{212.9 \times 9.5^2 \times 10^{12} \text{ N} \cdot \text{mm}^3}{10 \times 2.06 \times 10^5 \text{ N/mm}^2 \times 32\ 241 \times 10^4 \text{ mm}^4} = 28.9 \text{ mm}$$

由附录 2 知 $[v_T] = l/400 = 9\ 500 \text{ mm}/400 = 23.8 \text{ mm}$,$v_{\max} > [v_T]$,不满足要求。

改选工50a,$I_x = 46\ 472 \text{ cm}^4$,质量为 93.6 kg/m。

由荷载标准值产生的最大弯矩为：

$$M_k = 74.2 \text{ kN} \times 9.5 \text{ m}/2 - 37.1 \text{ kN} \times 1 \text{ m} - 37.1 \text{ kN} \times 3 \text{ m} +$$
$$93.6 \times 9.8 \times 10^{-3} \text{ kN/m} \times 9.5^2 \text{ m}^2/8 = 214.4 \text{ kN} \cdot \text{m}$$

产生的最大挠度为：

$$v_{max} = \frac{M_k l^2}{10 EI_x} = \frac{214.4 \times 9.5^2 \times 10^{12} \text{ N} \cdot \text{mm}^3}{10 \times 2.06 \times 10^5 \text{ N/mm}^2 \times 46\ 472 \times 10^4 \text{ mm}^4} = 20.2 \text{ mm} < [v_T]，满足要求。$$

由于活荷载占一半左右，而 $[v_Q]$ 为 $[v_T]$ 的80%，故在活荷载作用下挠度也满足要求。可见在本例中梁的截面由挠度控制。

[例题 5.2] 某跨度 6 m 的简支梁承受均布荷载作用（作用在梁的上翼缘），其中永久荷载标准值为 20 kN/m，可变荷载标准值为 25 kN/m。该梁拟采用 Q235B 钢制成的焊接组合工字形截面，试设计该梁。

[解] 标准荷载： $q_k = 20 \text{ kN/m} + 25 \text{ kN/m} = 45 \text{ kN/m}$

设计荷载： $q = 1.2 \times 20 \text{ kN/m} + 1.4 \times 25 \text{ kN/m} = 59 \text{ kN/m}$

梁跨中最大弯矩： $M_{max} = 59 \text{ kN/m} \times 6^2 \text{ m}^2/8 = 265.5 \text{ kN} \cdot \text{m}$

由附录 2 查得 $[v_T]$ 为 $l/400$，由公式（5.2.3）得梁的最小高度为：

$$h_{min} = \frac{5 f l}{31.2 E} \left(\frac{l}{v_T} \right) = \frac{5 \times 215 \text{ N/mm}^2 \times 6 \times 10^3 \text{ mm}}{31.2 \times 2.06 \times 10^5 \text{ N/mm}^2} \left(\frac{6 \times 10^3 \text{ mm}}{6 \times 10^3 \text{ mm}/400} \right) = 401.4 \text{ mm}$$

需要的净截面模量为：

$$W_{nx} = \frac{M_{max}}{\gamma_x f} = \frac{265.5 \times 10^6 \text{ N} \cdot \text{mm}}{1.05 \times 215 \text{ N/mm}^2} = 1.18 \times 10^6 \text{ mm}^3 = 1.18 \times 10^3 \text{ cm}^3$$

由公式（5.2.4）得梁的经济高度为：

$$h_e = 7 \sqrt[3]{W_x} - 30 \text{ cm} = 44 \text{ cm}$$

因此取梁腹板高 450 mm。

支座处最大剪力为：

$$V_{max} = 59 \text{ kN/m} \times 6 \text{ m}/2 = 177 \text{ kN}$$

由公式（5.2.6）得：

$$t_w \geq \frac{1.2 V_{max}}{h_w f_v} = \frac{1.2 \times 177 \times 10^3 \text{ N}}{450 \text{ mm} \times 125 \text{ N/mm}^2} = 3.8 \text{ mm}$$

由公式（5.2.7）得：

$$t_w = \frac{\sqrt{h_w}}{3.5} = \frac{\sqrt{450}}{3.5} \text{ mm} = 6.1 \text{ mm}$$

取腹板厚为：$t_w = 8 \text{ mm}$，故腹板采用—450×8 的钢板。

假设梁高为 500 mm，需要的净截面惯性矩为：

$$I_{nx} = W_{nx} \frac{h}{2} = 1.18 \times 10^6 \text{ mm}^3 \times 500 \text{ mm}/2 = 2.95 \times 10^8 \text{ mm}^4 = 2.95 \times 10^4 \text{ cm}^4$$

腹板惯性矩为：

$$I_w = t_w h_0^3/12 = 0.8 \text{ cm} \times 45^3 \text{ cm}^3/12 = 6\ 075 \text{ cm}^4$$

由公式（5.2.11）得：

§5.2 梁的设计

$$bt = \frac{2(I_x - I_w)}{h_0^2} = \frac{2(2.95 \times 10^4 \text{ cm}^4 - 6\,075 \text{ cm}^4)}{45^2 \text{ cm}^2} = 23.1 \text{ cm}^2$$

取 $b = h_0/3 = 150$ mm，$t = 23.1$ cm²/15 cm = 1.54 cm，取 $t = 18$ mm。$t > b/26 = 5.8$ mm，翼缘选用—150×18。所选截面尺寸如图 5.2.2 所示。截面惯性矩为：

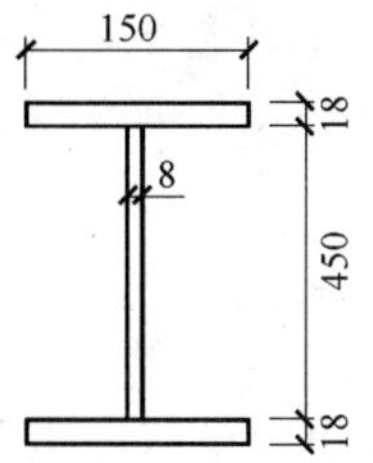

$$I_x = t_w h_0^3/12 + 2bt \left[\frac{1}{2}(h_0 + t)\right]^2$$
$$= 0.8 \text{ cm} \times 45^3 \text{ cm}^3/12 + 2 \times 15 \text{ cm} \times 1.8 \text{ cm} \left[\frac{1}{2} \times (45 + 1.8) \text{ cm}\right]^2$$
$$= 35\,643 \text{ cm}^4$$

$$W_x = \frac{I_x}{h/2} = \frac{35\,643 \text{ cm}^4}{(45 \text{ cm} + 3.6 \text{ cm})/2} = 1\,467 \text{ cm}^3$$

$$A = 2bt + t_w h_0 = 2 \times 15 \text{ cm} \times 1.8 \text{ cm} + 0.8 \text{ cm} \times 45 \text{ cm} = 90 \text{ cm}^2$$

图 5.2.2 梁的截面尺寸

强度验算：

梁自重

$$g = A\gamma = 0.009 \text{ m}^2 \times 7.85 \times 9.8 \text{ kN/m}^3 = 0.69 \text{ kN/m}$$

设计荷载

$$q = 1.2 \times (0.69 \text{ kN/m} + 20 \text{ kN/m}) + 1.4 \times 25 \text{ kN/m} = 59.83 \text{ kN/m}$$

$$M_{\max} = ql^2/8 = 59.83 \text{ kN/m} \times 6^2 \text{ m}^2/8 = 269.2 \text{ kN} \cdot \text{m}$$

$$\sigma = \frac{M_{\max}}{\gamma_x W_{nx}} = \frac{269.2 \times 10^6 \text{ N} \cdot \text{mm}}{1.05 \times 1\,467 \times 10^3 \text{ mm}^3} = 174.8 \text{ N/mm}^2 < f = 205 \text{ N/mm}^2$$

剪应力、刚度不需验算，因为选腹板尺寸和梁高时已得到满足。

支座处如不设支承加劲肋，则应验算局部压应力，但一般主梁均设置支座加劲肋，需按 §5.3 设计加劲肋。

整体稳定验算：

$$I_y = 2 \times 1.8 \text{ cm} \times 15^3 \text{ cm}^3/12 = 1\,012.5 \text{ cm}^4$$

$$i_y = \sqrt{\frac{I_y}{A}} = \sqrt{\frac{1\,012.5 \text{ cm}^4}{90 \text{ cm}^2}} = 3.35 \text{ cm}$$

$$\lambda_y = l_1/i_y = 600 \text{ cm}/3.35 \text{ cm} = 179$$

$$\xi = \frac{l_1 t_1}{b_1 h} = \frac{6 \text{ m} \times 0.018 \text{ m}}{0.15 \text{ m} \times 0.486 \text{ m}} = 1.481$$

由附表 3.1 查得：

$$\beta_b = 0.69 + 0.13\xi = 0.69 + 0.13 \times 1.481 = 0.883$$

$$\varphi_b = \beta_b \frac{4\,320}{\lambda_y^2} \cdot \frac{Ah}{W_x} \left[\sqrt{1 + \left(\frac{\lambda_y t_1}{4.4h}\right)^2} + \eta_b\right]$$

$$= 0.883 \times \frac{4\,320}{179^2} \cdot \frac{90 \text{ cm}^2 \times 48.6 \text{ cm}}{1\,467 \text{ cm}^3} \sqrt{1 + \left(\frac{179 \times 1.8 \text{ cm}}{4.4 \times 48.6 \text{ cm}}\right)^2} = 0.642$$

$\varphi_b > 0.6$ 时，应用如下 φ'_b 代替 φ_b：

$$\varphi'_b = 1.07 - \frac{0.282}{\varphi_b} = 0.631$$

$$\varphi_b f = 0.631 \times 205 \text{ N/mm}^2 = 129.4 \text{ N/mm}^2$$

$$\sigma = \frac{M_{max}}{W_x} = \frac{269.2 \times 10^6 \text{ N} \cdot \text{mm}}{1\ 467 \times 10^3 \text{ mm}^3}$$

$$= 183.5 \text{ N/mm}^2 > \varphi_b f = 129.4 \text{ N/mm}^2，不满足要求$$

在跨中设置一道侧向支承点，则可按上述类似方法求得：

$$\varphi_b = 2.314$$

$$\varphi'_b = 1.07 - \frac{0.282}{2.314} = 0.948$$

$$\varphi_b f = 0.948 \times 205 = 194.3 \text{ N/mm}^2$$

$$\sigma = 183.5 \text{ N/mm}^2 < \varphi_b f = 194.3 \text{ N/mm}^2，满足要求$$

局部稳定验算：

翼缘板

$$b/t \approx 8.3 < 26$$

即满足悬伸翼缘板宽厚比小于 13 的要求。

腹板

$$h_0/t_w = \frac{450 \text{ mm}}{8 \text{ mm}} \approx 56 < 80$$

满足局部稳定要求。

§5.3 腹板加劲肋的布置和设计

5.3.1 腹板加劲肋的布置要求

对于直接承受动力荷载的吊车梁及类似构件或其他不考虑腹板屈曲后强度的组合梁，可根据腹板高厚比的大小，按 4.5.3 划定的范围在梁腹板上布置横向加劲肋、纵向加劲肋及短向加劲肋（见图 4.5.7、图 4.5.11 及图 4.5.14），以保证腹板的局部稳定。对于承受静力荷载的梁宜考虑腹板屈曲后强度，仅配支承加劲肋不能满足要求时应设置中间横向加劲肋。

加劲肋可用型钢及钢板制作，一般用钢板制作的较多。加劲肋宜在腹板两侧成对布置，也可单侧布置，但支承加劲肋、考虑腹板屈曲后强度的梁的中间横向加劲肋及重级工作制吊车梁的加劲肋不应单侧配置。

不考虑屈曲后强度的组合梁的横向加劲肋最小间距为 $0.5h_0$，最大间距为 $2h_0$，对无局部压应力的梁，当 $h_0/t_w \leq 100\sqrt{\frac{235}{f_y}}$ 时可采用 $2.5h_0$。短向加劲肋的最小间距为 $0.75h_1$，h_1 为纵向加劲肋至腹板计算高度上边缘的距离。

5.3.2 加劲肋的构造要求

在腹板两侧成对配置的钢板横向加劲肋,如图 5.3.1 所示,其截面尺寸应符合下列公式要求:

外伸宽度

$$b_s \geqslant \frac{h_0}{30} + 40 \text{ mm} \tag{5.3.1}$$

厚度

$$t_s \geqslant \frac{b_s}{15} \tag{5.3.2}$$

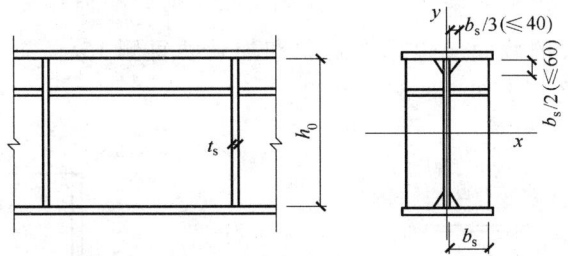

图 5.3.1 腹板加劲肋

在腹板一侧配置的钢板横向加劲肋,其外伸宽度应大于按公式(5.3.1)算得的 1.2 倍,厚度不小于其外伸宽度的 1/15。

焊接梁的横向加劲肋与翼缘板相接处应切角(图 5.3.1),当切成斜角时,其宽约为 $b_s/3$(但不大于 40 mm),高约为 $b_s/2$(但不大于 60 mm)。

在同时用横向加劲肋和纵向加劲肋加强的腹板中,横向加劲肋的截面尺寸除应符合上述规定外,其截面惯性矩尚应符合下式要求(图 5.3.2):

$$I_z \geqslant 3h_0 t_w^3 \tag{5.3.3}$$

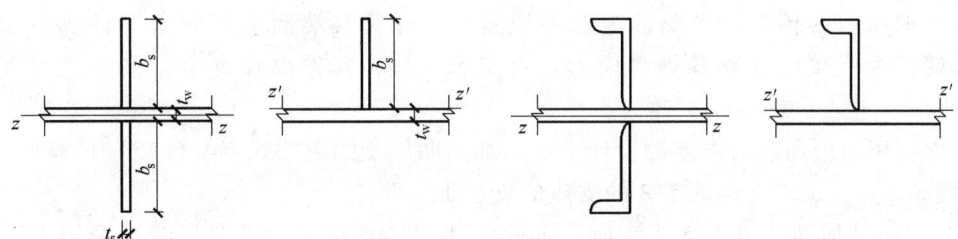

图 5.3.2 计算腹板加劲肋惯性矩时的轴线位置

纵向加劲肋的截面惯性矩 I_y,应符合下列公式要求:

当 $a/h_0 \leqslant 0.85$ 时,

$$I_y \geqslant 1.5 h_0 t_w^3 \tag{5.3.4}$$

当 $a/h_0 > 0.85$ 时,

$$I_y \geqslant \left(2.5 - 0.45 \frac{a}{h_0}\right)\left(\frac{a}{h_0}\right)^2 h_0 t_w^3 \tag{5.3.5}$$

短加劲肋最小间距为 $0.75h_1$，外伸宽度应取为横向加劲肋外伸宽度的 0.7~1.0 倍，厚度同样不小于短加劲肋外伸宽度的 1/15。

用型钢（如 H 型钢、工字钢、槽钢、肢尖焊于腹板的角钢）制成的加劲肋，其截面惯性矩不应小于相应钢板加劲肋的惯性矩。在腹板两侧成对配置的加劲肋（图 5.3.2），其截面惯性矩应按梁腹板中心线为轴线计算。在腹板一侧配置的加劲肋，其截面惯性矩应按与加劲肋相连的腹板边缘为轴线进行计算。

5.3.3 支承加劲肋的计算

梁的支承加劲肋，应按承受梁支座反力或固定集中荷载的轴心受压构件计算其在腹板平面外的稳定性。此受压构件的截面应包括加劲肋和加劲肋每侧 $15t_w\sqrt{235/f_y}$ 范围内的腹板面积，计算长度近似取为 h_0（图 5.3.3、图 5.3.4）。

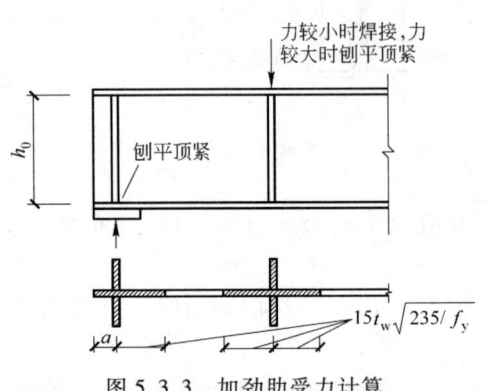

图 5.3.3 加劲肋受力计算

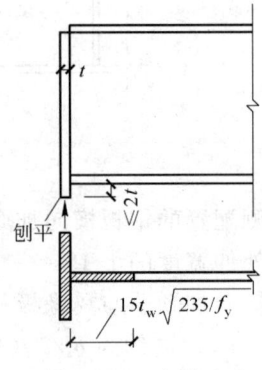

图 5.3.4 突缘支座

梁支承加劲肋的端部应按其所承受的支座反力或固定集中荷载进行计算，当支座反力或固定集中荷载较大时，靠加劲肋端部焊缝很难满足传力要求，此时多采用肋端刨平顶紧的措施，靠钢材端面承压强度传力；当端部为刨平顶紧时，计算其端面承压应力（计算方法见例题 5.3）；当端部为焊接时计算其焊缝应力。对突缘支座，其伸出长度不得大于其厚度的 2 倍（图 5.3.4）。

在考虑利用腹板屈曲后强度的设计中支承加劲肋所受的力按式（4.6.15）计算。

[**例题 5.3**] 试设计例题 5.2 的支座的支承加劲肋。

[**解**] 设计加劲肋成图 5.3.5 所示形式，肋端刨平顶紧，所有焊缝均采用 E43 型焊条焊成。

按构造要求： $b_s \geqslant \dfrac{h_0}{30} + 40 \text{ mm} = 55 \text{ mm}$

厚度： $t_s = \dfrac{b_s}{15} = \dfrac{55}{15} \text{ mm} = 3.7 \text{ mm}$

取 $b_s = 60$ mm，$t_s = 6$ mm。

§5.3 腹板加劲肋的布置和设计

支座反力为：　　　　　　　$R = 59.83 \text{ kN/m} \times 6 \text{ m}/2 = 179.5 \text{ kN}$

肋板为—60×6

加劲肋与腹板间的角焊缝计算：

取　　　　　　　　　　　$h_f = 5 \text{ mm}, \; l_w = 60 h_f = 300 \text{ mm}$

$$\tau_f = \frac{R}{0.7 h_f \sum l_f} = \frac{179.5 \times 10^3 \text{ N}}{0.7 \times 5 \text{ mm} \times 4 \times 300 \text{ mm}} = 42.7 \text{ N/mm}^2$$

$$\sigma_f = \frac{R \cdot e}{2 W_f} = \frac{179.5 \times 10^3 \text{ N} \times 40 \text{ mm}}{2 \times \dfrac{2 \times 0.7 \times 5 \text{ mm} \times 300^2 \text{ mm}^2}{6}} = 34.2 \text{ N/mm}^2$$

$$\sqrt{\left(\frac{\sigma_f}{\beta_f}\right)^2 + \tau_f^2} = \sqrt{\left(\frac{34.2 \text{ N/mm}^2}{1.22}\right)^2 + (42.7 \text{ N/mm}^2)^2} = 51.1 \text{ N/mm}^2 < f = 160 \text{ N/mm}^2$$

验算平面外稳定（具体方法详见第 6 章）：

如图 5.3.5 所示，$l_0 = h_0 = 450 \text{ mm}$，十字形截面

$$A = 2 \times 0.6 \text{ cm} \times 6 \text{ cm} + 0.8 \text{ cm} \times 20 \text{ cm} = 23.2 \text{ cm}^2$$

$$I \approx 0.6 \text{ cm} \times 12.8^3 \text{ cm}^3 / 12 = 104.9 \text{ cm}^4$$

$$i = \sqrt{\frac{I}{A}} = \sqrt{\frac{104.9 \text{ cm}^4}{23.2 \text{ cm}^2}} = 2.13 \text{ cm}$$

$$\lambda = l_0 / i = 45 \text{ cm} / 2.13 \text{ cm} = 21$$

由附表 4.2 查得　　　　　　$\varphi = 0.967$

$$\sigma = \frac{R}{A} = \frac{179.5 \times 10^3 \text{ N}}{23.2 \times 10^2 \text{ mm}^2} = 77.4 \text{ N/mm}^2 < \varphi f = 207.9 \text{ N/mm}^2$$

肋板为—60×6，实际承压面积 480 mm²，

$$\sigma = \frac{R}{A_{ce}} = \frac{179.5 \times 10^3 \text{ N}}{480 \text{ mm}^2} = 374 \text{ N/mm}^2 > f_{ce} = 325 \text{ N/mm}^2，不满足要求。$$

肋板改为—60×8，实际承压面积 640 mm²，

$$\sigma = \frac{R}{A_{ce}} = \frac{179.5 \times 10^3 \text{ N}}{640 \text{ mm}^2} = 280 \text{ N/mm}^2 < f_{ce} = 325 \text{ N/mm}^2，满足要求。$$

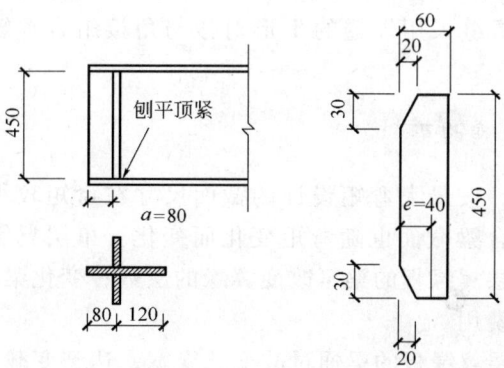

图 5.3.5　支座加劲肋

§5.4 实腹梁的构造设计

5.4.1 翼缘与腹板连接焊缝设计

如图 5.4.1 所示，焊接组合工字形截面，翼缘与腹板常以角焊缝相连，此焊缝单位长度所受的纵向水平剪力为：$V_h = \tau_1 t_w$。τ_1 为腹板在该处的剪应力，按下式计算。

$$\tau_1 = \frac{V_{max} S_1}{I_x t_w} \tag{5.4.1}$$

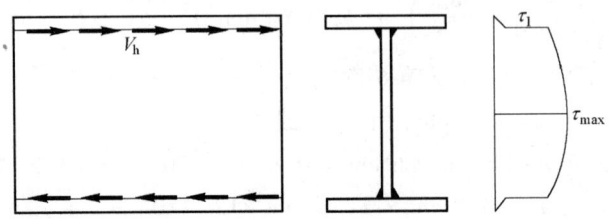

图 5.4.1 翼缘与腹板的连接焊缝

在此剪力作用下，采用双面角焊缝需要的焊角尺寸为：

$$h_f \geq \frac{1}{1.4 f_f^w} \frac{V_{max} S_1}{I_x} \tag{5.4.2}$$

如果梁上作用有固定集中荷载，而荷载作用处又未设置支承加劲肋，或梁上有移动的集中荷载（如吊车梁轮压），则焊缝不仅受水平剪力 V_h，还受竖向荷载引起的压力作用。

单位长度焊缝所受竖向压力为：

$$P = \sigma_c t_w = \frac{\psi F}{t_w l_z} \cdot t_w = \frac{\psi F}{l_z} \tag{5.4.3}$$

这时焊角尺寸应满足：

$$h_f \geq \frac{1}{1.4 f_f^w} \sqrt{\left(\frac{P}{\beta_f}\right)^2 + (V_h)^2} \tag{5.4.4}$$

当腹板与翼缘的连接焊缝采用焊透的 T 形对接与角接组合焊缝时，其强度可与主体金属等强，不必计算。

5.4.2 梁截面沿长度的改变

梁的弯矩沿梁长变化，按最大弯矩设计的截面尺寸在弯矩较小处，材料强度未被充分利用。为了节约钢材可将组合梁截面也随弯矩变化而变化。单层翼缘板的变截面梁可以改变梁高，也可以改变梁宽；多层翼缘板的梁可改变翼缘的层数；变化梁的截面应尽量不使梁的构造过于复杂，过多增加制作费用。

如图 5.4.2 所示，单层翼缘板的梁通过改变翼缘宽，达到变截面的目的。变截面点的位置可按弯矩包络图确定，一般距支座的距离为 $l/6$ 处变截面较为经济。较窄翼缘宽度 b_1 由变截面点弯矩 M_1 确定，但 b_1 不应小于 120 mm，否则与支座连接存在困难。翼缘宽度从 b 减为 b_1

应做成小于 1∶4 的缓坡，以减小应力集中。上翼缘受压可采用对接直焊缝，下翼缘受拉，根据焊缝质量可采用对接直焊缝或斜焊缝。分析表明，截面改变一次可节约钢材 10%~20%；改变两次，最多只能再节约 3%~4%，因此一般只变一次截面。对于跨度较小的梁，改变截面取得的经济效果往往并不明显，常不改变截面。

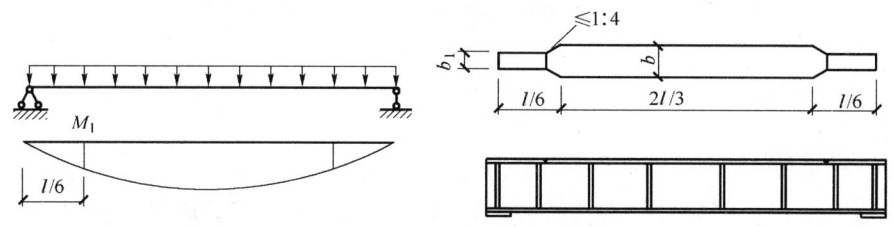

图 5.4.2 翼缘变截面

图 5.4.3 给出了另一种改变翼缘宽度的做法。

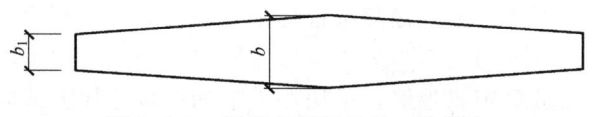

图 5.4.3 翼缘变截面的另一种做法

有时为了降低梁的建筑高度，节省钢材，常将简支梁的下翼缘做成折线状，翼缘截面保持不变，如图 5.4.4 所示。此时，梁端腹板高度应按抗剪强度计算确定，且不应小于跨中腹板高度的一半。

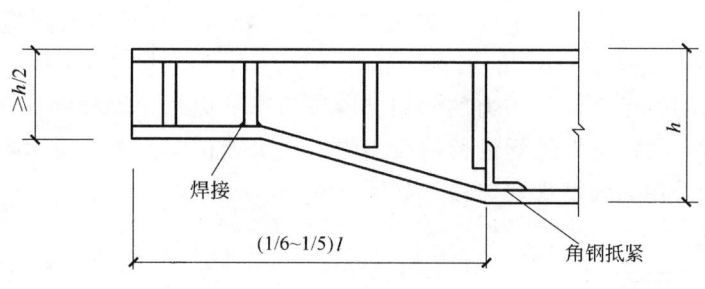

图 5.4.4 梁高度改变

当翼缘采用两层钢板时，外层钢板与内层钢板厚度比宜为 0.5~1.0。改变梁的截面可通过切断外层翼缘板实现，如图 5.4.5 所示。此时，其理论切断点处的外伸长度 l_1 应符合下列要求：

端部有正面角焊缝：
当 $h_f \geq 0.75t$ 时，$\qquad l_1 \geq b$
当 $h_f < 0.75t$ 时，$\qquad l_1 \geq 1.5b$
端部无正面角焊缝：$\qquad l_1 \geq 2b$

b 和 t 分别为外层翼缘板的宽度和厚度，h_f 为侧面角焊缝和正面角焊缝的焊角尺寸。

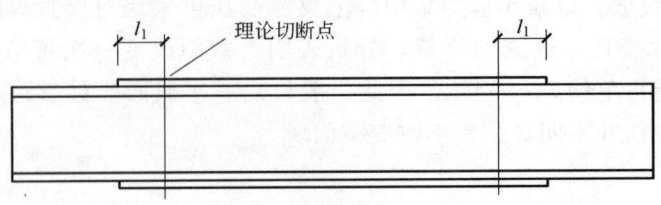

图 5.4.5 翼缘板切断点

5.4.3 梁的拼接

梁的拼接分工厂拼接和工地拼接两种，当钢材的供应长度不够或者为利用短材时可进行工厂拼接。若梁的跨度较大，由于运输条件限制，可将梁在工厂中分段制造，运至现场后再进行拼接，称为工地拼接。拼接部位应设在内力较小处，一般设在 $l/3$ 或 $l/4$ 的位置，因而应该按该截面的弯矩和剪力的共同作用设计。图 5.4.6 所示的拼接采用对接焊缝直接相连，可以省工省料，是一种较常采用的方法，但翼缘与腹板连接处不易焊透。当施工条件较差，质量不易保证，或型钢截面较大时，可采用图 5.4.7 所示加盖板的连接方法。采用对接接头时，当焊缝为三级对接焊缝，受拉翼缘可采用斜焊缝。采用加盖板的对接连接方式时，可按翼缘承担全部弯矩，腹板承受全部剪力计算，它们分别通过各自的盖板传力。

为保证焊接质量，焊接组合梁在工厂的拼接宜采用引弧板施焊，焊后还应将对接焊缝表面加工齐平。为减少焊接应力，翼缘和腹板的对接焊缝应该相互错开，同时腹板的对接焊缝距加劲肋的距离应大于等于 $10t_w$（图 5.4.8）。工地拼接时，为便于运输应使翼缘与腹板在同一处断开，有时将翼缘与腹板的接头略微错开些，当然断开处应是内力较小处，这时可用对接焊缝连接。为便于施焊，翼缘应开向上的 V 形坡口（图 5.4.9）。如果对接焊缝质量是三级，承担不了受拉翼缘拉力时，可改用 60°的斜对接焊缝连接。当然翼缘板也可用盖板拼接连接。腹板连接处的对接焊缝同时受弯矩和剪力的作用，应该验算下边缘处焊缝的折算应力。为减少接头处的焊接残余应力，往往将翼缘焊缝留一段不焊，在工地按图 5.4.9 所示顺序施焊。近年来为了施工方便，常常采用高强度螺栓连接，如图 5.4.10 所示。

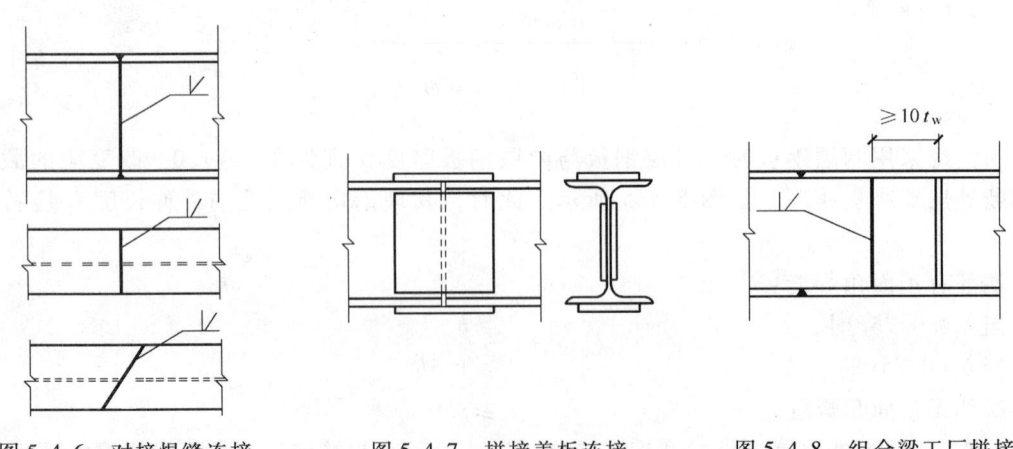

图 5.4.6 对接焊缝连接　　　　图 5.4.7 拼接盖板连接　　　　图 5.4.8 组合梁工厂拼接

§5.4 实腹梁的构造设计

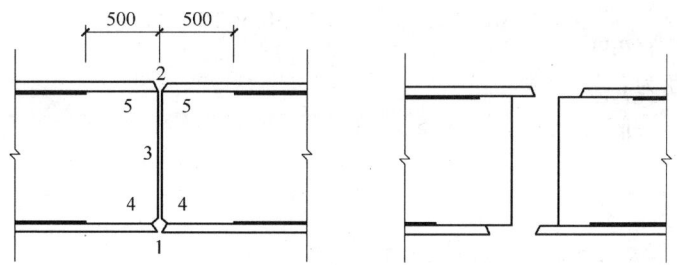

图 5.4.9 组合梁的工地拼接

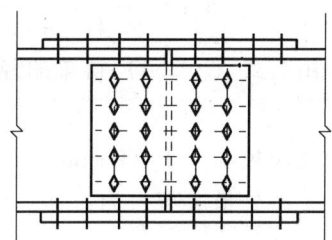

图 5.4.10 高强度螺栓连接

[**例题 5.4**] 试设计例题 5.2 中的梁翼缘与腹板的连接焊缝。

[**解**] $S_1 = 15 \text{ cm} \times 1.8 \text{ cm} \times (45 \text{ cm} + 1.8 \text{ cm})/2 = 631.8 \text{ cm}^3$

按公式（5.4.2）有：

$$h_f \geq \frac{1}{1.4 f_f^w} \frac{V_{max} S_1}{I_x} = \frac{1}{1.4 \times 160 \text{ N/mm}^2} \frac{179.5 \times 10^3 \text{ N} \times 631.8 \times 10^3 \text{ mm}^3}{35\,643 \times 10^4 \text{ mm}^4} = 1.4 \text{ mm}$$

$$h_{fmin} = 1.5\sqrt{t_{max}} = 1.5\sqrt{18} \text{ mm} = 6.4 \text{ mm}$$

故取 $h_f = 7$ mm。

[**例题 5.5**] 试设计一跨度 12 m 的工作平台梁，中间次梁传来的集中荷载标准值为 400 kN，设计值为 520 kN。边部次梁传来的集中荷载为中间的一半。图 5.4.11 为该梁的计算简图，该梁采用 Q235B 钢制作，焊条采用 E43 型，考虑利用腹板屈曲后承载力。

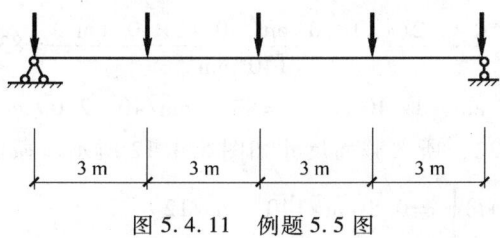

图 5.4.11 例题 5.5 图

[**解**]

1. 梁的截面选择

由设计荷载产生的梁支座反力：

$$R = 520 \text{ kN} \times 3/2 + 260 \text{ kN} = 1\,040 \text{ kN}$$

由设计荷载产生的梁跨中最大弯矩：

$$M_{max} = (1\,040 \text{ kN} - 260 \text{ kN}) \times 6 \text{ m} - 520 \text{ kN} \times 3 \text{ m} = 3\,120 \text{ kN} \cdot \text{m}$$

由附录 2 查得 $[v_T]$ 为 $l/400$，由公式（5.2.12）按公式（5.2.3）的推导过程可得梁的最小高度为：

$$h_{min} = \frac{f l}{6.5 E}\left(\frac{l}{v_T}\right) = \frac{215 \text{ N/mm}^2 \times 12 \times 10^3 \text{ mm}}{6.5 \times 2.06 \times 10^5 \text{ N/mm}^2}\left(\frac{12 \times 10^3 \text{ mm}}{12 \times 10^3 \text{ mm}/400}\right) = 771 \text{ mm}$$

需要的净截面模量为：

$$W_{nx} = \frac{M_{max}}{\gamma_x f} = \frac{3\,120 \times 10^6 \text{ N} \cdot \text{mm}}{1.05 \times 215 \text{ N/mm}^2} = 1.38 \times 10^7 \text{ mm}^3 = 1.38 \times 10^4 \text{ cm}^3$$

由公式（5.2.4）得梁的经济高度为：

$$h_e = 7\sqrt[3]{W_x} - 30 \text{ cm} = 138 \text{ cm}$$

因此梁腹板高取 1 400 mm。

支座处最大剪力为：

$$V_{max} = R - 260 \text{ kN} = 780 \text{ kN}$$

由公式（5.2.6）得：

$$t_w \geq \frac{1.2 V_{max}}{h_w f_v} = \frac{1.2 \times 780 \times 10^3 \text{ N}}{1\,400 \text{ mm} \times 125 \text{ N/mm}^2} = 5.3 \text{ mm}$$

由公式（5.2.7）得：

$$t_w = \frac{\sqrt{h_w}}{3.5} = \frac{\sqrt{1\,400}}{3.5} \text{ mm} = 10.7 \text{ mm}$$

考虑利用腹板屈曲后强度，腹板厚取为：$t_w = 8$ mm，故腹板采用—1 400×8 的钢板。假设梁高为 1 450 mm。需要的净截面惯性矩：

$$I_{nx} = W_{nx} \frac{h}{2} = 1.38 \times 10^4 \text{ cm}^3 \times 145 \text{ cm}/2 = 1.0 \times 10^6 \text{ cm}^4$$

腹板惯性矩为：

$$I_w = t_w h_0^3/12 = 0.8 \text{ cm} \times 140^3 \text{ cm}^3/12 = 0.18 \times 10^6 \text{ cm}^4$$

由公式（5.2.11）得：

$$bt = \frac{2(I_x - I_w)}{h_0^2} = \frac{2(1.0 \times 10^6 \text{ cm}^4 - 0.18 \times 10^6 \text{ cm}^4)}{140^2 \text{ cm}^2} = 83.6 \text{ cm}^2$$

取 $b = h_0/5 \sim h_0/3 = 28 \sim 46.7$ cm，取 40 cm，$t = 83.6$ cm/40 = 2.09 cm，取 $t = 22$ mm，$t > b/26 = 15.4$ mm。翼缘选用—400×22，所选截面尺寸如图 5.4.12 所示。截面惯性矩为：

$$I_x = t_w h_0^3/12 + 2bt\left[\frac{1}{2}(h_0 + t)\right]^2 = 0.8 \text{ cm} \times 140^3 \text{ cm}^3/12 +$$

$$2 \times 40 \text{ cm} \times 2.2 \text{ cm} \times \left[\frac{1}{2}(140 \text{ cm} + 2.2 \text{ cm})\right]^2$$

$$= 1.07 \times 10^6 \text{ cm}^4$$

$$W_x = \frac{I_x}{h/2} = \frac{1.07 \times 10^6 \text{ cm}^4}{(140 \text{ cm} + 4.4 \text{ cm})/2} = 1.48 \times 10^4 \text{ cm}^3$$

$$A = 2bt + t_w h_0 = 2 \times 40 \text{ cm} \times 2.2 \text{ cm} + 0.8 \text{ cm} \times 140 \text{ cm} = 288 \text{ cm}^2$$

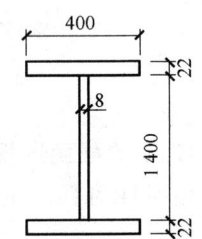

图 5.4.12 梁截面尺寸

2. 承载力验算

强度验算：

梁自重　　　　　$g = A\gamma = 0.028\,8 \text{ m}^2 \times 7.85 \times 9.8 \text{ kN/m}^3 = 2.22 \text{ kN/m}$

设计荷载　　　　$q = 1.2 \times 2.22 \text{ kN/m} = 2.66 \text{ kN/m}$

$M_{max} = 3\,120 \text{ kN} \cdot \text{m} + ql^2/8 = 3\,120 \text{ kN} \cdot \text{m} + 2.66 \text{ kN/m} \times 12^2 \text{ m}^2/8 = 3\,168 \text{ kN} \cdot \text{m}$

$$\sigma = \frac{M_{max}}{\gamma_x W_{nx}} = \frac{3\,168 \times 10^6 \text{ N} \cdot \text{mm}}{1.05 \times 1.48 \times 10^7 \text{ mm}^3} = 203.9 \text{ N/mm}^2 < f = 205 \text{ N/mm}^2\text{（因翼缘板厚超过}$$

§5.4 实腹梁的构造设计

16 mm，故 f = 205 N/mm²）

剪应力、刚度不需验算，因为选腹板尺寸和梁高时已得到满足。

支座和集中力作用点处设支承加劲肋，故不必验算局部压应力。

整体稳定验算：

次梁可视为主梁受压翼缘的侧向支撑，故 l_1/b_1 = 300 cm/40 cm = 7.5<16，按表 4.4.3 的规定该梁不必进行整体稳定验算。

3. 翼缘和腹板连接焊缝计算

梁最大剪力为：

$$V_{\max} = 780 \text{ kN} + 2.66 \text{ kN/m} \times 12 \text{ m}/2 = 796 \text{ kN}$$

$$S_1 = 40 \text{ cm} \times 2.2 \text{ cm} \times (140 \text{ cm} + 2.2 \text{ cm})/2 = 6\,257 \text{ cm}^3$$

按公式（5.4.2）有：

$$h_f \geq \frac{1}{1.4 f_f^w} \frac{V_{\max} S_1}{I_x} = \frac{1}{1.4 \times 160 \text{ N/mm}^2} \frac{796 \times 10^3 \text{ N} \times 6\,257 \times 10^3 \text{ mm}^3}{1.07 \times 10^{10} \text{ mm}^4} = 2.1 \text{ mm}$$

$$h_{f\min} = 1.5 \sqrt{t_{\max}} = 1.5 \sqrt{22} \text{ mm} = 7.04 \text{ mm}$$

故取 h_f = 8 mm。

4. 加劲肋设计

（1）腹板验算

该梁利用腹板屈曲后强度，应在支座处及每个次梁处设置支承加劲肋。此外，梁端采取图 4.6.7b 所示的构造措施，减小支座加劲肋与其相邻加劲肋的间距 a_1，使该处板段的 $\tau_{cr} = f_v$，即图 5.4.13 的板段 Ⅰ 不会屈曲。取 a_1 = 600 mm，a_1/h_0 = 600 mm/1 400 mm = 0.429<1.0，由公式（4.5.16）得：$k = 4 + 5.34(1\,400 \text{ mm}/600 \text{ mm})^2 = 33.1$。进一步由式（4.5.19）得：$\lambda_s = \dfrac{h_0/t_w}{41\sqrt{k}}\sqrt{\dfrac{f_y}{235}} = \dfrac{1\,400 \text{ mm}/8 \text{ mm}}{41\sqrt{33.1}} = 0.742 < 0.8$，由式（4.5.23）知 $\tau_{cr} = f_v$，故板段 Ⅰ 不会屈曲。

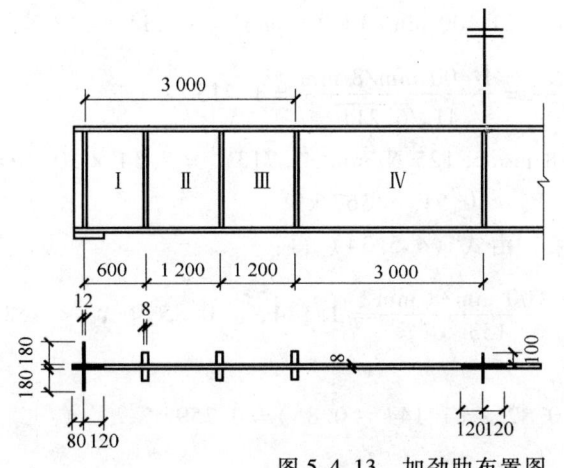

图 5.4.13 加劲肋布置图

对于板段 Ⅱ：

左侧截面剪力　　　$V_2 = 796 \text{ kN} - 2.66 \text{ kN/m} \times 0.6 \text{ m} = 794 \text{ kN}$

相应弯矩 $M_2 = 796 \text{ kN} \times 0.6 \text{ m} - 2.66 \text{ kN/m} \times 0.6^2 \text{ m}^2/2 = 477 \text{ kN} \cdot \text{m}$

$M_f = 400 \text{ mm} \times 22 \text{ mm} \times 1\,422 \text{ mm} \times 205 \text{ N/mm}^2 = 2.57 \times 10^9 \text{ N} \cdot \text{mm} = 2\,570 \text{ kN} \cdot \text{m}$

$$M_2 < M_f$$

$$a/h_0 = 1\,200 \text{ mm}/1\,400 \text{ mm} = 0.857 < 1.0$$

$$k = 4 + 5.34 \times (1\,400 \text{ mm}/1\,200 \text{ mm})^2 = 11.3$$

$$\lambda_s = \frac{h_0/t_w}{41\sqrt{k}}\sqrt{\frac{f_y}{235}} = \frac{1\,400 \text{ mm}/8 \text{ mm}}{41\sqrt{11.3}} = 1.27 > 1.2$$

由公式（4.6.12）得：

$V_u = h_w t_w f_v / \lambda_s^{1.2} = 1\,400 \text{ mm} \times 8 \text{ mm} \times 125 \text{ N/mm}^2 / 1.27^{1.2} = 1.051 \times 10^6 \text{ N} = 1\,051 \text{ kN}$

$V_2 < V_u$，满足要求。

右侧截面剪力 $V_3 = 796 \text{ kN} - 2.66 \text{ kN/m} \times (0.6 \text{ m} + 1.2 \text{ m}) = 791 \text{ kN}$

相应弯矩 $M_3 = 796 \text{ kN} \times 1.8 \text{ m} - 2.66 \text{ kN/m} \times 1.8^2 \text{ m}^2/2 = 1\,428 \text{ kN} \cdot \text{m}$

$M_3 < M_f$，$V_3 < V_u$，满足要求。

对于板段Ⅲ：

其 M_f、V_u 与板段Ⅱ相同。

其右侧截面 $V_4 = 796 \text{ kN} - 2.66 \text{ kN/m} \times (0.6 \text{ m} + 1.2 \text{ m} + 1.2 \text{ m}) = 788 \text{ kN}$

$M_4 = 796 \text{ kN} \times 3 \text{ m} - 2.66 \text{ kN/m} \times 3^2 \text{ m}^2/2 = 2\,376 \text{ kN} \cdot \text{m}$

$M_4 < M_f$，$V_4 < V_u$，满足要求。

对于板段Ⅳ：

右侧截面剪力 $V_5 = 796 \text{ kN} - 2.66 \text{ kN/m} \times 6 \text{ m} - 520 \text{ kN} = 260 \text{ kN}$

相应弯矩 $M_5 = M_{max} = 3\,168 \text{ kN} \cdot \text{m}$

$$a/h_0 = 3\,000 \text{ mm}/1\,400 \text{ mm} = 2.143 > 1.0$$

由公式（4.5.17）得：

$$k = 5.34 + 4 \times (1\,400 \text{ mm}/3\,000 \text{ mm})^2 = 6.211$$

$$\lambda_s = \frac{h_0/t_w}{41\sqrt{k}}\sqrt{\frac{f_y}{235}} = \frac{1\,400 \text{ mm}/8 \text{ mm}}{41\sqrt{6.211}} = 1.713 > 1.2$$

$$V_u = h_w t_w f_v / \lambda_s^{1.2} = 1\,400 \text{ mm} \times 8 \text{ mm} \times 125 \text{ N/mm}^2 / 1.713^{1.2} = 7.34 \times 10^5 \text{ N} = 734 \text{ kN}$$

$$V_5 < 0.5 V_u = 367 \text{ kN}$$

考虑梁受压翼缘扭转未受到约束，由式（4.5.34）得：

$$\lambda_b = \frac{2h_c/t_w}{153}\sqrt{\frac{f_y}{235}} = \frac{2 \times 700 \text{ mm}/8 \text{ mm}}{153} = 1.144, \quad 0.85 < \lambda_b < 1.25$$

由公式（4.6.19）得：

$$\rho = 1 - 0.82 \times (1.144 - 0.85) = 0.759$$

由公式（4.6.17）得：

$$\alpha_e = 1 - \frac{(1-\rho) h_c^3 t_w}{2I_x} = 1 - \frac{(1-0.759) \times 700^3 \text{ mm}^3 \times 8 \text{ mm}}{2 \times 1.07 \times 10^{10} \text{ mm}^4} = 0.969$$

由公式（4.6.16）得：

§5.4 实腹梁的构造设计

$$M_{eu} = \gamma_x \alpha_e W_x f = 1.05 \times 0.969 \times 1.48 \times 10^7 \text{ mm}^3 \times 205 \text{ N/mm}^2$$
$$= 3.09 \times 10^9 \text{ N} \cdot \text{mm} = 3\,090 \text{ kN} \cdot \text{m}$$

M_5 略大于 M_{eu}，但 $\dfrac{M_5 - M_{eu}}{M_{eu}} \times 100\% = 2.5\% < 5\%$，故满足要求。

（2）加劲肋设计

横向加劲肋截面：

$$b_s \geqslant \frac{h_0}{30} + 40 \text{ mm} = \frac{1\,400 \text{ mm}}{30} + 40 \text{ mm} = 87 \text{ mm}, \text{ 取 } b_s = 120 \text{ mm}$$

$$t_s \geqslant \frac{b_s}{15} = \frac{120 \text{ mm}}{15} = 8 \text{ mm}, \text{ 取 } t_s = 8 \text{ mm}$$

板段Ⅳ承受次梁支座反力的支承加劲肋的平面外稳定验算：

$\lambda_s = 1.713 > 1.2$

由式（4.5.25）有：

$$\tau_{cr} = 1.1 f_v / \lambda_s^2 = 1.1 \times 125 \text{ N/mm}^2 / 1.713^2 = 46.9 \text{ N/mm}^2$$

由式（4.6.15）得加劲肋所承受的轴心力：

$$N_s = V_u - \tau_{cr} h_w t_w + F = 734 \text{ kN} - 46.9 \times 10^{-3} \text{ kN/mm}^2 \times 1\,400 \text{ mm} \times 8 \text{ mm} + 520 \text{ kN} = 729 \text{ kN}$$

截面面积

$$A = 2 \times 0.8 \text{ cm} \times 12 \text{ cm} + 2 \times 0.8 \text{ cm} \times 15 \times 0.8 \text{ cm} = 38.4 \text{ cm}^2$$

$$I_z = \frac{0.8 \text{ cm} \times 24.8^3 \text{ cm}^3}{12} = 1\,017 \text{ cm}^4$$

$$i_z = \sqrt{\frac{I_z}{A}} = \sqrt{\frac{1\,017 \text{ cm}^4}{38.4 \text{ cm}^2}} = 5.15 \text{ cm}$$

$$\lambda = \frac{140 \text{ cm}}{5.15 \text{ cm}} = 27$$

查附表4.2得：

$$\varphi = 0.946$$

$$N_s < \varphi A f = 0.946 \times 3\,840 \text{ mm}^2 \times 215 \times 10^{-3} \text{ kN/mm}^2 = 781 \text{ kN}$$

次梁与主梁采用如图5.1.4b所示次梁与主梁加劲肋上的构造措施，所以不必验算加劲肋端部的承压强度。

除支座外，其他加劲肋仍采用2—120×8，不必验算。

支座加劲肋验算：支座加劲肋承受的力 N 为支座反力 $R = 796 \text{ kN} + 260 \text{ kN} = 1\,056 \text{ kN}$。

采用2—180×12的板：

$$A = 2 \times 1.2 \text{ cm} \times 18 \text{ cm} + 20 \text{ cm} \times 0.8 \text{ cm} = 59.2 \text{ cm}^2$$

$$I_z = \frac{1.2 \text{ cm} \times 36.8^3 \text{ cm}^3}{12} = 4\,984 \text{ cm}^4$$

$$i_z = \sqrt{\frac{I_z}{A}} = \sqrt{\frac{4\,984 \text{ cm}^4}{59.2 \text{ cm}^2}} = 9.2 \text{ cm}$$

$$\lambda = \frac{140 \text{ cm}}{9.2 \text{ cm}} = 15$$

查附表 4.2 得：

$$\varphi = 0.983$$

$$N = 1\,056 \text{ kN} < \varphi A f = 0.983 \times 5\,920 \text{ mm}^2 \times 215 \times 10^{-3} \text{ kN/mm}^2 = 1\,251 \text{ kN}$$

满足要求。

端部承压强度：

$$\sigma_{ce} = \frac{1\,056 \times 10^3 \text{ N}}{2 \times (180 \text{ mm} - 40 \text{ mm}) \times 12 \text{ mm}} = 314 \text{ N/mm}^2 < f_{ce} = 325 \text{ N/mm}^2$$

支座加劲肋与腹板连接的焊缝：

此焊缝属侧焊缝，

$$h_{fmin} = 1.5\sqrt{t_{max}} = 1.5\sqrt{12} \text{ mm} = 5.2 \text{ mm}$$
$$h_{fmax} = 1.2 t_{min} = 1.2 \times 8 \text{ mm} = 9.6 \text{ mm}$$

取 $h_f = 7$ mm，$60 h_f = 420$ mm。

$$\tau_f \geq \frac{N}{0.7 h_f \sum l_f} = \frac{1\,056 \times 10^3 \text{ N}}{0.7 \times 7 \text{ mm} \times 4 \times 420 \text{ mm}} = 128.3 \text{ N/mm}^2 < f_f^w = 160 \text{ N/mm}^2$$

满足要求。

[**例题 5.6**] 在例题 5.5 中如不利用腹板屈曲后强度，试布置加劲肋，保证腹板不发生局部失稳。

[**解**] $h_0/t_w = 1\,400$ mm$/8$ mm$=175>170$，需配置横向加劲肋，同时在压应力较大区域布置纵向加劲肋，经试算加劲肋布置如图 5.4.14 所示。

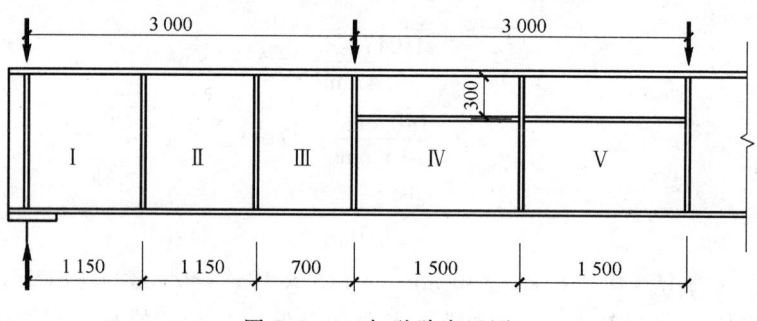

图 5.4.14 加劲肋布置图

Ⅰ 与 Ⅱ 板段的加劲肋间距相同，所受剪力相差不大，第 Ⅱ 板段所受弯矩较大，受力情况最为不利，故只需验算第 Ⅱ 板段：

$$V_{2左} = 796 \text{ kN} - 2.66 \text{ kN/m} \times 1.15 \text{ m} = 792.9 \text{ kN}$$
$$V_{2右} = 796 \text{ kN} - 2.66 \text{ kN/m} \times 2.3 \text{ m} = 789.9 \text{ kN}$$

第 Ⅱ 板段平均剪力：

$$V_2 = 791 \text{ kN}$$

$$M_{2左} = 796 \text{ kN} \times 1.15 \text{ m} - 2.66 \text{ kN/m} \times 1.15^2 \text{ m}^2/2 = 913.6 \text{ kN} \cdot \text{m}$$
$$M_{2右} = 796 \text{ kN} \times 2.3 \text{ m} - 2.66 \text{ kN/m} \times 2.3^2 \text{ m}^2/2 = 1\,823.8 \text{ kN} \cdot \text{m}$$

第 Ⅱ 板段平均弯矩：

§5.4 实腹梁的构造设计

$$M_2 = 1\ 369\ \text{kN} \cdot \text{m}$$

由公式（4.5.34）得：

$$\lambda_b = \frac{2h_c/t_w}{153}\sqrt{\frac{f_y}{235}} = \frac{2 \times 700\ \text{mm}/8\ \text{mm}}{153} = 1.144$$

$$0.85 < \lambda_b < 1.25$$

由公式（4.5.36）得：

$$\sigma_{cr} = [1 - 0.75(\lambda_b - 0.85)]f = [1 - 0.75(1.144 - 0.85)] \times 215\ \text{N/mm}^2 = 167.6\ \text{N/mm}^2$$

$$a/h_0 = 1\ 150\ \text{mm}/1\ 400\ \text{mm} = 0.821 < 1.0$$

由公式（4.5.20）得：

$$\lambda_s = \frac{h_0/t_w}{41\sqrt{4 + 5.34(h_0/a)^2}}\sqrt{\frac{f_y}{235}} = \frac{1\ 400\ \text{mm}/8\ \text{mm}}{41\sqrt{4 + 5.34 \times (1\ 400\ \text{mm}/1\ 150\ \text{mm})^2}} = 1.237 > 1.2$$

由公式（4.5.25）得：

$$\tau_{cr} = 1.1 f_v/\lambda_s^2 = 1.1 \times 125\ \text{N/mm}^2/1.237^2 = 89.9\ \text{N/mm}^2$$

$$\sigma = \frac{M_2 h_0/2}{I_x} = \frac{1\ 369 \times 10^6\ \text{N} \cdot \text{mm} \times 1\ 400\ \text{mm}/2}{1.07 \times 10^{10}\ \text{mm}^4} = 89.6\ \text{N/mm}^2$$

$$\tau = \frac{V_2}{h_0 t_w} = \frac{791 \times 10^3\ \text{N}}{1\ 400\ \text{mm} \times 8\ \text{mm}} = 70.6\ \text{N/mm}^2$$

由公式（4.5.48）得：

$$\left(\frac{\sigma}{\sigma_{cr}}\right)^2 + \left(\frac{\tau}{\tau_{cr}}\right)^2 = \left(\frac{89.6}{167.6}\right)^2 + \left(\frac{70.6}{89.9}\right)^2 = 0.903 < 1$$

满足要求。

第Ⅲ板段验算：

$$V_{3左} = 796\ \text{kN} - 2.66\ \text{kN/m} \times 2.3\ \text{m} = 789.9\ \text{kN}$$

$$V_{3右} = 796\ \text{kN} - 2.66\ \text{kN/m} \times 3\ \text{m} = 788\ \text{kN}$$

第Ⅲ板段平均剪力：

$$V_3 = 789\ \text{kN}$$

$$M_{3左} = 796\ \text{kN} \times 2.3\ \text{m} - 2.66\ \text{kN/m} \times 2.3^2\ \text{m}^2/2 = 1\ 823.8\ \text{kN} \cdot \text{m}$$

$$M_{3右} = 796\ \text{kN} \times 3\ \text{m} - 2.66\ \text{kN/m} \times 3^2\ \text{m}^2/2 = 2\ 376\ \text{kN} \cdot \text{m}$$

第Ⅲ板段平均弯矩：

$$M_3 = 2\ 100\ \text{kN} \cdot \text{m}$$

与板段Ⅱ相同：

$$\sigma_{cr} = 167.6\ \text{N/mm}^2$$

$$a/h_0 = 700\ \text{mm}/1\ 400\ \text{mm} = 0.5 < 1.0$$

由公式（4.5.20）得：

$$\lambda_s = \frac{h_0/t_w}{41\sqrt{4 + 5.34(h_0/a)^2}}\sqrt{\frac{f_y}{235}} = \frac{1\ 400\ \text{mm}/8\ \text{mm}}{41\sqrt{4 + 5.34 \times (1\ 400\ \text{mm}/700\ \text{mm})^2}} = 0.848$$

由公式（4.5.24）得：

$$\tau_{cr} = [1 - 0.59(\lambda_s - 0.8)]f_v = [1 - 0.59(0.848 - 0.8)] \times 125 \text{ N/mm}^2 = 121.5 \text{ N/mm}^2$$

$$\sigma = \frac{M_3 h_0/2}{I_x} = \frac{2\,100 \times 10^6 \text{ N} \cdot \text{mm} \times 1\,400 \text{ mm}/2}{1.07 \times 10^{10} \text{ mm}^4} = 137.4 \text{ N/mm}^2$$

$$\tau = \frac{V_3}{h_0 t_w} = \frac{789 \times 10^3 \text{ N}}{1\,400 \text{ mm} \times 8 \text{ mm}} = 70.4 \text{ N/mm}^2$$

由公式（4.5.48）得：

$$\left(\frac{\sigma}{\sigma_{cr}}\right)^2 + \left(\frac{\tau}{\tau_{cr}}\right)^2 = \left(\frac{137.4}{167.6}\right)^2 + \left(\frac{70.4}{121.5}\right)^2 = 1.008 \approx 1$$

满足要求。

第Ⅳ板段与第Ⅴ板段加劲肋布置相同，第Ⅴ板段受力更为不利，故只需验算第Ⅴ板段。

$$V_{5左} = 796 \text{ kN} - 2.66 \text{ kN/m} \times 4.5 \text{ m} - 520 \text{ kN} = 264 \text{ kN}$$

$$V_{5右} = 796 \text{ kN} - 2.66 \text{ kN/m} \times 6 \text{ m} - 520 \text{ kN} = 260 \text{ kN}$$

第Ⅴ板段平均剪力：

$$V_5 = 262 \text{ kN}$$

$$M_{5左} = 796 \text{ kN} \times 4.5 \text{ m} - 2.66 \text{ kN/m} \times 4.5^2 \text{ m}^2/2 - 520 \text{ kN} \times 1.5 \text{ m} = 2\,775 \text{ kN} \cdot \text{m}$$

$$M_{5右} = 796 \text{ kN} \times 6 \text{ m} - 2.66 \text{ kN/m} \times 6^2 \text{ m}^2/2 - 520 \text{ kN} \times 3 \text{ m} = 3\,168 \text{ kN} \cdot \text{m}$$

平均弯矩：

$$M_5 = 2\,972 \text{ kN} \cdot \text{m}$$

$$\sigma = \frac{M_5 h_0/2}{I_x} = \frac{2\,972 \times 10^6 \text{ N} \cdot \text{mm} \times 1\,400 \text{ mm}/2}{1.07 \times 10^{10} \text{ mm}^4} = 194.4 \text{ N/mm}^2$$

$$\tau = \frac{V_5}{h_0 t_w} = \frac{262 \times 10^3 \text{ N}}{1\,400 \text{ mm} \times 8 \text{ mm}} = 23.4 \text{ N/mm}^2$$

上板段：

由公式（4.5.51）得：

$$\lambda_{b1} = \frac{h_1/t_w}{64}\sqrt{\frac{f_y}{235}} = \frac{300 \text{ mm}/8 \text{ mm}}{64} = 0.586 < 0.85$$

$$\sigma_{cr1} = f = 215 \text{ N/mm}^2$$

$$a/h_1 = 1\,500 \text{ mm}/300 \text{ mm} = 5 > 1.0$$

$$\lambda_s = \frac{h_1/t_w}{41\sqrt{5.34 + 4(h_1/a)^2}}\sqrt{\frac{f_y}{235}} = \frac{300 \text{ mm}/8 \text{ mm}}{41\sqrt{5.34 + 4(300 \text{ mm}/1\,500 \text{ mm})^2}} = 0.39 < 0.8$$

故

$$\tau_{cr} = f_v = 125 \text{ N/mm}^2$$

由公式（4.5.49）得：

$$\frac{\sigma}{\sigma_{cr1}} + \left(\frac{\tau}{\tau_{cr1}}\right)^2 = \frac{194.4}{215} + \left(\frac{23.4}{125}\right)^2 = 0.939 < 1$$

满足要求。

下板段：

由公式（4.5.57）得：

$$\lambda_{b2} = \frac{h_2/t_w}{194}\sqrt{\frac{f_y}{235}} = \frac{1\ 100\ \text{mm}/8\ \text{mm}}{194} = 0.709 < 0.85$$

故

$$\sigma_{cr2} = f = 215\ \text{N/mm}^2$$

$$a/h_2 = 1\ 500\ \text{mm}/1\ 100\ \text{mm} = 1.364 > 1.0$$

$$\lambda_s = \frac{h_2/t_w}{41\sqrt{5.34 + 4(h_2/a)^2}}\sqrt{\frac{f_y}{235}} = \frac{1\ 100\ \text{mm}/8\ \text{mm}}{41\sqrt{5.34 + 4\times(1\ 100\ \text{mm}/1\ 500\ \text{mm})^2}} = 1.225 > 1.2$$

故

$$\tau_{cr2} = 1.1 f_v/\lambda_s^2 = 1.1 \times 125\ \text{N/mm}^2/1.225^2 = 91.6\ \text{N/mm}^2$$

$$\sigma = \frac{M_5(h_0/2 - h_1)}{I_x} = \frac{2\ 972 \times 10^6\ \text{N}\cdot\text{mm} \times (1\ 400\ \text{mm}/2 - 300\ \text{mm})}{1.07 \times 10^{10}\ \text{mm}^4} = 111.1\ \text{N/mm}^2$$

$$\left(\frac{\sigma}{\sigma_{cr2}}\right)^2 + \left(\frac{\tau}{\tau_{cr2}}\right)^2 = \left(\frac{111.1}{215}\right)^2 + \left(\frac{23.4}{91.6}\right)^2 = 0.332 < 1$$

满足要求。

作为练习，请读者自行完成加劲肋截面的设计。

§5.5 吊车梁的设计特点

5.5.1 吊车梁所承受的荷载

吊车在吊车梁（crane girders）上运动产生三个方向的动力荷载：竖向荷载、横向水平荷载和沿吊车梁纵向的水平荷载。纵向水平荷载是指吊车刹车力，其沿轨道方向由吊车梁传给柱间支撑，计算吊车梁截面时不予考虑。吊车梁的竖向荷载标准值应采用吊车最大轮压或最小轮压。吊车沿轨道运行、起吊、卸载以及工件翻转时将引起吊车梁振动。特别是当吊车越过轨道接头处的空隙时还将发生撞击。因此在计算吊车梁及其连接强度时吊车竖向荷载应乘以动力系数。对悬挂吊车（包括电动葫芦）及工作级别 A1～A5 的软钩吊车，动力系数可取 1.05；对工作级别 A6～A8 的软钩吊车、硬钩吊车和其他特种吊车，动力系数可取为 1.1。有关吊车工作级别与过去常用的工作制等级（轻、中、重、特重）的对应关系，详见§9.8 节表 9.8.1。

吊车的横向水平荷载由小车横行引起，其标准值应取横行小车重量与额定起重量之和的下列百分数，并乘以重力加速度：

① 软钩吊车：当额定起重量不大于 10 t 时，应取 12%；当额定起重量为 16～50 t 时，应取 10%；当额定起重量不小于 75 t 时，应取 8%。

② 硬钩吊车：应取 20%。

横向水平荷载应等分于桥架的两端，分别由轨道上的车轮平均传至轨道，其方向与轨道垂直，并考虑正反两个方向的刹车情况。对于悬挂吊车的水平荷载应由支撑系统承受，可不计算。手动吊车及电动葫芦可不考虑水平荷载。

计算重级工作制吊车梁及其制动结构的强度、稳定性以及连接（吊车梁、制动结构、柱相互间的连接)的强度时,由于轨道不可能绝对平行、轨道磨损及大车运行时本身可能倾斜等原因,在轨道上产生卡轨力,因此《规范》规定应按下式考虑吊车摆动引起的横向水平力,此水平力不与小车横行引起的水平荷载同时考虑。

$$H_k = \alpha P_{kmax} \tag{5.5.1}$$

式中,H_k 为轮压处水平力标准值;P_{kmax} 为吊车最大轮压标准值;α 为系数,对一般软钩吊车宜取 0.1,抓斗或磁盘吊车宜取 0.15,硬钩吊车宜取 0.2。

5.5.2 吊车梁的形式

吊车梁应该能够承受吊车在使用中产生的荷载。竖向荷载在吊车梁垂直方向产生弯矩和剪力,水平荷载在吊车梁上翼缘平面产生水平方向的弯矩和剪力。吊车的起重量和吊车梁的跨度决定了吊车梁的形式。吊车梁一般设计成简支梁。设计成连续梁固然可节省材料,但连续梁对支座沉降比较敏感,因此对基础要求较高。图 5.5.1a~e 为吊车梁的常用截面形式,可采用工字钢、H 型钢、焊接工字钢、箱型梁及桁架做为吊车梁。桁架式吊车梁用钢量省,但制作费工,连接节点在动力荷载作用下易产生疲劳破坏,故一般用于跨度较小的轻中级工作制的吊车梁。一般跨度小、起重量不大(跨度不超过 6 m,起重量不超过 30 t)的情况下,吊车梁可通过在翼缘上焊钢板、角钢、槽钢的办法抵抗横向水平荷载,如图 5.5.1f~h 所示。对于焊接工字钢也可采用扩大上翼缘尺寸的方法加强其侧向刚度。

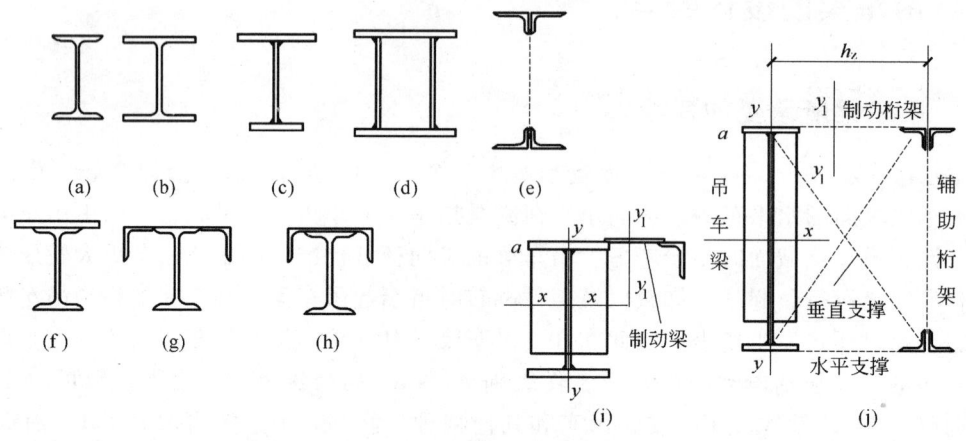

图 5.5.1 吊车梁的形式

对于跨度或起重量较大的吊车梁应设置制动结构,即制动梁或制动桁架(图 5.5.1i、j),由制动结构将横向水平荷载传至柱,同时保证梁的整体稳定。制动梁的宽度不宜小于 1~1.5 m,宽度较大时宜采用制动桁架。吊车梁的上翼缘充当制动结构的翼缘或弦杆,制动结构的另一翼缘或弦杆可以采用槽钢或角钢。制动结构还可以充当检修走道,故制动梁腹板一般采用花纹钢板,厚度 6~10 mm。对于跨度大于或等于 12 m 的重级工作制吊车梁,或跨度大于或等于 18 m 的轻中级工作制吊车梁宜设置辅助桁架和下翼缘(下弦)水平支撑系统,同时设置垂直支撑,其位置不宜设在梁或桁架最大挠度处,以免受力过大造成破坏。对柱两侧均有吊车梁的中柱则应在两吊车梁间设置制动结构。

5.5.3 吊车梁的设计

1. 吊车梁钢材的选择

吊车梁承受动态荷载的反复作用，因此，其钢材应具有良好的塑性和韧性，且应满足《规范》中条款 3.3.2~3.3.4 的要求。

2. 吊车梁的内力计算

由于吊车荷载为移动荷载，计算吊车梁内力时必须首先用力学方法确定使吊车梁产生最大内力（弯矩和剪力）的最不利轮压位置，然后分别求梁的最大弯矩及相应的剪力和梁的最大剪力及相应弯矩，以及横向水平荷载在水平方向产生的最大弯矩。计算吊车梁的强度及稳定时按作用在跨间荷载效应最大的两台吊车或按实际情况考虑，并采用荷载设计值。

计算吊车梁的疲劳及挠度时应按作用在跨间内荷载效应最大的一台吊车确定，并采用不乘荷载分项系数和动力系数的荷载标准值计算。求出最不利内力后选择梁的截面和制动结构。

3. 吊车梁的强度、稳定承载力验算

（1）强度验算

假定吊车横向水平荷载由梁加强的上翼缘或制动梁或桁架承受，竖向荷载则由吊车梁本身承受，同时忽略横向水平荷载对制动结构的偏心作用。

对于无制动结构的吊车梁按下式验算受压区最大正应力：

$$\sigma = \frac{M_{x\max}}{W_{nx}} + \frac{M_{y\max}}{W'_{ny}} \leq f \tag{5.5.2}$$

当采用制动梁时（图 5.5.1i）应验算 a 点的正应力：

$$\sigma = \frac{M_{x\max}}{W_{nx}} + \frac{M_{y\max}}{W_{ny1}} \leq f \tag{5.5.3}$$

当为制动桁架时（图 5.5.1j）仍验算 a 点的正应力：

$$\sigma = \frac{M_{x\max}}{W_{nx}} + \frac{M_{y\max}}{h_z A_{n1}} + \frac{M'_y}{W'_{ny}} \leq f \tag{5.5.4}$$

当吊车梁为单轴对称时应验算下翼缘的正应力：

$$\sigma = \frac{M_{x\max}}{W_{nx2}} \leq f \tag{5.5.5}$$

以上式中，$M_{x\max}$、$M_{y\max}$ 分别为垂直荷载及横向水平荷载产生的弯矩设计值；W_{nx} 为吊车梁截面对 x 轴的净截面模量；W_{nx2} 为吊车梁下翼缘最大拉应力处对 x 轴的净截面模量；W'_{ny} 为吊车梁上翼缘截面对 y 轴的净截面模量；W_{ny1} 为制动梁截面对 y_1 轴的净截面模量；h_z 为制动桁架的高度；A_{n1} 为吊车梁上翼缘及 $15t_w$ 腹板的净截面之和；M'_y 为吊车梁上翼缘作为制动桁架的弦杆，由横向水平荷载对弦杆所产生的局部弯矩，近似为 $M'_y = (1/3 \sim 1/5) T \cdot d$，$T$ 为横向水平荷载，d 为制动桁架的节间距。

对于焊接组合梁尚应按公式（4.2.10）验算翼缘与腹板交界处的折算应力。

梁的支座截面的最大剪应力，在选截面时已予保证，不必验算。

（2）局部稳定验算

对于焊接组合梁，应按 4.5.3 的内容进行局部稳定设计及验算。

(3) 整体稳定验算

当采用制动梁或制动桁架时,梁的整体稳定能够保证,不必验算。无制动结构的梁应按下式验算:

$$\sigma = \frac{M_{x\max}}{\varphi_b W_x} + \frac{M_{y\max}}{W_y} \leqslant f \tag{5.5.6}$$

4. 吊车梁疲劳验算

吊车梁直接承受动力荷载,对重级工作制吊车梁和重级、中级工作制吊车桁架可作为常幅疲劳,按公式(2.5.15)验算疲劳强度。验算的部位一般包括:受拉翼缘与腹板连接处的主体金属、受拉区加劲肋的端部和受拉翼缘与支撑的连接等处的主体金属以及角焊缝连接处。

5. 吊车梁刚度验算

吊车梁在竖向荷载作用下的挠度要满足附录2给出的容许限值要求。对冶金工厂或类似车间中工作制为A7、A8的吊车梁,按一台最大吊车的横向水平荷载(按GB 50009—2001《建筑结构荷载规范》或本节5.5.1款取值)产生的横向水平挠度不宜超过制动结构跨度的1/2 200。应注意的是:在计算竖向挠度时系按自重和起重量最大的一台吊车计算。

6. 吊车梁的合理构造设计

应力集中是造成疲劳破坏的主要原因,因而应特别关注吊车梁的细部构造设计。焊接组合吊车梁的翼缘宜用一层钢板,当采用两层钢板时,外层钢板宜沿梁通长设置,并应在设计和施工中采取措施使上翼缘两层钢板紧密接触。吊车梁的翼缘板或腹板的焊接拼接应采用加引弧(引出)板的焊透对接焊缝,引弧(引出)板割去处应予打磨平整。焊接吊车梁和焊接吊车桁架的工地整段拼接应采用焊接或高强度螺栓的摩擦型连接。

吊车梁横向加劲肋的宽度不宜小于90 mm。在支座处的横向加劲肋应在腹板两侧成对布置,并与梁上下翼缘刨平顶紧。中间横向加劲肋的上端应与梁的上翼缘刨平顶紧,在重级工作制吊车梁中,中间横向加劲肋亦应在腹板两侧成对布置,而中、轻级工作制吊车梁则可单侧设置或两侧错开设置。在焊接吊车梁中,横向加劲肋(含短加劲肋)不得与受拉翼缘相焊,但可与受压翼缘焊接,如图5.5.1i、j所示端加劲肋可与梁上下翼缘相焊,中间横向加劲肋的下端宜在距受拉下翼缘50~100 mm处断开,其与腹板的连接焊缝不宜在肋下端起落弧。当吊车梁受拉翼缘与支撑相连时,不宜采用焊接连接。

重级工作制吊车梁中,上翼缘与柱或制动桁架传递水平力的连接宜采用高强度螺栓的摩擦型连接,而上翼缘与制动梁的连接,可采用高强度螺栓摩擦型连接或焊缝连接。

吊车梁端部与柱的连接构造应设法减少由于吊车梁弯曲变形而在连接处产生的附加应力。吊车梁的受拉翼缘边缘,宜为轧制边或自动气割边,当用手工气割或剪切机切割时,应沿全长刨边。吊车梁的受拉翼缘上下不得焊接悬挂设备的零件,并不宜在该处打火或焊接夹具。

吊车梁上翼缘与腹板的连接焊缝直接承受反复的动力荷载作用,加上难以避免的轨道偏心作用,焊缝及其附近的主体金属受力非常复杂,因此对于重级工作制或起重量≥50 t的中级工作制吊车梁,腹板与上翼缘的焊缝要采用图5.5.2所示的焊透的T形

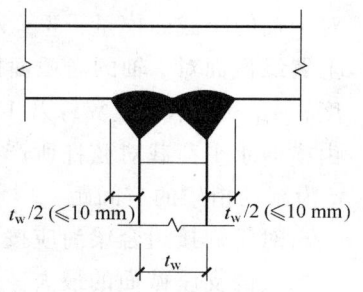

图5.5.2 焊透的T形接头对接与角接组合焊缝

接头对接与角接组合焊缝。吊车梁焊缝的质量等级要符合《规范》中 7.1.1 条的要求。

§5.6 冷弯型钢檩条和墙梁的设计特点

冷弯薄壁型钢（cold-formed shin-walled steel）系由带钢或钢板经辊轧、模压冷弯或冷拔成型，由于薄壁和截面开展，其回转半径较普通型钢截面要大，因此比较经济。本节仅介绍应用较多的冷弯型钢檩条和墙梁的设计特点，有关冷弯薄壁型钢结构的特点，详见§6.8。

5.6.1 冷弯型钢檩条的设计特点

冷弯型钢檩条（cold-formed steel purlins）较热轧型钢檩条能够较好的节约材料，目前在钢结构中应用较多。常用的冷弯型钢檩条有 Z 型和 C 型两种截面形式，如图 5.6.1 所示。檩条一般垂直于屋面坡度放置，在屋面荷载作用下绕截面的两个主轴弯曲，如果荷载作用线不经过剪力中心，还将产生扭转。但一般屋面的拉结体系能起到阻止檩条扭转的作用，故可不考虑扭矩的影响按双向压弯构件设计。

为减小檩条在使用期间和施工过程中的侧向变形和扭转，当檩条跨度超过 4 m 时应在檩条之间设置拉条及撑杆，拉条必须张紧，以保证传递拉力。跨度在 4~6 m 时可在跨中设置一道拉条，超过 6 m 时在三分点处设置两道拉条。跨度 6 m 时可视荷载大小设一道或两道拉条。拉条必须连到可以作为不动点的屋架节点或檩条上，所以在屋脊处把两坡向上的脊檩用缀板相连以增强其刚度。图 5.6.2 为檩条拉结体系的典型布置方案，该体系可起到檩条的侧向支承作用。

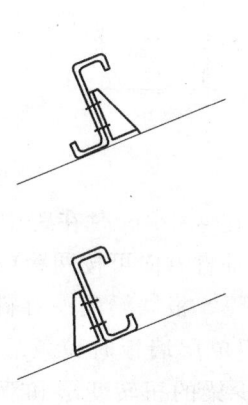

图 5.6.1 冷弯型钢
Z 型和 C 型檩条

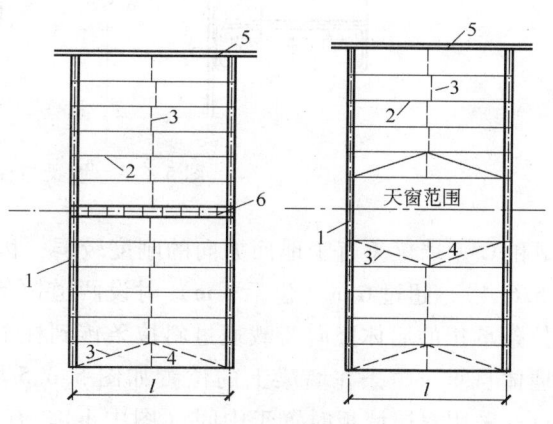

图 5.6.2 拉结体系布置
1—屋架；2—檩条；3—拉条；4—撑杆；
5—承重天沟或圈梁；6—连接两檩条的缀板

为了便于安装和阻止檩条在支承处的扭转，檩条和屋架的连接宜采用檩托，如图 5.6.1 所示檩托通常用角钢制作，其垂直肢的高度不宜小于檩条截面高度的 3/4。檩条端部与檩托的连接螺栓不宜少于 2 个，尽可能沿高度方向布置。

对于冷弯型钢檩条，应按有效截面验算其强度和整体稳定。如果屋面能阻止檩条侧向失稳

和扭转,可仅按式(5.6.1)计算其强度,无需验算其稳定性。否则应按公式(5.6.2)验算其稳定性:

$$\sigma = \frac{M_x}{W_{efnx}} + \frac{M_y}{W_{efny}} \leq f \tag{5.6.1}$$

$$\frac{M_x}{\varphi_b W_{efx}} + \frac{M_y}{W_{efy}} \leq f \tag{5.6.2}$$

上两式中,M_x、M_y 分别为对主轴 x 和 y 的弯矩;φ_b 为受弯构件整体稳定系数,应按 GB 50018 的附录 A.2 计算;W_{efx}、W_{efy} 分别为截面对主轴 x、y 的有效截面模量,按 GB 50018 中 5.6 节计算;f 为钢材的抗弯强度设计值,按 GB 50018 表 4.2.1 采用。

檩条的挠度也要满足冷弯薄壁型钢规范的相应规定。

5.6.2 冷弯型钢墙梁的设计特点

Z 型和 C 型冷弯型钢也常用作墙梁(wall beam),与热轧槽钢、角钢或工字钢墙梁相比,可省钢 30% 左右。墙梁主要承受水平方向的风荷载,宜将其刚度较大的主平面置于水平方向,并用支托支承于柱上,如图 5.6.3 所示。墙梁通常设计成单跨简支梁,柱距较小时可设计成两跨连续梁。当柱距大于 6 m 时常在两柱之间加设墙架柱;当然也可通过加隔撑的办法减小墙梁跨中的挠度和弯矩,此时可按三跨连续梁计算。

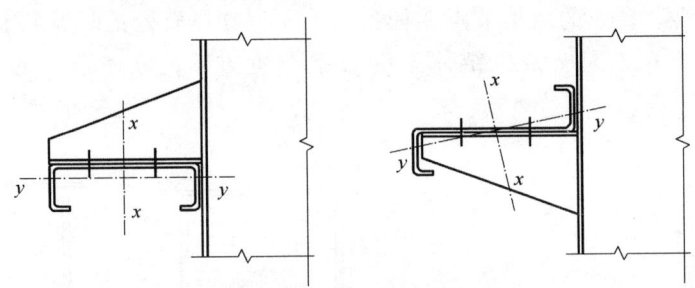

图 5.6.3 墙梁与柱的连接

Z 型和 C 型墙梁垂直于地面方向的刚度较弱,因此当梁跨在 4~6 m 时在跨中设置一道拉条(图 5.6.4),超过 6 m(包括 6 m)时设两道拉条,这时在垂直方向可按两跨或三跨连续梁计算。拉条承担的墙体竖向荷载通过斜拉条传至柱上,一般每隔 5 根墙梁设一对斜拉条,以分段传递墙体自重。拉条在墙梁上的位置如图 5.6.5 所示,采用单层墙板时拉条靠近墙板一侧(图中 a),采用双层墙板时置于中间(图中 b)。有时为了减少梁的扭转变形和双力矩值,提高梁的整体稳定性,还设置如图 5.6.5c~e 所示的抗扭支撑体系。

对于墙梁来说,水平荷载和竖向荷载在梁中产生的扭矩影响不可忽略,在验算其强度和稳定性时需考虑双力矩产生的应力。只有在两侧挂墙板的墙梁、设置抗扭支撑体系的墙梁和一侧挂墙板、另一侧设有可阻止其扭转变形的拉杆的墙梁可不计弯扭双力矩的影响。另外构造上能够保证墙梁整体稳定时也不需验算整体稳定(如双侧挂墙板的墙梁)。墙梁的变形也要满足 GB 50018 的要求。

强度按下列公式验算:

§5.6 冷弯型钢檩条和墙梁的设计特点

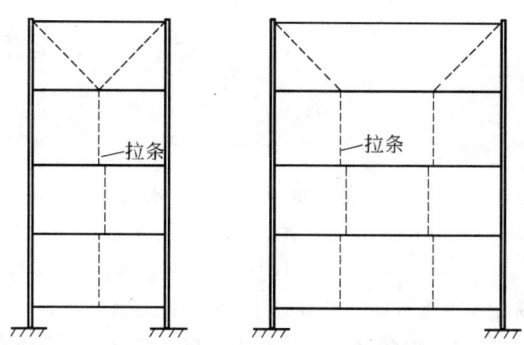

图 5.6.4 墙面拉条布置

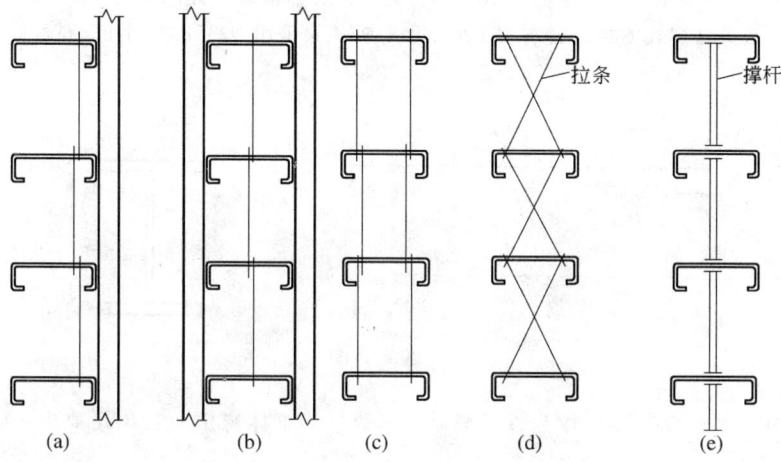

图 5.6.5 拉条在墙梁上的位置

$$\sigma = \frac{M_x}{W_{efnx}} + \frac{M_y}{W_{efny}} + \frac{B}{W_\omega} \leqslant f \tag{5.6.3}$$

$$\tau_x = \frac{3V_{x\max}}{4b_0 t} \leqslant f_v \tag{5.6.4}$$

$$\tau_y = \frac{3V_{y\max}}{2h_0 t} \leqslant f_v \tag{5.6.5}$$

以上各式中，B 为与所取弯矩同一截面的双力矩，当受弯构件的受压翼缘上有铺板，且与受压翼缘牢固相连并能阻止受压翼缘侧向变位和扭转时，$B=0$。其他情况，可按 GB 50018 附录 A.4 的规定计算；W_ω 为与弯矩引起的应力同一验算点处的毛截面扇性模量；$V_{x\max}$、$V_{y\max}$ 为竖向荷载设计值 q_x 和水平风荷载设计值 q_y 所产生的剪力的最大值；b_0、h_0 为墙梁截面沿截面主轴 x、y 方向的计算高度，取相交板件连接处两内弧起点间的距离；t 为墙梁截面的厚度。

稳定性按下式验算：

$$\frac{M_x}{\varphi_{bx} W_{efx}} + \frac{M_y}{W_{efy}} + \frac{B}{W_\omega} \leqslant f \tag{5.6.6}$$

式中，φ_{bx} 为受弯构件整体稳定系数，计算 φ_{bx} 时按仅作用 M_x（忽略 M_y 及 B 的影响），按

GB 50018附录 A.2 的规定计算。

习　题

5.1　某楼盖一两端简支梁跨度 15 m，承受均布静力荷载，永久荷载标准值为 35 kN/m（不包括梁自重），活荷载标准值为 45 kN/m，该梁拟采用 Q235B 钢制作，采用焊接组合工字形截面。若该梁整体稳定能够保证，试设计该梁。

5.2　某工作平台梁两端简支，跨度 6 m，采用型号工56b 的工字钢制作，钢材为 Q345。该梁承受均布荷载，荷载为间接动力荷载。若工作平台梁的铺板没与钢梁连牢，试求该梁能承担的最大设计荷载。

5.3　如习题 5.3 图所示，某焊接工字形等截面简支梁，跨度 10 m，在跨中作用有一静力集中荷载，该荷载由两部分组成，一部分为恒载，标准值为 200 kN；另一部分为活载，标准值为 300 kN。荷载沿梁的跨度方向支承长度为 150 mm。该梁在支座处设有支承加劲肋。若该梁采用 Q235B 钢制作，试验算该梁的强度、刚度是否满足要求。

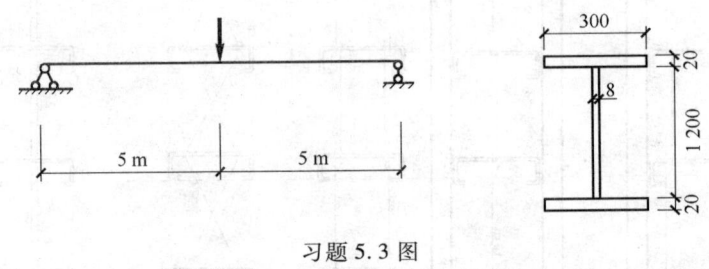

习题 5.3 图

5.4　如果习题 5.3 中梁仅在支座处设有侧向支承，该梁整体稳定能否满足要求。如不能，采用何种措施？

5.5　为习题 5.3 的梁设计加劲肋，保证腹板不发生局部失稳，同时在支座处和集中荷载作用处设计支承加劲肋。

5.6　若考虑习题 5.3 所给钢梁的腹板屈曲后强度，且只在跨中和支座处设置支承加劲肋，试验算该梁的承载力是否满足要求（假设整体稳定能够保证），并设计支承加劲肋。

第6章 轴心受力构件

§6.1 轴心受力构件的应用和截面形式

轴心受力构件（axially loaded members）是指承受通过构件截面形心轴线的轴向力作用的构件，当这种轴向力为拉力时，称为轴心受拉构件（axially tension members），简称轴心拉杆；当这种轴向力为压力时，称为轴心受压构件（axially compression members），简称轴心压杆。轴心受力构件广泛地应用于屋架、托架、塔架、网架和网壳等各种类型的平面或空间格构式体系以及支撑系统中。支承屋盖、楼盖或工作平台的竖向受压构件通常称为柱（columns），包括轴心受压柱。柱通常由柱头、柱身和柱脚三部分组成（图6.1.1），柱头支承上部结构并将其荷载传给柱身，柱脚则把荷载由柱身传给基础。

轴心受力构件（包括轴心受压柱），按其截面组成形式，可分为实腹式构件和格构式构件两种（图6.1.1）。实腹式构件具有整体连通的截面，常见的有三种截面形式。第一种是热轧型钢截面，如圆钢、圆管、方管、角钢、工字钢、T型钢、宽翼缘H型钢和槽钢等，其中最常用的是工字形或H形截面；第二种是冷弯型钢截面，如卷边和不卷边的角钢或槽钢与方管；第三种是型钢或钢板连接而成的组合截面。在普通桁架中，受拉或受压杆件常采用两个等边或不等边角钢组成的T形截面或十字形截面，也可采用单角钢、圆管、方管、工字钢或T型钢等截面（图6.1.2a）。轻型桁架的杆件则采用小角钢、圆钢或冷弯薄壁型钢等截面（图6.1.2b）。受力较大的轴心受力构件（如轴心受压柱），通常采用实腹式或格构式双轴对称截面；实腹式构件一般是组合截面，有时也采用轧制H型钢或圆管截面（图6.1.2c）。格构式构件一般由两个或多个分肢用缀件联系组成（图6.1.2d），采用较多的是两分肢格构式构件。在格构式构件截面中，通过分肢腹板的主轴叫做实轴，通过分肢缀件的主轴叫做虚轴。分肢通常采用轧制槽钢或工字钢，承受荷载较大时可采用焊接工字形或槽形组合截面。缀件有缀条或缀板两种，一般设置在分肢翼缘两侧平面内，其作用是将各分肢连成整体，使其共同受力，并承受绕虚轴弯曲时产生的剪力。缀条用斜杆组成或斜杆与横杆共同组成，缀条常采用单角钢，与分肢翼缘组成桁架体系，使承受横向剪力时有较大的刚度。缀板常采用钢板，与分肢翼缘组成刚架体系。在构件产生绕虚轴弯曲而承受横向剪力时，刚度比缀条格构式构件略低，所以通常用于受拉构件或压力较小的受压构件。实腹式构件比格构式构件构造简单，制造方便，整体受力和抗剪性能好，但截面尺寸较大时钢材用量较多；而格构式构件容易实现两主轴方向的等稳定性，刚度较大，抗扭性能较好，用料较省。

第 6 章 轴心受力构件

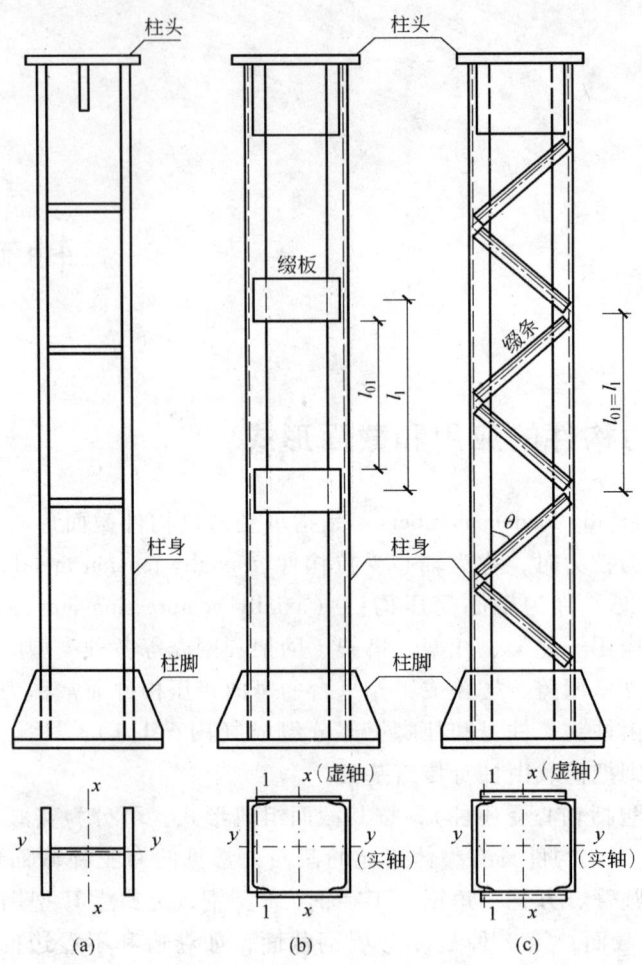

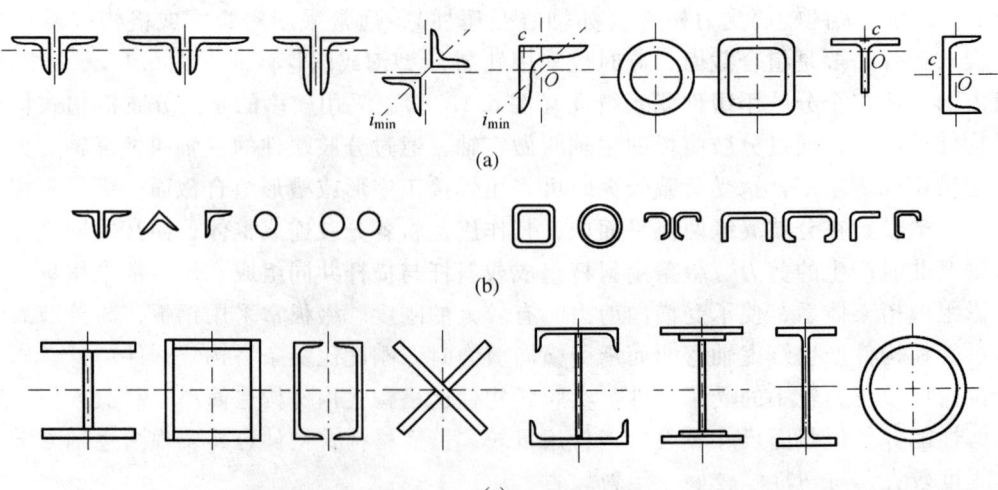

图 6.1.1 柱的形式
（a）实腹式柱；（b）格构式缀板柱；（c）格构式缀条柱

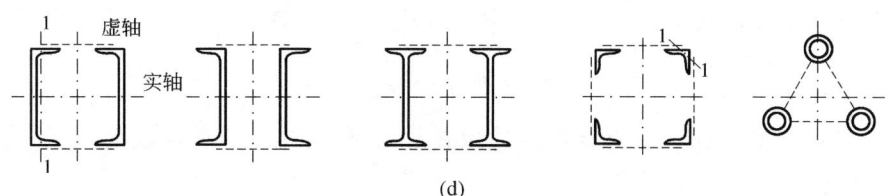

(d)

图 6.1.2 轴心受力构件的截面形式
（a）普通桁架杆件截面；（b）轻型桁架杆件截面；（c）实腹式构件截面；（d）格构式构件截面

§6.2 轴心受力构件的强度和刚度

6.2.1 轴心受力构件的强度计算

从钢材的应力-应变关系可知，当轴心受力构件的截面平均应力达到钢材的抗拉强度 f_u 时，构件达到强度极限承载力。但当构件的平均应力达到钢材的屈服强度 f_y 时，由于构件塑性变形的发展，将使构件的变形过大以致达到不适于继续承载的状态。因此，轴心受力构件是以截面的平均应力达到钢材的屈服强度作为强度计算准则的。

对无孔洞等削弱的轴心受力构件，以全截面平均应力达到屈服强度为强度极限状态，应按下式进行毛截面强度计算：

$$\sigma = \frac{N}{A} \leqslant f \tag{6.2.1}$$

式中，N 为构件的轴心力设计值；f 为钢材抗拉强度设计值或抗压强度设计值；A 为构件的毛截面面积。

对有孔洞等削弱的轴心受力构件（图 6.2.1），在孔洞处截面上的应力分布是不均匀的，靠近孔边处将产生应力集中现象。在弹性阶段，孔壁边缘的最大应力 σ_{max} 可能达到构件毛截面平均应力 σ_a 的 3 倍（图 6.2.1a）。若轴心力继续增加，当孔壁边缘的最大应力达到材料的屈服强度以后，应力不再继续增加而截面发展塑性变形，应力渐趋均匀。到达极限状态时，净截面上的应力为均匀屈服应力。因此，对于有孔洞削弱的轴心受力构件，以其净截面的平均应力

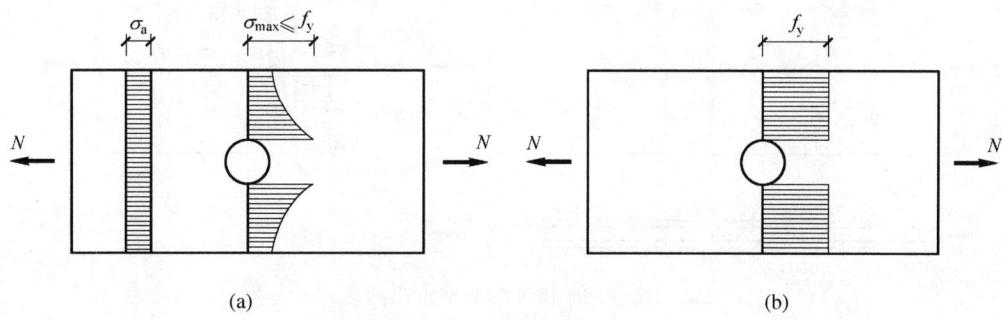

图 6.2.1 截面削弱处的应力分布
（a）弹性状态；（b）极限状态

达到屈服强度为强度极限状态,应按下式进行净截面强度计算:

$$\sigma = \frac{N}{A_n} \leq f \tag{6.2.2}$$

式中,A_n 为构件的净截面面积。对有螺纹的拉杆,A_n 取螺纹处的有效截面面积。当轴心受力构件采用普通螺栓(或铆钉)连接时,若螺栓(或铆钉)为并列布置(图 6.2.2a),A_n 按最危险的正交截面(Ⅰ-Ⅰ截面)计算;若螺栓错列布置(图 6.2.2b),构件既可能沿正交截面Ⅰ-Ⅰ破坏,也可能沿齿状截面Ⅱ-Ⅱ或Ⅲ-Ⅲ破坏。截面Ⅱ-Ⅱ或Ⅲ-Ⅲ的毛截面长度较大但孔洞较多,其净截面面积不一定比截面Ⅰ-Ⅰ的净截面面积大。A_n 应取Ⅰ-Ⅰ、Ⅱ-Ⅱ或Ⅲ-Ⅲ截面的较小面积计算。

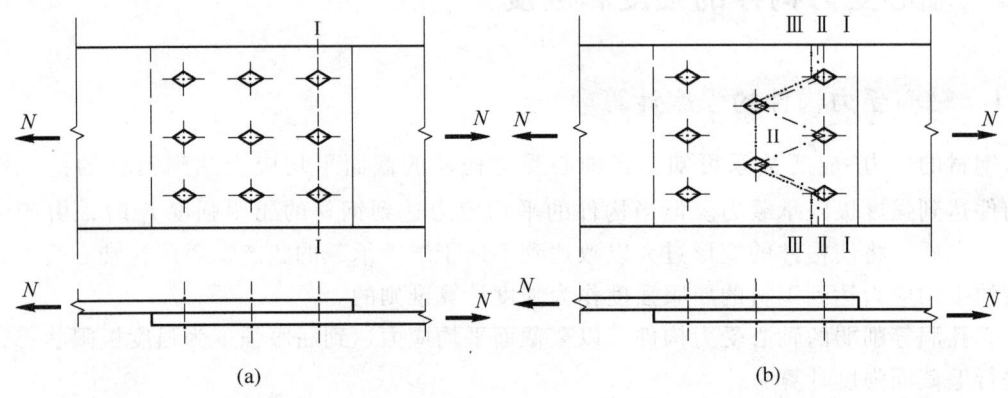

图 6.2.2 净截面面积的计算
(a)螺栓并列排列时钢板的净面积;(b)螺栓错列排列时钢板的净面积

对于高强度螺栓摩擦型连接的构件,可以认为连接传力所依靠的摩擦力均匀分布于螺孔四周,故在孔前接触面已传递一半的力(图 6.2.3)。因此,最外列螺栓处危险截面的净截面强度应按下式计算:

$$\sigma = \frac{N'}{A_n} \leq f \tag{6.2.3}$$

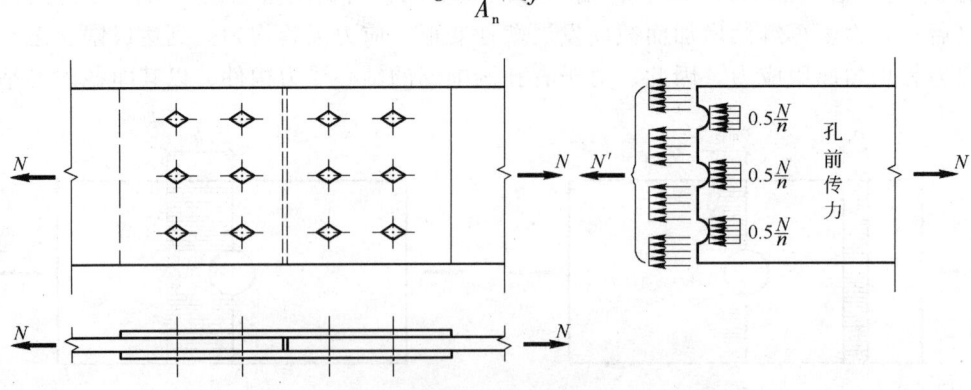

图 6.2.3 轴心力作用下的摩擦型高强度螺栓连接

式中,$N' = N(1 - 0.5n_1/n)$;n 为连接一侧的高强度螺栓总数;n_1 为计算截面(最外列螺栓处)上的高强度螺栓数目;0.5 为孔前传力系数。

对于高强度螺栓摩擦型连接的构件,除按式(6.2.3)验算净截面强度外,还应按式(6.2.1)验算毛截面强度。

对于单面连接的单角钢轴心受力构件,实际处于双向偏心受力状态(图6.2.4),试验表明其极限承载力约为轴心受力构件极限承载力的85%左右。因此单面连接的单角钢按轴心受力计算强度时,钢材和连接的强度设计值应乘以折减系数 $\gamma=0.85$。

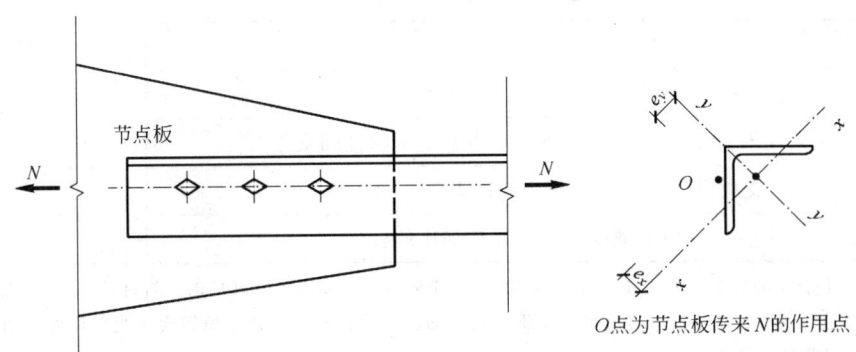

图 6.2.4　单面连接的单角钢轴心受压构件

焊接构件和轧制型钢构件均会产生残余应力,但残余应力在构件内是自相平衡的内应力,在轴力作用下,除了使构件部分截面较早地进入塑性状态外,并不影响构件的极限承载力。所以,在验算轴心受力构件强度时,不必考虑残余应力的影响。

6.2.2　轴心受力构件的刚度计算

按正常使用极限状态的要求,轴心受力构件均应具有一定的刚度。轴心受力构件的刚度通常用长细比(slenderness ratio)来衡量,长细比愈小,表示构件刚度愈大,反之则刚度愈小。

当轴心受力构件刚度不足时,在自重作用下容易产生过大的挠度,在动力荷载作用下容易产生振动,在运输和安装过程中容易产生弯曲。因此,设计时应对轴心受力构件的长细比进行控制。构件的容许长细比[λ],是按构件的受力性质、构件类别和荷载性质确定的。对于受压构件,长细比更为重要。受压构件因刚度不足,一旦发生弯曲变形后,因变形而增加的附加弯矩影响远比受拉构件严重,长细比过大,会使稳定承载力降低太多,因而其容许长细比[λ]限制应更严;直接承受动力荷载的受拉构件也比承受静力荷载或间接承受动力荷载的受拉构件不利,其容许长细比[λ]限制也较严;构件的容许长细比[λ]按表6.2.1~表6.2.2采用。轴心受力构件对主轴 x 轴、y 轴的长细比 λ_x 和 λ_y 应满足下式要求:

$$\lambda_x = \frac{l_{0x}}{i_x} \leq [\lambda], \quad \lambda_y = \frac{l_{0y}}{i_y} \leq [\lambda] \quad (6.2.4)$$

式中,l_{0x}、l_{0y} 为构件对主轴 x 轴、y 轴的计算长度;i_x、i_y 为截面对主轴 x 轴、y 轴的回转半径。构件计算长度 l_0(l_{0x} 或 l_{0y})取决于其两端支承情况(见表6.3.1),桁架和框架构件的计算长度与其两端相连构件的刚度有关。

当截面主轴在倾斜方向时(如单角钢截面和双角钢十字形截面),其主轴常标为 x_0 轴和 y_0 轴,应计算 $\lambda_{x0} = l_0/i_{x0}$ 和 $\lambda_{y0} = l_0/i_{y0}$,或只计算其中的最大长细比 $\lambda_{\max} = l_0/i_{\min}$。

设计轴心受拉构件时，应根据结构用途、构件受力大小和材料供应情况选用合理的截面形式，并对所选截面进行强度和刚度计算。设计轴心受压构件时，除使截面满足强度和刚度要求外尚应满足构件整体稳定和局部稳定要求。实际上，只有长细比很小及有孔洞削弱的轴心受压构件，才可能发生强度破坏。一般情况下，由整体稳定控制其承载力。轴心受压构件丧失整体稳定常常是突发性的，容易造成严重后果，应予以特别重视。

表 6.2.1 受压构件的容许长细比

项次	构件名称	容许长细比
1	柱、桁架和天窗架中的杆件	150
	柱的缀条、吊车梁或吊车桁架以下的柱间支撑	
2	支撑（吊车梁或吊车桁架以下的柱间支撑除外）	200
	用于减少受压构件长细比的杆件	

注：1. 桁架（包括空间桁架）的受压腹杆，当其内力等于或小于承载能力的 50% 时，容许长细比值可取为 200。
2. 计算单角钢受压构件的长细比时，应采用角钢的最小回转半径；但在计算单角钢交叉受压杆件平面外的长细比时，应采用与角钢肢边平行轴的回转半径。
3. 跨度等于或大于 60 m 的桁架，其受压弦杆和端压杆的长细比宜取为 100，其他受压腹杆可取为 150（承受静力荷载）或 120（承受动力荷载）。

表 6.2.2 受拉构件的容许长细比

项次	构件名称	承受静力荷载或间接承受动力荷载的结构		直接承受动力荷载的结构
		一般建筑结构	有重级工作制吊车的厂房	
1	桁架的杆件	350	250	250
2	吊车梁或吊车桁架以下的柱间支撑	300	200	—
3	其他拉杆、支撑、系杆等（张紧的圆钢除外）	400	350	—

注：1. 承受静力荷载的结构中，可仅计算受拉构件在竖向平面内的长细比。
2. 在直接或间接承受动力荷载的结构中，单角钢受拉构件长细比的计算方法与表 6.2.1 的注 2 相同。
3. 中、重级工作制吊车桁架下弦杆的长细比不宜超过 200。
4. 在设有夹钳吊车或刚性料耙吊车的厂房中，支撑（表中第 2 项除外）的长细比不宜超过 300。
5. 受拉构件在永久荷载与风荷载组合作用下受压时，其长细比不宜超过 250。
6. 跨度等于或大于 60 m 的桁架，其受拉弦杆和腹杆的长细比不宜超过 300（承受静力荷载）或 250（承受动力荷载）。

§6.3 轴心受压构件的整体稳定

6.3.1 轴心受压构件的整体失稳现象

无缺陷的轴心受压构件，当轴心压力 N 较小时，构件只产生轴向压缩变形，保持直线平衡状态。此时如有干扰力使构件产生微小弯曲，则当干扰力移去后，构件将恢复到原来的直线平衡状态，这种直线平衡状态下构件的外力和内力间的平衡是稳定的。当轴心压力 N 逐渐增加到一定大小，如有干扰力使构件发生微弯，但当干扰力移去后，构件仍保持微弯状态而不能恢复到原来的直线平衡状态，这种从直线平衡状态过渡到微弯曲平衡状态的现象称为平衡状态的分枝，此时构件的外力和内力间的平衡是随遇的，称为随遇或中性平衡。如轴心压力 N 再稍微增加，则弯曲变形迅速增大而使构件丧失承载能力，这种现象称为构件的弯曲屈曲或弯曲失稳（图 6.3.1a）。中性平衡是从稳定平衡过渡到不稳定平衡的临界状态，中性平衡时的轴心压力称为临界力 N_{cr}，相应的截面应力称为临界应力 σ_{cr}；σ_{cr} 常低于钢材屈服强度 f_y，即构件在到达强度极限状态前就会丧失整体稳定。无缺陷的轴心受压构件发生弯曲屈曲（flexural buckling）时，构件的变形发生了性质上的变化，即构件由直线形式改变为弯曲形式，且这种变化带有突然性。结构丧失稳定时，平衡形式发生改变的，称为丧失了第一类稳定性或称为平衡分枝失稳。除丧失第一类稳定性外，还有第二类稳定性问题。丧失第二类稳定性的特征是结构丧失稳定时其弯曲平衡形式不发生改变，只是由于结构原来的弯曲变形增大将不能正常工作。丧失第二类稳定性也称为极值点失稳。

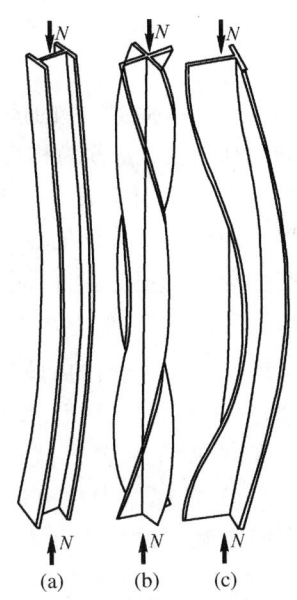

图 6.3.1 两端铰接轴心受压构件的屈曲状态
（a）弯曲屈曲；（b）扭转屈曲；
（c）弯扭屈曲

对某些抗扭刚度较差的轴心受压构件（如十字形截面），当轴心压力 N 达到临界值时，稳定平衡状态不再保持而发生微扭转。当 N 再稍微增加，则扭转变形迅速增大而使构件丧失承载能力，这种现象称为扭转屈曲或扭转失稳（torsional buckling）（图 6.3.1b）。

截面为单轴对称（如 T 形截面）的轴心受压构件绕对称轴失稳时，由于截面形心与截面剪切中心（或称扭转中心与弯曲中心，即构件弯曲时截面剪应力合力作用点通过的位置）不重合，在发生弯曲变形的同时必然伴随有扭转变形，故称为弯扭屈曲或弯扭失稳（flexural torsional buckling）（图 6.3.1c）。同理，截面没有对称轴的轴心受压构件，其屈曲形态也属弯扭屈曲。

钢结构中常用截面的轴心受压构件，由于其板件较厚，构件的抗扭刚度也相对较大，失稳时主要发生弯曲屈曲；单轴对称截面的构件绕对称轴弯扭屈曲时，当采用考虑扭转效应的换算长细比后，也可按弯曲屈曲计算。因此弯曲屈曲是确定轴心受压构件稳定承载力的主要依据，本节将主要讨论弯曲屈曲问题。

6.3.2 无缺陷轴心受压构件的屈曲

1. 弹性弯曲屈曲

图 6.3.2 为两端铰接的理想等截面构件，当轴心压力 N 达到临界值时，处于屈曲的微弯状态。在弹性微弯状态下，由内外力矩平衡条件，可建立平衡微分方程，求解后可得到著名的欧拉临界力（Euler critical force）公式为：

$$N_{cr} = \frac{\pi^2 EI}{(\mu l)^2} = \frac{\pi^2 EI}{l_0^2} = \frac{\pi^2 EA}{\lambda^2} \tag{6.3.1}$$

相应欧拉临界应力为：

$$\sigma_E = \sigma_{cr} = \frac{N_{cr}}{A} = \frac{\pi^2 E}{\lambda^2} \tag{6.3.2}$$

式中，$l_0 = \mu l$ 称为构件的计算长度或有效长度（effective length），l 为构件的几何长度，μ 称为构件的计算长度系数。构件的几种典型支承情况及相应的 μ 值列于表 6.3.1 中，考虑到理想条件难于完全实现，表中给出了用于实际设计的建议值。对于两端铰接的构件，$\mu = 1$，即几何长度与计算长度相等。计算长度 l_0 的几何意义是构件弯曲屈曲时变形曲线反弯点间的距离（见表 6.3.1 中的图）。$\lambda = l_0/i$ 为构件的有效长细比，$i = \sqrt{I/A}$ 为截面的回转半径（radius of gyration），A 为构件的毛截面面积，I 为截面惯性矩，E 为弹性模量。

在欧拉临界力公式的推导中，假定材料无限弹性、符合胡克（Hooker）定律（弹性模量 E 为常量），因此当截面应力超过钢材的比例极限 f_p 后，欧拉临界力公式不再适用，式 (6.3.2) 需满足：

$$\sigma_{cr} = \frac{\pi^2 E}{\lambda^2} \leq f_p \tag{6.3.3}$$

或

$$\lambda \geq \lambda_p = \pi \sqrt{\frac{E}{f_p}} \tag{6.3.4}$$

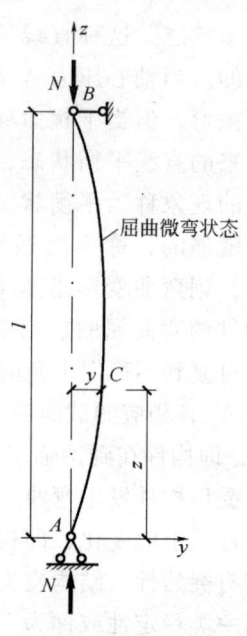

图 6.3.2 轴心受压构件的弯曲屈曲

只有长细比较大（$\lambda \geq \lambda_p$）的轴心受压构件，才能满足式 (6.3.3) 的要求。对于长细比较小（$\lambda \leq \lambda_p$）的轴心受压构件，截面应力在屈曲前已超过钢材的比例极限，构件处于弹塑性阶段，应按弹塑性屈曲计算其临界力。

从欧拉公式可以看出，轴心受压构件弯曲屈曲临界力随抗弯刚度的增加和构件长度的减小而增大；换句话说，构件的弯曲屈曲临界应力随构件的长细比减小而增大，与材料的抗压强度无关，因此长细比较大的轴心受压构件采用高强度钢材并不能提高其稳定承载力。

表 6.3.1 轴心受压构件的临界力和计算长度系数 μ

两端支承情况	两端铰接	上端自由，下端固定	上端铰接，下端固定	两端固定	上端可移动但不转动，下端固定	上端可移动但不转动，下端铰接
屈曲形状	$l_0 = l$	$l_0 = 2l$	$l_0 = 0.7l$	$l_0 = 0.5l$	$l_0 = l$	$l_0 = 2l$
计算长度 $l_0 = \mu l$，μ 为理论值	$1.0l$	$2.0l$	$0.7l$	$0.5l$	$1.0l$	$2.0l$
μ 的设计建议值	1	2	0.8	0.65	1.2	2

2. 弹塑性弯曲屈曲

1889 年恩格塞尔（Engesser）用应力-应变曲线的切线模量（tangent modulus）$E_t = d\sigma/d\varepsilon$ 代替欧拉公式中的弹性模量 E，将欧拉公式推广应用于非弹性范围，即

$$N_{cr} = \frac{\pi^2 E_t I}{l_0^2} = \frac{\pi^2 E_t A}{\lambda^2} \tag{6.3.5}$$

相应的切线模量临界应力为：

$$\sigma_{cr} = \frac{\pi^2 E_t}{\lambda^2} \tag{6.3.6}$$

从形式上看，切线模量临界应力公式和欧拉临界应力公式仅 E_t 与 E 不同。但在使用上却有很大的区别。采用欧拉（Euler）公式可直接由长细比 λ 求得临界应力 σ_{cr}，但切线模量公式则不能，因为切线模量 E_t 与临界应力 σ_{cr} 互为函数。可通过短柱试验先测得钢材的平均 σ-ε 关系曲线（图 6.3.3a），从而得到钢材的 σ-E_t 关系式或关系曲线（图 6.3.3b）。对 σ-E_t 关系已知的轴心受压构件，可先给定 σ_{cr} 再从试验所得的 σ-E_t 关系曲线得出相应的 E_t，然后由切线模量公式（6.3.6）求出长细比 λ。由此所得到的弹塑性屈曲阶段的临界应力 σ_{cr} 随长细比 λ 的变化曲线如图 6.3.3c 中的 AB 段所示。当然，也可以将试验所得的 σ-E_t 关系与式（6.3.6）联立求解得到 σ_{cr}-λ 关系曲线。临界应力 σ_{cr} 与长细比 λ 的关系曲线可作为轴心受压构件设计的依据，称为柱子曲线。

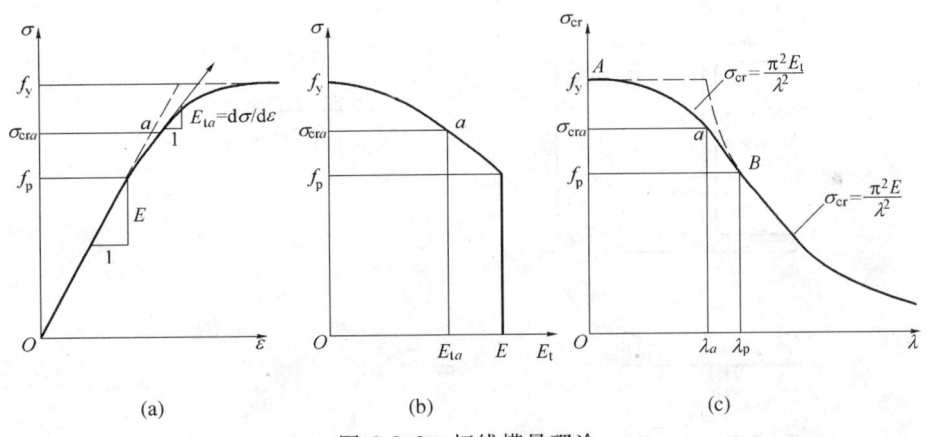

图 6.3.3 切线模量理论
(a) σ-ε 曲线；(b) σ-E_t 曲线；(c) σ_{cr}-λ 曲线

关于经典的轴心受压构件非弹性（弹塑性）屈曲的理论，最早是恩格塞尔（Engesser）于 1889 年提出的切线模量理论。继而于 1895 年恩格塞尔吸取了雅辛斯基（Ясцнский）的建议，考虑到在弹塑性屈曲产生微弯时，构件凸面出现弹性卸载（应采用弹性模量 E），从而提出与 E 和 E_t 有关的双模量理论，也叫折算模量理论。1910 年卡门（Karman）也独立导出了双模量理论，并给出矩形和工字形截面的双模量公式，之后几十年得到广泛的承认和应用。后来发现，双模量理论计算结果比试验值偏高，而切线模量理论计算结果却与试验值更为接近。1947 年香莱（Shanley）用模型解释了这个现象，指出切线模量临界应力是轴心受压构件弹塑性屈曲应力的下限，双模量临界应力是其上限，切线模量临界应力更接近实际的弹塑性屈曲应力。

因此，切线模量理论更有实用价值。

6.3.3 力学缺陷对轴心受压构件弯曲屈曲的影响

1. 残余应力的产生与分布规律

构件中的力学缺陷主要是指残余应力，它的产生主要是由钢材热轧以及板边火焰切割、构件焊接和校正调直等加工制造过程中不均匀的高温加热和冷却所引起的。其中焊接残余应力数值最大，通常可达到或接近钢材的屈服强度 f_y。

图 6.3.4a 所示的 H 型钢，在热轧后的冷却过程中，翼缘板端的单位体积的暴露面积大于腹板与翼缘交接处，冷却较快。腹板与翼缘的交接处，冷却较慢。同理，腹板中部也比其两端冷却较快。后冷却部分的收缩受到先冷却部分的约束产生了残余拉应力，而先冷却部分则产生了与之平衡的残余压应力。因此，截面残余应力为自平衡应力。

热轧或剪切钢板的残余应力很小，常可忽略。用这种带钢组成的焊接工字形截面，焊缝处的残余拉应力可能达到屈服点，如图 6.3.4c 所示。

对火焰切割钢板，由于切割时热量集中在切割处的很小范围，在板边缘小范围内可能产生高达屈服点的残余拉应力，板的中部产生较小的残余压应力（图 6.3.4b）。用这种钢板组成的焊接工字形截面，翼缘板的焊缝处变号为残余拉应力，如图 6.3.4d 所示。

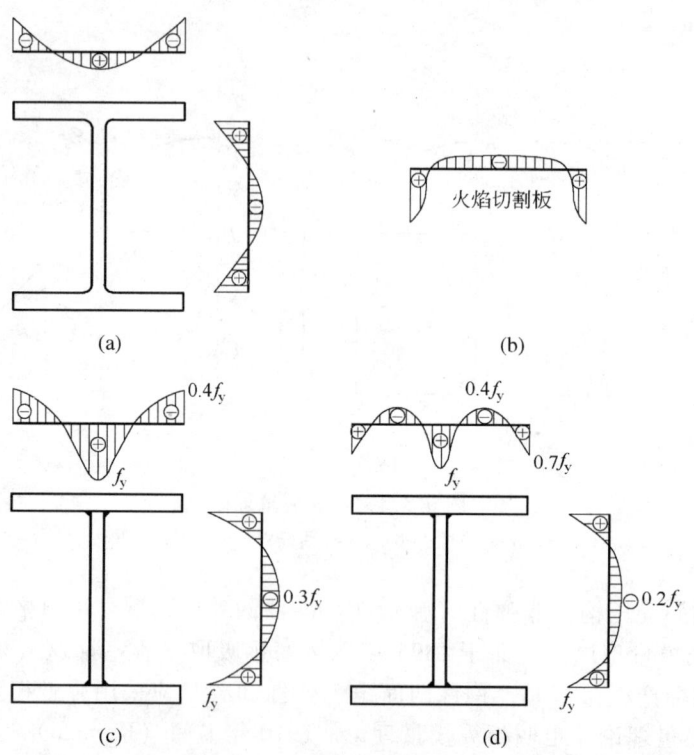

图 6.3.4 构件纵向残余应力的分布
（a）热轧 H 型钢；（b）火焰切割钢板；
（c）焊接 H 型钢，板为轧制或剪切边；（d）焊接 H 型钢，板为焰切边热轧型钢中残余应力在截面上的分布和大小与截面形状、尺寸比例、初始温度、冷却条件以及钢材性质有关。焊接构件中残余应力在截面上的分布和大小，除与这些因素有关外，还与焊缝大小、焊接工艺和翼缘板边缘制作方法（焰切、剪切或轧制）有关。

量测残余应力的方法主要有分割法、钻孔法和 X 射线衍射法等，但应用较多的是分割法，这是一种应力释放法。其原理是：将构件的各板件切成若干窄条，使残余应力完全释放，量测各窄条切割前后的长度，两者的差值就反映出截面残余应力的大小和分布。焊接构件的残余应力也可应用非线性热传导、热弹塑性有限元法分析求得。

2. 残余应力对短柱应力-应变曲线的影响

残余应力对应力-应变曲线的影响通常由短柱压缩试验（stub column test）测定。所谓短柱就是在构件中部取一柱段，其长细比不大于 20，不致在受压时发生屈曲破坏，又能足以保证其中部截面反映实际的残余应力。

现以图 6.3.5a 所示工字形截面为例，说明残余应力对轴心受压短柱的平均应力-应变（σ-ε）曲线的影响。假定工字形截面短柱的截面面积为 A，材料为理想弹塑性体，翼缘上残余应力的分布规律和应力变化规律如图 6.3.5b 所示。为使问题简化起见，忽略影响不大的腹板残余应力。当压力 N 作用时，截面上的应力为残余应力和压应力之和。因此，当 $N/A<0.7f_y$ 时，截面上的应力处于弹性阶段。当 $N/A=0.7f_y$ 时，翼缘端部应力达屈服点 f_y，这时短柱的平均应力-应变曲线开始弯曲，该点被称为有效比例极限 $f_p=N/A=f_y-\sigma_r$（图 6.3.5c 中的 A 点，式中 σ_r 为截面最大残余压应力）。当压力继续增加，$N/A \geq 0.7f_y$ 后，截面的屈服逐渐向中间

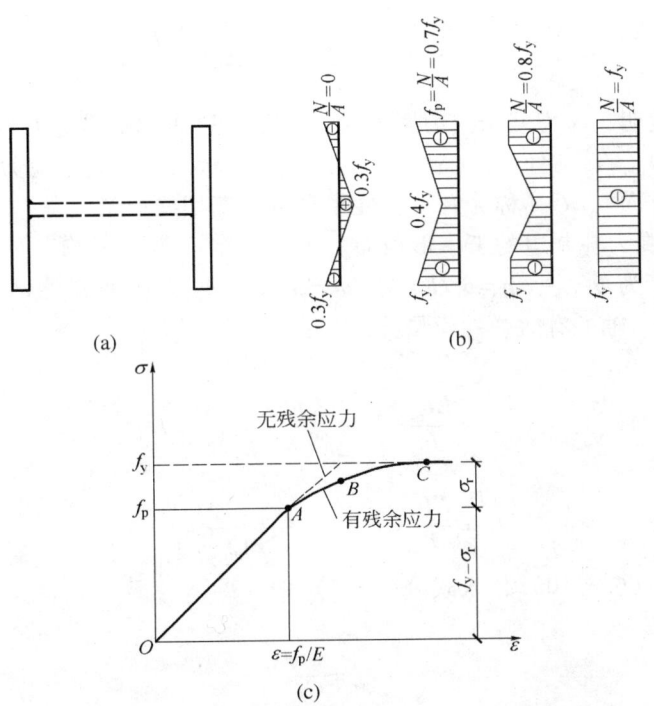

图 6.3.5 残余应力对轴心受压短柱平均应力-应变曲线的影响
（a）工字形截面；（b）应力变化规律；（c）应力-应变曲线

发展，能承受外力的弹性区逐渐减小，压缩应变相对增大，在短柱的平均应力-应变曲线上反映为弹塑性过渡阶段（图 6.3.5c 中的 B 点）。直到 $N/A=f_y$ 时，整个翼缘截面完全屈服（图 6.3.5c 中的 C 点）。

由此可见，短柱试验 σ-ε 的曲线与其截面残余应力分布有关，而比例极限 $f_p=f_y-\sigma_r$ 则与截面最大残余压应力有关。残余压应力大小一般在 $(0.32\sim0.57)f_y$ 之间，而残余拉应力一般在 $(0.5\sim1.0)f_y$ 之间。因此，热轧普通工字钢 $f_p\approx0.7f_y$，热轧宽翼缘 H 型钢 $f_p\approx(0.4\sim0.7)f_y$，焊接工字形截面 $f_p\approx(0.4\sim0.6)f_y$。

将有残余应力的短柱与经退火热处理消除了残余应力的短柱试验的 σ-ε 曲线对比可知，残余应力对短柱的 σ-ε 曲线的影响是：降低了构件的比例极限；当外荷载引起的应力超过比例极限后，残余应力使构件的平均应力-应变曲线变成非线性关系，同时减小了截面的有效面积和有效惯性矩，从而降低了构件的稳定承载力。

3. 残余应力对构件稳定承载力的影响

若 $\sigma=N/A\leqslant f_p=f_y-\sigma_r$ 或长细比 $\lambda\geqslant\lambda_p=\pi\sqrt{E/f_p}$ 时，构件处于弹性阶段，可采用欧拉公式（6.3.1）与式（6.3.2）计算其临界力与临界应力。

若 $f_p\leqslant\sigma\leqslant f_y$，构件进入弹塑性阶段，截面出现部分塑性区和部分弹性区。已屈服的塑性区，弹性模量 $E=0$，不能继续有效地承载，导致构件屈曲时稳定承载力降低。因此，只能按弹性区截面的有效截面惯性矩 I_e 来计算其临界力，即

$$N_{cr}=\frac{\pi^2 EI_e}{l^2} \tag{6.3.7}$$

相应临界应力为：

$$\sigma_{cr}=\frac{N_{cr}}{A}=\frac{\pi^2 EI}{l^2 A}\cdot\frac{I_e}{I}=\frac{\pi^2 E}{\lambda^2}\cdot\frac{I_e}{I} \tag{6.3.8}$$

式（6.3.8）表明，考虑残余应力影响时，弹塑性屈曲的临界应力为弹性欧拉临界应力乘以小于 1 的折减系数 I_e/I。比值 I_e/I 取决于构件截面形状尺寸、残余应力的分布和大小，以及构件屈曲时的弯曲方向。EI_e/I 称为有效弹性模量或换算切线模量 E_t。

图 6.3.6a 是翼缘为轧制边的工字形截面。由于残余应力的影响，翼缘四角先屈服，截面弹性部分的翼缘宽度为 b_e，令 $\eta=b_e/b=b_e t/bt=A_e/A$，$A_e$ 为截面弹性部分的面积，则绕 x 轴（忽略腹板面积）和 y 轴的有效弹性模量分别为：

绕 x（强）轴

$$E_{tx}=\frac{EI_{ex}}{I_x}=E\frac{2t(\eta b)h_1^2/4}{2t\cdot b\cdot h_1^2/4}=E\eta \tag{6.3.9}$$

绕 y（弱）轴

$$E_{ty}=\frac{EI_{ey}}{I_y}=E\frac{2t(\eta b)^3/12}{2t\cdot b^3/12}=E\eta^3 \tag{6.3.10}$$

将式（6.3.9）和式（6.3.10）代入式（6.3.8）中，得：

绕 x（强）轴

$$\sigma_{cr}=\frac{\pi^2 E\eta}{\lambda_x^2} \tag{6.3.11}$$

绕 y（弱）轴

$$\sigma_{cr}=\frac{\pi^2 E\eta^3}{\lambda_y^2} \tag{6.3.12}$$

因 $\eta<1$，故 $E_{ty} \ll E_{tx}$。可见残余应力的不利影响，对绕弱轴屈曲时比绕强轴屈曲时严重得多。原因是远离弱轴的部分是残余压应力最大的部分，而远离强轴的部分则兼有残余压应力和残余拉应力。

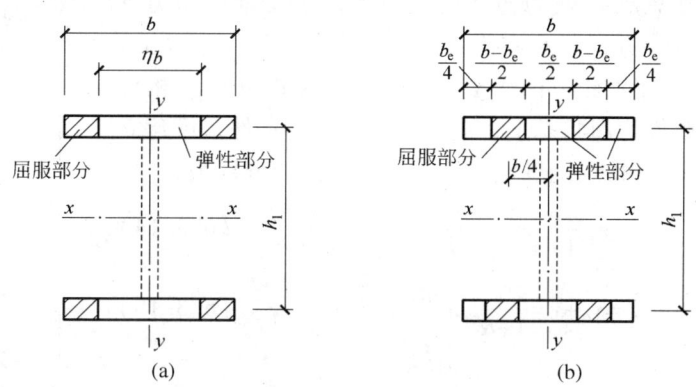

图 6.3.6 工字形截面的弹性区与塑性区分布
(a) 翼缘为轧制边；(b) 翼缘为火焰切割边

图 6.3.6b 是用火焰切割钢板焊接而成的工字形截面。假设由于残余应力的影响，距翼缘中心各 $b/4$ 处的部分截面先屈服，截面弹性部分的翼缘宽度 b_e 分布在翼缘两端和中央，则绕 x 轴（强轴）的有效弹性模量与式（6.3.9）相同，绕 y 轴（弱轴）的有效弹性模量为：

$$E_{ty} = \frac{EI_{ey}}{I_y} = E \frac{2t[b^3/12 - (b-b_e)(b/4)^2]}{2t \cdot b^3/12} = E\left(\frac{1}{4} + \frac{3}{4}\eta\right) \quad (6.3.13)$$

显然，式（6.3.13）的值比式（6.3.10）大，可见对绕弱轴屈曲时残余应力的不利影响，翼缘为轧制边的工字形截面比用火焰切割钢板焊接而成的工字形截面严重。这是由于火焰切割钢板焊接而成的工字形截面在远离弱轴翼缘两端具有使其推迟发展塑性的残余拉应力。对绕强轴屈曲时残余应力的不利影响，两种截面是相同的。

因为系数 η 随 σ_{cr} 变化，所以求解公式（6.3.11）或式（6.3.12）时，尚需建立另一个 η 与 σ_{cr} 的关系式来联立求解，此关系式可根据内外力平衡来确定（例如，在图 6.3.5 中的弹塑性阶段，$\sigma_{cr} = f_y - 0.3 f_y \eta^2$）。联立求解后，可画出柱子曲线如图 6.3.7 所示。在 $\lambda \geq \lambda_p$ 的弹性范围与欧拉曲线相同，在 $\lambda \leq \lambda_p$ 的弹塑性范围绕强轴的临界力高于绕弱轴的临界力。

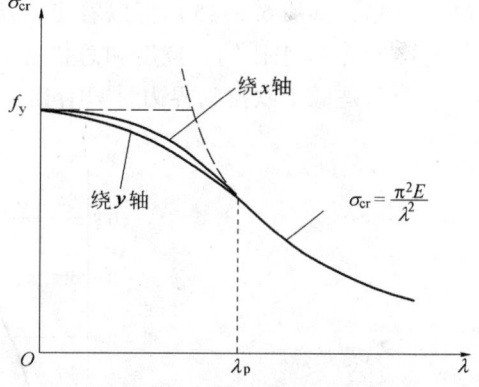

图 6.3.7 考虑残余应力影响的柱子曲线

6.3.4 构件几何缺陷对轴心受压构件弯曲屈曲的影响

实际轴心受压构件在制造、运输和安装过程中，不可避免地会产生微小的初弯曲。由于构造、施工和加载等方面的原因，可能产生一定程度的偶然初偏心。初弯曲和初偏心统称为几何缺陷。有几何缺陷的轴心受压构件，其侧向挠度从加载开始就会不断增加，因此构件除轴心力作用外，还存在因构件弯曲产生的弯矩，从而降低了构件的稳定承载力。

1. 构件初弯曲（初挠度）的影响

图 6.3.8 所示两端铰接、有初弯曲的构件在未受力前就呈弯曲状态，其中 y_0 为任意点 C 处的初挠度。当构件承受轴心压力 N 时，挠度将增长为 y_0+y 并同时存在附加弯矩 $N(y_0+y)$。

假设初弯曲形状为半波正弦曲线 $y_0 = v_0 \sin \pi z/l$（式中 v_0 为构件中央初挠度值），在弹性弯曲状态下，由内外力矩平衡条件，可建立平衡微分方程，求解后可得到挠度 y 和总挠度 Y 的曲线分别为：

$$y = \frac{\alpha}{1-\alpha} v_0 \sin \frac{\pi z}{l} \quad (6.3.14)$$

$$Y = y_0 + y = \frac{v_0}{1-\alpha} \sin \frac{\pi z}{l} \quad (6.3.15)$$

中点挠度为：

$$y_m = y_{(z=l/2)} = \frac{\alpha}{1-\alpha} v_0 \quad (6.3.16)$$

$$Y_m = Y_{(z=l/2)} = \frac{v_0}{1-\alpha} \quad (6.3.17)$$

中点的弯矩为：

$$M_m = NY_m = \frac{Nv_0}{1-\alpha} \quad (6.3.18)$$

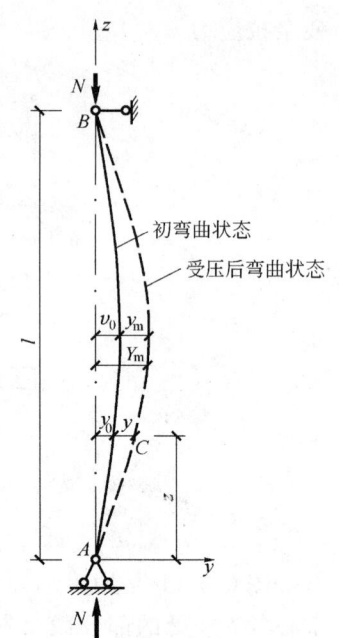

图 6.3.8 有初弯曲的轴心受压构件

式中，$\alpha = N/N_E$，$N_E = \pi^2 EI/l^2$ 为欧拉（Euler）临界力；$1/(1-\alpha)$ 为初挠度放大系数或弯矩放大系数。有初弯曲的轴心受压构件的荷载-总挠度曲线如图 6.3.9 所示。从图 6.3.9 和式（6.3.14）、式（6.3.15）可以看出，从开始加载起，构件即产生挠曲变形，挠度 y 和总挠度 Y 与初挠度 v_0 成正比例，挠度和总挠度随 N 的增加而加速增大。有初弯曲的轴心受压构件，其承载力总是低于欧拉临界力，只有当挠度趋于无穷大时，压力 N 才可能接近或到达 N_E。

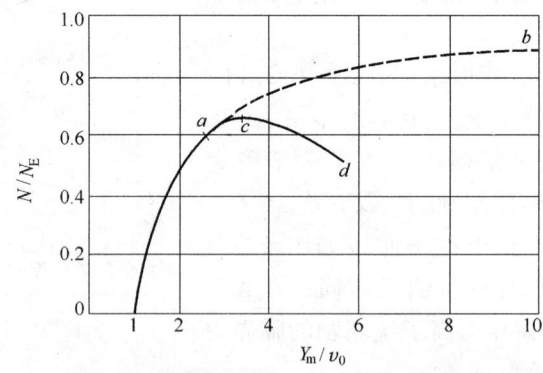

图 6.3.9 有初弯曲轴心受压构件的荷载-总挠度曲线

式（6.3.14）和式（6.3.15）是在材料为无限弹性条件下推导出来的，理论上轴心受压构件的承载力可达到欧拉临界力，挠度和弯矩可以无限增大。但实际上这是不可能的，因为钢材不是无限弹性的,在轴力 N 和弯矩 M_m 共同作用下,构件中点截面的最大压应力会首先达到屈服点 f_y。为了分析方便,假设钢材为完全弹塑性材料。当挠度发展到一定程度时,构件中点截面最大受压边缘纤维的应力应满足:

$$\sigma_{\max} = \frac{N}{A} + \frac{M_m}{W} = \frac{N}{A}\left(1 + \frac{v_0}{W/A} \frac{1}{1-N/N_E}\right) = f_y \quad (6.3.19)$$

令 $W/A = \rho$(截面核心距),$v_0/\rho = \varepsilon_0$ 为相对初弯曲,$N/A = \sigma_0$,$N_E/A = \sigma_E = \pi^2 E/\lambda^2$,则由式(6.3.19)可解得:

$$\sigma_0 = \frac{f_y + (1+\varepsilon_0)\sigma_E}{2} - \sqrt{\left[\frac{f_y + (1+\varepsilon_0)\sigma_E}{2}\right]^2 - f_y \sigma_E} \quad (6.3.20)$$

式(6.3.20)叫做佩利(Perry)公式。根据式(6.3.20)求出的 $N = A\sigma_0$ 相当于图 6.3.9 中的 a 点,它表示截面边缘纤维开始屈服时的荷载。随着 N 的继续增加,截面的一部分进入塑性状态,挠度不再像完全弹性那样沿 ab 发展,而是增加更快且只继续承受稍多的荷载;到达曲线 c 点时,截面塑性变形区发展得相当深,再增加 N 已不可能,要维持平衡必须随挠度增大而卸载,故曲线表现出下降段 cd。与 c 点对应的极限荷载 N_c 为有初弯曲构件整体稳定极限承载力,又称为压溃荷载。这种失稳不像理想直杆那样是平衡分枝失稳,而是极值点失稳,属于第二类稳定问题。

求解极限荷载 N_c 比较复杂,一般采用数值法。在没有计算机的年代,作为近似计算常取边缘纤维开始屈服时的曲线 a 点代替 c 点。佩利公式是由构件截面边缘屈服准则导出的,求得的 N 或 σ_0 代表边缘受压纤维到达屈服时的最大荷载或最大应力,而不代表稳定极限承载力,因此所得结果偏于安全。目前我国 GB 50018 仍采用该法验算轴心受压构件的稳定问题。

施工规范规定的初弯曲最大允许值是 $v_0 = l/1\,000$,则相对初弯曲为:

$$\varepsilon_0 = \frac{l}{1\,000} \frac{A}{W} = \frac{\lambda}{1\,000} \frac{i}{\rho} \quad (6.3.21)$$

对不同的截面及其对应轴,i/ρ 各不相同,因此可由佩利公式确定各种截面的柱子曲线,如图 6.3.10 所示。

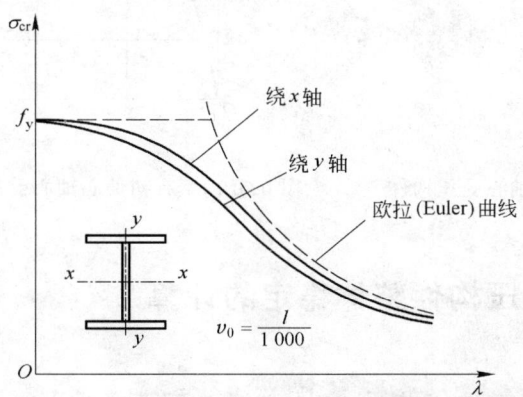

图 6.3.10 考虑初弯曲影响时的柱子曲线

2. 构件初偏心的影响

图 6.3.11 表示两端铰接、有初偏心 e_0 的轴心受压构件。在弹性弯曲状态下，由内外力矩平衡条件，可建立平衡微分方程，求解后可得到挠度曲线为：

$$y = e_0 \left(\tan \frac{kl}{2} \sin kz + \cos kz - 1 \right) \tag{6.3.22}$$

式中，$k^2 = N/EI$。

中点挠度为：

$$y_m = y_{(z=l/2)} = e_0 \left(\sec \frac{\pi}{2} \sqrt{\frac{N}{N_E}} - 1 \right) \tag{6.3.23}$$

有初偏心的轴心受压构件的荷载-挠度曲线如图 6.3.12 所示。从图中可以看出，初偏心对轴心受压构件的影响与初弯曲影响类似，因此为了简单起见可合并采用一种缺陷代表两种缺陷的影响。同样地，有初偏心轴心受压构件的 $N-y_m$ 曲线不可能沿无限弹性的 $Oa'b'$ 曲线发展，而是先沿弹性曲线 Oa'、然后沿弹塑性曲线 $a'c'd'$ 发展。其中，a' 点对应的荷载也可由截面边缘纤维屈服准则确定（正割公式）。但是，对相同的构件，当初偏心 e_0 与初弯曲 v_0 相等（即 ε_0 相同）时，初偏心的影响更为不利，这是由于初偏心情况中构件从两端开始就存在初始附加弯矩 Ne_0。按正割公式求得的 σ_0 和 N 也比按佩利公式求得的值略低。

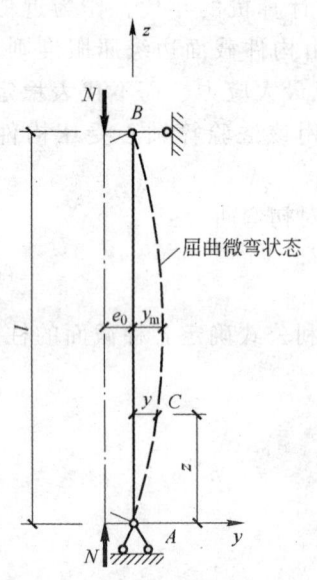

图 6.3.11 有初偏心的轴心受压构件

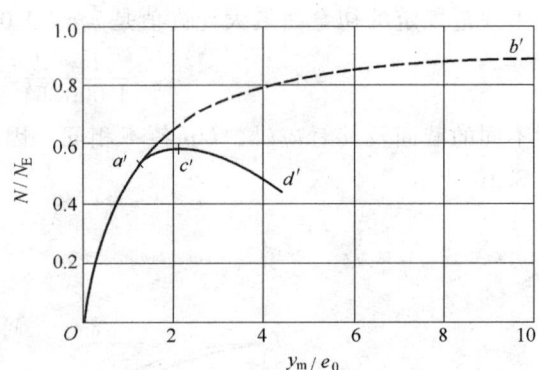

图 6.3.12 有初偏心轴心受压构件的荷载-挠度曲线

§6.4 实际轴心受压构件整体稳定的计算

6.4.1 实际轴心受压构件的稳定承载力计算方法

实际轴心受压构件的各种缺陷总是同时存在的，但因初弯曲和初偏心的影响类似，且各种

§6.4 实际轴心受压构件整体稳定的计算

不利因素同时出现最大值的概率较小，常取初弯曲作为几何缺陷代表。因此在理论分析中，只考虑残余应力和初弯曲两个最主要的影响因素。

图 6.4.1 是两端铰接、有残余应力和初弯曲的轴心受压构件及其荷载-挠度曲线图。在弹性受力阶段（Oa_1 段），荷载 N 和最大总挠度 Y_m（或挠度 y_m）的关系曲线与只有初弯曲、没有残余应力时的弹性关系曲线完全相同。随着轴心压力 N 增加，构件截面中某一点达到钢材屈服强度 f_y 时，截面开始进入弹塑性状态。开始屈服时（a_1 点）的平均应力 $\sigma_{a1}=N_p/A$ 总是低于只有残余应力而无初弯曲时的有效比例极限 $f_p=f_y-\sigma_r$；当构件凹侧边缘纤维有残余压应力时也低于只有初弯曲而无残余应力时的 a 点。此后截面进入弹塑性状态，挠度随 N 的增加而增加的速率加快，直到 c_1 点，继续增加 N 已不可能，要维持平衡，只能卸载，如曲线 $c_1 d_1$ 下降段。N-Y_m 曲线的极值点 c_1 表示由稳定平衡过渡到不稳定平衡，相应于 c_1 点的 N_u 是临界荷载，即极限荷载或压溃荷载，它是构件不能维持内外力平衡时的极限承载力，属于第二类极值点失稳，相应的平均应力 $\sigma_u=\sigma_{cr}=N_u/A$，称为临界应力。由此模型建立的计算理论叫做极限承载力理论。

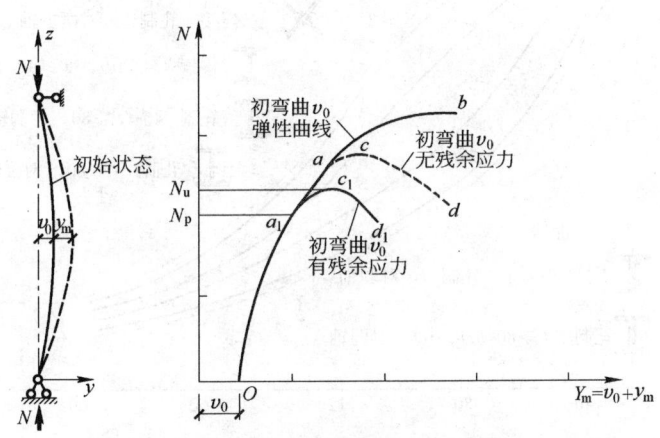

图 6.4.1 极限承载力理论

理想轴心受压构件的临界力在弹性阶段是长细比 λ 的单一函数，在弹塑性阶段按切线模量理论计算也并不复杂。实际轴心受压构件受残余应力、初弯曲、初偏心的影响，且影响程度还因截面形状、尺寸和屈曲方向而不同，因此每个实际构件都有各自的柱子曲线。另外，当实际构件处于弹塑性阶段，其应力-应变关系不但在同一截面各点而且沿构件轴线方向各截面都有变化，因此按极限承载力理论计算比较复杂，一般需要采用数值法用计算机求解。数值计算方法很多，如数值积分法、差分法等解微分方程的数值方法和有限单元法等。

《规范》在制订轴心受压构件的柱子曲线时，根据不同截面形状和尺寸、不同加工条件和相应的残余应力分布及大小、不同的弯曲屈曲方向以及 $l/1\ 000$ 的初弯曲（可理解为几何缺陷的代表值），按极限承载力理论，采用数值积分法，对多种实腹式轴心受压构件弯曲屈曲算出了近 200 条柱子曲线。如前所述，轴心受压构件的极限承载力并不仅仅取决于长细比。由于残余应力的影响，即使长细比相同的构件，随着截面形状、弯曲方向、残余应力分布和大小的不同，构件的极限承载能力有很大差异，所计算的柱子曲线形成相当宽的分布带。这个分布带的上、下限相差较大，特别是中等长细比的常用情况相差尤其显著。因此，若用一条曲线来代表，显然是不合理的。《规范》将这些曲线分成四组，也就是将分布带分成四个窄带，取每组的平均值（50%的分位值）曲线作为该组代表曲线，给出 a、b、c、d 四条柱子曲线，如图 6.4.2 所示。在 $\lambda = 40 \sim 120$ 的常用范围，柱子曲线 a 约比曲线 b 高出 4% ~ 15%，而曲线 c 比曲线 b 约低 7% ~ 13%。曲线 d 则更低，主要用于厚板截面。这种柱子曲线有别于 GB 50018 采用的单一柱子曲线，常称为多条柱子曲线。曲线中 $\varphi = N_u/(Af_y) = \sigma_u/f_y = \sigma_{cr}/f_y$，称为轴心受压构件的整体稳定系数。

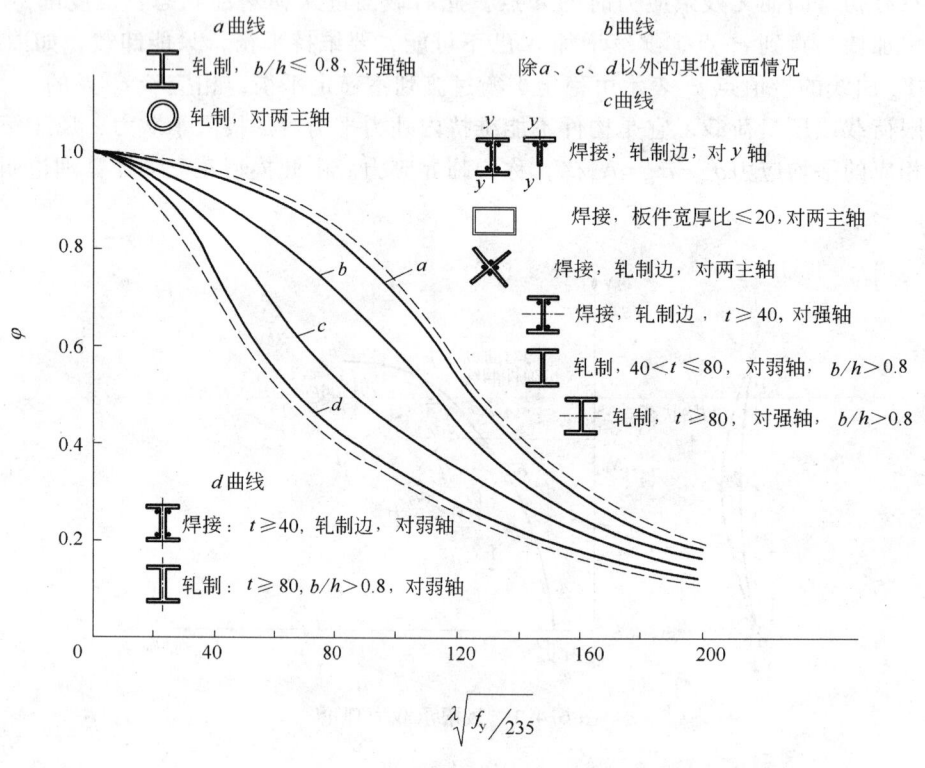

图 6.4.2 《规范》的柱子曲线

归属于 a、b、c、d 四条曲线的轴心受压构件截面分类见表 6.4.1 和表 6.4.2，一般的截面属于 b 类。轧制圆管冷却时基本是均匀收缩，产生的截面残余应力很小，属于 a 类；窄翼缘轧制工字钢的整个翼缘截面上的残余应力以拉应力为主，对绕 x 轴弯曲屈曲有利，也属于 a 类。格构式轴心受压构件绕虚轴的稳定计算，不宜采用考虑截面塑性发展的极限承载力理论，而采用边缘屈服准则确定的 φ 值与曲线 b 接近，故属于 b 类。当槽形截面用于格构式构件的分肢时，由于分肢的扭转变形受到缀件的牵制，所以计算分肢绕其自身对称轴的稳定时，可按 b 类。对翼缘为轧制或剪切边或焰切后刨边的焊接工字形截面，其翼缘两端存在较大的残余压应力，绕 y 轴失稳比 x 轴失稳时承载能力降低较多，故前者归入 c 类，后者归入 b 类。当翼缘为焰切边（且不刨边）时，翼缘两端部存在残余拉应力，可使绕 y 轴失稳的承载力比翼缘为轧制边或剪切边的有所提高，所以绕 x 轴和绕 y 轴两种情况都属 b 类。高层建筑钢结构的钢柱常采用板件厚度大（或宽厚比小）的热轧或焊接 H 形、箱形截面，其残余应力较常规截面的大,且由于厚板(翼缘)的残余应力不但沿板件宽度方向变化,而且沿厚度方向变化也较大;板的外表面往往是残余压应力,且厚板质量较差都会对稳定承载力带来较大的不利影响。参考我国 JGJ 99—1998《高层民用建筑钢结构技术规程》和上海市的同类规程给出了厚板截面的分类建议:对某些较有利情况按 b 类,某些不利情况按 c 类,某些更不利情况则按 d 类。在表 6.4.2 中给出的板件厚度超过 40 mm 的轧制 H 形截面是指进口钢材,在我国还没有生产。

6.4.2 轴心受压构件的整体稳定计算

轴心受压构件的整体稳定计算应满足:

$$\sigma = \frac{N}{A} \leqslant \frac{\sigma_{cr}}{\gamma_R} = \frac{\sigma_{cr}}{f_y} \frac{f_y}{\gamma_R} = \varphi f \tag{6.4.1}$$

《规范》对轴心受压构件的整体稳定计算采用下列形式:

$$\frac{N}{\varphi A} \leqslant f \tag{6.4.2}$$

式中,σ_{cr} 为构件的极值点失稳临界应力;γ_R 为抗力分项系数;N 为轴心压力设计值;A 为构件的毛截面面积;f 为钢材的抗压强度设计值,按附表 1.1 采用;φ 为轴心受压构件的整体稳定系数,可根据表 6.4.1 和表 6.4.2 的截面分类和构件的长细比,按附录 4 的附表 4.1~附表 4.4 查出。

为了方便计算机应用,《规范》采用最小二乘法将各类截面的稳定系数 φ 值拟合成数学公式来表达,即

$\lambda_n \leqslant 0.215$ 时,

$$\varphi = 1 - \alpha_1 \lambda_n^2 \tag{6.4.3}$$

$\lambda_n > 0.215$ 时,

$$\begin{aligned}\varphi &= \left[(1+\varepsilon_0+\lambda_n^2) - \sqrt{(1+\varepsilon_0+\lambda_n^2)^2 - 4\lambda_n^2} \right]/2\lambda_n^2 \\ &= \left[(\alpha_2+\alpha_3\lambda_n+\lambda_n^2) - \sqrt{(\alpha_2+\alpha_3\lambda_n+\lambda_n^2)^2 - 4\lambda_n^2} \right]/2\lambda_n^2 \end{aligned} \tag{6.4.4}$$

式中,$\lambda_n = \frac{\lambda}{\pi}\sqrt{\frac{f_y}{E}}$ 为构件的相对(或正则化)长细比,等于构件长细比与欧拉临界力 $\sigma_E = f_y$ 时的长细比之比;用 λ_n 代替 λ 后,公式量纲一化并能适用于各种屈服强度 f_y 的钢材;公式 (6.4.4) 与佩利公式 (6.3.20) 具有相同的形式,但此时 φ 值不再以截面的边缘屈服为准则,而是先按极限承载力理论确定出构件的极限承载力后再反算出 ε_0 值。因此式中的 ε_0 值实质为考虑初弯曲、残余应力等综合影响的等效相对初弯曲。ε_0 取 λ_n 的一次表达式,即 $\varepsilon_0 = \alpha_2 + \alpha_3\lambda_n - 1$。式中系数 α_2、α_3 由最小二乘法求得。

当长细比较小,即 $\lambda_n \leqslant 0.215$($\lambda \leqslant 20\sqrt{235/f_y}$)时,佩利公式不再适用,则在 $\lambda_n = 0$($\varphi = 1$)与 $\lambda_n = 0.215$ 间近似用抛物线公式 (6.4.3) 与佩利公式 (6.4.4) 衔接。α_1、α_2、α_3 按表 6.4.3 查用。

表 6.4.1 轴心受压构件的截面分类（板厚 $t<40$ mm）

截面形式			对 x 轴	对 y 轴
轧制（圆形截面）			a 类	a 类
轧制，$b/h \leqslant 0.8$			a 类	b 类
轧制，$b/h>0.8$	焊接，翼缘为焰切边	焊接（圆形）		
（T形及十字形截面）	轧制	轧制，等边角钢		
轧制，焊接（板件宽厚比大于20）		轧制或焊接	b 类	b 类
焊接		轧制截面和翼缘为焰切边的焊接截面		
格构式		焊接，板件边缘焰切		
（焊接工字形、十字形截面）		焊接，翼缘为轧制或剪切边	b 类	c 类
焊接，板件边缘轧制或剪切		焊接，板件宽厚比 $\leqslant 20$	c 类	c 类

表 6.4.2 轴心受压构件的截面分类（板厚 $t \geq 40$ mm）

截面形式			对 x 轴	对 y 轴
	轧制工字形或 H 形截面	$t<80$ mm	b 类	c 类
		$t \geq 80$ mm	c 类	d 类
	焊接工字形截面	翼缘为焰切边	b 类	b 类
		翼缘为轧制或剪切边	c 类	d 类
	焊接箱形截面	板件宽厚比>20	b 类	b 类
		板件宽厚比≤20	c 类	c 类

表 6.4.3 系数 α_1、α_2、α_3 值

截面说明		α_1	α_2	α_3
a 类		0.41	0.986	0.152
b 类		0.65	0.965	0.300
c 类	$\lambda_n \leq 1.05$	0.73	0.906	0.595
	$\lambda_n > 1.05$		1.216	0.302
d 类	$\lambda_n \leq 1.05$	1.35	0.868	0.915
	$\lambda_n > 1.05$		1.375	0.432

6.4.3 轴心受压构件整体稳定计算的构件长细比

1. 截面为双轴对称或极对称的构件

根据弹性稳定理论可求得双轴对称截面轴心受压构件分别绕 x 轴和 y 轴的弯曲屈曲欧拉临界力：

$$N_{Ex} = \frac{\pi^2 EA}{\lambda_x^2}$$

$$N_{Ey} = \frac{\pi^2 EA}{\lambda_y^2}$$

绕 z 轴的扭转屈曲临界力：

$$N_z = \frac{1}{i_0^2}\left(GI_t + \frac{\pi^2 EI_\omega}{l_\omega^2}\right) \tag{6.4.5}$$

式中，$i_0^2 = i_x^2 + i_y^2$ 为对剪心（双轴对称截面即为形心）的极回转半径；l_ω 为扭转屈曲的计算长度，对两端铰接端部截面可自由翘曲或两端嵌固端部截面的翘曲完全受到约束的构

件，$l_\omega = l_{0x} = l_{0y}$。

为了借用弯曲屈曲的公式计算扭转屈曲问题，可设：

$$N_z = \frac{\pi^2 EA}{\lambda_z^2} = \frac{1}{i_0^2}\left(GI_t + \frac{\pi^2 EI_\omega}{l_\omega^2}\right)$$

解出扭转屈曲的换算长细比（equivalent slenderness ratio）：

$$\lambda_z^2 = \frac{i_0^2 A}{\dfrac{GI_t}{\pi^2 E} + \dfrac{I_\omega}{l_\omega^2}} = \frac{i_0^2 A}{\dfrac{I_t}{25.7} + \dfrac{I_\omega}{l_\omega^2}} \tag{6.4.6}$$

对双轴对称十字形截面，其 I_ω 可近似为零，上式变为：

$$\lambda_z^2 = 25.7 A \frac{i_0^2}{I_t} = 25.7 \frac{I_x + I_y}{I_t} = 25.7\left(\frac{b}{t}\right)^2$$

$$\lambda_z = 5.07 \frac{b}{t} \tag{6.4.7}$$

式中，b/t 为悬伸板件宽厚比。

由式（6.4.7）可见，十字形截面的扭转屈曲临界力与构件的计算长度无关，当 λ_z 大于 λ_x 和/或 λ_y 时，稳定将由扭转屈曲控制（图 6.3.1b）。一般双轴对称截面的 I_ω 很大，扭转屈曲不起控制作用。因此《规范》规定，计算截面为双轴对称或极对称的轴心受压构件的整体稳定时，构件长细比 λ 应按照下列规定确定：

$$\lambda_x = \frac{l_{0x}}{i_x}, \quad \lambda_y = \frac{l_{0y}}{i_y} \tag{6.4.8}$$

式中，l_{0x}、l_{0y} 为构件对主轴 x 轴、y 轴的计算长度；i_x、i_y 为构件毛截面对主轴 x 轴、y 轴的回转半径。

为了避免发生扭转屈曲，对双轴对称十字形截面构件，λ_x 或 λ_y 取值不得小于 $5.07b/t$。

2. 截面为单轴对称的构件

以上讨论轴心受压构件的整体稳定时，假定构件失稳时只发生弯曲而没有扭转，即所谓弯曲屈曲。对于单轴对称截面，除绕非对称轴 x 轴发生弯曲屈曲外，也有可能发生绕对称轴 y 轴的弯扭屈曲（图 6.3.1c）。这是因为，当构件绕 y 轴发生弯曲屈曲时，轴力 N 由于截面的转动会产生作用于形心处沿 x 轴方向的水平剪力 V（见图 6.4.3a），该剪力不通过剪心 S，将发生绕 S 的扭矩。可按 §4.3 和 §4.4 的相似方法求得构件绕对称轴（y 轴）的弯扭屈曲临界应力 N_{yz} 和弯曲屈曲临界力 N_{Ey} 及扭转屈曲临界力 N_z 之间的关系如下：

$$(N_{Ey} - N_{yz})(N_z - N_{yz}) - \left(\frac{e_0}{i_0}\right)^2 N_{yz}^2 = 0 \tag{6.4.9}$$

式中，e_0 为截面剪心在对称轴上的坐标；i_0 为对于剪心的极回转半径：

$$i_0^2 = e_0^2 + i_x^2 + i_y^2 \tag{6.4.10}$$

类似于公式（6.4.6）的推导，令

$$N_{yz} = \frac{\pi^2 EA}{\lambda_{yz}^2}, \quad N_{Ey} = \frac{\pi^2 EA}{\lambda_y^2}, \quad N_z = \frac{\pi^2 EA}{\lambda_z^2}$$

代入公式（6.4.9）可得弯扭屈曲的换算长细比：

§6.4 实际轴心受压构件整体稳定的计算

$$\lambda_{yz} = \frac{1}{\sqrt{2}} \left[(\lambda_y^2 + \lambda_z^2) + \sqrt{(\lambda_y^2 + \lambda_z^2)^2 - 4\left(1 - \frac{e_0^2}{i_0^2}\right)\lambda_y^2 \lambda_z^2} \right]^{\frac{1}{2}} \quad (6.4.11)$$

式中，λ_y 为构件对对称轴的长细比；λ_z 为扭转屈曲的换算长细比，按公式（6.4.6）计算，但式中的 i_0 应按公式（6.4.10）计算；I_t 为毛截面抗扭惯性矩；I_ω 为毛截面扇性惯性矩，对 T 形截面（轧制、双板焊接、双角钢组合）、十字形截面和角形截面可近似取 $I_\omega = 0$；A 为毛截面面积；l_ω 为扭转屈曲的计算长度，对两端铰接、端部截面可自由翘曲或两端嵌固、端部截面的翘曲完全受到约束的构件，取 $l_\omega = l_{0y}$。

弹性稳定理论可以证明，单轴对称截面轴心压杆的弯扭屈曲比绕 y 轴的弯曲屈曲的临界力要低。因此《规范》规定，计算截面为单轴对称的轴心受压构件的整体稳定时，（绕非对称轴的长细比 λ_x 仍按式（6.4.8）计算，但绕对称轴 y 轴应取计及扭转效应的换算长细比 λ_{yz} 代替 λ_y。

3. 角钢组成的单轴对称截面构件

公式（6.4.11）比较复杂，对于常用的单角钢和双角钢组合 T 形截面（图 6.4.3），可按下述简化公式计算换算长细比 λ_{yz}。

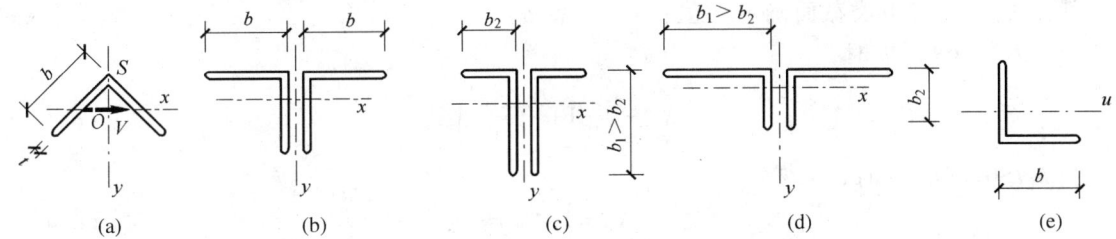

图 6.4.3 单角钢截面和双角钢 T 形组合截面

① 等边单角钢截面（图 6.4.3a）。

当 $b/t \leq 0.54 l_{0y}/b$ 时，

$$\lambda_{yz} = \lambda_y \left(1 + \frac{0.85 b^4}{l_{0y}^2 t^2}\right) \quad (6.4.12)$$

当 $b/t > 0.54 l_{0y}/b$ 时，

$$\lambda_{yz} = 4.78 \frac{b}{t}\left(1 + \frac{l_{0y}^2 t^2}{13.5 b^4}\right) \quad (6.4.13)$$

式中，b、t 分别为角钢肢宽度和厚度。

② 等边双角钢截面（图 6.4.3b）。

当 $b/t \leq 0.58 l_{0y}/b$ 时，

$$\lambda_{yz} = \lambda_y \left(1 + \frac{0.475 b^4}{l_{0y}^2 t^2}\right) \quad (6.4.14)$$

当 $b/t > 0.58 l_{0y}/b$ 时，

$$\lambda_{yz} = 3.9 \frac{b}{t}\left(1 + \frac{l_{0y}^2 t^2}{18.6 b^4}\right) \quad (6.4.15)$$

③ 长肢相并的不等边双角钢截面（图6.4.3c）。

当 $b_2/t \leqslant 0.48 l_{0y}/b_2$ 时，

$$\lambda_{yz} = \lambda_y \left(1 + \frac{1.09 b_2^4}{l_{0y}^2 t^2}\right) \tag{6.4.16}$$

当 $b_2/t > 0.48 l_{0y}/b_2$ 时，

$$\lambda_{yz} = 5.1 \frac{b_2}{t} \left(1 + \frac{l_{0y}^2 t^2}{17.4 b_2^4}\right) \tag{6.4.17}$$

④ 短肢相并的不等边双角钢截面（图6.4.3d）。

当 $b_1/t \leqslant 0.56 l_{0y}/b_1$ 时，

$$\lambda_{yz} = \lambda_y \tag{6.4.18}$$

当 $b_1/t > 0.56 l_{0y}/b_1$ 时，

$$\lambda_{yz} = 3.7 \frac{b_1}{t} \left(1 + \frac{l_{0y}^2 t^2}{52.7 b_1^4}\right) \tag{6.4.19}$$

⑤ 单轴对称的轴心受压构件在绕非对称主轴以外的任一轴失稳时应按照弯扭屈曲计算其稳定性。当计算等边单角钢构件绕平行轴（图6.4.3e的 u 轴）的稳定时，可用下式计算其换算长细比 λ_{uz}，并按b类截面确定 φ 值：

当 $b/t \leqslant 0.69 l_{0u}/b$ 时，

$$\lambda_{uz} = \lambda_u \left(1 + \frac{0.25 b^4}{l_{0u}^2 t^2}\right) \tag{6.4.20}$$

当 $b/t > 0.69 l_{0u}/b$ 时，

$$\lambda_{uz} = 5.4 b/t \tag{6.4.21}$$

式中，$\lambda_u = l_{0u}/i_u$。

无任何对称轴且又非极对称的截面（单面连接的不等边单角钢除外）不宜用作轴心受压构件。对单面连接的单角钢轴心受压构件，考虑强度设计值折减系数 γ 后，可不考虑弯扭效应的影响。《规范》规定：计算稳定时，等边角钢取 $\gamma = 0.6 + 0.0015\lambda$，但不大于1.0；短边相连的不等边角钢取 $\gamma = 0.5 + 0.0025\lambda$，但不大于1.0；式中 $\lambda = l_0/i_0$，计算长度 l_0 取节点中心距离，i_0 为角钢的最小回转半径，当 $\lambda < 20$ 时，取 $\lambda = 20$。长边相连的不等边角钢取 $\gamma = 0.70$。当槽形截面用于格构式构件的分肢，计算分肢绕对称轴（y 轴）的稳定性时，不必考虑扭转效应，直接用 λ_y 查出 φ_y 值。

§6.5 轴心受压构件的局部稳定

6.5.1 均匀受压板件的屈曲

实腹式轴心受压构件一般由若干矩形平面板件组成，在轴心压力作用下，这些板件都承受均匀压力。如果这些板件的平面尺寸很大，而厚度又相对很薄（宽厚比较大）时，在均匀压力作用下，板件有可能在达到强度承载力之前先失去局部稳定。在§4.5中，已阐述了有关局部稳定的基本概念，并给出了考虑板件间相互约束作用的单个矩形板件的临界应力公式为：

$$\sigma_{cr} = \frac{\chi k \pi^2 E}{12(1-\nu^2)} \left(\frac{t}{b}\right)^2 \qquad (4.5.8)$$

当轴心受压构件中板件的临界应力超过比例极限 f_p 进入弹塑性受力阶段时，可认为板件变为正交异性板。单向受压板沿受力方向的弹性模量 E 降为切线模量 $E_t = \eta E$，但与压力垂直的方向仍为弹性阶段，其弹性模量仍为 E。这时可用 $E\sqrt{\eta}$ 代替 E，按下列近似公式计算其临界应力 σ_{cr}：

$$\sigma_{cr} = \frac{\chi k \pi^2 E \sqrt{\eta}}{12(1-\nu^2)} \left(\frac{t}{b}\right)^2 \qquad (6.5.1)$$

根据轴心受压构件局部稳定的试验资料，《规范》取弹性模量修正系数 η 为：

$$\eta = 0.1013\lambda^2 \frac{f_y}{E}\left(1 - 0.0248\lambda^2 \frac{f_y}{E}\right) \qquad (6.5.2)$$

式中，λ 为构件两方向长细比的较大值。

6.5.2 轴心受压构件局部稳定的计算方法

1. 确定板件宽（高）厚比限值的准则

为了保证实腹式轴心受压构件的局部稳定，通常采用限制其板件宽（高）厚比的办法来实现。确定板件宽（高）厚比限值所采用的原则有两种：一种是使构件应力达到屈服前其板件不发生局部屈曲，即局部屈曲临界应力不低于屈服应力；另一种是使构件整体屈曲前其板件不发生局部屈曲，即局部屈曲临界应力不低于整体屈曲临界应力，常称作等稳定性准则。后一准则与构件长细比有关，对中等或较长构件似乎更合理，前一准则对短柱比较适合。《规范》在规定轴心受压构件宽（高）厚比限值时，主要采用后一准则，在长细比很小时参照前一准则予以调整。

2. 轴心受压构件板件宽（高）厚比的限值

轧制型钢（工字钢、H 型钢、槽钢、T 型钢、角钢等）的翼缘和腹板一般都有较大厚度，宽（高）厚比相对较小，都能满足局部稳定要求，可不作验算。对焊接组合截面构件（图 6.5.1），一般采用限制板件宽（高）厚比的办法来保证局部稳定。

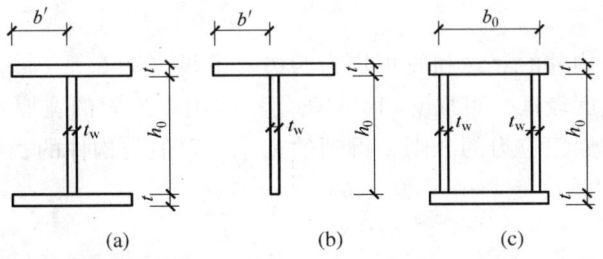

图 6.5.1 轴心受压构件板件宽厚比

(1) 工字形截面

由于工字形截面（图 6.5.1a）的腹板一般较翼缘板薄，腹板对翼缘板几乎没有嵌固作用，因此翼缘可视为三边简支一边自由的均匀受压板，取屈曲系数 $k = 0.425$，弹性嵌固系数

$\chi=1.0$。而腹板可视为四边支承板,此时屈曲系数 $k=4$。当腹板发生屈曲时,翼缘板作为腹板纵向边的支承,对腹板将起一定的弹性嵌固作用,根据试验可取弹性嵌固系数 $\chi=1.3$。在弹塑性阶段,弹性模量修正系数 η 按式 (6.5.2) 计算。代入式 (6.5.1) 使其大于或等于 $\varphi \cdot f_y$,可分别得到翼缘板悬伸部分的宽厚比 b'/t 及腹板高厚比 h_0/t_w 与长细比 λ 的关系曲线。这种曲线较为复杂,为了便于应用,当 $\lambda=30\sim100$ 时,《规范》采用了下列简化的直线式表达:

翼缘

$$\frac{b'}{t} \leqslant (10+0.1\lambda)\sqrt{\frac{235}{f_y}} \qquad (6.5.3)$$

腹板

$$\frac{h_0}{t_w} \leqslant (25+0.5\lambda)\sqrt{\frac{235}{f_y}} \qquad (6.5.4)$$

式中,λ 为构件两方向长细比的较大值。对 λ 很小的构件,国外多按短柱考虑,使局部屈曲临界应力达到屈服应力,甚至有考虑应变强化影响的。当 λ 较大时,弹塑性阶段的公式不再适用,并且板件宽厚比也不宜过大。因此,参考国外资料,《规范》规定:当 $\lambda \leqslant 30$ 时,取 $\lambda=30$;当 $\lambda \geqslant 100$ 时,取 $\lambda=100$,仍用式 (6.5.3) 和式 (6.5.4) 计算。

(2) T 形截面

T 形截面 (图 6.5.1b) 轴心受压构件的翼缘板悬伸部分的宽厚比 b'/t 限值与工字形截面一样,按式 (6.5.3) 计算。

T 形截面的腹板也是三边支承一边自由的板,但其宽厚比比翼缘大得多,它的屈曲受到翼缘一定程度的弹性嵌固作用,故腹板的宽厚比限值可适当放宽;又考虑到焊接 T 形截面几何缺陷和残余压应力都比热轧 T 型钢大,采用了相对低一些的限值。即

热轧 T 型钢

$$\frac{h_0}{t_w} \leqslant (15+0.2\lambda)\sqrt{\frac{235}{f_y}} \qquad (6.5.5)$$

焊接 T 型钢

$$\frac{h_0}{t_w} \leqslant (13+0.17\lambda)\sqrt{\frac{235}{f_y}} \qquad (6.5.6)$$

(3) 箱形截面

箱形截面轴心受压构件的翼缘和腹板均为四边支承板 (图 6.5.1c),但翼缘和腹板一般用单侧焊缝连接,嵌固程度较低,可取 $\chi=1$。《规范》借用箱形梁的宽厚比限值规定,即采用局部屈曲临界应力不低于屈服应力的准则,得到的宽厚比限值与构件的长细比无关,即:

$$\frac{b_0}{t} \text{或} \frac{h_0}{t_w} \leqslant 40\sqrt{\frac{235}{f_y}} \qquad (6.5.7)$$

3. 加强局部稳定的措施

当实腹式柱的腹板高厚比 $h_0/t_w > 80\sqrt{235/f_y}$ 时,应采用横向加劲肋加强,其间距不得大于 $3h_0$ (图 6.5.2)。当所选截面不满足板件宽 (高) 厚比规定要求时,一般应调整板件厚度或宽 (高) 度使其满足要求。但对工字形截面的腹板也可采用设置纵向加劲肋的方法予以加强,以缩减腹板计算高度 (图 6.5.2)。纵向加劲肋宜在腹板两侧成对配置,其一侧外

伸宽度 $b_z \geqslant 10t_w$，厚度 $t_z \geqslant 0.75t_w$。纵向加劲肋通常在横向加劲肋间设置，横向加劲肋的尺寸应满足外伸宽度 $b_s \geqslant (h_0/30)+40$ mm，厚度 $t_s \geqslant b_s/15$。

4. 腹板的有效截面

大型工字形截面的腹板，由于高厚比 h_0/t_w 较大，在满足高厚比限值的要求时，需采用较厚的腹板，往往显得很不经济。为节省材料，仍然可采用较薄的腹板，听任腹板屈曲，考虑其屈曲后强度的利用，采用有效截面进行计算。在计算构件的强度和稳定性时，认为腹板中间部分退出工作，仅考虑腹板计算高度边缘范围内两侧宽度各为 $20t_w\sqrt{235/f_y}$ 的部分和翼缘作为有效截面（图 6.5.3）。但在计算构件的长细比和整体稳定系数 φ 时，仍用全部截面。

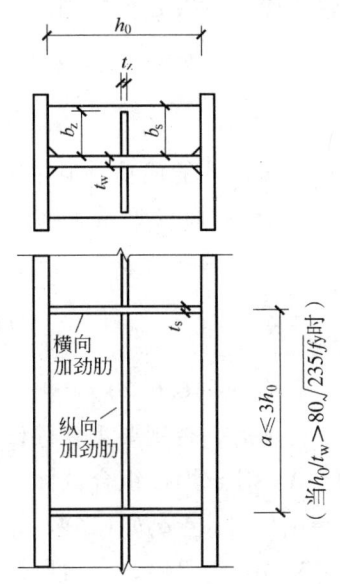

图 6.5.2 纵横向加劲肋加强腹板

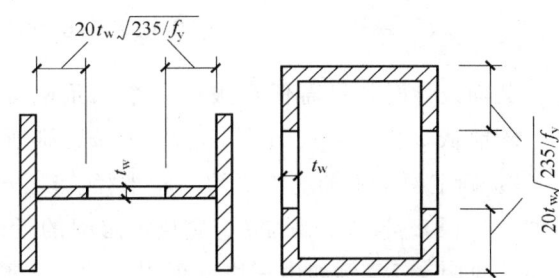

图 6.5.3 腹板屈曲后的有效截面

§6.6 实腹式轴心受压构件的截面设计

6.6.1 截面设计原则

为了避免弯扭失稳，实腹式轴心受压构件一般采用双轴对称截面，其常用截面形式如图 6.1.2c 所示。

为了获得经济与合理的设计效果，选择实腹式轴心受压构件的截面时，应考虑以下几个原则：

① 等稳定性。使构件两个主轴方向的稳定承载力相同，即使 $\varphi_x = \varphi_y$，以达到经济的效果。

② 宽肢薄壁。在满足板件宽（高）厚比限值的条件下，截面面积的分布应尽量开展，以增加截面的惯性矩和回转半径，提高构件的整体稳定性和刚度，达到用料合理。

③ 连接方便。一般选择开敞式截面，便于与其他构件进行连接；在格构式结构中，也常采用管形截面构件，此时的连接方法常采用螺栓球或焊接球节点，或直接相贯焊接节点等。

④ 制造省工。尽可能构造简单,加工方便,取材容易。如选择型钢或便于采用自动焊的工字形截面,这样做有时用钢量可能会增加一点,但因制造省工和型钢价格便宜,可能仍然比较经济。

6.6.2 截面选择

截面设计时,首先应根据上述截面设计原则、轴力大小和两方向的计算长度等情况综合考虑后,初步选择截面尺寸,然后进行强度、刚度、整体稳定和局部稳定验算。具体步骤如下:

① 确定所需要的截面积。假定构件的长细比 $\lambda = 50 \sim 100$,当压力大而计算长度小时取较小值,反之取较大值。根据 λ、截面分类和钢材级别可查得整体稳定系数 φ 值,则所需要的截面面积为:

$$A_{req} = \frac{N}{\varphi f} \tag{6.6.1}$$

实际上,要准确假定构件的长细比是不容易的,往往要反复多次才能成功。但对每种截面形式,都可以推导出确定 λ 假设值的近似公式,例如对焊接工字形截面(通常 y 轴是弱轴),可采用如下公式:

$$\varphi = (0.417\,5 + 0.004\,919\lambda_y)\lambda_y^2 \frac{N}{l_{0y}^2 f}\sqrt{\frac{235}{f_y}} \tag{6.6.2}$$

截面设计时,只需任意假设一个满足刚度要求的 λ_y,然后由式(6.6.2)求出对应的 φ 值。若能从 φ 值表中找到这一对 λ_y 和 φ,则所假设的 λ_y 就是正确的,否则要重新假设 λ_y。

② 确定两个主轴所需要的回转半径。$i_{xreq} = l_{0x}/\lambda$,$i_{yreq} = l_{0y}/\lambda$。对于焊接组合截面,根据所需回转半径 i_{req} 与截面高度 h、宽度 b 之间的近似关系,即 $i_x \approx \alpha_1 h$ 和 $i_y \approx \alpha_2 b$(系数 α_1、α_2 的近似值见附录5,例如由三块钢板焊成的工字形截面,$\alpha_1 = 0.43$,$\alpha_2 = 0.24$),求出所需截面的轮廓尺寸,即

$$h = \frac{i_{xreq}}{\alpha_1},\quad b = \frac{i_{yreq}}{\alpha_2} \tag{6.6.3}$$

对于型钢截面,根据所需要的截面积 A_{rep} 和所需要的回转半径 i_{req} 选择型钢的型号(附录8)。

③ 确定截面各板件尺寸。对于焊接组合截面,根据所需的 A_{req}、h、b,并考虑局部稳定和构造要求(例如自动焊工字形截面 $h \approx b$)初选截面尺寸。由于假定的 λ 值不一定恰当,完全按照所需要的 A_{req}、h、b 配置的截面可能会使板件厚度太大或太小,这时可适当调整 h 或 b,h 和 b 宜取10 mm的倍数,t 和 t_w 宜取2 mm的倍数且应符合钢板规格,t_w 应比 t 小,但一般不小于4 mm。

6.6.3 截面验算

按照上述步骤初选截面后,按式(6.2.4)、式(6.4.2)、式(6.5.3)和式(6.5.4)等进行刚度、整体稳定和局部稳定验算。如有孔洞削弱,还应按式(6.2.2)进行强度验算。如验算结果不完全满足要求,应调整截面尺寸后重新验算,直到满足要求为止。

6.6.4 构造要求

当实腹式构件的腹板高厚比 $h_0/t_w>80$ 时，为防止腹板在施工和运输过程中发生扭转变形，提高构件的抗扭刚度，应设置横向加劲肋，其间距不得大于 $3h_0$，在腹板两侧成对配置，截面尺寸应满足 6.5.2 之 3 的要求（图 6.5.2）。

为了保证构件截面几何形状不变，提高构件抗扭刚度，以及传递必要的内力，对大型实腹式构件，在受有较大横向力处和每个运送单元的两端，还应设置横隔（图 6.6.1）。构件较长时并应设置中间横隔，横隔的间距不得大于构件截面较大宽度的 9 倍或 8 m。

轴心受压实腹式构件的翼缘与腹板的纵向连接焊缝受力很小，不必计算，可按构造要求确定焊缝尺寸 $h_f=4\sim 8$ mm。

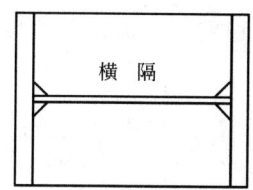

图 6.6.1 横隔

[**例题 6.1**] 图 6.6.2a 所示为一管道支架，其支柱的轴心压力（包括自重）设计值为 $N=1\ 450$ kN，柱两端铰接，钢材为 Q345 钢，截面无孔洞削弱。试设计此支柱的截面：①用轧制普通工字钢；②用轧制 H 型钢；③用焊接工字形截面，翼缘板为焰切边。④钢材改为 Q235 钢，以上所选截面是否可以安全承载？

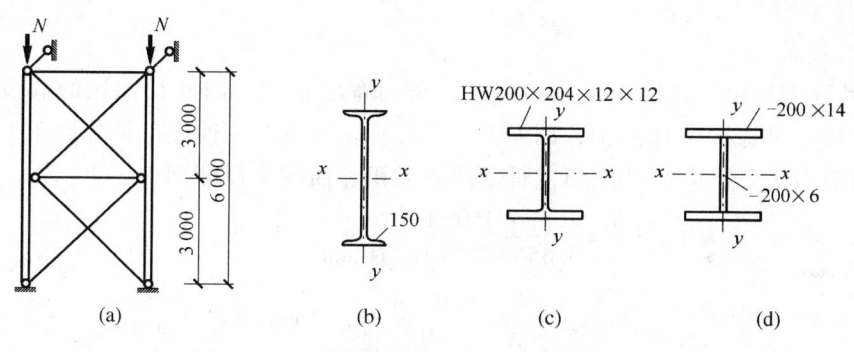

图 6.6.2 例 6.1 图

[**解**] 设截面的强轴为 x 轴，弱轴为 y 轴，柱在两个方向的计算长度分别为：

$$l_{0x}=600\ \text{cm},\ l_{0y}=300\ \text{cm}$$

1. 轧制工字钢（图 6.6.2b）

（1）试选截面

假定 $\lambda=100$，对于 $b/h\leqslant 0.8$ 的轧制工字钢，当绕 x 轴屈曲时属于 a 类截面，绕 y 轴屈曲时属于 b 类截面，由附表 4.2 查得 $\varphi_{\min}=\varphi_y=0.431$。当计算点钢材厚度 $t<16$ mm 时，取 $f=310$ N/mm^2。则所需截面面积和回转半径为：

$$A_{\text{req}}=\frac{N}{\varphi_{\min}f}=\frac{1\ 450\times 10^3\ \text{N}}{0.431\times 310\times 10^2\ \text{N/cm}^2}=108.52\ \text{cm}^2$$

$$i_{x\text{req}}=\frac{l_{0x}}{\lambda}=\frac{600\ \text{cm}}{100}=6\ \text{cm}$$

$$i_{y\text{req}}=\frac{l_{0y}}{\lambda}=\frac{300\ \text{cm}}{100}=3\ \text{cm}$$

由附表 8.5 中不可能选出同时满足 A_{req}，i_{xreq} 和 i_{yreq} 的型号，可以 A_{req} 和 i_{yreq} 为主，适当考虑 i_{xreq} 进行选择。现试选 I 50a，$A = 119$ cm^2，$i_x = 19.7$ cm，$i_y = 3.07$ cm。翼缘厚度 $t = 20$ mm > 16 mm，故取 $f = 295$ N/mm^2。

（2）截面验算

因截面无孔洞削弱，可不验算强度。又因轧制工字钢的翼缘和腹板均较厚，可不验算局部稳定，只需进行刚度和整体稳定验算。

$$\lambda_x = \frac{l_{0x}}{i_x} = \frac{600 \text{ cm}}{19.7 \text{ cm}} = 30.46 < [\lambda] = 150，满足刚度要求$$

$$\lambda_y = \frac{l_{0y}}{i_y} = \frac{300 \text{ cm}}{3.07 \text{ cm}} = 97.72 < [\lambda] = 150，满足刚度要求$$

λ_y 远大于 λ_x，绕 y 轴屈曲时属于 b 类截面，故由 $\lambda = \lambda_y \sqrt{\frac{f_y}{235}} = 97.72 \sqrt{\frac{345}{235}} = 118.40$ 查附表 4.2 得 $\varphi = 0.445$。

$$\frac{N}{\varphi A} = \frac{1\ 450 \times 10^3 \text{ N}}{0.445 \times 119 \times 10^2 \text{ mm}^2} = 274 \text{ N/mm}^2 < f = 295 \text{ N/mm}^2，满足整体稳定要求。$$

2. 轧制 H 型钢（图 6.6.2c）

（1）试选截面

由于轧制 H 型钢可以选用宽翼缘的形式，截面宽度较大，因此长细比的假设值可适当减小，假设 $\lambda = 70$。对宽翼缘 H 型钢，因 $b/h > 0.8$，所以不论对 x 轴或 y 轴都属于 b 类截面。当 $\lambda = 70$ 时，由附表 4.2 查得 $\varphi = 0.656$，所需截面面积和回转半径分别为：

$$A_{req} = \frac{N}{\varphi f} = \frac{1\ 450 \times 10^3 \text{ N}}{0.656 \times 310 \times 10^2 \text{ N/cm}^2} = 71.30 \text{ cm}^2$$

$$i_{xreq} = \frac{l_{0x}}{\lambda} = \frac{600 \text{ cm}}{70} = 8.57 \text{ cm}$$

$$i_{yreq} = \frac{l_{0y}}{\lambda} = \frac{300 \text{ cm}}{70} = 4.29 \text{ cm}$$

由附表 8.9 试选 HW200×204×12×12，$A = 72.28$ cm^2，$i_x = 8.35$ cm，$i_y = 4.85$ cm。翼缘厚度 $t = 12$ mm，取 $f = 310$ N/mm^2。

（2）截面验算

因截面无孔洞削弱，可不验算强度。又因为热轧型钢，亦可不验算局部稳定，只需进行刚度和整体稳定验算。

$$\lambda_x = \frac{l_{0x}}{i_x} = \frac{600 \text{ cm}}{8.35 \text{ cm}} = 71.9 < [\lambda] = 150，满足刚度要求$$

$$\lambda_y = \frac{l_{0y}}{i_y} = \frac{300 \text{ cm}}{4.85 \text{ cm}} = 61.9 < [\lambda] = 150，满足刚度要求$$

因绕 x 轴和 y 轴屈曲均属 b 类截面，故由长细比的较大值 $\lambda = \lambda_x \sqrt{\frac{f_y}{235}} = 71.9 \sqrt{\frac{345}{235}} = 87.10$，查附表 4.2，得 $\varphi = 0.640$。

$$\frac{N}{\varphi A} = \frac{1\,450 \times 10^3 \text{ N}}{0.640 \times 72.28 \times 10^2 \text{ mm}^2} = 313 \text{ N/mm}^2 \approx f = 310 \text{ N/mm}^2,\text{满足整体稳定要求}。$$

3. 焊接工字形截面（图6.6.2d）

(1) 参照H型钢截面试选截面：翼缘2—200×14，腹板1—200×6，其截面面积：

$$A = 2 \times 20 \text{ cm} \times 1.4 \text{ cm} + 20 \text{ cm} \times 0.6 \text{ cm} = 68 \text{ cm}^2$$

$$I_x = \frac{1}{12}(20 \text{ cm} \times 22.8^3 \text{ cm}^3 - 19.4 \text{ cm} \times 20^3 \text{ cm}^3) = 6\,821 \text{ cm}^4$$

$$I_y = 2 \times \frac{1}{12} \times 1.4 \times 20^3 \text{ cm}^3 = 1\,867 \text{ cm}^4$$

$$i_x = \sqrt{\frac{6\,821 \text{ cm}^4}{68 \text{ cm}^2}} = 10.02 \text{ cm}$$

$$i_y = \sqrt{\frac{1\,867 \text{ cm}^4}{68 \text{ cm}^2}} = 5.24 \text{ cm}$$

(2) 刚度和整体稳定验算

$$\lambda_x = \frac{l_{0x}}{i_x} = \frac{600 \text{ cm}}{10.02 \text{ cm}} = 59.88 < [\lambda] = 150,\text{满足刚度要求}$$

$$\lambda_y = \frac{l_{0y}}{i_y} = \frac{300 \text{ cm}}{5.24 \text{ cm}} = 57.25 < [\lambda] = 150,\text{满足刚度要求}$$

因绕x轴和y轴屈曲均属b类截面，故由长细比的较大值 $\lambda = \lambda_x \sqrt{\frac{f_y}{235}} = 59.88\sqrt{\frac{345}{235}} = 72.55$ 查附表4.2，得 $\varphi = 0.735$。

$$\frac{N}{\varphi A} = \frac{1\,450 \times 10^3 \text{ N}}{0.735 \times 68 \times 10^2 \text{ mm}^2} = 290 \text{ N/mm}^2 < f = 310 \text{ N/mm}^2,\text{满足整体稳定要求}。$$

(3) 局部稳定验算

翼缘外伸部分：$\dfrac{b}{t} = \dfrac{9.7 \text{ cm}}{1.4 \text{ cm}} = 6.93 < (10 + 0.1\lambda_{max})\sqrt{\dfrac{235}{f_y}}$

$$= (10 + 0.1 \times 59.88)\sqrt{\frac{235}{345}} = 13.20,\text{满足}$$

腹板：$\dfrac{h_0}{t_w} = \dfrac{20 \text{ cm}}{0.6 \text{ cm}} = 33.33 < (25 + 0.5\lambda_{max})\sqrt{\dfrac{235}{f_y}}$

$$= (25 + 0.5 \times 59.88)\sqrt{\frac{235}{345}} = 45.34,\text{满足}$$

截面无孔洞削弱，不必验算强度。

(4) 构造

因腹板高厚比小于80，故不必设置横向加劲肋。翼缘与腹板的连接焊缝最小焊脚尺寸，$h_{fmin} = 1.5\sqrt{t_{max}} = 1.5 \times \sqrt{14} \text{ mm} = 5.6 \text{ mm}$，采用 $h_f = 6 \text{ mm}$。

4. 原截面改用Q235钢

(1) 轧制工字钢

绕 y 轴屈曲时属于 b 类截面,由 $\lambda_y = 97.72$ 查附表 4.2,得 $\varphi = 0.570$。

$$\frac{N}{\varphi A} = \frac{1\,450 \times 10^3 \text{ N}}{0.570 \times 119 \times 10^2 \text{ mm}^2} = 214 \text{ N/mm}^2 > f = 205 \text{ N/mm}^2,\text{但在 5\% 以内,可满足整体稳定要求。}$$

(2) 轧制 H 型钢

绕 x 轴和 y 轴屈曲均属 b 类截面,故由长细比的较大值 $\lambda_x = 71.9$ 查附表 4.2,得 $\varphi = 0.740$。

$$\frac{N}{\varphi A} = \frac{1\,450 \times 10^3 \text{ N}}{0.740 \times 72.28 \times 10^2 \text{ mm}^2} = 271 \text{ N/mm}^2 > f = 215 \text{ N/mm}^2,\text{不满足整体稳定要求。}$$

(3) 焊接工字形截面

绕 x 轴和 y 轴屈曲均属 b 类截面,故由长细比的较大值 $\lambda_x = 59.88$ 查附表 4.2,得 $\varphi = 0.808$。

$$\frac{N}{\varphi A} = \frac{1\,450 \times 10^3 \text{ N}}{0.808 \times 68 \times 10^2 \text{ mm}^2} = 264 \text{ N/mm}^2 > f = 215 \text{ N/mm}^2,\text{不满足整体稳定要求。}$$

由本例计算结果可知:①轧制普通工字钢要比轧制 H 型钢和焊接工字形截面的面积大很多(在本例中大 65%～75%),这是由于普通工字钢绕弱轴的回转半径太小,尽管弱轴方向的计算长度仅为强轴方向计算长度的 1/2,但其长细比远大于后者,因而构件的承载能力是由弱轴所控制的,对强轴则有较大富裕,这显然是不经济的,若必须采用此种截面,宜再增加侧向支撑的数量;对于轧制 H 型钢和焊接工字形截面,由于其两个方向的长细比非常接近,基本上做到了等稳定性,用料更经济,焊接工字形截面更容易实现等稳定性要求,用钢量最省,但焊接工字形截面的焊接工作量大,在设计实腹式轴心受压构件时宜优先选用轧制 H 型钢;②改用 Q235 钢后,轧制普通工字钢的截面不增大时仍可安全承载,而轧制 H 型钢和焊接工字形截面却不能安全承载且相差很多,这是因为长细比大的轧制普通工字钢构件在改变钢号后,仍处于弹性工作状态,钢材强度对稳定承载力影响不大,而长细比小的轧制 H 型钢和焊接工字形截面构件,由于原设计的截面积比轧制普通工字钢就小许多,改变钢号后,钢柱中的应力已处于弹塑性工作状态,钢材强度对稳定承载力有显著影响。

§6.7 格构式轴心受压构件

6.7.1 格构式轴心受压构件绕实轴的整体稳定

格构式受压构件也称为格构式柱(latticed columns),其分肢通常采用槽钢和工字钢,构件截面具有对称轴(图 6.1.1)。当构件轴心受压丧失整体稳定时,不大可能发生扭转屈曲和弯扭屈曲,往往发生绕截面主轴的弯曲屈曲。因此计算格构式轴心受压构件的整体稳定时,只需计算绕截面实轴和虚轴抵抗弯曲屈曲的能力。

格构式轴心受压构件绕实轴的弯曲屈曲情况与实腹式轴心受压构件没有区别,因此其整体稳定计算也相同,可以采用式(6.4.2)按 b 类截面进行计算。

6.7.2 格构式轴心受压构件绕虚轴的整体稳定

实腹式轴心受压构件在弯曲屈曲时,剪切变形影响很小,对构件临界力的降低不到 1%,

可以忽略不计。格构式轴心受压构件绕虚轴弯曲屈曲时，由于两个分肢不是实体相连，连接两分肢的缀件的抗剪刚度比实腹式构件的腹板弱，构件在微弯平衡状态下，除弯曲变形外，还需要考虑剪切变形的影响，因此稳定承载力有所降低。根据弹性稳定理论分析，格构式轴心压杆考虑构件剪切变形影响的临界应力为：

$$\sigma_{cr} = \frac{\pi^2 E}{\lambda^2} \cdot \frac{1}{1 + \frac{\pi^2 EA}{\lambda^2} \cdot \gamma_1}$$

式中，λ 为构件绕虚轴的长细比；γ_1 为构件在单位剪力沿垂直于虚轴方向作用下的剪切角，简称单位剪切角。

为了借用实腹式轴压构件弯曲屈曲的计算公式计算格构式压杆绕虚轴的整体稳定，现以图 6.1.1 中 b、c 的双肢格构柱为例推导换算长细比 λ_{0x}。

设：

$$\sigma_{cr} = \frac{\pi^2 E}{\lambda_{0x}^2} = \frac{\pi^2 E}{\lambda_x^2} \cdot \frac{1}{1 + \frac{\pi^2 EA}{\lambda_x^2} \cdot \gamma_1} \tag{6.7.1}$$

可解得：

$$\lambda_{0x} = \sqrt{\lambda_x^2 + \pi^2 EA \gamma_1} \tag{6.7.2}$$

当为缀条柱（laced column）时（图 6.1.1c），可求得单位剪切角为：

$$\gamma_1 = \frac{1}{EA_{1x} \sin^2 \theta \cdot \cos \theta}$$

代入式（6.7.2）得：

$$\lambda_{0x} = \sqrt{\lambda_x^2 + \frac{\pi^2}{\sin^2 \theta \cos \theta} \cdot \frac{A}{A_{1x}}} \tag{6.7.3}$$

式中，λ_x 为整个构件对虚轴的长细比；A 为整个构件的毛截面面积；A_{1x} 为构件横截面所截两侧斜缀条毛截面面积之和；θ 为缀条与构件轴线间的夹角（图 6.7.2）。

式（6.7.1）与实腹式轴心受压构件欧拉临界应力计算公式的形式完全相同。由此可见，如果用 λ_{0x} 代替 λ_x，则可采用与实腹式轴心受压构件相同的公式计算格构式构件绕虚轴的稳定性，因此，称 λ_{0x} 为换算长细比。

一般斜缀条与构件轴线间的夹角 θ 在 $40° \sim 70°$ 范围内，在此常用范围，$\pi^2/(\sin^2 \theta \cdot \cos \theta) = 25.6 \sim 32.7$，其值变化不大。为了简便，《规范》按 $\theta = 45°$ 计算，即取上式为常数 27。由此换算长细比公式（6.7.3）简化为：

$$\lambda_{0x} = \sqrt{\lambda_x^2 + 27 \frac{A}{A_{1x}}} \tag{6.7.4}$$

需要注意的是，当斜缀条与柱轴线间的夹角不在 $40° \sim 70°$ 范围内时，$\pi^2/(\sin^2 \theta \cdot \cos \theta)$ 值将比 27 大很多，式（6.7.4）是偏于不安全的，应按式（6.7.3）计算换算长细比 λ_{0x}。此外，λ_{0x} 是按弹性屈曲推导的，但一般推广用于全部 λ_x 范围。

当为缀板柱（battened column）时，可求得单位剪切角为：

$$\gamma_1 = \frac{l_1^2}{24EI_1} \left(\frac{2C}{l_1} \cdot \frac{I_1}{I_b} + 1 \right)$$

代入式（6.7.2）得：

$$\lambda_{0x} = \sqrt{\lambda_x^2 + \frac{\pi^2}{12}\left(1 + \frac{2}{k}\right)\lambda_1^2} \tag{6.7.5}$$

式中，$\lambda_1 = l_1/i_1$ 为相应分肢长细比；$k = (I_b/c)/(I_1/l_1)$ 为缀板与分肢线刚度比值；l_1 为相邻两缀板间的中心距；I_1, i_1 为每个分肢绕其平行于虚轴方向形心轴的惯性矩和回转半径；I_b 为构件截面中垂直于虚轴的各缀板的惯性矩之和；c 为两分肢的轴线间距（图6.7.4）。

通常情况下，k 值较大（两分肢不相等时，k 按较大分肢计算）。当 $k = 6 \sim 20$ 时，$\pi^2(1+2/k)/12 = 1.097 \sim 0.905$，即在 $k \geqslant 6$ 的常用范围，接近于1。为简化起见，《规范》规定换算长细比按以下简化式计算：

$$\lambda_{0x} = \sqrt{\lambda_x^2 + \lambda_1^2} \tag{6.7.6}$$

式中，$\lambda_1 = l_{01}/i_1$ 为分肢对最小刚度轴的长细比。缀板式构件分肢在缀板连接范围内刚度较大而变形很小，因此当缀板与分肢焊接时，计算长度 l_{01} 为相邻两缀板间的净距；当缀板与分肢螺栓连接时，计算长度 l_{01} 为最近边缘螺栓间的距离。

当 $k = 2 \sim 6$ 时，$\pi^2(1+2/k)/12 = 1.645 \sim 1.097$，按式（6.7.6）计算 λ_{0x}，误差较大。因此，当 $k \leqslant 6$ 时宜用式（6.7.5）计算。

对于四肢和三肢组合的格构式轴心受压构件，可得出类似的换算长细比计算公式，详见《规范》。

6.7.3 格构式轴心受压构件分肢的稳定和强度计算

格构式轴心受压构件的分肢既是组成整体截面的一部分，在缀件节点之间又是一个单独的实腹式受压构件。所以，对格构式构件除需作为整体计算其强度、刚度和稳定外，还应计算各分肢的强度、刚度和稳定，且应保证各分肢失稳不先于格构式构件整体失稳。

由于初弯曲等缺陷的影响，格构式轴心受压构件受力时呈弯曲变形，故各分肢内力并不相同，其强度或稳定计算是相当复杂的。为简化起见，经对各类型实际构件（取初弯曲 $l/500$）进行计算和综合分析，《规范》规定分肢的长细比满足下列条件时可不计算分肢的强度、刚度和稳定性：

当缀件为缀条时，

$$\lambda_1 \leqslant 0.7\lambda_{max} \tag{6.7.7}$$

当缀件为缀板时，

$$\lambda_1 \leqslant 0.5\lambda_{max} \text{ 且不大于} 40 \tag{6.7.8}$$

式中，λ_{max} 为构件两方向长细比（对虚轴取换算长细比）的较大值，当 $\lambda < 50$ 时，取 $\lambda = 50$；λ_1 按式（6.7.6）的规定计算，但当缀件采用缀条时，l_{01} 取缀条节点间距（图6.1.1）。

6.7.4 格构式轴心受压构件分肢的局部稳定

格构式轴心受压构件的分肢承受压力，应进行板件的局部稳定计算。分肢常采用轧制型钢，其翼缘和腹板一般都能满足局部稳定要求。当分肢采用焊接组合截面时，其翼缘和腹板宽厚比应按式（6.5.3）、式（6.5.4）进行验算，以满足局部稳定要求。

6.7.5 格构式轴心受压构件的缀件设计

1. 格构式轴心受压构件的剪力

格构式轴心受压构件绕虚轴弯曲时将产生剪力 $V=\mathrm{d}M/\mathrm{d}z$，其中 $M=NY$，如图 6.7.1 所示。考虑初始缺陷的影响，经理论分析，《规范》采用以下实用公式计算格构式轴心受压构件中可能发生的最大剪力设计值 V，即

$$V=\frac{Af}{85}\sqrt{\frac{f_y}{235}} \tag{6.7.9}$$

此式与国际标准化组织（ISO）的钢结构设计规范草案所规定的 $V \geqslant 0.012Af_y/\gamma_R$ 基本相同；为了设计方便，此剪力 V 可认为沿构件全长不变，方向可以是正或负（图 6.7.1d 实线），由承受该剪力的各缀件面共同承担。对图 6.1.1 所示双肢格构式构件有两个缀件面，每面承担 $V_1=V/2$。

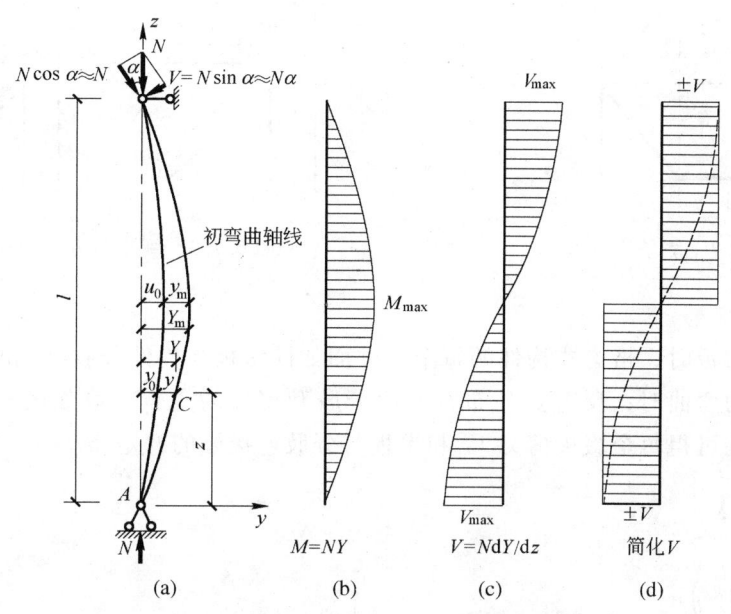

图 6.7.1 格构式轴心受压构件的弯矩和剪力

2. 缀条设计

当缀件采用缀条时，格构式构件的每个缀件面如同缀条与构件分肢组成的平行弦桁架体系，缀条可看作桁架的腹杆，其内力可按铰接桁架进行分析。如图 6.7.2 的斜缀条的内力为：

$$N_{d1}=V_1/\sin\theta \tag{6.7.10}$$

式中，V_1 为每面缀条所受的剪力；θ 为斜缀条与构件轴线间的夹角。

由于构件弯曲变形方向可能变化，因此剪力方向可以正或负，斜缀条可能受拉或受压，设计时应按最不利情况作为轴心受压构件计算。单角钢缀条通常与构件分肢单面连接，故在受力时实际上存在偏心。作为轴心受力构件计算其强度、稳定和连接时，应考虑相应的强度设计值折减系数以考虑偏心受力的影响，详见 6.2.1 和 6.4.3。

缀条的最小尺寸不宜小于∟45×4 或∟56×36×4 的角钢。不承受剪力的横缀条主要用来减少分肢的计算长度，其截面尺寸通常取与斜缀条相同。

缀条的轴线与分肢的轴线应尽可能交于一点，设有横缀条时，还可加设节点板（图6.7.3）。有时为了保证必要的焊缝长度，节点处缀条轴线交汇点可稍向外移至分肢形心轴线以外，但不应超出分肢翼缘的外侧。为了减小斜缀条两端受力角焊缝的搭接长度，缀条与分肢可采用三面围焊相连。

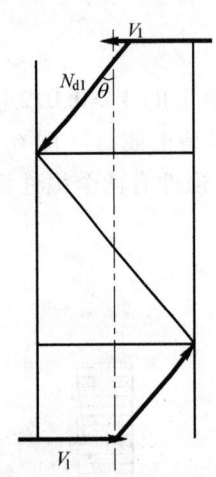

图 6.7.2　缀条的内力

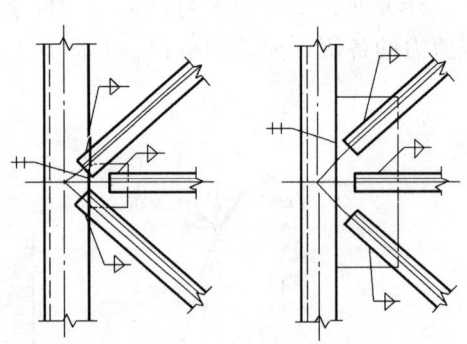

图 6.7.3　缀条与分肢的连接

3. 缀板设计

当缀件采用缀板时，格构式构件的每个缀件面如同缀板与构件分肢组成的单跨多层平面刚架体系。假定受力弯曲时，反弯点分布在各段分肢和缀板的中点。取如图 6.7.4 所示的隔离体，根据内力平衡可得每个缀板剪力 V_{b1} 和缀板与分肢连接处的弯矩 M_{b1}：

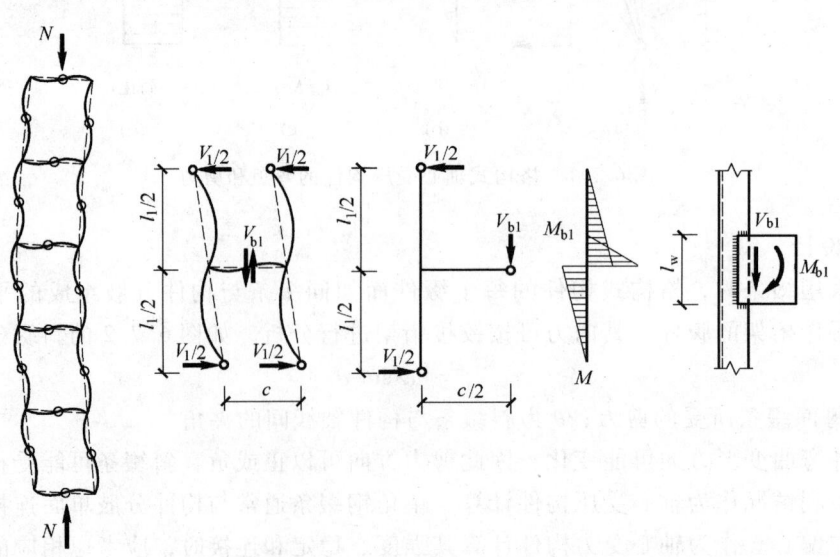

图 6.7.4　缀板的内力计算

§ 6.7 格构式轴心受压构件

$$V_{b1} = \frac{V_1 l_1}{c}, \quad M_{b1} = \frac{V_1 l_1}{2} \quad (6.7.11)$$

式中，l_1 为两相邻缀板轴线间的距离，需根据分肢稳定和强度条件确定；c 为分肢轴线间的距离。

根据 M_{b1} 和 V_{b1} 可验算缀板的弯曲强度、剪切强度以及缀板与分肢的连接强度。由于角焊缝强度设计值低于缀板强度设计值，故一般只需计算缀板与分肢的角焊缝连接强度。

缀板的尺寸由刚度条件确定，为了保证缀板的刚度，《规范》规定在同一截面处各缀板的线刚度之和不得小于构件较大分肢线刚度的 6 倍，即 $\sum(I_b/c) \geq 6(I_1/l_1)$，式中 I_b、I_1 分别为缀板和分肢的截面惯性矩。若取缀板的宽度 $h_b \geq 2c/3$，厚度 $t_b \geq c/40$ 和 6 mm，一般可满足上述线刚度比、受力和连接等要求。

缀板与分肢的搭接长度一般取 20~30 mm，可以采用三面围焊，或只用缀板端部纵向角焊缝与分肢相连。

6.7.6 格构式轴心受压构件的横隔和缀件连接构造

为了提高格构式构件的抗扭刚度，保证运输和安装过程中截面几何形状不变，以及传递必要的内力，在受有较大水平力处和每个运送单元的两端，应设置横隔，构件较长时还应设置中间横隔。横隔的间距不得大于构件截面较大宽度的 9 倍或 8 m。格构式构件的横隔可用钢板或交叉角钢做成（图 6.7.5）。

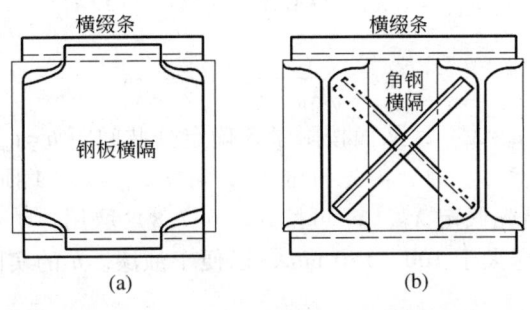

图 6.7.5 格构式构件的横隔

6.7.7 格构式轴心受压构件的截面设计

现以两个相同实腹式分肢组成的格构式轴心受压构件（图 6.7.6）为例来说明其截面选择和设计问题。

1. 截面选择

当格构式轴心受压构件的压力设计值 N、计算长度 l_{0x} 和 l_{0y}、钢材强度设计值 f 和截面类型都已知时，截面选择分为两个步骤：首先按实轴稳定要求选择截面两分肢的尺寸，其次按绕虚轴与实轴等稳定条件确定分肢间距。

（1）按实轴（设为 y 轴）稳定条件选择截面尺寸

假定绕实轴长细比 $\lambda_y = 60 \sim 100$，当 N 较大而 l_{0y} 较小时取较小值，反之取较大值。根据 λ_y

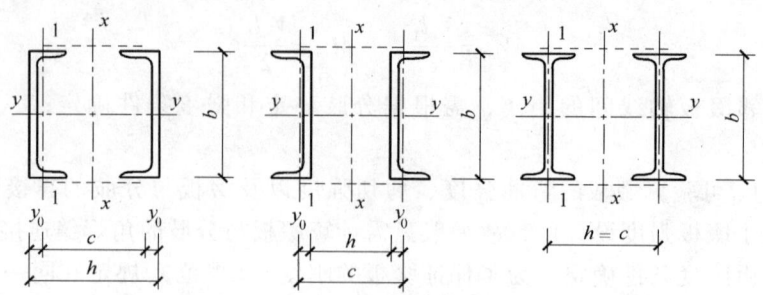

图 6.7.6 格构式构件截面设计

及钢号和截面类别查得整体稳定系数 φ 值,按公式 (6.6.1) 求所需截面面积 A_{req}。

求绕实轴所需要的回转半径 $i_{yreq}=l_{0y}/\lambda_y$(如分肢为组合截面时,则还应由 i_{yreq} 按附录 5 的近似值求所需截面宽度 $b=i_{yreq}/\alpha_1$)。

根据所需 A_{req}、i_{yreq}(或 b)初选分肢型钢规格(或截面尺寸),并进行实轴整体稳定和刚度验算,必要时还应进行强度验算和板件宽厚比验算。若验算结果不完全满足要求,应重新假定 λ_y 再试选截面,直至满意为止。

(2)按虚轴(设为 x 轴)与实轴等稳定原则确定两分肢间距

根据换算长细比 $\lambda_{0x}=\lambda_y$,则可求得所需要的 λ_{xreq}:

对缀条格构式构件

$$\lambda_{xreq}=\sqrt{\lambda_{0x}^2-27A/A_{1x}}=\sqrt{\lambda_y^2-27A/A_{1x}} \tag{6.7.12}$$

对缀板格构式构件

$$\lambda_{xreq}=\sqrt{\lambda_{0x}^2-\lambda_1^2}=\sqrt{\lambda_y^2-\lambda_1^2} \tag{6.7.13}$$

由 λ_{xreq} 可求所需 $i_{xreq}=l_{0x}/\lambda_{xreq}$,从而按附录 5 确定分肢间距 $h=i_{xreq}/\alpha_2$。

在按式 (6.7.12) 计算 λ_{xreq} 时,需先假定 A_{1x},可按 $A_{1x}=0.1A$ 预估缀条角钢型号;在按式 (6.7.13) 计算 λ_{xreq} 时,需先假定 λ_1,λ_1 可按式 (6.7.8) 取用。

两分肢翼缘间的净空应大于 100~150 mm,以便于油漆。h 的实际尺寸应调整为 10 mm 的倍数。

2. 截面验算

按照上述步骤初选截面后,按式 (6.2.4)、式 (6.4.2)、式 (6.7.7) 和式 (6.7.8) 等进行刚度、整体稳定和分肢稳定验算;如有孔洞削弱,还应按式 (6.2.2) 进行强度验算;缀件设计按 6.7.5 进行。如验算结果不完全满足要求,应调整截面尺寸后重新验算,直到满足要求为止。

[**例题 6.2**] 将例 6.1 的支柱 AB 设计成格构式轴心受压柱:①缀条柱;②缀板柱。钢材为 Q345 钢,焊条为 E50 型,截面无削弱。

[**解**]

1. 缀条柱

(1)按实轴(y 轴)的稳定条件确定分肢截面尺寸

假定 $\lambda_y=40$,按 Q345 钢 b 类截面,根据 $\lambda=\lambda_y\sqrt{\dfrac{f_y}{235}}=40\sqrt{\dfrac{345}{235}}=48.47$ 从附表 4.2 查

得 $\varphi = 0.863$。

所需截面面积和回转半径分别为：

$$A_{\text{req}} = \frac{N}{\varphi f} = \frac{1\,450 \times 10^3 \text{ N}}{0.863 \times 310 \times 10^2 \text{ N/cm}^2} = 54.20 \text{ cm}^2$$

$$i_{y\text{req}} = \frac{l_{0y}}{\lambda_y} = \frac{300 \text{ cm}}{40} = 7.5 \text{ cm}$$

查附表 8.7 型钢表试选 2[18b，截面形式如图 6.7.7 所示。实际 $A = 2 \times 29.3 \text{ cm}^2 = 58.6 \text{ cm}^2$，$i_y = 6.84 \text{ cm}$，$i_1 = 1.95 \text{ cm}$，$z_0 = 1.84 \text{ cm}$，$I_1 = 111 \text{ cm}^4$。

验算绕实轴稳定：$\lambda_y = \dfrac{l_{0y}}{i_y} = \dfrac{300 \text{ cm}}{6.84 \text{ cm}} = 43.86 < [\lambda] = 150$，满足。

按 $\lambda = \lambda_y \sqrt{\dfrac{f_y}{235}} = 43.86 \sqrt{\dfrac{345}{235}} = 53.14$ 查附表 4.2，得 $\varphi = 0.841$（b 类截面）。

$$\frac{N}{\varphi A} = \frac{1\,450 \times 10^3 \text{ N}}{0.841 \times 58.6 \times 10^2 \text{ mm}^2} = 294 \text{ N/mm}^2 < f = 310 \text{ N/mm}^2，满足。$$

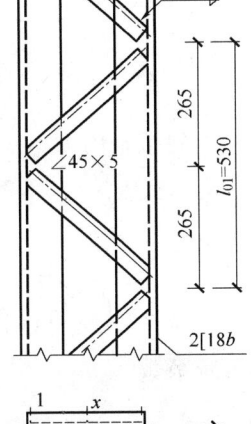

（2）按绕虚轴（x 轴）的稳定条件确定分肢间距

柱子轴力不大，缀条采用角钢 $\llcorner 45 \times 5$，两个斜缀条毛截面面积之和 $A_{1x} = 2 \times 4.29 \text{ cm}^2 = 8.58 \text{ cm}^2$。

按等稳定条件 $\lambda_{0x} = \lambda_y$，得：

$$\lambda_{x\text{req}} = \sqrt{\lambda_y^2 - 27 A/A_{1x}} = \sqrt{43.86^2 - 27 \times 58.6/8.58} = 41.70$$

$$i_{x\text{req}} = l_{0x}/\lambda_{x\text{req}} = 600 \text{ cm}/41.70 = 14.39 \text{ cm}$$

$$h_{\text{req}} \approx \frac{14.39 \text{ cm}}{0.44} = 32.7 \text{ cm}，取 h = 30 \text{ cm}$$

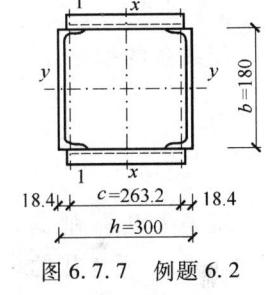

图 6.7.7 例题 6.2 缀条柱图

两槽钢翼缘间净距 $= 300 \text{ mm} - 2 \times 70 \text{ mm} = 160 \text{ mm} > 100 \text{ mm}$，满足构造要求。

验算虚轴稳定：

$$I_x = 2 \times (111 \text{ cm}^4 + 29.3 \text{ cm}^2 \times 13.16^2 \text{ cm}^2) = 10\,371 \text{ cm}^4$$

$$i_x = \sqrt{\frac{I_x}{A}} = \sqrt{\frac{10\,682 \text{ cm}^4}{58.6 \text{ cm}^2}} = 13.30 \text{ cm}$$

$$\lambda_x = \frac{l_{0x}}{i_x} = \frac{600 \text{ cm}}{13.5 \text{ cm}} = 45.11$$

$$\lambda_{0x} = \sqrt{\lambda_x^2 + 27 \frac{A}{A_{1x}}} = \sqrt{45.11^2 + 27 \times 58.6/8.58} = 47.11 < [\lambda] = 150$$

按 $\lambda = \lambda_{0x} \sqrt{\dfrac{f_y}{235}} = 47.11 \sqrt{\dfrac{345}{235}} = 57.08$ 查附表 4.2，得 $\varphi = 0.823$（b 类截面）。

$$\frac{N}{\varphi A} = \frac{1\,450 \times 10^3 \text{ N}}{0.823 \times 58.6 \times 10^2 \text{ mm}^2} = 301 \text{ N/mm}^2 < f = 310 \text{ N/mm}，满足。$$

（3）分肢稳定

$$\lambda_1 = \frac{l_{01}}{i_1} = \frac{2 \times 26.5 \text{ cm}}{1.95 \text{ cm}} = 27.18 < 0.7\lambda_{max} = 0.7 \times 46.47 = 32.53$$，满足规范规定，所以无须验算分肢刚度、强度稳定；分肢采用型钢，也不必验算其局部稳定。至此可认为所选截面满意。

(4) 缀条设计

缀条尺寸已初步确定 ∟45×5，$A_{d1} = 4.29 \text{ cm}^2$，$i_{min} = 0.88 \text{ cm}$。采用人字形单缀条体系，$\theta = 45°$，分肢 $l_{01} = 53 \text{ cm}$，斜缀条长度 $l_d = 26.32 \text{ cm}/\sin 45° = 37.22 \text{ cm}$。

柱的剪力：

$$V = \frac{Af}{85}\sqrt{\frac{f_y}{235}} = \frac{58.6 \times 10^2 \text{ mm}^2 \times 315 \text{ N/mm}^2}{85}\sqrt{\frac{345}{235}} = 26\ 313 \text{ N}, \quad V_1 = \frac{V}{2} = \frac{26\ 313 \text{ N}}{2} = 13\ 157 \text{ N}$$

斜缀条内力：
$$N_{d1} = \frac{V_1}{\sin \theta} = \frac{13\ 157 \text{ N}}{\sin 45°} = 18\ 605 \text{ N}$$

$$\lambda_1 = \frac{l_{01}}{i_{min}} = \frac{37.22 \text{ cm}}{0.88 \text{ cm}} = 42.30 < [\lambda] = 150$$

按 $\lambda = \lambda_1\sqrt{\frac{f_y}{235}} = 42.30\sqrt{\frac{345}{235}} = 51.25$ 查附表 4.2，得 $\varphi = 0.851$ (b 类截面)，强度设计值折减系数

$$\gamma = 0.6 + 0.001\ 5\lambda_1 = 0.6 + 0.001\ 5 \times 42.30 = 0.664$$

斜缀条的稳定：

$$\frac{N_{d1}}{\varphi A} = \frac{18\ 605 \text{ N}}{0.851 \times 4.29 \times 10^2 \text{ mm}^2} = 50.96 \text{ N/mm}^2$$

$< \gamma f = 0.664 \times 310 \text{ N/mm}^2 = 206 \text{ N/mm}^2$，满足。

缀条无孔洞削弱，不必验算强度。缀条的连接角焊缝采用两面侧焊，按构造要求取 $h_f = 4 \text{ mm}$；单面连接的单角钢按轴心受力计算连接时，$\gamma = 0.85$。则：

肢背焊缝所需长度
$$l_{w1} = \frac{k_1 N_{d1}}{0.7 h_f \gamma f_f^w} = \frac{0.7 \times 18\ 605 \text{ N}}{0.7 \times 0.4 \text{ cm} \times 0.85 \times 200 \times 10^2 \text{ N/cm}^2} + 0.8 \text{ cm} = 3.5 \text{ cm}$$

肢尖焊缝所需长度
$$l_{w2} = \frac{k_2 N_{d1}}{0.7 h_f \gamma f_f^w} = \frac{0.3 \times 18\ 605 \text{ N}}{0.7 \times 0.4 \text{ cm} \times 0.85 \times 200 \times 10^2 \text{ N/cm}^2} + 0.8 \text{ cm} = 2.1 \text{ cm}$$

肢背与肢尖焊缝长度均取 4 cm。

(5) 横隔

柱截面最大宽度为 30 cm，要求横隔间距 $\leq 9 \times 0.30 = 2.7$ m 和 8 m。柱高 6 m，上下两端有柱头柱脚，中间三分点处设两道钢板横隔，与斜缀条节点配合设置（参见图 6.7.5）。

2. 缀板柱

(1) 按实轴（y 轴）的稳定条件确定分肢截面尺寸

同缀条柱，选用 2[18b（图 6.7.8），$\lambda_y = 43.86$。

(2) 按绕虚轴（x 轴）的稳定条件确定分肢间距

取 $\lambda_1 = 22$，满足 $\lambda_1 \leq 0.5\lambda_{max} = 0.5 \times 50 = 25$，且不大于 40 的分肢稳定要求。按等稳定原则

§6.7 格构式轴心受压构件

$\lambda_{0x} = \lambda_y$,得:

$$\lambda_{xreq} = \sqrt{\lambda_y^2 - \lambda_1^2} = \sqrt{43.86^2 - 22^2} = 37.94$$

$$i_{xreq} = \frac{l_{0x}}{\lambda_{xreq}} = \frac{600 \text{ cm}}{37.94} = 15.81 \text{ cm}$$

$$h_{req} \approx \frac{15.81 \text{ cm}}{0.44} = 35.93 \text{ cm},\text{ 取 } h = 32 \text{ cm}$$

两槽钢翼缘间净距 = 320 mm − 2×70 mm = 180 mm > 100 mm,满足构造要求。

验算虚轴稳定:

缀板净距 $l_{01} = \lambda_1 i_1 = 22 \times 1.95$ cm = 42.9 cm,取 43 cm。

$\lambda_1 = \dfrac{43 \text{ cm}}{1.95 \text{ cm}} = 22.05$

$I_x = 2 \times (111 \text{ cm}^4 + 29.3 \text{ cm}^2 \times 14.16^2 \text{ cm}^2) = 11\,972 \text{ cm}^4$

$i_x = \sqrt{\dfrac{I_x}{A}} = \sqrt{\dfrac{11\,972 \text{ cm}^4}{58.6 \text{ cm}^2}} = 14.29$ cm

$\lambda_x = \dfrac{l_{0x}}{i_x} = \dfrac{600 \text{ cm}}{14.29 \text{ cm}} = 41.99$

$\lambda_{0x} = \sqrt{\lambda_x^2 + \lambda_1^2} = \sqrt{41.99^2 + 22.05^2} = 47.43 < [\lambda] = 150$

按 $\lambda = \lambda_{0x}\sqrt{\dfrac{f_y}{235}} = 47.43\sqrt{\dfrac{345}{235}} = 57.47$,查附表 4.2,得 $\varphi = 0.821$ (b 类截面)。

$\dfrac{N}{\varphi A} = \dfrac{1\,450 \times 10^3 \text{ N}}{0.821 \times 58.6 \times 10^2} = 301 \text{ N/mm}^2 < f = 310 \text{ N/mm}^2$,满足。

$\lambda_1 = 22.05 < 0.5\lambda_{max} = 0.5 \times 50 = 25$ 和 40,满足规范规定。

所以无须验算分肢刚度、强度稳定;分肢采用型钢,也不必验算其局部稳定。至此可认为所选截面满意。

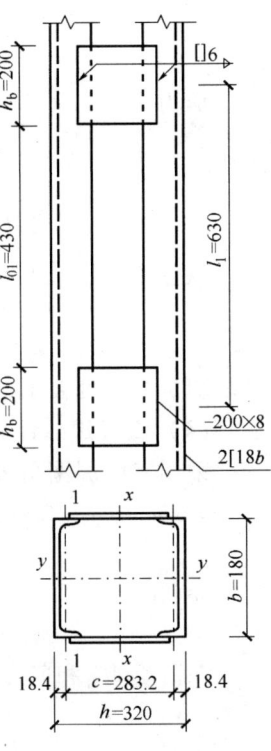

图 6.7.8 例题 6.2 缀板柱图

(3) 缀板设计

初选缀板尺寸:纵向高度 $h_b \geq \dfrac{2}{3}c = \dfrac{2}{3} \times 28.32$ cm = 18.88 cm,厚度 $t_b \geq c/40 = 28.32$ cm/40 = 0.71 cm,取 $h_b \times t_b = 200$ mm × 8 mm。

相邻缀板净距 $l_{01} = 43$ cm,相邻缀板中心距 $l_1 = l_{01} + h_b = 43$ cm + 20 cm = 63 cm。

缀板线刚度之和与分肢线刚度比值:

$\dfrac{\sum I_b/c}{I_1/l_1} = \dfrac{2 \times (0.8 \text{ cm} \times 20^3 \text{ cm}^3/12)/28.32 \text{ cm}}{111 \text{ cm}^4/63 \text{ cm}} = 21.38 > 6$,满足缀板的刚度要求。

柱的剪力:

$$V = 26\,313 \text{ N},\text{ 每个缀板面剪力 } V_1 = 13\,157 \text{ N}$$

弯矩:

$$M_{\mathrm{b1}} = \frac{V_1 l_1}{2} = 13\ 157\ \mathrm{N} \times \frac{63\ \mathrm{cm}}{2} = 414\ 446\ \mathrm{N \cdot cm}$$

剪力：

$$V_{\mathrm{b1}} = \frac{V_1 l_1}{c} = 13\ 157\ \mathrm{N} \times \frac{63\ \mathrm{cm}}{28.32\ \mathrm{cm}} = 29\ 269\ \mathrm{N}$$

$$\sigma = \frac{6 M_{\mathrm{b1}}}{t_{\mathrm{b}} h_{\mathrm{b}}^2} = \frac{6 \times 414\ 446 \times 10\ \mathrm{N \cdot mm}}{0.8 \times 10\ \mathrm{mm} \times (20 \times 10)^2\ \mathrm{mm}^2} = 77\ \mathrm{N/mm}^2 < f = 310\ \mathrm{N/mm}^2$$

$$\tau = \frac{1.5 V_{\mathrm{b1}}}{t_{\mathrm{b}} h_{\mathrm{b}}} = \frac{1.5 \times 29\ 269\ \mathrm{N}}{0.8 \times 20 \times 10^2\ \mathrm{mm}^2} = 27\ \mathrm{N/mm}^2 < f_{\mathrm{v}} = 180\ \mathrm{N/mm}^2$$

满足缀板的强度要求。

(4) 缀板焊缝计算：

采用三面周围角焊缝。计算时可偏于安全地仅考虑端部纵向角焊缝，按构造要求取焊脚尺寸 $h_{\mathrm{f}} = 6\ \mathrm{mm}$，$l_{\mathrm{w}} = 200\ \mathrm{mm}$。则：

$$A_{\mathrm{f}} = 0.7 \times 0.6\ \mathrm{cm} \times 20\ \mathrm{cm} = 8.4\ \mathrm{cm}^2$$

$$W_{\mathrm{f}} = \frac{1}{6} \times 0.7 \times 0.6\ \mathrm{cm} \times 20^2\ \mathrm{cm}^2 = 28\ \mathrm{cm}^3$$

在弯矩 M_{b1} 和剪力 V_{b1} 共同作用下焊缝的应力为：

$$\sqrt{\left(\frac{\sigma_{\mathrm{f}}}{\beta_{\mathrm{f}}}\right)^2 + \tau_{\mathrm{f}}^2} = \sqrt{\left(\frac{414\ 446 \times 10\ \mathrm{N \cdot mm}}{1.22 \times 28 \times 10^3\ \mathrm{mm}^3}\right)^2 + \left(\frac{29\ 269\ \mathrm{N}}{8.4 \times 10^2\ \mathrm{mm}^2}\right)^2}$$
$$= 126\ \mathrm{N/mm}^2 < f_{\mathrm{f}}^{\mathrm{w}} = 200\ \mathrm{N/mm}^2$$

§6.8 冷弯薄壁型钢轴心受压构件的设计特点

6.8.1 冷弯薄壁型钢结构的特点

冷弯薄壁型钢由带钢或钢板辊轧、模压冷弯或冷拔成型，承重构件的壁厚一般在 2~6 mm 之间。由于冷弯薄壁型钢构件的壁薄和截面开展，与普通型材相比，材料（或截面积）相同时截面惯性矩和回转半径更大。因此，用作承受压力和弯矩为主的构件时，可以获得很好的经济效果。表 6.8.1 给出了薄壁型钢方管和截面积相似的热轧角钢组合截面回转半径的比较。

表 6.8.1 薄壁型钢方管和热轧角钢组合截面回转半径的比较

截面形式和规格	截面积 A/cm^2	最小回转半径 $i_{\min}/\mathrm{cm}$	$i_{\min}^2/A$
□140×3 薄壁型钢方管	16.05	5.56	1.93
□70×6 角钢组合方管	16.32	2.78	0.47
⊤70×6 角钢组合截面	16.32	2.15	0.28

冷弯薄壁型钢采用的钢材目前只限于 Q235 钢和 Q345 钢，由于原材料常为带钢，质量比普通钢材差一些，经统计分析，其抗力分项系数 $\gamma_{\mathrm{R}} = 1.165$，比普通钢结构的抗力分项系数高，因此冷弯薄壁型钢的钢材强度设计值比普通钢结构的低。同理，其他的强度设计指标，如

钢材抗剪、端面承压以及焊缝和螺栓的强度设计值都低于普通钢结构中的相应规定值。但是，冷弯薄壁型钢构件在冷加工成型过程中，由于冷作硬化的影响，屈服强度将较母材有较大的提高，这种影响称之为冷弯效应。钢板冷弯时，棱角部分产生了剧烈的塑性变形，不仅弯曲塑性变形方向出现强化现象，而且还在垂直于冷弯方向也提高了材料的强度。计算表明：截面的棱角部分强度可提高50%，截面的平板部分由于冷弯过程中也经受碾压，强度提高约10%；按全截面计算，强度平均提高15%左右。因此，当计算截面面积全部有效的受拉、受压或受弯构件的强度时，可考虑冷弯效应的影响按 GB 50018 规定提高钢材的强度设计值。

冷弯薄壁型钢的防腐蚀问题是一个重要问题。但经过几十年的应用以及国内有关单位长达十年以上的不同地区与不同环境的挂片试验，说明这种结构用于无严重腐蚀性环境时，结构的耐久性是可靠的。目前，冷弯薄壁型钢结构的防腐蚀问题基本得到解决，应用时可根据具体使用情况采用金属保护层（表面合金化镀锌、镀铝锌）、防腐涂料等防腐措施。

6.8.2 冷弯薄壁型钢受压构件的屈曲后承载能力与有效宽度设计方法

冷弯薄壁型钢构件的截面由各种不同类型的板件（elements）组成，通常把这些板件按纵边的支承条件分为四类：①加劲板件（stiffened elements）为两纵边均与其他板件相连接的板件；②部分加劲板件（partially stiffened elements）为一纵边与其他板件相连接，另一纵边由卷边加劲的板件；③非加劲板件（unstiffened elements）为一纵边与其他板件相连接，另一纵边为自由边的板件；④中间加劲板件（elements with intermediate stiffener）为两纵边均与其他板件相连接且中部有中间加劲肋的板件。如图 6.8.1 所示，箱形截面构件的腹板和翼板都是加劲板件；卷边槽形截面构件的腹板是加劲板件，翼缘是部分加劲板件；槽形截面构件的腹板是加劲板件，翼缘是非加劲板件；宽厚比很大、在中间设有中间加劲肋的板件是中间加劲板件。

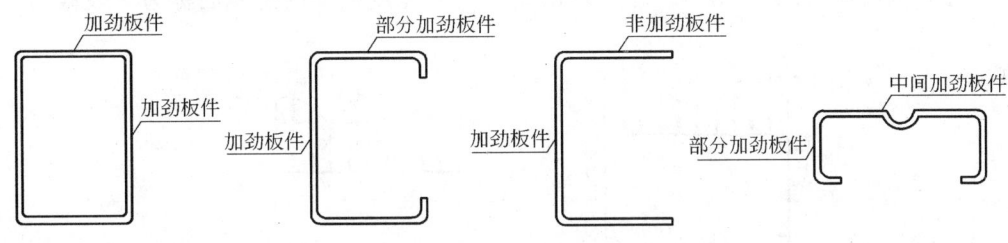

图 6.8.1 板件的分类

当轴心受压构件采用冷弯薄壁型钢截面时，板件的宽厚比不受式（6.5.3）或式（6.5.4）的限制，允许板件发生局部屈曲。由于板件很薄，宽厚比 b/t 较大，在轴心压力作用下，会较早地发生屈曲，但板件在屈曲后仍可继续承受更大的荷载。

正如§4.6 所述，板件的屈曲后承载力来源于薄膜拉力，现以加劲板件为例来加以说明。假想板件由一组和力作用方向平行的纵向板条及另一组横向板条组成，板件两端加载边在受载后保持平直，如图 6.8.2 所示。当压力 N 达到临界值时，纵向板条由直变弯，部分横向板条因此而受拉，并对纵向板条的弯曲变形提供弹性支承作用，使纵向板条还能继续承受增大的外力。由于横向板条也有弯曲变形，处于板中央的纵向板条的挠度比靠近边缘支承的纵向板条的挠度要大，也即靠近边缘支承的纵向板条的刚度比较大，继续增加的荷载主要由刚度较大的靠近边缘的板条承受。因此，四边有一定约束的板件在纵向压力下发生较大的屈曲后变形（挠度）时，在横向会引起薄膜张力，起限制薄板变形的作用，从而产生了屈曲后承载力。另外，由于靠近边缘部分板件的刚度比中央部分大，因此板件屈曲后继续增加的荷载主要由刚度较大的边缘部分来承受，使应力沿板件宽度方向的分布不均匀。按照四边简支板大挠度理论分析，屈曲后板件内应力分布如图 6.8.3a 所示。板件在屈曲后，中央部分的应力最低，靠近支承处应力最高，甚至可达到屈服点，通常把板件支承处应力达到某一控制应力 σ_{max}（如屈服点）作为屈曲后极限状态，此控制应力也称为板件的屈曲后强度或超临界强度。在冷弯薄壁型钢结构设计中，通常都利用板件的屈曲后承载力。板件的宽厚比越小，板件的临界应力与控制应力越接

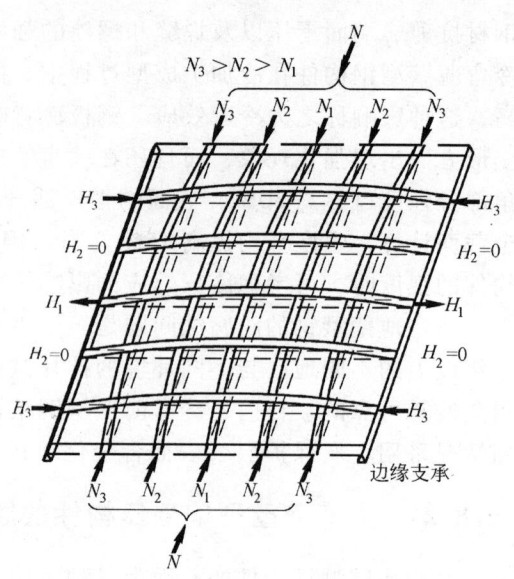

图 6.8.2 板件的屈曲后变形

近，屈曲后承载力提高越不显著；板件的宽厚比越大，板件临界应力比控制应力就越小，可以利用的屈曲后潜力就越大。

板件屈曲后承载力的计算比较复杂，设计中常采用有效宽度设计方法，即用图 6.8.3c 所示图形代替图 6.8.3b 应力图形进行计算。在图 6.8.3c 中，板件取有效宽度 b_e 并均等分配在两侧边缘支承处，在有效宽度内的应力为 f_y 并均匀分布，而不再考虑板中央部分参与受力。这样根据图 6.8.3b 极限承载力应力图形的平均应力 σ_{av} 与截面宽度 b 的乘积和图 6.8.3c 均匀应力 f_y 与有效宽度 b_e 的乘积相等，即可求出 b_e。有效宽度范围内的截面称为有效截面。

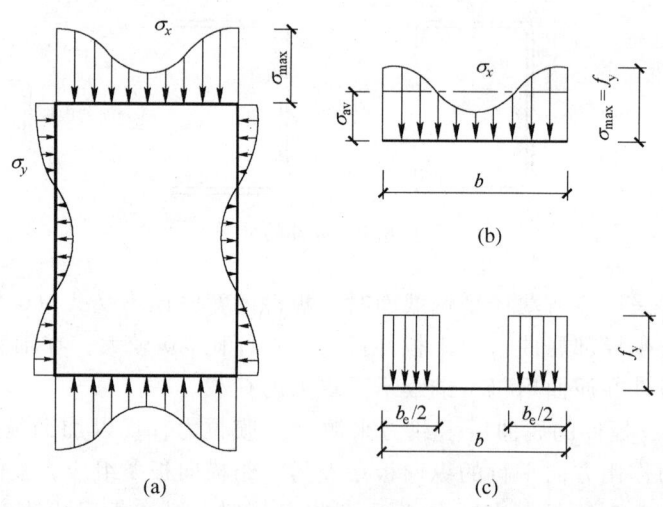

图 6.8.3 板件的屈曲后应力与有效宽度
(a) 屈曲后应力分布；(b) 屈曲后极限状态；(c) 有效宽度

§6.8 冷弯薄壁型钢轴心受压构件的设计特点

根据上海交通大学、湖南大学和南昌大学对箱形截面、卷边槽形截面和槽形截面的轴心受压、偏心受压板件的 132 个试验所得数据的分析，发现不论是哪一类板件都具有屈曲后承载力，都可以采用有效宽度方法进行计算。板件有效宽度及其分布与板件的实际宽度、类型（支承条件）、应力大小及分布情况等因素有关，GB 50018 给出了各类板件的有效宽度分布，只有均匀受压加劲板件的有效宽度才是对称分布的。

为了应用方便起见，GB 50018 对各种受力情况下不同类型的板件采用统一的有效宽度计算公式。由于冷弯薄壁型钢受压构件是由板件所组成的板组体系，当其中一块板件屈曲时，会带动相邻板件屈曲或受到相邻板件的约束，GB 50018 的有效宽度计算公式考虑了这种板组约束效应的影响。GB 50018 规定加劲板件、部分加劲板件和非加劲板件的有效宽厚比（effective width to thickness ratio）统一按下列公式计算：

当 $\dfrac{b}{t} \leq 18\alpha\rho$ 时，

$$\frac{b_e}{t} = \frac{b_c}{t} \tag{6.8.1a}$$

当 $18\alpha\rho < \dfrac{b}{t} \leq 38\alpha\rho$ 时，

$$\frac{b_e}{t} = \left[\sqrt{\frac{21.8\alpha\rho}{\dfrac{b}{t}}} - 0.1\right]\frac{b_c}{t} \tag{6.8.1b}$$

当 $\dfrac{b}{t} \geq 38\alpha\rho$ 时，

$$\frac{b_e}{t} = \frac{25\alpha\rho}{\dfrac{b}{t}}\frac{b_c}{t} \tag{6.8.1c}$$

式中，b 为板件宽度；t 为板件厚度；b_e 为板件有效宽度；α 为计算系数，$\alpha = 1.15 - 0.15\psi$，当 $\psi < 0$ 时，$\alpha = 1.15$；ψ 为压应力分布不均匀系数，$\psi = \dfrac{\sigma_{\min}}{\sigma_{\max}}$；$\sigma_{\max}$ 为受压板件边缘的最大压应力，MPa，取正值；$\sigma_{\min}$ 为受压板件另一边缘的应力，MPa，以压应力为正，拉应力为负；b_c 为板件受压区宽度，当 $\psi \geq 0$ 时，$b_c = b$；$\psi < 0$ 时，$b_c = \dfrac{b}{1-\psi}$；ρ 为计算系数，$\rho = \sqrt{\dfrac{205k_1 k}{\sigma_1}}$，其中 σ_1 按 GB 50018 的规定采用，对轴心受压构件 $\sigma_1 = \varphi \cdot f$，$\varphi$ 为轴心受压构件的稳定系数，应按 GB 50018 规范附录 A.1 采用；k 为板件受压稳定系数，按 GB 50018 规定采用，对均匀受压加劲板件 $k = 4$；k_1 为板组约束系数，按 GB 50018 规定采用；若不计相邻板件的约束作用，可取 $k_1 = 1$。

6.8.3 冷弯薄壁型钢轴心受压构件的设计

轴心受压构件的强度应按下式计算：

$$\sigma = \frac{N}{A_{en}} \leq f \tag{6.8.2}$$

式中，A_{en} 为有效净截面面积。

轴心受压构件的稳定性应按下式计算：

$$\sigma = \frac{N}{\varphi A_e} \leq f \qquad (6.8.3)$$

式中，A_e 为有效截面面积；φ 为轴心受压构件的稳定系数。

由于冷弯薄壁型钢构件截面类型较少，GB 50018 规定的柱子曲线（或 φ 值表）采用单条曲线（相当于普通钢结构的 b 曲线）；冷弯薄壁型钢轴心受压构件的稳定系数，可根据钢材的牌号和构件长细比按 GB 50018 采用，表 6.8.2 给出了 Q235 钢轴心受压构件的稳定系数简表。

表 6.8.2　Q235 钢轴心受压构件的稳定系数简表

λ	0	10	20	30	40	50	60	70	80	90
φ	1.000	0.974	0.947	0.918	0.886	0.852	0.818	0.775	0.722	0.661
λ	100	110	120	130	140	150	160	170	180	190
φ	0.588	0.516	0.452	0.396	0.349	0.308	0.274	0.245	0.220	0.199
λ	200	210	220	230	240	250	—	—	—	—
φ	0.180	0.164	0.150	0.138	0.127	0.117	—	—	—	—

计算闭口截面、双轴对称的开口截面和截面全部有效的不卷边的等边单角钢轴心受压构件的稳定系数时，其长细比 λ_x、λ_y 应按式 (6.4.5) 计算后，取较大值。

对单轴对称开口截面（如图 6.8.4 所示）轴心受压构件，还可能发生弯扭屈曲，故采用换算长细比方法来计算其稳定性。计算这类构件的稳定系数时，其长细比应取 λ_x、λ_y 和 λ_ω 的较大值，弯扭屈曲的换算长细比 λ_ω 按下式计算：

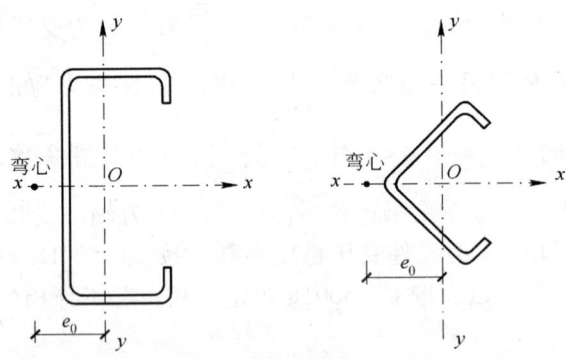

图 6.8.4　单轴对称开口截面

$$\lambda_\omega = \lambda_x \sqrt{\frac{s^2 + i_0^2}{2s^2} + \sqrt{\left(\frac{s^2 + i_0^2}{2s^2}\right)^2 - \frac{i_0^2 - \alpha e_0^2}{s^2}}} \qquad (6.8.4)$$

§6.8 冷弯薄壁型钢轴心受压构件的设计特点

$$s^2 = \frac{\lambda_x^2}{A}\left(\frac{I_\omega}{l_\omega^2}+0.039I_t\right) \tag{6.8.5}$$

$$i_0^2 = e_0^2 + i_x^2 + i_y^2 \tag{6.8.6}$$

式中，I_ω 为毛截面扇性惯性矩；I_t 为毛截面抗扭惯性矩；e_0 为毛截面的弯心在对称轴上的坐标；l_ω 为扭转屈曲的计算长度，$l_\omega = \beta \cdot l$；l 为无缀板时构件的几何长度，有缀板时取两相邻缀板中心线的最大间距；α、β 为约束系数，按表 6.8.3 采用。

表 6.8.3　开口截面轴心受压构件的约束系数

项次	构件两端的支承情况	无缀板		有缀板	
		α	β	α	β
1	两端铰接，端部截面可自由翘曲	1.00	1.00	—	—
2	两端嵌固，端部截面的翘曲完全约束	1.00	0.50	0.80	1.00
3	两端铰接，端部截面的翘曲完全约束	0.72	0.50	0.80	1.00

[例题 6.3]　一根两端铰接、长度为 6 m 的冷弯薄壁型钢轴心受压构件，材料用 Q235 钢（按 GB 50018，钢材的抗压强度设计值为 205 N/mm²），承受压力设计值为 245 kN，试选用适当的薄壁方管截面。

[解]　由附表 8.14，试选用 B□140×4 的方管（符号 B 代表薄壁型钢，□代表方管），其截面面积 $A = 21.07 \text{ cm}^2$，回转半径 $i_x = 5.5$ cm，算得板件宽厚比 $b/t = 140 \text{ mm}/4 \text{ mm} = 35$，长细比 $\lambda = 600 \text{ cm}/5.5 \text{ cm} = 109.1$，查表 6.8.2 得稳定系数 $\varphi = 0.522$，因此构件的应力不超过 $\sigma_1 = \varphi \cdot f = 0.522 \times 205 \text{ N/mm}^2 = 107.01 \text{ N/mm}^2$；板件均匀受压，故 $\psi = 1$，$\alpha = 1$，$k = 4$；均匀受压方管截面的板组无约束，故 $k_1 = 1$；算得 $\rho = \sqrt{205 \times 1 \times 4/107.01} = 2.768$。根据式（6.8.1），$b/t = 35 < 18 \times 1.0 \times 2.768 = 49.82$，又 $\psi = 1 > 0$，$b_c = b$，截面全部有效。

$$\sigma = \frac{N}{\varphi A_e} = \frac{245 \times 10^3 \text{ N}}{0.522 \times 21.07 \times 10^2 \text{ mm}^2} = 223 \text{ N/mm}^2 > 205 \text{ N/mm}^2，整体稳定不满足要求。$$

现改设非标准 B□180×3 的方管，$A = 20.85 \text{ cm}^2$，$i_x = 7.16$ cm，$b/t = 180 \text{ mm}/3 \text{ mm} = 60$；长细比 $\lambda = 600 \text{ cm}/7.16 \text{ cm} = 83.8$，查表 6.8.2 得稳定系数 $\varphi = 0.699$；$\psi = 1$，$\alpha = 1$，$k = 4$，$k_1 = 1$，$\sigma_1 = \varphi \cdot f = 0.699 \times 205 \text{ N/mm}^2 = 143.3 \text{ N/mm}^2$，算得 $\rho = \sqrt{205 \times 1 \times 4/143.3} = 2.392$。根据式（6.8.1），得：

$$\frac{b}{t} = 60 > 18\alpha\rho = 18 \times 1 \times 2.392 = 43.06$$

$$\frac{b}{t} = 60 < 38\alpha\rho = 38 \times 1 \times 2.392 = 90.90$$

$$\frac{b_e}{t} = \left[\sqrt{\frac{21.8 \times 1 \times 2.392}{60}} - 0.1\right] \times 60 = 49.94$$

有效截面 $A_e = 20.85 \text{ cm}^2 - 4 \times (60 - 49.94) \times 0.3^2 \text{ cm}^2 = 17.23 \text{ cm}^2$。

$$\sigma = \frac{N}{\varphi A_e} = \frac{245 \times 10^3 \text{ N}}{0.699 \times 17.23 \times 10^2 \text{ mm}^2} = 203 \text{ N/mm}^2 < 205 \text{ N/mm}^2，整体稳定满足要求。$$

改设的非标准 B□180×3 的方管比 140×4 的方管的截面面积略小，且不全部有效，却能承受更大的轴心压力，是因为利用了板件的屈曲后承载能力。

习　题

6.1 试选择习题 6.1 图所示一般桁架的轴心拉杆双角钢截面。轴心拉力设计值为 250 kN，计算长度为 3 m，螺杆直径为 20 mm，钢材为 Q235，计算时可忽略连接偏心和杆件自重的影响。

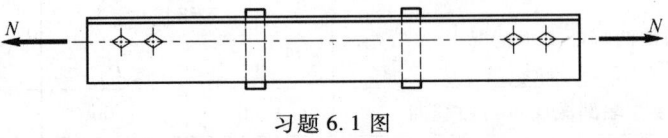

习题 6.1 图

6.2 试计算习题 6.2 图所示两种焊接工字钢截面（截面面积相等）轴心受压柱所能承受的最大轴心压力设计值和局部稳定，并作比较说明。柱高 10 m，两端铰接，翼缘为焰切边，钢材为 Q235。

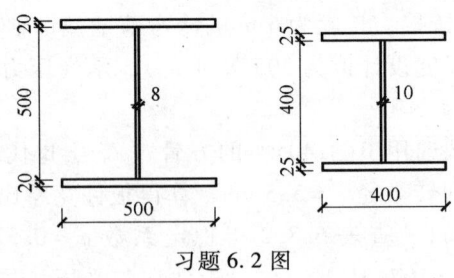

习题 6.2 图

6.3 试设计一工作平台柱。柱的轴心压力设计值为 4 500 kN（包括自重），柱高 6 m，两端铰接，采用焊接工字形截面（翼缘为轧制边）或 H 型钢，截面无削弱，钢材为 Q235。

6.4 在习题 6.3 所述平台柱的中点增加一侧向支撑（即 $l_{0y} = 3$ m），试重新设计。

6.5 试设计一桁架的轴心受压杆件。杆件采用等边角钢组成的 T 形截面（对称轴为 y 轴），角钢间距为 12 mm。轴心压力设计值为 400 kN，杆件的计算长度为 $l_{0x} = 230$ cm，$l_{0y} = 290$ cm，钢材为 Q235。

6.6 试设计两槽钢组成的缀板柱。柱的轴心压力设计值为 2 400 kN（包括自重），柱高 7.5 m，上端铰接，下端固定，钢材为 Q235。

6.7 条件与习题 6.6 相同，试设计成缀条柱。

6.8 试确定某轴心受压缀板柱所能承受的轴心压力设计值。柱高为 6 m，两端铰接，单肢长细比为 35，截面如习题 6.8 图所示，钢材为 Q235。

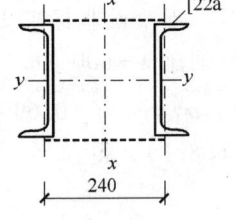

习题 6.8 图

第 7 章 拉弯、压弯构件

§7.1 拉弯、压弯构件的应用和截面形式

构件同时承受轴心压（或拉）力和绕截面形心主轴的弯矩作用，称为压弯（或拉弯）构件。弯矩可能由轴心力的偏心作用、端弯矩作用或横向荷载作用等因素产生（图 7.1.1、图 7.1.2），弯矩由偏心轴力引起时，也称为偏压（或拉）构件。当弯矩作用在截面的一个主轴平面内时称为单向压弯（或拉弯）构件，同时作用在两个主轴平面内时称为双向压弯（或拉弯）构件。由于压弯构件是受弯构件和轴心受压构件的组合，因此压弯构件也称为梁-柱（beam column）。

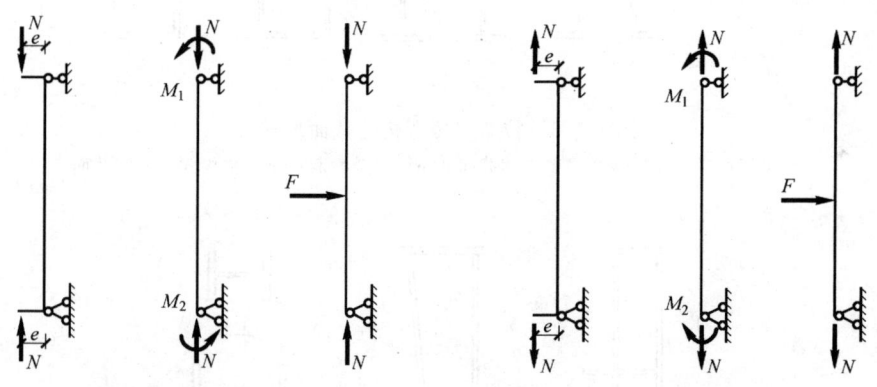

图 7.1.1　压弯构件　　　　　图 7.1.2　拉弯构件

在钢结构中压弯和拉弯构件的应用十分广泛，例如有节间荷载作用的桁架上下弦杆、受风荷载作用的墙架柱、工作平台柱、支架柱、单层厂房结构及多高层框架结构中的柱等大多是压弯（或拉弯）构件。

与轴心受力构件一样，拉弯和压弯构件也可按其截面形式分为实腹式构件和格构式构件两种，常用的截面形式有热轧型钢截面、冷弯薄壁型钢截面和组合截面，如图 7.1.3 所示。当受力较小时，可选用热轧型钢或冷弯薄壁型钢（图 7.1.3a、b）。当受力较大时，可选用钢板焊接组合截面或型钢与型钢、型钢与钢板的组合截面（图 7.1.3c）。除了实腹式截面（图 7.1.3a～c）外，当构件计算长度较大且受力较大时，为了提高截面的抗弯刚度，还常常采用格构式截面（图 7.1.3d）。图 7.1.3 中对称截面一般适用于所受弯矩值不大或正负弯矩值

相差不大的情况;非对称截面适用于所受弯矩值较大、弯矩不变号或正负弯矩值相差较大的情况,即在受力较大的一侧适当加大截面和在弯矩作用平面内加大截面高度。在格构式构件中,通常使弯矩绕虚轴作用,以便根据承受弯矩的需要,更灵活地调整分肢间距。此外,构件截面沿轴线可以变化,例如,工业建筑中的阶形柱(图7.1.4a)、门式刚架中的楔形柱(图7.1.4b)等。截面形式的选择,取决于构件的用途、荷载、制作、安装、连接构造以及用钢量等诸多因素。不同的截面形式,在计算方法上会有若干差别。

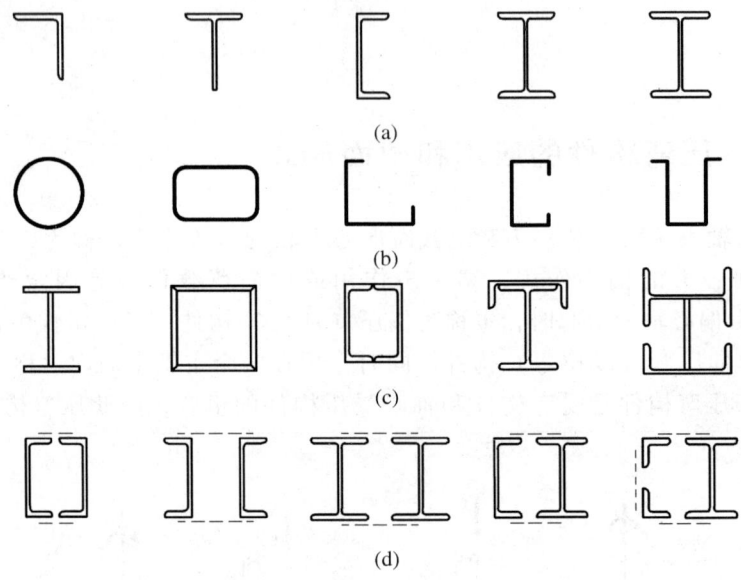

图 7.1.3 拉弯、压弯构件截面形式
(a) 型钢截面;(b) 冷弯薄壁型钢截面;(c) 组合截面;(d) 格构式构件的截面

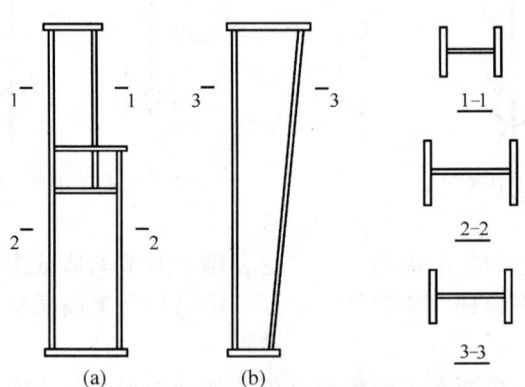

图 7.1.4 变截面压弯构件

在进行设计时,压弯和拉弯构件应同时满足正常使用极限状态和承载能力极限状态的要求。在满足正常使用极限状态方面,与轴心受力构件一样,拉弯和压弯构件也是通过限制构件长细比来保证构件的刚度要求,拉弯构件和压弯构件的容许长细比与轴心受力构件相同。压弯构件承载能力极限状态的计算,包括强度、整体稳定和局部稳定计算,其中整体稳定计算包括弯矩作用平面内稳定和弯矩作用平面外稳定的计算。拉弯构件承载力极限状态的计算通常仅需要计算其强度,但是,当构件所承受的弯矩较大时,需按受弯构件进行整体稳定和局部稳定计算。

§7.2 拉弯、压弯构件的强度

7.2.1 拉弯、压弯构件的强度计算准则

以双轴对称工字形截面压弯构件为例,构件在轴心压力 N 和绕主轴 x 轴弯矩 M_x 的共同作用下,截面上应力的发展过程如图 7.2.1 所示(拉弯构件与此类似),构件中应力最大的截面可能发生强度破坏。

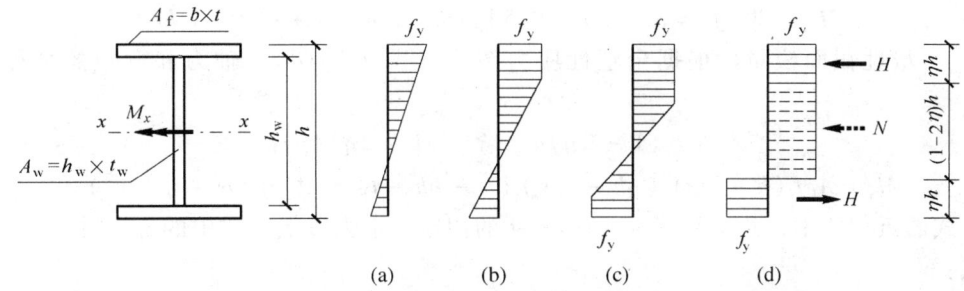

图 7.2.1 压弯构件截面应力的发展过程

对拉弯构件、截面有削弱或构件端部弯矩大于跨间弯矩的压弯构件,需要进行强度计算。计算拉弯和压弯构件的强度时,根据截面上应力发展的不同程度,可取以下三种不同的强度计算准则:

① 边缘屈服准则,以构件截面边缘纤维屈服的弹性受力阶段极限状态作为强度计算的承载能力极限状态。此时,构件处于弹性工作阶段(图 7.2.1a)。

② 全截面屈服准则,以构件截面塑性受力阶段极限状态作为强度计算的承载能力极限状态,此时,构件在轴力和弯矩共同作用下形成塑性铰(图 7.2.1d)。

③ 部分发展塑性准则,以构件截面部分塑性发展作为强度计算的承载能力极限状态,塑性区发展的深度将根据具体情况给予规定。此时,构件处于弹塑性工作阶段(图 7.2.1b、图 7.2.1c)。

1. 边缘屈服准则

构件处于弹性工作阶段,在最危险截面上,截面边缘处的最大应力 σ 达到屈服点 f_y(图 7.2.1a),即:

$$\sigma = \frac{N}{A} + \frac{M_x}{W_{ex}} = f_y \tag{7.2.1}$$

式中,N、M_x 为验算截面处的轴力和弯矩;A 为验算截面处的截面面积;W_{ex} 为验算截面处的

绕截面主轴 x 轴的截面模量。

令截面屈服轴力 $N_p = Af_y$,屈服弯矩 $M_{ex} = W_{ex}f_y$,则得 N 和 M_x 的线性相关公式 (correlation equation):

$$\frac{N}{N_p} + \frac{M_x}{M_{ex}} = 1 \tag{7.2.2}$$

2. 全截面屈服准则

构件最危险截面处于塑性工作阶段时,塑性中和轴可能在腹板内或在翼缘内。根据内外力的平衡条件,可以得到轴心力 N 和弯矩 M_x 的关系式。

当轴力较小 ($N \leqslant A_w f_y$,其中 A_w 为腹板面积) 时,塑性中和轴在腹板内,其截面应力分布如图 (图 7.2.1d)。为了简化起见,取 $h \approx h_w$,并令一个翼缘面积 $A_f = \alpha A_w$。则:

截面屈服轴力:

$$N_p = Af_y = (2\alpha + 1)A_w f_y$$

截面塑性屈服弯矩:

$$M_{px} = W_{px}f_y = \alpha A_w f_y h + 0.5 A_w f_y h_w/2 \approx (\alpha + 0.25) A_w h f_y$$

式中,W_{px} 为塑性截面模量。根据全塑性应力图形 (图 7.2.1d),轴力和弯矩的平衡条件分别为:

$$N = (1 - 2\eta)h t_w f_y \approx (1 - 2\eta) A_w f_y \tag{7.2.3a}$$

$$M_x = A_f f_y (h - t) + (\eta h - t) t_w f_y (h - \eta h - t) \approx A_w h f_y (\alpha + \eta - \eta^2) \tag{7.2.3b}$$

在以上二式的近似式中,均应用了 $h \approx h_w = h - t$ 的假定。消去以上二式中的 η,则得 N 和 M_x 的相关公式:

$$\frac{(2\alpha + 1)^2}{4\alpha + 1} \cdot \frac{N^2}{N_p^2} + \frac{M_x}{M_{px}} = 1 \tag{7.2.4a}$$

当轴力很大 ($N > A_w f_y$) 时,塑性中和轴将位于翼缘范围内,按上述相同方法可以得到:

$$\frac{N}{N_p} + \frac{(4\alpha + 1)}{2(2\alpha + 1)} \cdot \frac{M_x}{M_{px}} = 1 \tag{7.2.4b}$$

构件的 N/N_p 与 M/M_p 的关系式 (7.2.4a) 和式 (7.2.4b) 均为外凸的曲线,它不仅与截面形状有关,而且与 $\alpha = A_f/A_w$ 有关,α 越小外凸越多。常用工字形截面 $\alpha = A_f/A_w \approx 1.5$,曲线外凸不多,可用直线近似。为设计简便,当 N/N_p 很小时按 $M = M_{px}$ 计算,当 N/N_p 较大时在式 (7.2.4b) 中取 $A_f/A_w = 1.5$ 计算。因此,将式 (7.2.4a) 和式 (7.2.4b) 近似简化为以下两条直线公式,即

当 $\dfrac{N}{N_p} \leqslant 0.13$ 时,

$$\frac{M_x}{M_{px}} = 1 \tag{7.2.5a}$$

当 $\dfrac{N}{N_p} > 0.13$ 时,

$$\frac{N}{Af_y} + \frac{1}{1.15}\frac{M_x}{M_{px}} = 1 \tag{7.2.5b}$$

3. 部分发展塑性准则

上述全截面塑性分析中没有计入轴心力对变形引起的附加弯矩以及剪力的不利影响,为了

考虑这种不利影响和便于计算，也可以偏安全地采用直线式相关公式，即用一条斜直线（图7.2.2 中的虚线）代替曲线：

$$\frac{N}{N_p} + \frac{M_x}{M_{px}} = 1 \qquad (7.2.6)$$

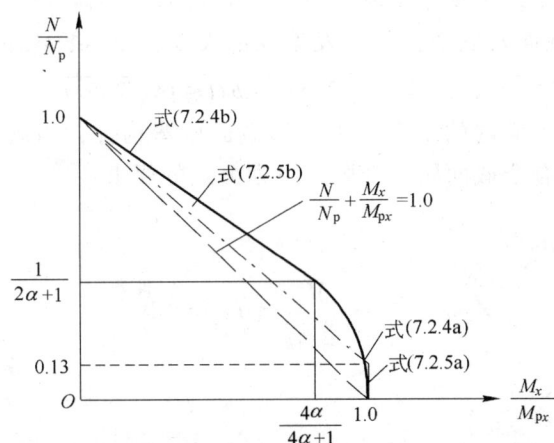

图 7.2.2　压弯构件 N/N_p-M_x/M_{px} 关系曲线

为了不使构件因截面形成塑性铰而产生过大的变形，可以考虑构件最危险截面在轴力和弯矩作用下一部分进入塑性，另一部分截面还处于弹性阶段（图 7.2.1b、图 7.2.1c）。式（7.2.2）和式（7.2.6）两者都是直线关系，差别在于左端第二项，式（7.2.2）采用弹性截面模量 W_{ex}，式（7.2.6）采用塑性截面模量 W_{px}。因此当构件部分塑性发展时，也可近似采用直线关系式，即：

$$\frac{N}{N_p} + \frac{M_x}{\gamma_x M_{ex}} = 1 \qquad (7.2.7)$$

显然，式中 $\gamma_x M_{ex}$ 满足 $M_{ex} \leq \gamma_x M_{ex} < M_{px}$。$\gamma_x$ 为截面塑性发展系数（$\gamma_x \geq 1$），其值与截面形式、塑性发展深度、$\alpha = A_f/A_w$ 以及应力状态等因素有关。塑性发展越深，γ_x 值越大。一般控制塑性发展深度不超过截面高度的 15% 来确定 γ_x 值。

7.2.2　拉弯、压弯构件强度与刚度计算

弯矩作用在一个主平面内的拉弯、压弯构件按下式计算截面强度：

$$\frac{N}{A_n} \pm \frac{M_x}{\gamma_x W_{nx}} \leq f \qquad (7.2.8)$$

式（7.2.8）也适用于单轴对称截面，弯曲正应力一项带有正负号，计算时应使两项应力的代数和的绝对值最大。

对弯矩作用在两个主平面内的拉弯、压弯构件，采用与轴心受力构件、受弯构件、拉弯构件和压弯构件的强度计算相衔接的相关公式来计算截面强度，即：

$$\frac{N}{A_n} \pm \frac{M_x}{\gamma_x W_{nx}} \pm \frac{M_y}{\gamma_y W_{ny}} \leq f \qquad (7.2.9)$$

式中，A_n 为构件验算截面净截面面积；W_{nx}、W_{ny} 为构件验算截面对 x 轴和 y 轴的净截面模量；γ_x、γ_y 为截面塑性发展系数，按表 4.2.1 采用。

对以下三种情况，在设计时采用边缘屈服作为构件强度计算的依据，即取 $\gamma_x = \gamma_y = 1$：① 对于需要计算疲劳的实腹式拉弯、压弯构件，目前对其截面塑性性能缺乏研究；② 对格构式拉弯、压弯构件，当弯矩绕虚轴作用时，由于截面腹部无实体部件，塑性开展的潜力不大；③ 为了保证受压翼缘在截面发展塑性时不发生局部失稳，受压翼缘的自由外伸宽度 b 与其厚度 t 之比限制为 $b/t < 13\sqrt{235/f_y}$，故当 $13\sqrt{235/f_y} < b/t \leqslant 15\sqrt{235/f_y}$ 时不考虑塑性开展。

对弯矩作用在一个主平面内的工字形和箱形截面压弯构件，当满足《规范》规定的塑性设计条件时，其强度应符合全截面屈服准则的下列公式的要求：

当 $\dfrac{N}{A_n f} \leqslant 0.13$ 时，

$$\frac{M_x}{W_{pnx}} \leqslant f \tag{7.2.10a}$$

当 $0.13 < \dfrac{N}{A_n f} \leqslant 0.6$ 时，

$$\frac{N}{A_n} + \frac{1}{1.15}\frac{M_x}{W_{pnx}} \leqslant f \tag{7.2.10b}$$

在压弯构件中，轴力越大，其二阶效应的影响也越大；轴力 $N < 0.6 A_n f_y$ 时，上述近似直线相关公式的误差不超过5%。因此《规范》规定，采用塑性设计的压弯构件，截面的压力 N 不应大于 $0.6 A_n f$，且截面剪力不应大于截面腹板的抗剪强度。有关塑性设计的相关问题详见第 10 章。

压弯和拉弯构件的容许长细比分别与轴心受压和轴心受拉构件的规定完全相同，见表 6.2.1 和表 6.2.2。

[例题 7.1] 图 7.2.3 所示的拉弯构件，承受的荷载的设计值为：轴向拉力 800 kN，横向均布荷载 7 kN/m。试选择其截面，截面无削弱，材料为 Q235 钢。

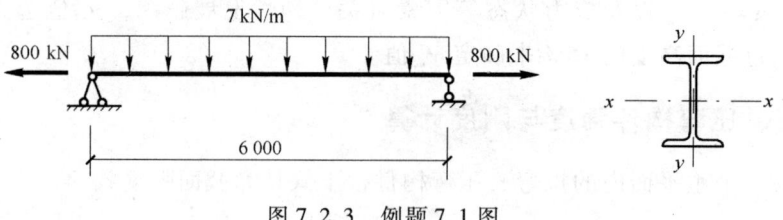

图 7.2.3　例题 7.1 图

[解] 试采用普通工字钢 I 28 a，截面面积 $A = 55.37$ cm²，自重 0.43 kN/m，$W_x = 508$ cm³，$i_x = 11.34$ cm，$i_y = 2.49$ cm。构件截面最大弯矩 $M_x = (7 \text{ kN/m} + 0.43 \text{ kN/m} \times 1.2) \times 6^2 \text{ m}^2 / 8 = 33.8$ kN·m。

验算强度：

$$\frac{N}{A_n} + \frac{M_x}{\gamma_x W_{nx}} = \frac{800 \times 10^3 \text{ N}}{5537 \text{ mm}^2} + \frac{33.8 \times 10^6 \text{ N·mm}}{1.05 \times 5.08 \times 10^5 \text{ mm}^3} = 208 \text{ N/mm}^2 \leqslant f = 215 \text{ N/mm}^2$$

满足。

验算长细比：
$$\lambda_x = 6\,000 \text{ mm}/113.4 \text{ mm} = 52.9 < [\lambda] = 350$$
$$\lambda_y = 6\,000 \text{ mm}/24.9 \text{ mm} = 241 < [\lambda] = 350$$

满足。

§7.3 实腹式压弯构件在弯矩作用平面内的稳定计算

7.3.1 压弯构件整体失稳形式

压弯构件的整体失稳破坏有多种形式。单向压弯构件的整体失稳分为弯矩作用平面内和弯矩作用平面外两种情况，弯矩作用平面内失稳为弯曲屈曲（图7.3.1），弯矩作用平面外失稳为弯扭屈曲（图7.3.2）。双向压弯构件则只有弯扭失稳一种可能。

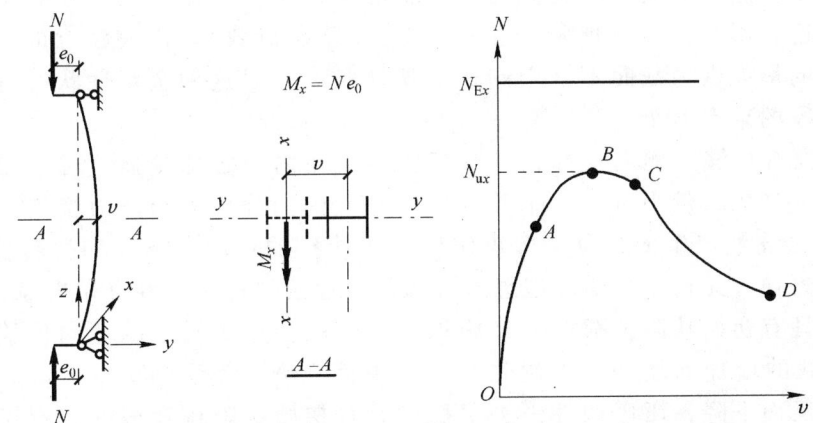

图 7.3.1 单向压弯构件弯矩作用平面内失稳变形和轴力-位移曲线

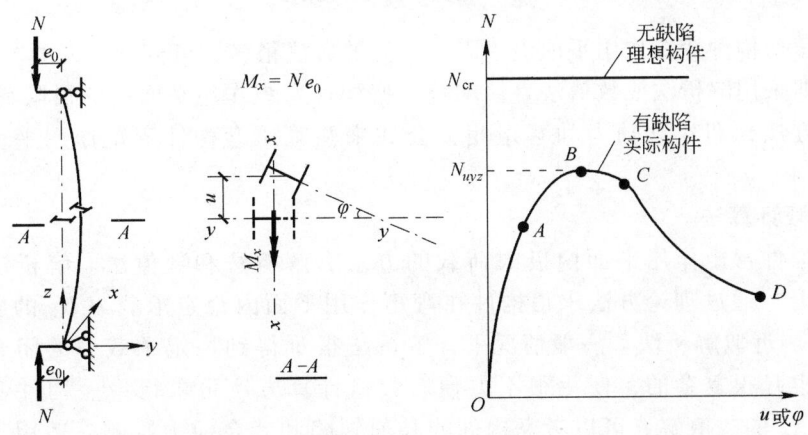

图 7.3.2 单向压弯构件弯矩作用平面外失稳变形和轴力-位移曲线

以偏心受压构件为例（弯矩与轴力按比例加载），来考察弯矩作用平面内失稳的情况。直杆在偏心压力作用下，如果有足够的约束防止弯矩作用平面外的侧移和变形，弯矩作用平面内构件跨中最大挠度 v 与构件压力 N 的关系如图 7.3.1 中曲线所示。从图 7.3.1 中可以看出，随着压力 N 的增加，构件中点挠度 v 非线性地增长。由于二阶效应（轴压力增加时，挠度增长的同时产生附加弯矩，附加弯矩又使挠度进一步增长）的影响，即使在弹性阶段，轴压力与挠度的关系也呈现非线性。到达 A 点时，截面边缘开始屈服。随后，由于构件的塑性发展，截面内弹性区不断缩小，截面上拉应力合力与压应力合力间的力臂在缩短，内弯矩的增量在减小，而外弯矩增量却随轴压力增大而非线性增长，使轴压力与挠度间呈现出更明显的非线性关系。此时，随着压力的增加，挠度比弹性阶段增长得快。在曲线的上升段 OAB，挠度是随着压力的增加而增加的，压弯构件处在稳定平衡状态。但是，曲线到达最高点 B 后，要继续增加压力已不可能，要维持平衡，必须卸载，曲线出现了下降段 BCD，压弯构件处于不稳定平衡状态。显然，B 点表示构件达到了稳定极限状态，相应于 B 点的轴力 N_{ux} 称为极限荷载。轴压力达到 N_{ux} 之后，构件即失去弯矩作用平面内的稳定。与理想轴心压杆不同，压弯构件在弯矩作用平面内失稳为极值失稳，不存在分枝现象，且 $N_{ux}<N_{Ex}$（欧拉荷载）。需要注意的是，在曲线的极值点，构件的最大内力截面不一定到达全塑性状态，而这种全塑性状态可能发生在轴压承载力下降段的某点 C 处。

假如构件没有足够的侧向支撑，且弯矩作用平面内稳定性较强。对于无初始缺陷的理想压弯构件，当压力较小时，构件只产生 yz 平面内的挠度。当压力增加到某一临界值 N_{cr} 之后，构件会突然产生 x 方向（弯矩作用平面外）的弯曲变形 u 和扭转位移 φ，即构件发生了弯扭失稳，无初始缺陷的理想压弯构件的弯扭失稳是一种分枝失稳，如图 7.3.2 所示。若构件具有初始缺陷，荷载一经施加，构件就会产生较小的侧向位移 u 和扭转位移 φ，并随荷载的增加而增加，当达到某一极限荷载 N_{uyz} 之后，位移 u 和 φ 增加速度很快，而荷载却反而下降，压弯构件失去了稳定。有初始缺陷压弯构件在弯矩作用平面外失稳为极值失稳，无分枝现象，N_{uyz} 是其极限荷载，如图 7.3.2 曲线 B 点所示。

7.3.2 单向压弯构件弯矩作用平面内的整体稳定

目前确定压弯构件弯矩作用平面内极限承载力的方法很多，可分为两大类。一类是极限荷载计算方法，即采用解析法或数值法直接求解压弯构件弯矩作用平面内的极限荷载 N_{ux}。另一类是相关公式方法，即建立轴力和弯矩相关公式来验算压弯构件弯矩作用平面内的极限承载力。

1. 极限荷载计算法

计算压弯构件弯矩作用平面内极限荷载的方法有解析法和数值法。解析法是在各种近似假定的基础上，通过理论方法求得构件在弯矩作用平面内稳定承载力 N_{ux} 的解析解，例如耶硕克（Jezek）近似解析法。一般情况下，解析法很难得到稳定承载力的闭合解，即使得到了，表达式也是很复杂的，使用很不方便。数值计算方法可求得单一构件弯矩作用平面内稳定承载力 N_{ux} 的数值解，可以考虑构件的几何缺陷和残余应力影响，适用于各种边界条件以及弹塑性工作阶段，是最常用的方法。根据数值法可以得到轴力、长细比、相对偏心的相关曲线。图 7.3.3 是一工字形截面、具有图示残余应力分布和 $v_0/l=1/1\,000$ 相对初弯曲的偏心压杆的 N_{ux}/Af_y-λ 曲线，是按不同的相对偏心 ε 和长细比 λ，由计算机求得相应的 N_{ux} 的数值解后绘制的。

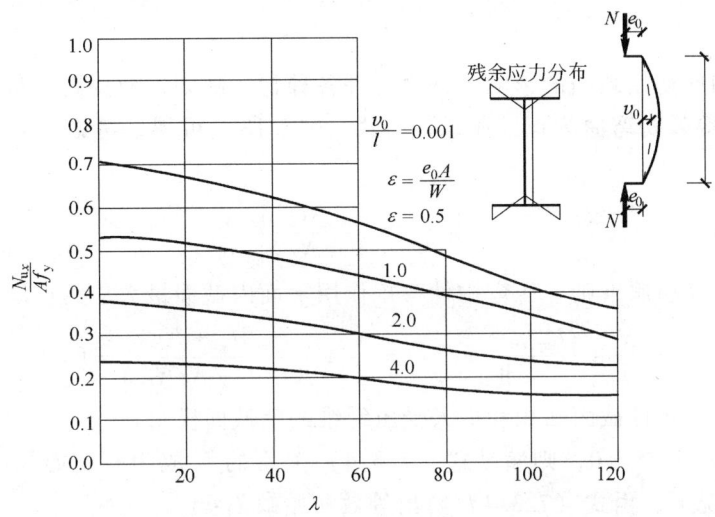

图 7.3.3　偏心压杆的柱子曲线

2. 相关公式计算法

目前各国设计规范中压弯构件弯矩作用平面内整体稳定验算多采用相关公式法，即通过理论分析，建立轴力与弯矩的相关公式，并在大量数值计算和试验数据的统计分析基础上，对相关公式中的参数进行修正，得到一个半经验半理论公式。利用边缘屈服准则，可以建立压弯构件弯矩作用平面内稳定计算的轴力与弯矩的相关公式。

参考图 6.3.11，由式（6.3.23）可得到受均匀弯矩作用的压弯构件的中点最大挠度为：

$$y_m = e_0\left(\sec\frac{\pi}{2}\sqrt{\frac{N}{N_{Ex}}} - 1\right) = \frac{M}{N}\left(\sec\frac{kl}{2} - 1\right) = \frac{Ml^2}{8EI}\cdot\frac{8EI}{Nl^2}\left(\sec\frac{kl}{2} - 1\right)$$

$$= \delta_0\left[\frac{2\left(\sec\frac{kl}{2} - 1\right)}{(kl/2)^2}\right] \tag{7.3.1}$$

式中，$\delta_0 = Ml^2/(8EI)$ 为不考虑 N（仅受均匀弯矩 M）时简支梁的中点挠度，方括号项为压弯构件考虑轴力 N 影响（二阶效应）的跨中挠度放大系数。把上式中 $\sec(kl/2)$ 展开成幂级数，可得：

$$\frac{2\left(\sec\frac{kl}{2} - 1\right)}{(kl/2)^2} \approx \frac{1}{1 - N/N_{Ex}} = \frac{1}{1-\alpha} \tag{7.3.2}$$

这与 §6.3 是一致的。对于其他荷载作用的压弯构件，也可导出挠度放大系数近似为 $1/(1-N/N_E)$。同理，考虑二阶效应后，两端铰支构件由横向力或端弯矩引起的最大弯矩应为：

$$M_{x\max 1} = \frac{\beta_{mx}M_x}{1 - N/N_{Ex}} \tag{7.3.3a}$$

式中，M_x 为构件截面上由横向力或端弯矩引起的一阶弯矩；β_{mx} 为等效弯矩系数，将横向力或端弯矩引起的非均匀分布弯矩当量化为均匀分布弯矩，对均匀弯矩作用的压弯构件，$\beta_{mx}=1$；$\dfrac{1}{1-N/N_{Ex}}$ 为考虑轴力 N 引起二阶效应的弯矩增大系数，$N_{Ex}=\dfrac{\pi^2 EA}{\lambda_x^2}$ 为欧拉临界荷载。

进一步考虑构件初始缺陷的影响，并将构件各种初始缺陷等效为跨中最大初弯曲 v_0（表示综合缺陷）。假定等效初弯曲为正弦曲线，由式（6.3.18）可得，考虑二阶效应后由初弯曲产生最大弯矩为：

$$M_{x\max2} = \frac{Nv_0}{1-N/N_{Ex}} \tag{7.3.3b}$$

因此，根据边缘屈服准则，压弯构件弯矩作用平面内截面最大应力应满足：

$$\frac{N}{A}+\frac{M_{x\max1}+M_{x\max2}}{W_{1x}}=\frac{N}{A}+\frac{\beta_{mx}M_x+Nv_0}{W_{1x}(1-N/N_{Ex})}=f_y \tag{7.3.4}$$

式中，A、W_{1x} 为压弯构件截面面积和最大受压纤维的毛截面模量。

令式（7.3.4）中 $M_x=0$，则满足式（7.3.4）关系的 N 成为有初始缺陷的轴心压杆的临界力 N_{0x}，在此情况下，由式（7.3.4）解出等效初始缺陷：

$$v_0=\frac{W_{1x}(Af_y-N_{0x})(N_{Ex}-N_{0x})}{AN_{0x}N_{Ex}} \tag{7.3.5}$$

将式（7.3.5）代入式（7.3.4），注意到 $N_{0x}=\varphi_x Af_y$，可得：

$$\frac{N}{\varphi_x Af_y}+\frac{\beta_{mx}M_x}{W_{1x}f_y(1-\varphi_x N/N_{Ex})}=1 \tag{7.3.6}$$

从概念上讲，上述边缘屈服准则的应用是属于二阶应力问题，不是稳定问题，但由于在推导过程中引入了有初始缺陷的轴心压杆稳定承载力的结果，因此上式就等于采用应力问题的表达式来建立稳定问题的相关公式。

相关公式（7.3.6）考虑了压弯构件的二阶效应和构件的综合缺陷，是按边缘屈服准则得到的，由于边缘屈服准则以构件截面边缘纤维屈服的弹性受力阶段极限状态作为稳定承载能力极限状态，因此对于绕虚轴弯曲的格构式压弯构件以及截面发展塑性可能性较小的构件（如冷弯薄壁型钢压弯构件），可以直接采用式（7.3.6）作为设计依据。对于实腹式压弯构件，应允许利用截面上的塑性发展，经与试验资料和数值计算结果的比较，可采用下列修正公式：

$$\frac{N}{\varphi_x Af_y}+\frac{\beta_{mx}M_x}{\gamma_x W_{1x} f_y(1-0.8N/N_{Ex})}=1 \tag{7.3.7}$$

图 7.3.4 对绕强轴弯曲的焊接工字形截面偏心压杆，给出了采用数值方法的极限荷载理论相关曲线与公式（7.3.7）的比较，二者吻合较好。

3. 压弯构件弯矩作用平面内整体稳定的计算公式

在式（7.3.6）和式（7.3.7）中考虑抗力分项系数后，《规范》规定单向压弯构件弯矩作用平面内整体稳定验算公式为：

绕虚轴（x 轴）弯曲的格构式压弯构件，

§7.3 实腹式压弯构件在弯矩作用平面内的稳定计算

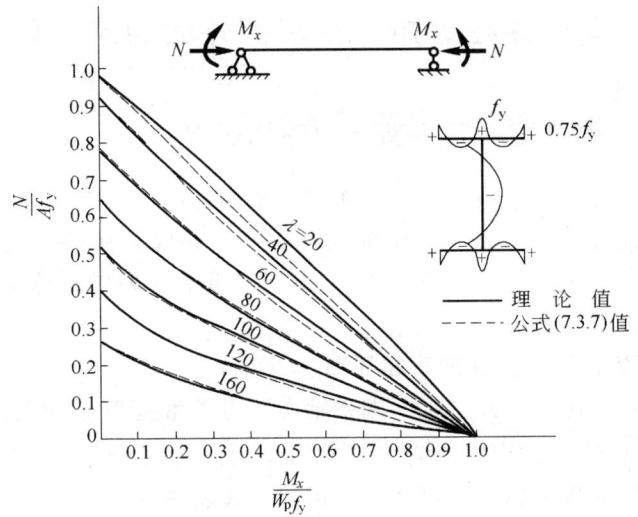

图 7.3.4 焊接工字钢偏心压杆的相关曲线

$$\frac{N}{\varphi_x A} + \frac{\beta_{mx} M_x}{W_{1x}(1 - \varphi_x N/N'_{Ex})} \leq f \qquad (7.3.8)$$

实腹式压弯构件和绕实轴弯曲的格构式压弯构件,

$$\frac{N}{\varphi_x A} + \frac{\beta_{mx} M_x}{\gamma_x W_{1x}(1 - 0.8N/N'_{Ex})} \leq f \qquad (7.3.9)$$

对于表 4.2.1 的 3、4 项中的单轴对称截面（T 形和⊥形截面）压弯构件,当弯矩作用在对称轴平面内且使较大翼缘受压时,有可能在无翼缘一侧产生较大的拉应力而首先屈服。为了使其塑性不致深入过大,对这种情况,除应按式 (7.3.9) 计算外,尚应补充如下计算:

$$\left| \frac{N}{A} - \frac{\beta_{mx} M_x}{\gamma_x W_{2x}(1 - 1.25N/N'_{Ex})} \right| \leq f \qquad (7.3.10)$$

式中,W_{2x} 为对无翼缘端的毛截面模量。

以上各式中,$N'_{Ex} = \dfrac{\pi^2 EA}{1.1\lambda_x^2}$。等效弯矩系数 β_{mx} 可按以下规定采用:

① 悬臂构件和在内力分析中未考虑二阶效应的无支撑框架和弱支撑框架柱,$\beta_{mx} = 1.0$。

② 框架柱和两端支承的构件:

a. 无横向荷载作用时,$\beta_{mx} = 0.65 + 0.35 M_2/M_1$,$M_1$ 和 M_2 是构件两端的弯矩,$|M_1| \geq |M_2|$;当两端弯矩使构件产生同向曲率时取同号,使构件产生反向曲率（有反弯点）时取异号。

b. 有端弯矩和横向荷载同时作用时,使构件产生同向曲率取 $\beta_{mx} = 1.0$;使构件产生反向曲率取 $\beta_{mx} = 0.85$。

c. 无端弯矩但有横向荷载作用时,$\beta_{mx} = 1.0$。

§7.4 实腹式压弯构件在弯矩作用平面外的稳定计算

7.4.1 单向压弯构件弯矩作用平面外的整体稳定

开口薄壁截面压弯构件的抗扭刚度及弯矩作用平面外的抗弯刚度通常较小，当构件在弯矩作用平面外没有足够的支撑以阻止其产生侧向位移和扭转时，构件可能发生弯扭屈曲（弯扭失稳）而破坏，这种弯扭屈曲又称为压弯构件弯矩作用平面外的整体失稳；对于理想的压弯构件，它具有分枝点失稳的特征。

1. 压弯构件在弯矩作用平面外的弯扭屈曲

根据弹性稳定理论，对两端简支、两端受轴心压力 N 和等弯矩 M_x 作用的双轴对称截面实腹式压弯构件（图7.3.2），当构件没有弯矩作用平面外的初始几何缺陷（初挠度与初扭转）时，在弯矩作用平面外的弯扭屈曲临界条件，可用下式表达：

$$\left(1 - \frac{N}{N_{Ey}}\right)\left(1 - \frac{N}{N_z}\right) - \frac{M_x^2}{M_{crx}^2} = 0 \tag{7.4.1}$$

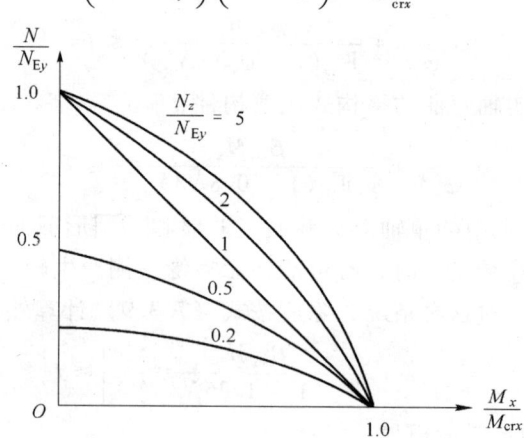

图 7.4.1　单向压弯构件在弯矩作用平面外失稳的相关曲线

式中，N_{Ey} 为构件轴心受压时绕 y 轴弯曲屈曲的临界力，即欧拉临界力；N_z 为构件绕纵轴 z 轴扭转屈曲的临界力；M_{crx} 为构件受绕 x 轴的均匀弯矩作用时的弯扭屈曲临界弯矩。

式（7.4.1）可绘成图 7.4.1 的形式，$\frac{N}{N_{Ey}} - \frac{M_x}{M_{crx}}$ 的相关曲线形式依赖于系数 $\frac{N_z}{N_{Ey}}$。$\frac{N_z}{N_{Ey}} > 1$ 时，曲线外凸，且 $\frac{N_z}{N_{Ey}}$ 越大，曲线越凸，则构件的弯扭屈曲承载力越高。根据钢结构构件常用的截面形式分析，绝大多数情况下 $\frac{N_z}{N_{Ey}}$ 都大于 1.0，如偏安全地取 $\frac{N_z}{N_{Ey}} = 1$，则可得到判别构件弯矩作用平面外稳定性的直线相关方程为：

$$\frac{N}{N_{Ey}} + \frac{M_x}{M_{crx}} = 1 \tag{7.4.2}$$

§7.4 实腹式压弯构件在弯矩作用平面外的稳定计算

式 (7.4.2) 是根据双轴对称理想压弯构件导出并经简化的理论公式。对截面只有一个对称轴或者截面无对称轴、可能发生弹塑性失稳的粗短构件以及具有初始缺陷的实际工程构件，通常需采用数值解法和试验方法来确定压弯构件弯矩作用平面外的稳定承载力。但理论分析和试验研究均表明，将相关公式 (7.4.2) 中的 N_{Ey} 和 M_{crx} 分别用 $\varphi_y A f_y$ 和 $\varphi_b W_{1x} f_y$ 代入，并引入等效弯矩系数 β_{tx} 和截面影响系数 η，可以得到计算上述各种压弯构件在弯矩作用平面外稳定承载力的实用相关公式：

$$\frac{N}{\varphi_y A f_y} + \eta \frac{\beta_{tx} M_x}{\varphi_b W_{1x} f_y} = 1 \tag{7.4.3}$$

2. 压弯构件弯矩作用平面外整体稳定的计算公式

在式 (7.4.3) 中考虑抗力分项系数后，《规范》规定单向压弯构件弯矩作用平面外整体稳定验算公式为：

$$\frac{N}{\varphi_y A} + \eta \frac{\beta_{tx} M_x}{\varphi_b W_{1x}} \leqslant f \tag{7.4.4}$$

式中，M_x 为所计算构件段范围内（构件侧向支承点间）的最大弯矩；η 为截面影响系数，箱形截面 $\eta=0.7$，其他截面 $\eta=1.0$；φ_y 为弯矩作用平面外的轴心受压构件稳定系数，对于单轴对称截面，应考虑扭转效应，采用换算长细比 λ_{yz} 确定，对于双轴对称截面或极对称截面可直接用 λ_y 确定，见第 6 章；φ_b 为均匀弯曲的受弯构件的整体稳定系数按附录 3 计算，为了设计上的方便，对工字形截面（含 H 型钢）和 T 形截面的非悬臂（悬伸）构件可按受弯构件整体稳定系数的近似公式计算（见附录 3.5 节）；对闭口截面，$\varphi_b=1.0$；β_{tx} 为计算弯矩作用平面外稳定时的弯矩等效系数，应根据所计算构件段的荷载和内力情况确定，按下列规定采用：

① 在弯矩作用平面外有支承的构件，应根据两相邻支承点间构件段内的荷载和内力情况确定：a. 构件段无横向荷载作用时，$\beta_{tx}=0.65+0.35 M_2/M_1$，$M_1$ 和 M_2 是构件段在弯矩作用平面内的端弯矩，$|M_1| \geqslant |M_2|$；当使构件段产生同向曲率时取同号，产生反向曲率时取异号；b. 构件段内有端弯矩和横向荷载同时作用时，使构件段产生同向曲率取 $\beta_{tx}=1.0$；使构件段产生反向曲率取 $\beta_{tx}=0.85$；c. 构件段内无端弯矩但有横向荷载作用时，$\beta_{tx}=1.0$。

② 弯矩作用平面外为悬臂构件，$\beta_{tx}=1.0$。

7.4.2 双向压弯构件的稳定承载力计算

弯矩作用在两个主轴平面内为双向弯曲压弯构件，双向压弯构件的整体失稳常伴随着构件的扭转变形，其稳定承载力与 N、M_x、M_y 三者的比例有关，无法给出解析解，只能采用数值解。因为双向压弯构件当两个方向弯矩很小时，应接近轴心受压构件的受力情况，当某一方向的弯矩很小时，应接近单向压弯构件的受力情况。为了设计方便，并与轴心受压构件和单向压弯构件计算衔接，采用相关公式来计算。《规范》规定，弯矩作用在两个主平面内的双轴对称实腹式工字形截面（含 H 形）和箱形（闭口）截面的压弯构件，其稳定按下列公式计算：

$$\frac{N}{\varphi_x A} + \frac{\beta_{mx} M_x}{\gamma_x W_{1x}(1-0.8 N/N'_{Ex})} + \eta \frac{\beta_{ty} M_y}{\varphi_{by} W_{1y}} \leqslant f \tag{7.4.5a}$$

$$\frac{N}{\varphi_y A} + \frac{\beta_{my} M_y}{\gamma_y W_{1y}(1-0.8 N/N'_{Ey})} + \eta \frac{\beta_{tx} M_x}{\varphi_{bx} W_{1x}} \leqslant f \tag{7.4.5b}$$

式中，M_x、M_y 为所计算构件段范围内对 x 轴（工字形截面和 H 型钢 x 轴为强轴）和 y 轴的最大弯矩；φ_x、φ_y 为对 x 轴和 y 轴的轴心受压构件稳定系数；φ_{bx}、φ_{by} 为均匀弯曲的受弯构件整体稳定系数，对工字形截面（含 H 型钢）的非悬臂（悬伸）构件，φ_{bx} 可按受弯构件整体稳定系数近似公式计算，$\varphi_{by}=1.0$；对闭口截面，$\varphi_{bx}=\varphi_{by}=1.0$。

等效弯矩系数 β_{mx} 和 β_{my} 应按弯矩作用平面内稳定计算的有关规定采用；β_{tx}、β_{ty} 和 η 应按弯矩作用平面外稳定计算的有关规定采用。

[**例题 7.2**] 验算图 7.4.2 所示构件的稳定性。图中荷载为设计值，材料为 Q235 钢，$f=215 \text{ N/mm}^2$，构件中间有一侧向支承点，截面参数为：$A=21.27 \text{ cm}^2$，$I_x=267 \text{ cm}^4$，$i_x=3.54 \text{ cm}$，$i_y=2.88 \text{ cm}$。

[**解**] 构件截面最大弯矩：
$$M_x = ql^2/8 = 3.63 \text{ kN/m} \times 4.2^2 \text{ m}^2/8 = 8.004 \text{ kN·m}$$

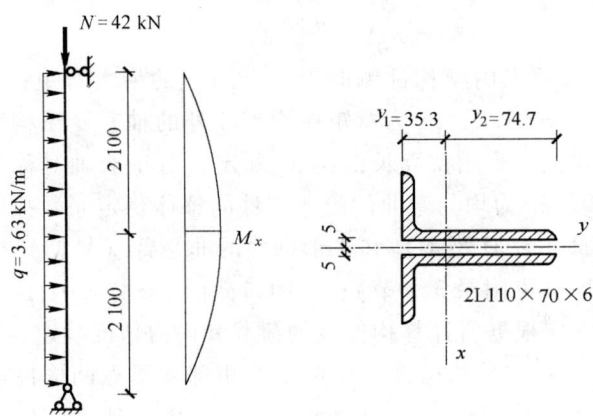

图 7.4.2 例题 7.2 图

构件长细比：
$$\lambda_x = l_{0x}/i_x = 4\,200 \text{ mm}/35.4 \text{ mm} = 118.6$$
$$\lambda_y = l_{0y}/i_y = 2\,100 \text{ mm}/28.8 \text{ mm} = 72.9$$

单轴对称截面，绕非对称轴 x 的稳定系数 φ_x，可直接由 λ_x 查附表 4.2 得到 $\varphi_x = 0.444$（b 类截面）。

绕对称轴的长细比应取计入扭转效应的换算长细比 λ_{yz}。长肢相并的双角钢截面可采用简化方法确定，由于 $b_2/t = 70 \text{ mm}/6 \text{ mm} = 11.67 < 0.48 l_{0y}/b_2 = 0.48 \times 2\,100 \text{ mm}/70 \text{ mm} = 14.4$，因此
$$\lambda_{yz} = \lambda_y \left(1 + \frac{1.09 b_2^4}{l_{0y}^2 t^2}\right) = 72.9 \left(1 + \frac{1.09 \times 70^4 \text{ mm}^4}{2\,100^2 \text{ mm}^2 \times 6^2 \text{ mm}^2}\right) = 84.9$$

属于 b 类截面，由 λ_{yz} 查附表 4.2 得 $\varphi_y = 0.656$。
$$W_{1x} = I_x/y_1 = 267 \text{ cm}^4/3.53 \text{ cm} = 75.6 \text{ cm}^3$$
$$W_{2x} = I_x/y_2 = 267 \text{ cm}^4/7.47 \text{ cm} = 35.7 \text{ cm}^3$$

$$N'_{Ex} = \frac{\pi^2 EA}{1.1\lambda_x^2} = \frac{\pi^2 \times 206 \times 10^3 \text{ N/mm}^2 \times 21.27 \times 10^2 \text{ mm}^2}{1.1 \times 118.6^2} \times 10^{-3} = 279.5 \text{ kN}$$

$$\beta_{mx} = 1.0, \quad \beta_{tx} = 1.0, \quad \gamma_{x1} = 1.05, \quad \gamma_{x2} = 1.20$$

(1) 验算弯矩作用平面内的稳定性

$$\frac{N}{\varphi_x A} + \frac{\beta_{mx} M_x}{\gamma_{x1} W_{1x}(1 - 0.8 N/N'_{Ex})}$$

$$= \frac{42 \times 10^3 \text{ N}}{0.444 \times 21.27 \times 10^2 \text{ mm}^2} + \frac{1 \times 8.004 \times 10^6 \text{ N} \cdot \text{mm}}{1.05 \times 75.60 \times 10^3 \text{ mm}^3 \times (1 - 0.8 \times 42 \text{ kN}/279.5 \text{ kN})}$$

$$= 159.0 \text{ N/mm}^2 < f = 215 \text{ N/mm}^2, \text{ 满足}。$$

$$\left| \frac{N}{A} - \frac{\beta_{mx} M_x}{\gamma_{x2} W_{2x}(1 - 1.25 N/N'_{Ex})} \right|$$

$$= \left| \frac{42 \times 10^3 \text{ N}}{21.27 \times 10^2 \text{ mm}^2} - \frac{1 \times 8.004 \times 10^6 \text{ N} \cdot \text{mm}}{1.2 \times 35.7 \times 10^3 \text{ mm}^3 \times (1 - 1.25 \times 42 \text{ kN}/279.5 \text{ kN})} \right|$$

$$= 210.2 \text{ N/mm}^2 < f = 215 \text{ N/mm}^2, \text{ 满足}。$$

(2) 验算弯矩作用平面外的稳定性

$$\varphi_b = 1 - 0.0017\lambda_y \sqrt{f_y/235} = 1 - 0.0017 \times 72.9\sqrt{235/235} = 0.876$$

$$\frac{N}{\varphi_y A} + \eta \frac{\beta_{tx} M_x}{\varphi_b W_{1x}} = \frac{42 \times 10^3 \text{ N}}{0.656 \times 21.27 \times 10^2 \text{ mm}^2} + 1.0 \times \frac{1 \times 8.004 \times 10^6 \text{ N} \cdot \text{mm}}{0.876 \times 75.6 \times 10^3 \text{ mm}^3}$$

$$= 150.9 \text{ N/mm}^2 < f = 215 \text{ N/mm}^2$$

所以该截面在弯矩作用平面内、外的稳定性都能满足。

§7.5 实腹式压弯构件的局部稳定

实腹式压弯构件的板件与轴心受压构件和受弯构件的板件的受力情况相似，其局部稳定性也是采用限制板件宽（高）厚比的办法来加以保证的。

7.5.1 受压翼缘板的宽厚比限值

压弯构件的受压翼缘板主要承受正应力，当考虑截面部分塑性发展时，受压翼缘全部形成塑性区。可见压弯构件翼缘的应力状态与轴心受压构件或梁的受压翼缘基本相同，在均匀压应力作用下局部失稳形式也一样。因此，其自由外伸宽度与厚度之比以及箱形截面翼缘在腹板之间的宽厚比均与梁受压翼缘的宽厚比限值相同。《规范》对压弯构件翼缘宽厚比的限制规定如下（图 7.5.1）：

外伸翼缘板

$$b/t \leq 13\sqrt{235/f_y} \quad (7.5.1a)$$

两边支承翼缘板

$$b_0/t \leq 40\sqrt{235/f_y} \quad (7.5.1b)$$

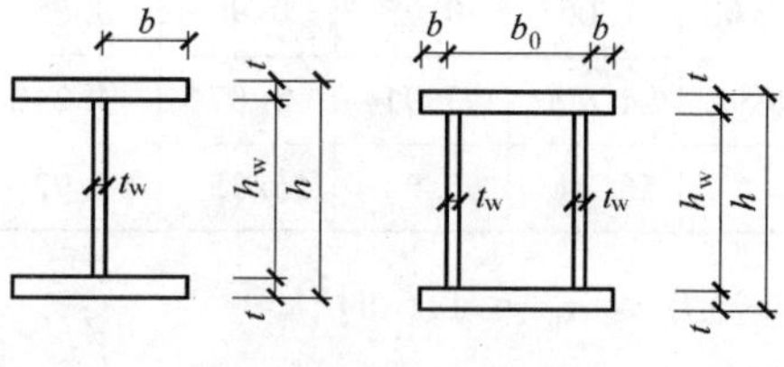

图 7.5.1 宽（高）厚比限制中的截面尺寸

当构件强度和整体稳定计算中取 $\gamma_x = 1.0$ 时，式（7.5.1a）可放宽至 $b/t \leqslant 15\sqrt{235/f_y}$。

7.5.2 腹板的高厚比限值

1. 工字形和 H 形截面的腹板

工字形和 H 形截面压弯构件腹板的局部失稳，是在不均匀压力和剪力的共同作用下发生的，经分析，平均剪应力 τ 可取腹板弯曲应力 σ_m 的 30%，即 $\tau = 0.3\sigma_m$（σ_m 为弯曲正应力）。腹板的局部稳定问题受剪应力 τ 的影响不大，主要与其压应力不均匀分布的梯度有关。引入应力梯度（stress gradient）α_0 来考虑不均匀压力的影响，定义 α_0 为：

$$\alpha_0 = \frac{\sigma_{max} - \sigma_{min}}{\sigma_{max}} \tag{7.5.2}$$

式中，σ_{max} 为腹板计算高度边缘的最大压应力，计算时不考虑构件的稳定系数和截面塑性发展系数；σ_{min} 为腹板计算高度另一边缘相应的应力，压应力为正，拉应力为负。

根据弹性稳定理论，在不均匀压力和剪力共同作用下的腹板（按四边简支板分析）弹性屈曲临界应力为：

$$\sigma_{cr} = K_e \frac{\pi^2 E t_w^2}{12(1 - \nu^2) h_0^2} \tag{7.5.3a}$$

式中，K_e 为弹性屈曲系数，其值与应力梯度 α_0 有关；h_0 为腹板计算高度，对于焊接截面 $h_0 = h_w$。

由式（7.5.3a）得到的临界应力只适用于板的弹性屈曲，压弯构件失稳时，截面的塑性变形将不同程度地发展，腹板的塑性发展深度与构件的长细比和板的应力梯度 α_0 有关。根据弹塑性稳定理论，腹板的弹塑性临界应力为：

$$\sigma_{cr} = K_p \frac{\pi^2 E t_w^2}{12(1 - \nu^2) h_0^2} \tag{7.5.3b}$$

式中，K_p 为塑性屈曲系数，其值与最大受压边缘割线模量 E_S、平均剪应力 τ 和应力梯度 α_0 有关，也就是说，在 K_p 中已考虑了局部弹性模量改变的影响。当 $\tau = 0.3\sigma_m = 0.3(\sigma_{max} - \sigma_{min})/2 = 0.15\alpha_0 \sigma_{max}$，截面塑性深度为 $0.25h_0$ 时，E_S/E、K_p 值见表 7.5.1。

式（7.5.3b）中如取临界应力 $\sigma_{cr} = 235 \text{ N/mm}^2$，泊松比 $\nu = 0.3$ 和 $E = 206\,000 \text{ N/mm}^2$，可以得到腹板高厚比 h_0/t_w 与应力梯度 α_0 之间的关系（见表 7.5.1），此关系可近似地用直线式表示为：

表 7.5.1 压弯构件中腹板的屈曲系数和高厚比 h_0/t_w

α_0	0.0	0.2	0.4	0.6	0.8	1.0	1.2	1.4	1.6	1.8	2.0
E_S/E	1.00	0.95	0.90	0.85	0.80	0.75	0.70	0.65	0.60	0.675	0.75
K_p	4.000	3.914	3.874	4.242	4.681	5.214	5.886	6.678	7.576	9.738	11.301
h_0/t_w	56.24	55.64	55.35	57.92	60.84	64.21	68.23	72.67	77.400	87.76	94.540

当 $0 \leqslant \alpha_0 \leqslant 1.6$ 时，

$$h_0/t_w = 16\alpha_0 + 50 \tag{7.5.4a}$$

当 $1.6 < \alpha_0 \leqslant 2.0$ 时，

$$h_0/t_w = 48\alpha_0 - 1 \tag{7.5.4b}$$

对于长细比较小的压弯构件,整体失稳时截面的塑性深度实际上已超过了 $0.25h_0$,对于长细比较大的压弯构件,截面塑性深度则不到 $0.25h_0$,甚至腹板受压最大的边缘还没有屈服。因此,h_0/t_w 之值宜随长细比的增大而适当放大。同时,当 $\alpha_0 = 0$ 时,应与轴心受压构件腹板高厚比的要求相一致,而当 $\alpha_0 = 2$ 时,应与受弯构件中考虑了弯矩和剪力联合作用的腹板高厚比的要求相一致。故《规范》规定工字形和 H 形截面压弯构件腹板高厚比限值为:

当 $0 \leq \alpha_0 \leq 1.6$ 时,

$$\frac{h_0}{t_w} \leq (16\alpha_0 + 0.5\lambda + 25)\sqrt{\frac{235}{f_y}} \tag{7.5.5a}$$

当 $1.6 \leq \alpha_0 \leq 2$ 时,

$$\frac{h_0}{t_w} \leq (48\alpha_0 + 0.5\lambda - 26.2)\sqrt{\frac{235}{f_y}} \tag{7.5.5b}$$

式中,λ 为构件在弯矩作用平面内的长细比,当 $\lambda < 30$ 时,取 $\lambda = 30$;当 $\lambda > 100$ 时,取 $\lambda = 100$。

2. 箱形截面的腹板

箱形截面压弯构件腹板的屈曲应力计算方法与工字形截面的腹板相同。但考虑到两块腹板受力状况可能不完全一致以及腹板与翼缘采用单侧焊缝连接,其嵌固条件不如工字形截面,因此规定 h_0/t_w 不应大于由上述公式(7.5.5a)和式(7.5.5b)右边算得的值的 80%(当此值小于 $40\sqrt{235/f_y}$ 时,取 $40\sqrt{235/f_y}$)。

3. T 形截面的腹板

当弯矩作用在 T 形截面对称轴内并使腹板自由边受压时,腹板的弹性屈曲系数比均匀受压三边简支一边自由板(翼缘板)的屈曲系数大,说明 T 形截面压弯构件的腹板在弹性屈曲时,其高厚比可以比轴心受压构件翼缘板的宽厚比适当放大。但考虑到腹板弹塑性屈曲的不利影响,在 α_0 较小时不作放大,只有在 α_0 较大时适当放大。

于是《规范》规定:

当 $\alpha_0 \leq 1.0$ 时,

$$\frac{h_0}{t_w} \leq 15\sqrt{\frac{235}{f_y}} \tag{7.5.6a}$$

当 $\alpha_0 > 1.0$ 时,

$$\frac{h_0}{t_w} \leq 18\sqrt{\frac{235}{f_y}} \tag{7.5.6b}$$

当弯矩作用在 T 形截面对称轴内并使腹板自由边受拉时,比轴心受压构件有利,为了方便,《规范》规定采用与轴心受压构件相同的高厚比限值,即按式(6.5.5)和式(6.5.6)计算。实际上,当弯矩作用在 T 形截面对称轴并使最大压应力作用在腹板与翼缘连接处时,比最大压应力作用在腹板自由边时有利,因此其腹板的高厚比可比式(7.5.6)适当提高。

当压弯构件的高厚比不满足要求时,可调整厚度或高度。对工字形和箱形截面压弯构件的腹板也可在计算构件的强度和稳定性时采用有效截面,也可采用纵向加劲肋加强腹板(见

§6.5），这时应按上述规定验算纵向加劲肋与翼缘间腹板的高厚比。

§7.6 实腹式压弯构件的截面设计

7.6.1 截面形式

对于实腹式压弯构件，要按受力大小、使用要求和构造要求选择合适的截面形式。当承受的弯矩较小时其截面形式与一般的轴心受压构件相同，可采用对称截面；当弯矩较大时，宜采用在弯矩作用平面内截面高度较大的双轴对称截面，或采用截面一侧翼缘加大的单轴对称截面（图7.1.3）。在满足局部稳定、使用要求和构造要求时，截面应尽量符合宽肢薄壁以及弯矩作用平面内和平面外整体稳定性相等的原则，从而节省钢材。

7.6.2 截面选择及验算

设计时需首先选定截面的形式，再根据构件所承受的轴力 N、弯矩 M 和构件的计算长度 l_{0x}、l_{0y} 初步确定截面的尺寸，然后进行强度、整体稳定、局部稳定和刚度的验算。由于压弯构件的验算式中所牵涉的未知量较多，根据估计所初选出来的截面尺寸不一定合适，因而初选的截面尺寸往往需要进行多次调整和重复验算，直到满意为止。初选截面时，可参考已有的类似设计进行估算。对初选截面需作如下验算：

（1）强度验算

按式（7.2.8）或式（7.2.9）计算。

（2）整体稳定验算

弯矩作用平面内的稳定性按式（7.3.8）或式（7.3.9）计算，对于单轴对称截面压弯构件尚需按式（7.3.10）作补充计算。弯矩作用平面外的稳定性按式（7.4.4）计算。

（3）局部稳定验算

工字形、T形截面和箱形截面受压翼缘外伸板按式（7.5.1a）计算，箱形截面在两腹板之间的受压翼缘按式（7.5.1b）计算。工字形截面腹板按式（7.5.5）计算，箱形截面腹板按式（7.5.5）计算，结果还应乘以0.8且不小于 $40\sqrt{235/f_y}$；T形截面腹板，当最大压应力作用在腹板自由边时，按式（7.5.6）计算，当最大压应力作用在腹板与翼缘连接处时，按式（6.5.5）或式（6.5.6）计算。

（4）刚度验算

压弯构件的长细比不应超过表6.2.1规定的容许长细比。在整体稳定和刚度验算中均需要构件的计算长度，除可按表6.3.1确定简单情况的等截面构件的计算长度之外，对一些复杂的结构构件，应通过稳定理论分析确定。附录6给出了多层多跨框架柱（附表6.1和6.2）和单层厂房单阶和双阶柱（附表6.3~6.6）计算长度的确定方法，可供查用。

7.6.3 构造要求

实腹式压弯构件的构造要求与实腹式轴心受压构件相似。当腹板的 h_0/t_w >80 时，为防止腹板在施工和运输中发生变形，应设置间距不大于 $3h_0$ 的横向加劲肋。另外，设有纵向加劲肋的同时也应设置横向加劲肋，加劲肋的截面选择见图 6.5.2。为保持截面形状不变，提高构件抗扭刚度，防止施工和运输过程中发生变形，实腹式柱在受有较大水平力处和运输单元的端部应设置横隔，构件较长时应设置中间横隔，设置方法见图 6.6.1。压弯构件设置侧向支撑，当截面高度较小时，可在腹板加横肋或横隔连接支撑；当截面高度较大时或受力较大时，则应在两个翼缘平面内同时设置支撑。

[**例题 7.3**] 试验算图 7.6.1 所示焊接 T 形截面（组成板件均为剪切边）偏心压杆，杆长为 8 m，两端铰接，杆中央在侧向有一支点，钢材为 Q235。已知静力荷载作用于对称轴平面内的翼缘一侧，设计值 $N = 800$ kN，偏心距 $e_1 = 150$ mm，$e_2 = 100$ mm。

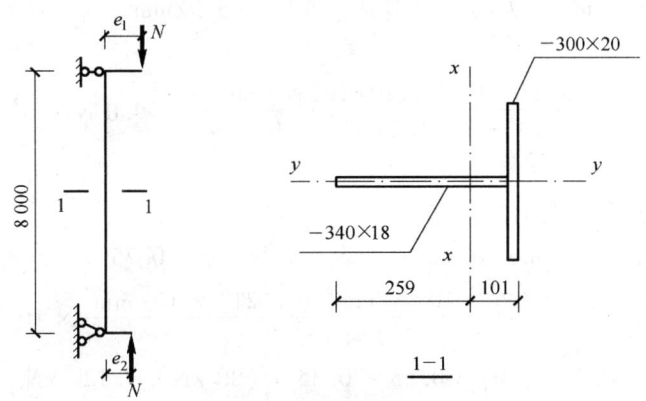

图 7.6.1 例题 7.3 图

[**解**]
1. 截面几何特征

$$A_n = A = 300 \text{ mm} \times 20 \text{ mm} + 340 \text{ mm} \times 18 \text{ mm} = 1.212 \times 10^4 \text{ mm}^2$$

截面形心位置：

$$y = \frac{340 \text{ mm} \times 18 \text{ mm} \times (340 \text{ mm}/2 + 10 \text{ mm})}{1.212 \times 10^4 \text{ mm}^2} + 10 \text{ mm} = 101 \text{ mm}$$

$$I_x = 18 \text{ mm} \times 340^3 \text{ mm}^3/12 + 340 \text{ mm} \times 18 \text{ mm} \times 89^2 \text{ mm}^2 + 300 \text{ mm} \times 20 \text{ mm} \times 91^2 \text{ mm}^2 = 1.57 \times 10^8 \text{ mm}^4$$

$$I_y = 20 \text{ mm} \times 300^3 \text{ mm}^3/12 = 4.5 \times 10^7 \text{ mm}^4$$

$$i_x = \sqrt{\frac{I_x}{A}} = \sqrt{\frac{1.57 \times 10^8 \text{ mm}^4}{1.212 \times 10^4 \text{ mm}^2}} = 114 \text{ mm}$$

$$i_y = \sqrt{\frac{I_y}{A}} = \sqrt{\frac{4.5 \times 10^7 \text{ mm}^4}{1.212 \times 10^4 \text{ mm}^2}} = 61 \text{ mm}$$

$$W_{1nx} = W_{1x} = I_x/y_1 = 1.57 \times 10^8 \text{ mm}^4/101 \text{ mm} = 1.554 \times 10^6 \text{ mm}^3$$

$$W_{2nx} = W_{2x} = I_x/y_2 = 1.57 \times 10^8 \text{ mm}^4/259 \text{ mm} = 6.06 \times 10^5 \text{ mm}^3$$

2. 截面验算

（1）强度验算

截面弯矩：

$$M_1 = Ne_1 = 800 \text{ kN} \times 0.15 \text{ m} = 120 \text{ kN} \cdot \text{m}$$
$$M_2 = Ne_2 = 800 \text{ kN} \times 0.10 \text{ m} = 80 \text{ kN} \cdot \text{m}$$
$$M_x = M_1 = 120 \text{ kN} \cdot \text{m}$$

因翼缘外侧部分 $b_1/t_1 = 141 \text{ mm}/20 \text{ mm} = 7 < 13$，截面塑性发展系数：$\gamma_{x1} = 1.05$，$\gamma_{x2} = 1.20$。
由于截面为单轴对称截面，故应对翼缘和腹板最外纤维处分别进行验算：
翼缘：

$$\frac{N}{A_n} + \frac{M_x}{\gamma_{x1} W_{1nx}} = \frac{800 \times 10^3 \text{ N}}{1.212 \times 10^4 \text{ mm}^2} + \frac{120 \times 10^6 \text{ N} \cdot \text{mm}}{1.05 \times 1.554 \times 10^6 \text{ mm}^3} = 139.5 \text{ N/mm}^2 < f = 205 \text{ N/mm}^2$$

因翼缘厚度 $t = 20 \text{ mm} > 16 \text{ mm}$，为第二组钢材，取 $f = 205 \text{ N/mm}^2$，满足要求。
腹板：

$$\left| \frac{N}{A_n} - \frac{M_x}{\gamma_{x2} W_{2nx}} \right| = \left| \frac{800 \times 10^3 \text{ N}}{1.212 \times 10^4 \text{ mm}^2} - \frac{120 \times 10^6 \text{ N} \cdot \text{mm}}{1.2 \times 6.06 \times 10^5 \text{ mm}^3} \right| = 99.0 \text{ N/mm}^2 < f = 205 \text{ N/mm}^2$$

满足要求。

(2) 弯矩作用平面内的稳定性验算

$\lambda_x = l_{0x}/i_x = 800 \text{ cm}/11.4 \text{ cm} = 70.2$，查附表 4.2 得，$\varphi_x = 0.75$（b 类截面）。

$$N'_{Ex} = \frac{\pi^2 EA}{1.1 \lambda_x^2} = \frac{\pi^2 \times 206 \times 10^3 \text{ N/mm}^2 \times 1.212 \times 10^4 \text{ mm}^2}{1.1 \times 70.2^2} \times 10^{-3} = 4\,546 \text{ kN}$$

$$\beta_{mx} = 0.65 + 0.35 M_2/M_1 = 0.65 + 0.35 \times (80 \text{ kN} \cdot \text{m}/120 \text{ kN} \cdot \text{m}) = 0.883$$

$$\frac{N}{\varphi_x A} + \frac{\beta_{mx} M_x}{\gamma_{x1} W_{1x} (1 - 0.8 N/N'_{Ex})} = \frac{800 \times 10^3 \text{ N}}{0.75 \times 1.212 \times 10^4 \text{ mm}^2} +$$
$$\frac{0.883 \times 120 \times 10^6 \text{ N} \cdot \text{mm}}{1.05 \times 1.554 \times 10^6 \text{ mm}^3 \times (1 - 0.8 \times 1\,000 \text{ kN}/4\,546 \text{ kN})}$$
$$= 163.6 \text{ N/mm}^2 < f = 205 \text{ N/mm}^2，满足要求。$$

由于截面为单轴对称 T 形截面，当弯矩作用使翼缘受压时，有可能在受拉侧首先发展塑性而使构件失稳。故应验算受拉侧的应力：

$$\left| \frac{N}{A} - \frac{\beta_{mx} M_x}{\gamma_{x2} W_{2x} (1 - 1.25 N/N'_{Ex})} \right| = \left| \frac{800 \times 10^3 \text{ N}}{1.212 \times 10^4 \text{ mm}^2} - \right.$$
$$\left. \frac{0.883 \times 120 \times 10^6 \text{ N} \cdot \text{mm}}{1.2 \times 6.06 \times 10^5 \text{ mm}^3 \times (1 - 1.25 \times 800 \text{ kN}/4\,546 \text{ kN})} \right|$$
$$= 120.8 \text{ N/mm}^2 < f = 205 \text{ N/mm}^2，满足要求。$$

(3) 弯矩作用平面外的稳定性验算

$\lambda_y = l_{0y}/i_y = 4\,000 \text{ mm}/61 \text{ mm} = 65.6 < [\lambda] = 150$，绕对称轴 y 轴的长细比应取计入扭转效应的换算长细比 λ_{yz}。

截面形心至剪心的距离：
$$e_0 = 101 \text{ mm} - 10 \text{ mm} = 91 \text{ mm}$$

截面对剪心的极回转半径：
$$i_0 = \sqrt{e_0^2 + i_x^2 + i_y^2} = \sqrt{91^2 \text{ mm}^2 + 114^2 \text{ mm}^2 + 61^2 \text{ mm}^2} = 158 \text{ mm}$$

§7.6 实腹式压弯构件的截面设计

截面抗扭惯性矩:

$$I_t = \sum b_i t_i^3/3 = (300 \text{ mm} \times 20^3 \text{ mm}^3 + 340 \text{ mm} \times 18^3 \text{ mm}^3)/3 = 14.61 \times 10^5 \text{ mm}^4$$

T形截面扇性惯性矩可近似取 $I_\omega = 0$,扭转屈曲的计算长度 $l_\omega = l_{0y}$,因此扭转屈曲换算长细比:

$$\lambda_z^2 = i_0^2 A/(I_t/25.7 + I_\omega/l_\omega^2) = 158^2 \text{ mm}^2 \times 1.212 \times 10^4 \text{ mm}^2/(14.61 \times 10^5 \text{ mm}^4/25.7 + 0 \text{ mm}^4)$$
$$= 5330$$

计入扭转效应的换算长细比 λ_{yz}:

$$\lambda_{yz} = \frac{1}{\sqrt{2}}[(\lambda_y^2 + \lambda_z^2) + \sqrt{(\lambda_y^2 + \lambda_z^2)^2 - 4(1 - e_0^2/i_0^2)\lambda_y^2\lambda_z^2}]^{\frac{1}{2}}$$
$$= \frac{1}{\sqrt{2}}[(65.6^2 + 5330) + \sqrt{(65.6^2 + 5330)^2 - 4 \times (1 - 91^2/158^2) \times 65.5^2 \times 5330}]^{\frac{1}{2}}$$
$$= 87.3$$

对 y 轴属 c 类截面,由 $\lambda_{yz} = 87.3$ 查附表 4.3 得 $\varphi_y = 0.533$。由附录 3.5 公式(附 3.5.3)有:

$$\varphi_b = 1 - 0.0022\lambda_y\sqrt{f_y/235} = 1 - 0.0022 \times 65.6 \times 1 = 0.856$$

构件中点有侧向支撑,中点弯矩 $M = (120 \text{ kN·m} + 80 \text{ kN·m})/2 = 100 \text{ kN·m}$,弯矩作用平面外整体稳定计算所考虑段内端弯矩分别为 $M_1 = 120 \text{ kN·m}$ 和 $M = 100 \text{ kN·m}$,故等效弯矩系数:

$$\beta_{tx} = 0.65 + 0.35 M/M_1 = 0.65 + 0.35 \times (100 \text{ kN·m}/120 \text{ kN·m}) = 0.942$$

弯矩作用平面外的稳定性验算:

$$\frac{N}{\varphi_y A} + \eta \frac{\beta_{tx} M_x}{\varphi_b W_{1x}} = \frac{800 \times 10^3 \text{ N}}{0.533 \times 1.212 \times 10^4 \text{ mm}^2} + 1 \times \frac{0.942 \times 120 \times 10^6 \text{ N·mm}}{0.856 \times 1.554 \times 10^6 \text{ mm}^4} = 208.8 \text{ N/mm}^2$$
$$\approx 205 \text{ N/mm}^2$$

相差 $\frac{208.8 \text{ N/mm}^2 - 205 \text{ N/mm}^2}{205 \text{ N/mm}^2} \approx 1.9\% < 5\%$,弯矩作用平面外的稳定性满足要求。

(4)局部稳定验算

翼缘宽厚比验算: $b_1/t = 141 \text{ mm}/20 \text{ mm} = 7.1 < 13\sqrt{f_y/235} = 13$,满足要求。

腹板高厚比验算:弯矩使最大压应力作用在腹板与翼缘连接处,对焊接T形截面高厚比限值为 $h_0/t_w \leq (13 + 0.17\lambda)\sqrt{235/f_y}$,即

$h_0/t_w = 340 \text{ mm}/18 \text{ mm} = 18.9 \leq (13 + 0.17\lambda)\sqrt{235/f_y} = (13 + 0.17 \times 87.3)\sqrt{235/235} = 27.8$,满足要求。

(5)刚度验算

构件的最大长细比 $\lambda_{max} = \lambda_{yz} = 87.3 < [\lambda] = 150$,满足要求。

[例题 7.4] 校核如图 7.6.2 所示双轴对称焊接箱形截面压弯构件的截面尺寸,截面无削弱。承受的荷载设计值为:轴心压力 $N = 880 \text{ kN}$,构件跨度中点横向集中荷载 $F = 180 \text{ kN}$。构件长 $l = 10 \text{ m}$,两端铰接并在两端各设有一侧向支承点。材料用 Q235 钢。

[解] 构件计算长度 $l_{0x} = l_{0y} = 10 \text{ m}$,构件段无端弯矩但有横向荷载作用,弯矩作用平面

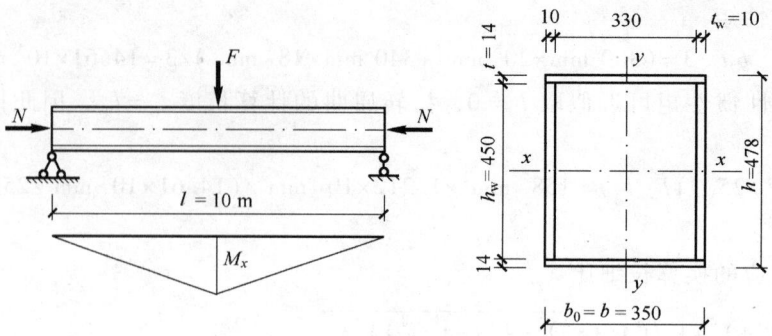

图 7.6.2 例题 7.4 图

内外的等效弯矩系数为 $\beta_{mx}=\beta_{tx}=1.0$，$M_x=Fl/4=180\text{ kN}\times10\text{ m}/4=450\text{ kN}\cdot\text{m}$。

箱形截面受弯构件整体稳定系数 $\varphi_b=1.0$，因 $\dfrac{b_0}{t}=\dfrac{350\text{ mm}}{14\text{ mm}}=25$，$\dfrac{h_w}{t_w}=\dfrac{450\text{ mm}}{10\text{ mm}}=45$，均大于 20，故焊接箱形截面构件对 x 轴屈曲和对 y 轴屈曲均属 b 类截面。

1. 截面特性

截面积：
$$A=2bt+2h_w t_w=2\times35\text{ cm}\times1.4\text{ cm}+2\times45\text{ cm}\times1.0\text{ cm}=188\text{ cm}^2$$

惯性矩：
$$I_x=[bh^3-(b-2\text{ cm})h_w^3]/12=[35\text{ cm}\times47.8^3\text{ cm}^3-33\text{ cm}\times45^3\text{ cm}^3]/12=67\,951\text{ cm}^4$$
$$I_y=[hb^3-h_w(b-2\text{ cm})^3]/12=[47.8\text{ cm}\times35^3\text{ cm}^3-45\text{ cm}\times33^3\text{ cm}^3]/12=36\,022\text{ cm}^4$$

回转半径：
$$i_x=\sqrt{I_x/A}=\sqrt{67\,951\text{ cm}^4/188\text{ cm}^2}=19.01\text{ cm}$$
$$i_y=\sqrt{I_y/A}=\sqrt{36\,022\text{ cm}^4/188\text{ cm}^2}=13.84\text{ cm}$$

弯矩作用平面内受压纤维的毛截面模量：
$$W_{1x}=W_x=2I_x/h=2\times67\,951\text{ cm}^4/47.8\text{ cm}=2\,843\text{ cm}^3$$

2. 截面验算

（1）弯矩作用平面内的稳定性

长细比 $\lambda_x=l_{0x}/i_x=10\times10^2\text{ cm}/19.01\text{ cm}=52.6<[\lambda]=150$，查附表 4.2 得稳定系数 $\varphi_x=0.844$（b 类截面）。

$$N'_{Ex}=\dfrac{\pi^2 EA}{1.1\lambda_x^2}=\dfrac{\pi^2\times206\times10^3\text{ N/mm}^2\times188\times10^2\text{ mm}^2}{1.1\times52.6^2}=12\,559\text{ kN}$$

截面塑性发展系数 $\gamma_x=1.05$，等效弯矩系数 $\beta_{mx}=1.0$。

$$\dfrac{N}{\varphi_x A}+\dfrac{\beta_{mx}M_x}{\gamma_x W_{1x}(1-0.8N/N'_{Ex})}$$

$$=\dfrac{880\times10^3\text{ N}}{0.844\times188\times10^2\text{ mm}^2}+\dfrac{1.0\times450\times10^6\text{ N}\cdot\text{mm}}{1.05\times2\,843\times10^3\text{ mm}^3\times(1-0.8\times880\text{ kN}/12\,559\text{ kN})}$$

$$=215.4 \text{ N/mm}^2 \approx f = 215 \text{ N/mm}^2\text{，满足要求。}$$

（2）弯矩作用平面外的稳定性

长细比 $\lambda_y = l_{0y}/i_y = 10 \times 10^2 \text{ cm}/13.84 \text{ cm} = 72.3 < [\lambda] = 150$，查附表 4.2 得稳定系数 $\varphi_y = 0.737$（b 类截面），等效弯矩系数 $\beta_{tx} = 1.0$。

$$\frac{N}{\varphi_y A} + \eta \frac{\beta_{tx} M_x}{\varphi_b W_{1x}} = \frac{880 \times 10^3 \text{ N}}{0.737 \times 188 \times 10^2 \text{ mm}^2} + 0.7 \times \frac{1.0 \times 450 \times 10^6 \text{ N} \cdot \text{mm}}{1.0 \times 2\,843 \times 10^3 \text{ mm}^3} = 174.3 \text{ N/mm}^2 < f = 215 \text{ N/mm}^2\text{，}$$

满足要求。

（3）局部稳定性

受压翼缘板宽厚比：

$$\frac{b_0}{t} = \frac{350 \text{ mm}}{14 \text{ mm}} = 25 < 40\sqrt{\frac{235}{f_y}} = 40\text{，满足要求。}$$

腹板计算高度边缘的最大压应力：

$$\sigma_{\max} = \frac{N}{A} + \frac{M_x}{I_x}\frac{h_0}{2} = \frac{880 \times 10^3 \text{ N}}{188 \times 10^2 \text{ mm}^2} + \frac{450 \times 10^6 \text{ N} \cdot \text{mm}}{67\,951 \times 10^4 \text{ mm}^4} \times \frac{450 \text{ mm}}{2} = 195.8 \text{ N/mm}^2$$

腹板计算高度另一边缘相应的应力：

$$\sigma_{\min} = \frac{N}{A} - \frac{M_x}{I_x}\frac{h_0}{2} = 46.8 \text{ N/mm}^2 - 149.0 \text{ N/mm}^2 = -102.2 \text{ N/mm}^2\text{（拉应力）}$$

应力梯度：

$$\alpha_0 = \frac{\sigma_{\max} - \sigma_{\min}}{\sigma_{\max}} = [195.8 \text{ N/mm}^2 - (-102.2 \text{ N/mm}^2)]/(195.8 \text{ N/mm}^2)$$

$$= 1.52 < 1.6$$

腹板计算高度 h_0 与其厚度 t_w 之比的容许值应取 $40\sqrt{235/f_y} = 40$ 和下式计算结果两者中的较大值：

$$0.8 \times (16\alpha_0 + 0.5\lambda + 25)\sqrt{235/f_y} = 0.8(16 \times 1.52 + 0.5 \times 52.6 + 25)\sqrt{235/235} = 60.5$$

即 h_0/t_w 的容许值为 60.5，实际 $h_0/t_w = 450 \text{ mm}/10 \text{ mm} = 45 < 60.5$，满足要求。

3. 刚度验算

构件的最大长细比 $\lambda_{\max} = \lambda_y = 72.3 < [\lambda] = 150$，满足要求。

因截面无削弱，截面强度不必验算。

§7.7 格构式压弯构件的计算

7.7.1 弯矩绕虚轴作用的格构式压弯构件

格构式压弯构件当弯矩绕虚轴（x 轴）作用时（图 7.7.1a～c），应进行弯矩作用平面内的整体稳定计算和分肢的稳定计算。

1. 弯矩作用平面内的整体稳定计算

弯矩绕虚轴作用的格构式压弯构件，由于截面中部空心，不能考虑塑性的深入发展，故弯矩作用平面内的整体稳定计算适宜采用边缘屈服准则按式（7.3.8）计算。式（7.3.8）中，

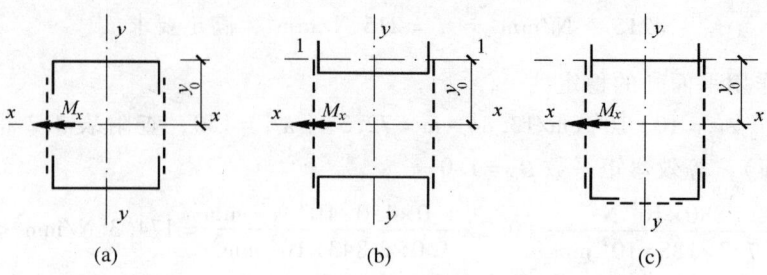

图 7.7.1 弯矩绕虚轴作用的格构式压弯构件截面

$W_{1x}=I_x/y_0$,I_x 为对 x 轴的毛截面惯性矩;y_0 为由 x 轴到压力较大分肢轴线的距离或者到压力较大分肢腹板边缘的距离,二者取较大值;φ_x 为轴心压杆的整体稳定系数,由对虚轴(x 轴)的换算长细比 λ_{0x} 确定。

2. 分肢的稳定计算

弯矩绕虚轴作用的压弯构件,在弯矩作用平面外的整体稳定性一般由分肢的稳定计算得到保证,故不必再计算整个构件在弯矩作用平面外的整体稳定性。

将整个构件视为一平行弦桁架,将构件的两个分肢看作桁架体系的弦杆,两分肢的轴心力应按下列公式计算(图 7.7.2):

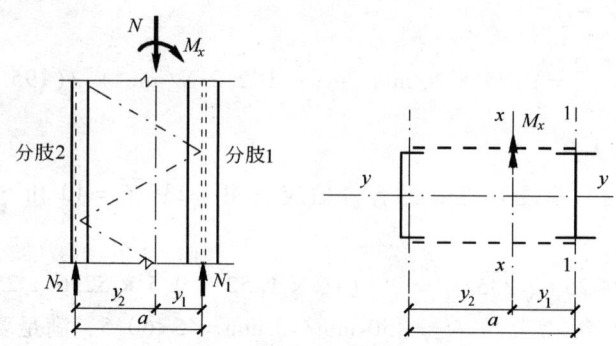

图 7.7.2 分肢的内力计算

分肢 1

$$N_1 = N\frac{y_2}{a} + \frac{M_x}{a} \tag{7.7.1a}$$

分肢 2

$$N_2 = N - N_1 \tag{7.7.1b}$$

缀条式压弯构件的分肢按轴心压杆计算。分肢的计算长度,在缀条平面内(分肢绕 1-1 轴)取缀条体系的节间长度(图 6.1.1);在缀条平面外(分肢绕 y-y 轴),取整个构件两侧向支承点间的距离。

进行缀板式压弯构件的分肢计算时,除轴心力 N_1(或 N_2)外,还应考虑由缀板的剪力作用引起的局部弯矩,按实腹式压弯构件验算单肢的稳定性。在缀板平面内分肢的计算长度(分肢绕 1-1 轴)取缀板间净距。

3. 缀材的计算

计算压弯构件的缀材时,应取构件实际剪力和按式(6.7.9)计算所得剪力两者中的较大值,这与格构式轴心受压构件相同。

7.7.2 弯矩绕实轴作用的格构式压弯构件

格构式压弯构件当弯矩绕实轴(y轴)作用时(图7.7.3a、b),受力性能与实腹式压弯构件完全相同。因此,弯矩作用平面内和平面外的整体稳定计算均与实腹式构件相同,但在计算弯矩作用平面外的整体稳定时,长细比应取换算长细比,整体稳定系数取$\varphi_b=1.0$。

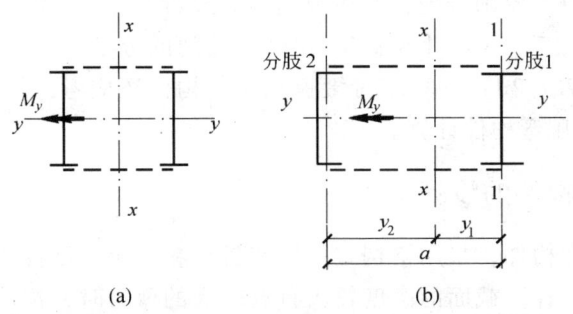

图7.7.3 弯矩绕实轴作用的格构式压弯构件截面

分肢稳定按实腹式压弯构件计算,内力按以下原则分配(图7.7.3b):轴心压力N在两分肢间的分配与分肢轴线至虚轴x轴的距离成反比;弯矩M_y在两分肢间的分配与分肢对实轴y轴的惯性矩成正比、与分肢轴线至虚轴x轴的距离成反比。即:

分肢1的轴心力

$$N_1 = N\frac{y_2}{a} \tag{7.7.2a}$$

分肢1的弯矩

$$M_{y1} = \frac{I_1/y_1}{I_1/y_1 + I_2/y_2} \cdot M_y \tag{7.7.2b}$$

分肢2的轴心力

$$N_2 = N - N_1 \tag{7.7.2c}$$

分肢2的弯矩

$$M_{y2} = M_y - M_{y1} \tag{7.7.2d}$$

式中,I_1、I_2为分肢1和分肢2对y轴的惯性矩。

上式适用于当M_y作用在构件的主平面时的情形,当M_y不是作用在构件的主轴平面而是作用在一个分肢的轴线平面(如图7.7.3中分肢1的1—1轴线平面)时,则M_y视为全部由该分肢承受。

7.7.3 双向受弯的格构式压弯构件

弯矩作用在两个主平面内的双肢格构式压弯构件(图7.7.4),其稳定性按下列规定计算:

1. 整体稳定计算

《规范》采用与边缘屈服准则导出的弯矩绕虚轴作用的格构式压弯构件弯矩作用平面内整

体稳定计算式相衔接的近似公式进行计算：

$$\frac{N}{\varphi_x A} + \frac{\beta_{mx} M_x}{W_{1x}(1 - \varphi_x N/N'_{Ex})} + \frac{\beta_{ty} M_y}{W_{1y}} \leq f \quad (7.7.3)$$

式中，W_{1y} 为在 M_y 作用下对较大受压纤维的毛截面模量，其他系数与实腹式压弯构件相同，但对虚轴（x 轴）的系数应采用换算长细比 λ_{0x} 确定。

2. 分肢的稳定计算

分肢按实腹式压弯构件计算其稳定性，在轴力和弯矩共同作用下产生的内力按以下原则分配：N 和 M_x 在两分肢产生的轴心力 N_1 和 N_2 按式 (7.7.1) 计算；M_y 在两分肢间的分配按式 (7.7.2b) 和 (7.7.2d) 计算。对缀板式压弯构件还应考虑缀板剪力产生的局部弯矩 M_{x1}，其分肢稳定按双向压弯构件计算。

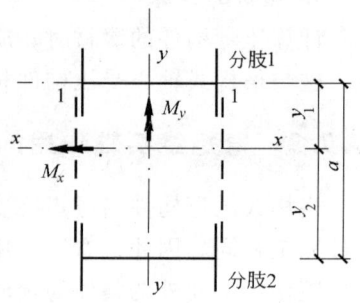

图 7.7.4 双向受弯格构柱

7.7.4 格构式压弯构件的设计

截面高度较大的压弯构件，采用格构式可以节省材料，所以格构式压弯构件一般用于厂房的框架柱和高大的独立支柱。截面的高度较大且有较大的剪力时，构件宜采用缀条连接。格构式压弯构件的端部或中间横隔的设置方法与轴心受压格构柱相同。

[**例题 7.5**] 图 7.7.5 示某双肢缀条柱，柱截面型号和尺寸如图所示，缀条采用 ∟63×5，构件长 $l = 12$ m，两端铰接，并在 x-x 方向二分点处设一侧向支撑点，计算长度 $l_{0x} = l = 12$ m，$l_{0y} = 6$ m。荷载设计值为：$N = 3\,000$ kN，$M_x = \pm 680$ kN·m，$M_y = \pm 180$ kN·m，M_x、M_y 沿柱高的分布如图 7.7.5 中的右图所示。材料为 Q345 钢，试进行柱子校核。

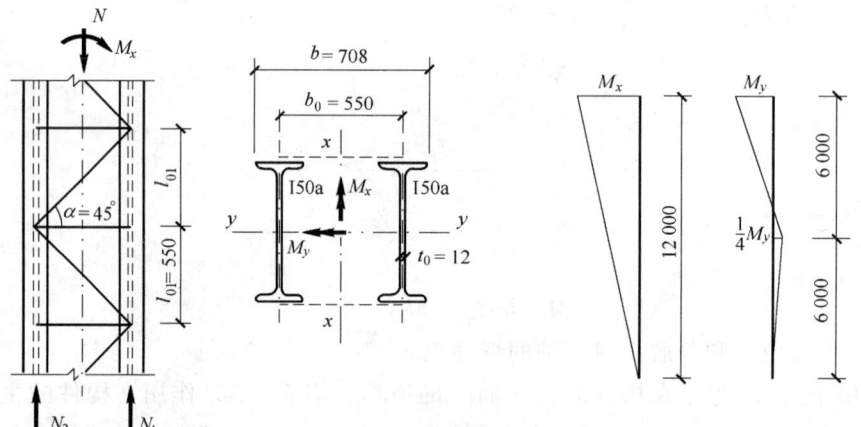

图 7.7.5 例题 7.5 图

[**解**]

1. 柱截面验算

(1) 柱截面几何特性

分肢 I50a，$A_1 = 119.25$ cm^2。

截面面积：$A = 2A_1 = 2 \times 119.25$ cm^2 = 238.5 cm^2

惯性矩： $I_x = 2[I_1 + A_1(b_0/2)^2] = 2 \times [1\,121.5 \text{ cm}^4 + 119.25 \text{ cm}^2 \times (55 \text{ cm}/2)^2]$
$= 182\,609 \text{ cm}^4$

回转半径： $i_x = \sqrt{I_x/A} = \sqrt{182\,609 \text{ cm}^4/238.5 \text{ cm}^2} = 27.67 \text{ cm}$
$i_y = i_{y1} = 19.74 \text{ cm}$

截面模量： $W_x = I_x/(b/2) = 182\,609 \text{ cm}^4/(70.8 \text{ cm}/2) = 5\,158 \text{ cm}^3$
$W_{1x} = I_x/(b_0/2) = 182\,609 \text{ cm}^4/(55 \text{ cm}/2) = 6\,640 \text{ cm}^3$
$W_y = W_{y1} = 1\,858.9 \text{ cm}^3 \times 2 = 3\,718 \text{ cm}^3$

(2) 强度验算

格构式双肢构件对虚轴 x 和实轴 y 的截面塑性发展系数分别为 $\gamma_x = 1.0$，$\gamma_y = 1.05$，截面无削弱，于是：

$\dfrac{N}{A_n} + \dfrac{M_x}{\gamma_x W_{nx}} + \dfrac{M_y}{\gamma_y W_{ny}}$

$= \dfrac{3\,000 \times 10^3 \text{ N}}{238.5 \times 10^2 \text{ mm}^2} + \dfrac{680 \times 10^6 \text{ N} \cdot \text{mm}}{1.0 \times 5\,158 \times 10^3 \text{ mm}^3} + \dfrac{180 \times 10^6 \text{ N} \cdot \text{mm}}{1.05 \times 3\,718 \times 10^3 \text{ mm}^3}$

$= 303.7 \text{ N/mm}^2 \approx f = 295 \text{ N/mm}^2$（工 50a 的翼缘厚 $t = 20 \text{ mm} > 16 \text{ mm}$），因 $\dfrac{303.7 \text{ N/mm}^2 - 295 \text{ N/mm}^2}{295 \text{ N/mm}^2} = 2.9\% < 5\%$，故满足要求。

(3) 整体稳定验算

缀条截面面积： $A_{1x} = 2A_t = 2 \times 6.14 \text{ cm}^2 = 12.28 \text{ cm}^2$

绕 x 轴长细比： $\lambda_x = l_{0x}/i_x = 12 \times 10^2 \text{ cm}/27.67 \text{ cm} = 43.4$

绕 x 轴换算长细比： $\lambda_{0x} = \sqrt{\lambda_x^2 + 27 \dfrac{A}{A_{1x}}} = \sqrt{43.4^2 + 27 \times \dfrac{238.5 \text{ cm}^2}{12.28 \text{ cm}^2}} = 49.1$

由 $\lambda = \lambda_{0x}\sqrt{\dfrac{f_y}{235}} = 49.1\sqrt{\dfrac{345}{235}} = 59.5$，查附表 4.2 得稳定系数：

$\varphi_x = 0.810$（b 类截面）

$N'_{Ex} = \dfrac{\pi^2 EA}{1.1\lambda_{0x}^2} = \dfrac{\pi^2 \times 206 \times 10^3 \text{ N/mm}^2 \times 238.5 \times 10^2 \text{ mm}^2}{1.1 \times 49.1^2} = 18\,285 \text{ kN}$

等效弯矩系数：

$\beta_{mx} = 0.65 + 0.35 M_2/M_1 = 0.65 + 0.35 \times 0 \text{ kN} \cdot \text{m}/680 \text{ kN} \cdot \text{m} = 0.65$

$\beta_{ty} = 0.65 + 0.35 M_2/M_1 = 0.65 + 0.35 \times 0 \text{ kN} \cdot \text{m}/0.25 \times 180 \text{ kN} \cdot \text{m} = 0.65$

$\dfrac{N}{\varphi_x A} + \dfrac{\beta_{mx} M_x}{W_{1x}(1 - \varphi_x N/N'_{Ex})} + \dfrac{\beta_{ty} M_y}{W_{1y}}$

$= \dfrac{3\,000 \times 10^3 \text{ N}}{0.81 \times 238.5 \times 10^2 \text{ mm}^2} + \dfrac{0.65 \times 680 \times 10^6 \text{ N} \cdot \text{mm}}{6\,640 \times 10^3 \text{ mm}^3 \times (1 - 0.81 \times 3\,000 \text{ kN}/18\,285 \text{ kN})} +$

$\dfrac{0.65 \times 180 \times 10^6 \text{ N} \cdot \text{mm}}{3\,718 \times 10^3}$

$= 263.5 \text{ N/mm}^2 < f = 295 \text{ N/mm}^2$

整体稳定性满足要求。

(4) 分肢稳定验算

作用在单肢上的荷载：

$$N_1 = N\frac{y_2}{b_0} + \frac{M_x}{b_0} = 3\,000 \text{ kN}/2 + 680 \text{ kN}\cdot\text{m}/0.55 \text{ m} = 2\,736 \text{ kN}$$

$$M_{y1} = \frac{I_1/y_1}{I_1/y_1 + I_2/y_2} \cdot M_y = 180 \text{ kN}\cdot\text{m}/2 = 90 \text{ kN}\cdot\text{m}$$

单肢对 y 轴长细比 $\lambda_{y1} = l_{0y}/i_{y1} = 600 \text{ cm}/19.74 \text{ cm} = 30.4$，由 $\lambda = \lambda_{y1}\sqrt{\frac{f_y}{235}} = 30.4\sqrt{\frac{345}{235}} = 36.8$ 查附表 4.2 得稳定系数 $\varphi_{y1} = 0.911$（b 类截面）。

单肢对最小刚度轴的计算长度 l_{01}、长细比 λ_1 和稳定系数 φ_1 分别为：

$$l_{01} \approx \frac{b_0}{\tan\alpha} = \frac{55}{\tan 45°} = 55 \text{ cm}, \quad \lambda_1 = l_{01}/i_1 = 55 \text{ cm}/3.07 \text{ cm} = 17.9$$

由 $\lambda = \lambda_1\sqrt{\frac{f_y}{235}} = 17.9\sqrt{\frac{345}{235}} = 21.7$，查附表 4.2 得 $\varphi_1 = 0.964$（b 类截面）。

$$N'_{Ey1} = \frac{\pi^2 E A_1}{1.1\lambda_{y1}^2} = \frac{\pi^2 \times 206 \times 10^3 \text{ N/mm}^2 \times 119.25 \times 10^2 \text{ mm}^2}{1.1 \times 30.4^2}$$

$$= 23\,850 \text{ kN}$$

① 分肢在弯矩 M_{y1} 作用平面内的稳定验算

单肢在弯矩 M_{y1} 作用平面内的等效弯矩系数：

$$\beta_{my1} = 0.65 + 0.35 \times (-1/4) = 0.563$$

$$\frac{N_1}{\varphi_{y1}A_1} + \frac{\beta_{my1}M_{y1}}{\gamma_{y1}W_{y1}(1-0.8N_1/N'_{Ey1})}$$

$$= \frac{2\,736\times 10^3 \text{ N}}{0.911\times 119.25\times 10^2 \text{ mm}^2} + \frac{0.563\times 90\times 10^6 \text{ N}\cdot\text{mm}}{1.05\times 1\,858.9\times 10^3 \text{ mm}^3\times(1-0.8\times 2\,736 \text{ kN}/23\,850 \text{ kN})}$$

$$= 280.4 \text{ N/mm}^2 < f = 295 \text{ N/mm}^2$$

分肢在 M_{y1} 作用平面内稳定性满足要求。

② 分肢在弯矩 M_{y1} 作用平面外的稳定条件

单肢在弯矩 M_{y1} 作用平面外支承点的间距 $l_{01} = 0.55 \text{ m}$，由图 7.7.5 可知，计算段 l_{01} 范围内的两端弯矩分别为 $M_1 = M_{y1}$ 和 $M_2 = \left(M_1 + \frac{M_1}{4}\right) \times \frac{6-0.55}{6} - \frac{M_1}{4} = 0.89M_1$，因此单肢在弯矩 M_{y1} 作用平面外的等效弯矩系数：

$$\beta_{t1} = 0.65 + 0.35 M_2/M_1 = 0.65 + 0.35 \times 0.89 = 0.962$$

当弯矩绕截面强轴 y 轴作用时，工字形截面受弯构件整体稳定系数为：

$$\varphi_b = 1.07 - \frac{\lambda_1^2}{44\,000} \cdot \frac{f_y}{235} = 1.07 - \frac{17.9^2}{44\,000} \times \frac{345}{235} = 1.06 > 1.0$$

取 $\varphi_b = 1.0$，于是：

$$\frac{N_1}{\varphi_1 A_1} + \eta\frac{\beta_{t1}M_{y1}}{\varphi_b W_{y1}} = \frac{2\,736\times 10^3 \text{ N}}{0.964\times 119.25\times 10^2 \text{ mm}^2} + 1.0\times\frac{0.962\times 90\times 10^6 \text{ N}\cdot\text{mm}}{1.0\times 1\,858.9\times 10^3 \text{ mm}^3}$$

$$= 284.6 \text{ N/mm}^2 < f = 295 \text{ N/mm}^2$$

即分肢在 M_{y1} 作用平面外的稳定性满足要求。

(5) 刚度验算

最大长细比 $\lambda_{max} = \lambda_{0x} = 49.1 < [\lambda] = 150$，刚度满足要求。

2. 缀条稳定性验算

(1) 缀条内力

对 x 轴弯曲的实际剪力：

$$V = M_x/l = 680 \text{ kN·m}/12 \text{ m} = 56.7 \text{ kN}$$

对 x 轴弯曲的计算剪力：

$$V = \frac{Af}{85}\sqrt{\frac{f_y}{235}} = \frac{2 \times 119.25 \times 10^2 \text{ mm}^2 \times 310 \text{ N/mm}^2}{85} \times \sqrt{\frac{345}{235}} \times 10^{-3} = 105.4 \text{ kN} > 56.7 \text{ kN}$$

取 $V = 105.4$ kN，每个缀条系面承担的剪力：

$$V_1 = 0.5 V = 0.5 \times 105.4 \text{ kN} = 52.7 \text{ kN}$$

缀条内力：

$$N_t = V_1/\sin\alpha = 52.7/\sin 45° = 74.5 \text{ kN}$$

(2) 截面验算

截面几何特性（∟ 63×5）：

$$A_t = 6.14 \text{ cm}^2, \quad i_{min} = i_{y_0} = 1.25 \text{ cm}$$

缀条最大长细比：

$$\lambda_t = \frac{l_t}{i_{y_0}} = \frac{b_0/\sin\alpha}{i_{y_0}} = \frac{55 \text{ cm}/\sin 45°}{1.25 \text{ cm}} = 62.2 < [\lambda] = 150$$

$$\lambda = \lambda_1 \sqrt{\frac{f_y}{235}} = 62.2 \sqrt{\frac{345}{235}} = 75.4$$

$\varphi_t = 0.718$（b 类截面），单边连接等边单角钢，其强度设计值应乘以折减系数（见 §6.4）：

$$\gamma = 0.6 + 0.0015 \times 62.2 = 0.693 < 1.0$$

$$\gamma \cdot f = 0.693 \times 310 \text{ N/mm}^2 = 214.9 \text{ N/mm}^2$$

$$\frac{N_t}{\varphi_t A_t} = \frac{74.5 \times 10^3 \text{ N}}{0.718 \times 6.14 \times 10^2 \text{ mm}^2} = 169.2 \text{ N/mm}^2 < \gamma \cdot f = 214.9 \text{ N/mm}^2$$

缀条满足要求。

§7.8 冷弯薄壁型钢拉弯和压弯构件的设计特点

冷弯薄壁型钢拉弯构件和压弯构件的强度及稳定计算方法与普通钢结构基本相同，主要区别在于冷弯薄壁型钢构件不考虑塑性发展；冷弯薄壁型钢受压板件宽厚比超过了 GB 50018 规定的有效宽厚比时，需按有效截面计算截面几何特性；有些情况要考虑双力矩的不利影响。

7.8.1 冷弯薄壁型钢拉弯和压弯构件的强度计算

拉弯构件的强度按下式计算：

$$\sigma = \frac{N}{A_n} \pm \frac{M_x}{W_{nx}} \pm \frac{M_y}{W_{ny}} \leq f \quad (7.8.1)$$

式中，N、M_x、M_y 分别为轴力和对截面主轴 x、y 的弯矩；A_n、W_{nx}、W_{ny} 分别为净截面面积和对截面主轴 x、y 的净截面模量。

压弯构件的强度按下式计算：

$$\sigma = \frac{N}{A_{en}} \pm \frac{M_x}{W_{enx}} \pm \frac{M_y}{W_{eny}} \leq f \quad (7.8.2)$$

式中，A_{en}、W_{enx}、W_{eny} 分别为有效净截面面积和对截面主轴 x、y 的有效净截面模量；受压板件的有效宽度可按 GB 50018 中 §5.6 节的规定确定。

7.8.2 冷弯薄壁型钢压弯构件的整体稳定计算

1. 双轴对称截面

双轴对称截面冷弯薄壁型钢压弯构件，当弯矩作用于对称平面内（如图 7.8.1 所示）时，应分别计算弯矩作用平面内和弯矩作用平面外的整体稳定。

弯矩作用平面内的整体稳定按下式计算：

$$\frac{N}{\varphi_x A_e} + \frac{\beta_m M_x}{W_{ex}\left(1 - \varphi_x \dfrac{N}{N'_{Ex}}\right)} \leq f \quad (7.8.3)$$

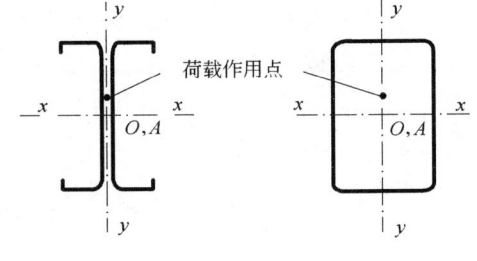

图 7.8.1 双轴对称截面

式中，M_x 为构件全长范围内的最大弯矩；β_m 为等效弯矩系数，取值与普通钢结构类似，按 GB 50018 采用；A_e 为构件有效截面面积；W_{ex} 为对截面主轴 x 的最大受压边缘的有效截面模量；N'_{Ex} 为考虑抗力分项系数后的欧拉临界荷载，$N'_{Ex} = \dfrac{\pi^2 EA}{1.165\lambda^2}$；$\lambda$ 为构件在弯矩作用平面内的长细比；A 为构件毛截面面积；φ_x 为构件在弯矩作用平面内（对 x 轴）的轴心受压稳定系数，按 GB 50018 查表。

双轴对称截面的压弯构件，若弯矩作用在最大刚度平面内（图 7.8.1 中的 y 轴平面），构件有可能产生侧向失稳，因此，尚应按下式计算弯矩作用平面外的稳定性：

$$\frac{N}{\varphi_y A_e} + \frac{\eta M_x}{\varphi_{bx} W_{ex}} \leq f \quad (7.8.4)$$

式中，φ_y 为对 y 轴的轴心受压稳定系数，按 GB 50018 查表；φ_{bx} 为当弯矩作用于最大刚度平面内时，取受弯构件的整体稳定系数，按 GB 50018 的规定计算；对闭口截面，$\varphi_{bx} = 1.0$；M_x 为构件计算段的最大弯矩；η 为截面影响系数，闭口截面 $\eta = 0.7$，其他截面 $\eta = 1.0$。

2. 单轴对称开口截面

单轴对称开口截面压弯构件，当弯矩作用于对称平面内时（图 7.8.2a），其弯矩作用平面内的稳定性可按式（7.8.3）计算，弯矩作用平面外稳定性可按式（6.8.3）计算，但公式中

§7.8 冷弯薄壁型钢拉弯和压弯构件的设计特点

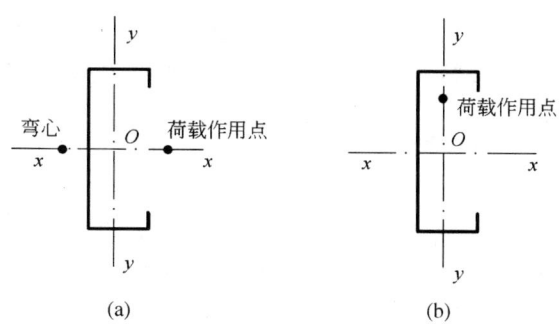

图 7.8.2 单轴对称开口截面
(a) 弯矩作用于对称平面内；(b) 弯矩作用于非对称平面内

轴心受压构件稳定系数 φ 应按弯扭失稳换算长细比 λ_ω 由 GB 50018 查得。λ_ω 按下式计算：

$$\lambda_\omega = \lambda_x \sqrt{\frac{s^2+a^2}{2s^2} + \sqrt{\left(\frac{s^2+a^2}{2s^2}\right)^2 - \frac{a^2 - \alpha(e_0 - e_x)^2}{s^2}}} \quad (7.8.5a)$$

$$a^2 = e_0^2 + i_x^2 + i_y^2 + 2e_x\left(\frac{U_y}{2I_y} - e_0 - \xi_2 e_a\right) \quad (7.8.5b)$$

$$U_y = \int_A x(x^2 + y^2)\,dA \quad (7.8.5c)$$

式中，e_x 为等效偏心距，$e_x = \pm\frac{\beta_m M}{N}$，当偏心在截面弯心一侧时 e_x 为负，当偏心在与截面弯心相对的另一侧时 e_x 为正，M 取构件计算段的最大弯矩；ξ_2 为横向荷载作用位置影响系数，由 GB 50018 查表确定；e_a 为横向荷载作用点到弯心的垂直距离，对于偏心受压构件或当横向荷载作用在弯心时 $e_a = 0$；当荷载不作用在弯心且荷载方向指向弯心时 e_a 为负，而离开弯心时 e_a 为正；s 为计算系数，按式 (6.8.5) 计算。

当弯矩作用于对称平面内，且使截面在弯心一侧受压时，与《规范》相似，为防止出现受拉侧的破坏，还应补充如下计算：

$$\left|\frac{N}{A_e} - \frac{\beta_{my} M_y}{W'_{ey}(1 - N/N'_{Ey})}\right| \leqslant f \quad (7.8.6)$$

式中，W'_{ey} 为截面的较小有效截面模量；N'_{Ey} 为系数，$N'_{Ey} = \frac{\pi^2 EA}{1.165\lambda_y^2}$；$\beta_{my}$ 为对 y 轴的等效弯矩系数，采用与 β_m 相同的方法确定。

单轴对称开口截面压弯构件，当弯矩作用于非对称主平面内时（图 7.8.2b），弯矩作用平面内的稳定计算公式为：

$$\frac{N}{\varphi_x A_e} + \frac{\beta_m M_x}{W_{ex}(1 - \varphi_x N/N'_{Ex})} + \frac{B}{W_\omega} \leqslant f \quad (7.8.7)$$

弯矩作用平面外的稳定计算公式为：

$$\frac{N}{\varphi_y A_e} + \frac{M_x}{\varphi_{bx} W_{ex}} + \frac{B}{W_\omega} \leqslant f \quad (7.8.8)$$

式中，φ_x 为对 x 轴的轴心受压构件整体稳定系数，应根据轴心受压构件弯扭屈曲的换算长细比公式（6.8.4）确定；W_ω 为毛截面扇性模量；B 为与所取弯矩同一截面的双力矩。

习 题

7.1 某拉弯构件截面为I 22a，无削弱，如习题 7.1 图所示。横向均布荷载设计值为 8 kN/m。试确定该构件能承受的最大轴心拉力设计值。钢材为 Q235 钢。

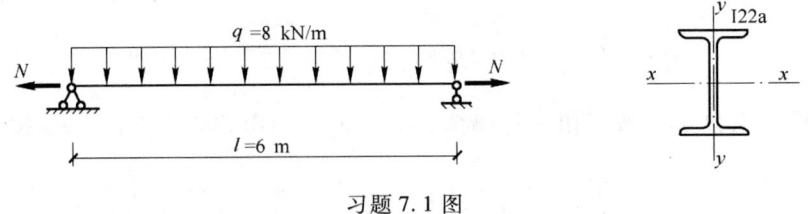

习题 7.1 图

7.2 习题 7.2 图为一两端铰支焊接工字形截面压弯杆件，杆长 $l = 10$ m，已知截面 $I_x = 32\ 997$ cm^4，$A = 84.8$ cm^2，b 类截面，钢材 Q235，$f = 215$ N/mm^2，$E = 2.06 \times 10^5$ N/mm^2。作用于杆上的轴向压力和杆端弯矩如图所示，试由弯矩作用平面内的稳定性确定该杆能承受多大的弯矩 M。

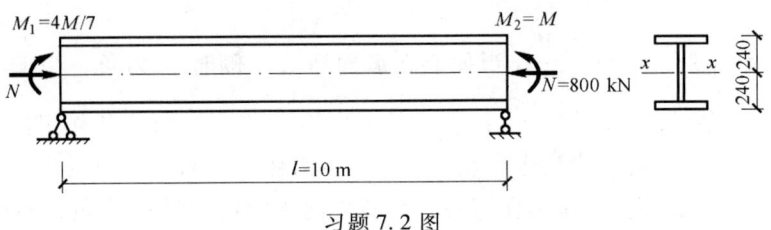

习题 7.2 图

7.3 验算习题 7.3 图所示荷载（设计值）作用下压弯构件的承载力是否满足要求。已知构件截面为普通热轧工字钢I 10，Q235 钢，假定图示侧向支承保证不发生弯扭屈曲。I 10 截面的特性：$A = 14.3$ cm^2，$W_x = 49$ cm^3，$i_x = 4.14$ cm。

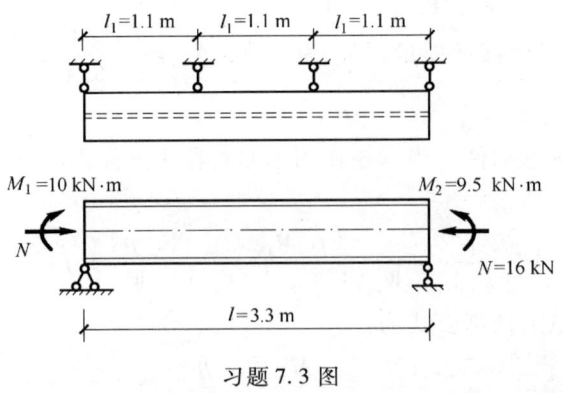

习题 7.3 图

7.4 验算习题 7.4 图所示荷载（设计值）作用下压弯构件在弯矩作用平面内的稳定性。钢材为 Q235。已知截面几何特性 $A = 20 \text{ cm}^2$，$y_1 = 4.4 \text{ cm}$，$I_x = 346.8 \text{ cm}^4$，组成板件均为火焰切割边。

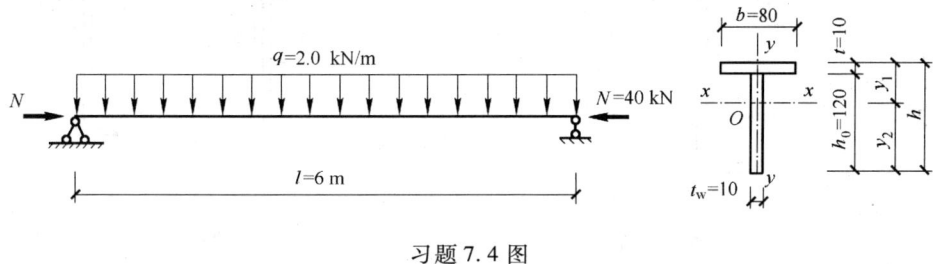

习题 7.4 图

7.5 验算习题 7.5 图所示的双角钢 T 形截面压弯构件。构件长 $l = 3$ m，两端铰接并仅在该处设有侧向支承，节点板厚 12 mm。承受荷载设计值为：$N = 38$ kN，$q = 3$ kN/m。材料为 Q235 钢。

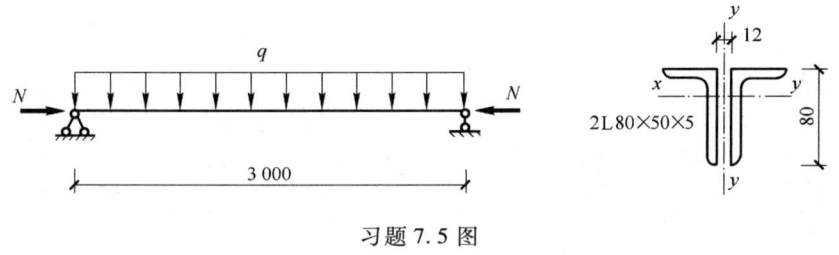

习题 7.5 图

7.6 焊接工字形截面柱，翼缘为火焰切割。柱上端作用有荷载设计值：轴心压力 $N = 2\,000$ kN，水平力 $H = 75$ kN。柱上端自由，下端固定，侧向支承和截面尺寸如习题 7.6 图所示，钢材为 Q235 钢，验算柱的整体稳定性。

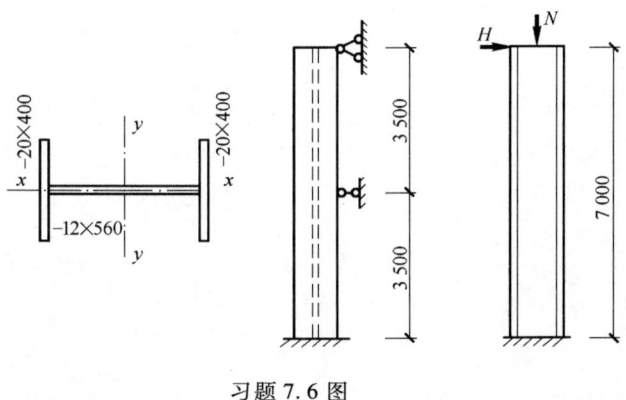

习题 7.6 图

7.7 已知压弯构件受内力设计值为 $N = 800$ kN，$M_x = 400$ kN·m，$\lambda_x = 95$，截面尺寸如习题 7.7 图所示，材料为 Q345 钢，验算翼缘和腹板的局部稳定性。

7.8 试验算习题 7.8 图所示的厂房柱下柱截面。柱的计算长度 $l_{0x} = 19.8$ m，$l_{0y} = 6.6$ m，承受荷载设计值为：轴力 $N = 1\,700$ kN，弯矩 $M_x = \pm 2\,000$ kN·m。缀条倾角 45°，且设有横缀条。钢材为 Q235 钢。

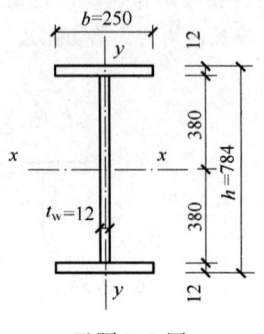
习题 7.7 图

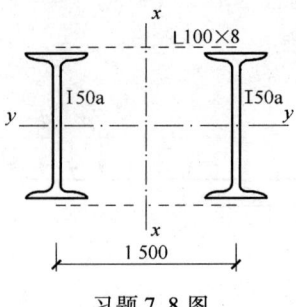
习题 7.8 图

第8章 节点设计原理

§8.1 节点设计的原则

整个结构是由构件和节点（connection）构成的。单个构件必须通过节点相连接，协同工作才能形成结构整体。即使每个构件都能满足安全使用的要求，如果节点设计处理不恰当，连接节点的破坏，也常会引起整个结构的破坏。可见，要使结构能够满足预定功能的要求，正确的节点设计与构件设计，两者具有同等的重要性。

由于连接节点受力状态较为复杂，不易精确地分析其工作状态。所以，在节点设计时应遵循下列基本原则：

① 连接节点应有明确的传力路线和可靠的构造保证。传力应均匀和分散，尽可能减少应力集中现象。在节点设计过程中，一方面要根据节点构造的实际受力状况，选择合理的结构计算简图；另一方面节点构造要与结构的计算简图相一致。避免因节点构造不恰当而改变结构或构件的受力状态，并尽可能地使节点计算简图接近于节点实际工作情况。

② 便于制作、运输和安装。节点构造设计是否恰当，对制作和安装影响很大。节点设计便于施工，则施工效率高，成本降低；反之，则成本高，且工程质量不易保证。所以应尽量简化节点构造。

③ 经济合理。要对设计、制作和施工安装等方面综合考虑后，确定最合适的方案。在省工时与省材料之间选择最佳平衡。尽可能减少节点类型，连接节点做到定型化、标准化。

各类节点的具体构造不尽相同，也很难同时满足上述各项原则。总起来说，首先节点能够保证具有良好的承载能力，使结构或构件可以安全可靠地工作；其次则是施工方便和经济合理。

§8.2 次梁与主梁的连接节点

次梁与主梁的连接有铰接（hinged connection 或 simple framing connection）和刚接（fully restrained connection）两种。若次梁按简支梁或连续梁计算，但在连接节点处只传递次梁的竖向支座反力，其连接为铰接。若次梁按连续梁计算，连接节点除传递次梁的竖向支座反力外，还能同时传递次梁的端弯矩，其连接为刚接。

次梁与主梁的连接形式按其连接相对位置的不同，可分为叠接和平接两种。

8.2.1 次梁与主梁铰接

1. 叠接

叠接是把单跨次梁直接放在主梁上,如图 8.2.1 所示,并用焊缝或螺栓固定其相互间位置。当次梁支座反力较大时,应在主梁支承次梁的位置设置支承加劲肋,以避免主梁腹板承受过大的局部压力。主梁腹板横向加劲肋的间距要结合次梁的支承位置来确定。

另一种叠接做法是次梁在主梁上连续通过,如图 8.2.2 所示。由于次梁本身是连续的,次梁支座弯矩可以直接传递。当次梁需要拼接时,拼接位置应选择在弯矩较小处。当

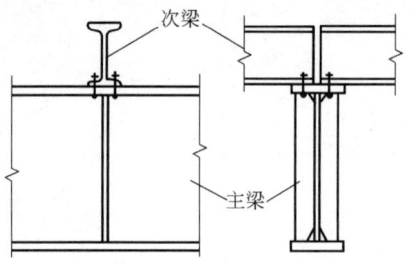

图 8.2.1 次梁与主梁的叠接

次梁荷载较大或主梁上翼缘较宽时,可在主梁支承次梁处设置焊于主梁中心的垫板,以保证次梁支座反力以集中力的形式传给主梁,避免主梁受扭作用(图 8.2.3)。这种连接的优点是构造简单,次梁安装方便。缺点是主次梁结构所占空间大,其使用常受到限制。

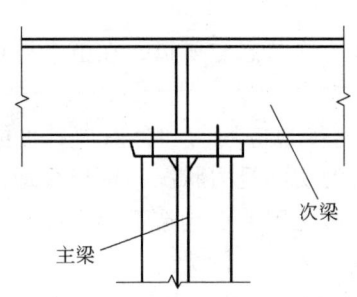

图 8.2.2 次梁与主梁的叠接

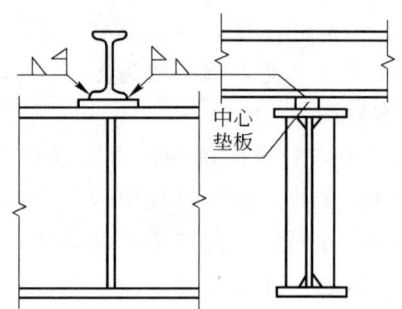

图 8.2.3 主梁的中心垫板

2. 平接

平接是将次梁连接在主梁的侧面(图 8.2.4),可以直接连在主梁的加劲肋(图 8.2.4a)、短角钢(图 8.2.4b)和承托(图 8.2.4c)上。次梁顶面根据需要可以与主梁顶面相平,或比主梁顶面稍低。平接可以降低结构高度,故在实际工程中应用较为广泛。

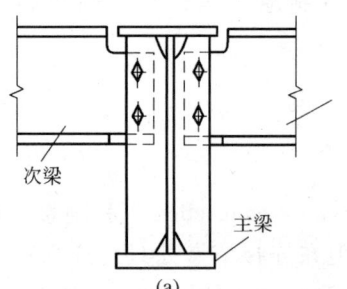

(a)

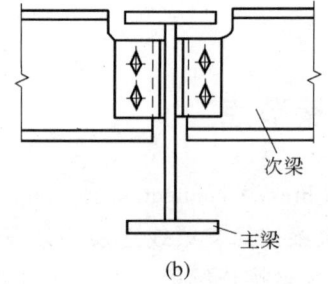

(b)

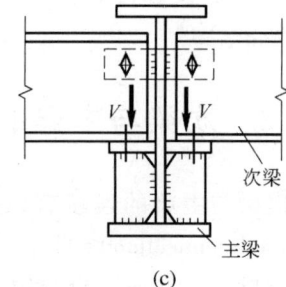

(c)

图 8.2.4 次梁与主梁的平接

图 8.2.4a、b 中的连接构造，需将次梁的翼缘局部切除。考虑到连接处有一定的约束作用，并非理想铰接，通常将次梁支座反力值加大 20% ~ 30% 进行连接计算。当次梁的支座反力较大，用螺栓连接不能满足要求时，可采用工地焊缝连接承受支座反力，此时螺栓仅起安装和临时固定位置的作用。

图 8.2.4c 适用于次梁支座反力较大的情况。支座反力全部由承托传递，支座反力引起的压力在承托上面按三角形分布，反力合力作用点位于承托顶板外边缘 $a/3$ 处（图 8.2.5c）。次梁端部的腹板应采取适当的固定措施防止支座处截面的扭转。

8.2.2 次梁与主梁刚接

次梁与主梁刚接时，由于连接节点除传递次梁的竖向支反力外，还要传递次梁的梁端弯矩，当主梁两侧的次梁梁端弯矩相差较大时，会使主梁受扭，对主梁不利。因此，只有当主梁两侧次梁的梁端弯矩差较小时，才采用这种连接方式。

次梁与主梁的刚接常采用平接形式。此时，次梁连接在主梁的侧面，并与主梁刚接，两相邻次梁成为支承于主梁侧面的连续梁（图 8.2.5）。为此，两跨次梁之间必须保证能够传递其支座弯矩。图 8.2.5a 为采用高强度螺栓连接。图 8.2.5b 为次梁支承在主梁的承托上，采用焊接连接。由于次梁弯矩主要由其翼缘承受，所以在次梁翼缘上应设置连接盖板。次梁支座负弯矩 M 可以分解为上翼缘拉力和下翼缘压力的力偶 $N = \dfrac{M}{h}$（h 为次梁高度）。计算时，次梁上、下翼缘与连接板的螺栓连接或焊接连接要满足承受 N 力的要求。次梁的竖向支座反力 R 则通过螺栓传给主梁腹板加劲肋（图 8.2.5a），或直接通过次梁梁端承压传给主梁的承托（图 8.2.5b）。次梁的竖向支座反力 R 在承托顶板上的作用位置可视为距承托外边缘 $\dfrac{a}{3}$ 处，承托顶板上的压力为三角形分布（图 8.2.5c）。

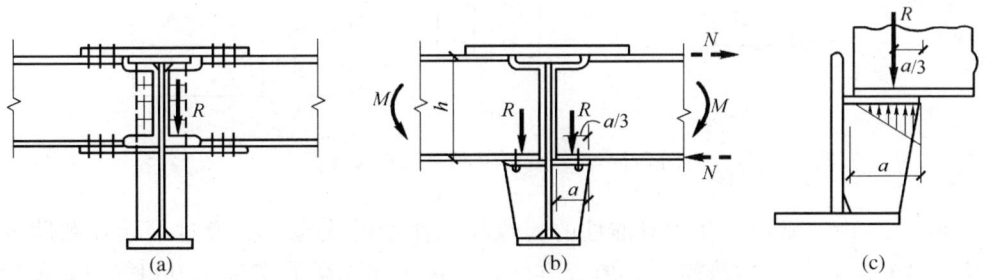

图 8.2.5　次梁与主梁的平接

§8.3　梁与柱的连接节点

梁与柱的连接一般可分为三类：其一，铰接连接，这种连接柱身只承受梁端的竖向剪力，梁与柱轴线间的夹角可以自由改变，节点的转动不受约束；其二，刚性连接，这种连接柱身在承受梁端竖向剪力的同时，还将承受梁端传递的弯矩，梁与柱轴线间的夹角在节点转动时保持不变；其三，半刚性连接（partially restrained connection），介于铰接连接和刚性连接之间，这种连接除承受梁端传来的竖向剪力外，还可以承受一定数量的弯矩，梁与柱轴线间的夹角在节点转动时将有所改变，但又受到一定程度的约束。在实际工程中，上述理想的刚性连接是很少存在的。通常，按梁端弯矩与梁柱曲线相对转角之间的关系，确定梁与柱连接节点的类型。当梁与柱的连接节点只能传递理想刚性连接弯矩的20%以下时，即可认为是铰接连接。当梁与柱的连接节点能够承受理想刚性连接弯矩的90%以上时，即可认为是刚性连接。半刚性连接的弯矩-转角关系较为复杂，它随连接形式、构造细节的不同而异。进行结构设计时，必须通过试验或其他方法提供较为准确的节点弯矩-转角关系。设计部门很难办到，因此目前较少采用半刚性连接节点。

8.3.1 梁与柱的铰接连接

1. 梁支承于柱顶的铰接连接

图 8.3.1 为梁支承在柱顶的铰接构造。梁的支座反力通过柱顶板传给柱身，顶板与柱身采用焊缝连接。每个梁端与柱采用螺栓连接，使其位置固定在柱顶板上。顶板厚度一般取 16~20 mm。

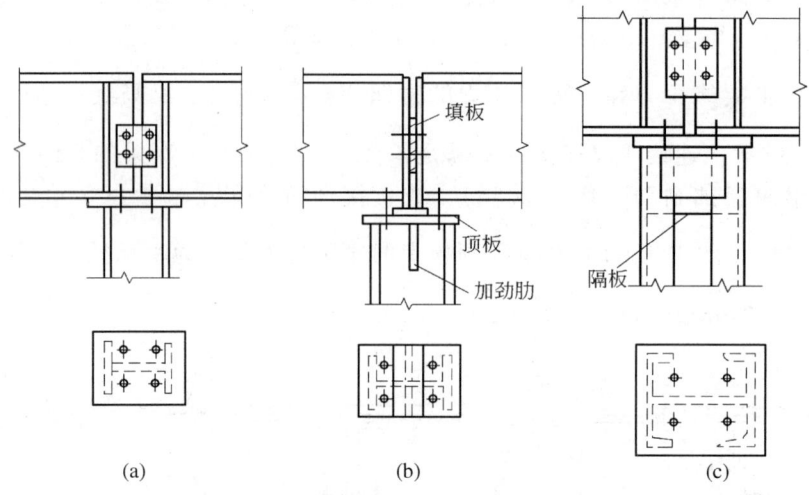

图 8.3.1 梁支承在柱顶的铰接连接

在图 8.3.1a 中，梁端加劲肋对准柱的翼缘板，使梁的支座反力通过梁端加劲肋直接传给柱的翼缘。这种连接形式构造简单，施工方便，适用于相邻梁的支座反力相等或差值较小的情况。当两相邻梁支座反力不等且相差较大时（例如左跨梁有活荷载，右跨梁无活荷载），柱将产生较大的偏心弯矩。设计时柱身除按轴心受压构件计算外，还应按压弯构件进行验算。两相邻梁在调整、安装就位后，用连接板和螺栓在靠近梁下翼缘处连接起来。

在图 8.3.1b 中，梁端采用突缘支座，突缘板底部刨平（或铣平），与柱顶板直接顶紧，梁的支座反力通过突缘板作用在柱身的轴线附近。这种连接即使两相邻梁支座反力不相等时，对柱所产生的偏心弯矩也很小，柱仍接近轴心受压状态。梁的支座反力主要由柱的腹板来承受，所以柱腹板的厚度不能太薄。在柱顶板之下的柱腹板上应设置一对加劲肋以加强腹板。加劲肋与柱腹板的竖向焊缝连接要按同时传递剪力和弯矩计算，因此加劲肋要有足够的长度，以满足焊缝强度和应力均匀扩散的要求。加劲肋与顶板的水平焊缝连接应按传力需要计算。为了加强柱顶板的抗弯刚度,在柱顶板中心部位加焊一块垫板。为了便于制造和安装,两相邻梁之间预留 10~20 mm 间隙。在靠近梁下翼缘处的梁支座突缘板间填以合适的填板,并用螺栓相连。

在图 8.3.1c 为梁支承在格构式柱顶的铰接连接构造。为了保证格构式柱两单肢受力均匀,不论是缀条式还是缀板式柱,在柱顶处应设置端缀板,并在两个单肢的腹板内侧中央处设置竖向隔板,使格构式柱在柱头一段变为实腹式。这样,梁支承在格构式柱顶连接构造可与实腹式柱的同样处理。

2. 梁支承于柱侧面的铰接连接

梁连接在柱的侧面上,在柱侧面设置承托,以支承梁的支座反力,其铰接构造如图 8.3.2 所示。

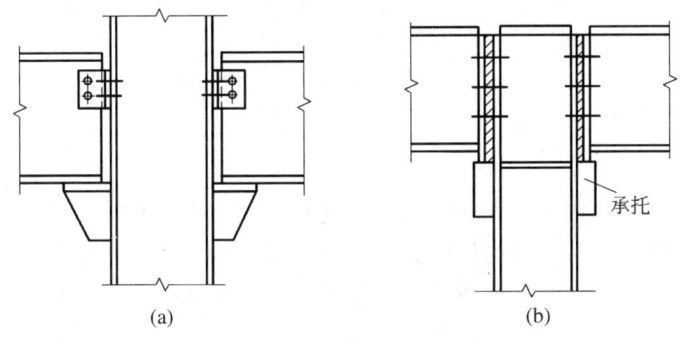

图 8.3.2 梁支承在柱侧面的铰接连接

当梁的支座反力不大时,可采用如图 8.3.2a 所示的连接构造。梁端可不设支承加劲肋,直接放在柱的承托上,用普通螺栓固定其位置。梁端与柱侧面预留一定间隙,在梁腹板靠近上翼缘处设一短角钢和柱身相连,以防止梁端向平面外方向产生偏移。这种连接形式比较简单,施工方便。

当梁的支座反力较大时,可采用如图 8.3.2b 所示的连接构造。梁的支座反力由突缘板传给承托,承托一般用厚钢板制作,有时为了安装方便,也可采用加劲后的角钢。承托的厚度应比梁端突缘板的厚度大 10~12 mm,承托的宽度应比梁端突缘板的宽度大 10 mm。承托与柱侧面用焊缝相连。承托的顶面应刨平,和梁端突缘板顶紧并以局部承压传力。考虑到梁端支座反力偏心的不利影响,承托与柱的连接焊缝按 1.25 倍梁端支座反力来计算。为了便于安装,梁端与柱侧面应预留 5~10 mm 的间隙,安装时加填板并设置构造螺栓,以固定梁的位置。当两相邻梁的支座反力相差较大时,应考虑偏心影响,对柱身应按压弯构件进行验算。

8.3.2 梁与柱的刚性连接

框架梁与柱的连接节点做成刚性连接,可以增强框架的抗侧移刚度,减小框架横梁的跨中弯矩。在多、高层框架中梁与柱的连接节点一般都是采用刚性连接。梁与柱节点的刚性连接就是要保证将梁端的弯矩和剪力可以有效地传给柱子。图 8.3.3 是梁与柱的刚性连接构造图。

图 8.3.3a 所示为多层框架工字形梁和工字形柱全焊接刚性连接。梁翼缘与柱翼缘采用坡口对接焊缝连接。为了便于梁翼缘处坡口焊缝的施焊和设置衬板,在梁腹板两端上、下角处各

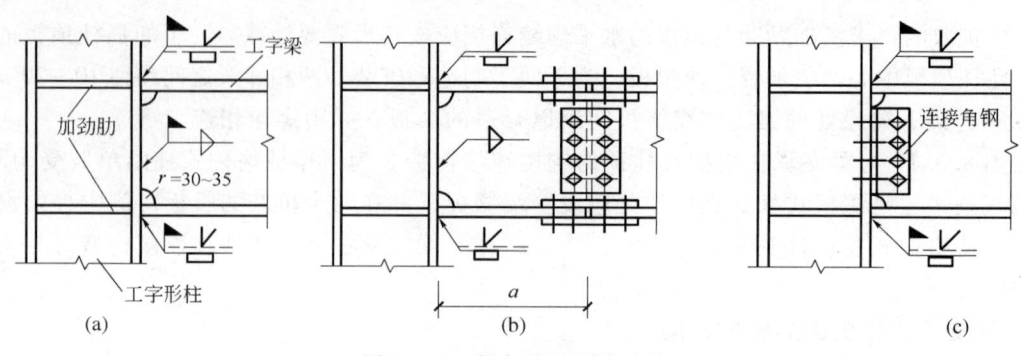

图 8.3.3 梁与柱的刚性连接

开 $r=30\sim35$ mm 的半圆孔。梁翼缘焊缝承受由梁端弯矩产生的拉力和压力；梁腹板与柱翼缘采用角焊缝连接以传递梁端剪力。这种全焊接节点的优点是省工省料，缺点是梁需要现场定位、工地高空施焊，不便于施工。为了消除上述缺点，可以将框架横梁做成两段，并把短梁段在工厂制造时先焊在柱子上，如图 8.3.3b 所示，在施工现场再采用高强度螺栓摩擦型连接将横梁的中间段拼接起来。框架横梁拼接处的内力比梁端处小，因而有利于高强度螺栓连接的设计。图 8.3.3c 为梁腹板与柱翼缘采用连接角钢和高强度螺栓连接，并利用高强度螺栓兼作安装螺栓。横梁安装就位后再将梁的上、下翼缘与柱的翼缘用坡口对接焊缝连接。这种节点连接包括高强度螺栓和焊缝两种连接件，要求它们联合或分别承受梁端的弯矩和剪力，常称为混合连接。

图 8.3.4a 为工字形梁与柱的刚性连接节点（柱腹板内不设横向加劲肋的刚性节点）的变形示意图。在梁的受压翼缘处（图 8.3.4b），由梁端弯矩引起的集中压力对柱腹板产生挤压力，应验算：柱腹板计算高度边缘处的局部承压强度以及柱腹板在横向压力作用下的局部稳定；在梁受拉翼缘的拉力作用下（图 8.3.4c），防止柱翼缘发生横向变形过大，保证梁翼缘应力均匀分布，应验算柱翼缘的厚度。

在梁的受压翼缘处，柱腹板的厚度 t_w 应同时满足：

局部承压条件

$$t_w \geqslant \frac{A_{fc} f_b}{b_e f_c} \tag{8.3.1}$$

局部稳定条件

$$t_w \geqslant \frac{h_c}{30} \sqrt{\frac{f_{yc}}{235}} \tag{8.3.2}$$

在梁的受拉翼缘处，柱翼缘板的厚度 t_c 按强度计算应满足

$$t_c \geqslant 0.4 \sqrt{\frac{A_{ft} f_b}{f_c}} \tag{8.3.3}$$

式中，A_{fc}、A_{ft} 为梁受压、受拉翼缘的截面面积；f_c、f_b 为柱、梁钢材抗拉（压）强度设计值；b_e 为在垂直于柱翼缘的集中压力作用下，柱腹板计算高度边缘处压应力的假定分布长度，参照梁中局部承压 L_z 的公式计算；h_c 为柱腹板的宽度；f_{yc} 为柱钢材屈服点。

如果上述关于梁的受压或受拉翼缘处的计算不能满足，就需要对柱的腹板设置横向（水平）加劲肋。梁与柱刚性连接中柱腹板横向加劲肋的尺寸要求应满足《规范》中 7.4.3 条的有关规定。

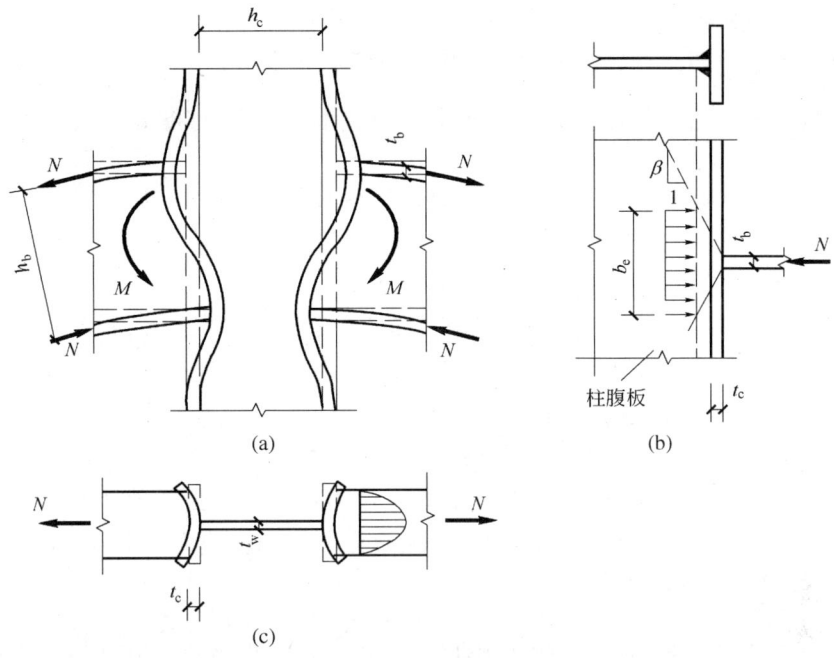

图 8.3.4 梁柱节点的变形和柱腹板的受力

梁与柱刚性连接节点的节点域如图 8.3.5a 所示,由柱的翼缘板和腹板的横向加劲肋所包围,即节点域的边长分别是梁和柱的腹板高度。节点域在周边剪力和弯矩作用下,柱腹板存在屈服和局部失稳的可能性,应验算其抗剪强度和稳定性。

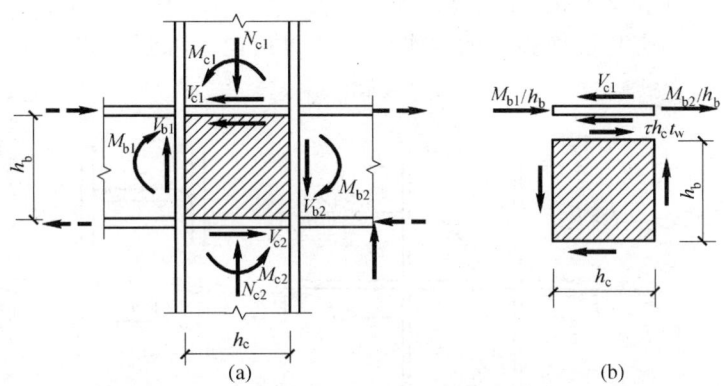

图 8.3.5 梁与柱刚性连接的节点域

节点域在梁端弯矩作用下将产生较大的剪力。设梁端弯矩仅由梁翼缘板承受,柱腹板上边加劲肋受力如图 8.3.5b 所示(其中 V_{c1} 为柱传来的剪力),则有:

$$\tau h_c t_w = \frac{M_{b1} + M_{b2}}{h_b} - V_{c1}$$

$$\tau = \frac{M_{b1} + M_{b2}}{h_b h_c t_w} - \frac{V_{c1}}{h_c t_w}$$

节点域中的应力比较复杂，剪应力 τ 在节点域的中心为最大，剪切屈服由中心开始逐步向四周扩展。由于节点域四周有较强的弹性约束，节点域屈服后，剪切承载力仍可提高。试验证明：节点域的剪应力 τ 达到 $\frac{4}{3}\tau_y$ 时，节点域仍能保持稳定，因此将节点域屈服剪应力提高到 $\frac{4}{3}\tau_y$。即节点域抗剪屈服条件为：$\tau \leqslant \frac{4}{3}\tau_y$。忽略柱剪力 V_{c1} 及柱轴力的影响，节点域抗剪强度按下式验算：

$$\tau = \frac{3}{4}\frac{M_{b1}+M_{b2}}{h_b h_c t_w} = \frac{3}{4}\frac{M_{b1}+M_{b2}}{V_p} \leqslant f_v$$

或

$$\frac{M_{b1}+M_{b2}}{V_p} \leqslant \frac{4}{3}f_v \tag{8.3.4}$$

式中，M_{b1}、M_{b2} 分别为节点两侧梁端弯矩设计值；f_v 为钢材抗剪强度设计值；h_b、h_c 分别为梁和柱的腹板高度；t_w 为柱腹板厚度；V_p 为节点域腹板的体积，柱为工字形截面时，$V_p = h_b h_c t_w$；柱为箱形截面时，$V_p = 1.8 h_b h_c t_w$。

当柱承受较大的压力 N_c 时，应将 f_v 乘以 $\sqrt{1-\left(\frac{N_c}{N_{cy}}\right)^2}$，以考虑柱压力 N_c 对节点域抗剪承载力的影响，式中 N_{cy} 为柱的屈服轴压承载力。

为了防止节点域的柱腹板受剪时发生局部失稳，节点域内柱腹板的厚度 t_w 应满足下式要求：

$$t_w \geqslant \frac{h_c + h_b}{90} \tag{8.3.5}$$

式中，h_c、h_b 分别为柱和梁的腹板高度。

当柱腹板节点域不满足抗剪强度的要求时，柱腹板应予补强。如图 8.3.6 所示，对焊接

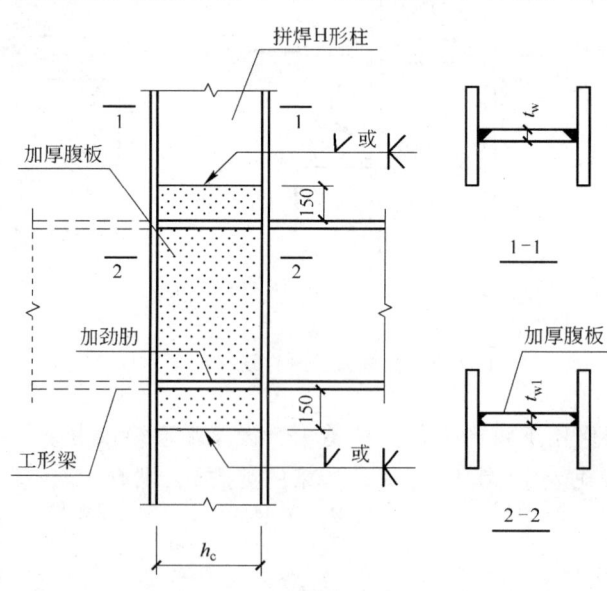

图 8.3.6 节点域柱腹板的加厚

H 形组合柱，宜将柱腹板在节点域范围内更换为较厚板件。加厚板件应伸出柱上、下横向加劲肋（即梁上、下翼缘高度处）之外各 150 mm，并采用对接焊缝将其与上、下柱腹板拼接。

8.3.3 梁与柱的半刚性连接

图 8.3.7 为多层框架梁与柱的半刚性连接节点。

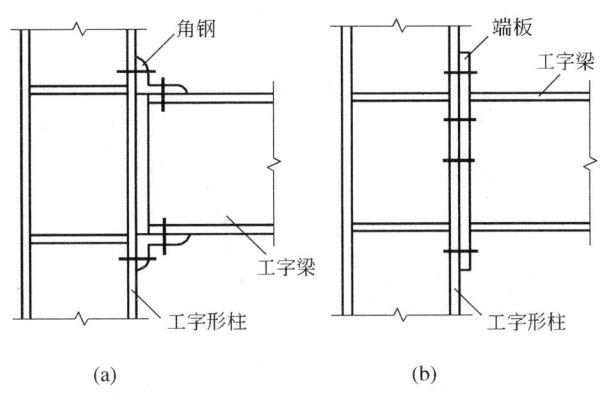

图 8.3.7 梁与柱的半刚性连接

在图 8.3.7a 中，梁端上、下翼缘处各用一个角钢作为连接件，并采用高强度螺栓摩擦型连接将角钢的两肢分别与梁和柱连接，这种连接属于半刚性连接。图 8.3.7b 为梁端焊一端板，端板用高强度螺栓与柱翼缘连接，常称为端板连接。试验结果表明：图 8.3.7b 比图 8.3.7a 的转动刚度大，当图 8.3.7b 中的连接端板足够厚且螺栓布置合理、数量足够时，端板连接对梁端的约束可以达到刚性连接的要求。

图 8.3.8 为轻型单层框架梁与柱连接的常见节点形式，属于半刚性连接节点。斜梁端板有三种形式：端板竖放（图 8.3.8a）、端板斜放（图 8.3.8b）和端板平放（图 8.3.8c）。与图 8.3.7b 端板连接类似，当斜梁端板的厚度足够厚且螺栓布置合理、数量足够时，图 8.3.8 所示的端板连接可以作为刚性连接。

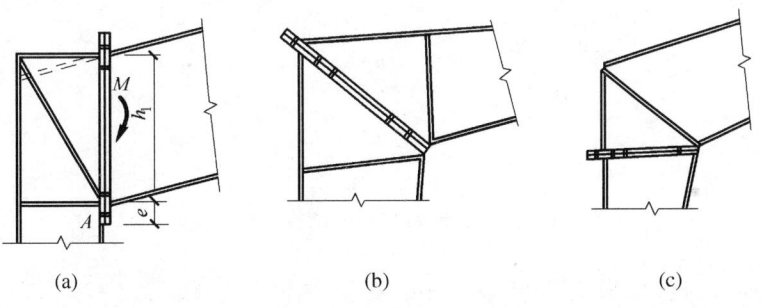

图 8.3.8 刚架梁与柱的连接

半刚性连接的框架计算比较复杂，需要通过试验确定节点连接的 $M\text{-}\theta$ 关系曲线。目前，关于半刚性连接已取得许多研究成果，但尚未达到实用化程度。

§8.4 桁架与柱的连接节点

桁架与柱的连接既可以做成铰接，也可以做成刚接。桁架支承在钢筋混凝土柱或砖砌体柱上时一般都是做成铰接，而支承在钢柱上时通常做成刚接。

8.4.1 桁架与柱的铰接连接

图 8.4.1 为梯形桁架和三角形桁架支承在钢筋混凝土柱或砖柱顶的支座节点构造图，支座只传递桁架的竖向支座反力，可以视为铰接。这种支座是由支座节点板、支座底板和加劲肋组成，通常称为平板式支座。加劲肋成对设置在支座节点板两侧，其中面位于支座底板对称轴线上。加劲肋的作用是增加支座节点板的平面外刚度，减小支座底板中的弯矩。支座反力 R（图 8.4.1a、b）通过节点板和加劲肋将集中荷载转化成为线荷载，从而改善了支座底板的受力状态。由于加强了底板的刚度，使支座反力 R 以方形或矩形底板下呈均匀分布压力的形式传给钢筋混凝土柱等下部结构。

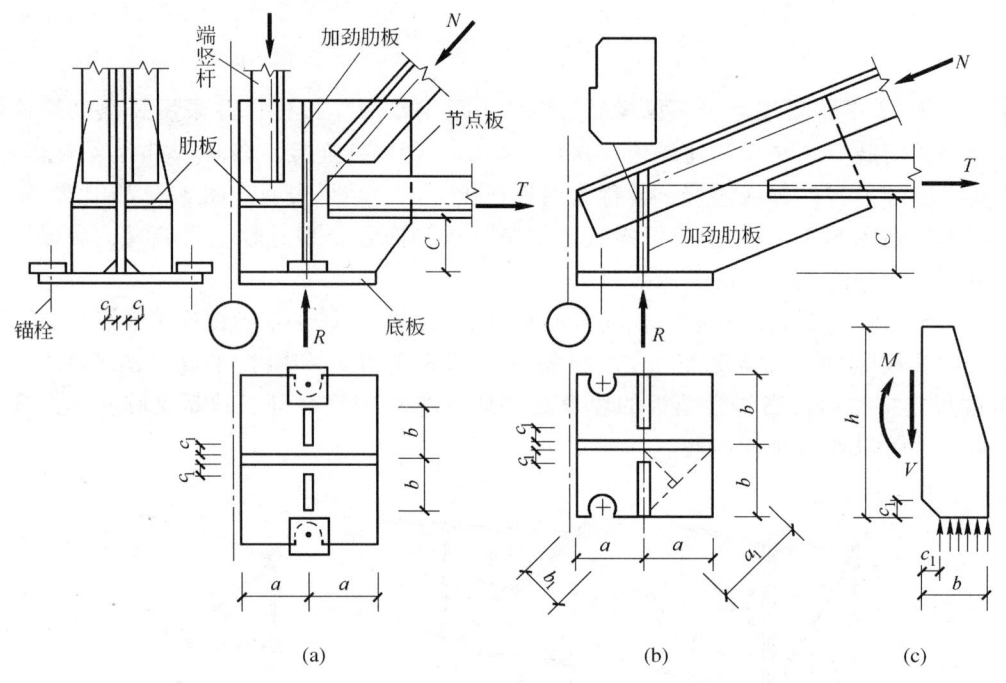

图 8.4.1 桁架与柱的铰接支座节点

图 8.4.1a 所示的梯形桁架支座节点中，桁架端竖杆轴线与支座加劲肋位置发生冲突。解决这个问题的常见做法是将端竖杆偏离轴线放置在支座加劲肋的左侧，在保证正常施焊的前提下，端竖杆角钢的肢背应尽量靠近加劲肋（留有焊接余地），以减小端竖杆偏心的不利影响。为了便于桁架下弦角钢肢背施焊，下弦角钢水平肢与支座底板之间的净距 C（图 8.4.1a、b 所示），不应小于下弦角钢伸出肢的宽度，且不得小于 130 mm。锚栓预埋在钢筋

混凝土柱顶，用于固定桁架的位置。锚栓的直径 d 一般为 20~24 mm，埋入柱顶的锚固长度一般为 $25d$，并应加 $4d$ 的弯钩。为便于安装桁架时可以调整位置，底板上的锚栓孔直径应为锚栓直径的 2~2.5 倍，待桁架安装就位完毕后，再在锚栓上套上垫板，并与底板焊牢以固定桁架，垫板上的孔径比锚栓直径大 1~2 mm。锚栓设置在底板的中线上，并与加劲肋对齐（如图 8.4.1a 所示），这将使底板的宽度加大。锚栓位置也可按图 8.4.1b 所示布置，底板的宽度就可变小。

支座节点的传力路线是：桁架杆件的内力通过杆端连接焊缝传给节点板，经由节点板与加劲肋之间的竖向焊缝，将一部分力传给加劲肋，然后再通过节点板、加劲肋与底板的水平焊缝把全部支座反力传给底板，最后传给钢筋混凝土柱等下部构件。

支座底板的净面积按下式计算：

$$A_n = \frac{R}{f_c} \tag{8.4.1}$$

式中，R 为桁架的支座反力；f_c 为混凝土的抗压强度设计值。

底板所需的面积为：$A = A_n +$ 锚栓孔缺口面积，底板如采用矩形应使 $2a \times 2b \geq A$。在图 8.4.1a 中加劲肋的端部不可能伸到底板的边缘，此时底板的面积可只算到加劲肋的外缘，即图中的 $2a \times 2b$，此时不必扣除预留锚栓孔缺口面积。通常桁架支座反力不大，底板平面尺寸由其刚度和锚栓位置等构造要求确定，常用尺寸：$2a \times 2b = 240 \text{ mm} \times 240 \text{ mm} \sim 400 \text{ mm} \times 400 \text{ mm}$。底板的宽度和长度均不能超出钢筋混凝土柱顶支承面的范围。

底板厚度按柱顶反力均匀作用下在底板中产生的弯矩确定。在图 8.4.1b 中底板被节点板和加劲肋分隔成为四个两相邻边支承的板（$a \times b$），其单位宽度的弯矩按下式计算：

$$M = \beta q a_1^2 \tag{8.4.2}$$

式中，q 为底板下的均布反力，$q = \frac{R}{A_n}$；a_1 为两相邻支承边的对角线长度，见图 8.4.1b；β 为系数，由 $\frac{b_1}{a_1}$ 查表 8.4.1 得，b_1 是内角顶点至对角线的垂直距离。

表 8.4.1 两相邻支承边的矩形板的系数 β

	b_1/a_1	0.3	0.4	0.5	0.6	0.7
	β	0.026	0.042	0.058	0.072	0.085

支座底板的厚度为：

$$t \geq \sqrt{\frac{6M}{f}} \tag{8.4.3}$$

为使柱顶压力比较均匀地分布，底板不宜太薄。支座底板的厚度宜满足下列构造要求：

当桁架跨度 ≤18 m 时，$t \geq 16$ mm；
当桁架跨度 >18 m 时，$t \geq 20$ mm。

加劲肋的高度与节点板的高度相同（图 8.4.1a），三角形桁架支座节点的加劲肋应紧靠上弦水平肢并焊接（图 8.4.1b）。加劲肋的厚度取与节点板厚度相同或略小。为避免三条互相垂直的焊缝交于一点，加劲肋底端应切角 c_1（图 8.4.1c）。加劲肋可视为支承于节点板上的悬臂梁，一个加劲肋所受的剪力 V 通常假定为支座反力 R 的 1/4，或按加劲肋的底部水平焊缝所传的合力计算，故应按悬臂梁验算其强度。加劲肋与节点板的竖向连接焊缝同时承受剪力 V 和弯矩 $M = V \cdot \dfrac{b}{2}$。

每个加劲肋与节点板之间竖向连接焊缝按下式验算：

$$\sqrt{\tau_f^2 + \left(\frac{\sigma_f}{\beta_f}\right)^2} = \sqrt{\left(\frac{V}{2 \times 0.7 \times h_f \times L_w}\right)^2 + \left(\frac{6M}{2 \times 0.7 h_f \times L_w^2 \times \beta_f}\right)^2} \leq f_f^w \tag{8.4.4}$$

式中，$L_w = h - 2h_f - c_1$，h 为加劲肋高度；c_1 为加劲肋切角高度，一般取 15 mm。

底板与节点板、加劲肋的水平连接焊缝承受全部支座反力 R，按下式计算：

$$\sigma_f = \frac{R}{0.7 h_f \sum L_w} \leq \beta_f \cdot f_f^w \tag{8.4.5}$$

式中，焊缝计算长度之和 $\sum L_w = 2(2a - 2h_f) + 4(b - c_1 - 2h_f)$。

8.4.2 桁架与柱的刚性连接

图 8.4.2 所示是桁架与柱刚性连接的构造图。桁架与柱刚性连接时，桁架支座处除承受竖向支座反力外，还有由桁架端弯矩产生的上、下弦的水平力。

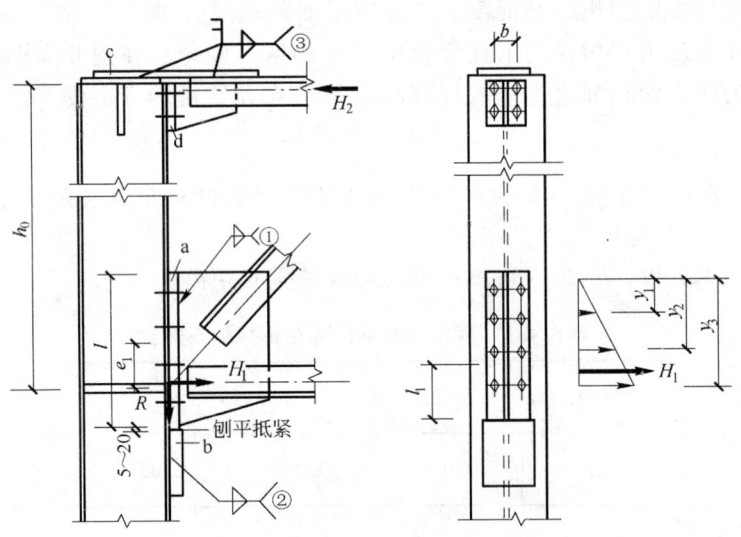

图 8.4.2 桁架与柱的刚性连接

在上弦节点中，上弦与柱采用盖板 c 连接，节点处的水平力为 $H_2 = \dfrac{M}{h_0}$（M 为桁架端弯矩）。上弦节点处的水平力 H_2 通过盖板及其连接焊缝传给柱子。上弦的端板与柱翼缘的连接螺栓只起安装定位作用，只需满足构造要求。

在下弦节点中，下弦节点的螺栓连接承受水平偏心拉力，承托板承受竖向剪力 R。为了减小节点板的尺寸，将下弦和端斜杆轴线汇交于柱的内侧边缘，因此螺栓不能对桁架下弦轴线对称布置。下弦节点处的水平拉力为 $H_1 = N + \dfrac{M}{h_0}$（N、M 分别为刚架计算时的横梁轴力和支座弯矩），水平拉力 H_1 对螺栓群有偏心作用。螺栓最大拉力的计算应考虑两种情况，详见第 3 章公式（3.5.15）和（3.5.16）。螺栓连接中最大受拉螺栓的拉力 $N_{\max}$，应满足不大于螺栓受拉的承载力设计值 N_t^b。

桁架下弦节点板与端板 a 的连接焊缝共同承受支座反力 R、最大水平力 H_1（拉力或压力）以及偏心弯矩 $H_1 e_1$ 作用，其连接焊缝的强度按下式计算：

$$\sqrt{\left(\frac{R}{2 \times 0.7 h_f \times l_w}\right)^2 + \frac{1}{1.22^2}\left(\frac{H_1}{2 \times 0.7 h_f \times l_w} + \frac{6 H_1 e_1}{2 \times 0.7 h_f \times l_w^2}\right)^2} \leq f_f^w$$

式中，e_1 为最大水平力 H_1 至焊缝中心的距离；$l_w = l - 2 h_f$。

上弦和下弦节点中端板 d 和 a 应具有一定的刚度，端板厚度 t 应满足构造要求，上弦节点：$t \geq 12 \sim 20$ mm；下弦节点：$t \geq 20$ mm，并应计算下弦节点中端板的抗弯强度。下弦节点的端板 a 在水平拉力 H_1 作用下受弯，计算时通常取最大受拉螺栓处的一段端板，其高度为 l_1。考虑端板两侧边缘部分有较大的嵌固作用，端板可以近似按嵌固于两列螺栓间的单跨固接板计算弯矩，则端板厚度 t 应满足公式（8.4.3）的要求：

$$t \geq \sqrt{\frac{6 M_{\max}}{l_1 f}} = \sqrt{\frac{6 \times \frac{1}{8} \times 2 N_{\max} b}{l_1 f}} = \sqrt{\frac{3 N_{\max} b}{2 l_1 f}}$$

式中，$N_{\max}$ 为一个螺栓所受的最大拉力，按第 3 章公式（3.5.15）或（3.5.16）计算；b 为两竖列螺栓的距离；l_1 为受力最大螺栓的端距加上螺栓竖向间距的一半。

桁架支座竖向反力 R 由端板传给承托 b。承托常用 $25 \sim 40$ mm 的厚钢板，有时采用 $14 \sim 16$ mm 厚的大号角钢截成。承托与柱的连接焊缝通常按 $(1.2 \sim 1.3) R$ 力计算。

§8.5 变截面柱的节点构造

在设置吊车的单层工业厂房中，经常要使用阶形柱（separate columns）。阶形柱变截面处是上、下段柱连接和支承吊车梁的重要部位，必须具有足够的强度和刚度。阶形柱的吊车梁支承平台，也称为肩梁，是由上盖板、下盖板、腹板以及垫板组成的。在阶形柱变截面处构造肩梁的主要目的有二：其一，是将上、下段柱连成整体，实现上、下段柱的内力传递，保证不产生相对转角和位移；其二，是解决吊车梁、制动梁和柱的连接。上、下段柱的截面形式、截面宽度都不相同，下段柱的截面高度比较大，常做成格构式，需要在下段柱的上端做一个具有足够刚度的肩梁来承受上段柱的内力，同时又作为吊车梁的承托。因此，肩梁应有足够大的强度和刚度。肩梁有单壁式和双壁式两种。

1. 单壁式肩梁

图 8.5.1 为边柱上、下段柱的连接构造及上段柱的安装接头。肩梁只有一块腹板，为单壁式肩梁，主要用于上、下段柱都是实腹柱的情况，也可用于下段柱为截面较小的格构式柱中。板 b 加板 c 可视为肩梁的上翼缘，板 d 可视为肩梁的下翼缘。上段柱腹板与肩梁翼缘一般采用角焊缝连接。上段柱内、外翼缘直接用斜对接焊缝分别与翼缘板 e 和下段柱屋盖肢的腹板拼

接，翼缘板 e 实际上是上柱内翼缘板的延伸，可适应上、下段柱宽度改变的需要，便于安装，又保证了上、下段柱连接的刚度。上段柱内翼缘板 e 开槽口插入肩梁腹板 a，用角焊缝连接，其计算内力可近似按下式计算：

$$P_1 = \frac{N}{2} \pm \frac{M}{h_1} \qquad (8.5.1)$$

式中，P_1 为上段柱翼缘板的内力；N、M 为上段柱下端使 P_1 绝对值最大的最不利内力组合中的轴力和弯矩；h_1 为近似取上段柱的截面高度。

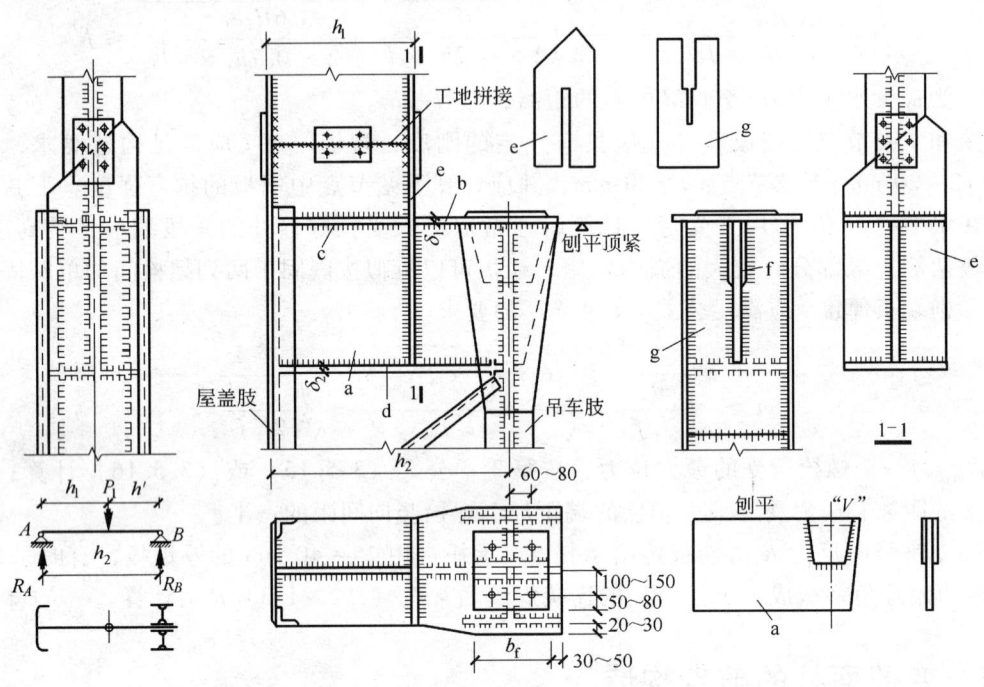

图 8.5.1　单壁式肩梁构造（边柱）
a—肩梁的腹板；b—支承吊车梁的平台板；c—加劲肋；d—下横隔板

肩梁腹板 a 可近似按跨度为 h_2（h_2 为下段柱的截面高度），受集中荷载 P_1 作用的两端简支梁计算（图 8.5.1）。为了保证阶形柱变截面处的刚度，肩梁高度不宜太小，通常肩梁的腹板高度可取 $(0.45 \sim 0.6)h_2$。肩梁只需计算其强度而不必计算刚度和稳定性。肩梁腹板厚度通常由剪切强度确定，不应小于 12 mm。肩梁腹板 a 与下段柱屋盖肢腹板的连接焊缝按肩梁支座反力 R_A 计算。肩梁腹板 a 与下段柱吊车肢腹板不但承受肩梁支座反力 R_B，同时还承受吊车梁竖向支座反力 D_{max}，故应按 $R_B + D_{max}$ 计算。这些连接焊缝的计算长度应小于或等于 $60h_f$，$h_f \geq 8$ mm。

上、下段柱连接如在工地进行安装拼接，则必须在上段柱下端连接处设置连接板（如图 8.5.1 所示），以保证拼接正确。

在阶形柱中，吊车肢上的平台板 b 要传递较大的吊车荷载，厚度不宜小于 20 mm，根据荷载的大小，厚度通常为 16 ~ 36 mm。平台板 b 的平面尺寸应比下段柱截面尺寸略大，以便于焊缝连接。加劲肋 c 的厚度一般取 16 ~ 20 mm，横隔板 d 的厚度一般取 12 ~ 20 mm。

图 8.5.1 所示肩梁构造适用于吊车梁支座为突缘支座的情况。当吊车梁竖向支座反力 D_{max} 较大时，为了加强肩梁的腹板，可在吊车梁突缘宽度范围内，在肩梁腹板两侧局部各贴焊一块板 f，板 f 与板 a 以角焊缝相焊，可按单侧吊车梁最大支座反力的 75% 计算所需焊缝长度。板 f 的高度不宜小于 300 mm，板厚由承压面积计算确定。板 f 顶面采用 V 形剖口焊缝，并与板 a 一起刨平顶紧于上盖板。为了伸出板 a 和板 f，并传递吊车梁竖向支反力，吊车肢上部的腹板常改用带有槽口的厚板，如图中 g 板所示。上盖板设置垫板用以调整吊车梁的标高，同时也起到分布 D_{max} 增大承压面积的作用，垫板厚度不宜小于 20 mm。

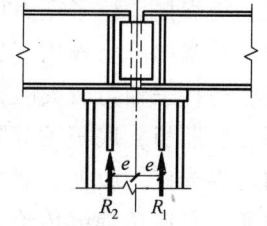

图 8.5.2 吊车梁在柱上的支承

当吊车梁为平板式支座时，如图 8.5.2 所示，宜在吊车肢腹板上与吊车梁梁端支座加劲肋的相应位置处设置短加劲肋，并按吊车梁最大支座反力计算端面承压和焊缝强度。这时肩梁腹板不必穿出吊车肢腹板。

2. 双壁式肩梁

图 8.5.3 为中柱变截面处采用双壁式肩梁的连接构造，主要用于下段柱为格构柱，以及拼接刚度要求较高的重型柱中。双壁式肩梁由支承吊车梁的平台板、两侧的肩梁腹板和肩梁的下横隔板构成一个箱形结构，其刚度和整体性较好，但制造、施焊复杂。为便于安装螺栓，应在上盖板上开直径 $\phi150$ mm 的孔（个数按需要确定）；下盖板也应在每个箱格适当开直径 $\phi100$ mm 的孔，以排除肩梁箱体内可能有的积水。

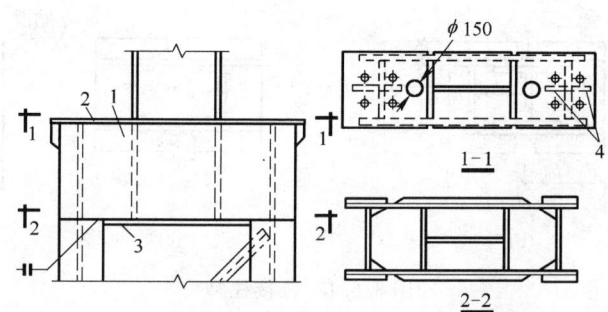

图 8.5.3 双壁式肩梁构造（中柱）
1—肩梁的腹板；2—支承吊车梁的平台板；3—下横隔板；4—加劲肋

双壁式肩梁的计算方法与单壁式基本相同，只是在计算腹板时，应考虑两块腹板共同受力，连接焊缝应根据构造作法具体布置确定。

§8.6 柱脚节点

8.6.1 柱脚的形式与构造

柱脚（column bases）的作用是将柱的下端固定于基础，并将柱身所受的内力传给基础。基础一般由钢筋混凝土做成，其强度远比钢材低。为此，需要将柱身的底端放大，以增加其与基础顶部的接触面积，使接触面上的压应力小于或等于基础混凝土的抗压强度设计值。柱脚按其与基础的连接方式不同，可分为铰接和刚接两种形式。

图 8.6.1 是几种常用的铰接柱脚形式，主要用于轴心受压柱。图 8.6.1a 在柱子下端直接与底板焊接。柱子压力由焊缝传给底板，由底板扩散并传给基础。由于底板在各方向均为悬臂，在基础反力作用下，底板抗弯刚度较弱。所以这种柱脚形式只适用于柱子轴力较小的情况。当柱子轴力较大时，通常采用图 8.6.1b、c、d 所示的柱脚形式。在柱子底板上设置靴梁、隔板和肋板，底板被分隔成若干小的区格。底板上的靴梁、隔板和肋板相当于这些小区格板块的边界支座，改变了底板的支承条件。在基础反力作用下，底板的最大弯矩值变小了。柱子轴力通过竖向角焊缝传给靴梁，靴梁再通过水平角焊缝传给底板。图 8.6.1b 中，靴梁焊在柱翼缘的两侧，在靴梁之间设置隔板，以增加靴梁的侧向刚度；同时，底板被进一步分成更小的区格，底板中的弯矩也因此而减小。图 8.6.1c 是格构柱仅采用靴梁的柱脚形式。图 8.6.1d 在靴梁外侧设置肋板，使柱子轴力向两个方向扩散，通常在柱的一个方向采用靴梁，另一方向设置肋板，底板宜做成正方形或接近正方形。此外，在设计柱脚中的连接焊缝时，要考虑施焊的方便与可能性。

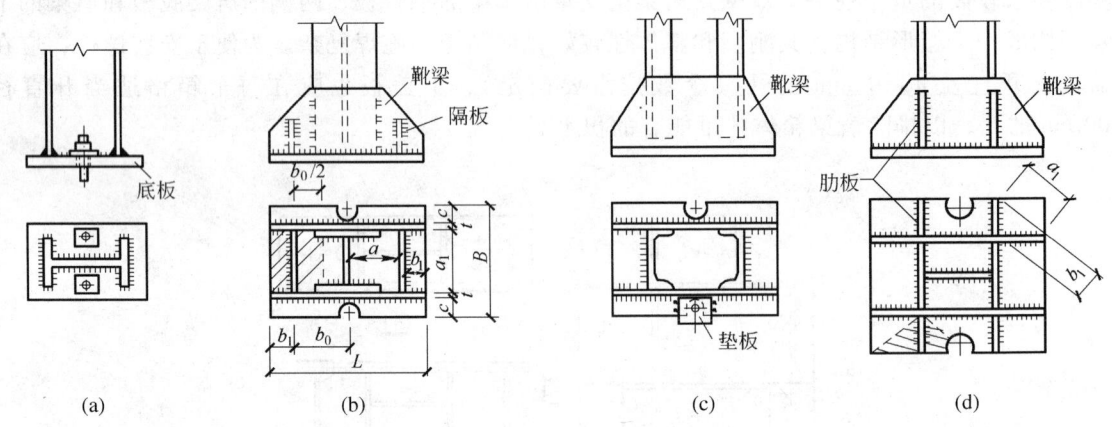

图 8.6.1 铰接柱脚

图 8.6.2 是常用的刚接柱脚形式，主要用于框架柱（压弯构件）。图 8.6.2a 是整体式刚接柱脚，用于实腹柱和肢间距离小于 1.5 m 的格构柱。当格构柱肢间距离较大时，采用整体式柱脚是不经济的，这时多采用分离式柱脚，如图 8.6.2b 所示，每个分肢下的柱脚相当于一个轴心受力铰接柱脚，两柱脚之间用隔材联系起来。

柱脚通过预埋在基础上的锚栓来固定。锚栓按柱脚是铰接还是刚接进行布置和固定。铰接柱脚只沿着一条轴线设置两个连接于底板上的锚栓（图 8.6.1），锚栓固定在底板上，对柱端转动约束很小，承受的弯矩也很小，接近于铰接。底板上的锚栓孔的直径应比锚栓直径大 0.5~1.0 倍，并做成 U 形缺口，待柱子就位并调整到设计位置后，再用垫板套住锚栓并与底板焊牢。在铰接柱脚中，锚栓不需计算。

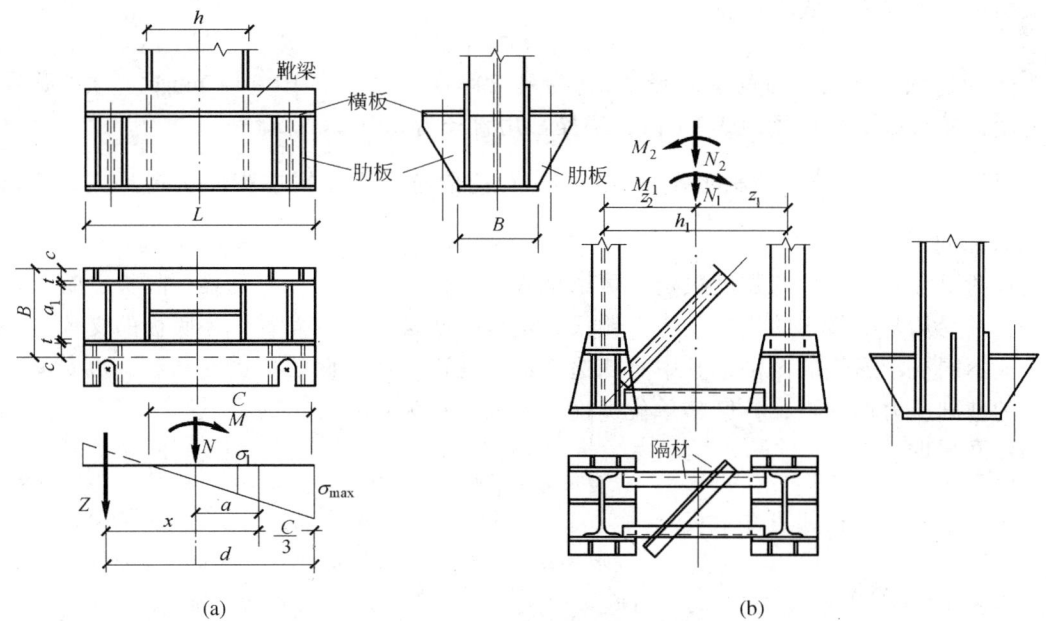

图 8.6.2 刚接柱脚

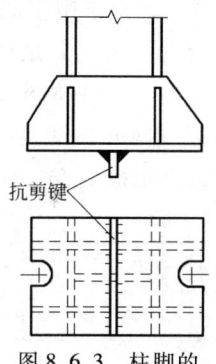

图 8.6.3 柱脚的抗剪键

刚接柱脚中，靴梁沿柱脚底板长边方向布置，锚栓布置在靴梁的两侧，并尽量远离弯矩所绕轴线。锚栓要固定在柱脚具有足够刚度的部位，通常是固定在由靴梁挑出的承托上。在弯矩作用下，刚接柱脚底板中拉力由锚栓来承受，所以锚栓的数量和直径需要通过计算决定。靴梁在柱脚弯矩作用下变形很小，能够传递弯矩，符合刚接柱脚的要求。为了便于柱子的安装，锚栓不宜穿过柱脚底板。

柱脚的剪力主要依靠底板与基础之间的摩擦力来传递。当仅靠摩擦力不足以承受水平剪力时，应在柱脚底板下面设置抗剪键，如图 8.6.3 所示，抗剪键可用方钢、短 T 形钢做成。也可将柱脚底板与基础上的预埋件用焊接连接。

近年来一种将钢柱直接插入混凝土基础杯口内，用二次浇注混凝土将其固定的插入式柱脚形式，已在多项单层工业厂房工程中应用，效果较好。这种柱脚构造简单、节约钢材、安装调整快捷、安全可靠，已列入《规范》的第 8 章 8.4 节。

8.6.2 轴心受压柱的柱脚计算

1. 底板的计算

底板的平面尺寸取决于基础所用材料的抗压能力，假设基础对底板的压应力是均匀分布的，则底板的面积（见图 8.6.1b）按下式计算：

$$A = L \times B \geq \frac{N}{f_c} + A_0 \tag{8.6.1}$$

式中，L、B 为底板的长度和宽度；N 为柱的轴心压力；f_c 为基础所用混凝土的抗压强度设计值；A_0 为锚栓孔的面积。

根据构造要求定出底板的宽度：
$$B = a_1 + 2t + 2c \tag{8.6.2}$$
式中，a_1 为柱截面已选定的宽度或高度；t 为靴梁厚度，通常取 $10 \sim 14$ mm；c 为底板悬臂部分的宽度，通常取锚栓直径的 $3 \sim 4$ 倍；锚栓常用直径为 $20 \sim 24$ mm。

底板的长度为 $L = \dfrac{A}{B}$。底板的平面尺寸 L、B 应取整数。根据柱脚的构造形式，可以取 L 与 B 大致相同。

底板的厚度由板的抗弯强度决定。可以把底板看作是一块支承在靴梁、隔板、肋板和柱端的平板，承受从基础传来的均匀反力。靴梁、隔板、肋板和柱端面看作是底板的支承边，并将底板分成不同支承形式的区格，其中有四边支承、三边支承、两相邻边支承和一边支承。在均匀分布的基础反力作用下，各区格单位宽度上最大弯矩为：

四边支承板：
$$M = \alpha \cdot q \cdot a^2 \tag{8.6.3}$$

三边支承板及两相邻边支承板：
$$M = \beta \cdot q \cdot a_1^2 \tag{8.4.2}$$

一边支承(悬臂)板：
$$M = \frac{1}{2} q \cdot c^2 \tag{8.6.4}$$

式中，q 为作用于底板单位面积上的压力；a 为四边支承板中短边的长度；α 为系数，由板的长边 b 与短边 a 之比，查表 8.6.1；a_1 为三边支承板中自由边的长度；两相邻支承板中对角线的长度（见图 8.6.1 中 b、d）；β 为系数，由 b_1/a_1，查表 8.6.2，b_1 为三边支承板中垂直于自由边方向的长度或两相邻支承板中的内角顶点至对角线的垂直距离（见图 8.6.1 中 b、d）。当三边支承板 b_1/a_1 小于 0.3 时，可按悬臂长为 b_1 的悬臂板计算；c 为悬臂长度。

表 8.6.1 四边支承板弯矩系数 α

b/a	1.0	1.1	1.2	1.3	1.4	1.5	1.6	1.7	1.8	1.9	2.0	3.0	≥4.0
α	0.048	0.055	0.063	0.069	0.075	0.081	0.086	0.091	0.095	0.099	0.102	0.119	0.125

表 8.6.2 三边支承板及两相邻边支承板弯矩系数 β

b_1/a_1	0.3	0.4	0.5	0.6	0.7	0.8	0.9	1.0	1.2	≥1.4
β	0.026	0.042	0.058	0.072	0.085	0.092	0.104	0.111	0.120	0.125

经过计算，取各区格板中的最大弯矩 M_{max}，按公式（8.4.3）来确定底板的厚度 t。合理的设计应使各区格板的弯矩值基本相近；如果区格板的弯矩值相差很大，则应调整底板尺寸或重新划分区格。

为了使底板具有足够的刚度，以满足基础反力均匀分布的假设，底板厚度一般为 $20 \sim 40$ mm，最小厚度不宜小于 14 mm。

2. 靴梁的计算

在柱脚制造时，柱身往往做得稍短一些（见图 8.6.1c），在柱身与底板之间仅采用构造焊缝相连。在焊缝计算时，假定柱端与底板之间的连接焊缝不受力，柱端对底板只起划分底板区

§8.6 柱脚节点

格支承边的作用。柱压力 N 是由柱身通过竖向焊缝传给靴梁，再传给底板。焊缝计算包括：柱身与靴梁之间竖向连接焊缝承受柱压力 N 作用的计算；靴梁与底板之间水平连接焊缝承受柱压力 N 作用的计算。同时要求：每条竖向焊缝的计算长度不应大于 $60h_f$。

靴梁的高度根据靴梁与柱身之间的竖向焊缝长度来确定，其厚度略小于柱翼缘板厚度。

在底板均布反力作用下，靴梁按支承于柱侧边的双悬臂简支梁计算。根据靴梁所承受的最大弯矩和最大剪力，验算其抗弯和抗剪强度。

3. 隔板、肋板的计算

隔板应具有一定的刚度，才能起支承底板和侧向支撑靴梁的作用。为此，隔板的厚度不得小于宽度的 1/50，且厚度不小于 10 mm。

隔板按支承在靴梁侧边的简支梁计算，承受由底板传来的基础反力作用，荷载按图 8.6.1b 所示阴影面积的底板反力计算。根据其承受的荷载，计算隔板与底板之间的连接焊缝（隔板内侧不易施焊，仅有外侧焊缝）、验算隔板强度、计算隔板与靴梁之间的焊缝。隔板的高度由其与靴梁连接的焊缝长度决定。

肋板按悬臂梁计算，荷载按图 8.6.1d 所示的阴影面积的底板反力计算。应计算肋板及其连接的强度。

8.6.3 框架柱的柱脚计算

框架柱多采用刚接柱脚。有时，单层框架也采用铰接柱脚，其构造和计算与轴心受压柱的铰接柱脚相似。所不同的是铰接柱脚还要承受剪力。如果水平剪力超过底板与基础间的摩擦力，铰接柱脚一般要采取抗剪构造措施，如图 8.6.3 所示。

1. 整体式柱脚

（1）底板的计算

图 8.6.2 a 为整体式柱脚构造图。柱脚的传力过程与轴心受压柱脚类似，即柱子内力由柱身传给靴梁，再传至底板。但是，由于框架柱脚同时有弯矩和轴心压力作用，底板下的压力不是均匀分布的，并且可能出现拉力。如果底板下出现拉力，则此拉力由锚栓来承受。

假定柱脚底板与基础接触面的压应力成直线分布，底板下基础的最大压应力按下式计算：

$$\sigma_{\max} = \frac{N}{B \cdot L} + \frac{6 \cdot M}{B \cdot L^2} \leqslant f_c \tag{8.6.5}$$

式中，N、M 为使基础一侧产生最大压应力的内力组合值；B、L 为底板的宽度、长度；f_c 为混凝土的抗压强度设计值。

根据底板下基础的最大压应力不超过混凝土抗压强度设计值的条件，即可确定底板面积。一般先按构造要求决定底板宽度 B，其中悬伸宽度 c 一般取 20~30 mm，然后求出底板的长度 L。

底板厚度的计算方法与轴心受压柱脚相同。虽然底板各区格所承受的压应力不是均匀分布的，但是在计算各区格底板的弯矩值时，可以偏于安全地按该区格的最大压应力计算。底板的厚度一般不小于 20 mm。

（2）锚栓的计算

底板另一侧的应力为：

$$\sigma_{\min} = \frac{N}{B \times L} - \frac{6 \cdot M}{B \times L^2} \tag{8.6.6}$$

当最小应力 σ_{min} 出现负值时,说明底板与基础之间产生拉应力。由于底板和基础之间不能承受拉应力,此时拉应力的合力由锚栓承担。根据对混凝土受压区压应力合力作用点的力矩平衡条件 $\sum M=0$,可得锚栓拉力 Z 为:

$$Z = \frac{M - N \cdot a}{x} \tag{8.6.7}$$

式中,M、N 为使锚栓产生最大拉力的内力组合值;a 为柱截面形心轴到基础受压区合力点间的距离;x 为锚栓位置到基础受压区合力点间的距离。其中

$$a = \frac{L}{2} - \frac{c}{3}, \quad x = d - \frac{c}{3}, \quad c = \frac{\sigma_{max}}{\sigma_{max} + |\sigma_{min}|} \cdot L_\circ$$

每个锚栓所需要的有效截面面积为:

$$A_e = \frac{Z}{n \cdot f_t^a} \tag{8.6.8}$$

式中,n 为柱脚受拉侧锚栓个数;f_t^a 为锚栓的抗拉强度设计值。

锚栓直径不小于 20 mm。锚栓下端在混凝土基础中用弯钩或锚板等锚固,保证锚栓在拉力 Z 作用下不被拔出。锚栓承托肋板按悬臂梁设计,高度一般不小于 350~400 mm。

(3) 靴梁、隔板、肋板及其连接焊缝的计算

柱身与靴梁连接焊缝承受的最大内力 N_1 按下式计算:

$$N_1 = \frac{N}{2} + \frac{M}{h} \tag{8.6.9}$$

靴梁的高度由靴梁与柱身之间的焊缝长度确定,其高度不宜小于 450 mm。靴梁按双悬臂简支梁验算截面强度,荷载按底板上不均匀反力的最大值计算。

靴梁与底板之间的连接焊缝按承受底板下不均匀基础反力的最大值设计。在柱身范围内,靴梁内侧不易施焊,故仅在靴梁外侧布置焊缝。

隔板、肋板及其连接的设计与轴心受压柱脚相似,只是荷载按底板下不均匀反力相应受荷范围的最大值计算。

2. 分离式柱脚

图 8.6.2b 为分离式柱脚的构造图。这种柱脚可以认为是由两个独立的轴心受压柱脚所组成。每个分肢的柱脚都是根据其可能产生的最大压力,按轴心受压柱脚进行设计。受拉分肢的全部拉力由锚栓承担并传至基础。

分离式柱脚的两个独立柱脚所承受的最大压力为:

右肢

$$N_r = \frac{N_1 \cdot Z_2}{h_1} + \frac{M_1}{h_1} \tag{8.6.10}$$

左肢

$$N_l = \frac{N_2 \cdot Z_1}{h_1} + \frac{M_2}{h_1} \tag{8.6.11}$$

式中,N_1、M_1 为使右肢产生最大压力的柱内力组合值;N_2、M_2 为使左肢产生最大压力的柱内力组合值;Z_1、Z_2 分别为右肢、左肢至柱轴线的距离;h_1 为两分肢轴线距离。

每个柱脚的锚栓也按各自的最不利内力组合换算成的最大拉力计算。

§8.6 柱脚节点

[**例题 8.1**] 试设计轴心受压柱的柱脚。

已知：柱子采用热扎 H 型钢，截面为 HW250×250×9×14，轴心压力设计值为 1 650 kN，柱脚钢材选用 Q235，焊条为 E43 型。基础混凝土强度等级为 C15，$f_c = 7.5 \text{ N/mm}^2$。

[**解**] 选用带靴梁的柱脚，如图 8.6.4 所示。

1. 底板尺寸

锚栓采用 $d = 20 \text{ mm}$，锚栓孔面积 A_0 约为 5 000 mm^2，靴梁厚度取 10 mm，悬臂 $c = 4d \approx 76 \text{ mm}$，则需要的底板面积为：

$$A = B \times L = \frac{N}{f_c} + A_0 = \frac{1\ 650 \times 10^3 \text{ N}}{7.5 \text{ N/mm}^2} + 5\ 000 \text{ mm}^2$$

$$= 22.5 \times 10^4 \text{ mm}^2$$

$$B = a_1 + 2t + 2c = 278 \text{ mm} + 2(10 \text{ mm} + 76 \text{ mm})$$

$$= 450 \text{ mm}$$

$$L = \frac{A}{B} = \frac{22.5 \times 10^4}{450} = 500 \text{ mm}$$

采用 $B \times L = 450 \text{ mm} \times 580 \text{ mm}$。

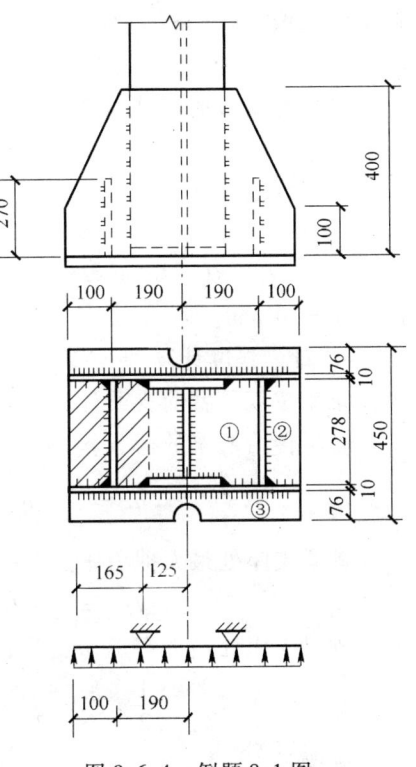

图 8.6.4 例题 8.1 图

底板承受的均匀压应力：

$$q = \frac{N}{B \times L - A_0} = \frac{1\ 650 \times 10^3 \text{ N}}{450 \text{ mm} \times 580 \text{ mm} - 5\ 000 \text{ mm}^2}$$

$$= 6.45 \text{ N/mm}^2$$

四边支承板（区格①）的弯矩为：

$b/a = 278 \text{ mm}/190 \text{ mm} = 1.46$

查表 8.6.1，$\alpha = 0.078\ 6$，

$$M = \alpha \cdot q \cdot a^2 = 0.078\ 6 \times 6.45 \text{ N/mm}^2 \times 190^2 \text{ mm}^2 = 18\ 302 \text{ N} \cdot \text{mm/mm}$$

三边支承板（区格②）的弯矩为：

$b_1/a_1 = 100 \text{ mm}/278 \text{ mm} = 0.36$

查表 8.6.2，$\beta = 0.035\ 6$，

$$M = \beta \cdot q \cdot a_1^2 = 0.035\ 6 \times 6.45 \text{ N/mm}^2 \times 278^2 \text{ mm}^2 = 17\ 746 \text{ N} \cdot \text{mm/mm}$$

悬臂板（区格③）的弯矩为：

$$M = \frac{1}{2} q \cdot c^2 = \frac{1}{2} \times 6.45 \text{ N/mm}^2 \times 76^2 \text{ mm}^2 = 18\ 628 \text{ N} \cdot \text{mm/mm}$$

各区格板的弯矩值相差不大，最大弯矩为：

$M_{\max} = 18\ 628 \text{ N} \cdot \text{mm/mm}$

底板厚度为：

$$t \geq \sqrt{\frac{6 \cdot M_{\max}}{f}} = \sqrt{\frac{6 \times 18\ 628 \text{ N} \cdot \text{mm/mm}}{205 \text{ N/mm}^2}} = 23.3 \text{ mm}$$

取底板厚度为 24 mm。

2. 靴梁与柱身间竖向焊缝计算

连接焊缝取 $h_f = 10$ mm，则焊缝长度 L_w 为：

$$L_w = \frac{N}{4 \times 0.7 h_f \cdot f_f^w} = \frac{1\,650 \times 10^3 \text{ N}}{4 \times 0.7 \times 10 \text{ mm} \times 160 \text{ N/mm}^2} = 368 \text{ mm} < 60 h_f$$

靴梁高度取 400 mm。

3. 靴梁与底板的焊缝计算

靴梁与底板的焊缝长度为：

$$\sum L_w = 580 \text{ mm} \times 4 - 250 \text{ mm} \times 2 = 1\,820 \text{ mm}$$

所需焊缝尺寸 h_f 为：

$$h_f = \frac{N}{0.7 \times (\sum L_w - 6 \times 2 \times 10) \times f_f^w \times 1.22} = \frac{1\,650 \times 10^3 \text{ N}}{0.7 \times 1\,700 \text{ mm} \times 160 \text{ N/mm}^2 \times 1.22} = 7.10 \text{ mm}$$

选用 $h_f = 10$ mm。

4. 靴梁强度计算

靴梁按双悬臂简支梁计算，悬伸部分长度 $l = 165$ mm。靴梁厚度取 $t = 10$ mm。
底板传给靴梁的荷载 q_1 为：

$$q_1 = \frac{B}{2} \cdot q = \frac{450 \text{ mm}}{2} \times 6.45 \text{ N/mm}^2 = 1\,451 \text{ N/mm}$$

靴梁支座处最大剪力 V_{max} 为：

$$V_{max} = q_1 \cdot l = 1\,451 \text{ N/mm} \times 165 \text{ mm} = 2.4 \times 10^5 \text{ N}$$

靴梁支座处最大弯矩 M_{max} 为：

$$M_{max} = \frac{1}{2} q_1 l^2 = \frac{1}{2} \times 1\,451 \text{ N/mm} \times 165^2 \text{ mm}^2 = 19.8 \times 10^6 \text{ N} \cdot \text{mm}$$

靴梁强度：

$$\tau = 1.5 \times \frac{V_{max}}{t \times h} = 1.5 \times \frac{2.4 \times 10^5 \text{ N}}{10 \text{ mm} \times 400 \text{ mm}} = 90 \text{ N/mm}^2 < f_v = 125 \text{ N/mm}^2$$

$$\sigma = \frac{M_{max}}{W} = \frac{6 \times 19.8 \times 10^6 \text{ N} \cdot \text{mm}}{10 \text{ mm} \times 400^2 \text{ mm}^2} = 74.3 \text{ N/mm}^2 < f = 215 \text{ N/mm}^2$$

5. 隔板计算

隔板按简支梁计算，隔板厚度取 $t = 8$ mm。
底板传给隔板的荷载：

$$q_2 = \left(100 \text{ mm} + \frac{190 \text{ mm}}{2}\right) \times 6.45 \text{ N/mm}^2 = 1\,258 \text{ N/mm}$$

隔板与底板的连接焊缝强度验算（只有外侧焊缝）：连接焊缝取 $h_f = 10$ mm，焊缝长度为 L_w。

$$\sigma_f = \frac{q_2 \times L_w}{0.7 \times h_f \times L_w \times 1.22} = \frac{1\,258 \text{ N/mm}}{0.7 \times 10 \text{ mm} \times 1.22} = 147 \text{ N/mm}^2 < f_f^w = 160 \text{ N/mm}^2$$

隔板与靴梁的连接焊缝计算：取 $h_f = 8$ mm。
隔板的支座反力 R 为：

$$R = \frac{1}{2} \times 1\,258 \text{ N/mm} \times 278 \text{ mm} = 174\,862 \text{ N}$$

焊缝长度 L_w 为：

$$L_w = \frac{R}{0.7h_f \times f_f^w} = \frac{174\ 862\ \text{N}}{0.7 \times 8\ \text{mm} \times 160\ \text{N/mm}^2} = 195\ \text{mm}$$

取隔板高度 $h = 270$ mm，取隔板厚度 $t = 8$ mm $> \dfrac{b}{50} = \dfrac{278}{50}$ mm $= 5.6$ mm。

隔板强度验算：

$$V_{\max} = R = 17.5 \times 10^4\ \text{N}$$

$$M_{\max} = \frac{1}{8} \times 1\ 258\ \text{N/mm} \times 278^2\ \text{mm}^2 = 12.2 \times 10^6\ \text{N} \cdot \text{mm}$$

$$\tau = 1.5 \times \frac{V_{\max}}{t \times h} = 1.5 \times \frac{17.5 \times 10^4\ \text{N}}{8\ \text{mm} \times 270\ \text{mm}} = 121\ \text{N/mm}^2 < f_v = 125\ \text{N/mm}^2$$

$$\sigma = \frac{M_{\max}}{W} = \frac{6 \times 12.2 \times 10^6\ \text{N} \cdot \text{mm}}{8\ \text{mm} \times 270^2\ \text{mm}^2} = 126\ \text{N/mm}^2 < f = 215\ \text{N/mm}^2$$

柱脚与基础的连接按构造要求选用两个直径 $d = 20$ mm 的锚栓。

[例题 8.2] 试设计框架柱的整体式柱脚。

已知：柱子采用焊接工字形截面，柱子翼缘为—360×20，腹板为—650×10。柱脚钢材为 Q235，焊条为 E43 型，柱脚和锚栓的最不利荷载组合的内力设计值 $N = 80$ kN，$M = 700$ kN·m。基础混凝土强度等级为 C20，$f_c = 10$ N/mm²。

[解] 选用整体式刚接柱脚，如图 8.6.5 所示。

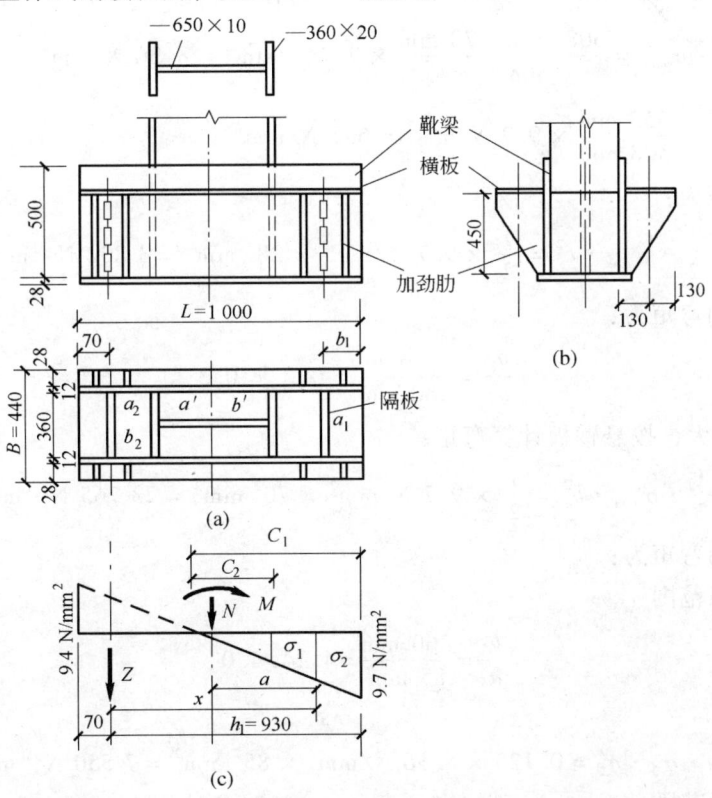

图 8.6.5 例题 8.2 图

1. 底板尺寸

靴梁厚度取 $t = 12$ mm，则底板宽度 B 为：

$$B = 360 \text{ mm} + 2 \times 12 \text{ mm} + 2 \times 28 \text{ mm} = 440 \text{ mm}$$

底板面积：

$$\frac{N}{B \times L} + \frac{6 \cdot M}{B \times L^2} = \frac{80 \times 10^3 \text{ N}}{440 \text{ mm} \times L} + \frac{6 \times 700 \times 10^6 \text{ N} \cdot \text{mm}}{440 \text{ mm} \times L^2} = 10 \text{ N/mm}^2$$

整理得：

$$L^2 - 18.2L - 954\,545 = 0$$

求得：

$$L = 986 \text{ mm}$$

选用 $B \times L = 440 \text{ mm} \times 1\,000 \text{ mm}$。

基础顶面的实际应力为：

$$\sigma_{\max} = \frac{N}{B \times L} + \frac{6 \cdot M}{B \times L^2} = \frac{80 \times 10^3 \text{ N}}{440 \text{ mm} \times 1\,000 \text{ mm}} + \frac{6 \times 700 \times 10^6 \text{ N} \cdot \text{mm}}{440 \text{ mm} \times 1\,000^2 \text{ mm}^2} = 9.7 \text{ N/mm}^2$$

$$\sigma_{\min} = \frac{N}{B \times L} - \frac{6 \cdot M}{B \times L^2} = \frac{80 \times 10^3 \text{ N}}{440 \text{ mm} \times 1\,000 \text{ mm}} - \frac{6 \times 700 \times 10^6 \text{ N} \cdot \text{mm}}{440 \text{ mm} \times 1\,000^2 \text{ mm}^2} = -9.4 \text{ N/mm}^2$$

受压区高度分别为：

$$C_1 = \frac{\sigma_{\max}}{\sigma_{\max} + |\sigma_{\min}|} \cdot L = \frac{9.7 \text{ N/mm}^2}{9.7 \text{ N/mm}^2 + 9.4 \text{ N/mm}^2} \times 1\,000 \text{ mm} = 508 \text{ mm}（按公式（8.6.7）的符号说明计算）$$

$C_2 = C_1 - 155 \text{ mm} = 508 \text{ mm} - 155 \text{ mm} = 353 \text{ mm}$，则有：

$$\sigma_2 = \frac{C_1 - 70}{C_1} \cdot \sigma_{\max} = \frac{508 \text{ mm} - 70 \text{ mm}}{508 \text{ mm}} \times 9.7 \text{ N/mm}^2 = 8.36 \text{ N/mm}^2$$

$$\sigma_1 = \frac{C_2}{C_1} \cdot \sigma_{\max} = \frac{353 \text{ mm}}{508 \text{ mm}} \times 9.7 \text{ N/mm}^2 = 6.7 \text{ N/mm}^2$$

悬臂板的弯矩为：

$$M_1 = \frac{1}{2} \cdot \sigma_{\max} \cdot c^2 = \frac{1}{2} \times 9.7 \text{ N/mm}^2 \times 28^2 \text{ mm}^2 = 3\,802 \text{ N} \cdot \text{mm/mm}$$

三边支承板的弯矩为：

$$\frac{b_1}{a_1} = \frac{70 \text{ mm}}{360 \text{ mm}} = 0.2 < 0.3$$

由于 b_1 与 a_1 相差大，按悬臂板计算弯矩：

$$M_3 = \frac{1}{2} \cdot \sigma_{\max} \cdot b_1^2 = \frac{1}{2} \times 9.7 \text{ N/mm}^2 \times 70^2 \text{ mm}^2 = 23\,765 \text{ N} \cdot \text{mm/mm}$$

四边支承板的弯矩为：

隔板与柱翼缘范围

$$\frac{b_2}{a_2} = \frac{360 \text{ mm}}{85 \text{ mm}} = 4.24 > 4.0,$$

取 $\alpha = 0.125$。

$$M_4 = \alpha \cdot \sigma_2 \cdot a_2^2 = 0.125 \times 8.36 \text{ N/mm}^2 \times 85^2 \text{ mm}^2 = 7\,550 \text{ N} \cdot \text{mm/mm}$$

柱腹板与靴梁范围

柱身范围底板的受压区长边 $b' = c_2$，$\dfrac{b'}{a'} = \dfrac{c_2}{a'} = \dfrac{353 \text{ mm}}{180 \text{ mm}} = 1.96$，取 $\alpha = 0.101$。

$$M'_4 = \alpha \sigma_1 (a')^2 = 0.101 \times 6.7 \text{ N/mm}^2 \times 180^2 \text{ mm}^2 = 21\,925 \text{ N} \cdot \text{mm/mm}$$

各区格中板的最大弯矩 $M_{\max}$ 为：

$$M_{\max} = 23\,765 \text{ N} \cdot \text{mm}$$

底板厚度：

$$t \geqslant \sqrt{\dfrac{6 \cdot M_{\max}}{f}} = \sqrt{\dfrac{6 \times 23\,765 \text{ N} \cdot \text{mm/mm}}{205 \text{ N/mm}^2}} = 26.4 \text{ mm/mm}$$

取底板厚度为 28 mm。

2. 靴梁与柱身间竖向焊缝计算

$$N_1 = \dfrac{N}{2} + \dfrac{M}{h} = \dfrac{80 \text{ kN}}{2} + \dfrac{700 \text{ kN} \cdot \text{m}}{0.65 \text{ m} + 0.02 \text{ m}} = 1\,085 \text{ kN}$$

取 $h_f = 12$ mm，焊缝长度 L_w 为：

$$L_w = \dfrac{N_1}{2 \times 0.7 h_f \times f_f^w} = \dfrac{1\,085 \times 10^3 \text{ N}}{2 \times 0.7 \times 12 \text{ mm} \times 160 \text{ N/mm}^2} = 404 \text{ mm}$$

取靴梁高度 $h = 500$ mm。

3. 靴梁与底板的焊缝计算

悬伸部分（四条焊缝）：

$$h_f = \dfrac{B \times 1 \times \sigma_{\max}}{4 \times 0.7 f_f^w \times 1.22} = \dfrac{440 \text{ mm} \times 1 \times 9.7 \text{ N/mm}^2}{4 \times 0.7 \times 160 \text{ N/mm}^2 \times 1.22} = 7.8 \text{ mm}$$

柱身部分（两条焊缝）：

$$h'_f = \dfrac{B \times 1 \times \sigma_1}{2 \times 0.7 f_f^w \times 1.22} = \dfrac{440 \text{ mm} \times 1 \times 6.7 \text{ N/mm}^2}{2 \times 0.7 \times 160 \text{ N/mm}^2 \times 1.22} = 10.8 \text{ mm}$$

取焊缝尺寸 $h_f = 12$ mm。

4. 靴梁强度计算

靴梁按双悬臂简支梁计算，悬伸部分长度 $l = 155$ mm，靴梁厚度取 $t = 12$ mm。

靴梁支座处最大剪力 $V_{\max}$ 为：

$$V_{\max} = \dfrac{(\sigma_{\max} + \sigma_1)}{2} \times \dfrac{B}{2} \times l = \dfrac{9.7 \text{ N/mm}^2 + 6.7 \text{ N/mm}^2}{2} \times \dfrac{440 \text{ mm}}{2} \times 155 \text{ mm}$$

$$= 2.8 \times 10^5 \text{ N}$$

靴梁支座处最大弯矩 $M_{\max}$ 为：

$$M_{\max} = \dfrac{1}{2} \sigma_1 \cdot \dfrac{B}{2} \cdot l^2 + \dfrac{1}{2}(\sigma_{\max} - \sigma_1) \cdot \dfrac{B}{2} \cdot l \cdot \dfrac{2}{3} l$$

$$= \dfrac{1}{4} \times 6.7 \text{ N/mm}^2 \times 440 \text{ mm} \times 155^2 \text{ mm}^2 + \dfrac{1}{6}(9.7 \text{ N/mm}^2 - 6.7 \text{ N/mm}^2) \times 440 \text{ mm} \times 155^2 \text{ mm}^2$$

$$= 2.3 \times 10^7 \text{ N} \cdot \text{mm}$$

靴梁强度：

$$\tau = 1.5 \times \frac{V_{max}}{t \cdot h} = 1.5 \times \frac{2.8 \times 10^5 \text{ N}}{12 \text{ mm} \times 500 \text{ mm}} = 70 \text{ N/mm}^2 < f_v = 125 \text{ N/mm}^2$$

$$\sigma = \frac{M_{max}}{W} = \frac{6 \times 2.3 \times 10^7 \text{ N} \cdot \text{mm}}{12 \text{ mm} \times 500^2 \text{ mm}^2} = 46 \text{ N/mm}^2 < f = 215 \text{ N/mm}^2$$

5. 隔板计算

隔板按简支梁计算，隔板厚度取 $t = 10$ mm。

底板传给隔板的荷载：

$$q = \left(70 \text{ mm} + \frac{85 \text{ mm}}{2}\right) \times \sigma_{max} = \left(70 \text{ mm} + \frac{85 \text{ mm}}{2}\right) \times 9.7 \text{ N/mm}^2 = 1\,091 \text{ N/mm}$$

隔板与底板的连接焊缝：

$$h_f = \frac{q \cdot L_w}{0.7 L_w \times f_f^w \times 1.22} = \frac{1\,091 \text{ N/mm}}{0.7 \times 160 \text{ N/mm}^2 \times 1.22} = 7.98 \text{ mm}$$

取 $h_f = 10$ mm。

隔板与靴梁的连接焊缝，取 $h_f = 8$ mm。

隔板的支座反力 R 为：

$$R = \frac{1}{2} q \times 360 \text{ mm} = \frac{1}{2} \times 1\,091 \text{ N/mm} \times 360 \text{ mm} = 19.6 \times 10^4 \text{ N}$$

焊缝长度 L_w 为：

$$L_w = \frac{R}{0.7 h_f \cdot f_f^w} = \frac{19.6 \times 10^4 \text{ N}}{0.7 \times 8 \text{ mm} \times 160 \text{ N/mm}^2} = 219 \text{ mm}$$

隔板高度取 $h = 450$ mm，厚度取 $t = 10$ mm。

隔板强度验算：

$$V_{max} = R = 19.6 \times 10^4 \text{ N}$$

$$M_{max} = \frac{1}{8} q \times 360^2 \text{ mm}^2 = \frac{1}{8} \times 1\,091 \text{ N/mm} \times 360^2 \text{ mm}^2 = 17.7 \times 10^6 \text{ N} \cdot \text{mm}$$

$$\tau = 1.5 \times \frac{V_{max}}{t \cdot h} = 1.5 \times \frac{19.6 \times 10^4 \text{ N}}{10 \text{ mm} \times 450 \text{ mm}} = 65 \text{ N/mm}^2 < f_v = 125 \text{ N/mm}^2$$

$$\sigma = \frac{M_{max}}{W} = \frac{6 \times 17.7 \times 10^6 \text{ N} \cdot \text{mm}}{10 \text{ mm} \times 450^2 \text{ mm}^2} = 52.4 \text{ N/mm}^2 < f = 215 \text{ N/mm}^2$$

6. 锚栓计算

$$C_1 = 508 \text{ mm}, \quad a = \frac{L}{2} - \frac{C_1}{3} = \frac{1\,000 \text{ mm}}{2} - \frac{508 \text{ mm}}{3} = 331 \text{ mm}$$

$$x = (1\,000 \text{ mm} - 70 \text{ mm}) - \frac{508 \text{ mm}}{3} = 761 \text{ mm}$$

锚栓拉力 Z 为：

$$Z = \frac{M - Na}{x} = \frac{700 \times 10^6 \text{ N} \cdot \text{mm} - 80 \times 10^3 \text{ N} \times 331 \text{ mm}}{761 \text{ mm}} = 8.85 \times 10^5 \text{ N}$$

$$A_e = \frac{Z}{n \cdot f_t^a} = \frac{8.85 \times 10^5 \text{ N}}{2 \times 180 \text{ N/mm}^2} = 2\,459 \text{ mm}^2$$

选用 $\phi 64$ 锚栓，钢材为 Q345。

7. 加劲肋计算

加劲肋按悬臂梁计算，所承受的压力 $N' = \dfrac{Z}{4} = \dfrac{8.85 \times 10^5 \text{ N}}{4} = 2.2 \times 10^5 \text{ N}$。

加劲肋厚度取 $t = 10 \text{ mm}$。

加劲肋与横板的焊缝计算：

取 $h_f = 8 \text{ mm}$，$L_w = 260 \text{ mm} - 2 \times 8 \text{ mm} = 244 \text{ mm}$，

$$\sigma_f = \frac{2.2 \times 10^5 \text{ N}}{0.7 \times 8 \text{ mm} \times 244 \text{ mm} \times 1.22} = 132 \text{ N/mm}^2 < f_f^w = 160 \text{ N/mm}^2$$

加劲肋与靴梁的焊缝计算：

$$V = N' = 2.2 \times 10^5 \text{ N}$$

$$M = N' \times 130 \text{ mm} = 2.2 \times 10^5 \text{ N} \times 130 \text{ mm} = 2.86 \times 10^7 \text{ N} \cdot \text{mm}$$

取 $h_f = 10 \text{ mm}$，$L_w = (450 \text{ mm} - 2 \times 10 \text{ mm}) = 430 \text{ mm}$。

$$\tau_f = \frac{2.2 \times 10^5 \text{ N}}{0.7 \times 10 \text{ mm} \times 430 \text{ mm}} = 73.1 \text{ N/mm}^2$$

$$\sigma_f = \frac{6 \times 2.86 \times 10^7 \text{ N} \cdot \text{mm}}{0.7 \times 10 \text{ mm} \times 430^2 \text{ mm}^2} = 132.6 \text{ N/mm}^2$$

$$\sqrt{\left(\frac{\sigma_f}{1.22}\right)^2 + \tau_f^2} = \sqrt{\left(\frac{132.6}{1.22}\right)^2 + 73.1^2} = 131 \text{ N/mm}^2 < f_f^w = 160 \text{ N/mm}^2。$$

加劲肋强度计算从略。

§8.7 支座节点

8.7.1 支座节点的形式

钢结构与其支承结构或基础的连接节点称为支座节点（Supports），因此前述的桁架或梁与钢筋混凝土柱或砖柱的连接节点和柱脚节点，均属于支座节点。支座节点的构造形式可分为固支（如与基础刚接的柱脚）、不动铰支和可动铰支等。本节重点介绍后两种支座节点。总体上说，支座节点构造应与结构计算时采用的约束条件相符合，能够安全、准确地传递支座反力，同时还应做到受力明确、传力简捷、构造简单、制造安装方便。铰支支座节点有三种基本形式：平板支座、弧形支座和铰轴式支座。

图 8.7.1 是工程中常见的平板支座。图 8.7.1a 所示在梁端下面设置钢板，梁端不能灵活地移动和转动，一般在跨度小于 20 m 的梁中采用。图 8.7.1b 用于球节点（焊接空心球或螺栓球）的网架，支座不能完全转动，与计算简图有差异，一般用在跨度小于 30 m 的网架中。

第 8 章 节点设计原理

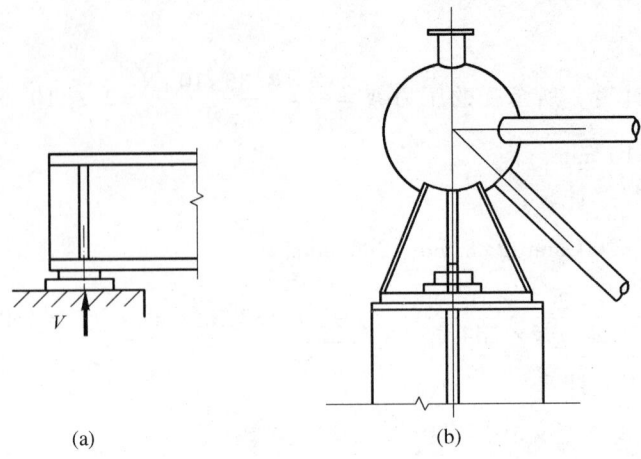

图 8.7.1 平板支座

图 8.7.2 所示为弧形支座，弧形板是用厚钢板（厚度为 40～50 mm）将顶面切削加工而成。支座沿圆柱形弧面可以转动，但弧形支座下的摩擦力仍然较大，可用于能产生一定水平线位移的铰支座。弧形支座节点与计算简图比较接近。图 8.7.2a 所示为梁端弧形支座，常用于 20～40 m 的梁中。图 8.7.2b 所示适用于中小跨度的网架。当支座反力较大时，可设 4 个锚栓（图 8.7.2c），为使锚栓锚固后不影响支座转动，应在锚栓上加弹簧。

图 8.7.3 所示为辊轴支座。在辊轴支座中以滚动摩擦代替了滑动摩擦，可以当作一种能自由移动的支座形式。

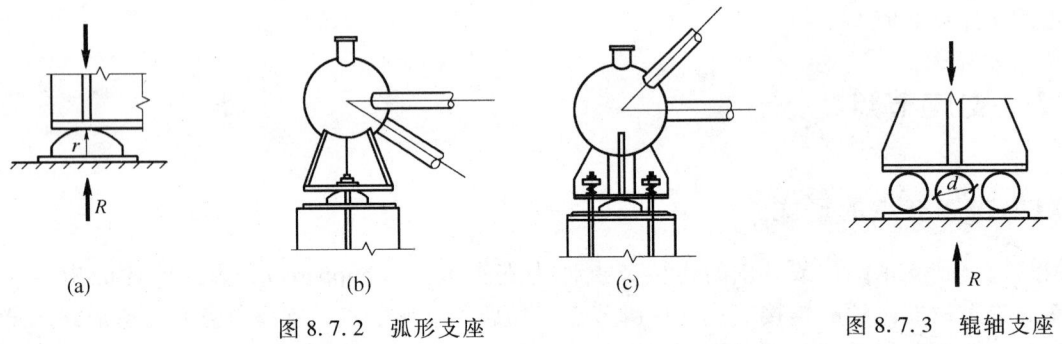

图 8.7.2 弧形支座　　　　　　　　　图 8.7.3 辊轴支座

图 8.7.4a 所示为铰轴式支座示意图，支座可以自由转动。铰轴式支座节点与简支梁的计算简图完全一致，适用于对转动约束条件有严格要求的结构。图 8.7.4b 所示为梁端铰轴式支座，用于跨度大于 40 m 的梁。图 8.7.4c 所示为格构式拱支座。格构式拱在支座处必须过渡到实腹截面，因此格构式拱与实腹式拱的支座节点完全相同。

板式橡胶支座如图 8.7.5 所示。在支座底板与支承面之间设置一块橡胶垫板。橡胶垫板是由多层橡胶片与薄钢板间隔粘合、压制而成。由于橡胶垫板具有良好的弹性和较大的剪切变位能力，因而支座既可转动又可在水平方向产生一定的弹性变位。这种支座一般用于对水平推力有限制或需释放温度应力的大跨度梁和大中跨度的网架结构中。

§ 8.7 支座节点

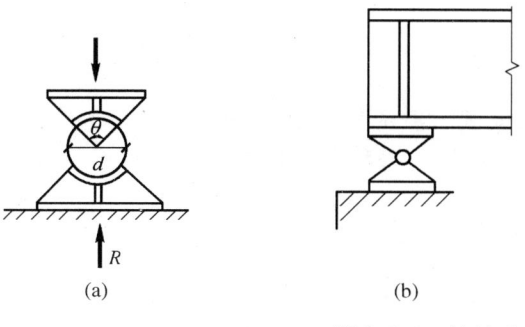
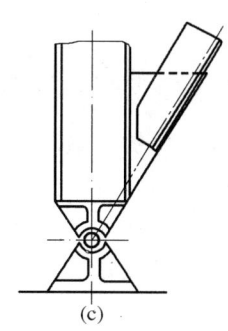

图 8.7.4 铰轴式支座

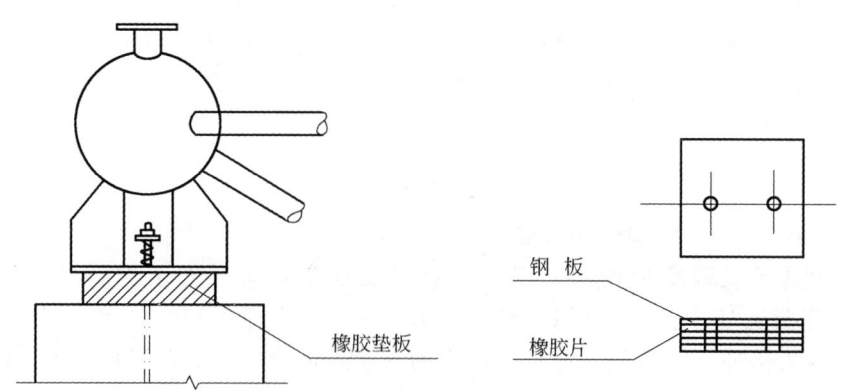

图 8.7.5 板式橡胶支座

图 8.7.6 所示为固定铰支座，节点可以转动而不能产生线位移。因此，节点只能传递轴向力和剪力，而不能传递弯矩。这种支座多用于跨度较大的网壳结构中。图 8.7.6a 为双向弧形铰支座，是由两个弧形支座组合而成。它可以使支座节点不产生任何线位移，而有效地传递支座水平反力。为使节点能作转动，两块弧形垫板应位于以节点中心为圆心的同心圆上。图 8.7.6b 是双向板式橡胶支座，采用橡胶垫板代替弧形支座来达到同样的目的。

图 8.7.7 所示为橡胶垫板滑动支座，在支座底板与橡胶垫板间加设了一层不锈钢板，力求减小摩擦力，以使支座与橡胶垫板间能产生相对滑移。这种支座一般用于网架结构中。

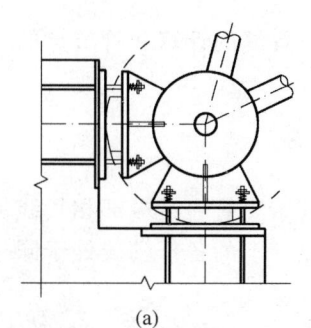
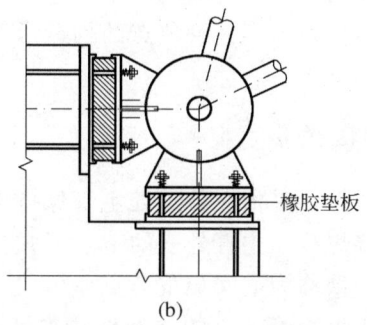
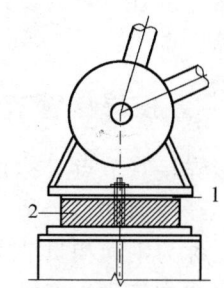

图 8.7.6 固定铰支座　　　图 8.7.7 橡胶垫板滑动支座
　　　　　　　　　　　　　1—不锈钢板；2—橡胶垫板

8.7.2 支座节点的设计

平板支座底板（或垫板）的面积可按公式（8.6.1）确定，但应令 $N=R$。

支座底板的厚度，按均布支座反力产生的最大弯矩进行计算。

弧形支座（图 8.7.2）和辊轴支座（图 8.7.3）中圆柱形弧面与平板为线接触，其支座反力 R 应满足下式要求：

$$R \leqslant 40 \cdot n \cdot d \cdot l \cdot f^2 / E \tag{8.7.1}$$

式中，d 为对辊轴支座为辊轴直径，对弧形支座为弧形表面接触点曲率半径 r 的 2 倍；n 为辊轴数目，对弧形支座 $n=1$；l 为弧形表面或辊轴与平板的接触长度。

铰轴式支座的圆柱形枢轴（图 8.7.4），当两相同半径的圆柱形弧面自由接触的中心角 $\theta \geqslant 90°$ 时，其承压应力应按下式计算：

$$\sigma = \frac{2R}{d \cdot l} \leqslant f \tag{8.7.2}$$

式中，d 为枢轴直径；l 为枢轴纵向接触面长度。

在网架、网壳等大跨度结构中，支座节点可能承受拉力。当结构跨度较小，可采用图 8.7.1b 所示的平板支座节点，此时锚栓承受拉力。当结构跨度较大，可采用弧形支座节点，为了更好地将拉力传递到支座上，在承受拉力的锚栓附近应设置肋板以增加节点刚度。

橡胶支座底板的计算与平板支座一样。橡胶垫板除有足够的承压强度外，还需对其压缩变位、抗剪、抗滑性能进行验算。具体计算时可参考有关资料。板式橡胶支座存在橡胶老化问题有待进一步研究解决。

§8.8 直接焊接管节点

钢管构件与开口截面构件相比，具有较高的抗压和抗扭承载能力，且两个方向的抗弯承载能力相等或相近；采用直接焊接的管节点（welded tubular connections），除外形轻巧美观外，节点形式简单，节约钢材，还可形成封闭空间，节约防腐涂料。由于上述的优越性，直接焊接钢管结构获得了较快的发展和应用。

直接焊接管节点的设计包括下列内容：管节点的构造形式，相贯焊缝的计算和管节点的承载力计算。

8.8.1 直接焊接管节点的构造形式

直接焊接管节点又称相贯节点，系指在节点处主管保持连续，其余支管通过端部相贯线加工后，不经任何加强措施，直接焊接在主管外表的节点形式。当节点交汇的各杆轴线处于同一平面时，称为平面相贯节点，否则称为空间相贯节点。

主管和支管均为圆管的直接焊接管节点的构造形式如图 8.8.1 所示；主管为方、矩形管，支管为方、矩形管或圆管的直接焊接管节点的构造形式如图 8.8.2 所示。

§8.8 直接焊接管节点

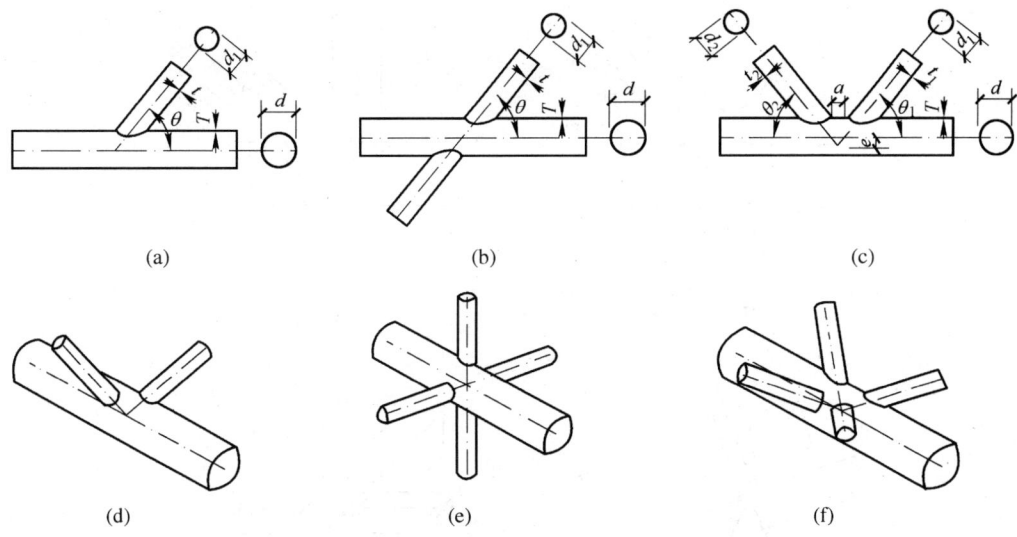

图 8.8.1 圆管结构的节点形式
(a) 平面 Y 形节点；(b) 平面 X 形节点；(c) 平面 K 形节点；
(d) 空间 TT 形节点；(e) 空间 XX 形节点；(f) 空间 KK 形节点

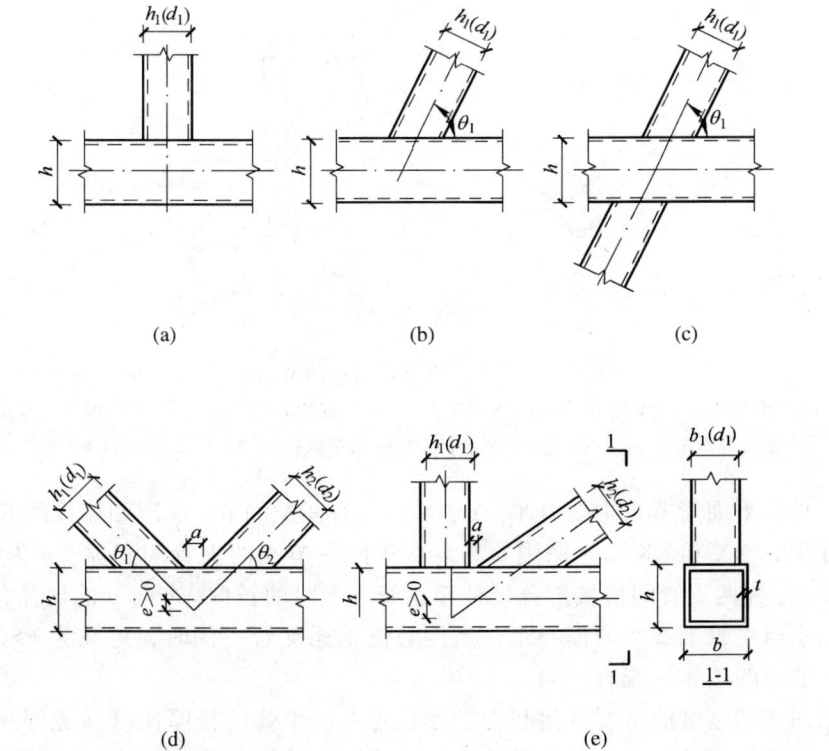

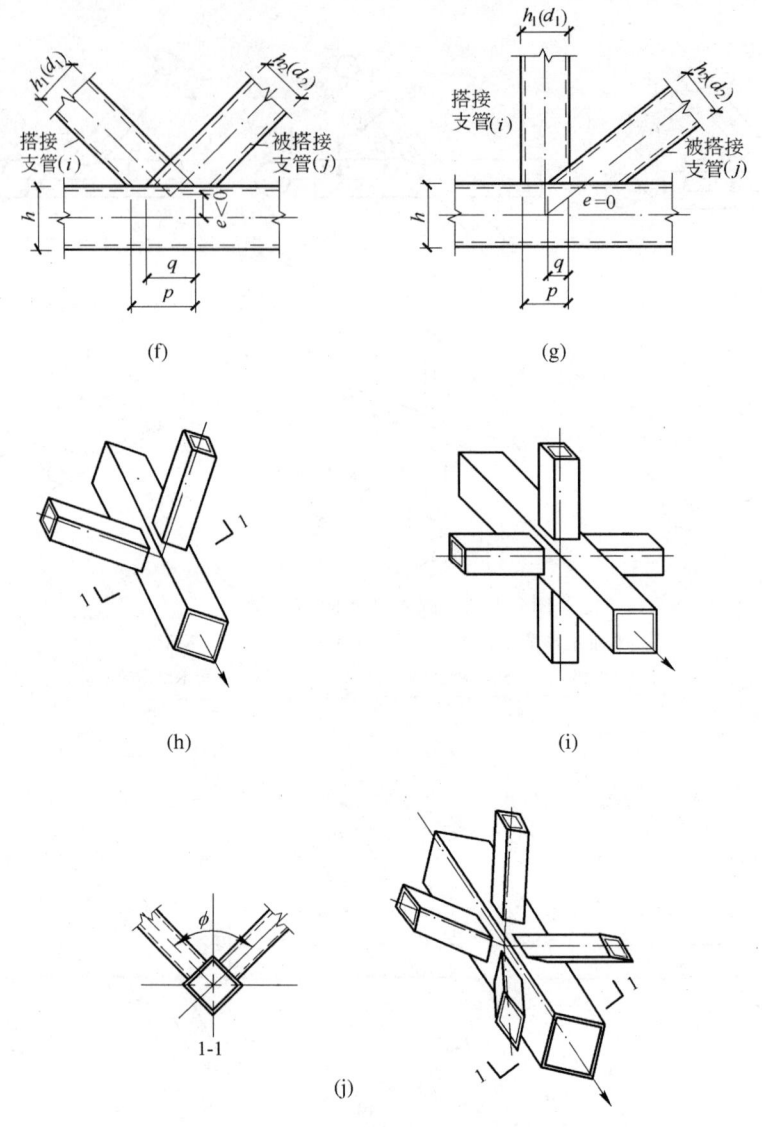

图 8.8.2 方、矩形管结构的节点形式
(a) T形节点；(b) Y形节点；(c) X形节点；(d) 有间隙K形节点；(e) 有间隙N形节点；
(f) 搭接K形节点；(g) 搭接N形节点；(h) TT形节点；(i) XX形节点；(j) KK形节点

由图中可见，平面管节点主要有T、Y、X形，有间隙的K、N形和搭接的K、N形。空间管节点主要有TT、XX和KK形。图中 a 为汇交于同一节点的支管间间隙；p 为搭接支管与主管的相贯长度，q 为两支管间搭接部分延伸至主管表面时的长度，q 与 p 的比值代表搭接率；e 为支管轴线交点与主管轴线间的偏心距，当偏心位于无支管一侧时，定义为 $e>0$，反之 $e \leqslant 0$。这些参数均对节点的工作性能有影响。

影响节点强度和刚度的重要几何和力学参数还有：主管的径厚比（或宽厚比）；支管和主管间的直径比（或宽度比）β_i；各支管轴线与主管轴线间的夹角 θ_i；对空间节点还有主管轴线平面处支管间的夹角 ϕ 等；以及钢材的屈服强度和屈强比；主管的轴压比等。

试验研究表明,节点的承载能力与节点的构造形式和上述参数间的关系十分复杂,为了确保安全和简化计算,根据工程实际应用范围和试验研究的范围,在《规范》中提出了一系列构造要求和参数限制。

当设计者根据《规范》的规定进行管节点的设计时,必须满足这些要求和限制。

8.8.2 相贯焊缝的计算

支管与主管之间的连接可沿相贯线用角焊缝或部分采用对接焊缝、部分采用角焊缝相焊。支管壁与主管壁之间大于或等于120°的区域,宜用对接焊缝或带坡口的角焊缝相焊。为确保焊缝承载力大于或等于节点承载力,角焊缝的最大焊脚尺寸 h_f 可用到支管壁厚的2倍,由于属单面施焊,不会产生"过烧"现象。

支管与主管间的连接焊缝可视为全周角焊缝,按 $\sigma_f = \dfrac{N}{h_e l_w} \leq \beta_f f_t^w$ [公式(3.3.7)]进行计算,但取 $\beta_f = 1$。焊缝的计算厚度 h_e 沿相贯线是变化的。经分析表明,当支管轴心受力时,平均计算厚度可取 $0.7h_f$。

焊缝的计算长度按管节点处的刚度区分为两种情况,由于圆管节点刚度较大,支管轴力可认为沿主管的相贯线均匀分布,取相贯线长度为焊缝的计算长度:

当 $d_i/d \leq 0.65$ 时,

$$l_w = (3.25d_i - 0.025d)\left(\dfrac{0.534}{\sin \theta_i} + 0.466\right) \qquad (8.8.1)$$

当 $d_i/d > 0.65$ 时,

$$l_w = (3.81d_i - 0.389d)\left(\dfrac{0.534}{\sin \theta_i} + 0.466\right) \qquad (8.8.2)$$

式中,d、d_i 分别为主、支管的外径;θ_i 为支管轴线与主管轴线的夹角。

在方、矩形管结构中,对于有间隙的K形和N形节点,当支管与主管的轴线夹角 θ_i 较大时,支管截面中垂直于主管轴线的侧边受力是不均匀的,靠近主管侧壁的部分,支承刚度较大,受力较大,远离主管侧壁部分,支承刚度较小,受力较小;但当 θ_i 角较小时,主管对支管截面各部分的支承刚度比较均匀,可认为相贯线全长参加工作。据此连接焊缝的计算长度可按下式计算:

当 $\theta_i \geq 60°$ 时,

$$l_w = \dfrac{2h_i}{\sin \theta_i} + b_i \qquad (8.8.3)$$

当 $\theta_i \leq 50°$ 时,

$$l_w = \dfrac{2h_i}{\sin \theta_i} + 2b_i \qquad (8.8.4)$$

当 $50° < \theta_i < 60°$ 时,l_w 按插值法确定。

对于T、Y和X形节点,偏于安全不考虑支管宽度方向的两个边参加传力,此时:

$$l_w = \dfrac{2h_i}{\sin \theta_i} \qquad (8.8.5)$$

式中,h_i、b_i 分别为支管的截面高度和宽度。

当为搭接的 K 形和 N 形节点时，应考虑搭接部分的支管之间的连接焊缝能很好地传递内力。与主管之间的连接焊缝可根据实际情况确定。一般情况下，可偏于安全地取为主管与支管交线之和，减去被搭接支管的趾部宽度后的长度。公式（3.3.7）中的 N 力取为二支管轴力沿主管方向的分力之和。

当支管为圆管、主管为矩形管时，焊缝计算长度取为支管与主管的相贯线长度减去 d_i。

8.8.3 直接焊接管节点的承载力计算

管节点是空间封闭薄壳结构，受力比较复杂。不同的节点形式、几何尺寸和受力状态，可能发生不同的破坏形式。试验研究和理论分析表明，节点的破坏形式主要有：① 与支管相连的主管壁因形成塑性铰线产生过大的变形而失效；② 与支管相连的主管壁因冲切而失效；③ 主管壁局部屈曲失效，包括邻近受拉支管处的主管壁和邻近 T 形、Y 形和 X 形连接中受压支管处的主管侧壁的局部屈曲失效；④ 受压支管在节点处的局部屈曲失效；⑤ 有间隙的 K 形和 N 形节点中主管在间隙处的剪切破坏等。《规范》针对不同的失效模式给出了相应的节点承载力计算公式。

以主、支管均为矩形管的 T 形节点为例，当支管与主管的宽度相差较大时，塑性铰线模型是管节点最主要的失效模式。

假设主管不受轴力作用的 T 形节点失效时形成的塑性铰线如图 8.8.3 所示，支管下端各点的变形均为 Δ。θ_i 代表塑性铰线两侧的面之间的夹角，其大小与 Δ 和 α 角有关。假设钢材符合理想弹塑性材料，则单位长度上的塑性铰线弯矩为：

$$m_p = \frac{t^2 f_y}{4}$$

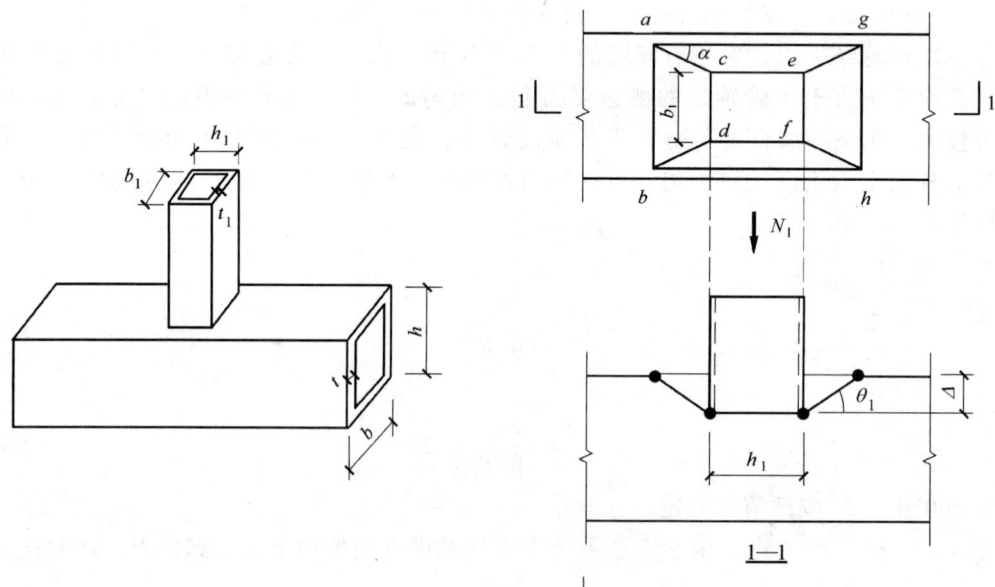

图 8.8.3 T 形管节点的塑性铰线模型

§8.8 直接焊接管节点

设支管所围面积在位移 Δ 的基础上发生虚位移 $\delta\Delta$，各塑性铰线处将发生虚转角：

$$\delta\theta_i = C_i(\alpha) \cdot \delta\Delta$$

式中，α 为待定角度，$C_i(\alpha)$ 是与 α 有关的几何参数，反映各塑性铰线与 α 的几何关系。例如对图 8.8.3 中的 ag、ce、df、bh 各塑性铰线而言，$C_i(\alpha) = \dfrac{2}{b-b_1}$；对 ab、cd、ef、gh 各线，$C_i(\alpha) = \dfrac{2\tan\alpha}{b-b_1}$ 等。

由虚功原理有：

$$N\delta\Delta = \sum m_p l_i \delta\theta_i = m_p \delta\Delta \sum l_i C_i(\alpha)$$

消除 $\delta\Delta$，并令 $\dfrac{\partial N}{\partial \alpha} = 0$，可求得 α 角，进而求得国外通用的节点承载力公式：

$$N^* = \frac{t^2 f_y}{1-\beta}[2\eta + 4(1-\beta)^{0.5}] \tag{8.8.6}$$

式中，$\eta = \dfrac{h_1}{b}$；$\beta = \dfrac{b_1}{b}$。

也可将上式变为我国《规范》的表达形式：

$$N^* = \frac{2t^2 f_y}{c}\left(\frac{h_1}{bc} + 2\right) \tag{8.8.7}$$

式中，$c = (1-\beta)^{0.5}$。

试验研究和有限元分析均表明，β 较小的 T 形管节点的荷载位移曲线如图 8.8.4 所示。如果允许出现较大的变形，该节点可承受很大的荷载。有些文献建议按主管表面相对变形限制确定节点的极限状态：

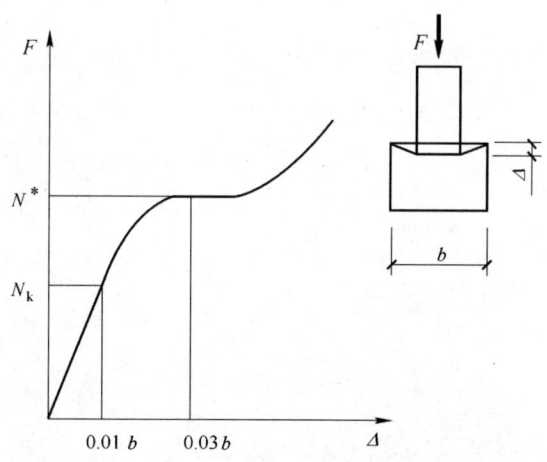

图 8.8.4 β 较小的 T 形管节点荷载位移曲线

当 $\Delta_{0.03} = 0.03b$ 时，为承载力极限状态，对应的荷载 N^* 为节点的极限承载力；
当 $\Delta_{0.01} = 0.01b$ 时，为正常使用极限状态，对应的荷载 N_k 为正常使用标准强度。
大量的有限元算例分析和试验结果证明，式（8.8.6）或式（8.8.7）所给出的管节点承

载力正好和按 $\Delta_{0.03}$ 确定的极限承载力 N^* 相吻合。因此按上述公式计算管节点的极限承载力是合理的。

假设 k 为管节点的安全系数，则当 $N^* \leqslant kN_k$ 时，满足了承载力极限状态 N^* 就自动满足了正常使用极限状态 N_k，可免去变形的繁琐计算。目前欧洲各国的 $k \approx 1.5$，大多数情况下，可满足上式要求。但当 $\beta<0.6$，$b/t>15$ 时，$k=1.5$ 已不能满足上式要求，此时常由正常使用极限状态起控制作用。为了避免计算变形的麻烦，我国《规范》将 N^* 乘以 0.9 的系数，即相当于将 k 由 1.5 扩大到 1.7，再考虑弦杆受轴力作用时的影响参数 ψ_n，公式（8.8.7）变为：

$$N^* = \frac{1.8t^2 f_y}{c}\left(\frac{h_1}{bc} + 2\right) \cdot \psi_n \tag{8.8.8}$$

经分析，该式算得的 N^* 基本上均小于 $1.7N_k$。

公式（8.8.8）是主、支管均为方矩形管的 T 形节点的计算公式之一，其他圆管和方、矩形管直接焊接管节点的承载力计算公式详见《规范》的第 10 章，此处不再赘述。

习 题

8.1 按例题 6.1 中用轧制 H 型钢设计的中心受压柱截面，设计该柱的柱脚。基础用 C20 混凝土。

8.2 试设计习题 7.6 中焊接工字形截面柱（压弯构件）的整体式刚接柱脚。基础用 C20 混凝土。

第 9 章 单层厂房钢结构

§9.1 单层厂房钢结构的组成及布置原则

9.1.1 单层厂房钢结构的组成

单层厂房钢结构（single-story industrial steel structures）一般是由屋盖结构、柱、吊车梁、制动梁（或制动桁架）、各种支撑以及墙架等构件组成的空间体系（图 9.1.1）。这些构件按其作用可分为下面几类：

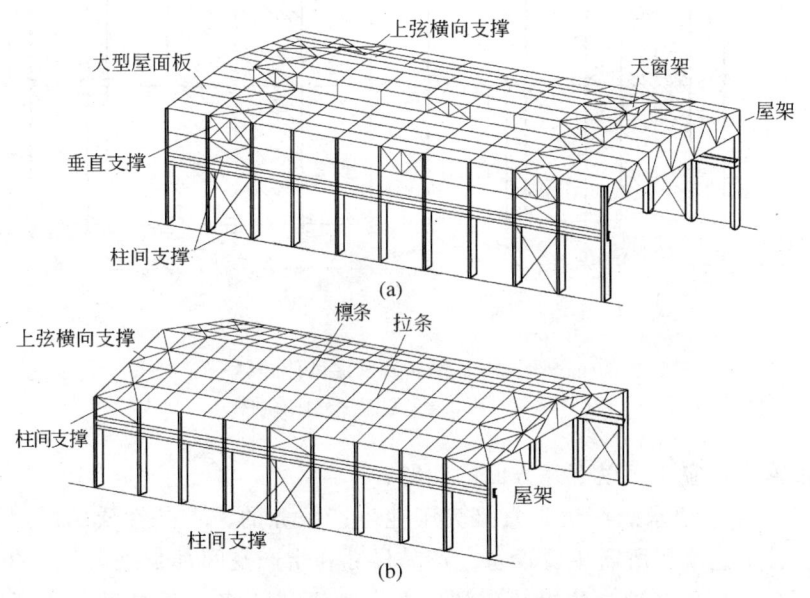

图 9.1.1 单层厂房钢结构的组成示例
(a) 无檩屋盖；(b) 有檩屋盖

① 横向框架。由柱和它所支承的屋架或屋盖横梁组成，是单层厂房钢结构的主要承重体系，承受结构的自重、风、雪荷载和吊车的竖向与横向荷载，并把这些荷载传递到基础。

② 屋盖结构。承担屋盖荷载的结构体系，包括横向框架的横梁、托架、中间屋架、天窗架、檩条等。

③ 支撑体系。包括屋盖部分的支撑和柱间支撑等，它一方面与柱、吊车梁等组成单层厂房钢结构的纵向框架，承担纵向水平荷载；另一方面又把主要承重体系由个别的平面结构连成空间的整体结构，从而保证了单层厂房钢结构所必需的刚度和稳定。

④ 吊车梁和制动梁（或制动桁架）。主要承受吊车竖向及水平荷载，并将这些荷载传到横向框架和纵向框架上。

⑤ 墙架。承受墙体的自重和风荷载。

此外，还有一些次要的构件如梯子、走道、门窗等。在某些单层厂房钢结构中，由于工艺操作上的要求，还设有工作平台。

9.1.2 柱网和温度伸缩缝的布置

1. 柱网布置

柱网布置（layout of column rows）就是确定单层厂房钢结构承重柱在平面上的排列，即确定它们的纵向和横向定位轴线所形成的网格。单层厂房钢结构的跨度就是柱纵向定位轴线之间的尺寸，单层厂房钢结构的柱距就是柱子在横向定位轴线之间的尺寸（图9.1.2）。

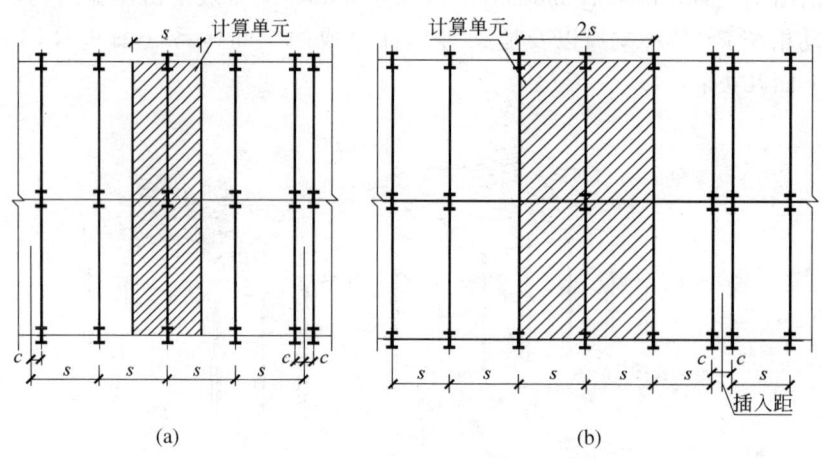

图 9.1.2 柱网布置和温度伸缩缝
（a）各列柱距相等；（b）中列柱有抽柱

进行柱网布置时，应注意以下几方面的问题：

① 应满足生产工艺要求。厂房是直接为工业生产服务的，不同性质的厂房具有不同的生产工艺流程，各种工艺流程所需主要设备、产品尺寸和生产空间都是决定跨度和柱距的主要因素。柱的位置（包括柱下基础的位置）应和地上（地下）设备、机械及起重运输设备等相协调。此外，柱网布置尚应考虑未来生产发展和生产工艺的可能变动。

② 应满足结构的要求。为了保证车间的正常使用，使厂房具有必要的刚度，应尽量将柱布置在同一横向轴线上，以便与屋架或横梁组成横向框架，提供尽可能大的横向刚度。

③ 应符合经济合理的原则。柱距大小对结构的用钢量影响较大，较经济的柱距可通过具体方案比较确定，例如，在柱子较高、跨度较大而吊车起重量又较小的车间中，采用大柱距可能是经济合理的。为了降低制作和安装工作量，应尽量实现结构构件的统一化和标准化，满足

《厂房建筑统一化基本规则》的规定：当单层厂房钢结构跨度小于或等于 18 m 时，应以 3 m 为模数，即 9 m、12 m、15 m、18 m；当厂房跨度大于 18 m 时，则以 6 m 为模数，即 24 m、30 m、36 m。但是当工艺布置和技术经济有明显的优越性时，也可采用 21 m、27 m、33 m 等。厂房的柱距一般采用 6 m 较为经济，当工艺有特殊要求时，可局部抽柱，即柱距做成 12 m；对某些有扩大柱距要求的单层厂房钢结构也可采用 9 m 及 12 m 柱距。

2. 温度伸缩缝

温度变化将引起结构变形，使厂房钢结构产生温度应力。故当厂房平面尺寸较大时，为避免产生过大的温度变形和温度应力，应在厂房钢结构的横向和纵向设置温度伸缩缝（temperature joint）。

温度伸缩缝的布置决定于厂房钢结构的纵向和横向长度。纵向很长的厂房在温度变化时，纵向构件伸缩的幅度较大，引起整个结构变形，使构件内产生较大的温度应力，并可能导致墙体和屋面的破坏。为了避免这种不利后果的产生，常采用横向温度伸缩缝将单层厂房钢结构分成伸缩时互不影响的温度区段。按规范规定，当温度区段长度不超过表 9.1.1 的数值时，可不计算温度应力。

表 9.1.1 温度区段长度值

结构情况	温度区段长度/m		
	纵向温度区段（垂直于屋架或构架跨度方向）	横向温度区段（沿屋架或构架跨度方向）	
		柱顶为刚接	柱顶为铰接
采暖房屋和非采暖地区的房屋	220	120	150
热车间和采暖地区的非采暖房屋	180	100	125
露天结构	120	—	—

温度伸缩缝最普遍的做法是设置双柱。即在缝的两旁布置两个无任何纵向构件联系的横向框架，使温度伸缩缝的中线和定位轴线重合（图 9.1.2a）；在设备布置条件不允许时，可采用插入距的方式（图 9.1.2b），将缝两旁的柱放在同一基础上，其轴线间距一般可采用 1 m，对于重型厂房由于柱的截面较大，可能要放大到 1.5 m 或 2 m，有时甚至到 3 m，方能满足温度伸缩缝的构造要求。为节约钢材也可采用单柱温度伸缩缝，即在纵向构件（如托架、吊车梁等）支座处设置滑动支座，以使这些构件有伸缩的余地。不过单柱伸缩缝使构造复杂，实际应用较少。

当厂房宽度较大时，也应该按规范规定布置纵向温度伸缩缝。

§9.2 横向框架的结构类型及主要尺寸

9.2.1 框架的类型

单层厂房的基本承重结构通常采用框架（frames）结构体系。这种体系能够保证必要的横向刚度，同时其净空又能满足使用上的要求。

横向框架按其静力计算模式来分，主要有横梁与柱铰接和横梁与柱刚接两种情况。如按跨度来分，则有单跨、双跨和多跨。

横梁与柱铰接的框架，在传统单层厂房钢结构中常可见到。由于其横向刚度较差，常不能满足吊车使用上的要求，因此这种结构类型现在很少采用。横梁与柱刚接的框架具有良好的横向刚度，但对于支座不均匀沉降及温度作用比较敏感，需采取防止不均匀沉降的措施。轻钢厂房采用的门式刚架属于横梁与柱刚接，而且由于结构自重与传统单层厂房钢结构相比大为减轻，沉降问题不甚严重，因而是一种较好的结构形式。

9.2.2 主要尺寸

框架的主要尺寸如图 9.2.1 所示。框架的跨度，一般取为上部柱中心线间的横向距离，可由下式定出：

$$L_0 = L_K + 2S \tag{9.2.1}$$

式中，L_K 为桥式吊车的跨度；S 为吊车梁轴线至上段柱轴线的距离（图 9.2.2），应满足下式要求：

$$S = B + D + b_1/2 \tag{9.2.2}$$

式中，B 为吊车桥架悬伸长度，可由行车样本查得；D 为吊车外缘和柱内边缘之间的必要空隙，当吊车起重量不大于 500 kN 时，不宜小于 80 mm；当吊车起重量大于或等于 750 kN 时，不宜小于 100 mm；当在吊车和柱之间需要设置安全走道时，则 D 不得小于 400 mm；b_1 为上段柱宽度。

S 的取值：对于中型厂房一般采用 0.75 m 或 1 m，重型厂房则为 1.25 m 甚至达 2.0 m。

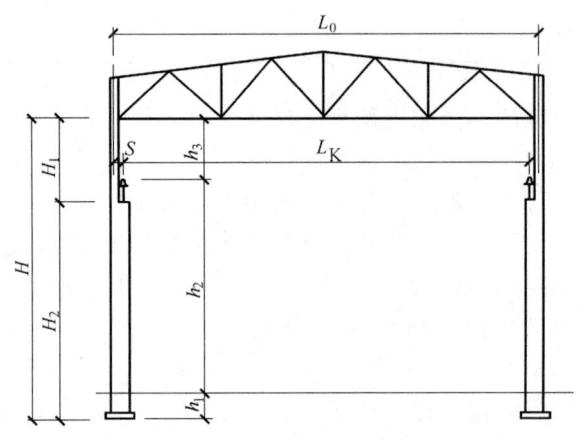

图 9.2.1 横向框架的主要尺寸

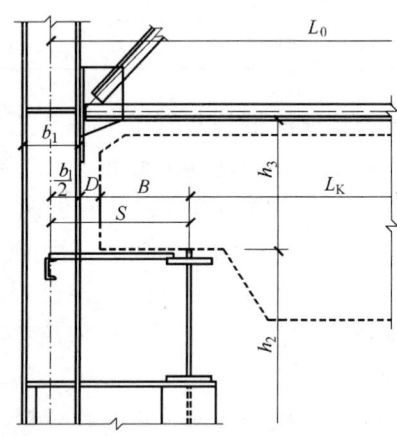

图 9.2.2 柱与吊车梁轴线间的净空

框架由柱脚底面到横梁下弦底部的距离：

$$H = h_1 + h_2 + h_3 \tag{9.2.3}$$

式中，h_1 为地面至柱脚底面的距离，中型车间约为 0.8~1.0 m，重型车间为 1.0~1.2 m；h_2 为地面至吊车轨顶的高度，由工艺要求决定；h_3 为吊车轨顶至屋架下弦底面的距离，

$$h_3 = A + 100 \text{ mm} + (150 \sim 200) \text{ mm} \tag{9.2.4}$$

式中，A 为吊车轨道顶面至起重小车顶面之间的距离；100 mm 是为制造、安装误差留出的空隙；$(150\sim200)$ mm 则是考虑屋架的挠度和下弦水平支撑角钢的下伸等所留的空隙。

吊车梁的高度可按 $(1/5\sim1/12)L$ 选用，L 为吊车梁的跨度，吊车轨道高度可根据吊车起重量决定。框架横梁一般采用梯形或人字形屋架，其形式和尺寸参见本章§9.4节。

§9.3 结构的纵向传力系统

9.3.1 纵向框架柱间支撑的作用和布置

柱间支撑（bracings）与厂房钢结构框架柱相连接，其作用为：

① 组成坚强的纵向构架，保证单层厂房钢结构的纵向刚度。

② 承受单层厂房钢结构端部山墙的风荷载、吊车纵向水平荷载及温度应力等，在地震区尚应承受纵向地震作用，并将这些力和作用传至基础。

③ 可作为框架柱在框架平面外的支点，减少柱在框架平面外的计算长度。

柱间支撑由两部分组成：在吊车梁以上的部分称为上层支撑，吊车梁以下部分称为下层支撑。下层柱间支撑与柱和吊车梁一起在纵向组成刚性很大的悬臂桁架。为了使纵向构件在温度发生变化时能较自由地伸缩，尽量减少温度应力，下层支撑应该设在温度区段中部。只有当吊

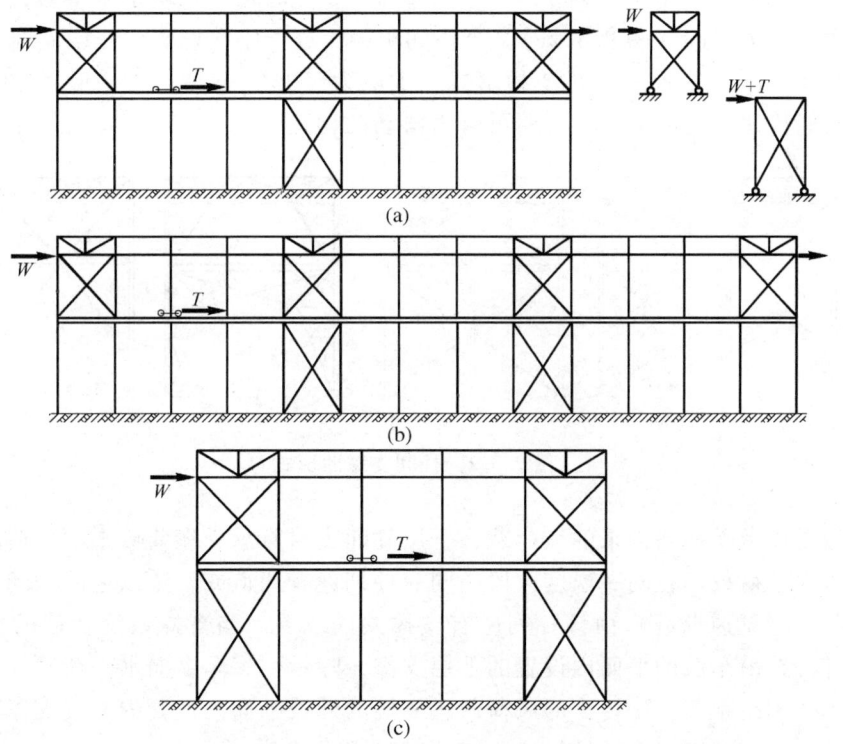

图 9.3.1 柱间支撑布置

车位置高而车间总长度又很短（如混铁炉车间），下层支撑设在两端不会产生很大的温度应力，而对厂房纵向刚度却能提高很多时，放在两端才是合理的。

当温度区段小于 90 m 时，在它的中央设置一道下层支撑（图 9.3.1a）；如果温度区段长度超过 90 m，则在它的 1/3 点处各设一道支撑（图 9.3.1b），以免传力路程太长。在短而高的单层厂房钢结构中，下层支撑也可布置在单层厂房钢结构的两端（图 9.3.1c）。

上层柱间支撑又分为两层，第一层在屋架端部高度范围内属于屋盖垂直支撑。显然，当屋架为三角形或虽为梯形但有托架时，并不存在此层支撑。第二层在屋架下弦至吊车梁上翼缘范围内。为了传递风荷载，上层支撑需要布置在温度区段端部，由于单层厂房钢结构柱在吊车梁以上部分的刚度小，不会产生过大的温度应力，从安装条件来看这样布置也是合适的。此外，在有下层支撑处也应设置上层支撑。上层柱间支撑宜在柱的两侧设置，只有在无人孔且柱截面高度不大的情况下才可沿柱中心设置一道。下层柱间支撑应在柱的两个肢的平面内成对设置，与外墙墙架有联系的边列柱可仅设在内侧，但重级工作制吊车的厂房外侧也同样设置支撑。此外，吊车梁和辅助桁架作为撑杆是柱间支撑的组成部分，承担并传递单层厂房钢结构纵向水平力。

9.3.2　柱间支撑的形式

柱间支撑按结构形式可分为十字交叉式、八字式、门架式等（图 9.3.2）。十字交叉支撑的构造简单、传力直接、用料节省，使用最为普遍，其斜杆倾角宜为 45°左右。上层支撑在柱间距较大时可改用斜杆（图 9.3.2d）；下层支撑高而不宽者可以用两个十字形，高而刚度要求严格者可以占用两个开间（图 9.3.2c）。当柱间距较大或十字撑妨碍生产空间时，可采用门架式支撑（图 9.3.2d）。图 9.3.2e 的支撑形式，上层为 V 形，下层为人字形，它与吊车梁系统的连接应做成能传递纵向水平力而竖向可自由滑动的构造。

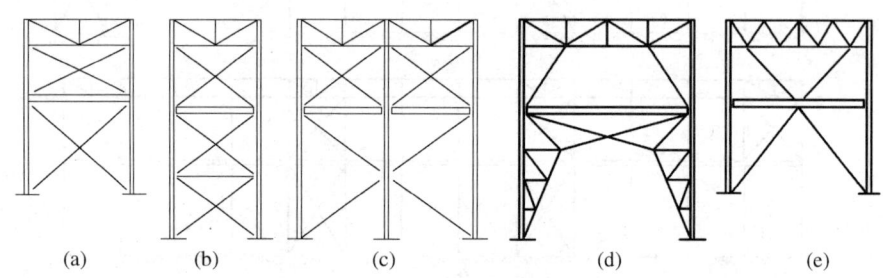

图 9.3.2　柱间支撑的形式

上层柱间支撑承受端墙传来的风荷载；下层柱间支撑除承受端墙传来的风荷载以外，还承受吊车的纵向水平荷载。在同一温度区段的同一柱列设有两道或两道以上的柱间支撑时，全部纵向水平荷载（包括风荷载）由该柱列所有支撑共同承受。当支撑系统在柱的两个肢的平面内成对设置时，在吊车肢的平面内设置的下层支撑，除承受吊车纵向水平荷载外，还承受与屋盖肢下层支撑按轴线距离分配传来的风荷载；靠墙的外肢平面内设置的下层支撑，只承受端墙传来的风荷载与吊车肢下层支撑按轴线距离分配来的风荷载。

柱间支撑的交叉杆和图 9.3.2d 的上层斜撑杆和门形下层支撑的主要杆件一般按柔性杆件

（拉杆）设计，交叉杆趋向于受压的杆件不参与工作，其他的非交叉杆以及水平横杆按压杆设计。某些重型车间，对下层柱间支撑的刚度要求较高，往往交叉杆的两杆均按压杆设计。

9.3.3 柱间支撑的设计计算

1. 支撑设计荷载计算

（1）纵向风荷载

由房屋两端或一端（房屋设有中间伸缩缝）的山墙及天窗架端壁传来的纵向风荷载，按 GB 50009—2001《建筑结构荷载规范》的相关规定确定其设计值。

（2）吊车纵向水平荷载

由吊车在轨道上纵向行驶所产生的刹车力，一般按不多于两台吊车计算，该荷载的设计值可由下式决定：

$$T = 0.1 P_{max} \tag{9.3.1}$$

式中，P_{max}为吊车刹车车轮的最大设计轮压，刹车轮数一般为吊车一侧轮数的一半。

（3）纵向地震作用

位于抗震设防烈度 7 度及以上地区的单层厂房钢结构，应根据其抗震设防标准，按 GB 50011—2001《建筑抗震设计规范》中 9.2 节的相关规定确定其纵向地震作用设计值。

（4）保证柱子平面外稳定的支撑力

作为框架柱平面外的支承点，在纵向柱列高度中央附近通过柱截面剪心设置一道支撑系统（包括水平撑杆）时，支撑系统所受的支撑力设计值应按下式计算：

$$F_{bn} = \frac{\sum N_i}{60}\left(0.6 + \frac{0.4}{n}\right) \tag{9.3.2}$$

式中，$\sum N_i$为被撑柱列同时存在的轴心压力设计值之和；n为柱列中被撑柱的根数。

该支撑力可不与其他荷载效应组合。

2. 支撑构件内力计算

计算各支撑杆件的内力时，假设各连接节点均为铰接，并忽略各杆件的偏心影响，即各杆件均可按轴心受拉或轴心受压构件计算。

柱间支撑的内力，应根据该柱列所受纵向荷载按支承于柱脚基础上的竖向悬臂桁架计算。对于带有交叉腹杆的支撑可按拉杆体系设计，也可按压杆设计。所谓按拉杆设计，是假定交叉腹杆只承受拉力，一旦受压即失去稳定而退出工作，如图9.3.3中的虚线所示，体系变为静定结构。所谓按压杆设计，是假定所有杆件均可受压，此时应按超静定结构计算支撑体系的内力。当交叉腹杆截面相同时，可假设两杆内力的绝对值相同，以简化计算。在内力分析时，必须考虑荷载方向的可变性。

当同一柱列设有多道纵向柱间支撑时，纵向力在各支撑间可按平均分布考虑。

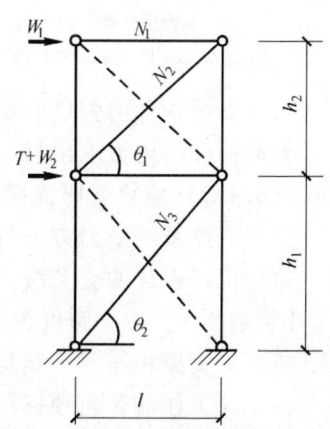

图 9.3.3 柱间支撑计算简图

3. 支撑构件截面验算

（1）支撑构件的长细比验算

支撑的截面尺寸一般由杆件的长细比按构造要求确定，即首先应满足其容许长细比的要求：

$$\lambda_{\max} \leq [\lambda] \tag{9.3.3}$$

式中，$[\lambda]$ 为支撑杆件的容许长细比，按第 6 章表 6.2.1 和表 6.2.2 采用。

计算支撑杆件的 $\lambda_{\max}$ 时，应符合下列规定：

① 张紧圆钢拉条的长细比不受限制。

② 十字交叉支撑斜杆的平面内计算长度应取节点中心到交叉点间的距离；其平面外的计算长度，当按拉杆设计时，取节点中心间的距离 l（交叉点不作为节点考虑），当按压杆设计时，应按表 9.3.1 取用。

③ 计算单角钢杆件的长细比时，应采用角钢最小回转半径；但计算在交叉点相互连接的单角钢交叉杆件在支撑平面外的长细比时，应采用与角钢肢边平行轴的回转半径。

④ 双片支撑的单肢杆件在平面外的计算长度，可取横向联系杆之间的距离。

表 9.3.1 交叉腹杆平面外的计算长度

项 次	杆件类别	杆件相交情况	平面外的计算长度
1	压杆	相交的另一杆受压，两杆在交叉点均不中断	$l_0 = l\sqrt{\dfrac{1}{2}\left(1+\dfrac{N_0}{N}\right)}$
2		相交的另一杆受拉，两杆中有一杆在交叉点中断，但以节点板搭接	$l_0 = l\sqrt{1+\dfrac{\pi^2}{12}\cdot\dfrac{N_0}{N}}$
3		相交的另一杆受拉，两杆在交叉点均不中断	$l_0 = l\sqrt{\dfrac{1}{2}\left(1-\dfrac{3}{4}\dfrac{N_0}{N}\right)} \geq 0.5l$
4		相交的另一杆受拉，此拉杆在交叉点中断，但以节点板搭接	$l_0 = l\sqrt{1-\dfrac{3}{4}\dfrac{N_0}{N}} \geq 0.5l$
5	拉杆		$l_0 = l$

注：1. 表中 N 为所计算杆的内力，N_0 为相交另一杆的内力，均为绝对值。两杆均受压时，取 $N_0 \leq N$，两杆截面应相同。
2. 当确定交叉腹杆中单角钢杆件斜平面内的长细比时，计算长度应取节点中心至交叉点的距离。

（2）支撑构件的强度和稳定性验算

支撑构件的内力求出后，应按第 6 章的式（6.2.2）或式（6.2.3）验算构件的强度，按公式（6.4.2）验算受压支撑构件的稳定性。

由于支撑系统受力方向的可变性，为防止支撑的某些杆件受压失稳导致整个支撑系统失效，除按拉杆设计的交叉腹杆外，其他杆件均应按压杆设计。

[例题 9.1] 一跨度为 30 m 的单层厂房，两端为封闭式山墙，设有山墙柱，其上端与屋架下弦水平支撑相连，下端与柱基铰接。檐口标高 13 m。内设两台起重量为 20 t 的普通桥式吊车，中级工作制，轨顶标高 9 m，一台吊车的最大轮压（标准值）$P_{\max}=29.6$ t。每侧边列柱均设有一道柱间支撑，均为三层 X 形交叉支撑，如图 9.3.4 所示。取山墙基本风压 $w_0=0.45$ kN/m²，风压高度变化系数 $\mu_z=1.0$，整体（迎风+背风）风压体型系数 $\mu_s=0.9$。试仅按

风荷载和吊车荷载设计柱间支撑各构件的截面。

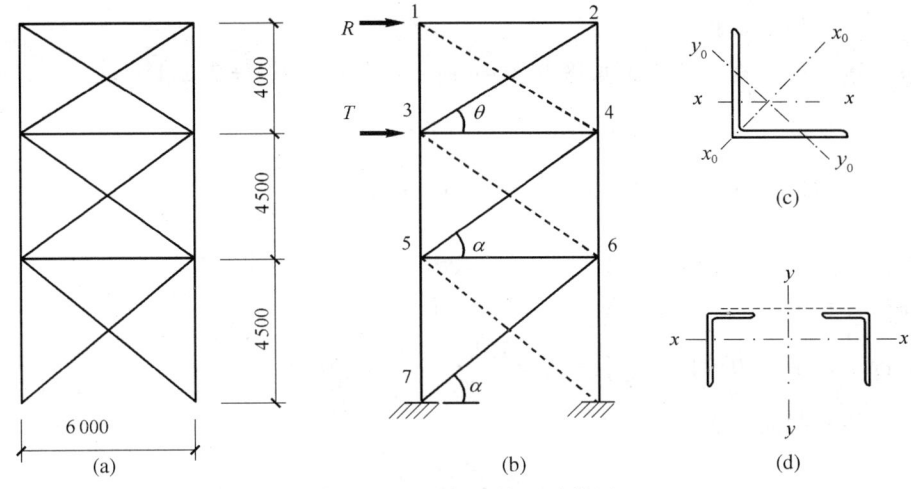

图 9.3.4 柱间支撑设计简图

[解]
1. 荷载计算
(1) 风荷载
风压设计值：
$$w = 1.4\mu_s\mu_z w_0 = 1.4 \times 0.9 \times 1.0 \times 0.45 \text{ kN/m}^2 = 0.57 \text{ kN/m}^2$$

每片柱间支撑柱顶风荷载节点反力为：
$$R = \frac{1}{4} \times w \times 挡风面积 = \frac{1}{4} \times 0.57 \text{ kN/m}^2 \times 13 \text{ m} \times 30 \text{ m} = 55.58 \text{ kN}$$

(2) 吊车纵向水平制动力 T

按计算跨间两台吊车同时作用，一台吊车一侧有两个制动轮计算，则单片柱间支撑所受吊车纵向水平制动力 T 为：
$$T = 0.1 \sum P_{\max} = 0.1 \times 1.4 \times 2 \times 2 \times 9.8 \text{ N/kg} \times 29.6 \text{ t} = 162.44 \text{ kN}$$

2. 柱间支撑构件内力计算

柱间支撑桁架内力分析如图 9.3.4b 所示。假设交叉斜杆只能受拉，当如图示纵向力的方向时，虚线的斜杆退出工作不受力。将 1，2，…，7 诸点都看作是铰。

$$N_{2-3}^R = \frac{R}{\cos\theta} = \frac{55.58 \text{ kN} \times \sqrt{6^2 + 4^2}}{6} = 66.80 \text{ kN}$$

$$N_{4-5}^R = \frac{R}{\cos\alpha} = \frac{55.58 \text{ kN} \times \sqrt{6^2 + 4.5^2}}{6} = 69.48 \text{ kN}$$

$$N_{4-5}^T = \frac{T}{\cos\alpha} = \frac{162.44 \text{ kN} \times \sqrt{6^2 + 4.5^2}}{6} = 203.05 \text{ kN}$$

$$N_{6-7} = N_{4-5}$$

$$N_{5-6}^R = -R = -55.58 \text{ kN} \quad (压杆)$$

$$N_{5-6}^T = -T = -162.44 \text{ kN} \quad （压杆）$$

3. 截面设计

（1）上部柱间支撑斜杆 2-3

采用单角钢、单片支撑，截面如图 9.3.4c 所示。几何长度 $l = 7.211$ m。

平面内计算长度：
$$l_0 = \frac{l}{2} = \frac{7.211 \text{ m}}{2} = 3.606 \text{ m}$$

上部柱间支撑按拉杆设计，容许长细比：$[\lambda] = 400$。

需要平行于斜平面回转半径：
$$i_y \geq \frac{360.6 \text{ cm}}{400} = 0.90 \text{ cm}$$

平面外计算长度：$l_0 = l = 7.211$ m

需要平行于角钢肢边的回转半径：
$$i_x \geq \frac{721.1 \text{ cm}}{400} = 1.80 \text{ cm}$$

需要角钢的净截面积为：
$$A_n = \frac{N_{2-3}^R}{0.85f} = \frac{66.80 \times 10^3 \text{ N}}{0.85 \times 215 \times 10^2 \text{ N/cm}^2} = 3.66 \text{ cm}^2$$

式中，0.85 是单面连接单角钢强度设计值折减系数。

选用 1∟63×6，$A = 7.29 \text{ cm}^2$，$i_{y0} = 1.24 \text{ cm} > 0.90 \text{ cm}$，$i_x = 1.93 \text{ cm} > 1.80 \text{ cm}$。杆件与节点板以角焊缝焊接，安装螺栓在节点范围以内，不需扣除螺栓孔，$A_n = A = 7.29 \text{ cm}^2$，大于需要的 $A_n = 3.66 \text{ cm}^2$，满足要求。

（2）下部柱间支撑斜杆 4-5（6-7）

采用两角钢双片支撑，截面如图 9.3.4d 所示。假设 N_{4-5}^R 由外侧的支撑分肢承受，N_{4-5}^T 由吊车梁侧的支撑分肢承受。双片支撑两分肢间用缀条或缀板相连，以增强侧向刚度。

吊车梁侧支撑需要的净截面积为：
$$A_n \geq \frac{N_{4-5}^T}{f} = \frac{203.05 \times 10^3 \text{ N}}{215 \times 10^2 \text{ N/cm}^2} = 9.44 \text{ cm}^2$$

外侧支撑需要的净截面积为：
$$A_n \geq \frac{N_{4-5}^R}{f} = \frac{69.48 \times 10^3 \text{ N}}{215 \times 10^2 \text{ N/cm}^2} = 3.23 \text{ cm}^2$$

因两支撑分肢间有缀件相连，实际上已构成一个组合构件，故以上计算中强度设计值未考虑折减系数 0.85。两分肢选用相同截面，各为 1∟90×8，$A = 13.94 \text{ cm}^2$，$i_y = 1.87 \text{ cm}$，$i_x = 2.76 \text{ cm}$。

两片支撑斜杆（拉杆）之间用缀条相连，以增强平面外的刚度，这样验算支撑斜杆的长细比将由平面内控制：

平面内计算长度：
$$l_0 = \frac{l}{2} = \frac{7.500 \text{ m}}{2} = 3.750 \text{ m}$$

平面内回转半径：$i_x = 2.76$ cm

$$\lambda_x = \frac{375.0 \text{ cm}}{2.76 \text{ cm}} = 135.9 < [\lambda] = 300$$

满足要求。

（3）下部柱间支撑横杆 5-6（中心受压）

容许长细比： $[\lambda] = 150$

需要平面内回转半径： $i_x \geqslant \dfrac{600 \text{ cm}}{150} = 4 \text{ cm}$

内力： $N_{5-6} = N_{5-6}^R + N_{5-6}^T = -55.58 \text{ kN} - 162.44 \text{ kN} = -218.02 \text{ kN}$

根据需要的 $i_x \geqslant 4$ cm，选用两角钢组合截面如图 9.3.4d 所示，为 2∟140×90×10，长肢下伸，$A = 44.52$ cm²，$i_x = 4.47$ cm。

验算支撑横杆的稳定性（平面内控制）：

$$\lambda_x = \frac{l_0}{i_x} = \frac{600 \text{ cm}}{4.47 \text{ cm}} = 134.2 < [\lambda] = 150$$

由 b 类截面查得 $\varphi = 0.369$，

$$\frac{N}{\varphi A} = \frac{218.02 \times 10^3 \text{ N}}{0.369 \times 44.52 \times 10^2 \text{ mm}^2} = 132.71 \text{ N/mm}^2 < f = 215 \text{ N/mm}^2$$

满足要求。

支撑横杆的两角钢间用缀条相连，以保证分肢稳定。横杆绕 y 轴（虚轴）的稳定按格构式压杆验算。

9.3.4　柱间支撑的连接及构造

柱间支撑采用角钢时，其截面不宜小于∟75×6；采用槽钢连接时，不宜小于[12。下层柱间支撑一般设置为双片，分别与吊车肢和屋盖肢相连，双片支撑之间以缀条相连，缀条常采用单角钢，以控制其长细比不超过 200，且不小于∟50×5 为宜。上层柱间支撑一般设置为单片，如果上柱设有人孔或截面高度过大（≥800 mm），亦应采用双片。支撑的连接可采用焊缝或高强度螺栓。采用焊缝时，焊缝尺寸不应小于 6 mm，焊缝长度不应小于 80 mm，同时要在连接处设置安装螺栓，一般不小于 M16。对于人字形，八字形之类的支撑还要注意采取构造措施，如采用弹簧板连接使其与吊车梁（或制动结构，辅助桁架）的连接仅传递水平力，而不传递垂直力，以免支撑成为吊车梁的中间支点。支撑与柱的连接节点如图 9.3.5 所示。

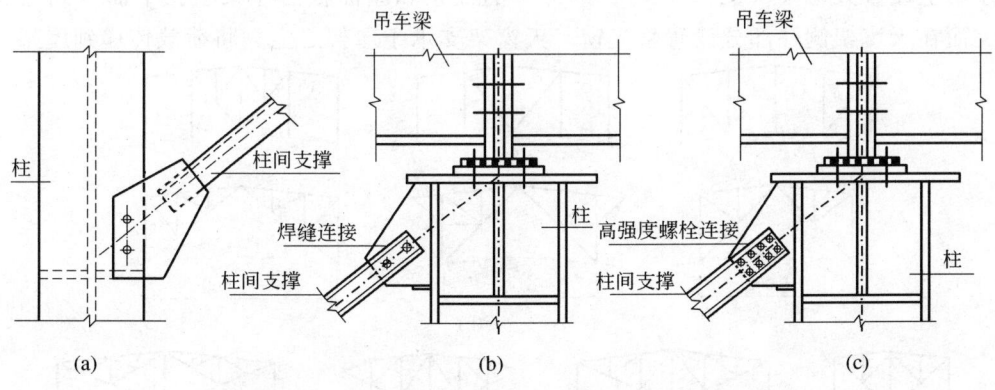

图 9.3.5　柱间支撑与柱的连接
(a) 柱间支撑下端与柱的连接；(b) 柱间支撑上端与柱焊接连接；
(c) 柱间支撑上端与柱用螺栓连接

§9.4 屋盖结构体系

9.4.1 钢屋盖结构的形式、组成及布置

钢屋盖结构通常由屋面、檩条、屋架、托架和天窗架等构件组成。根据屋面材料和屋面结构布置情况的不同，可分为无檩屋盖结构体系和有檩屋盖结构体系。

1. 无檩屋盖结构体系

无檩屋盖结构体系（图9.1.1a）中屋面板通常采用钢筋混凝土大型屋面板、钢筋加气混凝土板等。屋架的间距应与屋面板的长度配合一致，通常为6 m。这种屋面板上一般采用卷材防水屋面，通常适用于较小屋面坡度，常用坡度为1:8~1:12，因此常采用梯形屋架做为主要承重构件。

无檩体系屋盖屋面构件的种类和数量少，构造简单，安装方便，施工速度快，且屋盖刚度大，整体性能好；但屋面自重大，常要增大屋架杆件和下部结构的截面，对抗震也不利。

2. 有檩屋盖结构体系

有檩屋盖结构体系（图9.1.1b）常用于轻型屋面材料的情况。如压型钢板、压型铝合金板、石棉瓦、瓦楞铁皮等。屋架间距通常为6 m；当柱距大于或等于12 m时，则用托架支承中间屋架，一般适用于较陡的屋面坡度以便排水，常用坡度为1:2~1:3，因此常采用三角形屋架做为主要承重构件。当采用较好的防水措施用压型钢板做屋面时，屋面坡度也可做到1:12或更小，此时也可用H型钢梁作为主要承重构件。

有檩体系屋盖可供选用的屋面材料种类较多，屋架间距和屋面布置较灵活，自重轻，用料省，运输和安装较轻便；但构件的种类和数量多，构造较复杂。在选用屋盖结构体系时，应全面考虑房屋的使用要求、受力特点、材料供应情况以及施工和运输条件等，以确定最佳方案。

3. 天窗架形式

在工业厂房中，为了满足采光和通风等要求，常需在屋盖上设置天窗。天窗的形式有纵向天窗、横向天窗和井式天窗三种。后两种天窗的构造较为复杂，较少采用。最常用的是沿房屋纵向在屋架上设置天窗架（图9.4.1），该部分的檩条和屋面板由屋架上弦平面移到天窗架上弦平面，而在天窗架侧柱部分设置采光窗。天窗架支承于屋架之上，将荷载传递到屋架。

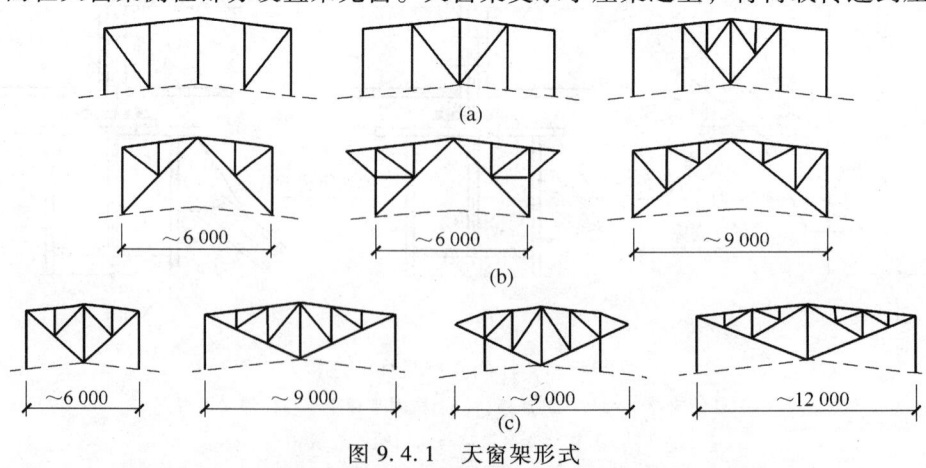

图9.4.1 天窗架形式
(a) 多竖杆式；(b) 三铰拱式；(c) 三支点式

4. 托架形式

在工业厂房的某些部位，常因放置设备或交通运输要求而需局部少放一根或几根柱。这时该处的屋架（称为中间屋架）就需支承在专门设置的托架上（图 9.4.2）。托架两端支承于相邻的柱上，跨中承受中间屋架的反力。钢托架一般做成平行弦桁架，其跨度一般不大，但所受荷载较重。钢托架通常做在与屋架大致同高度的范围内，中间屋架从侧面连接于托架的竖杆，构造方便且屋架和托架的整体性、水平刚度和稳定性都好。

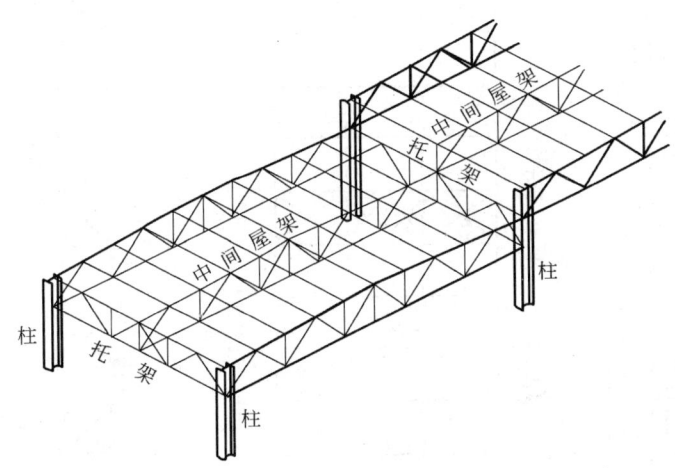

图 9.4.2 托架支承中间屋架

9.4.2 钢屋盖支撑

当钢屋盖以平面桁架作为主要承重构件时，各个平面桁架（屋架）要用各种支撑及纵向杆件（系杆）连成一个空间几何不变的整体结构，才能承受荷载。这些支撑及系杆统称为屋盖支撑。它由上弦横向水平支撑、下弦横向水平支撑、下弦纵向水平支撑、垂直支撑及系杆组成（图 9.4.3）。下面分别介绍各类支撑及系杆的位置、组成、形式及计算和构造。

1. 上弦横向水平支撑

上弦横向水平支撑一般布置在屋盖两端（或每个温度区段的两端）的两榀相邻屋架的上弦杆之间，位于屋架上弦平面沿屋架全跨布置，形成一平行弦桁架，其节间长度为屋架节间距的 2~4 倍。它的弦杆即屋架的上弦杆，腹杆由交叉的斜杆及竖杆组成。交叉的斜杆一般用单角钢或圆钢制成（按拉杆计算），竖杆常用双角钢的 T 形截面。当屋架有檩条时，竖杆由檩条兼任。

2. 下弦横向水平支撑

下弦横向水平支撑布置在与上弦横向水平支撑同一开间，它也形成一个平行弦桁架，位于屋架下弦平面。其弦杆即屋架的下弦，腹杆也是由交叉的斜杆及竖杆组成，其形式和构造与上弦横向水平支撑相同。横向水平支撑的间距不宜大于 60 m，当温度区段长度较长时，应在中部增设上下弦横向水平支撑。

3. 下弦纵向水平支撑

它位于屋架下弦两端节间处，位于屋架下弦平面，沿房屋全长布置，也组成一个具有交叉斜杆及竖杆的平行弦桁架，它的端竖杆就是屋架端节间的下弦。下弦纵向水平支撑与下弦横向

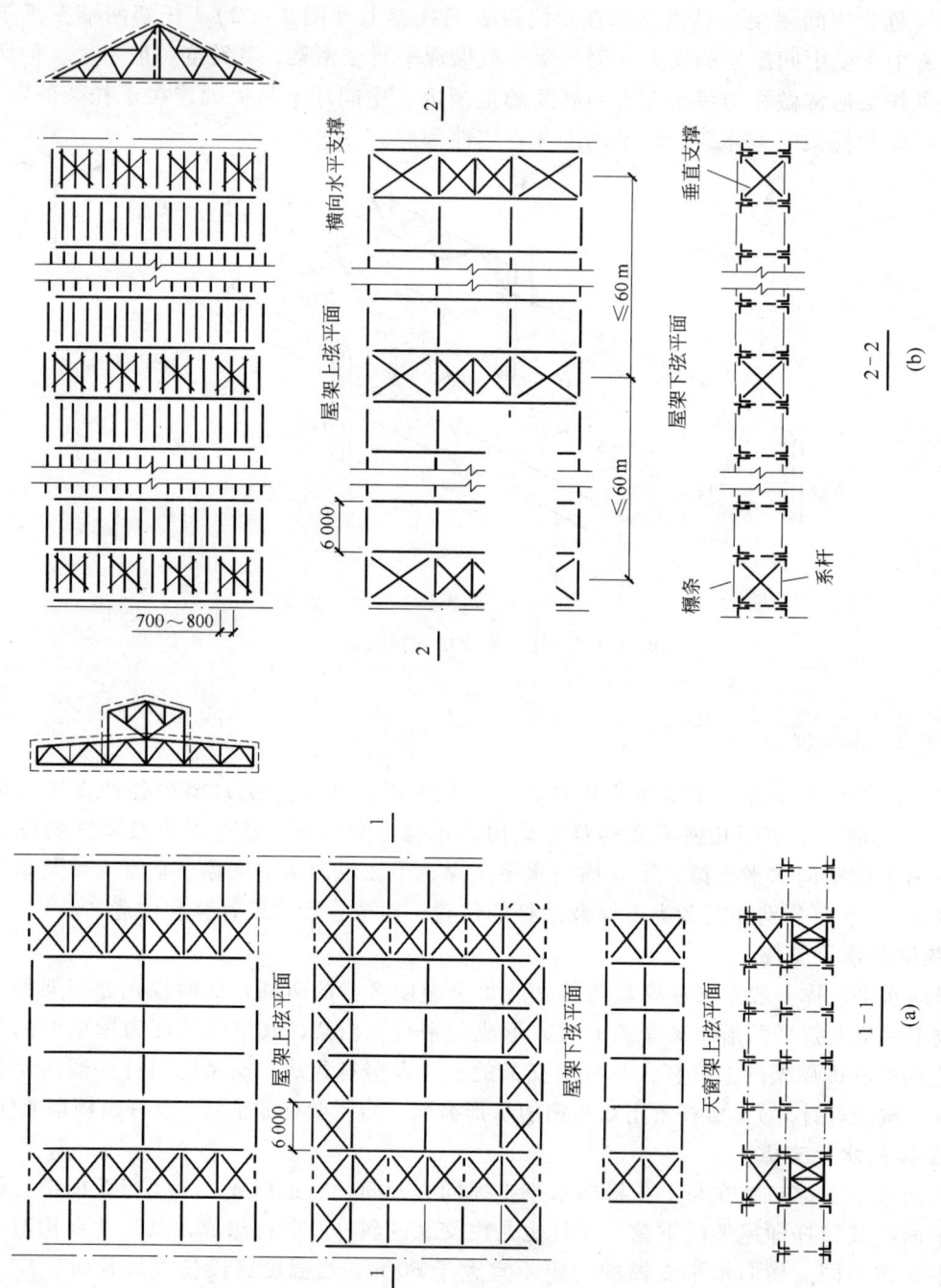

图 9.4.3 屋盖支撑布置图
(a) 无檩屋盖的支撑布置;(b) 有檩屋盖的支撑布置

水平支撑共同构成一个封闭的支撑框架，以保证屋盖结构有足够的水平刚度。

一般情况下，屋架可以不设置下弦纵向水平支撑，仅在房屋有较大起重量的桥式吊车、壁行吊车或锻锤等较大振动设备，以及房屋高度或跨度较大或空间刚度要求较大时，才设置下弦纵向水平支撑。此外，在房屋设有托架处，为保证托架的侧向稳定，在托架范围及两端各延伸一个柱间应设置下弦纵向水平支撑。

4. 垂直支撑

垂直支撑位于上、下弦横向水平支撑同一开间内，形成一个跨长为屋架间距的平行弦桁架。它的上、下弦杆分别为上、下弦横向水平支撑的竖杆，它的端竖杆就是屋架的竖杆（或斜腹杆）。垂直支撑中央腹杆的形式由支撑桁架的高跨比决定，一般常采用 W 形或双节间交叉斜杆等形式。腹杆截面可采用单角钢或双角钢 T 形截面。

跨度小于 30 m 的梯形屋架通常在屋架两端和跨度中央各设置一道垂直支撑。当跨度大于 30 m 时，则在两端和跨度 1/3 处分别共设四道。一般情况下，跨度小于 18 m 的三角形屋架只需在跨度中央设一道垂直支撑，大于 18 m 时则在 1/3 跨度处共设两道。

5. 系杆

沿厂房纵向每间隔 4~6 个屋架应设置垂直支撑，以保证屋架安装时的稳定性。在未设横向支撑的开间，相邻平面屋架由系杆连接。系杆通常在屋架两端，有垂直支撑位置的上、下弦节点以及屋脊和天窗侧柱位置，沿房屋纵向通长布置。系杆对屋架上、下弦杆提供侧向支承，因此必要时，还应根据控制这些弦杆长细比的要求按一定距离增设中间系杆。对于有檩屋盖，檩条可兼作系杆。

系杆中只能承受拉力的称为柔性系杆，设计时可按容许长细比 $[\lambda]=400$（有重级工作制吊车的厂房为 350）控制，常采用单角钢或张紧的圆钢拉条（此时不控制长细比）；能承受压力的称刚性系杆，设计时可按 $[\lambda]=200$ 控制，常用双角钢 T 形或十字形截面。一般在屋架下弦端部及上弦屋脊处需设置刚性系杆，其他可设柔性系杆。

当房屋两端为山墙时，上、下弦横向水平支撑及垂直支撑可设在两端第二开间，这时第一开间的所有系杆均设为刚性系杆。当房屋长度大于 60 m 时，应在中间增设一道（或几道）上、下弦横向水平支撑及垂直支撑。

屋盖支撑因受力较小一般不进行内力计算。其截面尺寸由杆件容许长细比和构造要求确定。交叉斜杆一般按拉杆控制，容许长细比与柔性系杆相同。弦杆、非交叉斜杆等按压杆 $[\lambda]=200$ 控制。对于跨度较大且承受墙面传来很大的风荷载的横向水平支撑，应按桁架体系计算内力选择截面，同时亦应控制长细比。

具有交叉斜腹杆的支撑桁架可按图 9.4.4 所示计算简图计算。在节点荷载 F 的作用下，图中每节间仅考虑受拉斜腹杆工作，另一根（虚线所示）斜腹杆则假定因屈曲退出工作（偏安

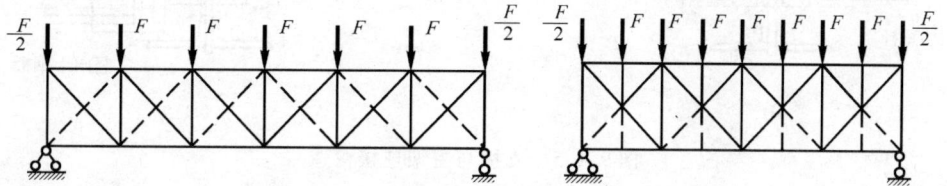

图 9.4.4　支撑桁架杆件的内力计算简图

全），这样桁架成为静定体系使计算简化。当荷载反向时，两组斜杆受力情况恰好相反。

屋盖支撑的构造应力求简单、安装方便。其连接节点构造如图 9.4.5 所示。

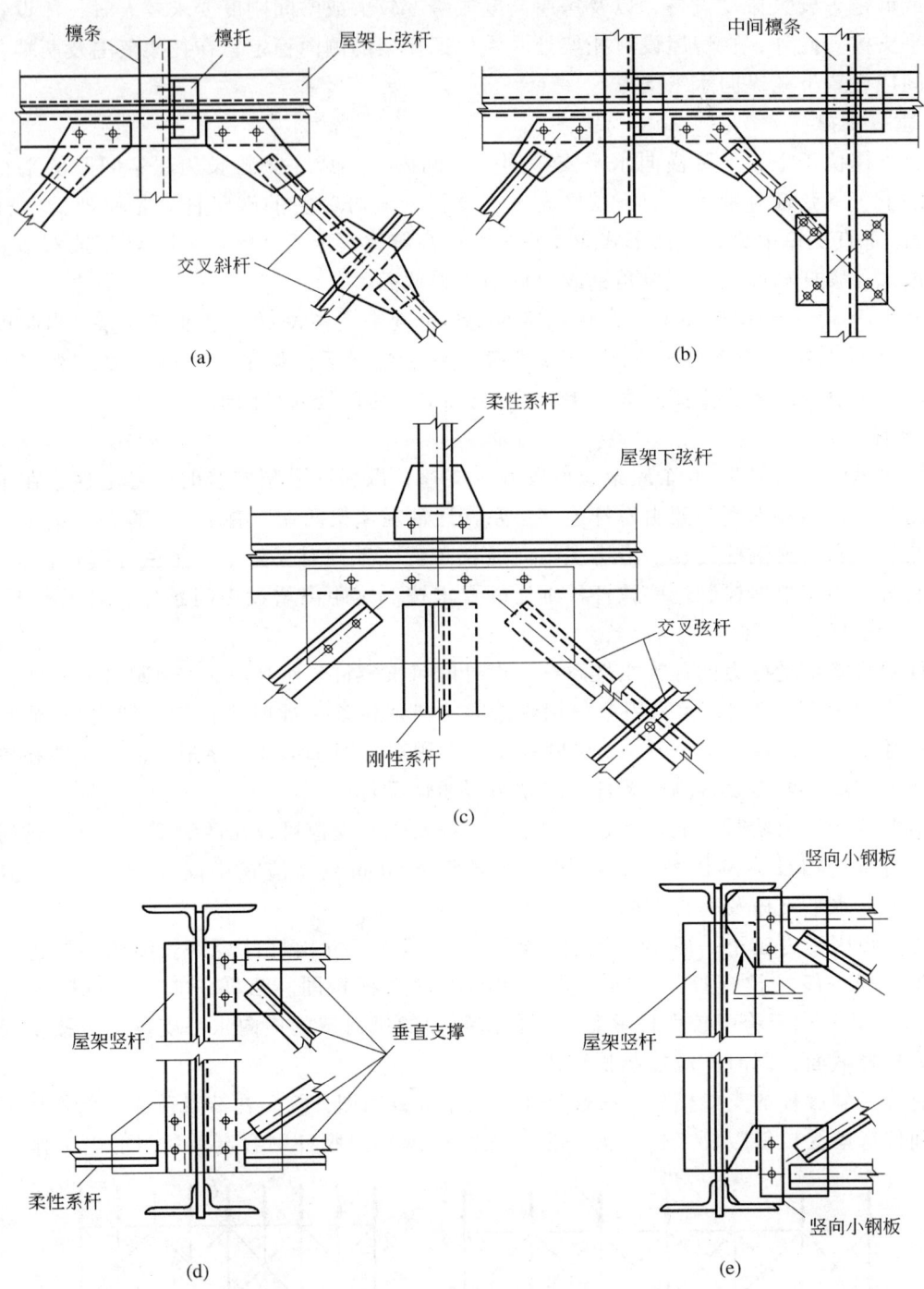

图 9.4.5 支撑与屋架连接构造

上弦横向水平支撑的角钢肢尖应向下，且连接处适当离开屋架节点（图9.4.5a），以免影响大型屋面板或檩条安放。交叉斜杆在相交处应有一根杆件切断，另加节点板用焊缝或螺栓连接（图9.4.5a）。交叉斜杆处如与檩条相连（图9.4.5b），则两根斜杆均应切断，用节点板相连。

下弦横向和纵向水平支撑的角钢肢尖允许向上（图9.4.5c），其中交叉斜杆可以肢背靠肢背交叉放置，中间填以填板，杆件无需切断。

垂直支撑可只与屋架竖杆相连（图9.4.5d），也可通过竖向小钢板与屋架弦杆及屋架竖杆同时相连（图9.4.5e）。

支撑与屋架的连接通常用M20C级螺栓，支撑与天窗架的连接可用M16C级螺栓。在有重级工作制吊车或有其他较大振动设备的厂房，屋架下弦支撑及系杆宜用高强度螺栓连接，或用C级螺栓再加焊缝将节点板固定。

从前述屋盖支撑的布置及组成不难理解，屋盖支撑虽不是主要承重构件，但它对保证主要承重构件——屋架正常工作起着重要作用。具体地说，这些作用是：

① 保证屋盖形成空间几何不变结构体系，增大其空间刚度。

② 承受屋盖各种纵向、横向水平荷载（如风荷载、吊车制动力、地震力等），并将其传至屋架支座。

③ 为上、下弦杆提供侧向支撑点，减小弦杆在屋架平面外的计算长度，提高其侧向刚度和稳定性。

④ 保证屋盖结构安装时的便利和稳定。

§9.5 檩条及压型钢板的设计

9.5.1 钢檩条设计

屋盖中檩条用钢量所占比例较大，因此合理选择檩条形式、截面和间距，以减少檩条用钢量，对减轻屋盖重量、节约钢材有重要意义。

1. 檩条的形式

檩条通常是双向弯曲构件，分实腹式和桁架式两大类。后者制造费工，应用较少。

实腹式檩条常采用槽钢、角钢以及Z形和C形冷弯薄壁型钢（图9.5.1）。槽钢檩条应用普遍，其制作、运输和安装均较简便；但普通型钢壁较厚，材料不能充分发挥作用，故用钢量较大；薄壁型钢檩条受力合理，用钢量少，在材料有来源时宜优先采用，但防锈要求较高。实

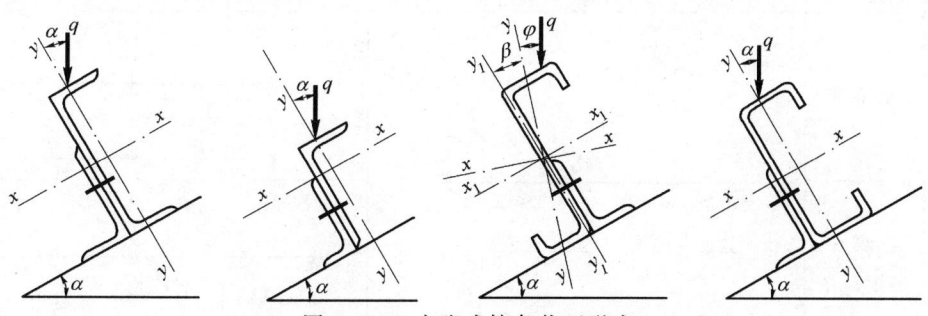

图 9.5.1 实腹式檩条截面形式

腹式檩条常用于屋架间距不超过 6 m 的厂房，其高跨比可取 1/35～1/50。

2. 檩条的计算

实腹式檩条由于腹板与屋面垂直放置，故在屋面荷载 q 作用下将绕截面的两个主轴弯曲。若荷载偏离截面的弯曲中心，还将受到扭矩的作用，但屋面板的连接能起到一定的阻止檩条扭转的作用，故设计时可不考虑扭矩的影响，而按双向受弯构件计算。有关冷弯薄壁型钢檩条的设计特点已在第 5 章 §5.6 节中介绍，本节重点介绍普通型钢檩条的计算方法。由于型钢檩条的壁厚较大，因此可不计算其抗剪和局部承压强度。

（1）强度

图 9.5.1 所示实腹式檩条在屋面竖向荷载 q 作用下，檩条截面的两个主轴方向分别承受 $q_x = q\sin\alpha$（或 $\sin\varphi$）和 $q_y = q\cos\alpha$（或 $\cos\varphi$）分力作用（α 或 φ 为 q 与主轴 y 的夹角）。

檩条简支时，由 q_y 引起的对 x-x 轴的弯矩 $M_x = \frac{1}{8}q_y l^2 = \frac{1}{8}ql^2\cos\alpha$（或 $\cos\varphi$）。由 q_x 引起的对 y-y 轴的弯矩 M_y，如中间不设拉条时其弯矩 $M_y = \frac{1}{8}q_x l^2 = \frac{1}{8}ql^2\sin\alpha$（或 $\sin\varphi$）；当屋盖檩条间设拉条时，则拉条作为檩条的侧向支承，可按双跨或多跨连续梁计算 M_y。承受双向弯曲的檩条的计算弯矩见表 9.5.1。

表 9.5.1 承受双向弯曲的檩条的计算弯矩

檩条形式	拉条设置	刚度最大面弯矩	刚度最小面弯矩
单跨简支檩条	无拉条		$\frac{1}{8}q_x l^2$，跨度 l
	有一根拉条	$\frac{1}{8}q_y l^2$，跨度 l	$-\frac{1}{32}q_x l^2$（支座），$\frac{1}{64}q_x l^2$（跨中），$l/2$ + $l/2$
	有两根拉条		$-\frac{1}{90}q_x l^2$（支座），$\frac{1}{360}q_x l^2$（跨中），$l/3$ + $l/3$ + $l/3$
双跨连续檩条	无拉条	$-\frac{1}{8}q_y l^2$（中支座），$\frac{1}{16}q_y l^2$（跨中），l + l	$-\frac{1}{8}q_x l^2$（中支座），$\frac{1}{16}q_x l^2$（跨中），l + l
	每跨有一根拉条		$-\frac{1}{32}q_x l^2$，$-\frac{1}{56}q_x l^2$，$\frac{1}{52}q_x l^2$，$\frac{1}{112}q_x l^2$，$l/2$ + $l/2$ + $l/2$ + $l/2$

檩条承受双向弯曲时，按下列公式计算强度：

$$\frac{M_x}{\gamma_x W_{nx}} + \frac{M_y}{\gamma_y W_{ny}} \leq f \tag{4.2.3}$$

式中，M_x、M_y 分别为檩条刚度最大面（绕 x 轴）和刚度最小面（绕 y 轴）的弯矩，单跨简支檩条当无拉条或有一根拉条时采用跨度中央的弯矩；有两根位于 1/3 跨的拉条，当 $q_y < q_x/3.5$ 时采用跨中的弯矩；当 $q_y > q_x/3.5$ 时采用跨度 1/3 处的弯矩；双跨连续檩条采用中央支座处的弯矩；W_{nx}、W_{ny} 分别为檩条刚度最大面（绕 x 轴）和刚度最小面（绕 y 轴）的净截面抵抗矩；γ_x、γ_y 为截面塑性发展系数，按表 4.2.1 取用；f 为钢材的抗弯强度设计值。

檩条仅承受单向弯曲时，应按公式（4.2.2）计算强度。

(2) 整体稳定

当檩条之间未设置拉条且屋面材料刚性较差（如石棉瓦和用挂钩螺栓固定的压型钢板等），在构造上不能阻止檩条受压翼缘侧向位移时或虽有刚性较好的屋面，但屋面较轻，在风吸力下可能使下翼缘受压时，应按公式（4.4.28）验算檩条的整体稳定，如檩条之间设有拉条，则可不验算整体稳定。

(3) 刚度

设置拉条时，只需计算垂直于屋面方向的最大挠度。未设拉条时需计算总挠度。计算挠度时，荷载应取其标准值。

单跨简支檩条（当有拉条时）：

$$v = \frac{5}{384} \cdot \frac{q_y l^4}{E I_x} \leq [v] \tag{9.5.1}$$

当不设拉条时，应分别计算沿两个主轴方向的分挠度 v_x、v_y，然后验算总挠度，即：

$$v = \sqrt{v_x^2 + v_y^2} \leq [v] \tag{9.5.2}$$

式中，I_x 为截面对垂直于腹板的主轴的惯性矩；v_x、v_y 分别由 q_x 和 q_y 引起的沿 x、y 两主轴方向的分挠度；$[v]$ 为容许挠度，按附录 2 中附表 2.1 采用。

(4) 檩条的连接与构造

檩条一般可全部布置在屋架上弦节点上，由屋檐起沿屋架上弦等距离设置。檩条一般用檩托与屋架上弦相连，檩托用短角钢做成，先焊在屋架上弦，然后用 C 级螺栓（不少于 2 个）或焊缝与檩条连接（图 9.5.2）。角钢和 Z 形薄壁型钢檩条的上翼缘肢尖应朝向屋脊，槽钢檩条的槽口则可朝上，屋面坡度小时亦可朝下。

在实腹式檩条之间往往要设置拉条和撑杆（图 9.5.3），当檩条的跨度为 4~6 m 时，宜设置一道拉条；当檩条的跨度为 6 m 以上时，应布置两道拉条。屋架两坡面的脊檩须在拉条连接处相互联系，或设斜拉条和撑杆。Z 形薄壁型钢檩条还须在檐口处设斜拉条和撑杆。当檐口处有圈梁或承重天沟时，可只设直拉条并与其连接。

拉条通常采用直径 10~16 mm 的圆钢制成。撑杆主要是限制檐檩或天窗侧檩的侧向弯曲，故多采用角钢，其长细比按压杆考虑，不能大于 200，并据此选择其截面。

拉条与檩条、撑杆与檩条的连接构造如图 9.5.4 所示，图中 d 为拉条直径。拉条的位置应靠近檩条的上翼缘约 30~40 mm，并用位于腹板一侧或两侧的螺母将其固定于檩条的腹板上。撑杆与焊在檩条上的钢板或角钢用 C 级螺栓连接。

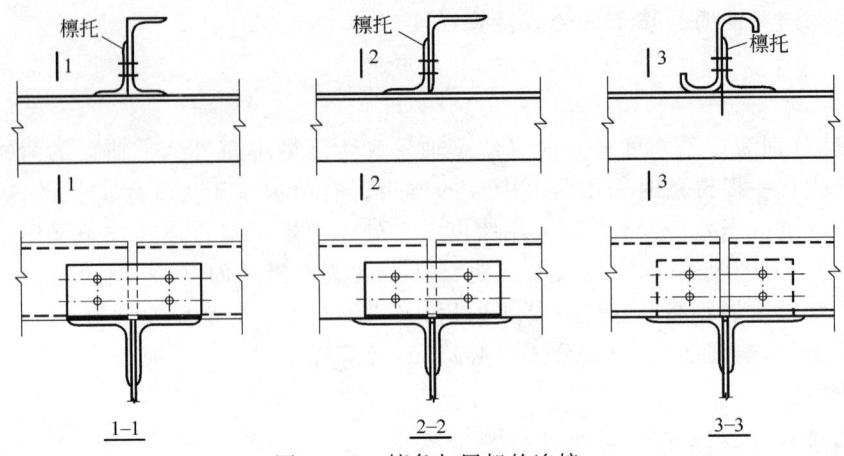

图 9.5.2 檩条与屋架的连接

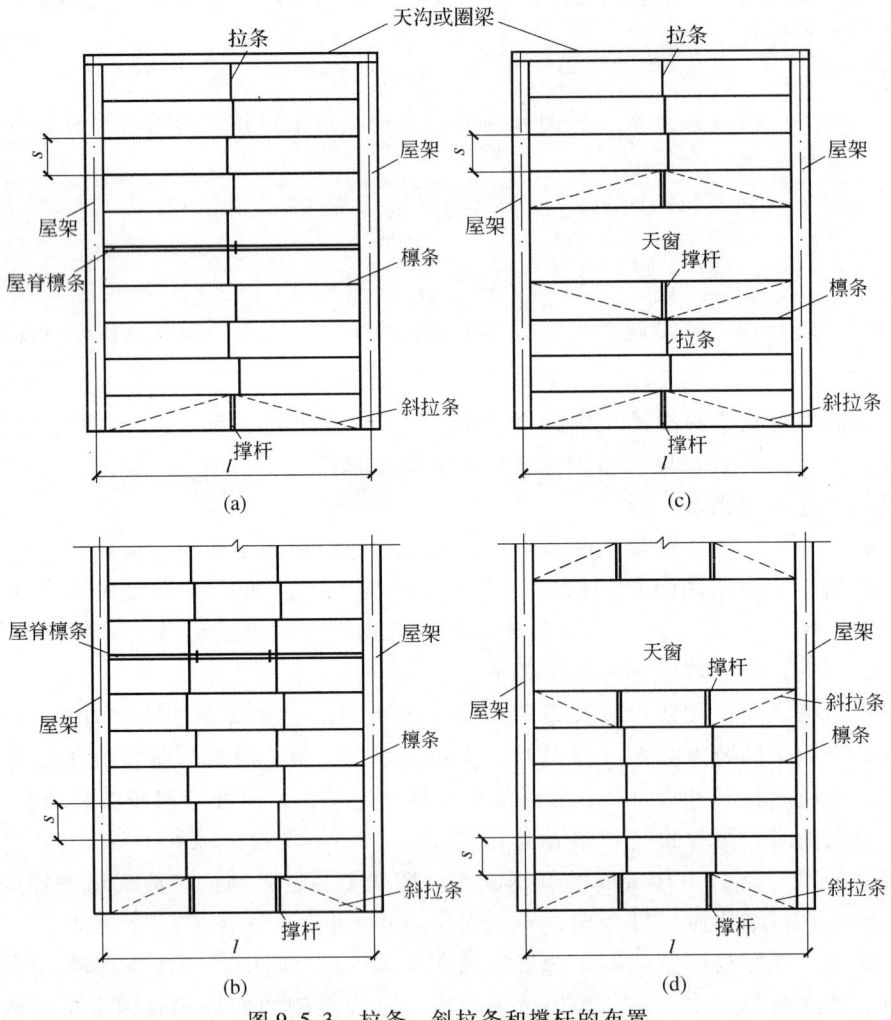

图 9.5.3 拉条、斜拉条和撑杆的布置

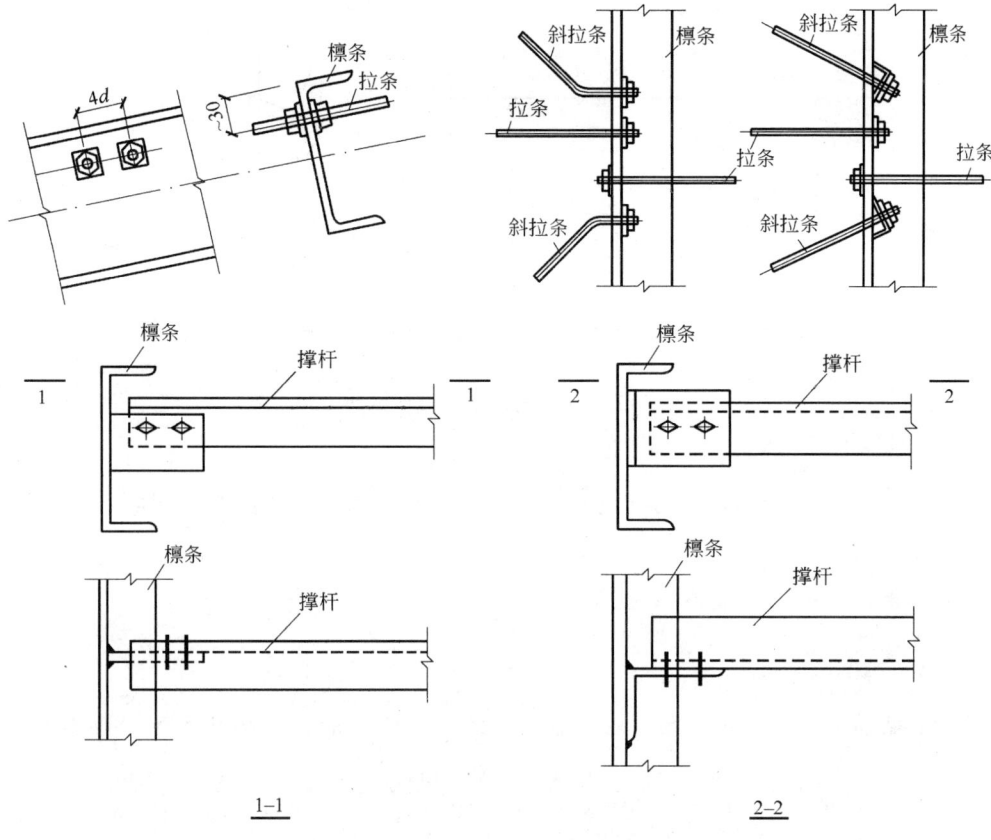

图 9.5.4　拉条与檩条的连接、撑杆与檩条的连接

[例题 9.2]　某普通钢屋架单跨简支檩条，跨度为 6 m，檩条坡向间距为 0.798 m，跨中设一道拉条。屋面水平投影面上，屋面材料自重标准值和屋面可变荷载标准值分别为 0.5 kN/m² 和 0.45 kN/m²，屋面坡度 $i=1/2.5$。钢材采用 Q235，檩条容许挠度 $[v]=l/200$，采用热轧普通槽钢檩条，试选用其截面。

[解]　参照已有资料，初选 [10 热轧普通槽钢檩条，由附录 8 查得自重标准值 0.098 kN/m，$W_x=39.7$ cm³，$W_y=7.8$ cm³，$I_x=198.3$ cm⁴。

1. 荷载与内力计算

屋面倾角（图 9.5.5）：$\alpha=\arctan\left(\dfrac{1}{2.5}\right)=21.8°$

屋面自重：　　　　$q_{Gk}=0.5$ kN/m²$\times 0.798$ m$\times\cos\alpha=0.370$ kN/m

可变荷载：　　　　$q_{Qk}=0.45$ kN/m²$\times 0.798$ m$\times\cos\alpha=0.333$ kN/m

屋面设计荷载：　　$q=1.2$ （0.370 kN/m+0.098 kN/m） $+1.4\times 0.333$ kN/m$=1.03$ kN/m

$q_x=q\sin\alpha=1.03$ kN/m$\times\sin 21.8°=0.383$ kN/m

$q_y=q\cos\alpha=1.03$ kN/m$\times\cos 21.8°=0.956$ kN/m

由 q_y 和 q_x 引起的弯矩 M_x 和 M_y（图 9.5.5）分别为：

$$M_x=\frac{1}{8}q_y l^2=\frac{1}{8}\times 0.956 \text{ kN/m}\times 6^2 \text{ m}^2=4.30 \text{ kN}\cdot\text{m}\quad（正弯矩）$$

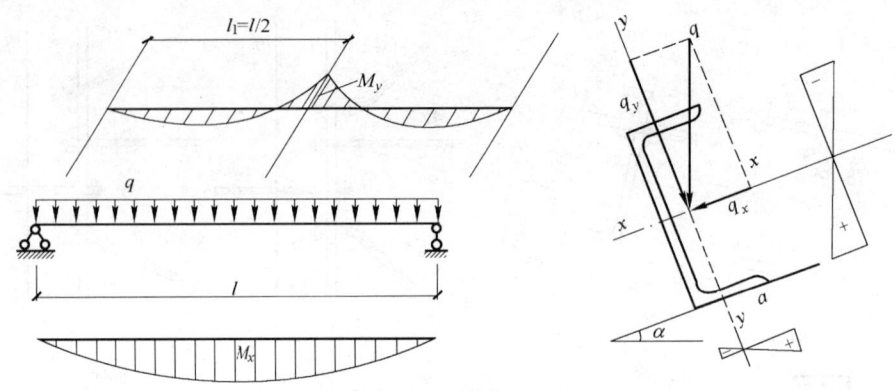

图 9.5.5　槽钢檩条设计简图

$$M_y = \frac{1}{8}q_x l_1^2 = \frac{1}{32}q_x l^2 = \frac{1}{32} \times 0.383 \text{ kN/m} \times 6^2 \text{ m}^2 = 0.43 \text{ kN·m （负弯矩）}$$

2. 截面验算

因设置拉条，可不计算整体稳定。

（1）抗弯强度

由附表 1.1 查得 $f = 215 \text{ N/mm}^2$。

由于跨中截面 M_x、M_y 都最大，故该截面上的 a 点应力最大（图 9.5.5），为拉应力。

$$\sigma_a = \frac{M_x}{\gamma_x W_{nx}} + \frac{M_y}{\gamma_y W_{ny}} = \frac{4.30 \times 10^6 \text{ N·mm}}{1.05 \times 39.7 \times 10^3 \text{ mm}^3} + \frac{0.43 \times 10^6 \text{ N·mm}}{1.20 \times 7.8 \times 10^3 \text{ mm}^3}$$
$$= 149.1 \text{ N/mm}^2 < 215 \text{ N/mm}^2$$

（2）刚度验算

屋面线荷载的标准值为：

$$q_k = 0.37 \text{ kN/m} + 0.098 \text{ kN/m} + 0.333 \text{ kN/m} = 0.801 \text{ kN/m} = 0.801 \text{ N/mm}$$

檩条在垂直于屋面方向的最大挠度为：

$$v = \frac{5}{384} \cdot \frac{q_{ky} l^4}{EI_x} = \frac{5}{384} \cdot \frac{q_k \cos\alpha \cdot l^4}{EI_x} = \frac{5 \times 0.801 \text{ N/mm} \times \cos 21.8° \times (6 \times 10^3 \text{ mm})^4}{384 \times 2.06 \times 10^5 \text{ N/mm}^2 \times 198.3 \times 10^4 \text{ mm}^4}$$
$$= 30.7 \text{ mm} \approx [v] = \frac{l}{200} = \frac{6\,000 \text{ mm}}{200} = 30 \text{ mm}, \frac{30.7 \text{ mm} - 30 \text{ mm}}{30 \text{ mm}} = 0.02 < 0.05$$

故采用 ⌶10 槽钢檩条满足要求。

9.5.2　压型钢板的设计

1. 压型钢板的类型及适用条件

压型钢板（profiled steel sheets）是以冷轧薄钢板为基板，经镀锌或镀锌后覆以彩色涂层再经辊弯成型的波纹板材，具有成型灵活、施工速度快、外观美观、重量轻、易于工业化、商品化生产等特点，广泛用作建筑屋面及墙面围护材料。

压型钢板按表面处理情况可分为以下三种：

① 镀锌压型钢板：其基板为热镀锌板，镀锌层重应不小于 275 g/m²（双面），产品标准应

§ 9.5 檩条及压型钢板的设计

符合国标 GB 2518—2008《连续热镀锌钢板及钢带》的要求。

② 涂层型钢板：为在热镀锌基板上增加彩色涂层的薄板压型而成，其产品标准应符合 GB/T 12754—2006《彩色涂层钢板及钢带》的要求，其性能指标见表 9.5.2。

表 9.5.2　彩色涂层板性能指标

		涂层厚度/μm	60°光泽			铅笔硬度	弯曲		反向冲击/J		耐雾度/h
			高	中	低		厚度 ≤0.8 mm 180°，t 弯	厚度 >0.8 mm	厚度 ≤0.8 mm	厚度 >0.8 mm	
建筑外用	外用聚酯	≥20	>70	40~70	<40	≥HB	≤8t	90°	≥6	≥9	≥500
	硅改性聚酯						≤10t		≥4		≥750
	外用丙烯酸										≥500
	塑料溶胶	≥100	—				0		≥9		≥1 000
建筑内用	内用聚酯	≥20	>70			≤8t	≤8t		≥6	≥9	≥250
	内用丙烯酸								≥4		
	有机溶胶	≥20	—			—	≤2t		≥9		≥500
	塑料溶胶	≥20	—			—	0				≥1 000

注：t 为板厚。

③ 锌铝复合涂层压型钢板：为新一代无紧固件的扣压式压型钢板，其使用寿命更长，但要求基板为专用的、强度等级更高的冷轧薄钢板。

压型钢板根据其波形截面可分为：

高波板：波高大于 75 mm，适用于作屋面板；

中波板：波高 50~75 mm，适用于作楼面板及中小跨度的屋面板；

低波板：波高小于 50 mm，适用于作墙面板。

选用压型钢板时，应根据荷载及使用情况选用已有的定型产品，其部分常用规格见表 9.5.3。

表 9.5.3　常用压型钢板

型号	截面简图（尺寸以 mm 计）	展开宽度（覆盖率）/mm	说　明
YX130-300-600①		1 000 (0.6)	宜用于大跨度屋面
YX114-300-600		914 (0.6)	板缝可咬边连接，适于屋面

续表

型号	截面简图（尺寸以 mm 计）	展开宽度（覆盖率）/mm	说　明
YX75-200-600①		1 000（0.6）	宜用于组合楼面
YX70-200-600①		1 000（0.6）	腹板可无刻痕或有刻痕，宜用于组合楼面
YX60-200-600①		1 000（0.6）	腹板可无刻痕或有刻痕，宜用于组合楼面
YX50-245-735		1 000（0.735）	宜用于中小跨度屋面
YX56-180-720		1 000（0.72）	宜用于屋面和墙面
YX35-125-750①		1 000（0.75）	宜用于墙面
YX30-160-800		1 000（0.8）	宜用于墙面

§9.5 檩条及压型钢板的设计

续表

型号	截面简图（尺寸以 mm 计）	展开宽度（覆盖率）/mm	说 明
YX28-150-750[①]	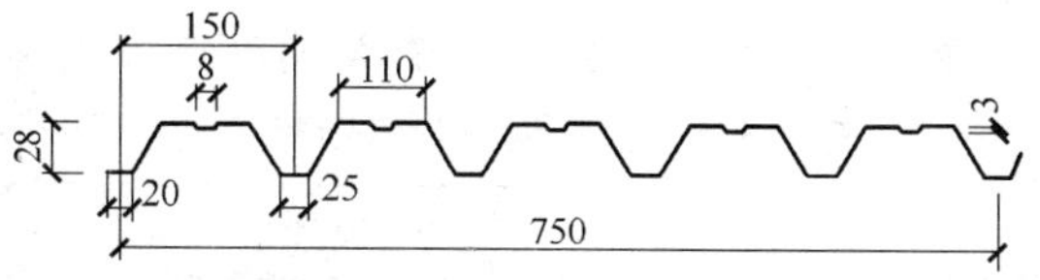 (28高，150/110节距，20/25/8，750总宽)	1 000 (0.75)	宜用于墙面
YX25-150-750	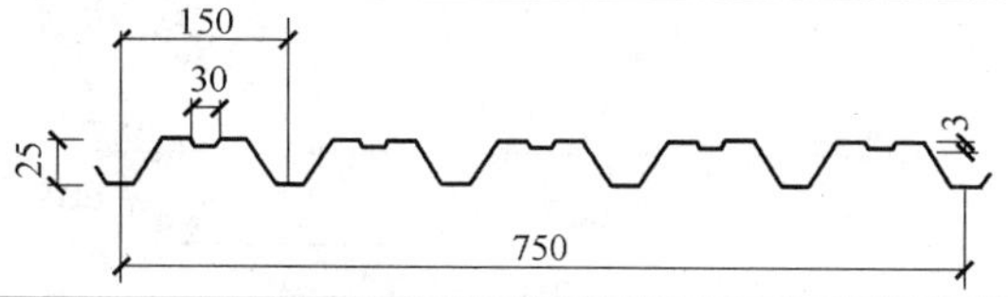 (25高，150节距，30，750总宽)	1 000 (0.75)	宜用于墙面

注：① 为 GB/T 12755—2008《建筑用压型钢板》已列入的规格。

压型钢板在用作建筑物的维护板材及屋面与楼面的承重板材时，其中镀锌压型钢板宜用于无侵蚀和弱侵蚀环境；彩色涂层压型钢板可用于无侵蚀、弱侵蚀及中侵蚀环境，并应根据侵蚀条件选用相应的涂层系列。关于侵蚀级别的确定参见表 9.5.4。

表 9.5.4　外界条件对压型金属板的侵蚀作用分类

地 区	相对湿度/%	对压型金属板的侵蚀作用		
		室 内		露天
		采暖房屋	无采暖房屋	
农村、一般城市的商业区及住宅区	干燥<60	无侵蚀性	无侵蚀性	弱侵蚀性
	普通 60～75		弱侵蚀性	中等侵蚀性
	潮湿>75			
工业区、沿海地区	干燥<60	弱侵蚀性	中等侵蚀性	中等侵蚀性
	普通 60～75	中等侵蚀性		
	潮湿>75	中等侵蚀性		

注：1. 表中的相对湿度系指当地的年平均相对湿度。对于恒温恒湿或有相对湿度指标的建筑物，则采用室内的相对湿度。

2. 一般城市的商业区及住宅区泛指无侵蚀性介质的地区；工业区则包括受侵蚀性介质影响及散发轻微侵蚀性介质的地区。

当有保温隔热要求时，可采用压型钢板内加设矿棉等轻质保温层的作法形成保温隔热屋（墙）面。

压型钢板的屋面坡度可在 1/6～1/20 间采用，当屋面排水面积较大或地处大雨量区及板型为中波板时，宜选用 1/10～1/12 的坡度；当选用长尺寸高波板时，可采用/15～1/20 的屋面坡度；当为扣压式或咬合式压型板（无穿透版面紧固件）时，可用 1/20 的屋面坡度；对暴雨或大雨量地区的压型板屋面尚应进行排水验算。

一般永久性大型建筑选用的屋面承重压型钢板宽度与基板宽度（一般为 1 000 mm）之比为覆盖系数，应用时在满足承载力及刚度的条件下宜尽量选用覆盖系数大的板型。

压型钢板的使用寿命一般为 15～20 年，当采用无紧固或咬合接缝构造压型板时，其使用寿命可达 30 年以上。

压型钢板基板材料一般应选用符合 GB 700—2006《碳素结构钢》的 Q235B 级钢，当由挠度控制截面时，也可选用强度稍低的 Q215BF 级钢。有关强度计算指标见表 9.5.5。

表 9.5.5　基板钢材计算指标　　　　　　　　　　　　　　　　　　N/mm²

钢号	屈服强度 f_y	强度设计值		弹性模量 E
		抗拉、抗压、抗弯 f	抗剪 f_v	
Q215BF	215	190	110	206 000
Q235BF	235	205	120	206 000

2. 压型钢板的选用

压型钢板为薄壁受弯板件，应按 GB 50018 规范第 7 章的有关规定进行设计。目前许多常用的压型钢板生产厂家已给出了按强度和刚度条件进行选用的表格可资利用，设计者可根据檩距，压型钢板是悬臂、简支还是连续（跨越多道檩条）和屋面荷载情况等直接选用合适的型号。

§9.6　桁架的形式和截面设计

采用两个角钢组成的 T 形或十字形截面的杆件，在杆件汇交处（节点）通过节点板用焊缝连接而成的普通钢桁架（trusses），具有受力性能好、制造安装方便、取材容易、与支撑体系形成的屋盖结构整体刚度好、工作可靠、适应性强等优点，因而在工业与民用房屋的屋盖结构中得到较广泛应用。普通钢桁架所用的普通型钢（角钢）的厚度较大，因此其耗钢量较大，用于屋面荷载轻及跨度较小的桁架不够经济。另外，受角钢最大规格限制，屋面荷载重、跨度大的房屋也不宜采用。其最适宜的跨度一般在 18～36 m 之间。

9.6.1　桁架的形式和主要尺寸

1. 桁架的形式

普通钢桁架按其外形可分为三角形（图 9.6.1）、梯形（图 9.6.2）及平行弦（图 9.6.3）三种。在确定桁架外形时，应综合考虑房屋的用途、建筑造型、屋面材料的排水要求、桁架的跨度、荷载的大小等因素，使之符合适用、受力合理、经济和施工方便等原则。从受力角度出发，桁架外形应尽量与弯矩图相近，以使弦杆受力均匀。受力较合理的腹杆布置应使短杆受压，长杆受拉，腹杆数量少，总长度短。且尽可能使荷载作用于节点，避免弦杆因受节间荷载引起局部弯矩而增加截面。从施工角度出发，桁架杆件的数量和品种规格应尽可能少，在用钢量增加不多的原则下，力求尺寸统一，构造简单，以便制造。腹杆与弦杆轴线间的夹角一般在 30°～60°之间，最好在 45°左右，以使节点紧凑。桁架上弦的坡度须适合屋面的排水要求。此外，还应考虑建筑的需要，以及设置天窗等方面的要求。上述各种要求往往难以同时满足，因此应根据具体情况，对经济技术指标进行综合分析、比较与设计。下面讨论各类桁架的特点。

① 三角形桁架适用于屋面坡度较大的有檩屋盖结构，根据屋面的排水要求，上弦坡度一般为 $i = 1/3 \sim 1/2$，跨度一般在 $18 \sim 24$ m 之间。三角形桁架与柱只能做成铰接，故房屋的横向刚度较低，且桁架弦杆的内力变化较大，在支座处最大，跨中较小，故弦杆用同一规格截面时，其承载力不能得到充分利用。图 9.6.1a、c 形式是芬克式桁架，它的腹杆受力合理，且可分为两榀小桁架运输，比较方便。图 9.6.1b 是将三角形桁架的两端高度改为 500 mm，这样改变以后，桁架支座处上、下弦的内力大大减少，改善了桁架的工作情况。

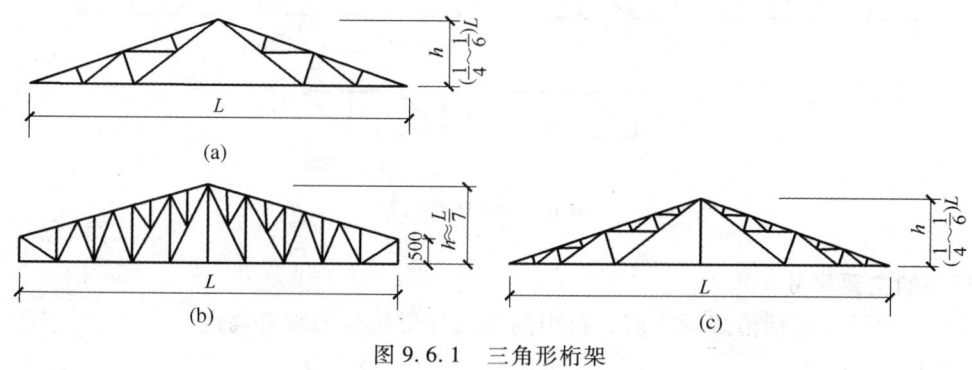

图 9.6.1　三角形桁架

② 梯形桁架的外形较接近于弯矩图，各节间弦杆受力较均匀，且腹杆较短，适用于屋面坡度较小的屋盖体系。其坡度一般为 $i = 1/16 \sim 1/8$。跨度可达 36 m。梯形桁架与柱的连接可做成刚接也可做成铰接。当做成刚接时，可提高房屋的横向刚度，因此是目前无檩体系的工业厂房屋盖中应用最广的屋架形式。

梯形桁架的腹杆体系有人字式（图 9.6.2a、c）、再分式（图 9.6.2b）。人字式腹杆体系

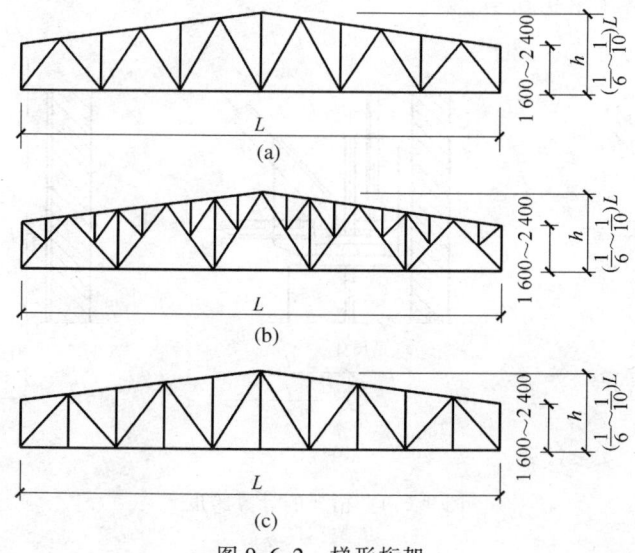

图 9.6.2　梯形桁架

的支座处斜杆（端斜杆）与弦杆组成的支承节点在上弦时称为上承式，在下弦时称为下承式。桁架与柱刚接时一般采用下承式，铰接时二者均可。再分式腹杆体系的桁架上弦节间短，屋面板宽度较窄时，可避免上弦承受节间荷载，产生局部弯矩，用料经济，但节点和腹杆数量增多，制造较费工，故有时仍采用较大节间使上弦杆承受节间荷载的做法，虽耗钢量增多，但构造较简单。折中的做法是在跨中弦杆内力较大处的一部分节间增加再分杆，而在支座附近弦杆内力较小的节间仍采用较大节间，以获得较好的经济效果。

③ 平行弦桁架具有杆件规格统一、节点构造统一、便于制造等优点。其上下弦杆相互平行（图9.6.3），且可做成不同坡度。这种形式一般用于托架或支撑体系。

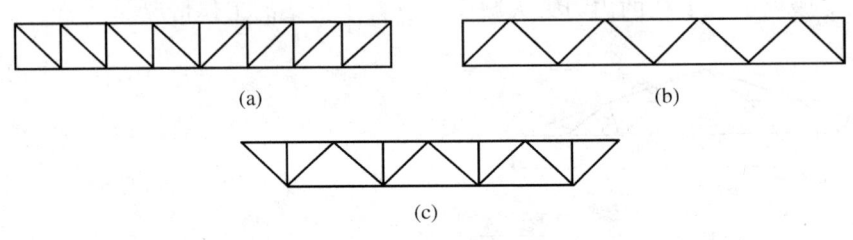

图 9.6.3　平行弦桁架

2. 桁架的主要尺寸

桁架的主要尺寸包括桁架的跨度、跨中高度及梯形桁架的端部高度。

（1）跨度

桁架的标志跨度一般是指柱网轴线的横向间距，在无檩体系屋盖中应与大型屋面板的宽度相适应，一般以 3 m 为模数。桁架的计算跨度 l_0 是指桁架两端支座反力间的距离。当桁架简支于钢筋混凝土柱或砖柱上，且柱网采用封闭结合时，考虑桁架支座处需一定的构造尺寸，一般可取 $l_0 = l - (300 \sim 400 \text{ mm})$（图9.6.4a）；当桁架支承于钢筋混凝土柱上，而柱网采用非封闭结合时，计算跨度等于标志跨度即 $l_0 = l$（图9.6.4b）；当桁架与钢柱刚接时，其计算跨度取钢柱内侧面之间的间距（图9.6.4c）。

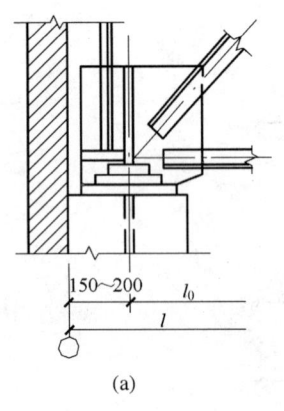 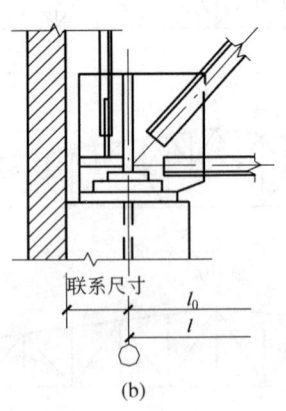 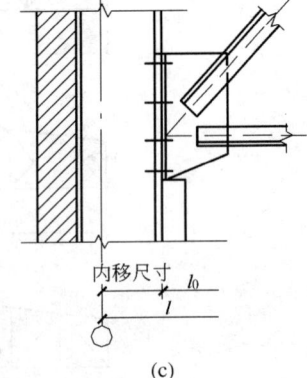

图 9.6.4　桁架的计算跨度

(2) 高度

桁架的高度应根据经济、刚度和建筑等要求，以及屋面坡度、运输条件等因素确定。桁架的最大高度取决于运输界限，最小高度根据桁架容许挠度确定，经济高度则是根据桁架杆件的总用钢量最少的条件确定。有时建筑高度也限制了桁架的最大高度。

一般情况下，桁架的高度可在如下范围内采用：三角形桁架高度较大，一般取跨中高度 $h=(1/6\sim1/4)l$。梯形桁架的屋面坡度较平坦，当上弦坡度为 $1/12\sim1/8$ 时，跨中高度一般为 $(1/10\sim1/6)l$。跨度大（或屋面荷载小）时取小值，跨度小（或屋面荷载大）时取大值。梯形桁架的端部高度：当桁架与柱铰接时为 $1.6\sim2.2$ m，刚接时为 $1.8\sim2.4$ m。端弯矩大时取大值，端弯矩小时取小值。

对跨度较大的桁架，在横向荷载作用下将产生较大的挠度，有损外观并可能影响桁架的正常使用。为此，对跨度 $l\geq15$ m 的三角形桁架和跨度超过 $l\geq24$ m 的梯形、平行弦桁架，当下弦无向上曲折时，宜采用起拱，即预先给桁架一个向上的反挠度，以抵消桁架受荷后产生的部分挠度。起拱高度一般为其跨度的 1/500 左右。当采用图解法求桁架杆件内力时，图解时可不考虑起拱高度。

9.6.2 桁架的荷载和内力计算

1. 桁架的荷载计算与荷载组合

(1) 桁架荷载

桁架上的荷载有永久荷载和可变荷载两大类。永久荷载包括屋面材料（保温层、防水层、屋面板等）和檩条、屋架、天窗架、支撑及天棚等结构的自重。可变荷载包括屋面活荷载、风荷载、积灰荷载、雪荷载及悬挂吊车荷载等。永久荷载和可变荷载值可由 GB 50009—2001《建筑结构荷载规范》（简称 GB 50009）查得或根据材料的规格计算。

风荷载一般可不予考虑。但对瓦楞铁等轻型屋面、开敞式房屋或风荷载引起的风吸力较大时，应根据房屋体形、坡度情况及封闭状况等，按荷载规范的规定计算风荷载的作用，验算可能拉杆变压杆的稳定问题。

桁架和支撑的自重可按下面经验公式进行估算，即：

$$g_{Wk} = 0.12 + 0.011l \tag{9.6.1}$$

式中，l 为桁架的标志跨度，单位为 m；g_{Wk} 按屋面的水平投影面分布，单位为 kN/m^2。当桁架的下弦不设吊顶时，可近似地假定 g_{Wk} 全部作用于桁架的上弦节点；当设有吊顶时，则假定 g_{Wk} 由上弦和下弦节点平均分配。

屋面的均布永久荷载通常按屋面水平投影面上分布的荷载 q_k 计算，故凡沿屋面斜面分布的永久荷载 $q_{\alpha k}$ 均应换算为水平投影面上分布的荷载，即 $q_k = q_{\alpha k}/\cos\alpha$（$\alpha$ 为屋面倾角）。对于屋面坡度较小的缓坡梯形桁架结构的屋面，可将沿斜面上分布的荷载近似地视为水平投影面上分布的荷载，即近似地取 $q_k = q_{\alpha k}$（当 α 较小时，$\cos\alpha \approx 1$）。

GB 50009—2001《建筑结构荷载规范》给出的屋面均布活荷载、雪荷载均为水平投影面上的荷载，故实际计算时不再作上述换算。

(2) 节点荷载计算

桁架所受的荷载一般通过檩条或大型屋面板肋以集中力的方式作用于桁架的节点上。对于有节间荷载作用的桁架弦杆,可先将各节间荷载分配在相邻的两个节点上,与该节点原有节点荷载叠加,解得桁架各杆轴力,然后在计算弦杆时再按实际节间荷载作用情况计算弦杆的局部弯矩。作用于桁架上弦节点的设计集中荷载 F 可按各种均布荷载对节点汇集进行计算(图 9.6.5 中阴影面积):

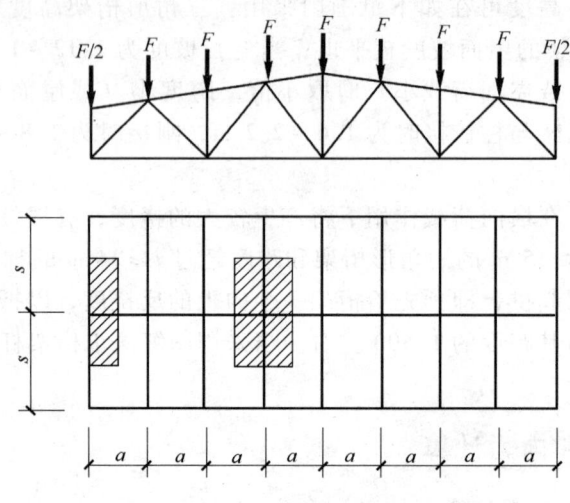

图 9.6.5 桁架节点荷载汇集及计算简图

$$F = \sum \gamma_{(G,Q)} q_k \cdot a \cdot s \tag{9.6.2}$$

式中,$\gamma_{(G,Q)}$ 为荷载分项系数,永久荷载 $\gamma_G = 1.2$(有时为 1.3 或 1.0,按 GB 50009 确定);可变荷载 $\gamma_Q = 1.4$;q_k 为按屋面水平投影面分布的荷载标准值;a 为上弦节间的水平投影长度;s 为桁架的间距。

(3)荷载组合

设计桁架时,应根据使用和施工过程中可能出现的最不利荷载组合计算桁架杆件的内力。一般情况下,对平行弦、梯形等钢桁架应考虑以下三种荷载组合:

① 全跨永久荷载+全跨可变荷载;
② 全跨永久荷载+半跨可变荷载;
③ 全跨桁架、天窗架和支撑自重+半跨屋面板自重+半跨屋面活荷载。

在考虑荷载组合时,屋面的活荷载和雪荷载不考虑其同时作用,可取两者中的较大值计算。

用第一种荷载组合计算的桁架杆件内力在多数情况下为最不利内力。但在后两种荷载组合下,梯形桁架在跨中部分的斜腹杆内力可能变号,由拉变为压或不变号,但内力可能为最大,故须给予考虑。如果在安装过程中,两侧屋面板对称均匀铺设,则可不考虑第三种荷载组合,但应考虑上弦杆的出平面稳定问题。因为当只设跨中屋脊撑杆的大型屋面板屋面的上弦杆,有可能在安装中因出平面计算长度太长而失去稳定。对于屋面坡度较小和自重较轻的钢桁架,尚应考虑风荷载吸力作用的组合。

2. 桁架杆件的内力计算

计算桁架杆件内力时,通常可近似地采用如下假定:

① 桁架的各节点均视为铰接。
② 桁架的所有杆件的轴线都在同一平面内且在节点处交汇。
③ 荷载均在桁架平面内作用于节点上。

桁架的杆件内力可根据以上假定的桁架计算简图（图9.6.5）采用数解法、图解法或借助电算等求得。对三角形和梯形桁架用图解法较为简便。对一些常用形式的桁架，各种建筑结构设计手册中均有单位节点荷载作用下的杆件内力计算系数表。设计时，只要将桁架节点荷载值乘以相应杆件的内力系数，即可求得该杆件的内力（轴向力）。

桁架上弦有节间荷载时，除整体分析求得的轴向力外还有节间荷载引起的杆件局部弯矩。在理论上应将弦杆视为支承于节点上的弹性支座连续梁计算局部弯矩，计算过于繁琐。一般可近似地按简支梁计算出弯矩 M_0，然后再乘以调整系数（图9.6.6）作为有节间荷载作用的桁架上弦的局部弯矩；端节间正弯矩可取 $M_1 = 0.8M_0$；其他节间的正弯矩和节点（包括屋脊节点）负弯矩取 $M_2 = \pm 0.6M_0$。M_0 为相应节间按简支梁算得的最大弯矩。例如当只有一个节间荷载 F 作用于节间中点时，$M_0 = Fa/4$。

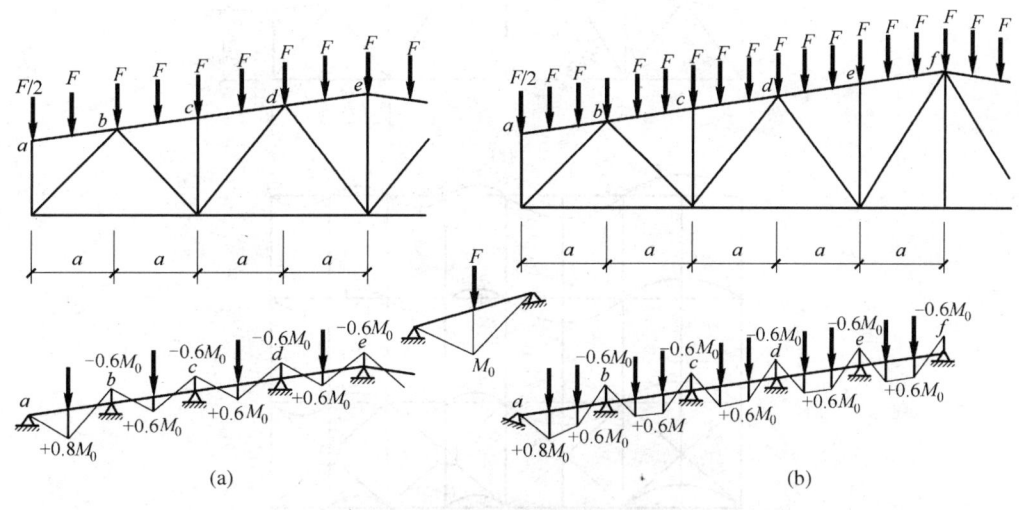

图 9.6.6 上弦杆的局部弯矩
(a) 每节间一个集中荷载；(b) 每节间两个集中荷载

9.6.3 桁架杆件的计算长度和容许长细比

1. 在桁架平面内的计算长度 l_{0x}

实际桁架的各杆件是通过其节点板用焊缝连接在一起的，故节点本身具有一定的刚度；由于节点板上有多个杆件与其相连，当某一压杆在桁架平面内失稳屈曲而引起杆端绕节点转动时，就要受到该节点上其他杆（尤其是拉杆）的阻碍与约束。因此，节点不是真正的理想铰接点，而是介于刚接和铰接之间的弹性嵌固。这种嵌固作用提高了铰接杆件的稳定承载力，即可减小杆件的计算长度。节点上的拉杆数量相对越多，线刚度和拉力越大，则嵌固越强，杆件的计算长度就可减小得越多。

根据研究，图9.6.6a 所示梯形桁架的弦杆、支座竖杆和支座斜杆，两端相对约束较小，可偏安全地视为铰接,在桁架平面内的计算长度可取节点间的轴线长度,即 $l_{0x}=l$。其他腹杆,虽然在上弦节点处因拉杆少,嵌固作用不大,但下弦节点处相连拉杆较多,且拉力大,拉杆的刚度亦大,嵌固作用较大,因此其桁架平面内的计算长度可取 $l_{0x}=0.8l$。

2. 在桁架平面外的计算长度 l_{0y}

桁架的弦杆在桁架平面外的计算长度 l_{0y} 应取弦杆侧向支承点之间的距离 l_1,即 $l_{0y}=l_1$。对上弦杆,在有檩体系中檩条与支撑的交叉点不相连时(图 9.6.7b 左),取横向水平支撑与桁架上弦交点间的距离,即支撑节点间的距离;当檩条与支撑的交叉点用节点板焊牢时(图 9.6.7b 右),则取檩条间的距离,无檩体系屋盖中的上弦杆上直接放置钢筋混凝土大型屋面板时,若能保证大型屋面板与上弦三点可靠焊接,使大型屋面板能起支撑作用,可取两块大型屋面板的宽度,即 $l_{0y}=2b$;若不能保证三点可靠焊接,则认为大型屋面板只能起到刚性系杆作用,计算长度 l_{0y} 仍取支撑点间的距离。

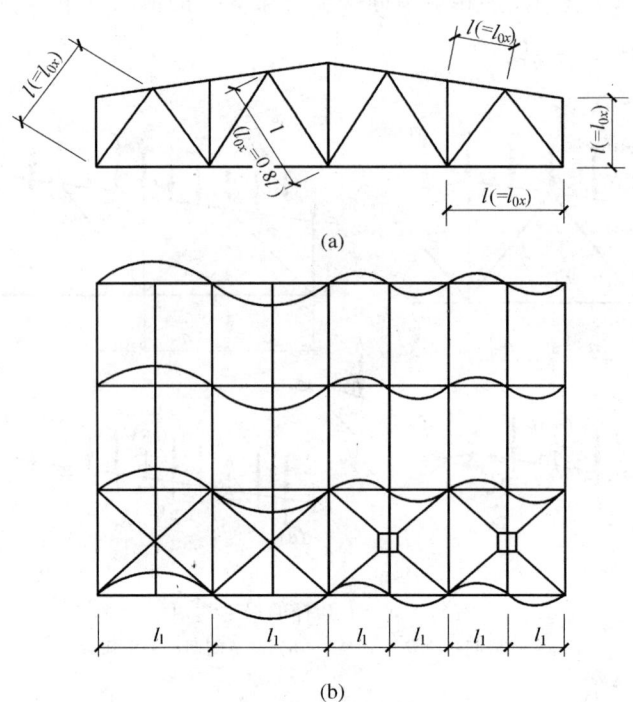

图 9.6.7 桁架杆件计算长度

(a)在桁架平面内;(b)在桁架平面外

注:图中 l 为杆件各自的几何长度;l_1 为弦杆各自的侧向支承点的间距。

桁架下弦在平面外的计算长度取下弦侧向支承点间的距离,该距离应由下弦的支撑体系或系杆的设置确定。

当受压弦杆侧向支承点间的距离 l_1 为节间长度 l 的 2 倍,且两节间弦杆的内力 $N_1 \neq N_2$ 时(图 9.6.8a),其桁架平面外计算长度可按下式计算:

$$l_{0y}=l_1\left(0.75+0.25\frac{N_2}{N_1}\right),\text{且 } l_{0y} \geqslant 0.5l_1 \tag{9.6.3}$$

§9.6 桁架的形式和截面设计

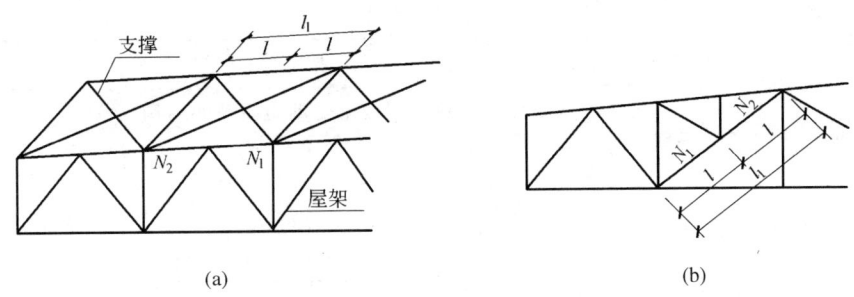

图 9.6.8 杆件内力变化时在桁架平面外的计算长度

式中，N_1 为较大的压力，计算时取正值；N_2 为较小的压力或拉力，计算时压力取正值，拉力取负值。

再分式腹杆体系的受压主斜杆（图9.6.8b）在桁架平面外的计算长度亦按式（9.6.3）确定；受拉主斜杆仍取 $l_{0y}=l_1$。再分式主斜杆在桁架平面内的计算长度 l_{0x}，考虑主斜杆的上段（N_2 段）杆件的两端弹性嵌固作用均较差，故该段应取节间距离，即 $l_{0x}=l$；主斜杆的下段（N_1 段）仍取 $l_{0x}=0.8l$。

由于节点板在桁架平面外的刚度很小，对腹杆的嵌固作用很小，故除了如上述的再分式主斜杆按式（9.6.3）计算外，其余所有腹杆在桁架平面外的计算长度均取 $l_{0y}=l$。

3. 斜平面的计算长度 l_0

对于双角钢组成的十字形截面和单角钢截面腹杆（表9.6.3），截面主轴不在桁架平面内，杆件可能绕截面较小主轴发生斜平面内失稳。此时，在桁架上、下弦节点处尚可起到一定的嵌固作用，故取腹杆斜平面的计算长度 $l_0=0.9l$。

桁架各杆件在平面内和平面外的计算长度 l_0 汇总列入表9.6.1中，以便查用。

表 9.6.1 桁架杆件的计算长度 l_0

方 向	弦 杆	腹 杆	
		端斜杆和端竖杆	其他腹杆
在桁架平面内（l_{0x}）	l	l	$0.8l$
在桁架平面外（l_{0y}）	l_1	l	l
斜平面（l_0）	—	—	$0.9l$

注：l 为杆件的几何长度；l_1 为杆件侧向支承点之间距离。

4. 桁架杆件的容许长细比

钢桁架中有些杆件，按荷载计算常常轴力很小，甚至为零杆。这些杆件设计截面，如果太小，长细比太大，在自重作用下就会产生较大挠度，运输安装时也易弯曲，动荷载作用时还可能引起过大振动。这些都对杆件工作不利，因此《规范》要求桁架各类杆的长细比不得超过容许长细比 $[\lambda]$，其值见表9.6.2。

表 9.6.2　桁架杆件的容许长细比

杆件名称	压杆	拉杆		直接承受动力荷载的结构
		承受静力荷载或间接承受动力荷载的结构		
		无吊车和有轻中级工作制吊车的厂房	有重级工作制吊车的厂房	
普通钢桁架的杆件	150	350	250	250
轻钢桁架的主要杆件			—	—
天窗构件			—	—
屋盖支撑杆件	200	400	350	
轻钢桁架的其他杆件		350		

注：1. 承受静力荷载的结构中，可只计算受拉杆件在竖向平面内的长细比。
　　2. 在直接或间接承受动力荷载的结构中，计算单角钢受拉杆件的长细比时，应采用角钢的最小回转半径，但在计算单角钢交叉受拉杆件平面外的长细比时，应采用与角钢肢边平行轴的回转半径。
　　3. 受拉杆件在永久荷载与风荷载组合作用下受压时，长细比不宜超过 250。
　　4. 张紧的圆钢拉杆和张紧的圆钢支撑，长细比不受限制。
　　5. 在桁架（包括中间桁架）结构中，单角钢的受压腹杆，当其内力小于或等于承载能力的 50% 时，容许长细比可取为 200。

9.6.4　桁架杆件的截面选择和计算

1. 截面形式

普通钢桁架的杆件一般采用两个角钢组成的 T 形或十字形截面，杆件由夹在一对角钢之间的节点板连接，同时通过不同角钢的截面组合，近似地满足杆件等稳定性，即 $\lambda_x \approx \lambda_y$（因桁架杆件 λ_y 较大，故 $\lambda_y \approx \lambda_{yz}$）的要求。因而这种杆件经济合理，并且构造简单，施工方便，得到广泛应用。表 9.6.3 所列为各种角钢组合的截面形式及其 i_y/i_x 的近似比值，可供设计参考选用。

对于桁架上弦，如无局部弯矩，往往其计算长度 $l_{0y} \geq 2l_{0x}$，为满足 $\lambda_x \approx \lambda_y$，要求截面的 $i_y \geq 2i_x$，根据表 9.6.3 宜采用两个不等边角钢短肢相连的 T 形截面。如有较大的局部弯矩，为提高上弦杆在桁架平面内的抗弯承载力，宜采用两个不等肢角钢长肢相连或两个等肢角钢组成的 T 形截面。

桁架的下弦杆，由于受轴向拉力作用，其截面一般由强度条件确定。但在桁架平面外的计算长度通常较大，为增强其刚度，宜优先采用两个不等肢角钢短肢相连或等肢角钢组成的 T 形截面。这种截面的侧向刚度较大，且由于水平肢较宽，便于与支撑连接。

对如图 9.6.8 所示的梯形桁架的端斜杆，由于 $l_{0x} = l_{0y}$，为使 $i_x \approx i_y$，宜采用两个不等肢角钢长肢相连的 T 形截面。

其他腹杆，由于 $l_{0x} = 0.8 l_{0y}$，为使 $i_y \approx 1.25 i_x$，宜采用两个等肢角钢组成的 T 形截面。受力很小的腹杆亦可用单角钢截面，其放置方法可采用交替地单面连接在桁架平面的两侧，或在两杆端开槽嵌入节点板对称置于桁架平面。

连接垂直支撑的竖腹杆常采用两个等肢角钢组成的十字形截面。

表 9.6.3　屋架杆件截面形式

项次	杆件截面组合方式	截面形式	回转半径的比值	用途
1	二不等边角钢短肢相并		$\dfrac{i_y}{i_x} \approx 2.6 \sim 2.9$	计算长度 l_{0y} 较大的上、下弦杆
2	二不等边角钢长肢相并		$\dfrac{i_y}{i_x} \approx 0.75 \sim 1.0$	端斜杆、端竖杆、受较大弯矩作用的弦杆
3	二等边角钢相并		$\dfrac{i_y}{i_x} \approx 1.3 \sim 1.5$	其余腹杆、下弦杆
4	二等边角钢组成的十字形截面		$\dfrac{i_y}{i_x} \approx 1.0$	与竖向支撑相连的屋架竖杆
5	单角钢			轻型钢屋架中内力较小的杆件
6	钢管		各方向都相等	轻型钢屋架中的杆件

2. 填板的设置

为确保由两个角钢组成的 T 形或十字形截面杆件能形成一整体杆件共同受力，必须每隔一定距离在两个角钢间设置填板并用焊缝连接（图 9.6.9）。这样，杆件才可按实腹式杆件计算。填板厚度同节点板厚，宽度一般取 40~60 mm，长度取：T 形截面比角钢肢宽大 10~15 mm；十字形截面则由角钢肢尖两侧各缩进 10~15 mm。填板间距：对压杆 $l_d \leq 40\,i$，对拉杆 $l_d \leq 80i$。在 T 形截面中 i 为一个角钢对平行于填板的自身形心轴（图 9.6.9a 中的 1-1 轴）的回转半径；十字形截面中 i 为一个角钢的最小回转半径（图 9.6.9b 中的 2-2 轴）。受压构件两个侧向支承点之间的填板数不少于两个。

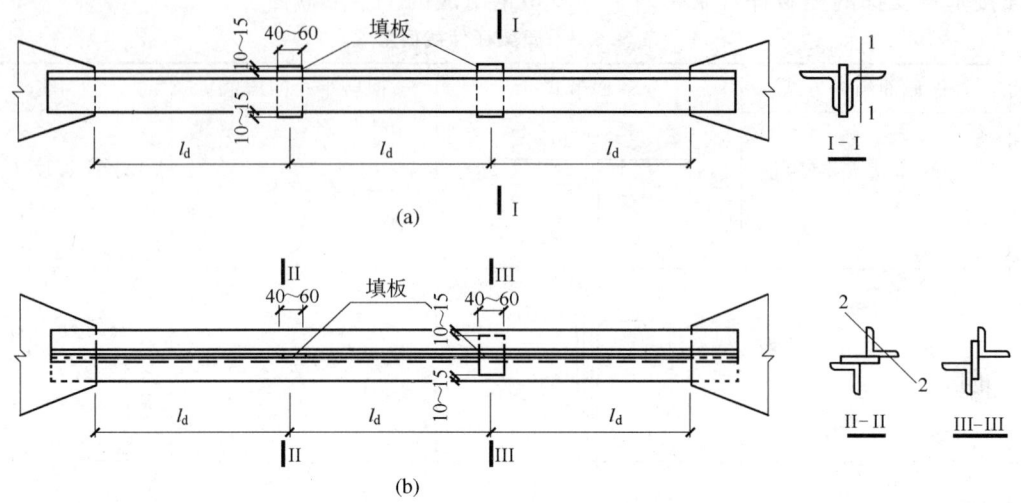

图 9.6.9 桁架杆件的填板

3. 节点板的厚度

节点板内应力大小与所连构件内力大小有关,可按《规范》7.5 节的有关规定计算其强度和稳定。表 9.6.4 系根据上述计算方法编制的表格,设计时可查表确定节点板厚度。在同一榀桁架中,所有中间节点板均采用同一种厚度,支座节点板由于受力大且很重要,厚度比中间的增大 2 mm。节点板的厚度对于梯形普通钢桁架等可按受力最大的腹杆内力确定,对于三角形普通钢桁架则按其弦杆最大内力确定。

表 9.6.4 单节点板桁架和桁架的节点板厚度

梯形桁架腹杆最大内力或三角形桁架弦杆最大内力/kN	<170	171~290	291~510	511~680	681~910	911~1 290	1 291~1 770	1 771~3 090
中间节点板厚度/mm	6	8	10	12	14	16	18	20
支座节点板厚度/mm	8	10	12	14	16	18	20	22

注:1. 表列厚度系按钢材为 Q235 钢考虑,当节点板为 Q345 钢时,其厚度可较表列数值适当减小。
2. 节点板边缘与腹杆轴线间的夹角应不小于 30°。
3. 节点板与腹杆用侧焊缝连接,当采用围焊时,节点板厚度应通过计算确定。
4. 无竖腹杆相连且无加劲肋加强的节点板,可将受压腹杆的内力乘以 1.25 后再查表。

4. 截面选择的一般原则

选择截面时应考虑下列要求:

① 应优先选用在相同截面积情况下宽肢薄壁的角钢,以增加截面的回转半径,这对压杆尤为重要。

② 角钢规格不宜小于 L45×4 或 L56×36×4。有螺栓孔时,角钢的肢宽须满足附录 10 的要求。放置屋面板时,上弦角钢水平肢宽须满足搁置尺寸要求。

③ 同一榀桁架的角钢规格应尽量统一,一般宜调整到不超过 5~6 种。同时应尽量避免使用同一肢宽而厚度相差不大的角钢,一种规格的厚度之差不宜小于 2 mm,以便施工时辨认。

④ 桁架弦杆一般沿全跨采用等截面，但对跨度大于 24 m 的三角形桁架和跨度大于 30 m 的梯形桁架，可根据内力变化改变弦杆截面，但在半跨内只宜改变一次，且只改变肢宽而保持厚度不变，以便拼接的构造处理。

5. 截面计算

（1）轴心拉杆

轴心拉杆可按强度条件确定所需的净截面面积 A_n，即：

$$A_n \geq \frac{N}{f} \tag{9.6.4}$$

式中，f 为钢材的抗拉强度设计值。当采用单角钢单面连接时，乘以 0.85 的折减系数。

根据 A_n 由附录 8 选用合适的角钢，然后按轴心受拉构件验算其强度和刚度。当连接支撑的螺栓孔位于连接节点板内且离节点板边缘的距离（沿杆件受力方向）不小于 100 mm 时，由于连接焊缝已传递部分内力给节点板，节点板一般可以补偿孔洞的削弱，故可不考虑该孔对角钢截面的削弱。

（2）轴心压杆

一般情况下，轴心压杆可由稳定条件确定所需的截面面积。按第 6 章所述方法先假定长细比 λ（弦杆一般取 $\lambda = 60 \sim 100$，腹杆一般取 $\lambda = 80 \sim 120$），由 λ 查附录 4 得 φ 值，然后求所需截面积 A，同时计算 i_x、i_y，参考这些数据从附录 8 中选择合适的角钢，根据所选用角钢的实际截面积 A，回转半径 i_x、i_y，按轴心受压构件进行强度、刚度和稳定性验算。如不满足，可重新假定 λ 计算或在原选择的截面的基础上改选角钢验算，直至合适为止。

（3）拉弯或压弯杆

桁架上弦或下弦有节间荷载作用时，应根据轴心力和局部弯矩，按第 7 章拉弯和压弯构件计算方法对节点处或节间弯矩较大截面进行计算。一般先根据经验或参照已有设计资料试选截面，然后验算，若不满足则改选截面再进行试算，直至符合要求为止。对拉弯杆只需验算强度和刚度；对压弯杆除强度和刚度外，还须验算弯矩作用平面内和弯矩作用平面外的稳定性。

（4）按刚度条件验算和选择杆件截面

钢桁架中各类杆件的刚度要求应按 $\lambda_{max} = (l_0/i)_{max} \leq [\lambda]$ 进行验算。$[\lambda]$ 为容许长细比，由表 9.6.2 查得。对单角钢截面和双角钢组成的十字形截面，其回转半径应取截面的最小刚度轴的回转半径 i_{min}，即按 $\lambda = l_0/i_{min} \leq [\lambda]$ 验算其刚度。

对桁架中内力很小的腹杆或因构造需要设置的杆件（如芬克式桁架跨中竖杆），其截面可按刚度条件确定，即按 $i = l_0/[\lambda]$ 或 $i_{min} = l_0/[\lambda]$ 计算截面所需的回转半径，然后根据 i_x、i_y 或 i_{min} 由附录 8 选用合适的角钢截面。

§9.7 桁架的节点设计

桁架的杆件一般采用节点板相互连接，各杆件内力通过各自的杆端焊缝传至节点板，并汇交于节点中心而取得平衡。节点的设计应做到传力明确、可靠，构造简单和制造、安装方便等。

9.7.1 节点设计步骤和一般设计原则

节点设计时应按如下原则和步骤进行：

① 布置桁架杆件时，原则上应使杆件形心线与桁架几何轴线重合，以免杆件偏心受力。为便于制造，通常取角钢肢背至形心距离为 5 mm 的整倍数。当弦杆截面沿跨度有改变时，为便于拼接和放置屋面构件，一般应使拼接处两侧弦杆角钢肢背齐平，并使两侧角钢形心线的中心线与桁架几何轴线重合。如轴心线引起的偏心不超过较大弦杆截面高度的 5%，计算中可不计由此偏心引起的弯矩。节点处各杆件的轴线如图 9.7.1 所示，图中 e_0 按 e_1 和 e_2 的平均数取 5 mm 的倍数值，e_3、e_4 则按角钢形心距取 5 mm 的倍数值。

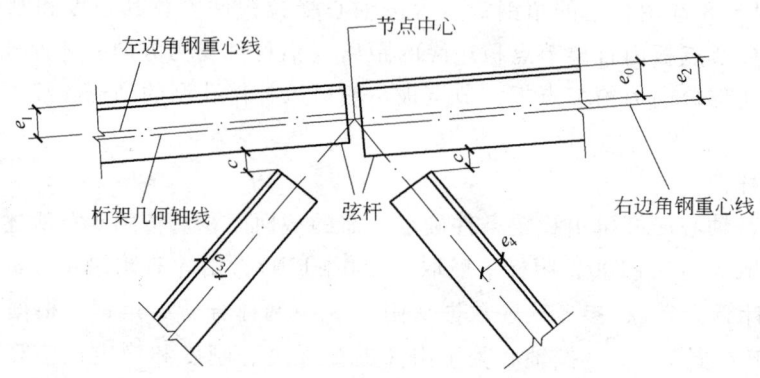

图 9.7.1 节点处各杆件的轴线

② 根据按一定比例画出的杆件轴线，按放大 1 倍的比例尺画出各杆件的角钢轮廓线（表示角钢外伸边厚度的线可不按比例、仅示意画出）。腹杆与弦杆、腹杆与腹杆轮廓线间应保持最小间距 c（图 9.7.1）。在直接承受动力荷载的焊接桁架中，取 $c=50$ mm；在不直接承受动力荷载的焊接桁架中，c 不应小于 20 mm，以避免因焊缝过分密集而使该处节点板过热而变脆。在非焊接屋架中，c 应不小于 5～10 mm，以便于安装。按此要求可定出各杆件的端部位置。杆端的切割面一般宜与杆件轴线垂直（图 9.7.2a），也允许将角钢的一边切去一角（图 9.7.2b），但不允许作如图 9.7.2c 的端部切割方式。

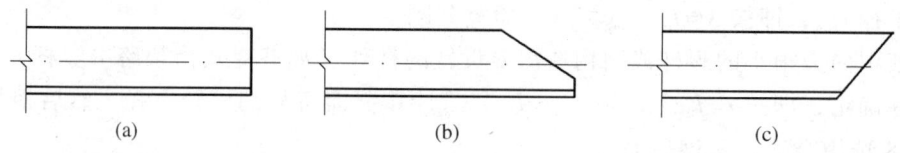

图 9.7.2 角钢端部的切割
(a) 常用方式；(b) 允许方式；(c) 不允许方式

③ 根据事先计算好的各腹杆与节点的连接焊缝（包括角钢肢背和肢尖两者）尺寸，进行焊缝布置并绘于图上，而后定出节点板的外形（当为非焊接节点时，同样，根据已计算出的各腹杆与节点板的连接螺栓数目，进行螺栓排列后定出节点板外形）。在确定节点板外形时，要注意沿焊缝长度方向应多留约 $2h_f$ 的长度以考虑施焊时焊缝两端的缺陷影响，垂直于焊缝长

度方向应留出 10~15 mm 的焊缝位置，如图 9.7.3 所示。

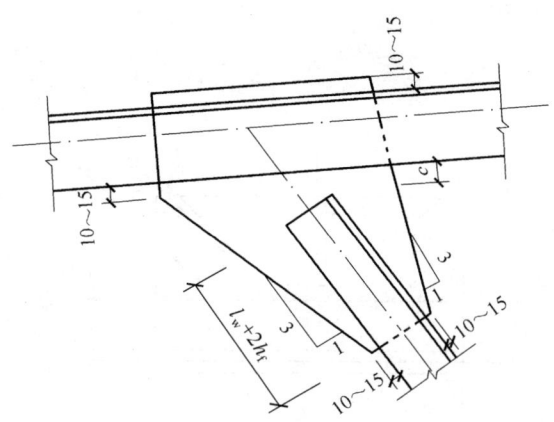

图 9.7.3　只有一根腹杆时的节点构造

节点板的外形应力求简单，宜优先采用矩形、梯形、平行四边形或至少有一直角的四边形，如图 9.7.4 所示，以减少加工时的钢材损耗和便于切割。节点板的长和宽宜取为 10 mm 的倍数。

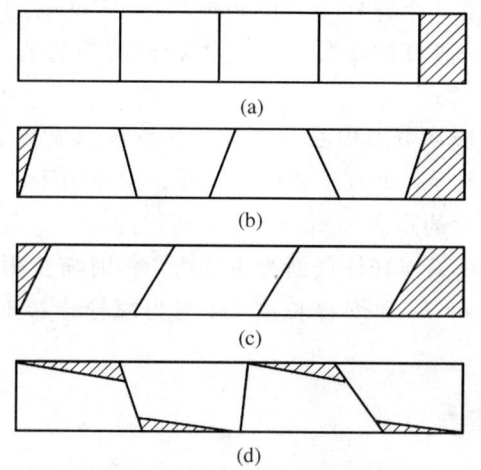

图 9.7.4　节点板的切割
(a) 矩形；(b) 梯形；(c) 平行四边形；(d) 有一直角的四边形
注：阴影线部分表示切割余料。

当节点处只有一根斜杆与弦杆相交时，节点形式示于图 9.7.3。需注意节点板的外边缘与斜杆轴线应保持不小于 1∶3 的坡度，使杆中内力在节点板中有良好的扩散，以改善节点板的受力情况。

④ 根据已有节点板的尺寸，布置弦杆与节点板间的连接焊缝。当弦杆在节点处改变截面，则还应在节点处设计弦杆拼接。

⑤ 绘制节点大样（比例尺为 1/10~1/5），确定每一节点上都需标明的尺寸，为今后绘制

施工详图时提供必要的数据（对简单的节点，可不绘大样，而由计算得到所需尺寸）。节点上需标注的尺寸如下（图 9.7.5）：

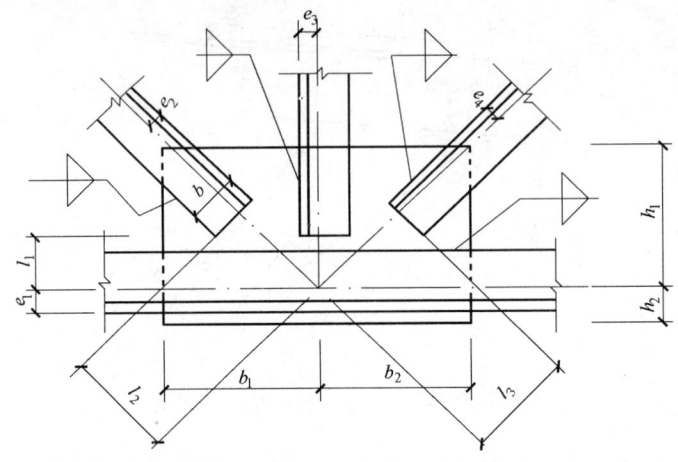

图 9.7.5　节点上的尺寸

a. 每一腹杆端部至节点中心的距离，如图 9.7.5 中所示 l_1、l_2 和 l_3（当为非焊接节点，则应标明节点中心至腹杆末端第一个螺栓中心的距离）。数字准确到 mm。此距离主要用于制造时的拼装，还可由此计算每一腹杆的实际长度（由腹杆两端的节点间几何长度减去两端至各自节点的距离之和）。

b. 节点板的平面尺寸。应从节点中心分两边分别注明其宽度和高度，如图 9.7.5 所示的 b_1、b_2 和 h_1、h_2，尺寸分别平行和垂直于弦杆的轴线，主要用于制造时节点板的定位。

c. 各杆件轴线至角钢肢背的距离如图 9.7.5 中所注的 e_1、e_2 等。

d. 角钢连接边的边长 b（只当杆件截面为不等边角钢时需注明）。

e. 每条角焊缝的焊脚尺寸 h_f 和焊缝长度 l（当为螺栓连接时，应注明螺栓中心距和端距）。

9.7.2　节点计算和构造

先根据腹杆内力，计算腹杆与节点板连接焊缝的长度和焊脚尺寸。焊脚尺寸一般取等于或小于角钢肢厚。根据节点上各杆件的焊缝长度，并考虑杆件之间应留的间隙以及适当考虑制作和装配的误差确定节点板的形状和平面尺寸。然后验算弦杆与节点板的焊缝。对于单角钢杆件的单面连接，由于角钢受力偏心，计算焊缝时，应将焊缝强度设计值乘以 0.85 的折减系数，焊缝的尺寸尚应满足构造要求。以下具体说明各节点的计算。

1. 上弦节点（图 9.7.6）

上弦节点中腹杆与节点板的连接焊缝长度

肢背：

$$l'_w = \frac{K_1 N}{2 \times 0.7 h'_f f^w_f} \tag{9.7.1}$$

肢尖：

$$l''_w = \frac{K_2 N}{2 \times 0.7 h''_f f^w_f} \quad (9.7.2)$$

式中，N 为杆件的轴力；f^w_f 为角焊缝的强度设计值；h_f 为角焊缝的焊脚尺寸（注意：肢背与肢尖的 h_f 可以不相等）；K_1、K_2 为角钢肢背和肢尖焊缝受力分配系数，按表 3.3.1 采用；l'_w、l''_w 分别为角钢肢背和肢尖的焊缝计算长度，对每条焊缝取其实际长度减去 $2h_f$。

图 9.7.6a 所示为有檩屋盖中的桁架上弦节点。其主要特点是上弦杆与节点板间的焊缝除承受弦杆节点相邻节间的内力差 $\Delta N = N_1 - N_2$ 外，还需承受由檩条传给上弦杆的竖向节点荷载 F。构造上需注意的是由于檩托的存在，节点板无法伸出角钢背面，图 9.7.6a 中将节点板缩进 $(0.6 \sim 1.0)t$（t 为节点板厚度），并在此进行槽焊。图 9.7.6b 为有檩屋盖中上弦节点的另一形式，在节点板上边缘处开一凹口以容纳檩托和槽钢檩条，凹口处节点板缩进角钢背面，凹口以外仍伸出角钢背面 $10 \sim 15$ mm，在该处可设角焊缝。

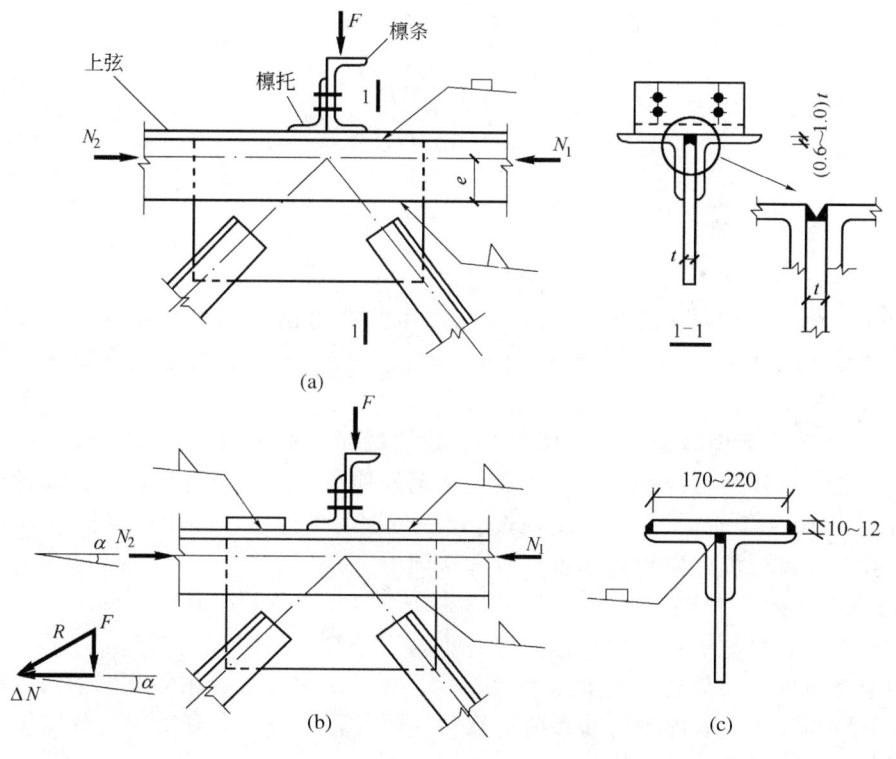

图 9.7.6 上弦节点的构造

在计算上弦与节点板的连接焊缝时，应考虑上弦杆内力差与集中荷载的共同作用。当采用图 9.7.6a 所示构造时，对焊缝的计算常作下列近似假设：

① 肢背的槽焊缝承受节点荷载 F。槽焊缝按两条 $h'_f = 0.5t$（t 为节点板厚度）的角焊缝计算，如图 9.7.6a 中的局部放大图所示。设屋面倾角为 α，槽焊缝的受力可利用角焊缝的下列计算公式得出：

$$\left.\begin{array}{c} \tau_f = \dfrac{F\sin\alpha}{2\times 0.7h'_f l'_w} \\[2mm] \sigma_f = \dfrac{F\cos\alpha}{2\times 0.7h'_f l'_w} + \dfrac{6M}{2\times 0.7h'_f l'^2_w} \\[2mm] \sqrt{\left(\dfrac{\sigma_f}{\beta_f}\right)^2 + \tau_f^2} \leqslant 0.8f_f^w \end{array}\right\} \quad (9.7.3)$$

式中，M 为竖向节点荷载 F 对槽焊缝长度中点的偏心距所引起的力矩；$0.8f_f^w$ 为考虑到槽焊缝的质量不易保证，而将角焊缝的强度设计值降低 20%。当荷载 F 对槽焊缝长度中点的偏心距较小可略去不计时，取 $M=0$；当为梯形桁架、屋面坡度为 1/12 时，$\cos\alpha \approx 1.0$，$\sin\alpha \approx 0$，则式（9.7.3）就简化为：

$$\dfrac{F}{2\times 0.7h'_f l'_w} \leqslant 0.8\beta_f f_f^w \quad (9.7.4)$$

② 弦杆角钢肢尖的两条角焊缝承担 ΔN 和由于 ΔN 与肢尖焊缝的偏心距 e 而产生的 $\Delta M = \Delta N \cdot e$。由此可确定肢尖焊缝所需的焊脚尺寸 h''_f，计算公式为：

$$\left.\begin{array}{c} \tau_f = \dfrac{\Delta N}{2\times 0.7h''_f l''_w} \\[2mm] \sigma_f = \dfrac{6\Delta M}{2\times 0.7h''_f l''^2_w} \\[2mm] \sqrt{\left(\dfrac{\sigma_f}{\beta_f}\right)^2 + \tau_f^2} \leqslant f_f^w \end{array}\right\} \quad (9.7.5)$$

当为图 9.7.6b 所示构造时，通常可先求出需由弦杆角钢肢背和肢尖与节点板的角焊缝所承担的合力 R，如图 9.7.6b 中所示，然后近似地按所给分配系数得出肢背焊缝和肢尖焊缝所应承担的力 $K_1 R$ 和 $K_2 R$，分别进行计算。当屋面坡度为 1/12 时，可近似按 $F \perp \Delta N$ 求 R。

图 9.7.6c 所示为无檩屋盖中上弦杆在节点处的截面，由于钢筋混凝土大型屋面板的纵肋直接支承在节点处弦杆角钢外伸边上，为避免角钢外伸边受弯曲而变形过大，通常在角钢背面加焊一垫板（厚 10~12 mm），以局部加强上弦杆角钢的外伸边。因而节点板也需如图 9.7.6a 那样缩进，并于缩进处施以槽焊。焊缝计算方法同上。

2. 下弦节点（图 9.7.5）

在下弦节点中腹杆与节点板的连接焊缝计算与上弦节点相同。

弦杆与节点板的连接焊缝，当节点上无外荷载时，仅承受下弦相邻节间的内力差 $\Delta N = N_1 - N_2$，而 ΔN 一般都较小，故焊脚尺寸可由构造要求而定。当节点上有集中荷载作用时，下弦肢背与节点板的连接焊缝按下式计算：

$$\dfrac{\sqrt{[K_1(N_1 - N_2)]^2 + \left(\dfrac{F/2}{1.22}\right)^2}}{2\times 0.7h'_f l'_w} \leqslant f_f^w \quad (9.7.6)$$

下弦肢尖与节点板的连接焊缝按下式计算：

$$\dfrac{\sqrt{[K_2(N_1 - N_2)]^2 + \left(\dfrac{F/2}{1.22}\right)^2}}{2\times 0.7h''_f l''_w} \leqslant f_f^w \quad (9.7.7)$$

式中，N_1、N_2 为下弦节点相邻节间的轴向力；F 为下弦节点集中荷载；K_1、K_2 为角钢肢背和肢尖的内力分配系数；h_f'、l_w' 为角钢肢背焊缝的焊脚尺寸和每条焊缝的计算长度；h_f''、l_w'' 为角钢肢尖焊缝的焊脚尺寸和每条焊缝的计算长度。

3. 屋脊节点（图 9.7.7）

图 9.7.7 为梯形桁架或三角形桁架的屋脊节点示例。在此节点上，左右两弦杆必然断开因而需用拼接件拼接。拼接件通常采用与弦杆相同的角钢截面，同时需将拼接角钢的棱角截去并把竖向肢 $\Delta = t + h_f + 5$ mm 的一部分切除。对屋面坡度较小的梯形桁架，拼接角钢可热弯成型；对屋面坡度较大的三角形桁架，则常需将拼接角钢的竖直边割一口子，如图 9.7.7b 所示，而后冷弯成型并对焊连接。

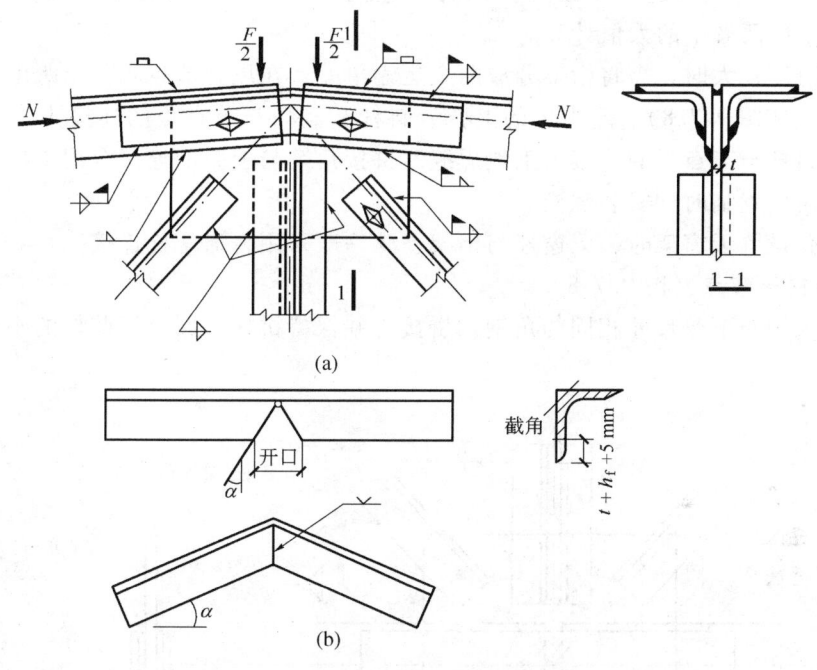

图 9.7.7 屋脊节点及拼接角钢的弯折
(a) 屋脊节点；(b) 拼接角钢

（1）脊拼接角钢与弦杆的连接计算及拼接角钢总长度的确定

拼接角钢与受压弦杆的连接可按弦杆最大内力进行计算，每边共有 4 条焊缝平均承受此力，因而焊缝长度为：

$$l_w \geqslant \frac{N}{4 \times 0.7 h_f f_f^w} \tag{9.7.8}$$

由此可得拼接角钢总长度为：

$$l_s = 2(l_w + 2h_f) + 弦杆杆端空隙 \tag{9.7.9}$$

当为开口后弯折的角钢，还需计入开口的宽度。

（2）弦杆与节点板的连接焊缝

计算上弦与节点板的连接焊缝时，假定节点荷载 F 由上弦角钢肢背处的槽焊缝承受，按

公式 (9.7.4) 计算。上弦角钢肢尖与节点板的连接焊缝按上弦内力的 15% 计算，并考虑此力产生的弯矩 $M = 0.15Ne$。

$$\tau_f^N = \frac{0.15N}{2 \times 0.7 h_f l_w} \quad (9.7.10)$$

$$\sigma_f^M = \frac{6M}{2 \times 0.7 h_f l_w^2} \quad (9.7.11)$$

$$\sqrt{(\tau_f^N)^2 + \left(\frac{\sigma_f^M}{1.22}\right)^2} \leqslant f_f^w \quad (9.7.12)$$

当桁架上弦的坡度较大时，拼接角钢与上弦杆之间的连接焊缝仍按上弦内力计算，而上弦杆与节点板之间的连接焊缝，则取上弦内力的竖向分力与节点荷载的合力，和上弦内力的 15% 分别验算，取两者中的大值计算。

当桁架的跨度较大时，需将桁架分成两个运输单元，在屋脊节点和下弦跨中节点设置工地拼接（图 9.7.7 和图 9.7.8）。左半边的上弦、斜杆和竖杆与节点板的连接为工厂焊缝，而右半边的上弦、斜杆与节点板的连接为工地焊缝。拼接角钢与上弦的连接全用工地焊缝。为了便于工地焊接，需设置临时性安装螺栓。

当桁架上弦设置天窗架时，天窗架与桁架上弦一般采用普通螺栓连接。

4. 下弦的拼接节点（图 9.7.8）

下弦一般采用与下弦尺寸相同的角钢来拼接，并保持拼接处原有下弦杆的刚度和强度，见图 9.7.8a。

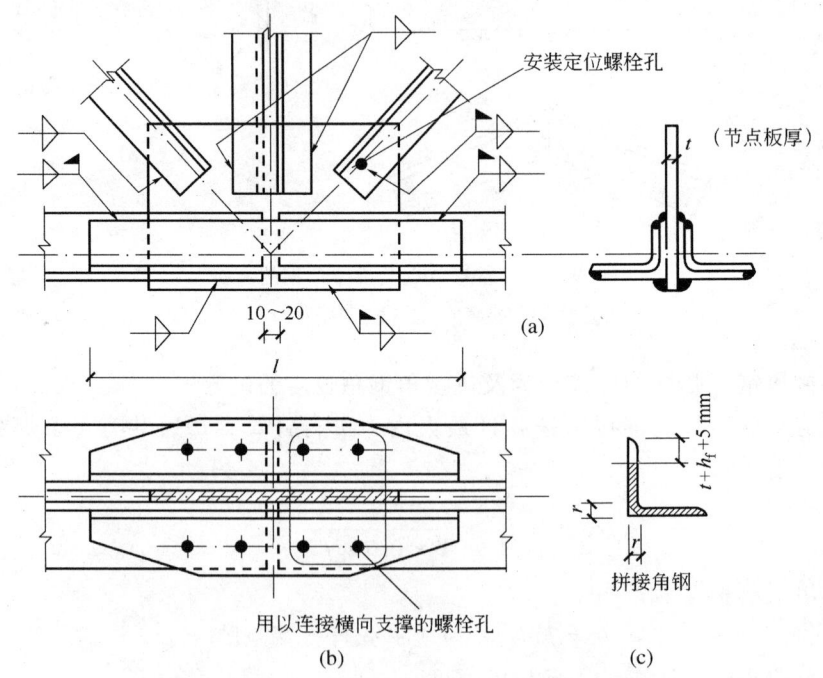

图 9.7.8 下弦角钢的工地拼接节点

在下弦的拼接中，为了使拼接角钢与原来的角钢相紧贴，对拼接角钢顶部要截去棱角，宽度为 r（r 为角钢内圆弧半径）；对其竖向肢应割去 h_f+t+5 mm（t 为角钢厚度），见图 9.7.8c，以便施焊。因切割而对拼接角钢截面的削弱则考虑由节点板补偿。当节点两侧下弦杆的角钢截面不相同时，拼接角钢的截面可采用与较小截面的相同。

（1）下弦拼接角钢与弦杆的连接计算及拼接角钢总长度的确定

拼接角钢与下弦杆角钢间共有 4 条角焊缝，承担节点两侧较小截面中的内力设计值 N_2（当节点两侧弦杆截面不相同时），对轴心拉杆的拼接，常偏安全地取 $N_2=A_2 f$，即按截面的抗拉强度承载力进行连接计算。4 条角焊缝都位于角钢的肢尖，其与角钢截面形心距离大致相同，因而可认为平均受力。由连接焊缝的需要可求出拼接角钢的总长度为（图 9.7.8a）：

$$l = 2\left(\frac{A_2 f}{4 \times 0.7 h_f \cdot f_f^w} + 2h_f\right) + (10 \sim 20) \text{ mm} \quad (9.7.13)$$

式中，A_2 为拼接两侧弦杆的较小截面面积；括号后的 (10~20) mm 为拼接处原角钢间的空隙。

当角钢的边长 $b \geq 125$ mm 时，为了使传力路线不过分集中在角钢趾部的焊缝处，以改善拼接角钢中的受力情况，不使产生较大的应力集中，宜将拼接角钢的两端各切去一角，焊缝沿斜边布置见图 9.7.8b（此法同样适用于拼接角钢的水平边和竖直边，图上的竖直边未切角，水平边切角，主要是为了表示 $b<125$ mm 和 $b \geq 125$ mm 时的两种处理方案）。

（2）下弦杆与节点板的连接角焊缝

下弦与节点板的连接焊缝，按两侧下弦较大内力的 15%，和两侧下弦的内力差两者中的较大值来计算，但当拼接节点处有外荷载作用时，则应按此较大值与外荷载的合力进行计算。

5. 支座节点

桁架与柱的连接有铰接和刚接两种形式（图 8.4.1 和图 8.4.2）。支承于钢筋混凝土柱或砖柱上的桁架一般为铰接，而支承于钢柱上的桁架通常为刚接。图 8.4.1 为梯形桁架和三角形桁架在钢筋混凝土柱顶或砌体上的支座节点示例。这种支座只传递桁架的竖向反力 R，看作为铰接。这种铰接支座节点，由节点板、底板、加劲肋和锚栓等组成。其计算方法见 §8.4。

[例题 9.3] 普通钢桁架设计。

1. 设计资料

某采暖车间跨度为 30 m，柱距为 6 m，厂房总长度为 90 m。车间内设有一台 50 t、一台 20 t 中级工作制软钩桥式吊车，吊车轨顶标高为 +9.00 m。冬季室外最低温度为 -20 ℃。

屋面采用 1.5 m×6.0 m 预应力大型屋面板，屋面坡度为 $i=1:10$。上铺 80 mm 厚泡沫混凝土保温层和二毡三油防水层。

屋面活荷载标准值为 0.7 kN/m²，雪荷载标准值为 0.5 kN/m²，积灰荷载标准值为 0.75 kN/m²。桁架采用梯形钢桁架，其两端铰支于钢筋混凝土柱上，上柱截面尺寸为 450 mm×450 mm，混凝土强度等级为 C25。

钢材采用 Q235B 级，焊条采用 E43 型，手工焊。

桁架计算跨度：
$$l_0 = 30 - 2 \times 0.15 = 29.7 \text{ m}$$

跨中及端部高度：

桁架的中间高度：　　　　　　　　　　$h = 3.490$ m

在 29.7 m 的两端高度：　　　　　　　$h_0 = 2.005$ m

在 30 m 轴线处端部高度：　　　　　　$h_0 = 1.990$ m

桁架跨中起拱 60 mm（$\approx L/500$）。

2. 结构形式与布置

桁架形式及几何尺寸如图 9.7.9 所示。

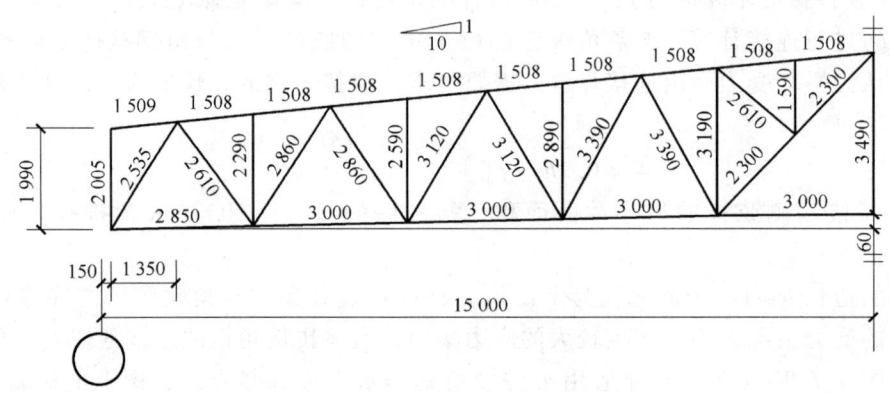

图 9.7.9　桁架形式及几何尺寸（图中杆件尺寸为未起拱前的尺寸）

桁架支撑布置如图 9.7.10 所示。

3．荷载计算

屋面活荷载与雪荷载不会同时出现，从资料可知屋面活荷载大于雪荷载，故取屋面活荷载计算。沿屋面斜面分布的永久荷载应乘以 $1/\cos\alpha = \sqrt{10^2+1}/10 = 1.005$ 换算为沿水平投影面分布的荷载。桁架沿水平投影面积分布的自重（包括支撑）按经验公式（$P_w = 0.12 + 0.011 \times$ 跨度）计算，跨度单位为 m。

标准永久荷载：

预应力混凝土大型屋面板	1.005×1.4 kN/m² = 1.407 kN/m²
二毡三油防水层	1.005×0.35 kN/m² = 0.352 kN/m²
找平层（厚 20 mm）	1.005×0.02 m $\times 20$ kN/m³ = 0.402 kN/m²
80 mm 厚泡沫混凝土保温层	1.005×0.08 m $\times 6$ kN/m³ = 0.482 kN/m²
桁架和支撑自重	0.12 kN/m² + 0.011 $\times$ 30 kN/m² = 0.45 kN/m²
管道荷载	0.182 kN/m²
共	3.275 kN/m²

标准可变荷载：

屋面活荷载　　　　　　　　　　　　　　　　　　　　　　　　　　0.7 kN/m²

积灰荷载　　　　　　　　　　　　　　　　　　　　　　　　　　　0.75 kN/m²

设计桁架时，应考虑以下三种荷载组合：

（1）全跨永久荷载+全跨可变荷载（按永久荷载为主控制的组合）

全跨节点荷载设计值：

§9.7 桁架的节点设计

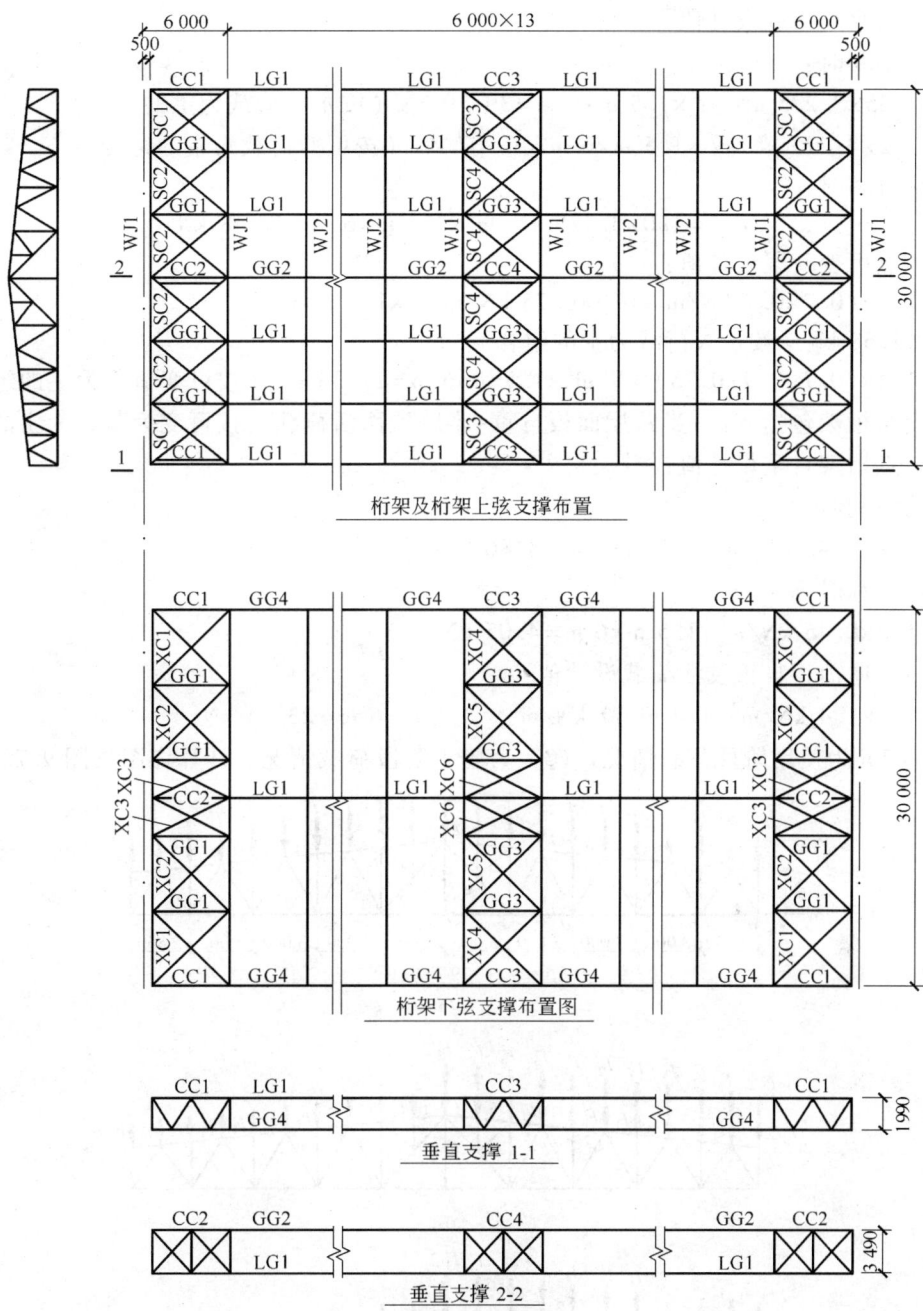

图 9.7.10 桁架支撑布置

符号说明：SC—上弦支撑；XC—下弦支撑；CC—垂直支撑；
GG—刚性系杆；LG—柔性系杆

$$F = (1.35 \times 3.275 \text{ kN/m}^2 + 1.4 \times 0.7 \times 0.7 \text{ kN/m}^2 + 1.4 \times 0.9 \times 0.75 \text{ kN/m}^2) \times 1.5 \text{ m} \times 6 \text{ m}$$
$$= 54.47 \text{ kN}$$

（2）全跨永久荷载+半跨可变荷载

全跨节点永久荷载设计值：

对结构不利时：

$F_{1.1} = 1.35 \times 3.275 \text{ kN/m}^2 \times 1.5 \text{ m} \times 6 \text{ m} = 39.79 \text{ kN}$（按永久荷载为主的组合）

$F_{1.2} = 1.2 \times 3.275 \text{ kN/m}^2 \times 1.5 \text{ m} \times 6 \text{ m} = 35.37 \text{ kN}$（按可变荷载为主的组合）

对结构有利时：

$$F_{1.3} = 1.0 \times 3.275 \text{ kN/m}^2 \times 1.5 \text{ m} \times 6 \text{ m} = 29.48 \text{ kN}$$

半跨节点可变荷载设计值：

$F_{2.1} = 1.4 \times (0.7 \times 0.7 \text{ kN/m}^2 + 0.9 \times 0.75 \text{ kN/m}^2) \times 1.5 \text{ m} \times 6 \text{ m}$
　　$= 14.68 \text{ kN}$（按永久荷载为主的组合）

$F_{2.2} = 1.4 \times (0.7 + 0.9 \times 0.75) \text{ kN/m}^2 \times 1.5 \text{ m} \times 6 \text{ m} = 17.33 \text{ kN}$（按可变荷载为主的组合）

（3）全跨桁架包括支撑+半跨屋面板自重+半跨屋面活荷载（按可变为荷载为主的组合）

全跨节点桁架自重设计值：

对结构不利时，

$F_{3.1} = 1.2 \times 0.45 \text{ kN/m}^2 \times 1.5 \text{ m} \times 6 \text{ m} = 4.86 \text{ kN}$

对结构有利时，

$F_{3.2} = 1.0 \times 0.45 \text{ kN/m}^2 \times 1.5 \text{ m} \times 6 \text{ m} = 4.05 \text{ kN}$

半跨节点屋面板自重及活荷载设计值：

$F_4 = (1.2 \times 1.4 \text{ kN/m}^2 + 1.4 \times 0.77 \text{ kN/m}^2) \times 1.5 \text{ m} \times 6 \text{ m} = 23.94 \text{ kN}$

（1）、（2）为使用阶段荷载情况，（3）为施工阶段荷载情况。计算详图见图9.7.11。

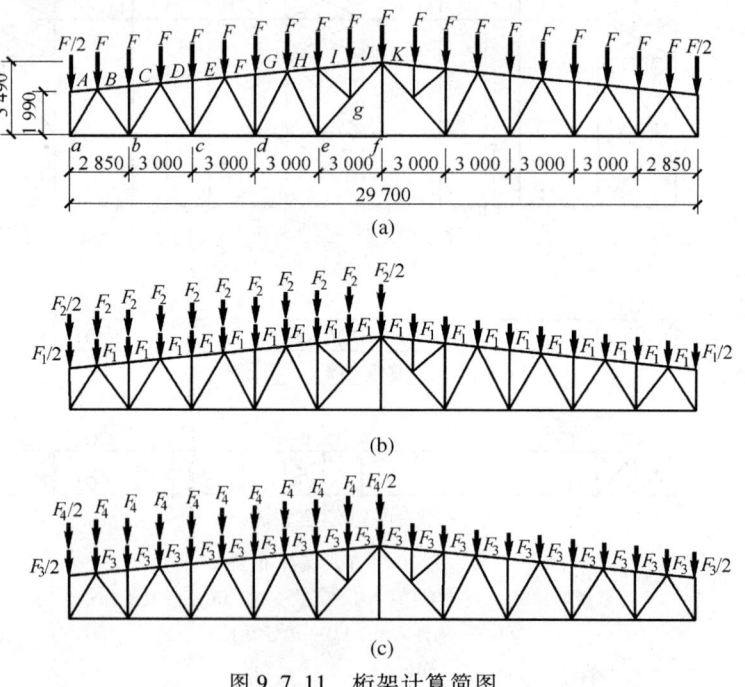

图 9.7.11　桁架计算简图

4. 内力计算

由电算先解得 $F=1$ 的桁架各杆件的内力系数（$F=1$ 作用于全跨、左半跨和右半跨）。然后求出各种荷载情况下的内力进行组合，计算结果见表 9.7.1。

表 9.7.1 桁架杆件内力组合表

杆件名称		内力系数($F=1$)			第一种组合 $F\times①$	第二种组合 $F_{1,i}\times①+ F_{2,i}\times②$	第二种组合 $F_{1,i}\times①+ F_{2,i}\times③$	第三种组合 $F_{3,i}\times①+ F_4\times②$	第三种组合 $F_{3,i}\times①+ F_4\times③$	计算杆件内力/kN
		全跨①	左半跨②	右半跨③						
上弦	AB	0	0	0	0	0	0	0	0	0
	$BC、CD$	-11.45	-8.30	-3.15	-623.68					-623.68
	$DE、EF$	-18.34	-12.60	-5.74	-998.98					-998.98
	$FG、GH$	-21.70	-13.90	-7.80	-1 182.00					-1 182.00
	HI	-22.46	-13.06	-9.40	-1 223.40					-1 223.40
	$IJ、JK$	-22.95	-13.55	-9.40	-1 250.09					-1 250.09
下弦	ab	6.05	4.45	1.60	329.54					329.54
	bc	15.20	10.70	4.50	827.94					827.94
	cd	20.26	13.46	6.80	1 103.56					1 103.56
	de	22.22	13.62	8.60	1 210.32					1 210.32
	ef	21.32	10.66	10.66	1 161.30					1 161.30
斜腹杆	aB	-11.30	-8.35	-2.95	-615.51					-615.51
	Bb	9.15	6.50	2.65	498.40					498.40
	bD	-7.45	-4.85	-2.60	-405.80					-405.80
	Dc	5.50	3.25	2.25	299.59					299.59
	cF	-4.20	-2.00	-2.20	-228.47					-228.47
	Fd	2.60	0.70	1.90	141.62					141.62
	dH	-1.50	0.40	-1.90	-81.71	53.81 $(F_{1,1},F_{2,1})$	87.58 $(F_{1,1},F_{2,1})$	3.50 $(F_{3,2},F_4)$	-52.78 $(F_{3,1},F_4)$	$\begin{cases}-87.58\\3.50\end{cases}$
	He	0.30	-1.40	1.70	16.34	15.42 $(F_{1,3},F_{2,2})$	40.07 $(F_{1,1},F_{2,1})$	32.30 $(F_{3,2},F_4)$	42.16 $(F_{3,1},F_4)$	$\begin{cases}-32.30\\42.16\end{cases}$
	eg	1.65	3.65	-2.00	89.88	121.62 $(F_{1,2},F_{2,2})$	36.29 $(F_{1,1},F_{2,1})$	95.40 $(F_{3,1},F_4)$	41.20 $(F_{3,2},F_4)$	$\begin{cases}-41.20\\121.62\end{cases}$
	gK	2.22	4.22	-2.00	120.92	151.65 $(F_{1,1},F_{2,1})$	58.97 $(F_{1,1},F_{2,1})$	111.82 $(F_{3,1},F_4)$	38.89 $(F_{3,2},F_4)$	$\begin{cases}-38.89\\151.65\end{cases}$
	gI	0.60	0.60	0	32.68	32.68				32.68
竖杆	Aa	-0.50	-0.50	0	-27.24					-27.24
	$Cb、Ec$	-1.00	-1.00	0	-54.47					-54.47
	$Gd、Jg$	-1.00	-1.00	0	-54.47					-54.47
	Ie	-1.50	-1.50	0	-81.71					-81.71
	Kf	0	0	0	0					0

注：$F=54.47$ kN；$F_{1,1}=39.79$ kN；$F_{1,2}=35.37$ kN；$F_{1,3}=29.48$ kN；$F_{2,1}=14.68$ kN；$F_{2,2}=17.33$ kN；$F_{3,1}=4.86$ kN；$F_{3,2}=4.05$ kN；$F_4=23.94$ kN。

5. 杆件设计

(1) 上弦杆

整个上弦采用等截面,按 IJ、JK 杆件之最大设计内力设计。

$$N = 1\ 250.09\ \text{kN} = 1\ 250\ 090\ \text{N}$$

上弦杆计算长度:

在桁架平面内,为节间轴线长度,

$$l_{0x} = 150.8\ \text{cm}$$

在桁架平面外,根据支撑布置和内力变化情况,取

$$l_{0y} = 3 \times 150.8\ \text{cm} = 452.4\ \text{cm}$$

因为 $l_{0y} = 3l_{0x}$,故截面宜选用两个不等肢角钢,短肢相并(图 9.7.12)。

腹杆最大内力 $N = 615.51$ kN,查表 9.6.4,节点板厚度选用 12 mm,支座节点板厚度用 14 mm。

设 $\lambda = 60$,查附录 4 得 $\varphi = 0.807$。

需要截面积:

$$A = \frac{N}{\varphi f} = \frac{1\ 250\ 090\ \text{N}}{0.807 \times 215\ \text{N/mm}^2} = 7\ 204.9\ \text{mm}^2$$

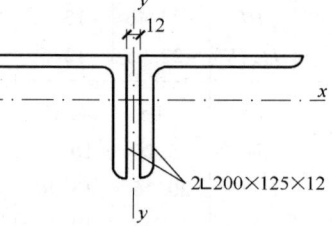

图 9.7.12　上弦截面

需要的回转半径:

$$i_x = \frac{l_{0x}}{\lambda} = \frac{150.8\ \text{cm}}{60} = 2.51\ \text{cm}, \quad i_y = \frac{l_{0y}}{\lambda} = \frac{452.4\ \text{cm}}{60} = 7.54\ \text{cm}$$

根据需要的 A、i_x、i_y 查角钢规格表 (附录 8),选用 2∟$200 \times 125 \times 12$,$A = 75.824\ \text{cm}^2$,$i_x = 3.57$ cm,$i_y = 9.61$ cm、$b_1/t = 200\ \text{cm}/12\ \text{cm} = 16.67$,按所选角钢进行验算:

$$\lambda_x = \frac{l_{0x}}{i_x} = \frac{150.8\ \text{cm}}{3.57\ \text{cm}} = 42.24$$

因为

$$b_1/t = 16.67 > 0.56\ l_{0y}/b_1 = 0.56 \times 4\ 524\ \text{cm}/200\ \text{cm} = 12.67$$

所以

$$\lambda_{yz} = 3.7\ \frac{b_1}{t}\left(1 + \frac{l_{0y}^2 t^2}{52.7 b_1^4}\right)$$

$$= 3.7 \times \frac{200\ \text{cm}}{12\ \text{cm}} \times \left(1 + \frac{4\ 524^2\ \text{cm}^2 \times 12^2\ \text{cm}^2}{52.7 \times 200^4\ \text{cm}^4}\right)$$

$$= 63.82 < [\lambda] = 150$$

截面在 x 和 y 平面皆属 b 类,由于 $\lambda_{yz} > \lambda_x$,只需求 φ_y。查表得 $\varphi_y = 0.787$。

$$\frac{N}{\varphi_y A} = \frac{1\ 250\ 090\ \text{N}}{0.787 \times 7\ 582.4\ \text{mm}^2} = 209.45\ \text{N/mm}^2 < 215\ \text{N/mm}^2$$

所需截面合适。

(2) 下弦杆

整个下弦采用同一截面,按最大设计值计算。

§9.7 桁架的节点设计

$$N_{de} = 1\,210.32 \text{ kN} = 121\,032 \text{ N}$$

$$l_{0x} = 300 \text{ cm}, \quad l_{0y} = 1\,485 \text{ cm}$$

所需截面积为：

$$A_n = \frac{N}{f} = \frac{1\,210\,320 \text{ N}}{215 \text{ N/mm}^2} = 5\,629.4 \text{ mm}^2 = 56.29 \text{ cm}^2$$

选用 2∟180×110×12，因 $l_{0y} \gg l_{0x}$，故用不等肢角钢，短肢相并（图9.7.13）。

$$A = 67.424 \text{ cm}^2 > 56.29 \text{ cm}^2$$

$$i_x = 3.10 \text{ cm}, \quad i_y = 8.76 \text{ cm}$$

$$\lambda_{0y} = l_{0y}/i_y = 1\,485 \text{ cm}/8.76 \text{ cm} = 169.5 < [\lambda] = 350$$

考虑下弦有 2ϕ21.5 mm 的栓孔削弱，下弦净截面面积：

$$A_n = 6\,742.4 \text{ mm}^2 - 2 \times 21.5 \times 12 \text{ mm}^2 = 6\,226.4 \text{ mm}^2$$

$$\sigma = \frac{N}{A_n} = \frac{1\,210\,320 \text{ N}}{6\,226.4 \text{ mm}^2} = 194.4 \text{ N/mm}^2 < 215 \text{ N/mm}^2$$

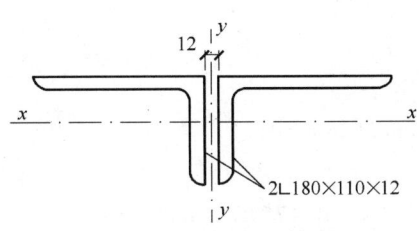

图 9.7.13　下弦截面

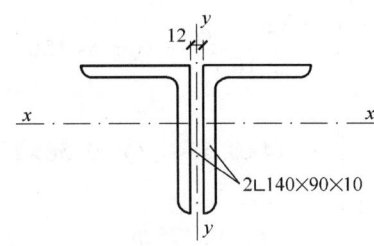

图 9.7.14　端斜杆截面

(3) 端斜杆 aB （图 9.7.14）

杆件轴力：

$$N = -615.5 \text{ kN} = -615\,510 \text{ N}$$

计算长度 $l_{0x} = l_{0y} = 253.5$ cm。因为 $l_{0x} = l_{0y}$，故采用不等肢角钢，长肢相并，使 $i_x \approx i_y$。选用 2∟140×90×10，$A = 44.522 \text{ cm}^2$，$i_x = 4.47$ cm，$i_y = 3.74$ cm，$b_2/t = 90/10 = 9$。

$$\lambda_x = \frac{l_{0x}}{i_x} = \frac{253.5 \text{ cm}}{4.47 \text{ cm}} = 56.71$$

因为

$$b_2/t = 9 < 0.48\, l_{0y}/b_2 = 0.48 \times 2\,535 \text{ mm}/90 \text{ mm} = 13.52$$

所以

$$\lambda_{yz} = \lambda_y \left(1 + \frac{1.09\, b_2^4}{l_{0y}^2\, t^2}\right) = \frac{2\,535 \text{ mm}}{37.4 \text{ mm}} \times \left(1 + \frac{1.09 \times 90^4 \text{ cm}^4}{2\,535^2 \text{ cm}^2 \times 10^2 \text{ cm}^2}\right)$$

$$= 75.32 < [\lambda] = 150$$

因 $\lambda_{yz} > \lambda_x$，只求 $\varphi_y = 0.718$，

$$\sigma = \frac{N}{\varphi_y A} = \frac{615\,510 \text{ N}}{0.718 \times 4\,452.2 \text{ mm}^2} = 192.55 \text{ N/mm}^2 < 215 \text{ kN/mm}^2$$

所需截面合适。

(4) 腹杆 eg-gk（图 9.7.15）

此杆在 g 节点处不断开，采用通长杆件。

最大拉力：

$$N_{gk} = 151.65 \text{ kN}, \quad 另一段 N_{eg} = 121.62 \text{ kN}$$

最大压力：

$$N_{eg} = 41.20 \text{ kN}, \quad 另一段 N_{gk} = 38.89 \text{ kN}$$

再分式桁架中的斜腹杆，在桁架平面内的计算长度取节点中心间距：

$$l_{0x} = 230.1 \text{ cm}$$

在桁架平面外的计算长度 l_{0y} 按式（9.6.3）计算：

$$l_{0y} = l_1 \left(0.75 + 0.25 \frac{N_2}{N_1} \right) = 460.2 \text{ cm} \times \left(0.75 + 0.25 \frac{38.89}{41.20} \right) = 453.75 \text{ cm}$$

选用 2 ∟ 70×5，由附录 8 得：

$$A = 13.75 \text{ cm}, \ i_x = 2.16 \text{ cm}, \ i_y = 3.31 \text{ cm}, \ b/t = 70 \text{ mm}/5 \text{ mm} = 14$$

$$\lambda_x = \frac{230.1 \text{ cm}}{2.16 \text{ cm}} = 106.5 < 150$$

因为

$$b/t = 14 < 0.58 \, l_{0y}/b = 0.58 \times 4537.5 \text{ cm}/7 \text{ mm} = 37.6$$

所以

$$\lambda_{yz} = \lambda_y \left(1 + \frac{0.475 \, b^4}{l_{0y}^2 \, t^2} \right) = \frac{4537.5 \text{ mm}}{33.1 \text{ mm}} \times \left(1 + \frac{0.475 \times 70^4 \text{ cm}^2}{4537.5^2 \text{ cm}^2 \times 5^2 \text{ cm}^2} \right)$$

$$= 140.12 < [\lambda] = 150$$

$$\varphi_y = 0.345$$

$$\sigma = \frac{N}{\varphi_y A} = \frac{41\,200 \text{ N}}{0.345 \times 1\,375 \text{ mm}^2} = 86.85 \text{ N/mm}^2 < 215 \text{ N/mm}^2$$

拉应力：

$$\sigma = \frac{N}{A} = \frac{151\,650 \text{ N}}{1\,375 \text{ mm}^2} = 110.29 \text{ N/mm}^2 < 215 \text{ N/mm}^2$$

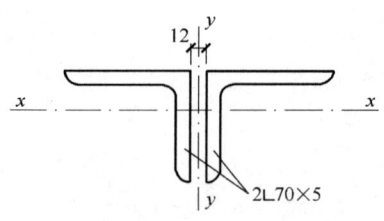

图 9.7.15　eg-gk 截面

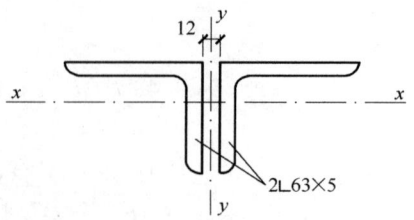

图 9.7.16　Ie 截面

(5) 竖杆 Ie（图 9.7.16）

$$N = -81.71 \text{ kN} = -81\,710 \text{ N}$$

$$l_{0x} = 0.8l = 0.8 \times 319 \text{ cm} = 255.2 \text{ cm}$$

$$l_{0y} = l = 319 \text{ cm}$$

内力较小,按 [λ] = 150 选择,需要的回转半径为:

$$i_x = \frac{l_{0x}}{[\lambda]} = \frac{255.2 \text{ cm}}{150} = 1.70 \text{ cm}, \quad i_y = \frac{l_{0y}}{[\lambda]} = \frac{319 \text{ cm}}{150} = 2.13 \text{ cm}$$

查型钢表,选截面的 i_x 和 i_y 较上述计算的 i_x 和 i_y 略大些。

选用 2∟63×5,截面几何特性:

$$A = 12.286 \text{ cm}^2, \quad i_x = 1.94 \text{ cm}, \quad i_y = 3.04 \text{ cm}, \quad b/t = 63 \text{ mm}/5\text{mm} = 12.6$$

$$\lambda_x = \frac{255 \text{ cm}}{1.94 \text{ cm}} = 131.4 < 150$$

因为

$$b/t = 12.6 < 0.58 \, l_{0y}/b = 0.58 \times 3\,190 \text{ mm}/63 \text{ mm} = 29.37$$

所以

$$\lambda_{yz} = \lambda_y \left(1 + \frac{0.475 \, b^4}{l_{0y}^2 \, t^2}\right) = \frac{3\,190 \text{ mm}}{30.4 \text{ mm}} \times \left(1 + \frac{0.475 \times 63^4 \text{ mm}^4}{3\,190^2 \text{ mm}^2 \times 5^2 \text{ mm}^2}\right) = 108.09 < [\lambda] = 150$$

因 $\lambda_x > \lambda_{yz}$,只求 $\varphi_x = 0.381$,

$$\sigma = \frac{N}{\varphi_x A} = \frac{81\,710 \text{ N}}{0.381 \times 1\,228.6 \text{ mm}^2} = 174.56 \text{ N/mm}^2 < 215 \text{ N/mm}^2$$

其余各杆件的截面选择计算过程不一一列出,现将计算结果列于表 9.7.2 中。

6. 节点设计

(1) 下弦节点 "b"(图 9.7.17)

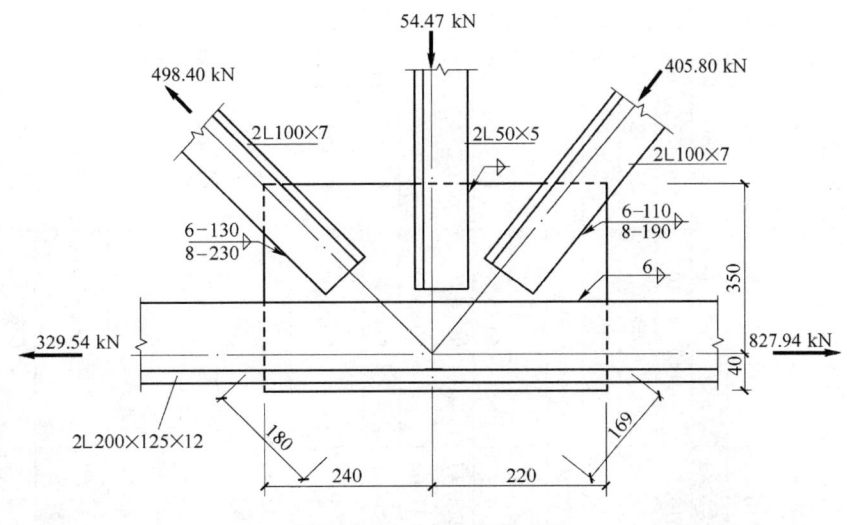

图 9.7.17 下弦节点 "b"

各杆件的内力由表 9.7.1 查得。

这类节点的设计步骤是:先根据腹杆的内力计算腹杆与节点板连接焊缝的尺寸,即 h_f 和 l_w,然后根据 l_w 的大小按比例绘出节点板的形状和尺寸,最后验算下弦杆与节点板的连接焊缝。

表 9.7.2 杆件截面选择表

杆件名称	编号	计算内力 /kN	截面规格	截面面积 /cm²	计算长度/cm l_{0x}	计算长度/cm l_{0y}	回转半径/cm i_x	回转半径/cm i_y	长细比 λ_x	长细比 $\lambda_y(\lambda_{yz})$	容许长细比 $[\lambda]$	稳定系数 φ φ_x	稳定系数 φ φ_y	应力 σ /(N/mm²)
上弦	IJ, JK	−1 250.09	⊐⊏ 200×125×12	75.824	150.8	452.4	3.57	9.61	42.24	63.82	150		0.787	209.45
下弦	de	1 210.32	⊥ 180×110×12	67.424	300	1 485	3.10	8.76	96.77	169.5	350			149.4[①]
腹杆	Aa	−27.24	⌐ 63×5	12.286	199	199	1.94	3.04	102.6	65.5	150	0.538		41.66
	aB	−615.51 498.40	⊥⊥ 140×90×10	44.522	253.5	253.5	4.47	3.74	56.71	75.32	150		0.718	192.56
	Bb		⌐ 100×7	27.592	208.6	260.8	3.09	4.53	67.51	57.57	350			180.63
	Cb	−54.47	⌐ 50×5	9.606	183.2	229.0	1.53	2.53	119.7	92.55	150	0.439		129.17
	bD	−405.80	⌐ 100×7	27.592	229.5	286.9	3.09	4.53	74.3	70.75	350	0.724		203.14
	Dc	299.59	⌐ 80×5	15.824	228.7	285.9	2.48	3.71	92.22	77.06	350			189.33
	Ec	−54.47	⌐ 63×5	12.286	207.2	259.0	1.94	3.04	106.8	89.00	150	0.512		86.59
	cF	−228.47	⌐ 90×6	21.274	250.3	312.9	2.79	4.13	89.7	82.50	150	0.623		172.38
	Fd	141.62	⌐ 50×5	9.606	249.5	311.9	1.53	2.53	167	123.3	350			147.43
	Gd	−54.47	⌐ 63×5	12.286	231.2	289	1.94	3.04	119.2	98.48	150	0.441		100.53
	dH	−87.58 3.50	⌐ 80×5	15.824	271.6	339.5	2.48	3.71	109.52	97.69	150	0.496		111.59
	He	−32.30 42.16	⌐ 63×5	12.286	270.8	338.5	1.94	3.04	139.6	114.31	150	0.347		75.76
	Ie	−81.71	⌐ 63×5	12.286	255.2	319.0	1.94	3.04	131.5	108.09	150	0.381		174.56
	eg	−41.20 121.62	⌐ 70×5	13.75	230.1	452.2	2.16	3.31	106.5	140.12	150		0.345	88.45
	gK	−38.89 151.65	⌐ 70×5	13.75	230.1	452.2	2.16	3.31	106.5	140.12	150		0.345	110.29
	Kf	0	⌐ 63×5	12.286	314.1	314.1	$i=2.45$		128.2		200			0
	gI	32.68	⌐ 50×5	9.606	166.3	207.9	1.53	2.53	108.7	82.2	350			34.02
	Jg	−54.47	⌐ 50×5	9.606	127.6	159.5	1.53	2.53	83.4	65.94	150	0.665		85.27

① 该值考虑了栓孔削弱的影响。

用 E43 型焊条角焊缝的抗拉、抗压和抗剪强度设计值 $f_f^w = 160 \text{ N/mm}^2$。设"$Bb$"杆的肢背和肢尖焊缝 $h_f = 8$ mm 和 6 mm，则所需的焊缝长度为：

肢背：$l'_w = \dfrac{0.7 N}{2 h_e f_f^w} = \dfrac{0.7 \times 498\,400 \text{ N}}{2 \times 0.7 \times 8 \text{ mm} \times 160 \text{ N/mm}^2} = 195$ mm，加 $2h_f$ 后取 23 cm。

肢尖：$l''_w = \dfrac{0.3 N}{2 h_e f_f^w} = \dfrac{0.3 \times 498\,400 \text{ N}}{2 \times 0.7 \times 6 \text{ mm} \times 160 \text{ N/mm}^2} = 111.3$ mm，加 $2h_f$ 后取 13 cm。

设"bD"杆的肢背和肢尖焊缝分别为 8 mm 和 6 mm，则所需的焊缝长度为：

肢背：$l'_w = \dfrac{0.7 \times 405\,800 \text{ N}}{2 \times 0.7 \times 8 \text{ mm} \times 160 \text{ N/mm}^2} = 158.5$ mm，取 19 cm。

肢尖：$l''_w = \dfrac{0.3 \times 405\,800 \text{ N}}{2 \times 0.7 \times 6 \text{ mm} \times 160 \text{ N/mm}^2} = 90.6$ mm，取 11 cm。

"Cb"杆的内力很小，焊缝尺寸可按构造确定，取 $h_f = 5$ mm。

根据上面求得的焊缝长度，并考虑杆件之间应有间隙以及制作和装配等误差，按比例绘出节点详图，从而确定节点板尺寸为 390 mm×460 mm。

下弦与节点板连接的焊缝长度为 46 cm，$h_f = 6$ mm。焊缝所受的力为左右两下弦杆的内力差 $\Delta N = 827.94 \text{ kN} - 329.54 \text{ kN} = 498.40 \text{ kN}$，受力较大的肢背处的焊缝应力为：

$$\tau_f = \dfrac{0.75 \times 498\,400 \text{ N}}{2 \times 0.7 \times 6 \text{ mm} \times (460 \text{ mm} - 12 \text{ mm})} = 99.3 \text{ N/mm}^2 < 160 \text{ N/mm}^2$$

焊缝强度满足要求。

（2）上弦节点"B"（图 9.7.18）

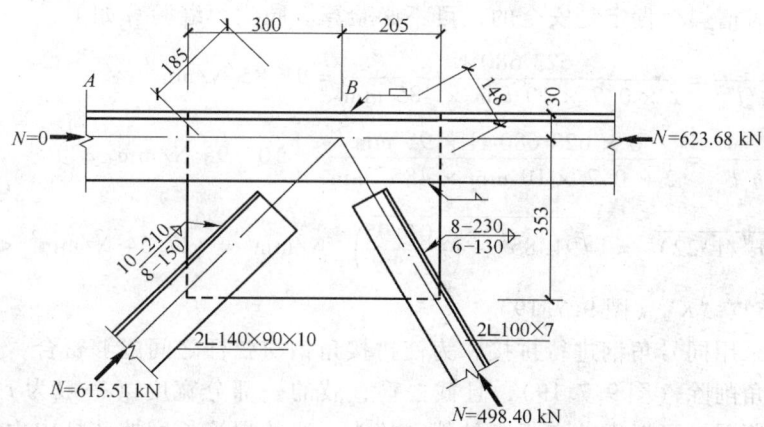

图 9.7.18　上弦节点"B"

"Bb"杆与节点板的焊缝尺寸和节点"b"相同。

"aB"杆与节点板的焊缝尺寸按上述同样方法计算：

$$N_{aB} = 615.51 \text{ kN}$$

肢背：
$$h_f = 10 \text{ mm}$$

$$l'_w = \dfrac{0.65 \times 615\,510 \text{ N}}{2 \times 0.7 \times 10 \text{ mm} \times 160 \text{ N/mm}^2} = 178.60 \text{ mm}，取 21 \text{ cm}。$$

肢尖：
$$h_f = 8 \text{ mm}$$
$$l''_w = \frac{0.35 \times 615\,510 \text{ N}}{2 \times 0.7 \times 8 \text{ mm} \times 160 \text{ N/mm}^2} = 120.22 \text{ mm，取 15 cm。}$$

为了便于在上弦上搁置屋面板，节点板的上边缘可缩进上弦肢背 8 mm。用槽焊缝把上弦角钢和节点板连接起来（图 9.7.18）。槽焊缝作为两条角焊缝计算，焊缝强度设计值应乘以 0.8 的折减系数。计算时可略去桁架上弦坡度的影响，而假定集中荷载 F 与上弦垂直。上弦肢背槽焊缝内的应力计算如下：

$$h'_f = \frac{1}{2} \times \text{节点板厚度} = \frac{1}{2} \times 12 \text{ mm} = 6 \text{ mm}, \quad h''_f = 10 \text{ mm}$$

上弦与节点板间焊缝长度为 505 mm。

$$\frac{\sqrt{[K_1(N_1-N_2)]^2 + \left(\dfrac{F}{2 \times 1.22}\right)^2}}{2 \times 0.7 h'_f l'_w} = \frac{\sqrt{(0.75 \times 623\,680 \text{ N})^2 + \left(\dfrac{54\,470 \text{ N}}{2 \times 1.22}\right)^2}}{2 \times 0.7 \times 6 \text{ mm} \times (505 \text{ mm} - 12 \text{ mm})}$$

$$= 113.08 \text{ N/mm}^2 < 0.8 f_f^w = 0.8 \times 160 \text{ N/mm}^2 = 128 \text{ N/mm}^2$$

上弦肢尖角焊缝的剪应力为：

$$\frac{\sqrt{[K_2(N_1-N_2)]^2 + \left(\dfrac{F}{2 \times 1.22}\right)^2}}{2 \times 0.7 h''_f l''_w} = \frac{\sqrt{(0.25 \times 623\,680 \text{ N})^2 + \left(\dfrac{54\,470 \text{ N}}{2 \times 1.22}\right)^2}}{2 \times 0.7 \times 10 \text{ mm} \times (505 \text{ mm} - 20 \text{ mm})}$$

$$= 23.20 \text{ N/mm}^2 < 160 \text{ N/mm}^2$$

此节点亦可按另一种方法验算。节点荷载由槽焊缝承受，上弦两相邻节间内力差由角钢肢尖焊缝承受，这时槽焊缝肯定是安全的，可不必验算。肢尖焊缝验算如下：

$$\tau_f^N = \frac{N_1 - N_2}{2 \times 0.7 h''_w l''_w} = \frac{623\,680 \text{ N}}{2 \times 0.7 \times 10 \text{ mm} \times 485 \text{ mm}} = 91.85 \text{ N/mm}^2$$

$$\sigma_f^M = \frac{6M}{2 \times 0.7 h''_f l''^2_w} = \frac{6 \times 623\,680 \text{ N} \times 95 \text{ mm}}{2 \times 0.7 \times 10 \text{ mm} \times 485^2 \text{ mm}^2} = 107.95 \text{ N/mm}^2$$

$$\sqrt{(\tau_f^N)^2 + (\sigma_f^M/1.22)^2} = \sqrt{91.85^2 + \left(\frac{107.95}{1.22}\right)^2} \text{ N/mm}^2 = 127.54 \text{ N/mm}^2 < 160 \text{ N/mm}^2$$

(3) 屋脊节点 "K"（图 9.7.19）

弦杆一般都采用同号角钢进行拼接，为使拼接角钢与弦杆之间能够密合，并便于施焊，需将拼接角钢的尖角削除（图 9.7.19），且截去垂直肢的一部分宽度（一般为 $t+h_f+5$ mm）。拼接角钢的这部分削弱，可以靠节点板来补偿。接头一边的焊缝长度按弦杆内力计算。

设焊缝 $h_f = 10$ mm，则所需焊缝计算长度为（一条焊缝）：

$$l_w = \frac{1\,250\,090 \text{ N}}{4 \times 0.7 \times 10 \text{ mm} \times 160 \text{ N/mm}^2} = 279.03 \text{ mm}$$

拼接角钢的长度取 740 mm $> 2 \times 279.03$ mm $= 578.06$ mm。

上弦与节点板之间的槽焊，假定承受节点荷载，验算略。上弦肢尖与节点板的连接焊缝，应按上弦内力的 15% 计算。设肢尖焊缝 $h_f = 10$ mm，节点板长度为 60 cm，则节点一侧弦杆焊缝的计算长度为 $l_w = \dfrac{60 \text{ cm}}{2} - 1 \text{ cm} - 2 \text{ cm} = 27 \text{ cm}$（见图 9.7.19），焊缝应力为：

§ 9.7 桁架的节点设计

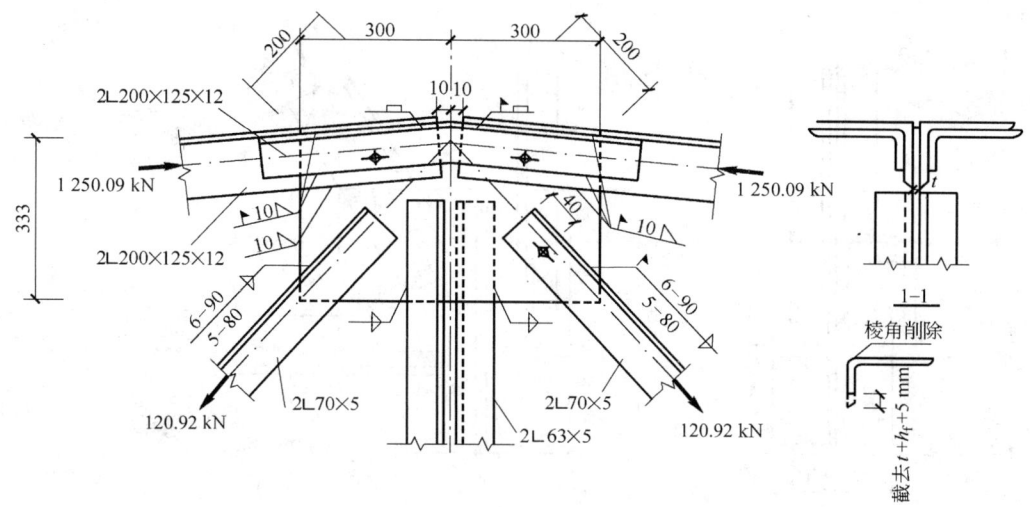

图 9.7.19 屋脊节点"K"

$$\tau_f^N = \frac{0.15 \times 1\,250\,090\ N}{2 \times 0.7 \times 10\ mm \times 270\ mm} = 49.61\ N/mm^2$$

$$\sigma_f^M = \frac{0.15 \times 1\,250\,090\ N \times 95\ mm \times 6}{2 \times 0.7 \times 10\ mm \times 270^2\ mm^2} = 104.73\ N/mm^2$$

$$\sqrt{(\tau_f^N)^2 + \left(\frac{\sigma_f^M}{1.22}\right)^2} = \sqrt{(49.61\ N/mm^2)^2 + \left(\frac{104.73\ N/mm^2}{1.22}\right)^2}$$
$$= 99.15\ N/mm^2 < 160\ N/mm^2$$

因桁架的跨度较大,需将桁架分成两个运输单元,在屋脊节点和下弦跨中节点设置工地拼接,左半边的上弦、斜杆和竖杆与节点板连接用工厂焊缝,而右半边的上弦、斜杆与节点板的连接用工地焊缝。

腹杆与节点板连接焊缝计算方法与以上几个节点相同。

(4) 支座节点"a"(图 9.7.20)

为了便于施焊,下弦杆角钢水平肢的底面与支座底板的净距离取 160 mm。在节点中心线上设置加劲肋,加劲肋的高度与节点板的高度相等,厚度为 14 mm。

① 支座底板的计算。

支座反力:

$$R = 10\ F = 544\,700\ N$$

支座底板的平面尺寸采用 280 mm×400 mm,如仅考虑有加劲肋部分的底板承受支座反力,则承压面积为 280 mm×234 mm=65 520 mm²。

验算柱顶混凝土的抗压强度:

$$\sigma = \frac{R}{A_n} = \frac{544\,700\ N}{65\,520\ mm^2} = 8.31\ N/mm^2 < f_c = 12.5\ N/mm^2$$

式中,f_c 为混凝土强度设计值,对 C25 混凝土,$f_c = 12.5\ N/mm^2$。

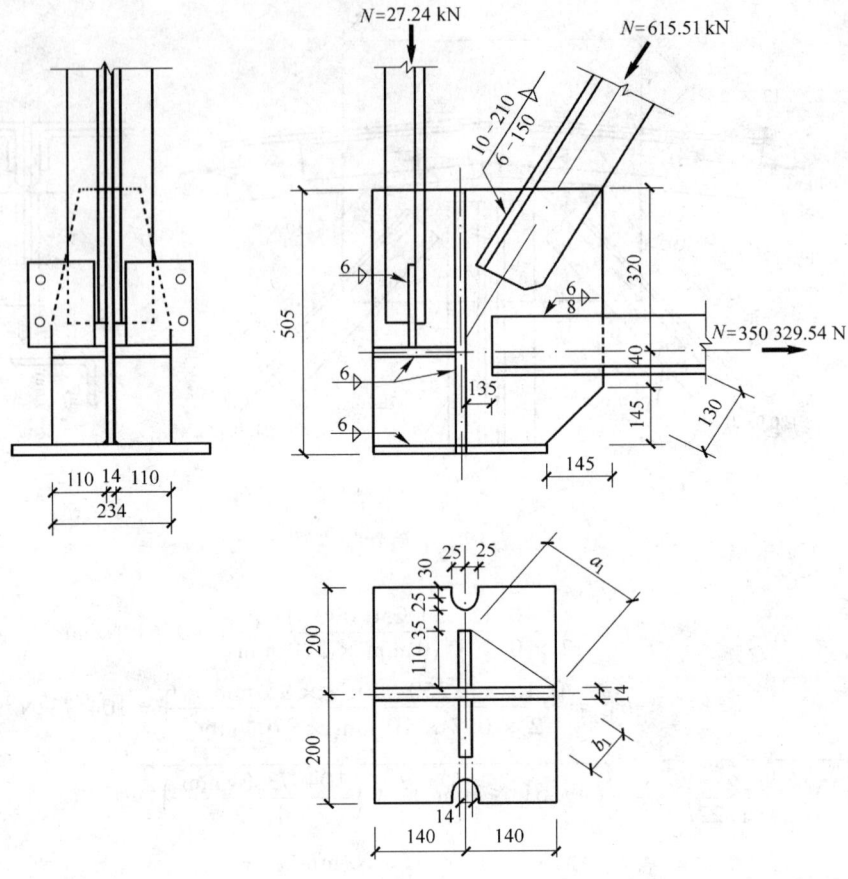

图 9.7.20 支座节点 "a"

底板的厚度按桁架反力作用下的弯矩计算,节点板和加劲肋将底板分成四块,每块板为两相邻边支承而另两相邻边自由的板,每块板的单位宽度的最大弯矩为:

$$M = \beta\sigma a_1^2$$

式中,σ 为底板下的平均应力:

$$\sigma = \frac{544\ 700\ \text{N}}{280\ \text{mm} \times 234\ \text{mm}} = 8.31\ \text{N/mm}^2$$

a_1 为两支承边之间的对角线长度:

$$a_1 = \sqrt{\left(140 - \frac{14}{2}\right)^2 \text{mm}^2 + 110^2\ \text{mm}^2} = 172.6\ \text{mm}$$

β 为系数,由 b_1/a_1 查表 8.4.1 而定,b_1 为两支承边的相交点到对角线 a_1 的垂直距离(图 9.7.20)。由相似三角形的关系,得:

$$b_1 = \frac{110 \times 133\ \text{mm}}{172.6\ \text{mm}} = 84.8\ \text{mm}, \quad \frac{b_1}{a_1} = \frac{84.8\ \text{mm}}{172.6\ \text{mm}} = 0.49$$

查表 8.4.1,得 $\beta \approx 0.058$。

$$M = \beta\sigma a_1^2 = 0.058 \times 8.31\ \text{N/mm}^2 \times 172.6^2\ \text{mm}^2$$

$$= 14\ 358.55\ \text{N}\cdot\text{mm/mm}$$

底板厚度：
$$t = \sqrt{\frac{6M}{f}} = \sqrt{\frac{6 \times 14\ 358.55\ \text{N}\cdot\text{mm/mm}}{215\ \text{N/mm}^2}}$$
$$= 20.02\ \text{mm} > 16\ \text{mm}$$

$f = 205\ \text{N/mm}^2$，t 应增大到 $\sqrt{215/205} = 1.02$ 倍，取 $t = 22$ mm。

② 加劲肋与节点板的连接焊缝计算。

加劲肋与节点板的连接焊缝计算与牛腿焊缝相似（图 9.7.21）。偏于安全地假定一个加劲肋的受力为桁架支座反力的 1/4，即：

$$\frac{R}{4} = \frac{544\ 700\ \text{N}}{4} = 136\ 175\ \text{N}$$

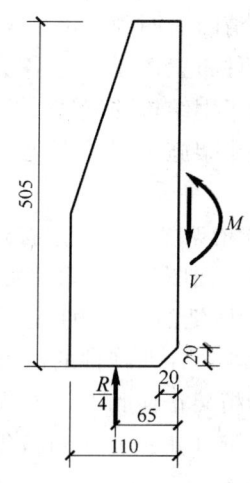

图 9.7.21 加劲肋计算简图

则焊缝内力为：
$$V = 136\ 175\ \text{N}$$
$$M = 136\ 175\ \text{N} \times 65\ \text{mm} = 8\ 851\ 375\ \text{N}\cdot\text{mm}$$

设焊缝 $h_f = 6$ mm，焊缝计算长度 $l_w = 505$ mm $- 12$ mm $- 20$ mm $= 473$ mm，则焊缝应力为：

$$\sqrt{\left(\frac{136\ 175\ \text{N}}{2 \times 0.7 \times 6\ \text{mm} \times 473\ \text{mm}}\right)^2 + \left(\frac{8\ 851\ 375\ \text{N}\cdot\text{mm} \times 6}{2 \times 0.7 \times 6\ \text{mm} \times 473^2\ \text{mm}^2 \times 1.22}\right)^2}$$
$$= 41.36\ \text{N/mm}^2 < 160\ \text{N/mm}^2$$

③ 节点板、加劲肋与底板的连接焊缝计算。

设焊缝传递全部支座反力 $R = 544\ 700$ N，其中每块加劲肋各传 $\frac{1}{4}R = 136\ 175$ N，节点板传递 $R/2 = 272\ 350$ N。

设节点板与底板的连接焊缝的焊脚尺寸 $h_f = 6$ mm，则焊缝长度 $\sum l_w = 2 \times (280\ \text{mm} - 12\ \text{mm}) = 536$ mm，焊缝强度验算如下：

$$\sigma_f = \frac{R/2}{0.7 \sum l_w \times h_f} = \frac{272\ 350\ \text{N}}{0.7 \times 536\ \text{mm} \times 6\ \text{mm}} = 120.98\ \text{N/mm}^2 < 1.22 \times 160\ \text{N/mm}^2$$

每块加劲肋与底板的连接焊缝长度为：

$$\sum l_w = (110\ \text{mm} - 20\ \text{mm} - 12\ \text{mm}) \times 2 = 156\ \text{mm}$$

焊缝强度验算如下：

$$\sigma_f = \frac{R/4}{0.7 \times \sum l_w \times h_f} = \frac{136\ 175\ \text{N}}{0.7 \times 156\ \text{mm} \times 6\ \text{mm}} = 207.84\ \text{N/mm}^2$$
$$> 1.22 \times 160\ \text{N/mm}^2 = 195.2\ \text{N/mm}^2$$

改取 $h_f = 8$ mm。

9.7.3 桁架施工图

钢结构施工图是设计部门完成设计任务最后交付给施工单位的成果。其内容包括构件布置图、构件图及总说明等。它是指导钢结构构件制造和安装的技术文件，钢结构的制造部门将依据它绘制施工详图。同时设计图也是编制工程预算的依据和工程竣工后的存档资料。因此，务须做到清晰、明确、准确无误，表达详尽。

构件布置图是表达各类构件（如柱、桁架、吊车梁、墙架、平台等）位置的整体图形。主要用于钢结构的安装，也是结构制作的依据。

钢桁架施工图是表达桁架所有部件的制造、安装要求的详细图纸，其主要内容和绘制要点为：

① 桁架施工图一般按运输单元绘制。当桁架对称时，可仅绘制半榀桁架。施工图上应包括桁架正面图、上弦和下弦平面图以及必要的侧面图、剖面图和零件图。

② 图纸的左上角用适当比例绘制桁架简图（单线图），左半跨注明桁架杆件的几何轴线尺寸，右半跨注明杆件的内力设计值，并注明桁架中央的起拱高度（桁架图上不必表示）。图纸正中为桁架正面和上、下弦平面图。右上角是材料表，把所有杆件和零部件的编号、规格、长度、数量（正反）及重量等均填于表中，以备配料和计算用钢量，并可供配备起重和运输设备时参考。

③ 桁架施工图通常采用两比例尺绘制。桁架杆件的轴线尺寸一般用 1∶20～1∶30，而节点尺寸和杆件截面尺寸用 1∶10～1∶15 的比例尺绘制。对重要节点和特殊零部件还可加大些。以清楚地表达节点的细部尺寸。

④ 施工图上应注明各零部件的型号和主要几何尺寸，包括加工尺寸（宜取 5 mm 的倍数）、定位尺寸、孔洞位置以及对工厂制造和工地安装的要求。定位尺寸主要有：节点中心至各杆件端和至节点板边缘（上、下和左、右）的距离、轴线至角钢背的距离等。螺栓孔位置要符合螺栓排列的要求。工厂制造的工地安装要求包括零部件切角、切肢、削棱、孔洞直径和焊缝尺寸等均应在施工图中注明。工地安装焊缝和螺栓应标注其符号，以适应运输单元间的拼接。

⑤ 施工图中的各零部件应加以详细编号，其次序按主次、上下、左右排列。完全相同的零部件用同一编号，如两个零部件形状和尺寸完全一样，仅因开孔位置或切角等不同，使两构件成镜面对称时，可采用同一编号而只需在材料表中用正、反字样注明，以示区别。

⑥ 施工图上还应有文字说明，其内容主要有：钢材的钢号、焊条型号和焊接方法、质量要求，图中未注明的焊缝和螺栓孔尺寸，防锈处理方法，以及运输、安装和制造要求等。此外，对一些在施工图上难以用图而宜用文字表达清楚的内容亦可用文字加以说明。

图 9.7.22 钢屋架施工图（例题 9.3 图）见书后插页。

§9.8 有吊车的单层工业厂房的设计特点

9.8.1 吊车的工作级别

吊车是厂房中常见的起重设备，按照吊车使用的繁重程度（亦即吊车的利用次数和荷载大小），国家标准 GB/T 3811—2008《起重机设计规范》将其分为八个工作级别，称为 A1～A8。许多文献习惯将吊车以轻、中、重和特重四个工作制等级来划分，对应关系可参见表 9.8.1。

§9.8 有吊车的单层工业厂房的设计特点

表 9.8.1 吊车的工作制等级与工作级别的对应关系

工作制等级	轻级	中级	重级	特重级
工作级别	A1~A3	A4、A5	A6、A7	A8

9.8.2 计算简图

单层厂房钢结构一般由横向框架作为承重结构，而横向框架通常由柱和桁架（横梁）所组成。横梁与柱子的连接可以是铰接，亦可以是刚接，相应的，称横向框架为铰接框架（又称排架）或刚接框架。对一些刚度要求较高的厂房（如设有双层吊车，装备硬钩吊车等），尤其是单跨重型厂房，宜采用刚接框架。在多跨时，特别在吊车起重量不很大和采用轻型围护结构时，宜采用铰接框架。各个横向框架之间有屋面板或檩条、托架、屋盖支撑等纵向构件相互连接在一起，故框架实际上是空间工作的结构，应按空间工作计算才比较合理和经济，但由于计算较繁，工作量大，所以通常均简化为单个的平面框架（图 9.8.1）来计算。框架计算单元的划分应根据柱网的布置确定（图 9.1.2），使纵向每列柱至少有一根柱参加框架工作，应将受力最不利的柱划入计算单元中。对于各列柱距均相等的单层厂房钢结构，只计算一个框架。对有抽柱的计算单元，一般以最大柱距作为划分计算单元的标准，其界限可以采用柱距的中心线，也可以采用柱的轴线，如采用后者，则对计算单元的边柱只应计入柱的一半刚度，作用于该柱的荷载也只计入一半。

对于由格构式横梁和阶形柱（下部柱为格构柱）所组成的横向框架，一般考虑桁架式横梁和格构柱的腹杆或缀条变形的影响，将惯性矩（对高度有变化的桁架式横梁按平均高度计算）乘以折减系数 0.9，简化成实腹式横梁和实腹式柱。对柱顶刚接的横向框架，当满足下式的条件时，除了直接作用在横梁上的垂直荷载外，横梁在框架其他荷载作用下变形很小，此时可近似认为横梁刚度为无穷大，否则横梁按有限刚度考虑。

$$\frac{K_{AB}}{K_{AC}} \geq 4 \tag{9.8.1}$$

式中，K_{AB} 为横梁在远端固定使近端 A 点转动单位角时在 A 点所需施加的力矩值；K_{AC} 为柱在基础处固定，使 A 点转动单位角时在 A 点所需施加的力矩值。框架的计算跨度 L_0（或 L_{01}、L_{02}）取为两上柱轴线之间的距离（图 9.8.1）。

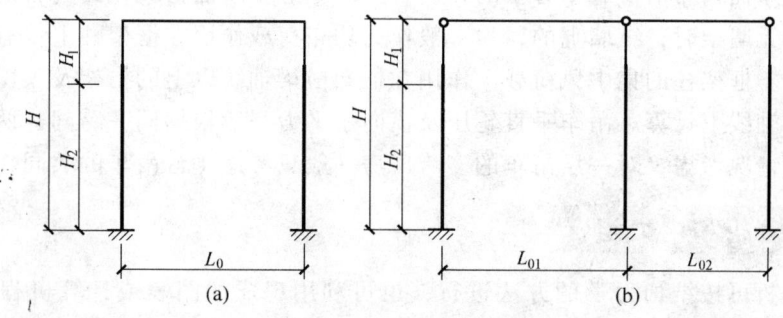

图 9.8.1 横向框架的计算简图
(a) 柱顶刚接；(b) 柱顶铰接

横向框架的计算高度 H：柱顶刚接时，可取为柱脚底面至框架下弦轴线的距离（横梁假定为无限刚性），或柱脚底面至横梁端部形心的距离（横梁为有限刚性）（图 9.8.2a、b）；柱顶铰接时，应取为柱脚底面至横梁主要支承节点间距离（图 9.8.2c、d）。对阶形柱应以肩梁上表面作分界线将 H 划分为上部柱高度 H_1 和下部柱高度 H_2。

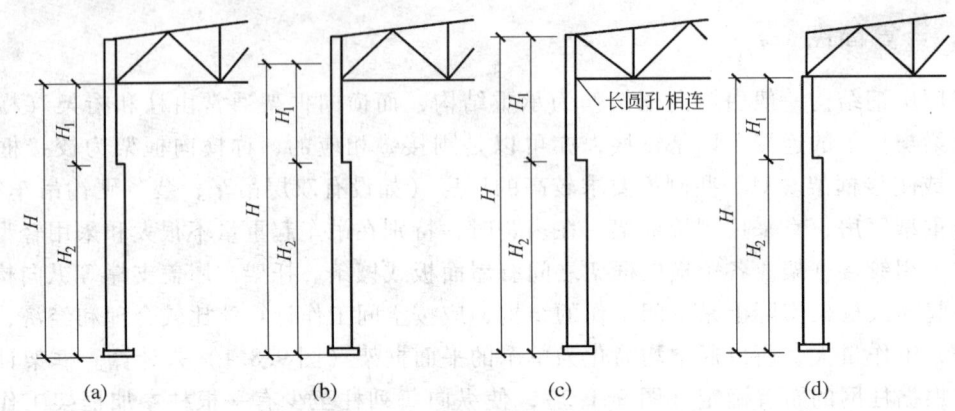

图 9.8.2　横向框架的高度取值方法
(a) 柱顶刚接，横梁视为无限刚性；(b) 柱顶刚接，横梁视为有限刚性；
(c) 柱顶铰接，横梁为上承式；(d) 柱顶铰接，横梁为下承式

9.8.3　横向框架的荷载

作用在横向框架上的荷载可分为永久荷载和可变荷载两种。

永久荷载有：屋盖系统、柱、吊车梁系统、墙架、墙板及设备管道等的自重。这些重量可参考有关资料、表格、公式进行计算。

可变荷载有：风、雪荷载、积灰荷载、屋面均布活荷载、吊车荷载、地震作用等。这些荷载可由荷载规范和吊车规格查得。

对框架横向长度超过容许的温度缝区段长度而未设置伸缩缝时，则应考虑温度变化的影响；对单层厂房钢结构地基土质较差、变形较大或单层厂房钢结构中有较重的大面积地面荷载时，则应考虑基础不均匀沉陷对框架的影响。雪荷载一般不与屋面均布活荷载同时考虑，积灰荷载与雪荷载或屋面均布活荷载两者中的较大者同时考虑。屋面荷载化为均布的线荷载作用于框架横梁上。当无墙架时，纵墙上的风力一般作为均布荷载作用在框架柱上；有墙架时，尚应计入由墙架柱传于框架柱的集中风荷载。作用在框架横梁轴线以上的桁架及天窗上的风荷载按集中在框架横梁轴线上计算。吊车垂直轮压及横向水平力一般根据同一跨间、两台满载吊车并排运行的最不利情况考虑，对一层吊车的多跨厂房一般只考虑 4 台吊车的共同作用。

9.8.4　内力分析和内力组合

框架内力分析可按结构力学的方法进行，也可利用现成的图表或计算机程序分析框架内力。应根据不同的框架，不同的荷载作用，采用比较简便的方法。为便于对各构件和连接进行最不利的组合，对各种荷载作用应分别进行框架内力分析。

§9.8 有吊车的单层工业厂房的设计特点

为了计算框架构件的截面,必须将框架在各种荷载作用下所产生的内力进行最不利组合。要列出上段柱和下段柱的上下端截面中的弯矩 M、轴向力 N 和剪力 V。此外还应包括柱脚锚固螺栓的计算内力。每个截面必须组合出 $+M_{max}$ 和相应的 N、V;$-M_{max}$ 和相应的 N、V;N_{max} 和相应的 M、V;对柱脚锚栓则应组合出可能出现的最大拉力;即 M_{max} 和相应的 N、V;$-M_{max}$ 和相应的 N、V。

柱与桁架刚接时,应对横梁的端弯矩和相应的剪力进行组合。最不利组合可分为四组:第一组组合使桁架下弦杆产生最大压力(图9.8.3a);第二组组合使桁架上弦杆产生最大压力,同时也使下弦杆产生最大拉力(图9.8.3b);第三、四组组合使腹杆产生最大拉力或最大压力(图9.8.3c、d)。组合时考虑施工情况,只考虑屋面恒载所产生的支座端弯矩和水平力的不利作用,不考虑它的有利作用。

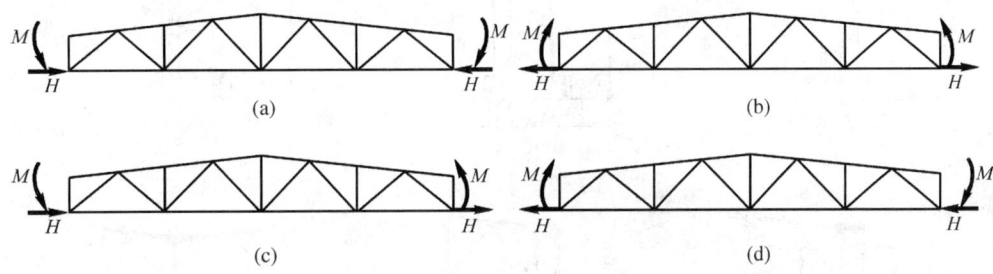

图 9.8.3 框架横梁端弯矩最不利组合

在内力组合中,一般采用简化规则由可变荷载效应控制的组合:当只有一个可变荷载参与组合时,组合值系数取 1.0,即:恒+可变荷载;当有两个或两个以上可变荷载参与组合时,组合值系数取 0.9,如:恒+0.9(可变荷载1+可变荷载2)。在地震区应参照 GB 50011—2001《建筑抗震设计规范》进行偶然组合。对单层吊车的厂房钢结构,当采用两台及两台以上吊车的竖向和水平荷载组合时,应根据参与组合的吊车台数及其工作制,乘以相应的折减系数。比如两台吊车组合时,对轻中级工作制吊车,折减系数为 0.9;对重级工作制吊车,折减系数取 0.95。

9.8.5 框架柱的类型及其截面选择

框架柱按结构形式可分为等截面柱、阶形柱和分离式柱三大类。

等截面柱有实腹式和格构式两种,通常采用实腹式(图9.8.4a)。等截面柱将吊车梁支于牛腿上,构造简单,但吊车竖向荷载偏心大,只适用于吊车起重量 $Q<150$ kN,或无吊车且房屋高度较小的轻型钢结构中。

阶形柱也可分为实腹式和格构式两种(图9.8.4b、c、d、e、f)。从经济角度考虑,阶形柱由于吊车梁或吊车桁架支承在柱截面变化的肩梁处,荷载偏心小,构造合理,其用钢量比等截面柱节省,因而在单层厂房钢结构中广泛应用。阶形柱还根据房屋内设单层吊车或双层吊车做成单阶柱或双阶柱。阶形柱的上段由于截面高度 h 不大(无人孔时 $h=400\sim600$ mm;有人孔时 $h=900\sim1\,000$ mm),并考虑柱与屋架、托架的连接等,一般采用工字形截面的实腹柱。下段柱,对于边列柱来说,由于吊车肢受的荷载较大,通常设计成不对称截面,中列柱两侧荷

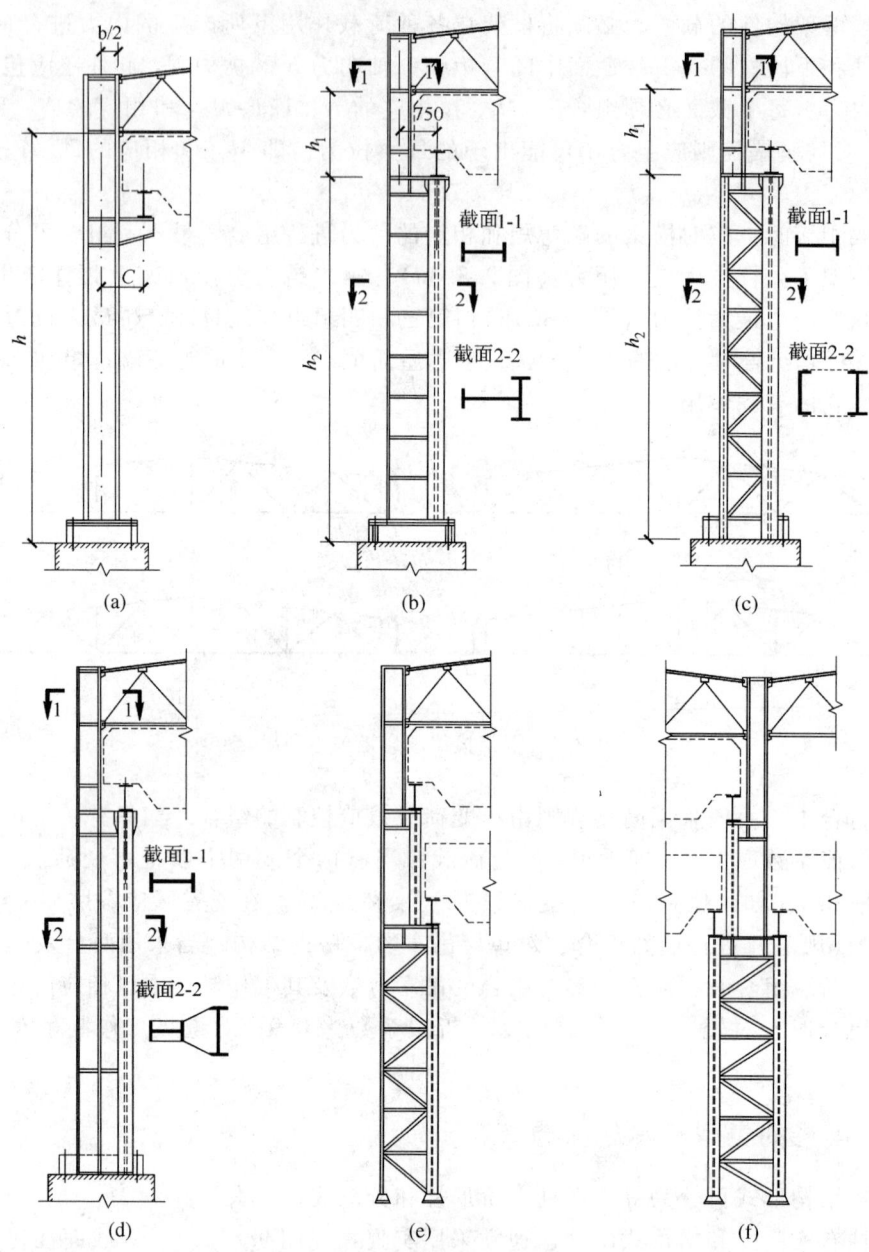

图 9.8.4 厂房柱的形式
(a) 等截面柱；(b) 实腹单阶柱；(c) 格构单阶柱；
(d) 分离式柱；(e) 双阶边柱；(f) 双阶中柱

载相差不大时，可以采用对称截面。下段柱截面高度≤1 m时，采用实腹式；截面高度≥1 m时，采用缀条柱（图9.8.4c、e、f）。

分离式柱（图9.8.4d）由支承屋盖结构的屋盖肢和支承吊车梁或吊车桁架的吊车肢所组成，两柱肢之间用水平板相连接。吊车肢在框架平面内的稳定性就依靠连在屋盖肢上的水平连系板来解决。屋盖肢承受屋面荷载、风荷载及吊车水平荷载，按压弯构件设计。吊车肢仅承受

§9.8 有吊车的单层工业厂房的设计特点

吊车的竖向荷载,当吊车梁采用突缘支座时,按轴心受压构件设计;当采用平板支座时,仍按压弯构件设计。分离式柱构造简单,制作和安装比较方便,但用钢量比阶形柱多,且刚度较差,只宜用于吊车轨顶标高低于 10 m、且吊车起重量 $Q \geqslant 750$ kN 的情况,或者相邻两跨吊车的轨顶标高相差很悬殊,而低跨吊车的起重量 $Q \geqslant 500$ kN 的情况。

双肢格构式柱是重型厂房阶形下柱的常见形式,图 9.8.5 是其截面的常见类型。阶形柱的上柱截面通常取实腹式等截面焊接工字形或类型(a)。下柱截面类型要依吊车起重量的大小确定:类型(b)常见于吊车起重量较小的边列柱截面;吊车起重量不超过 50 t 的中柱可选取(c)类截面,否则需做成(d)类截面;显然,截面类型(e)适合于吊车起重量较大的边列柱;特大型厂房的下柱截面可做成(f)类截面。

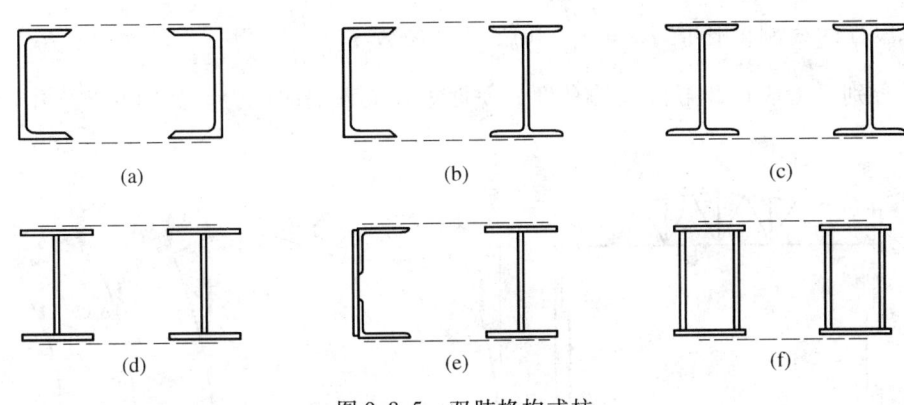

图 9.8.5 双肢格构式柱

厂房结构形式的选取不仅要考虑吊车的起重量,而且还要考虑吊车的工作级别及吊钩类型,对于装备 A6~A8 级吊车的车间除了要求结构具有大的横向刚度外,还应保证足够大的纵向刚度。因此,对于装备 A6~A8 级吊车的单跨厂房,宜将屋架和柱子的连接以及柱子和基础的连接均作刚性构造处理。纵向刚度则依靠柱的支撑来保证。设计在侵蚀性环境中工作的厂房,除了要选择耐腐蚀性的钢材,还应寻求有利于防侵蚀的结构形式和构造措施。同理,在高热环境中工作的厂房,在设计中不仅要考虑对结构的隔热防护,亦应采用有利于隔热的结构形式和构造措施。

9.8.6 框架柱设计特点

柱在框架平面内的计算长度应通过对整个框架的稳定分析确定,但由于框架实际上是一空间体系,而构件内部又存在残余应力,要确定临界荷载比较复杂。因此,目前对框架的分析,不论是等截面柱框架还是阶形柱框架,都按弹性理论确定其计算长度。

柱在框架平面内的计算长度应根据柱的形式及两端支承情况而定。等截面柱的计算长度按附录 6 的单层有侧移框架柱确定。对于阶形柱,其计算长度是分段确定的。即各段的计算长度应等于各段的几何长度乘以相应的计算长度系数 μ_1 和 μ_2,但各段的计算长度系数 μ_1 和 μ_2 之间有一定联系。在图 9.8.6a 中,柱上段和下段计算长度分别是 $H_{1x}=\mu_1 H_1$,$H_{2x}=\mu_2 H_2$。

阶形柱的计算长度系数是根据对称的单跨框架发生如图 9.8.6b 所示的有侧移失稳变形条

件确定的。因为这种失稳条件的柱临界力最小，这时上段柱的临界力 $N_1 = \dfrac{\pi^2 EI_1}{(\mu_1 H_1)^2}$，而下段柱的临界力为 $N_2 = \dfrac{\pi^2 EI_2}{(\mu_2 H_2)^2}$。由于横梁的线刚度常常大于柱上端的线刚度，研究表明，在这种条件下，把横梁的线刚度看作无限大，计算结果是足够精确的。这样一来，按照弹性稳定理论分析框架时，柱与横梁之间的关系归结为它们之间的连接条件：如为铰接，则柱的上端既能自由侧移也能自由转动；如为刚接，则柱的上端只能自由侧移但不能转动。计算时只凭一根如图 9.8.6c、d 所示的独立柱即可确定柱的计算长度系数。

《规范》规定，单层厂房框架下端刚性固定的单阶柱，下段柱的计算长度系数 μ_2 取决于上段柱和下段柱的线刚度比值 $K_1 = \dfrac{I_1 H_2}{I_2 H_1}$ 和临界力参数 $\eta_1 = \dfrac{H_1}{H_2} \times \sqrt{\dfrac{N_1 I_2}{N_2 I_1}}$，这里，$H_1$、$I_1$、$N_1$ 和 H_2、I_2、N_2 分别是上段柱和下段柱的高度、惯性矩及最大轴向压力。如图 9.8.6 中所示，$N_2 = N_1 + \Delta N$。

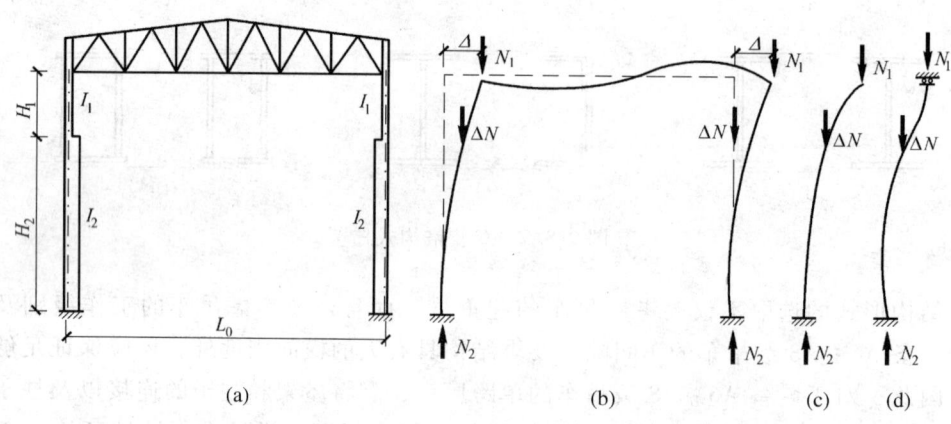

图 9.8.6　单阶柱框架的失稳

当柱上端与横梁铰接时，将柱视为上端自由的独立柱，下段柱计算长度系数 μ_2 应按附表 6.3 取值；当柱上端与横梁刚接时，将柱视为上端可侧移但不能转动的独立柱，μ_2 按附表 6.4 取值。

上段柱的计算长度系数 μ_1 按下式计算：

$$\mu_1 = \dfrac{\mu_2}{\eta_1} \tag{9.8.2}$$

考虑到组成横向框架的单层厂房各阶形柱所承受的吊车竖向荷载差别较大，荷载较小的相邻柱会给所计算的荷载较大的柱提供侧移约束。同时在纵向因有纵向支撑和屋面等纵向连系构件，各横向框架之间有空间作用，有利于荷载重分配。故《规范》规定对于阶形柱的计算长度系数还应根据表 9.8.2 中的不同条件乘以折减系数，以反映阶形柱在框架平面内承载力的提高。

表 9.8.2　单层厂房阶形柱计算长度的折减系数

厂房类型				折减系数
单跨或多跨	纵向温度区段内一个柱列的柱子数	屋面情况	厂房两侧是否有通长的屋盖纵向水平支撑	
单跨	等于或少于6个	—	—	0.9
	多于6个	非大型屋面板屋面	无纵向水平支撑	
			有纵向水平支撑	0.8
		大型屋面板屋面	—	
多跨	—	非大型屋面板屋面	无纵向水平支撑	0.8
			有纵向水平支撑	0.7
		大型屋面板屋面	—	

注：有横梁的露天结构（如落锤车间等）其折减系数可采用0.9。

对截面均匀变化的楔形柱，其框架平面内的计算长度的取值参见 GB 50018 的附表 A.3.2。

厂房柱在框架平面外（沿厂房长度方向）的计算长度，应取阻止框架平面外位移的侧向支承点之间的距离，柱间支撑的节点是阻止框架柱在框架平面外位移的可靠侧向支承点，与此节点相连的纵向构件（如吊车梁、制动结构、辅助桁架、托架、纵梁和刚性系杆等）亦可视为框架柱的侧向支承点。此外，柱在框架平面外的尺寸较小，侧向刚度较差，在柱脚和连接节点处可视为铰接。

具体的取法是：当设有吊车梁和柱间支撑而无其他支承构件时，上段柱的计算长度可取制动结构顶面至屋盖纵向水平支撑或托架支座之间柱的高度；下段柱的计算长度可取柱脚底面至肩梁顶面之间柱的高度。

9.8.7　柱的截面验算和构造设计

单阶柱的上柱，一般为实腹工字形截面，选取最不利的内力组合，按第7章的计算方法进行截面验算。阶形柱的下段柱一般为格构式压弯构件，需要验算在框架平面内的整体稳定以及屋盖肢与吊车肢的单肢稳定。计算单肢稳定时，应注意分别选取对所验算的单肢产生最大压力的内力组合。

考虑到格构式柱的缀材体系传递两肢间的内力情况还不十分明确，为了确保安全，还需按吊车肢单独承受最大吊车垂直轮压 D_{max} 进行补充验算。此时，吊车肢承受最大压力 N_D 为：

$$N_D = D_{max} + \frac{(N - D_{max})y_2}{a} + \frac{(M - M_D)}{a} \tag{9.8.3}$$

式中，D_{max} 为吊车竖向荷载及吊车梁自重等所产生的最大计算压力；M 为使吊车肢受压的下段柱计算弯矩，包括 D_{max} 的作用；N 为与 M 相应的内力组合的下段柱轴向力；M_D 为仅由 D_{max} 作用对下段柱产生的计算弯矩，与 M、N 同一截面；y_2 为下柱截面重心轴至屋盖肢重心线的距离；a 为下柱屋盖肢和吊车肢重心线间的距离。

当吊车梁为突缘支座时，其支反力沿吊车肢轴线传递，吊车肢按承受轴心压力 N_1 计算单肢的稳定性。当吊车梁为平板式支座时，尚应考虑由于相邻两吊车梁支座反力差（R_1-R_2）所产生的框架平面外的弯矩：

$$M_y = (R_1 - R_2) \times e \tag{9.8.4}$$

M_y 全部由吊车肢承受，其沿柱高度方向弯矩的分布可近似地假定在吊车梁支承处为铰接，在柱底部为刚性固定，分布如图 9.8.7 所示。吊车肢按实腹式压弯杆验算在弯矩 M_y 作用平面内（即框架平面外）的稳定性。

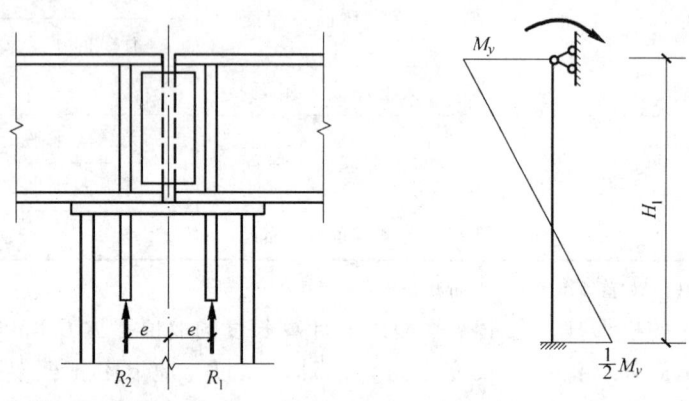

图 9.8.7 吊车肢的弯矩计算图

阶形柱的变截面处是上、下柱相连并支撑吊车梁的关键部位，必须仔细设计。阶形柱的柱脚皆与基础刚接，要同时传递竖向力、水平力和弯矩，受力复杂。有关这些部位的构造设计可参见 §8.5 和 §8.6。

§9.9 轻型门式刚架结构的设计特点

9.9.1 轻型门式刚架结构的组成

门式刚架轻型钢结构主要指承重结构为单跨或多跨实腹门式刚架、具有轻型屋盖和轻型外墙、可以设置起重量不大于 20 t 的中、轻级工作制桥式吊车或 3 t 悬挂式起重机的单层厂房钢结构。

在轻型门式刚架结构体系中，屋盖应采用压型钢板屋面板和冷弯薄壁型钢檩条，主刚架可采用变截面实腹刚架，外墙宜采用压型钢板墙板和冷弯薄壁型钢墙梁，也可以采用砌体外墙或底部为砌体、上部为轻质材料的外墙。主刚架斜梁下翼缘和刚架柱内翼缘的出平面稳定性，由与檩条或墙梁相连接的隅撑来保证。主刚架间的交叉支撑可采用张紧的圆钢。

单层门式刚架轻型房屋可采用隔热卷材做屋盖隔热和保温层，也可以采用带隔热层的板材作屋面。

门式刚架轻型房屋屋面坡度宜取 1/8～1/20，在雨水较多的地区宜取其中较大值。

门式刚架尺寸应符合下列规定：

① 门式刚架的跨度，应取横向刚架柱轴线间的距离。

② 门式刚架的高度，应取地坪至柱轴线与斜梁轴线交点的高度。门式刚架的高度，应根据使用要求的室内净高确定，设有吊车的厂房应根据轨顶标高和吊车净高要求而定。

③ 柱的轴线可取通过柱下端（较小端）中心的竖向轴线。工业建筑边柱的定位轴线宜取柱外皮。斜梁的轴线可取通过变截面梁段最小端中心与斜梁上表面平行的轴线。

④ 门式刚架轻型房屋的建筑尺寸：其檐口高度，应取地坪至房屋外侧檩条上缘的高度；其最大高度，应取地坪至屋盖顶部檩条上缘的高度；其宽度，应取房屋侧墙墙梁外皮之间的距离；其长度，应取两端山墙墙梁外皮之间的距离。

⑤ 门式刚架的跨度，宜为 9～36 m，以 3 m 为模数。边柱的宽度不相等时，其外侧要对齐。

⑥ 门式刚架的高度，宜为 4.5～9.0 m，必要时可适当加大。当有桥式吊车时不宜大于 12 m。

⑦ 门式刚架的间距，即柱网轴线在纵向的距离宜为 6 m，也可采用 7.5 m 或 9 m，最大可用 12 m。跨度较小时可用 4.5 m。

⑧ 挑檐长度可根据使用要求确定，宜采用 0.5～1.2 m，其上翼缘坡度宜与斜梁坡度相同。

门式刚架的形式分为单跨双坡、双跨单坡、多跨双坡以及带挑檐和带毗屋的刚架（图 9.9.1）等。多跨刚架中间柱与刚架斜梁的连接，可采用铰接。多跨刚架宜采用双坡或单坡屋盖，必要时也可采用由多个双坡单跨相连的多跨刚架形式。

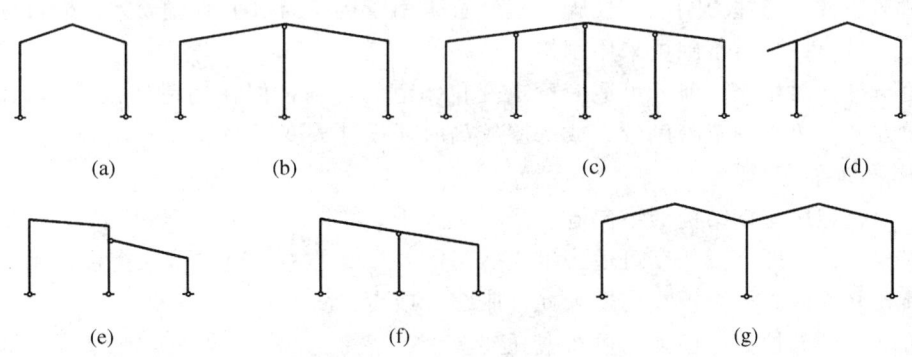

图 9.9.1　门式刚架的形式
(a) 单跨双坡；(b) 双跨双坡；(c) 四跨双坡；(d) 单跨双坡带挑檐；
(e) 双跨单坡（毗屋）；(f) 双跨单坡；(g) 双跨四坡

9.9.2　轻型门式刚架结构的特点及适用范围

1. 刚架特点

门式刚架结构有以下特点：

① 用轻型屋面，不仅可减少梁柱截面尺寸，基础也相应减少。

② 在多跨建筑中可做成一个屋脊的大双坡屋面，为长坡面排水创造了条件。设中间柱可减少横梁的跨度，从而降低造价。中间柱采用钢管制作的上下铰接摇摆柱，占空间小。

③ 侧向刚度籍檩条的隅撑保证，省去纵向刚性构件，并减少翼缘宽度。

④ 刚架可采用变截面，使梁柱的截面与弯矩的变化相适应；变截面时根据需要可改变腹

板的高度和厚度及翼缘的宽度,做到材尽其用。

⑤ 刚架的腹板可按有效宽度设计,即允许部分腹板失稳,并可利用其屈曲后强度。故腹板高厚比可比《规范》规定为大,即可减少腹板厚度。

⑥ 竖向荷载通常是设计的控制荷载,但当风荷载较大或房屋较高时,风荷载的作用不应忽视。在轻屋面门式刚架中,地震作用一般不起控制作用。

⑦ 支撑可做得较轻便。将其直接或用水平节点板连接在腹板上,可采用张紧的圆钢。

⑧ 结构构件可全部在工厂制作,工业化程度高。构件单元可根据运输条件划分,单元之间在现场用螺栓相连,安装方便快速,土建施工量少。

2. 适用范围

门式刚架通常用于跨度为 9~36 m,柱距为 6 m,柱高为 4.5~9 m,设有吊车起重量较小的单层工业房屋或公共建筑(超市、娱乐体育设施、车站候车室、码头建筑)。

9.9.3 结构形式和布置

1. 结构形式

门式刚架的结构形式是多种多样的。按构件体系分,有实腹式与格构式;按截面形式分,有等截面与变截面;按结构选材分,有普通型钢和薄壁型钢。实腹刚架的截面一般为工字形;格构式刚架的整体截面为矩形或三角形。

门式刚架的横梁与柱为刚接,柱脚与基础宜采用铰接;当水平荷载较大,檐口标高较高或刚度要求较高时,柱脚与基础可采用刚接。

变截面与等截面相比,前者可适应弯矩变化,节约材料,但在构造连接及加工制造方面,不如等截面方便,故当刚架跨度较大或房屋较高时才设计成变截面。

2. 结构平面布置

门式刚架轻型房屋钢结构的纵向温度区段不大于 300 m,横向温度区段长度不大于 150 m,当有计算依据时,温度区段长度可适当增大。当需要设置伸缩缝时,可在搭接檩条的螺栓连接处采用长圆孔并使该处屋面板在构造上允许胀缩;或者设置双柱。

在多跨刚架局部抽掉中柱处,可布置托架。

山墙处可设置由斜梁、抗风柱和墙架组成的山墙墙架,或直接采用门式刚架。

3. 墙梁布置

门式刚架轻型房屋钢结构侧墙墙梁的布置,应考虑设置门窗、挑檐、遮雨篷等构件和围护材料的要求。

门式刚架轻型房屋钢结构的侧墙,在采用压型钢板作围护面层时,墙梁宜布置在刚架的外侧,其间距随墙板板型及规格而定,但不应大于计算要求的值。

外墙在抗震设防烈度不高于 6 度的情况时,可采用轻型钢墙板或砌体;当为 7 度、8 度时,可采用轻型钢墙板或非嵌砌砌体;当为 9 度时,宜采用轻型钢墙板或与柱柔性连接的轻质墙板。

4. 支撑布置

在每个温度区段或者分期建设的区段中,应分别设置能独立构成空间稳定结构的支撑体系;在设置柱间支撑的开间应同时设置屋盖横向支撑以组成几何不变体系。

屋盖横向支撑宜设在温度区间端部的第一或第二个开间。当端部支撑设在第二个开间时，在第一开间的相应位置应设置刚性系杆。

柱间支撑的间距应根据房屋纵向柱距、受力情况和安装条件确定。当无吊车时宜取 30~45 m；当有吊车宜设在温度区段中部，或当温度区段较长时宜设在三分点处。且间距不宜大于 60 m。当建筑物宽度大于 60 m 时，在内柱列宜适当增加柱间支撑。房屋高度较大时，柱间支撑要分层设置。

刚架转折处（单跨房屋边柱柱顶和屋脊，以及多跨房屋某些中间柱顶和屋脊）宜沿房屋全长设置刚性系杆。刚性系杆可由檩条兼作，此时檩条应满足压弯杆件的刚度和承载力要求，若刚度或承载力不足，可在刚架斜梁间设置钢管、H 型钢或其他截面形式的杆件。

由支撑斜杆等组成的水平桁架，其直腹杆宜按刚性系杆设计。

在设有带驾驶室且起重量大于 15 t 桥式吊车的跨间，应在屋盖边缘设置纵向支撑桁架。当桥式吊车起重量较大时，尚应采取措施增加吊车梁的侧向刚度。

门式刚架轻型房屋钢结构的支撑，可采用带张紧装置的十字交叉圆钢支撑，圆钢与构件夹角应在 30°~60°范围内，宜接近 45°。当设有起重量不小于 5 t 的桥式吊车时，柱间支撑宜采用型钢支撑。在温度区段端部吊车梁以下不宜设置柱间刚性支撑。

当不允许设置交叉柱间支撑时，可设置其他形式的支撑，当不允许设置任何支撑时，可设置纵向刚架。

9.9.4 作用效应计算

1. 变截面刚架内力计算

变截面门式刚架应采用弹性分析方法确定各种内力。仅在构件全部为等截面时才允许采用塑性分析方法，并按《规范》第 9 章的规定进行设计。

变截面门式刚架宜按平面结构分析内力，一般不考虑受力蒙皮效应。当有必要且有条件时，可考虑屋面板的受力蒙皮效应。内力分析可采用有限元法（直接刚度法）计算，计算时应将构件分为若干段，每段可视为等截面，还可以采用楔形单元。地震作用效应可采用底部剪力法分析确定。

2. 变截面刚架侧移计算

变截面门式刚架的柱顶侧移应采用弹性分析方法确定。

当单跨变截面门式刚架斜梁上缘坡度不大于 1∶5 时，在柱顶水平力作用下的侧移 u，可按下列公式估算：

柱脚铰接刚架

$$u = \frac{Hh^3}{12EI_c}(2 + \xi_t) \tag{9.9.1}$$

柱脚刚接刚架

$$u = \frac{Hh^3}{12EI_c} \cdot \frac{3 + 2\xi_t}{6 + 2\xi_t} \tag{9.9.2}$$

$$\xi_t = \frac{I_c L}{h I_b} \tag{9.9.3}$$

式中，h、L 分别为钢架柱高度和刚架跨度，当坡度大于 1:10 时，L 应取横梁沿坡折线的总长度 $2S$（图9.9.2）；I_c、I_b 分别为柱和横梁的平均惯性矩，对楔形构件：$I_c = (I_{c0}+I_{c1})/2$，I_{c0}、I_{c1} 分别是柱小头和柱大头的惯性矩；对双楔形横梁：$I_b = [I_{b0}+\beta I_{b1}+(1-\beta)I_{b2}]/2$，$I_{b0}$、$I_{b1}$、$I_{b2}$ 分别为楔形横梁最小截面、檐口和跨中截面的惯性矩，β 为楔形横梁长度比值（图9.9.2）；H 为刚架柱顶等效水平力，当估算刚架在沿柱高度均布水平风荷载作用下的侧移时（图9.9.3），对柱脚铰接框架：$H=0.67W$，对柱脚刚接框架：$H=0.45W$，$W=(w_1+w_4)h$，W 为均布风荷载总值，w_1、w_4 分别为刚架两侧承受的沿柱高均布的水平风荷载（单位为 kN/m），其值按规程 CECS102：2002《门式刚架轻型房屋钢结构技术规程》附录 A 规定的标准值计算；当估算刚架在吊车水平荷载 P_c 作用下的侧移时（图9.9.4），对柱脚铰接框架：$H=1.15\eta P_c$，η 为吊车水平荷载 P_c 作用高度与柱高度之比；ξ_1 为刚架柱与刚架梁的线刚度比值。

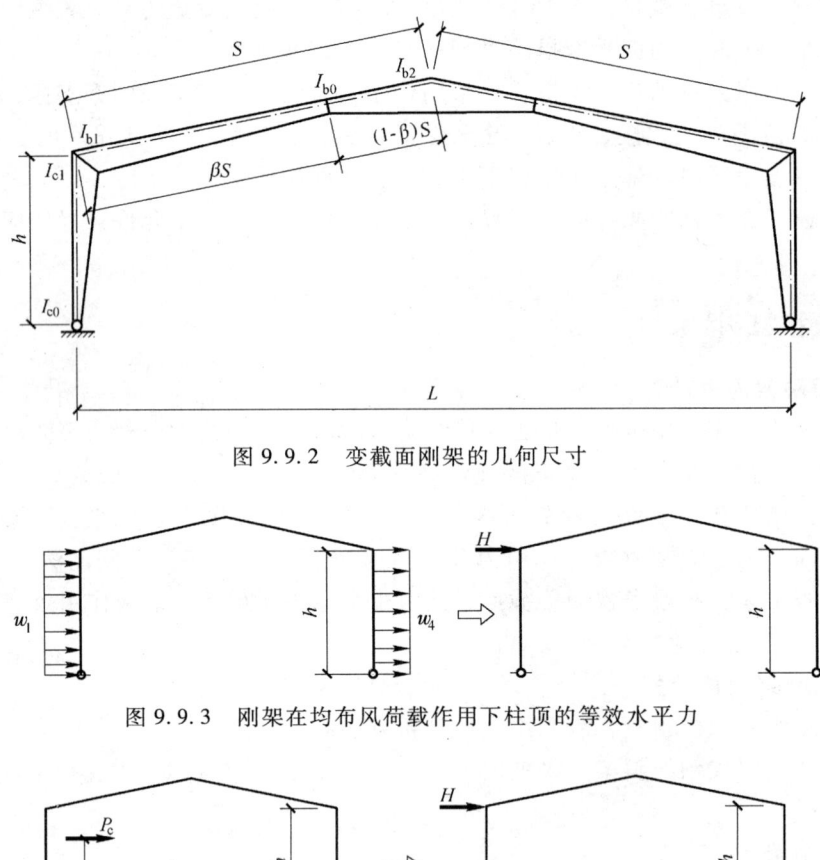

图 9.9.2　变截面刚架的几何尺寸

图 9.9.3　刚架在均布风荷载作用下柱顶的等效水平力

图 9.9.4　刚架在吊车水平荷载作用下柱顶的等效水平力

中间柱为摇摆柱的两跨或多跨刚架（图9.9.5），由于摇摆柱只对横梁起铰支点作用，不能提供侧向刚度，柱顶侧移仍可按式（9.9.1）或式（9.9.2）计算，但式（9.9.3）中的 L 应以双坡斜梁全长 $2S$ 代替，S 为单跨坡面长度（图9.9.5）。

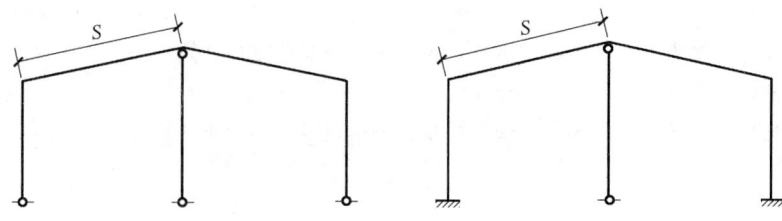

图 9.9.5 有摇摆柱的两跨刚架

当中间柱与横梁刚性连接时，可将多跨刚架视为多个单跨刚架的组合体（每个中间柱分为两半，惯性矩各为 $I/2$），按下列公式计算整个刚架在柱顶水平荷载作用下的侧移。

$$u = \frac{H}{\sum K_i} \tag{9.9.4}$$

$$K_i = \frac{12EI_{ei}}{h_i^3(2+\xi_{ti})} \tag{9.9.5}$$

$$\xi_{ti} = \frac{I_{ei}l_i}{h_i I_{bi}} \tag{9.9.6}$$

$$I_{ei} = \frac{I_l + I_r}{4} + \frac{I_l I_r}{I_l + I_r} \tag{9.9.7}$$

式中，$\sum K_i$ 为柱脚铰接时各单跨刚架的侧向刚度之和；h_i 为所计算跨两柱的平均高度；l_i 为与所计算柱相连接的单跨刚架梁的长度；I_{ei} 为两柱惯性矩不相同时的等效惯性矩；I_l、I_r 分别为左右两柱的平均惯性矩（图 9.9.6）；I_{bi} 为与所计算柱相连接的单跨刚架梁的平均惯性矩；ξ_{ti} 为所计算柱与相连接的单跨刚架梁的线刚度比值。

有关构件和节点设计的内容请参阅 CECS 102：2002《门式刚架轻型房屋钢结构技术规程》。

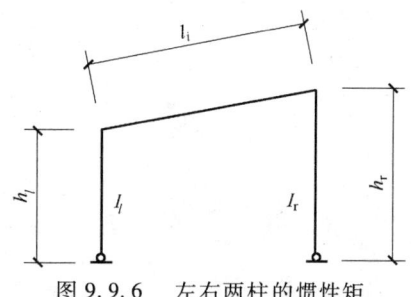

图 9.9.6 左右两柱的惯性矩

习 题

9.1 单层厂房钢结构是由哪些构件组成的？这些组成构件的作用是什么？

9.2 布置柱网时应考虑哪些因素？

9.3 为什么要设置温度缝？横向和纵向温度缝如何设置？

9.4 横向框架有哪些类型？如何确定横向框架的主要尺寸？

9.5 试述支撑体系的组成部分及其在单层厂房钢结构中的作用。

9.6 试述柱间支撑的布置、构造和计算特点。

9.7 选择压型钢板时应考虑哪些因素？

9.8 屋盖结构布置及选型时，应主要考虑哪些因素？

9.9 桁架的主要尺寸是根据什么确定的？根据哪几条基本原则来选择桁架的形式？在什么情况下需要采用再分式腹杆形式？

9.10 如果屋面采用压型钢板，屋架跨度 $l=36$ m，屋面坡度 $i=1/5$，檩距为 3 m，要求屋架与柱子连接为刚接，采用什么屋架形式较好？

9.11 屋盖支撑有哪些类型？各自的作用和布置原则是什么？根据什么原则来布置柔性系杆或刚性系杆？

9.12 为什么梯形桁架除按全跨荷载计算外，还要按半跨荷载进行计算？

9.13 桁架杆件内力组合的基本原则及类型？

9.14 是否可把桁架杆件在桁架平面内的计算长度都取为节点间的距离？为什么？

9.15 为什么桁架拉杆与压杆的容许长细比取值不同？桁架杆件的刚度要求是什么？

9.16 桁架杆件截面选择是按什么原则进行的？杆件截面选择应考虑哪些因素？

9.17 为什么桁架支座处节点板厚度要比中间节点板厚？若取它们相等是否可行？为什么？

9.18 在设计时如何考虑杆件上螺栓孔造成的截面削弱的影响？为什么杆件强度计算采用净截面而稳定计算却按毛截面进行计算？

9.19 桁架节点设计的基本要求有哪些？节点设计时采用哪些办法来节约钢材？

9.20 为什么通常不按起拱后的尺寸来绘制屋架施工详图？起拱的作用是什么？

9.21 桁架中杆件的下料尺寸是如何得出来的？节点板尺寸是怎样得出的？

9.22 绘制桁架施工图有哪些步骤？

9.23 单层厂房钢结构横向框架的计算简图如何确定？应考虑哪些荷载？

9.24 单层厂房钢结构框架柱有几种类型？如何选择其截面？框架柱在平面内及平面外的计算长度怎样确定？

9.25 门式刚架轻型钢结构由哪些构件组成？它们各有什么作用？

第10章
钢结构的塑性设计和抗震设计

§10.1 塑性设计的基本概念

钢材具有良好的延性，在保证结构构件不丧失局部稳定和侧向稳定的情况下，可以在超静定结构中的若干部位形成具有充分转动能力的塑性铰（plastic hinge），引起结构内力的重分配（redistribution of internal forces），从而发挥结构各部分的潜能。这种以整个结构的极限承载力作为结构极限状态的塑性设计（plastic design）方法具有如下的优点：

① 与通常的弹性设计方法相比，可以节约钢材（10%～15%）和降低造价；

② 对整个结构的安全度有更直观的估计。通常的弹性设计方法在弹性范围内可以给出精确的内力和位移，但给不出整个结构的极限承载能力；

③ 对连续梁和低层框架的内力分析较弹性方法简便。

1914年匈牙利建立了世界上第一座塑性设计的建筑物，随后英、加、美等国均在本国建立了塑性设计的工程。英国在1948年第一个把塑性设计方法引进了BSS 499规范。随后，以英国和美国为中心，迅速地普及塑性设计。现已公认，塑性设计简单、合理，而且可以节约钢材，所以英国和荷兰的低层建筑几乎全部采用塑性设计，美国和加拿大的大部分低层建筑也应用塑性设计。

我国1988年的GB J17—1988《钢结构设计规范》开始列入塑性设计，新修订的GB 50017规范又进行了局部修改。

10.1.1 简单塑性分析方法

1. 塑性铰的性质

本书§4.2和§7.2节分别介绍了受弯构件和压弯构件全截面屈服的条件，当其截面满足了屈服条件时，就认为在该截面形成了塑性铰。实际的塑性铰附近截面均发展了一定的塑性（见图10.1.1a），形成了一个塑性区域。为了简化计算，认为塑性区仅集中在塑性铰截面，杆件的其他部分都保持弹性。

由图10.1.1b可见，当在外荷载作用下，杆件的某一截面达到塑性弯矩M_p以后，该截面除可以传递该弯矩外，在力矩作用方向上允许有任意大小的转动，但不能传递大于M_p的弯矩。当荷载反向作用（或卸载）时，塑性铰恢复弹性，可以传递反方向弯矩，但不能任意转动，只有当反方向弯矩达到塑性弯矩时，才会形成反向的塑性铰。

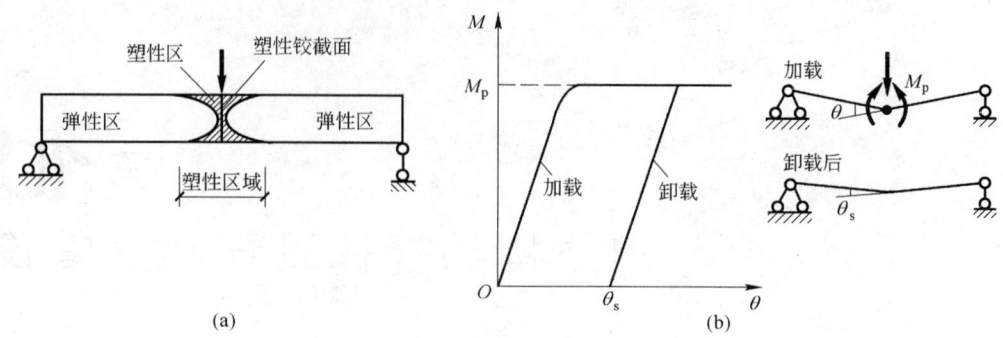

图 10.1.1 塑性铰及其性质

2. 简单塑性分析的基本假设

简单塑性分析（simple plastic analysis）也称为极限分析（limit analysis），其基本假设如下：

① 结构构件以弯曲为主，且钢材是理想的弹塑性体，不考虑强化效应；

② 所有荷载均按同一比例增加，即满足简单加载条件；

③ 假设结构平面外有足够的侧向支撑，构件的组成板件满足构造要求，能保证结构中塑性铰的形成及充分的转动能力（rotation capacity），直到结构形成机构（mechanism）之前，不会发生侧扭屈曲，板件不会发生局部屈曲。

④ 采用一阶分析方法，不考虑二阶效应。

分析时假设变形均集中于塑性铰处，塑性铰间的杆件保持原形。

3. 极限分析方法

（1）极限分析定理

根据塑性力学，结构的极限分析定理如下：

① 上限定理。

对于一个给定的结构与荷载系，只要存在一个满足运动约束条件的机动场（运动可能场），使外荷载所做的功率不小于内部塑性变形所消耗的功率，由此所得的荷载值，总是大于或等于真正的极限荷载。

② 下限定理。

对于一个给定的结构与荷载系，只要存在一个满足平衡条件，且不破坏屈服条件的内力场，由满足平衡条件的内外弯矩所求得的荷载值，总是小于或等于真正的极限荷载。

③ 极限分析的全解。

在极限分析中，如所求的内力场和机动场能同时满足平衡条件、破坏机构条件和屈服条件，则所求得的解答，即为极限分析的全解。如果所求荷载既是极限荷载的上限，又是其下限，则该荷载便是真实的极限荷载。

（2）极限分析方法

针对上述极限分析定理，可有相应的两种分析方法：破坏机构法和极限平衡法。

① 破坏机构法。

当不考虑平衡方面的要求，而只考虑机动与屈服条件，用上限定理求出荷载的上限解，称为破坏机构法。其步骤为：

a. 确定结构上可能出现塑性铰的位置，一般塑性铰出现在集中力作用处、嵌固支座处和均布荷载作用时剪力为零的地方。

b. 画出可能的破坏机构，并找出各塑性铰处的位移关系。

c. 运用虚功原理逐一计算各破坏机构的破坏荷载，其中最小的即为极限荷载的上限值。虚功原理的公式为：

$$\sum_{i=1}^{n} F_i \delta_i = \sum_{j=1}^{m} M_{pj} \theta_j \tag{10.1.1}$$

式中，F_i、δ_i 为结构所受的第 i 个外力和相应该外力方向的虚位移；M_{pj}、θ_j 为某破坏机构中出现的第 j 个塑性铰处的塑性弯矩和相应的虚转角。

d. 用平衡方程求出弯矩图，并检查是否满足 $-M_{pj} \leq M \leq M_{pj}$ 的塑性弯矩条件。

[**例题 10.1**] 图 10.1.2 示门式刚架的所有杆件均具有相同的塑性弯矩 M_p，求其极限荷载 F_u。

[**解**] 可能出现塑性铰的位置是点 1、2、3、4 和 5 处。有三种可能的破坏机构如图 10.1.2b、c 和 d 所示。

运用虚功原理，对机构（1）有 $F\Delta = F \dfrac{\theta \cdot l}{2} = 4M_p\theta$，则 $F_1 = \dfrac{8M_p}{l}$。

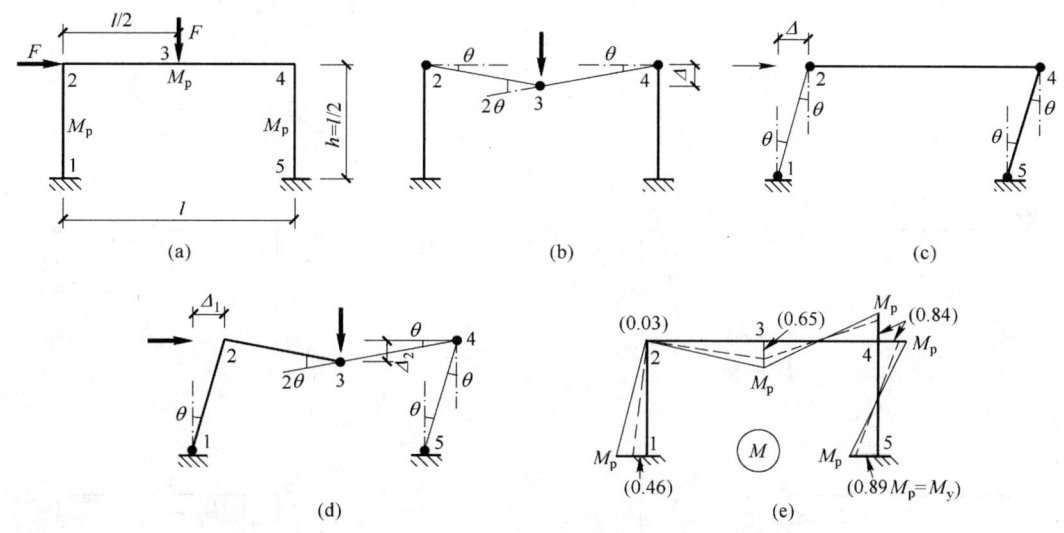

图 10.1.2　例题 10.1 图
(a) 门式刚架；(b) 梁机构（1）；(c) 侧移机构（2）；(d) 组合机构（3）；(e) 弯矩图校核

对机构（2）有 $F\dfrac{\theta \cdot l}{2} = M_p(\theta+\theta+\theta+\theta)$，则 $F_2 = \dfrac{8M_p}{l}$。

对机构（3）有 $F\Delta_1 + F\Delta_2 = M_p(\theta+2\theta+2\theta+\theta)$，即 $F\theta l = 6M_p\theta$，则 $F_3 = \dfrac{6M_p}{l}$，故 $F_u = F_3 = \dfrac{6M_p}{l}$。

图 10.1.2e 为弯矩校核，对机构（3），所有弯矩 $-M_{pj} \leq M \leq M_{pj}$，故 F_u 为该结构的极限荷

载的上限。图中虚线是弯矩最大点（5点）的弯矩达到屈服弯矩 $M_y = 0.89 M_p$ 时弹性状态下结构的弯矩图，由图中可以看出，塑性弯矩的出现顺序是 5→4→3→1。

② 极限平衡法（静力法）。

当不考虑机动方面的要求时，只考虑平衡与屈服条件，用下限定理求出极限荷载的下限解，称为极限平衡法。其步骤为：

a. 去掉多余约束，并用未知力代替，将超静定结构化为静定结构（基本体系）；
b. 分别按外荷载和未知力在基本体系上画弯矩图；
c. 将弯矩图叠加，并使最大或最小弯矩达到塑性弯矩 M_p 或 $-M_p$；
d. 解平衡方程组，并求出极限荷载；
e. 检查是否满足破坏机构条件。

[**例题 10.2**]　试用极限平衡法，求例题 10.1 的极限荷载 F_u。

[**解**]　取基本体系如图 10.1.3a 所示。外荷载和未知力引起的弯矩图如图 10.1.3b、c 所示。针对 1、2、3、4、5 各点弯矩叠加如下：

$$M_1 = M + Vl - Fl \qquad ①$$

$$M_2 = M + Vl - \frac{Fl}{2} - \frac{Hl}{2} \qquad ②$$

$$M_3 = M + \frac{Vl}{2} - \frac{Hl}{2} \qquad ③$$

$$M_4 = M - \frac{Hl}{2} \qquad ④$$

$$M_5 = M \qquad ⑤$$

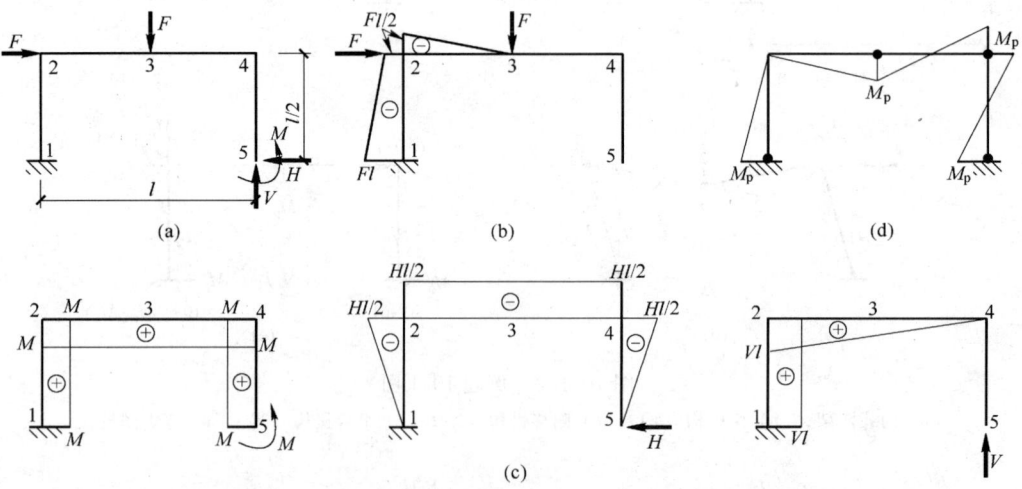

图 10.1.3　例题 10.2 图
(a) 基本体系；(b) 外荷载弯矩图；(c) 各未知力弯矩图；(d) 最终弯矩图

由图 10.1.3b、c 判断 M_5、M_4、M_3 可能先达到塑性弯矩，即假设 $M_5 = M_p$、$M_4 = -M_p$、$M_3 = M_p$，分别代入式⑤、④、③，并求解得：

$$M = M_p$$

$$H = \frac{4M_p}{l}$$

$$V = \frac{4M_p}{l}$$

将 M、H、V 各值代入公式①、②得：

$$M_1 = 5M_p - Fl$$

$$M_2 = 3M_p - \frac{Fl}{2}$$

若假设 $M_2 = -M_p$，可得：

$$F = \frac{8M_p}{l}, \quad M_1 = -3M_p < -M_p，显然是不对的。$$

若假设 $M_1 = -M_p$，可得：

$$F = \frac{6M_p}{l}, \quad M_2 = 0$$

此时最终弯矩图如图 10.1.3d 所示，由图可见满足破坏机构条件。因此其极限荷载为：

$$F_u = \frac{6M_p}{l}$$

回顾例题 10.1，由于该解既是机构上限解，又是平衡下限解，故该解为真实的极限荷载。

由上述二个例题可以看出，对于一些简单的超静定结构，破坏机构法相对简捷些，常为人们采用。

10.1.2　塑性设计的适用范围

我国《规范》规定塑性设计适用于不直接承受动力荷载的固端梁、连续梁以及由实腹构件组成的单层和两层框架结构。

考虑到只采用简单的塑性理论进行分析，所以规定塑性设计只适用于形成破坏机构过程中能产生内力重分配的超静定梁和超静定实腹框架。由于变截面构件的塑性铰位置很难确定，目前的塑性设计仅适用于等直截面梁和等截面框架结构。

一、二层的实腹框架中，构件截面除受弯矩作用外，还有一定的轴力，因而构件实为压弯构件或拉弯构件。轴力的存在将降低截面所能承受的塑性弯矩。但一、二层框架构件中的轴力一般不大，可以认为是以受弯为主，塑性分析时可略去轴力影响，仅在截面的强度验算中考虑轴力的作用。

对于两层以上的框架，我国的理论研究和实践经验都较少，所以没有包括在内。按简单塑性理论分析，不考虑二阶效应，对二层以上的框架将产生不利影响。如果设计者掌握了二阶理论的分析和设计方法，并有足够的依据时，也不排除在两层以上的框架设计中采用塑性设计。

由于动力荷载对塑性铰的形成和内力重分配等的影响,目前研究的还不够,故《规范》限制塑性设计法应用于直接承受动力作用的结构中。

§10.2 塑性设计的必要条件

10.2.1 对钢材的要求

钢结构塑性设计主要是利用在结构中的若干截面处形成塑性铰后,在该截面处发生转动而产生内力重分配,最后形成破坏机构,因此要求钢材必须具有良好的延性。《规范》规定按塑性设计的钢结构,其钢材必须满足三个条件:

① 强屈比 $f_u/f_y \geqslant 1.2$。
② 伸长率 $\delta_5 \geqslant 15\%$。
③ 相应于 f_u 的应变 ε_u 不小于20倍的屈服点应变 ε_y。

这三个条件不但要求钢材具有良好的延性,而且要求具有足够的强化阶段,这是保证塑性铰具有充分的转动能力和板件进入塑性后仍能保持局部稳定所需要的。试验研究表明,由 $f_u/f_y = 1.1$ 的钢材制作的连续梁不能实现塑性设计所求得的承载极限,这是因为强屈比太小的钢材一旦屈服后,钢材的应变硬化模量 E_{st} 也将非常小,即使组成板件的宽厚比再小,也会过早地失去稳定,降低塑性铰处承受弯矩的能力。超静定次数越多的结构,在形成破坏机构时,要求先期出现的塑性铰处的转动角度越大,因此还必须满足 δ_5 和 ε_u 的要求(图 10.2.1)。

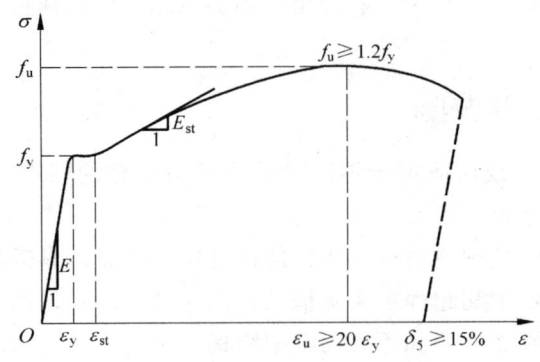

图 10.2.1 塑性设计对钢材性能的要求

10.2.2 对板件宽厚比的要求

塑性设计的前提是在梁、柱等构件中必须形成塑性铰,且在塑性铰处承受的弯矩等于构件的塑性弯矩,而且在塑性铰充分转动、使结构最终形成破坏机构之前,塑性铰承受的弯矩值不得降低。如果组成构件的板件宽厚比过大,可能在没达到塑性弯矩之前就发生了

§ 10.2 塑性设计的必要条件

局部屈曲，或者虽然在达到塑性弯矩形成塑性铰之前没有发生局部屈曲，但是有可能在塑性铰没来得及充分转动，使结构内力重分配并形成机构之前，板件在塑性阶段就发生了局部屈曲，使塑性弯矩降低。

国内外的研究均证明，板件的宽厚比越小，板件在塑性屈服后失稳时的临界应变（反映了塑性变形能力）就越大。图 10.2.2 给出了纯弯工字梁试验中，试件翼缘外伸宽厚比 $(b/t)\sqrt{f_y/235}$ 与失稳时相对临界应变 $\varepsilon_{cr}/\varepsilon_y$ 之间的相关关系试验点，图中实线为理论曲线。因此，要保证塑性铰截面有充分的转动能力，就必须对板件的宽厚比给以较常规设计更严格的限制。表 10.2.1 是 GB 50017 对塑性设计截面板件的宽厚比限值的规定。

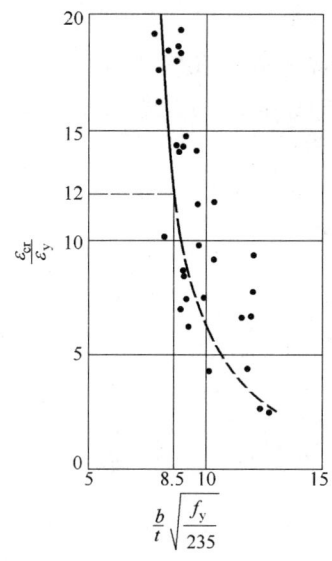

图 10.2.2 翼缘失稳与临界应变关系

表 10.2.1 塑性设计板件宽厚比限值

截面形式	翼 缘	腹 板
(工字形截面图)	$\dfrac{b}{t} \leqslant 9\sqrt{\dfrac{235}{f_y}}$	当 $\dfrac{N}{Af}<0.37$ 时，$\dfrac{h_0}{t_w}\left(\dfrac{h_1}{t_w}、\dfrac{h_2}{t_w}\right) \leqslant \left(72-100\dfrac{N}{Af}\right)\sqrt{\dfrac{235}{f_y}}$ 当 $\dfrac{N}{Af} \geqslant 0.37$ 时，$\dfrac{h_0}{t_w}\left(\dfrac{h_1}{t_w}、\dfrac{h_2}{t_w}\right) \leqslant 35\sqrt{\dfrac{235}{f_y}}$
(箱形截面图)	$\dfrac{b_0}{t} \leqslant 30\sqrt{\dfrac{235}{f_y}}$	与前项工字形截面的腹板相同

10.2.3 防止弯扭屈曲和其他构造要求

按塑性设计要求，已形成塑性铰的截面，在结构尚未达到破坏机构之前必须能继续变形，为了使塑性铰在充分转动中能保持承受塑性弯矩 M_p 的能力，不但要避免板件的局部屈曲，还必须避免构件的侧向弯扭屈曲，为此，应在塑性铰处及其附近适当距离处设置侧向支承点。试验证明：塑性铰与相邻侧向支承点间的梁段在弯矩作用平面外的长细比 λ_y（简称侧向长细比）越小，塑性铰截面的转动能力 θ/θ_y 就越强（图 10.2.3），θ_y 为试验测定的塑性铰截面处的最大弹性转角。因此,可用限制侧向长细比 λ_y 作为保证梁段在塑性铰处的转动能力的一项措施。GB 50017 规定,在构件出现塑性铰的截面处,必须设置侧向支承。该支承点与其相邻支承点间构件的长细比 λ_y 应符合下列要求:

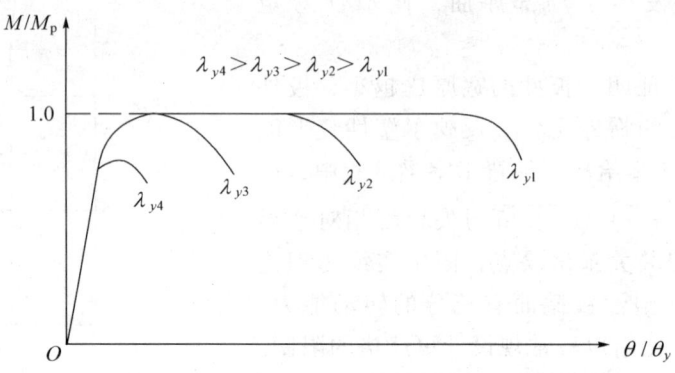

图 10.2.3　侧向长细比与塑性铰转动能力关系

当 $-1 \leqslant \dfrac{M_1}{W_{px}f} \leqslant 0.5$ 时,

$$\lambda_y \leqslant \left(60 - 40\dfrac{M_1}{W_{px}f}\right)\sqrt{\dfrac{235}{f_y}} \tag{10.2.1}$$

当 $0.5 \leqslant \dfrac{M_1}{W_{px}f} \leqslant 1.0$ 时,

$$\lambda_y \leqslant \left(45 - 10\dfrac{M_1}{W_{px}f}\right)\sqrt{\dfrac{235}{f_y}} \tag{10.2.2}$$

式中,W_{px} 为对 x 轴的塑性毛截面模量;λ_y 为弯矩作用平面外的长细比,$\lambda_y = l_1/i_y$,l_1 为侧向支承点间距离,i_y 为截面回转半径;M_1 为与塑性铰相距为 l_1 的侧向支承点处的弯矩,当长度 l_1 内为同向曲率时 $M_1/(W_{px}f)$ 为正,反之为负。

式(10.2.1)和式(10.2.2)是以塑性铰处的最大转动能力 $\theta_{max}/\theta_y = 10$ 为标准,按试验资料加以简化得到的经验公式。

不出现塑性铰的构件区段,其侧向支承点间距,应按非塑性设计时有关构件弯矩作用平面外的整体稳定计算确定。

除防止侧向弯扭屈曲的要求之外,塑性设计的结构尚应考虑下述构造要求:

① 为避免引起过大的二阶效应,受压构件的长细比不宜大于 $130\sqrt{235/f_y}$。这比弹性设计的稍严。

② 所有节点及其连接应有足够的刚度,以保证节点处各构件间的夹角保持不变。为达此目的,采用螺栓的安装接头应避开梁和柱的交接线,或者采用加腋等扩大式接头。构件拼接和构件间的连接应能传递该处最大弯矩设计值的 1.1 倍,且不得低于 $0.25W_{px}f$,以便使节点强度稍有余量,减少在连接处产生永久变形的可能性。

③ 为了保证在出现塑性铰处有足够的塑性转动能力,当板件采用手工气割或剪切机切割时,应将预期会出现塑性铰部位的边缘刨平。当螺栓孔位于构件塑性铰部位的受拉板件上时,

应采用钻成孔或先冲后扩钻孔。这是因为剪切边和冲孔周围带来的金属冷加工硬化,将降低钢材的塑性,从而降低塑性铰的转动能力。

§10.3 塑性设计的构件计算

因为塑性设计是以发挥构件截面的最大塑性强度为计算依据的,故其构件承载力的计算表达式均采用了内力表达形式。对《规范》中所规定的塑性设计适用范围,结构和构件的正常使用极限状态仍可采用荷载的标准值,并按弹性理论计算。

10.3.1 受弯构件的强度计算

弯矩 M_x(对 H 形和工字形截面 x 轴为强轴)作用在其主平面内的受弯构件,其弯曲强度应符合下式要求:

$$M_x \leqslant W_{pnx}f \tag{10.3.1}$$

受弯构件的剪力 V 假定由腹板承受,剪切强度应符合下式要求:

$$V \leqslant h_w t_w f_v \tag{10.3.2}$$

上两式中,W_{pnx} 为对 x 轴的塑性净截面模量;h_w、t_w 为腹板的高度和厚度;f、f_v 为钢材的抗弯和抗剪强度设计值。

构件只承受弯矩 M 作用时,截面的极限状态为 $M \leqslant M_p = W_{pn}f_y$,考虑了抗力分项系数后,就得到公式(10.3.1)。

在受弯构件和压弯构件中,剪力的存在会加速塑性铰的形成。在塑性设计中,一般将最大剪力的界限规定为腹板截面的剪切屈服承载力,即 $V \leqslant V_p = h_w t_w f_{vy}$,考虑了抗力分项系数后,就得到公式(10.3.2)。由于钢材实际上并非理想弹-塑性体,而是有应变硬化阶段的,因此,塑性铰截面处的应变硬化部分对塑性弯矩的提高作用,抵消了剪力的存在对塑性铰弯矩的降低作用。也就是说在满足公式(10.3.2)的前提下,仍可采用公式(10.3.1)计算受弯构件的弯曲强度。

10.3.2 压弯构件的强度验算

由 §7.2 节中弯矩作用在一个主平面内的压弯构件全截面屈服准则得到的公式(7.2.10a)和(7.2.10b),可以变换为下述的压弯构件强度验算公式:

当 $\dfrac{N}{A_n f} \leqslant 0.13$ 时,

$$M_x \leqslant W_{pnx}f \tag{10.3.3a}$$

当 $0.13 < \dfrac{N}{A_n f} \leqslant 0.6$ 时,

$$M_x \leqslant 1.15\left(1 - \dfrac{N}{A_n f}\right) W_{pnx}f \tag{10.3.3b}$$

式中,A_n 为净截面面积。

在应用上述公式计算时,其剪切强度仍应符合公式(10.3.2)的要求。

10.3.3 压弯构件的整体稳定验算

弯矩作用在一个主平面内的压弯构件,其稳定性应符合下列公式的要求:

(1)弯矩作用平面内

$$\frac{N}{\varphi_x A f} + \frac{\beta_{mx} M_x}{W_{px} f(1 - 0.8 N/N'_{Ex})} \leqslant 1 \tag{10.3.4}$$

式中,φ_x、N'_{Ex} 和 β_{mx} 应按 §7.3 节的有关规定采用。

(2)弯矩作用平面外

$$\frac{N}{\varphi_y A f} + \eta \frac{\beta_{tx} M_x}{\varphi_b W_{px} f} \leqslant 1 \tag{10.3.5}$$

式中,φ_y、φ_b、η 和 β_{tx} 应按 §7.4 节的有关规定采用。

[**例题 10.3**] 设例题 10.1 中的门式刚架轴线尺寸为 $l = 6$ m,所受荷载的设计值 $F = 660$ kN,试按塑性设计选择梁柱截面。钢材为 Q235B 钢。计算时可忽略梁、柱自重。

[**解**]

1. 求 M_p 及刚架内力

由例题 10.1 和例题 10.2 的塑性分析知 $F_u = F = \dfrac{6 M_p}{l}$,则:

$$M_p = \frac{Fl}{6} = \frac{660 \text{ kN} \times 6 \text{ m}}{6} = 660 \text{ kN} \cdot \text{m}$$

根据内力平衡条件,求得形成机构时的刚架内力分布如图 10.3.1 所示。

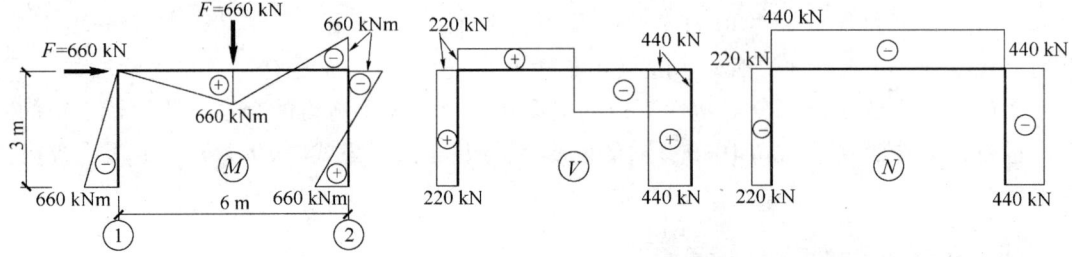

图 10.3.1 形成机构时的刚架内力图

2. 求所需 $W_{pnx,t}$

由公式(10.3.1)得:

$$W_{pnx,t} = M_p / f = 660 \times 10^6 \text{ N} \cdot \text{mm} / 215 \text{ N/mm}^2 = 3.07 \times 10^6 \text{ mm}^3$$

3. 试选焊接 H 形截面(图 10.3.2)

翼缘面积:

$$2 A_f = 2 \times 260 \text{ mm} \times 14 \text{ mm} = 7\,280 \text{ mm}^2$$

腹板面积:

$$A_w = 600 \text{ mm} \times 12 \text{ mm} = 7\,200 \text{ mm}^2$$

总面积:

$$A = 2A_f + A_w = 7\,280 \text{ mm}^2 + 7\,200 \text{ mm}^2 = 14\,480 \text{ mm}^2$$
$$W_{pnx} = 260 \text{ mm} \times 14 \text{ mm} \times 614 \text{ mm} + 300 \text{ mm} \times 12 \text{ mm} \times 300 \text{ mm}$$
$$= 3.315 \times 10^6 \text{ mm}^3 > W_{pnx,t}$$

4. 验算板件宽厚比

（1）翼缘
$$b/t = 124 \text{ mm}/14 \text{ mm} = 8.86 < 9$$

（2）腹板

由图10.3.1知梁、柱为压弯构件，且最大压力设计值相同，$N_{max} = 440$ kN，因为

$$\frac{N}{Af} = \frac{440 \times 10^3 \text{ N}}{14.48 \times 10^3 \text{ mm}^2 \times 215 \text{ N/mm}^2} = 0.14 < 0.37$$

所以

$$\frac{h_0}{t_w} = \frac{600 \text{ mm}}{12 \text{ mm}} = 50 < (72 - 100 \times 0.14) = 58$$

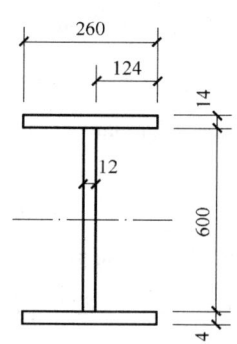

图 10.3.2　例题 10.3 图

均能满足局部稳定的要求。

5. 构件承载力验算

（1）腹板剪切强度验算

梁、柱中的最大剪力设计值相同

$$V_{max} = 440 \text{ kN}, \quad h_w t_w f_v = 600 \text{ mm} \times 12 \text{ mm} \times 125 \text{ N/mm}^2 = 900 \text{ kN} > 440 \text{ kN}$$

（2）梁、柱构件承载力验算

梁、柱均为压弯构件，且最大弯矩和压力的设计值分别相同，按压弯构件验算。因为

$$\frac{N}{A_n f} = 0.14 > 0.13$$

所以

$$1.15\left(1 - \frac{N}{A_n f}\right) W_{pnx} f = 1.15 \times (1 - 0.14) \times 3.315 \times 10^6 \text{ mm}^3 \times 215 \text{ N/mm}^2$$
$$= 704.89 \text{ kN} \cdot \text{m} > 660 \text{ kN} \cdot \text{m}$$

6. 平面内整体稳定验算

（1）刚架梁、柱计算长度确定

由于梁、柱均为压弯构件，均应按压弯构件验算弯矩作用平面内的整体稳定。

刚架柱平面内的计算长度应按附表6.2有侧移框架柱的计算长度系数确定。由于梁和柱的截面相同，因此柱上端的梁、柱线刚度比K_1就等于刚架的高跨比0.5，柱下端与基础刚接，取$K_2 = 10$，由附表6.2查得柱计算长度系数$\mu_c = 1.30$，柱平面内计算长度等于$l_{0xc} = \mu_c l/2 = 1.3 \times 300$ cm = 390 cm。

刚架梁平面内的计算长度可按附表6.1无侧移框架柱的计算长度系数确定。此时可将刚架横置，以横梁为受压柱，将柱看成远端为嵌固的横梁，如图10.3.3所示。根据附表6.1的注1，应将横梁线刚度乘以2，因此柱（实际为梁）上、下端横梁（实际为柱）与柱的线刚度比$K_1 = K_2 = 4$，由表查得实际梁的计算长度系数$\mu_b = 0.611$，梁平面内计算长度等于$l_{0xb} = \mu_b l = 0.611 \times$

$600 \text{ cm} = 366.6 \text{ cm}$。

（2）计算参数确定

梁、柱毛截面绕 x 轴的惯性矩：

$$I_x = \frac{1}{12}(260 \text{ mm} \times 628^3 \text{ mm}^3 - 2 \times 124 \text{ mm} \times 600^3 \text{ mm}^3)$$

$$= 9.0225 \times 10^8 \text{ mm}^4 = 90\ 225 \text{ cm}^4$$

梁、柱截面绕 x 轴的回转半径：

$$i_x = \sqrt{\frac{I_x}{A}} = \sqrt{\frac{90\ 225 \text{ cm}^4}{144.8 \text{ cm}^2}} \approx 25 \text{ cm}$$

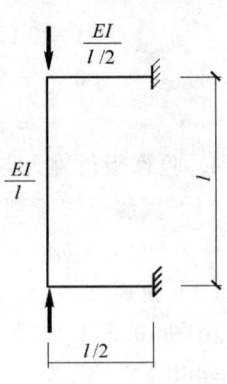

图 10.3.3　梁的无侧移框架模型

梁绕 x 轴的长细比：

$$\lambda_{xb} = \frac{l_{0xb}}{i_x} = \frac{366.6 \text{ cm}}{25 \text{ cm}} = 14.7$$

柱绕 x 轴的长细比：

$$\lambda_{xc} = \frac{l_{0xc}}{i_x} = \frac{390 \text{ cm}}{25 \text{ cm}} = 15.6$$

查附表 4.2 得梁、柱的轴心受压构件稳定系数分别为：$\varphi_{xb} \approx 0.983$，$\varphi_{xc} \approx 0.982$。参数

$$N'_{Exb} = \frac{\pi^2 EA}{1.1 \lambda_{xb}^2} = \frac{3.14^2 \times 2.06 \times 10^5 \text{ N/mm}^2 \times 14\ 480 \text{ mm}^2}{1.1 \times 14.7^2}$$

$$= 1.237 \times 10^8 \text{ N} = 1.237 \times 10^5 \text{ kN}$$

$$N'_{Exc} = \frac{\pi^2 EA}{1.1 \lambda_{xc}^2} = \frac{3.14^2 \times 2.06 \times 10^5 \text{ N/mm}^2 \times 14\ 480 \text{ mm}^2}{1.1 \times 15.6^2} = 1.098 \times 10^5 \text{ kN}$$

由 §7.3 节公式（7.3.8）的等效弯矩系数 β_{mx} 的规定中可知：

柱①：　　$\beta_{mx1} = 0.65 + 0.35 M_2/M_1 = 0.65$

柱②：　　$\beta_{mx2} = 0.65 + 0.35 M_2/M_1 = 0.65 - 0.35 = 0.30$

梁：　　$\beta_{mx} = 0.85$（同号曲率为 1.0，反号曲率为 0.85）

（3）平面内整体稳定验算

考虑轴力和弯矩的综合作用，以梁为最不利，梁的稳定验算如下：

$$\frac{N_b}{\varphi_{xb} A f} + \frac{\beta_{mx} M_{xb}}{W_{px} f (1 - 0.8 N_b/N'_{Exb})}$$

$$= \frac{440 \times 10^3 \text{ N}}{0.983 \times 1.448 \times 10^4 \text{ mm}^2 \times 215 \text{ N/mm}^2} +$$

$$\frac{0.85 \times 660 \times 10^6 \text{ N} \cdot \text{mm}}{3.315 \times 10^6 \text{ mm}^3 \times 215 \text{ N/mm}^2 \times \left(1 - 0.8 \times \frac{440 \times 10^3 \text{ N}}{1.237 \times 10^8 \text{ N}}\right)}$$

$$= 0.144 + 0.789 = 0.933 \leqslant 1.0$$

故刚架梁柱平面内的整体稳定，及其截面的局部稳定和强度承载力均满足要求。

建议读者自行完成侧向支承点设置和压弯构件弯矩作用平面外整体稳定的验算。

§10.4 钢结构抗震设计特点

地震（earthquake）是一种自然现象，它带给世界人类的损失是巨大的。我国是地震多发国家，曾多次遭受大地震袭击，特别是 1976 年 7 月 28 日的唐山大地震和 2008 年 5 月 12 日的汶川大地震，给人民的生命、财产造成了巨大损失。由于地震发生的不确定性和偶然性，以目前的科技水平，还很难做出准确的地震短期临震预报。因此，还需要不断地总结历次大震的经验教训，促进地震工程科学的发展，通过建筑的抗震设防（seismic fortification），提高建筑物的耐震能力以便更有效地保证人们的生命和财产安全。

钢结构强度高、重量轻、延性和韧性好，综合抗震性能好，但也曾发生过在地震中倒塌的重大事故。在进行钢结构的抗震设计（seismic design）时，应从历次震害中吸取教训，除了在强度和刚度上提高结构的抗力外，还要从如何增大钢结构在往复荷载作用下的塑性变形能力和耗能能力（energy absorbing capacity），以及减小地震作用（earthquake action）等方面全面考虑，做到既经济、又可靠。

结构的抗震设计是一门专业课程，本节只拟简要介绍与钢结构有关的抗震设计特点。

10.4.1 钢结构的震害特点

历次地震表明，在同等场地、地震烈度（seismic intensity）条件下，钢结构房屋的震害要较钢筋混凝土结构房屋的震害小得多。以 1985 年 9 月墨西哥城大地震（里氏 8.1 级）的震害为例，其中倒塌和严重破坏的钢结构房屋为 12 栋，而钢筋混凝土房屋却有 127 栋。

钢结构的震害主要有节点连接的破坏、构件的破坏以及结构的整体倒塌三种形式。

1. 节点连接的破坏

（1）框架梁柱节点区的破坏

1994 年美国诺斯里奇（Northridge）地震和 1995 年日本阪神地震均造成了很多梁柱刚性节点的破坏。

图 10.4.1 是诺斯里奇地震时，H 形截面的梁柱节点的典型破坏形式。由图中可见，大多

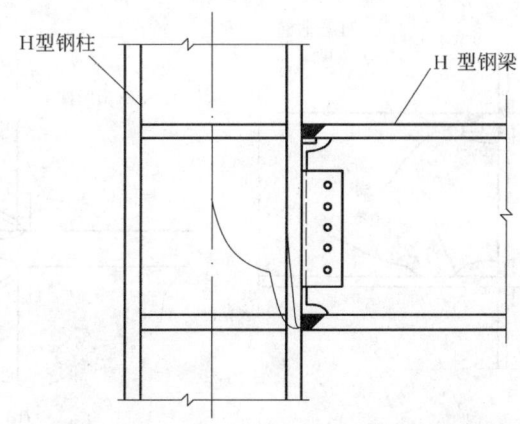

图 10.4.1 诺斯里奇地震中的梁柱连接裂缝

数节点破坏发生在梁端下翼缘处的柱中,这可能是由于混凝土楼板与钢梁共同作用,使下翼缘应力增大,而下翼缘与柱的连接焊缝又存在较多缺陷造成的。图 10.4.2 中引线所指处示出了焊缝连接处的多种裂纹形式。保留施焊时设置的衬板,造成下翼缘坡口熔透焊缝的根部不能清理和补焊,在衬板和柱翼缘板之间形成了一条"人工缝",在该处形成的应力集中促进了脆性破坏的发生,这可能是造成破坏的重要施工工艺原因。

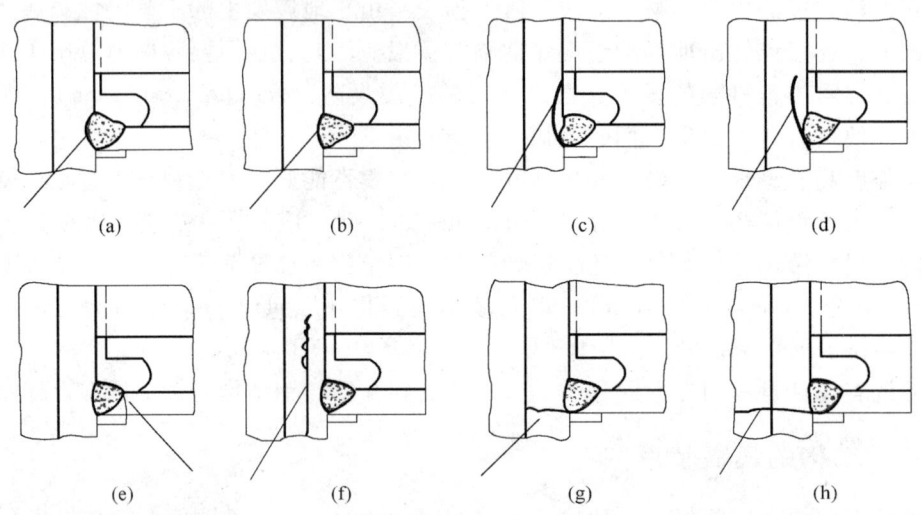

图 10.4.2 诺斯里奇地震中梁柱焊接连接处的失效模式
(a) 焊缝-柱交界处完全断开;(b) 焊缝-柱交界处部分断开;(c) 沿柱翼缘向上扩展,完全断开;
(d) 沿柱翼缘向上扩展,部分断开;(e) 焊趾处梁翼缘裂通;(f) 柱翼缘层状撕裂;
(g) 柱翼缘裂通(水平方向或倾斜方向);(h) 裂缝穿过柱翼缘和部分腹板

图 10.4.3a 是阪神地震中带有外伸横隔板的箱形柱与 H 型钢梁刚性节点的破坏形式,图 10.4.3b 中的"1"代表了梁翼缘断裂模式;"2"及"3"代表了焊缝热影响区的断裂模式;"4"代表柱横隔板断裂模式。上述连接破坏时,梁翼缘已有显著的屈服或局部屈曲现象。此外,连接裂缝主要向梁的一侧扩展,这主要和采用外伸的横隔板构造有关。

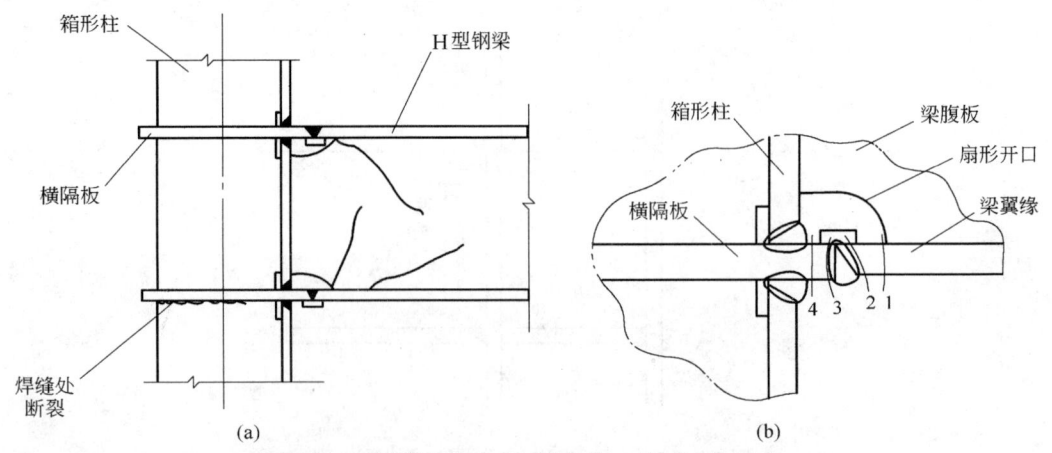

图 10.4.3 阪神地震中梁柱焊接连接的破坏模式

(2) 支撑连接的破坏

在多次地震中都出现过支撑与节点板连接的破坏或支撑与柱的连接的破坏。1980年在日本的宫城县-大木地震中，一栋两层的框架-支撑结构（两层仓库），由于支撑节点的断裂，使仓库的第一层完全倒塌。

采用螺栓连接的支撑破坏形式如图10.4.4所示，包括支撑截面削弱处的断裂、节点板端部剪切滑移破坏以及支撑杆件螺孔间剪切滑移破坏。

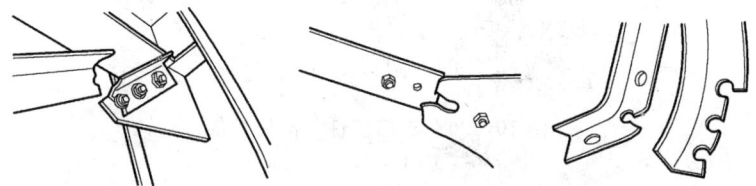

图10.4.4 支撑连接破坏

支撑是框架-支撑结构中最主要的抗侧力部分，一旦地震发生，它将首当其冲承受水平地震作用，如果某层的支撑发生破坏，将使该层成为薄弱楼层，造成严重后果。

2. 构件的破坏

(1) 支撑杆件的整体失稳、局部失稳和断裂破坏

在框架-支撑结构中，这种破坏形式是非常普遍的现象。支撑杆件可近似看成两端简支轴心受力构件，在风荷载和多遇地震作用下，保持弹性工作状态，只要设计得当，一般不会失去整体稳定。在罕遇地震作用下，中心支撑构件会受巨大的往复拉压作用，一般都会发生整体失稳现象，并进入塑性屈服状态，耗散能量。但随着拉压循环次数的增多，承载力会发生退化现象。图10.4.5是支撑杆的拉压受力特征，由图中可以看出，支撑在压力作用下一旦失去稳定，就会变成压弯杆，承载力迅速下降，并在杆中央部位形成塑性铰。当随后承受拉力作用时，由于存在残余的塑性弯曲变形，受拉刚度很小，只有形成反向塑性铰后，支撑的抗拉刚度才逐渐恢复，直至全截面受拉屈服。支撑在拉压循环荷载作用下的滞回性能（hysteretic loops）如图10.4.6所示，由图中可以看出，长细比大的支撑，整体失稳后的承载力退化要比长细比小的严重得多。

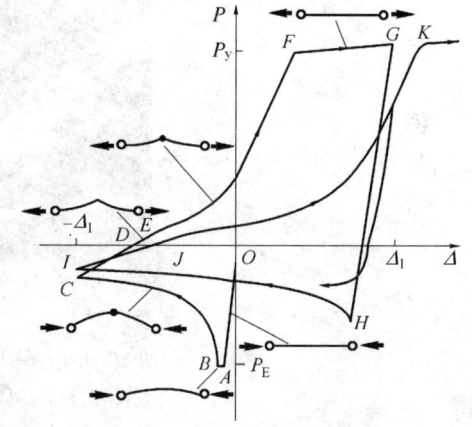

图10.4.5 支撑杆的受力特征

当支撑构件的组成板件宽厚比较大时，往往伴随着整体失稳出现板件的局部失稳现象，进而引发低周疲劳和断裂破坏，这在以往的震害中并不少见。试验研究表明，要防止板件在往复塑性应变作用下发生局部失稳，进而引发低周疲劳破坏，必须对支撑板件的宽厚比进行限制，且应比塑性设计的还要严格。试验还表明，支撑杆的长细比越小时，为了防止过早发生低周疲劳断裂，对板件宽厚比的限制越严格，为了节省钢材；美欧等国的抗震规范均适当放松了对支撑长细比的限制。

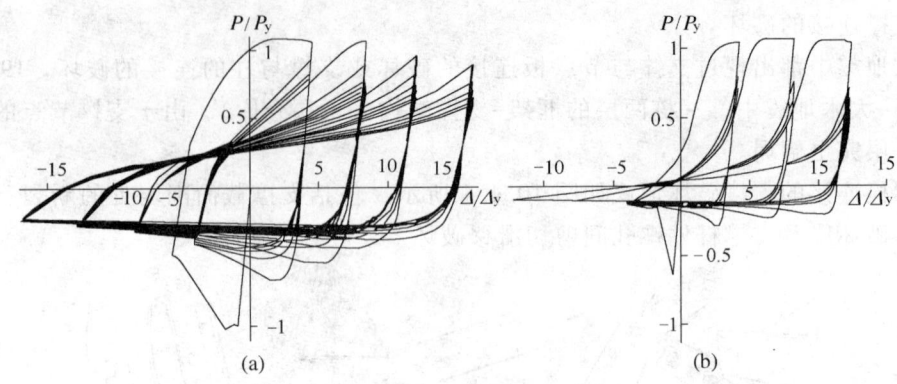

图 10.4.6 支撑杆件的滞回性能
(a) $\lambda=45$;(b) $\lambda=125$

(2) 钢柱脆性断裂

在 1995 年阪神地震中,位于芦屋市海滨城高层住宅小区的 21 栋巨型钢框架结构的住宅楼中,共有 57 根钢柱发生了断裂,所有箱形截面柱的断裂均发生在 14 层以下的楼层里,且均为脆性受拉断裂,断口呈水平状,如图 10.4.7 所示。分析原因认为:① 竖向地震及倾覆力矩在柱中产生较大的拉力;② 箱形截面柱的壁厚达 50 mm,厚板焊接时过热,使焊缝附近钢材延性降低;③ 钢柱暴露于室外,当时正值日本的严冬,钢材温度低于零度;④ 有的钢柱断裂发生在拼接焊缝附近,这里可能正是焊接缺陷构成的薄弱部位。

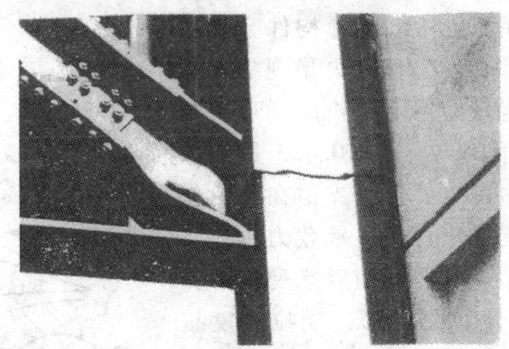

图 10.4.7 一幢 19 层钢结构建筑在第六层产生
钢柱断裂、梁及支撑开裂、支撑屈曲

3. 结构的倒塌破坏

1985 年墨西哥大地震中,墨西哥市的 Pino Suarez 综合大楼的三个 22 层的钢结构塔楼之一倒塌,其余二栋也发生了严重破坏,其中一栋已接近倒塌。这三栋塔楼的结构体系均为框架-支撑结构,细部构造也相同,其结构的平面布置如图 10.4.8 所示。

分析表明,塔楼发生倒塌和严重破坏的主要原因之一,是由于纵横向垂直支撑偏位设置,导致刚度中心和质量重心相距太大,在地震中产生了较大的扭转效应,致使钢柱的作用力大于其承载力,引发了三栋完全相同的塔楼的严重破坏或倒塌。由此可见,规则对称的结构体系对抗震将十分有利。

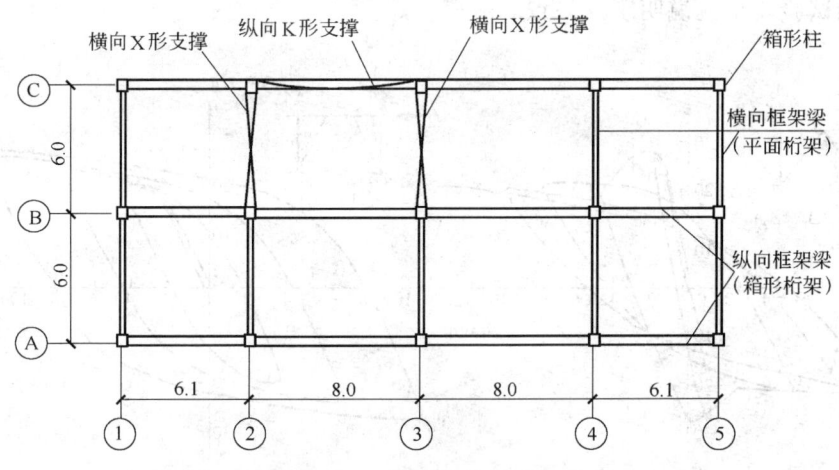

图 10.4.8 塔楼结构平面布置

1995 年阪神地震中，也有钢结构房屋倒塌，倒塌的房屋大多是 1971 年以前建造的，当时日本钢结构设计规范尚未修订，抗震设计水平还不高。在同一地震中，按新规范设计建造的钢结构房屋的倒塌数要少得多，说明震害的严重与否，和结构的抗震设计水平有很大关系。

10.4.2 抗震结构体系

在钢结构房屋中用的较多的结构体系有框架结构（图 10.4.9a）、框架-中心支撑结构（图 10.4.9b）和框架-偏心支撑结构（图 10.4.9c）等。

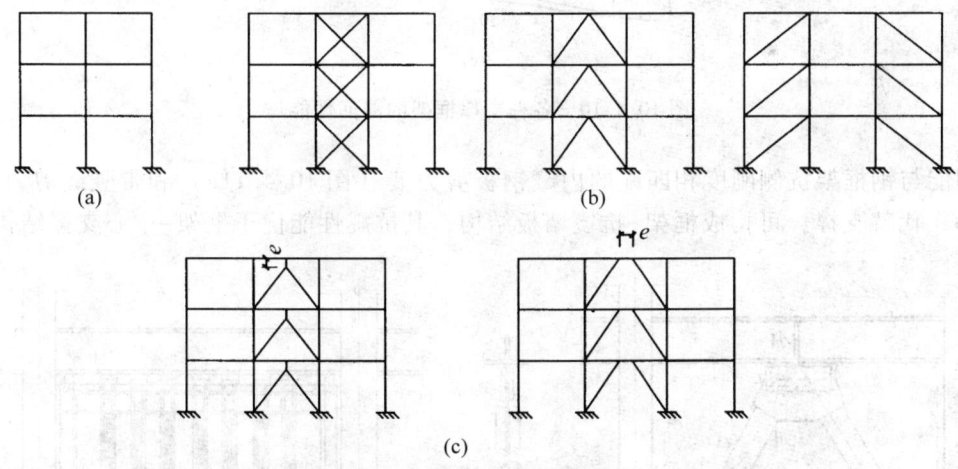

图 10.4.9 纯框架与框架-支撑结构

纯框架结构延性好，抗震性能好，但由于抗侧刚度较差，不宜用于层数太高的建筑。框架-中心支撑结构抗侧刚度大，适用层数较多的建筑，但由于支撑构件的滞回性能较差，耗散的地震能量有限，抗震性能不如纯框架。框架-偏心支撑结构可通过偏心连梁（link beam）e 的剪切屈服，耗散地震能量，同时又能保证支撑不丧失整体稳定，抗震性能优于框架-中心支撑结构。图 10.4.10 中给出的中心支撑框架图 a 和偏心支撑框架图 b、c 在往复水平荷载作用下的滞回性能试验曲线就说明了这一点。

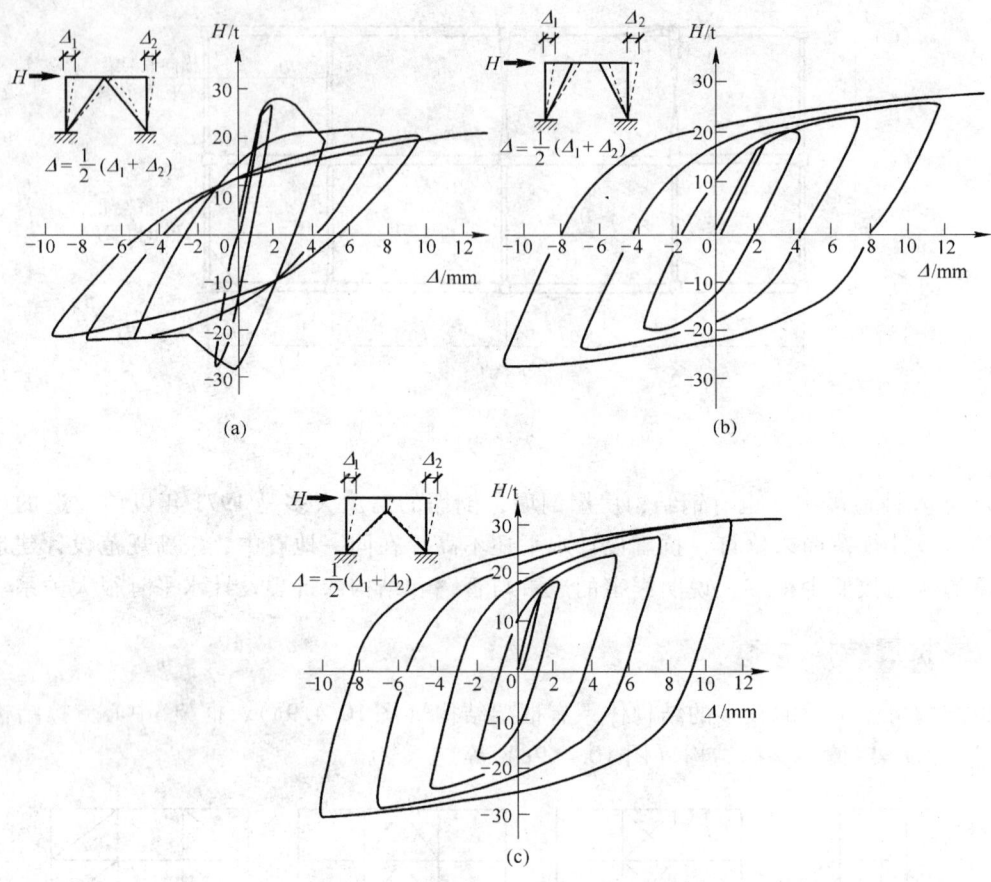

图 10.4.10 各种支撑框架的滞回性能

采用能与钢框架抗侧刚度相匹配的内藏钢板剪力墙（图 10.4.11a）和带竖缝剪力墙（图 10.4.11b）代替支撑，可构成框架-抗震墙板结构，其抗震性能优于框架-中心支撑结构。

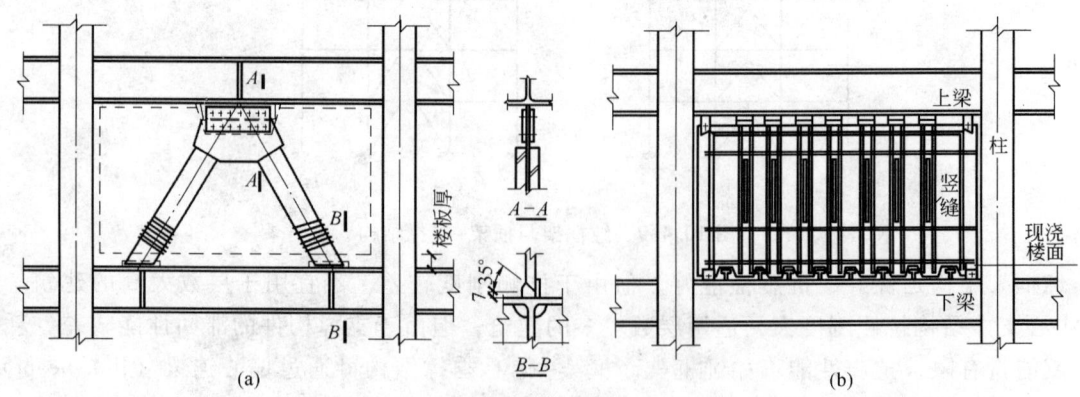

图 10.4.11 框架-抗震墙板结构
(a) 内藏钢板剪力墙与框架连接；(b) 带竖缝剪力墙与框架连接

§10.4 钢结构抗震设计特点

当房屋高度更高时，可采用沿建筑周边设置密柱深梁框架构成的框筒结构。框筒结构抗侧刚度大，并具有较好的抗震性能。

各种钢结构体系房屋的适用高度和高宽比不宜大于表 10.4.1、表 10.4.2 的规定。

表 10.4.1 钢结构房屋适用的最大高度　　　　　　　　　　　　　　　　　m

结构类型	6、7 度 (0.1g)	7 度 (0.15g)	8 度 (0.2g)	8 度 (0.3g)	9 度
框架	110	90	90	70	50
框架-中心支撑（抗震墙板）	220	200	180	150	120
框架-偏心支撑（延性墙板）	240	220	200	180	160
筒体（框筒、筒中筒、桁架筒、束筒）和巨型框架	300	280	260	240	180

注：1. 房屋高度指室外地面到主要屋面板板顶的高度（不包括局部突出屋顶部分）。
2. 超过表内高度的房屋，应进行专门研究和论证，采取有效的加强措施。

表 10.4.2 钢结构民用房屋适用的最大高宽比

烈度	6、7 度	8 度	9 度
最大高宽比	6.5	6.0	5.5

注：塔形建筑的底部有大底盘时，高宽比可按大底盘以上计算。

10.4.3 抗震设计要求

1. 对钢材性能的要求

钢结构的钢材应符合下列规定：

① 抗侧力结构的钢材宜采用 Q235 等级 B、C、D 的碳素结构钢和 Q345 等级 B、C、D、E 的低合金高强度结构钢，其质量应分别符合国家标准 GB/T 700—2006《碳素结构钢》和 GB/T 1591—2008《低合金高强度结构钢》的规定。当有可靠根据时，也可以采用其他钢种和钢号的钢材，其性能应符合下列要求：

 a. 钢材的屈服强度的实测值与抗拉强度的实测值之比不应大于 0.85；
 b. 钢材应有明显的屈服台阶，且伸长率不应小于 20%；
 c. 钢材应有良好的焊接性和合格的冲击韧性；
 d. 偏心支撑框架中的耗能连梁不得采用屈服强度高于 345 N/mm^2 的钢材。

② 采用焊接连接的节点，当板厚不小于 40 mm，且沿板厚方向承受拉力作用时，应对该部分钢材提出沿厚度方向受拉试件破坏后的断面收缩率的附加要求，该值不得小于现行国家标准 GB/T 5313—1985《厚度方向性能钢板》规定的 Z15 级的容许值。

2. 对结构布置的要求

① 建筑设计应符合抗震概念设计的要求，不应采用严重不规则的设计方案。即在进行房屋的平、剖、立面设计和结构体系布置时，应尽可能做到房屋体形简单、平面规则对称，同时房屋中抗侧力结构的布置应尽可能的均匀、对称，使房屋各楼层的总体刚度中心尽可能与楼层的质量中心相重合或相接近，并应尽可能使房屋的刚度和质量沿竖向均匀连续、没有突变。

② 钢结构房屋宜避免采用不规则建筑结构方案，不设防震缝。若房屋必须采用比较复杂

的平面形状时，则宜用防震缝将房屋划分为几个平面规则、对称的独立单元，为了避免地震时各部分之间相互碰撞，防震缝的宽度应不小于相应钢筋混凝土结构房屋的 1.5 倍。

3. 对结构设计的要求

① 在进行结构设计时，应根据建筑的抗震设防类别、抗震设计烈度、建筑高度、场地条件、地基、结构材料和施工等因素，经技术、经济和使用条件综合比较，选择合适的结构体系。

② 结构体系应有明确的计算简图和合理的地震作用传递途径，可考虑多道抗震防线。宜使结构在两个主轴方向的动力特性相近，并尽量使其基本自振周期（fundamental period）远离场地的特征周期（characteristic period of ground motion），以防止共振，减小地震作用。

③ 应避免因部分结构或构件破坏而导致整个结构丧失抗震能力或对重力荷载的承载能力。例如，应采用冗余度较高的结构形式，重视结构的整体性；框架结构应设计成强柱弱梁型，以防止形成柱子倒塌机构等。

④ 结构应具有必要的抗震承载力、良好的变形能力和消耗地震能量的能力。例如，为避免传统的梁柱刚性节点发生脆性破坏，可采用图 10.4.12 所示的在节点附近削弱梁翼缘截面的办法，或采用图 10.4.13 和 10.4.14 所示在节点处设置加强梁段的办法，使梁中承受最大应力的截面离开梁柱接触表面，充分发挥塑性转动能力和消耗地震能量的能力。偏心支撑框架中的耗能连梁具有相似的能力。

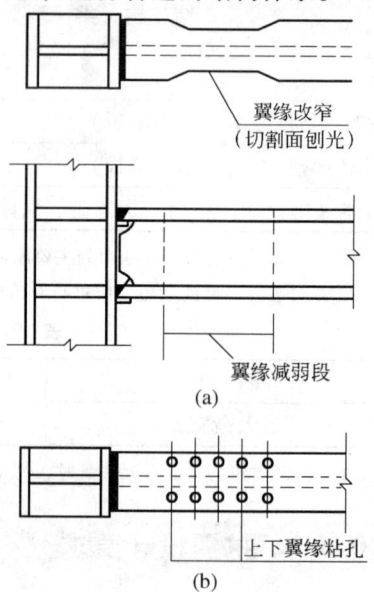

图 10.4.12 用狗骨式翼缘板或翼缘钻孔法使塑性铰外移

⑤ 对可能出现的薄弱部位，应采取措施提高抗震能力。例如，应体现强节点弱构件的设计思想，避免诸如支撑的连接节点先于杆件破坏所引发的震害；要重视非结构构件与主体结构之间的连接构造，防止地震中脱落引发次生灾害等。

⑥ 应体现大震不倒、小震不坏、中震可修的抗震设计目标。

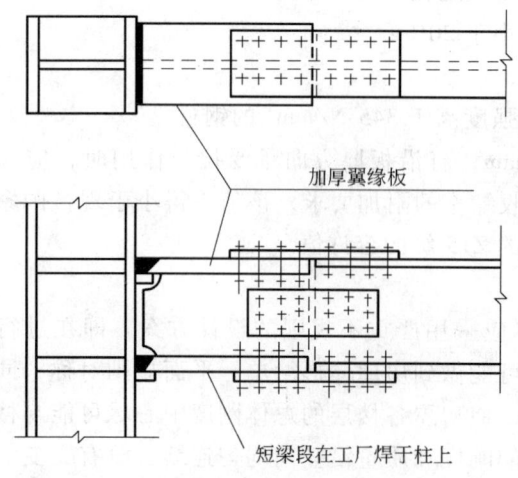

图 10.4.13 采用设置加强短梁段的梁柱节点

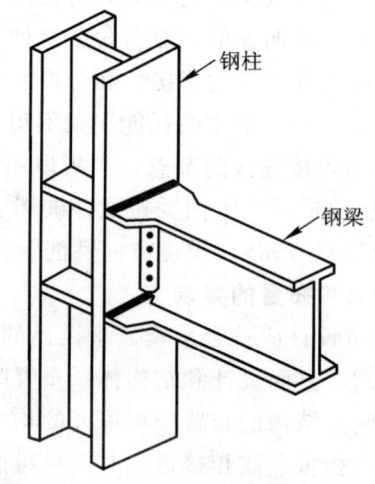

图 10.4.14 梁翼缘局部扩展型梁柱节点

10.4.4 抗震构造要求

我国 GB 50011—2010《建筑抗震设计规范》的第 8 章、第 9 章和附录 G、H，针对不同的工业与民用建筑钢结构体系，规定了相应的抗震构造措施。这些措施虽不尽相同，但其目的和手段却是一样的，那就是通过限制受压构件的长细比、梁平面外的长细比、构件组成板件的宽厚比、采取措施增强连接节点的承载能力以及控制制作和施工质量等手段，达到结构在罕遇地震作用下能承受较大的往复塑性变形、吸收和耗散地震输入的能量而不倒塌的目的。有关具体规定，请参见 GB 50011 规范，此处不再赘述。

习 题

10.1 试用简单塑性分析方法，求出习题 10.1 图所示超静定梁的极限荷载。当 $0<\zeta<1$ 时，试求最大极限荷载的作用位置和数值（用 M_p 表示）。

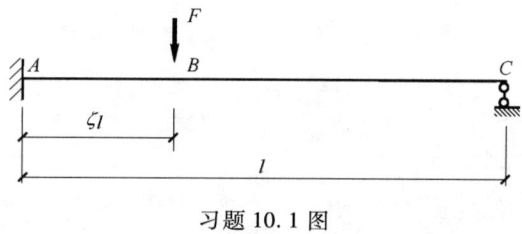

习题 10.1 图

10.2 试用简单塑性分析法，求出如图所示门式刚架的极限荷载，图中梁柱截面完全相等。

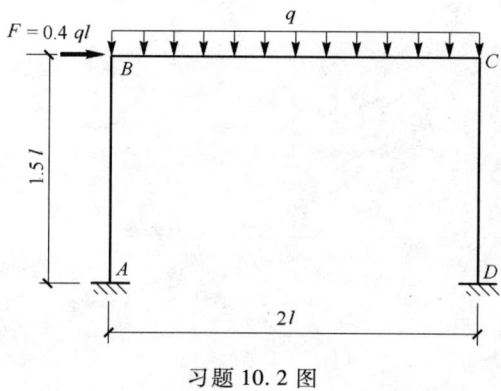

习题 10.2 图

10.3 假设习题 10.2 图的刚架 $l=3$ m，$q=120$ kN/m（为荷载的设计值），试按塑性设计选择梁、柱截面。计算时可忽略梁柱自重。

10.4 试述钢框架梁柱刚性节点的震害特点和原因。

10.5 结合第 2 章有关钢材低周疲劳。和第 6、7 章有关钢构件整体和局部稳定的内容，试说明为什么由拉压滞回曲线丰满的钢材制成的支撑杆件会出现滞回环的退化现象。

10.6 墨西哥大地震中 Pino Suarez 综合大楼的主要倒塌原因是什么？

10.7 房屋钢结构的抗震结构形式有哪些？它们的抗震性能如何？
10.8 抗震设计时应注意哪些问题？
10.9 钢结构抗震构造措施的手段和目的是什么？

附 录

附录1 钢材和连接的强度设计值

附表1.1 钢材的强度设计值   N/mm²

钢材		抗拉、抗压和抗弯 f	抗剪 f_v	端面承压(刨平顶紧) f_{ce}
牌号	厚度或直径/mm			
Q235钢	≤16	215	125	325
	>16~40	205	120	
	>40~60	200	115	
	>60~100	190	110	
Q345钢	≤16	310	180	400
	>16~35	295	170	
	>35~50	265	155	
	>50~100	250	145	
Q390钢	≤16	350	205	415
	>16~35	335	190	
	>35~50	315	180	
	>50~100	295	170	
Q420钢	≤16	380	220	440
	>16~35	360	210	
	>35~50	340	195	
	>50~100	325	185	

注：附表中厚度系指计算点的钢材厚度，对轴心受拉和轴心受压构件系指截面中较厚板件的厚度。

附表1.2 铸钢件的强度设计值   N/mm²

钢号	抗拉、抗压和抗弯 f	抗剪 f_v	端面承压(刨平顶紧) f_{ce}
ZG200-400	155	90	260
ZG230-450	180	105	290
ZG270-500	210	120	325
ZG310-570	240	140	370

附表1.3 焊缝的强度设计值 N/mm²

焊接方法和焊条型号	构件钢材		对接焊缝				角焊缝
	牌号	厚度或直径 /mm	抗压 f_c^w	焊接质量为下列等级时,抗拉 f_t^w		抗剪 f_v^w	抗拉、抗压和抗剪 f_f^w
				一级、二级	三级		
自动焊、半自动焊和E43型焊条的手工焊	Q235钢	≤16	215	215	185	125	160
		>16~40	205	205	175	120	
		>40~60	200	200	170	115	
		>60~100	190	190	160	110	
自动焊、半自动焊和E50型焊条的手工焊	Q345钢	≤16	310	310	265	180	200
		>16~35	295	295	250	170	
		>35~50	265	265	225	155	
		>50~100	250	250	210	145	
自动焊、半自动焊和E55型焊条的手工焊	Q390钢	≤16	350	350	300	205	220
		>16~35	335	335	285	190	
		>35~50	315	315	270	180	
		>50~100	295	295	250	170	
	Q420钢	≤16	380	380	320	220	220
		>16~35	360	360	305	210	
		>35~50	340	340	290	195	
		>50~100	325	325	275	185	

注:1. 自动焊和半自动焊所采用的焊丝和焊剂,应保证其熔敷金属的力学性能不低于现行国家标准 GB/T 5293—1999《埋弧焊用碳钢焊丝和焊剂》和 GB/T 12470—2003《埋弧焊用低合金钢焊丝和焊剂》中相关的规定。

2. 焊缝质量等级应符合现行国家标准 GB 50205—2001《钢结构工程施工质量验收规范》的规定。其中厚度小于 8 mm 钢材的对接焊缝,不应采用超声波探伤确定焊缝质量等级。

3. 对接焊缝在受压区的抗弯强度设计值取 f_c^w,在受拉区的抗弯强度设计值取 f_t^w。

4. 附表中厚度系指计算点的钢材厚度,对轴心受拉和轴心受压构件系指截面中较厚板件的厚度。

附录 1　钢材和连接的强度设计值

附表 1.4　螺栓连接的强度设计值　　　　　　　　　　　　　　N/mm²

螺栓的性能等级、锚栓和构件钢材的牌号		普通螺栓 C级螺栓			普通螺栓 A级、B级螺栓			锚栓	承压型连接高强度螺栓		
		抗拉 f_t^b	抗剪 f_v^b	承压 f_c^b	抗拉 f_t^b	抗剪 f_v^b	承压 f_c^b	抗拉 f_t^b	抗拉 f_t^b	抗剪 f_v^b	承压 f_c^b
普通螺栓	4.6级、4.8级	170	140	—	—	—	—	—	—	—	—
	5.6级	—	—	—	210	190	—	—	—	—	—
	8.8级	—	—	—	400	320	—	—	—	—	—
锚栓	Q235钢	—	—	—	—	—	—	140	—	—	—
	Q345钢	—	—	—	—	—	—	180	—	—	—
承压型连接高强度螺栓	8.8级	—	—	—	—	—	—	—	400	250	—
	10.9级	—	—	—	—	—	—	—	500	310	—
构件	Q235钢	—	—	305	—	—	405	—	—	—	470
	Q345钢	—	—	385	—	—	510	—	—	—	590
	Q390钢	—	—	400	—	—	530	—	—	—	615
	Q420钢	—	—	425	—	—	560	—	—	—	655

注：1. A级螺栓用于 $d\leqslant 24$ mm 和 $l\leqslant 10d$ 或 $l\leqslant 150$ mm（按较小值）的螺栓；B级螺栓用于 $d>24$ mm 和 $l>10d$ 或 $l>150$ mm（按较小值）的螺栓。d 为公称直径，l 为螺杆公称长度。

2. A、B级螺栓孔的精度和孔壁表面粗糙度，C级螺栓孔的允许偏差和孔壁表面粗糙度，均应符合现行国家标准 GB 50205—2001《钢结构工程施工质量验收规范》的要求。

附表 1.5　铆钉连接的强度设计值　　　　　　　　　　　　　　N/mm²

铆钉钢号和构件钢材牌号		抗拉（钉头脱落） f_t^r	抗剪 f_v^r		承压 f_c^r	
			Ⅰ类孔	Ⅱ类孔	Ⅰ类孔	Ⅱ类孔
铆钉	BL2 或 BL3	120	185	155	—	—
构件	Q235钢	—	—	—	450	365
	Q345钢	—	—	—	565	460
	Q390钢	—	—	—	590	480

注：1. 属于下列情况者为Ⅰ类孔：
　　（1）在装配好的构件上按设计孔径钻成的孔；
　　（2）在单个零件和构件上按设计孔径分别用钻模钻成的孔；
　　（3）在单个零件上先钻成或冲成较小的孔径，然后在装配好的构件上再扩钻至设计孔径的孔。

2. 在单个零件上一次冲成或不用钻模钻成设计孔径的孔属于Ⅱ类孔。

附录 2 结构或构件的变形容许值

2.1 受弯构件的挠度容许值

2.1.1 吊车梁、楼盖梁、屋盖梁、工作平台梁以及墙架构件的挠度不宜超过附表 2.1 所列的容许值。

附表 2.1 受弯构件挠度容许值

项次	构件类别	挠度容许值 $[v_T]$	挠度容许值 $[v_Q]$
1	吊车梁和吊车桁架（按自重和起重量最大的一台吊车计算挠度） (1) 手动吊车和单梁吊车（含悬挂吊车） (2) 轻级工作制桥式吊车 (3) 中级工作制桥式吊车 (4) 重级工作制桥式吊车	$l/500$ $l/800$ $l/1000$ $l/1200$	—
2	手动或电动葫芦的轨道梁	$l/400$	—
3	有重轨（质量等于或大于 38 kg/m）轨道的工作平台梁 有轻轨（质量等于或小于 24 kg/m）轨道的工作平台梁	$l/600$ $l/400$	—
4	楼（屋）盖梁或桁架、工作平台梁（第 3 项除外）和平台板 (1) 主梁或桁架（包括设有悬挂起重设备的梁和桁架） (2) 抹灰顶棚的次梁 (3) 除(1)、(2)款外的其他梁（包括楼梯梁） (4) 屋盖檩条 　　支承无积灰的瓦楞铁和石棉瓦屋面者 　　支承压型金属板、有积灰的瓦楞铁和石棉瓦等屋面者 　　支承其他屋面材料者 (5) 平台板	$l/400$ $l/250$ $l/250$ $l/150$ $l/200$ $l/200$ $l/150$	$l/500$ $l/350$ $l/300$
5	墙架构件（风荷载不考虑阵风系数） (1) 支柱 (2) 抗风桁架（作为连续支柱的支承时） (3) 砌体墙的横梁（水平方向） (4) 支承压型金属板、瓦楞铁和石棉瓦墙面的横梁（水平方向） (5) 带有玻璃窗的横梁（竖直和水平方向）	— — — — $l/200$	$l/400$ $l/1000$ $l/300$ $l/200$ $l/200$

注：1. l 为受弯构件的跨度（对悬臂梁和伸臂梁为悬伸长度的 2 倍）。
2. $[v_T]$ 为永久和可变荷载标准值产生的挠度（如有起拱应减去拱度）的容许值；$[v_Q]$ 为可变荷载标准值产生的挠度的容许值。

2.1.2 冶金工厂或类似车间中设有工作级别为 A7、A8 级吊车的车间，其跨间每侧吊车梁或吊车桁架的制动结构，由一台最大吊车横向水平荷载（按荷载规范取值）所产生的挠度不宜超过制动结构跨度的 1/2 200。

2.2 框架结构的水平位移容许值

2.2.1 在风荷载标准值作用下，框架柱顶水平位移和层间相对位移不宜超过下列数值：
1. 无桥式吊车的单层框架的柱顶位移　　　　　$H/150$
2. 有桥式吊车的单层框架的柱顶位移　　　　　$H/400$
3. 多层框架的柱顶位移　　　　　　　　　　　$H/500$
4. 多层框架的层间相对位移　　　　　　　　　$h/400$

H 为自基础顶面至柱顶的总高度；h 为层高。

注：1. 对室内装修要求较高的民用建筑多层框架结构，层间相对位移宜适当减小。无墙壁的多层框架结构，层间相对位移可适当放宽。
2. 对轻型框架结构的柱顶水平位移和层间位移均可适当放宽。

2.2.2 在冶金工厂或类似车间中设有 A7、A8 级吊车的厂房柱和设有中级和重级工作制吊车的露天栈桥柱，在吊车梁或吊车桁架的顶面标高处，由一台最大吊车水平荷载（按荷载规范取值）所产生的计算变形值，不宜超过附表 2.2 所列的容许值。

附表 2.2　柱顶水平位移（计算值）的容许值

项次	位移的种类	按平面结构图形计算	按空间结构图形计算
1	厂房柱的横向位移	$H_c/1\,250$	$H_c/2\,000$
2	露天栈桥柱的横向位移	$H_c/2\,500$	—
3	厂房和露天栈桥柱的纵向位移	$H_c/4\,000$	

注：1. H_c 为基础顶面至吊车梁或吊车桁架顶面的高度。
2. 计算厂房或露天栈桥柱的纵向位移时，可假设吊车的纵向水平制动力分配在温度区段内所有柱间支撑或纵向框架上。
3. 在设有 A8 级吊车的厂房中，厂房柱的水平位移容许值宜减小 10%。
4. 设有 A6 级吊车的厂房柱的纵向位移宜符合表中的要求。

附录 3　梁的整体稳定系数

3.1 等截面焊接工字形和轧制 H 型钢简支梁

等截面焊接工字形和轧制 H 型钢（附图 3.1）简支梁的整体稳定系数 φ_b 应按下式计算：

$$\varphi_b = \beta_b \frac{4\,320}{\lambda_y^2} \cdot \frac{Ah}{W_x} \left[\sqrt{1 + \left(\frac{\lambda_y t_1}{4.4h} \right)^2} + \eta_b \right] \frac{235}{f_y} \qquad (\text{附 } 3.1.1)$$

式中，β_b 为梁整体稳定的等效临界弯矩系数，按附表 3.1 采用；λ_y 为梁在侧向支撑点间对截

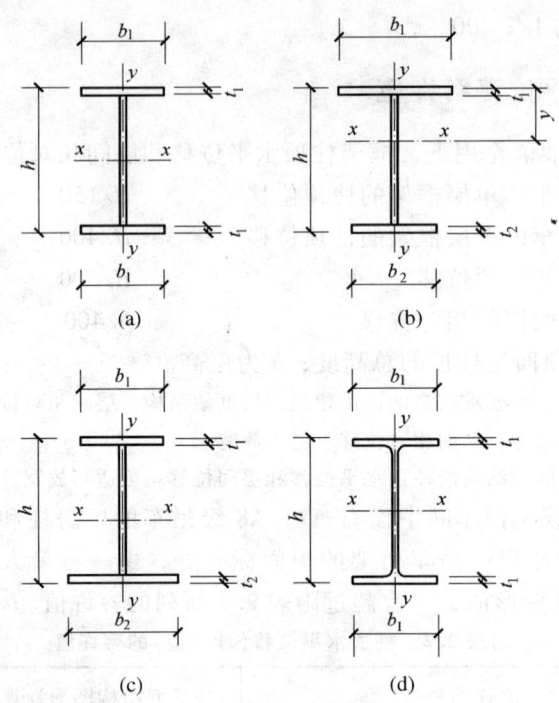

附图 3.1 焊接工字形和轧制 H 型钢截面
(a) 双轴对称焊接工字形截面；
(b) 加强受压翼缘的单轴对称焊接工字形截面；
(c) 加强受拉翼缘的单轴对称焊接工字形截面；
(d) 轧制 H 型钢截面

面弱轴 y-y 的长细比，$\lambda_y = l_1/i_y$，l_1 为侧向支承点间的距离，i_y 为梁毛截面对 y 轴的截面回转半径；A 为梁的毛截面面积；h、t_1 为梁截面的全高和受压翼缘厚度；η_b 为截面不对称影响系数，对双轴对称截面（附图 3.1a、d）：$\eta_b = 0$；对单轴对称工字形截面（附图 3.1b、c）：加强受压翼缘：$\eta_b = 0.8(2\alpha_b - 1)$；加强受拉翼缘：$\eta_b = 2\alpha_b - 1$；$\alpha_b = \dfrac{I_1}{I_1 + I_2}$，式中 I_1 和 I_2 分别为受压翼缘和受拉翼缘对 y 轴的惯性矩。

当按公式（附 3.1.1）算得的 φ_b 值大于 0.6 时，应用下式计算的 φ'_b 代替 φ_b 值：

$$\varphi'_b = 1.07 - \frac{0.282}{\varphi_b} \leqslant 1.0 \qquad （附 3.1.2）$$

注：公式（附 3.1.1）亦适用于等截面铆接（或高强度螺栓连接）简支梁，其受压翼缘厚度 t_1 包括翼缘角钢厚度在内。

附表 3.1 H 型钢和等截面工字形简支梁的系数 β_b

项次	侧向支承	荷载		$\xi \leq 2.0$	$\xi > 2.0$	适用范围
1	跨中无侧向支承	均布荷载作用在	上翼缘	$0.69+0.13\xi$	0.95	附图 3.1a、b 和 d 的截面
2			下翼缘	$1.73-0.20\xi$	1.33	
3		集中荷载作用在	上翼缘	$0.73+0.18\xi$	1.09	
4			下翼缘	$2.23-0.28\xi$	1.67	
5	跨度中点有一个侧向支承点	均布荷载作用在	上翼缘	1.15		附图 3.1 中的所有截面
6			下翼缘	1.40		
7		集中荷载作用在截面高度上任意位置		1.75		
8	跨中有不少于两个等距离侧向支承点	任意荷载作用在	上翼缘	1.20		
9			下翼缘	1.40		
10	梁端有弯矩,但跨中无荷载作用			$1.75-1.05\left(\dfrac{M_2}{M_1}\right)+0.3\left(\dfrac{M_2}{M_1}\right)^2$,但 ≤ 2.3		

注:1. ξ 为参数,$\xi=\dfrac{l_1 t_1}{b_1 h}$,其中 l_1 和 b_1 分别为 H 型钢或等截面工字形简支梁受压翼缘的自由长度和宽度。

2. M_1、M_2 为梁的端弯矩,使梁产生同向曲率时 M_1 和 M_2 取同号,产生反向曲率时取异号,$|M_1| \geq |M_2|$。

3. 附表中项次 3、4 和 7 的集中荷载是指一个和少数几个集中荷载位于跨中央附近的情况,对其他情况的集中荷载,应按附表中项次 1、2、5、6 内的数值采用。

4. 附表中项次 8、9 的 β_b,当集中荷载作用在侧向支承点处时,取 $\beta_b=1.20$。

5. 荷载作用在上翼缘系指荷载作用点在翼缘表面,方向指向截面形心;荷载作用在下翼缘系指荷载作用点在翼缘表面,方向背向截面形心。

6. 对 $\alpha_b > 0.8$ 的加强受压翼缘工字形截面,下列情况的 β_b 值应乘以相应的系数:

项次 1:当 $\xi \leq 1.0$ 时,乘以 0.95;

项次 3:当 $\xi \leq 0.5$ 时,乘以 0.90;当 $0.5 < \xi \leq 1.0$ 时,乘以 0.95。

3.2 轧制普通工字钢简支梁

轧制普通工字钢简支梁的整体稳定系数 φ_b 应按附表 3.2 采用,当所得的 φ_b 值大于 0.6 时,应按公式(附 3.1.2)算得相应的 φ_b' 代替 φ_b 值。

附表 3.2　轧制普通工字钢简支梁的 φ_b

项次	荷载情况		工字钢型号	自由长度 l_1/m								
				2	3	4	5	6	7	8	9	10
1	跨中无侧向支承点的梁	集中荷载作用于 上翼缘	10~20	2.00	1.30	0.99	0.80	0.68	0.58	0.53	0.48	0.43
			22~32	2.40	1.48	1.09	0.86	0.72	0.62	0.54	0.49	0.45
			36~63	2.80	1.60	1.07	0.83	0.68	0.56	0.50	0.45	0.40
2		集中荷载作用于 下翼缘	10~20	3.10	1.95	1.34	1.01	0.82	0.69	0.63	0.57	0.52
			22~40	5.50	2.80	1.84	1.37	1.07	0.86	0.73	0.64	0.56
			45~63	7.30	3.60	2.30	1.62	1.20	0.96	0.80	0.69	0.60
3		均布荷载作用于 上翼缘	10~20	1.70	1.12	0.84	0.68	0.57	0.50	0.45	0.41	0.37
			22~40	2.10	1.30	0.93	0.73	0.60	0.51	0.45	0.40	0.36
			45~63	2.60	1.45	0.97	0.73	0.59	0.50	0.44	0.38	0.35
4		均布荷载作用于 下翼缘	10~20	2.50	1.55	1.08	0.83	0.68	0.56	0.52	0.47	0.42
			22~40	4.00	2.20	1.45	1.10	0.85	0.70	0.60	0.52	0.46
			45~63	5.60	2.80	1.80	1.25	0.95	0.78	0.65	0.55	0.49
5	跨中有侧向支承点的梁（不论荷载作用点在截面高度上的位置）		10~20	2.20	1.39	1.01	0.79	0.66	0.57	0.52	0.47	0.42
			22~40	3.00	1.80	1.24	0.96	0.76	0.65	0.56	0.49	0.43
			45~63	4.00	2.20	1.38	1.01	0.80	0.66	0.56	0.49	0.43

注：1. 同附表 3.1 的注 3、5。
2. 附表中的 φ_b 适用于 Q235 钢。对其他钢号，附表中数值应乘以 $235/f_y$。

3.3　轧制槽钢简支梁

轧制槽钢简支梁的整体稳定系数，不论荷载的形式和荷载作用点在截面高度上的位置，均可按下式计算：

$$\varphi_b = \frac{570bt}{l_1 h} \cdot \frac{235}{f_y} \qquad (\text{附 } 3.3.1)$$

式中，h、b、t 分别为槽钢截面的高度、翼缘宽度和平均厚度。

按公式（附 3.3.1）算得的 φ_b 大于 0.6 时，应按公式（附 3.1.2）算得相应的 φ_b' 代替 φ_b 值。

3.4　双轴对称工字形等截面（含 H 型钢）悬臂梁

双轴对称工字形等截面（含 H 型钢）悬臂梁的整体稳定系数，可按公式（附 3.1.1）计算，但式中系数 β_b 应按附表 3.3 查得，$\lambda_y = l_1/i_y$（l_1 为悬臂梁的悬伸长度）。当求得的 φ_b 大于 0.6 时，应按公式（附 3.1.2）算得相应的 φ_b' 代替 φ_b 值。

附表 3.3　双轴对称工字形等截面（含 H 型钢）悬臂梁的系数 β_b

项次	荷载形式		$0.60 \leqslant \xi \leqslant 1.24$	$1.24 < \xi \leqslant 1.96$	$1.96 < \xi \leqslant 3.10$
1	自由端一个集中荷载作用在	上翼缘	$0.21 + 0.67\xi$	$0.72 + 0.26\xi$	$1.17 + 0.03\xi$
2		下翼缘	$2.94 - 0.65\xi$	$2.64 - 0.40\xi$	$2.15 - 0.15\xi$
3	均布荷载作用在上翼缘		$0.62 + 0.82\xi$	$1.25 + 0.31\xi$	$1.66 + 0.10\xi$

注：1. 本附表是按支承端为固定的情况确定的，当用于由邻跨延伸出来的伸臂梁时，应在构造上采取措施加强支承处的抗扭能力。
　　2. 附表中 ξ 见附表 3.1 注 1。

3.5　受弯构件整体稳定系数的近似计算

均匀弯曲的受弯构件，当 $\lambda_y \leqslant 120\sqrt{235/f_y}$ 时，其整体稳定系数 φ_b 可按下列近似公式计算：

1. 工字形截面（含 H 型钢）

双轴对称时：

$$\varphi_b = 1.07 - \frac{\lambda_y^2}{44\,000} \cdot \frac{f_y}{235} \qquad (\text{附 } 3.5.1)$$

单轴对称时：

$$\varphi_b = 1.07 - \frac{W_x}{(2\alpha_b + 0.1)Ah} \cdot \frac{\lambda_y^2}{14\,000} \cdot \frac{f_y}{235} \qquad (\text{附 } 3.5.2)$$

2. T 形截面（弯矩作用在对称轴平面，绕 x 轴）

（1）弯矩使翼缘受压时：

双角钢 T 形截面：

$$\varphi_b = 1 - 0.001\,7\lambda_y\sqrt{f_y/235} \qquad (\text{附 } 3.5.3)$$

剖分 T 型钢和两板组合 T 形截面：

$$\varphi_b = 1 - 0.002\,2\lambda_y\sqrt{f_y/235} \qquad (\text{附 } 3.5.4)$$

（2）弯矩使翼缘受拉且腹板宽厚比不大于 $18\sqrt{235/f_y}$ 时：

$$\varphi_b = 1 - 0.000\,5\lambda_y\sqrt{f_y/235} \qquad (\text{附 } 3.5.5)$$

按公式（附 3.5.1）至公式（附 3.5.5）所得的 φ_b 值大于 0.6 时，不需按公式（附 3.1.2）换算成 φ'_b 值；当按公式（附 3.5.1）和公式（附 3.5.2）算得的 φ_b 值大于 1.0 时，取 $\varphi_b = 1.0$。

附录4　轴心受压构件的稳定系数

附表4.1　a类截面轴心受压构件的稳定系数 φ

$\lambda\sqrt{\dfrac{f_y}{235}}$	0	1	2	3	4	5	6	7	8	9
0	1.000	1.000	1.000	1.000	0.999	0.999	0.998	0.998	0.997	0.996
10	0.995	0.994	0.993	0.992	0.991	0.989	0.988	0.986	0.985	0.983
20	0.981	0.979	0.977	0.976	0.974	0.972	0.970	0.968	0.966	0.964
30	0.963	0.961	0.959	0.957	0.955	0.952	0.950	0.948	0.946	0.944
40	0.941	0.939	0.937	0.934	0.932	0.929	0.927	0.924	0.921	0.919
50	0.916	0.913	0.910	0.907	0.904	0.900	0.897	0.894	0.890	0.886
60	0.883	0.879	0.875	0.871	0.867	0.863	0.858	0.854	0.849	0.844
70	0.839	0.834	0.829	0.824	0.818	0.813	0.807	0.801	0.795	0.789
80	0.783	0.776	0.770	0.763	0.757	0.750	0.743	0.736	0.728	0.721
90	0.714	0.706	0.699	0.691	0.684	0.676	0.668	0.661	0.653	0.645
100	0.638	0.630	0.622	0.615	0.607	0.600	0.592	0.585	0.577	0.570
110	0.563	0.555	0.548	0.541	0.534	0.527	0.520	0.514	0.507	0.500
120	0.494	0.488	0.481	0.475	0.469	0.463	0.457	0.451	0.445	0.440
130	0.434	0.429	0.423	0.418	0.412	0.407	0.402	0.397	0.392	0.387
140	0.383	0.378	0.373	0.369	0.364	0.360	0.356	0.351	0.347	0.343
150	0.339	0.335	0.331	0.327	0.323	0.320	0.316	0.312	0.309	0.305
160	0.302	0.298	0.295	0.292	0.289	0.285	0.282	0.279	0.276	0.273
170	0.270	0.267	0.264	0.262	0.259	0.256	0.253	0.251	0.248	0.246
180	0.243	0.241	0.238	0.236	0.233	0.231	0.229	0.226	0.224	0.222
190	0.220	0.218	0.215	0.213	0.211	0.209	0.207	0.205	0.203	0.201
200	0.199	0.198	0.196	0.194	0.192	0.190	0.189	0.187	0.185	0.183
210	0.182	0.180	0.179	0.177	0.175	0.174	0.172	0.171	0.169	0.168
220	0.166	0.165	0.164	0.162	0.161	0.159	0.158	0.157	0.155	0.154
230	0.153	0.152	0.150	0.149	0.148	0.147	0.146	0.144	0.143	0.142
240	0.141	0.140	0.139	0.138	0.136	0.135	0.134	0.133	0.132	0.131
250	0.130	—	—	—	—	—	—	—	—	—

注：见附表4.4注。

附表 4.2 b 类截面轴心受压构件的稳定系数 φ

$\lambda\sqrt{\dfrac{f_y}{235}}$	0	1	2	3	4	5	6	7	8	9
0	1.000	1.000	1.000	0.999	0.999	0.998	0.997	0.996	0.995	0.994
10	0.992	0.991	0.989	0.987	0.985	0.983	0.981	0.978	0.976	0.973
20	0.970	0.967	0.963	0.960	0.957	0.953	0.950	0.946	0.943	0.939
30	0.936	0.932	0.929	0.925	0.922	0.918	0.914	0.910	0.906	0.903
40	0.899	0.895	0.891	0.887	0.882	0.878	0.874	0.870	0.865	0.861
50	0.856	0.852	0.847	0.842	0.838	0.833	0.828	0.823	0.818	0.813
60	0.807	0.802	0.797	0.791	0.786	0.780	0.774	0.769	0.763	0.757
70	0.751	0.745	0.739	0.732	0.726	0.720	0.714	0.707	0.701	0.694
80	0.688	0.681	0.675	0.668	0.661	0.655	0.648	0.641	0.635	0.628
90	0.621	0.614	0.608	0.601	0.594	0.588	0.581	0.575	0.568	0.561
100	0.555	0.549	0.542	0.536	0.529	0.523	0.517	0.511	0.505	0.499
110	0.493	0.487	0.481	0.475	0.470	0.464	0.458	0.453	0.447	0.442
120	0.437	0.432	0.426	0.421	0.416	0.411	0.406	0.402	0.397	0.392
130	0.387	0.383	0.378	0.374	0.370	0.365	0.361	0.357	0.353	0.349
140	0.345	0.341	0.337	0.333	0.329	0.326	0.322	0.318	0.315	0.311
150	0.308	0.304	0.301	0.298	0.295	0.291	0.288	0.285	0.282	0.279
160	0.276	0.273	0.270	0.267	0.265	0.262	0.259	0.256	0.254	0.251
170	0.249	0.246	0.244	0.241	0.239	0.236	0.234	0.232	0.229	0.227
180	0.225	0.223	0.220	0.218	0.216	0.214	0.212	0.210	0.208	0.206
190	0.204	0.202	0.200	0.198	0.197	0.195	0.193	0.191	0.190	0.188
200	0.186	0.184	0.183	0.181	0.180	0.178	0.176	0.175	0.173	0.172
210	0.170	0.169	0.167	0.166	0.165	0.163	0.162	0.160	0.159	0.158
220	0.156	0.155	0.154	0.153	0.151	0.150	0.149	0.148	0.146	0.145
230	0.144	0.143	0.142	0.141	0.140	0.138	0.137	0.136	0.135	0.134
240	0.133	0.132	0.131	0.130	0.129	0.128	0.127	0.126	0.125	0.124
250	0.123	—	—	—	—	—	—	—	—	—

注：见附表 4.4 注。

附表 4.3　c 类截面轴心受压构件的稳定系数 φ

$\lambda\sqrt{\dfrac{f_y}{235}}$	0	1	2	3	4	5	6	7	8	9
0	1.000	1.000	1.000	0.999	0.999	0.998	0.997	0.996	0.995	0.993
10	0.992	0.990	0.988	0.986	0.983	0.981	0.978	0.976	0.973	0.970
20	0.966	0.959	0.953	0.947	0.940	0.934	0.928	0.921	0.915	0.909
30	0.902	0.896	0.890	0.884	0.877	0.871	0.865	0.858	0.852	0.846
40	0.839	0.833	0.826	0.820	0.814	0.807	0.801	0.794	0.788	0.781
50	0.775	0.768	0.762	0.755	0.748	0.742	0.735	0.729	0.722	0.715
60	0.709	0.702	0.695	0.689	0.682	0.676	0.669	0.662	0.656	0.649
70	0.643	0.636	0.629	0.623	0.616	0.610	0.604	0.597	0.591	0.584
80	0.578	0.572	0.566	0.559	0.553	0.547	0.541	0.535	0.529	0.523
90	0.517	0.511	0.505	0.500	0.494	0.488	0.483	0.477	0.472	0.467
100	0.463	0.458	0.454	0.449	0.445	0.441	0.436	0.432	0.428	0.423
110	0.419	0.415	0.411	0.407	0.403	0.399	0.395	0.391	0.387	0.383
120	0.379	0.375	0.371	0.367	0.364	0.360	0.356	0.353	0.349	0.346
130	0.342	0.339	0.335	0.332	0.328	0.325	0.322	0.319	0.315	0.312
140	0.309	0.306	0.303	0.300	0.297	0.294	0.291	0.288	0.285	0.282
150	0.280	0.277	0.274	0.271	0.269	0.266	0.264	0.261	0.258	0.256
160	0.254	0.251	0.249	0.246	0.244	0.242	0.239	0.237	0.235	0.233
170	0.230	0.228	0.226	0.224	0.222	0.220	0.218	0.216	0.214	0.212
180	0.210	0.208	0.206	0.205	0.203	0.201	0.199	0.197	0.196	0.194
190	0.192	0.190	0.189	0.187	0.186	0.184	0.182	0.181	0.179	0.178
200	0.176	0.175	0.173	0.172	0.170	0.169	0.168	0.166	0.165	0.163
210	0.162	0.161	0.159	0.158	0.157	0.156	0.154	0.153	0.152	0.151
220	0.150	0.148	0.147	0.146	0.145	0.144	0.143	0.142	0.140	0.139
230	0.138	0.137	0.136	0.135	0.134	0.133	0.132	0.131	0.130	0.129
240	0.128	0.127	0.126	0.125	0.124	0.124	0.123	0.122	0.121	0.120
250	0.119	—	—	—	—	—	—	—	—	—

注：见附表 4.4 注。

附录 4 轴心受压构件的稳定系数

附表 4.4 d 类截面轴心受压构件的稳定系数 φ

$\lambda\sqrt{\dfrac{f_y}{235}}$	0	1	2	3	4	5	6	7	8	9
0	1.000	1.000	0.999	0.999	0.998	0.996	0.994	0.992	0.990	0.987
10	0.984	0.981	0.978	0.974	0.969	0.965	0.960	0.955	0.949	0.944
20	0.937	0.927	0.918	0.909	0.900	0.891	0.883	0.874	0.865	0.857
30	0.848	0.840	0.831	0.823	0.815	0.807	0.799	0.790	0.782	0.774
40	0.766	0.759	0.751	0.743	0.735	0.728	0.720	0.712	0.705	0.697
50	0.690	0.683	0.675	0.668	0.661	0.654	0.646	0.639	0.632	0.625
60	0.618	0.612	0.605	0.598	0.591	0.585	0.578	0.572	0.565	0.559
70	0.552	0.546	0.540	0.534	0.528	0.522	0.516	0.510	0.504	0.498
80	0.493	0.487	0.481	0.476	0.470	0.465	0.460	0.454	0.449	0.444
90	0.439	0.434	0.429	0.424	0.419	0.414	0.410	0.405	0.401	0.397
100	0.394	0.390	0.387	0.383	0.380	0.376	0.373	0.370	0.366	0.363
110	0.359	0.356	0.353	0.350	0.346	0.343	0.340	0.337	0.334	0.331
120	0.328	0.325	0.322	0.319	0.316	0.313	0.310	0.307	0.304	0.301
130	0.299	0.296	0.293	0.290	0.288	0.285	0.282	0.280	0.277	0.275
140	0.272	0.270	0.267	0.265	0.262	0.260	0.258	0.255	0.253	0.251
150	0.248	0.246	0.244	0.242	0.240	0.237	0.235	0.233	0.231	0.229
160	0.227	0.225	0.223	0.221	0.219	0.217	0.215	0.213	0.212	0.210
170	0.208	0.206	0.204	0.203	0.201	0.199	0.197	0.196	0.194	0.192
180	0.191	0.189	0.188	0.186	0.184	0.183	0.181	0.180	0.178	0.177
190	0.176	0.174	0.173	0.171	0.170	0.168	0.167	0.166	0.164	0.163
200	0.162	—	—	—	—	—	—	—	—	—

注：1. 附表 4.1 至附表 4.4 中的 φ 值系按下列公式算得：

当 $\lambda_n = \dfrac{\lambda}{\pi}\sqrt{f_y/E} < 0.215$ 时：

$$\varphi = 1 - \alpha_1 \lambda_n^2$$

当 $\lambda_n \geq 0.215$ 时：

$$\varphi = \dfrac{1}{2\lambda_n^2}\left[(\alpha_2 + \alpha_3\lambda_n + \lambda_n^2) - \sqrt{(\alpha_2 + \alpha_3\lambda_n + \lambda_n^2)^2 - 4\lambda_n^2}\right]$$

式中，α_1、α_2、α_3 为系数，根据截面的分类，按附表 4.5 采用。

2. 当构件的 $\lambda\sqrt{f_y/235}$ 值超出附表 4.1 至附表 4.4 的范围时，则 φ 值按注 1 所列的公式计算。

附表 4.5 系数 α_1、α_2、α_3

截面类型		α_1	α_2	α_3
a 类		0.41	0.986	0.152
b 类		0.65	0.965	0.300
c 类	$\lambda_n \leq 1.05$	0.73	0.906	0.595
c 类	$\lambda_n > 1.05$	0.73	1.216	0.302
d 类	$\lambda_n \leq 1.05$	1.35	0.868	0.915
d 类	$\lambda_n > 1.05$	1.35	1.375	0.432

附录 5 各种截面回转半径的近似值

截面	i 值	截面	i 值	截面	i 值	截面	i 值
角钢	$i_x=0.30h$, $i_y=0.30b$, $i_z=0.195h$	工字形	$i_x=0.40h$, $i_y=0.21b$	槽形	$i_x=0.38h$, $i_y=0.44b$	工字形	$i_x=0.32h$, $i_y=0.49b$
角钢	$i_x=0.32h$, $i_y=0.28b$, $i_z=0.09(b+h)$	工字形	$i_x=0.45h$, $i_y=0.235b$	组合	$i_x=0.32h$, $i_y=0.58b$	组合	$i_x=0.29h$, $i_y=0.50b$
T形	$i_x=0.30h$, $i_y=0.215b$	箱形	$i_x=0.43h$, $i_y=0.43b$	组合	$i_x=0.32h$, $i_y=0.40b$	组合	$i_x=0.29h$, $i_y=0.45b$
T形	$i_x=0.32h$, $i_y=0.20b$	工字	$i_x=0.39h$, $i_y=0.20b$	槽	$i_x=0.38h$, $i_y=0.21b$	组合	$i_x=0.39h$, $i_y=0.53b$
T形	$i_x=0.28h$, $i_y=0.24b$	工字	$i_x=0.42h$, $i_y=0.22b$	箱	$i_x=0.44h$, $i_y=0.32b$	帽形	$i_x=0.28h$, $i_y=0.37b$
T形	$i_x=0.30h$, $i_y=0.17b$	工字	$i_x=0.43h$, $i_y=0.24b$	箱	$i_x=0.44h$, $i_y=0.38b$	矩形	$i_x=0.29h$, $i_y=0.29b$
T形	$i_x=0.28h$, $i_y=0.21b$	槽	$i_x=0.365h$, $i_y=0.275b$	工字	$i_x=0.37h$, $i_y=0.54b$	圆形	$i_x=0.25d$, $i_y=0.25d$
十字	$i_x=0.21h$, $i_y=0.21b$, $i_z=0.185h$	组合	$i_x=0.35h$, $i_y=0.56b$	箱	$i_x=0.37h$, $i_y=0.45b$	圆管	$i_x=i_y=0.175(D+d)$
十字	$i_x=0.21h$, $i_y=0.21b$	槽	$i_x=0.39h$, $i_y=0.29b$	T形	$i_x=0.40h$, $i_y=0.24b$	矩形管	$i_x=0.40h_{平}$, $i_y=0.40b_{平}$
工字	$i_x=0.45h$, $i_y=0.24b$	组合	$i_x=0.38h$, $i_y=0.60b$	组合	$i_x=0.41h$, $i_y=0.29b$	三圆	$i_x=0.47h$, $i_y=0.40b$

附录6 柱的计算长度系数

附表6.1 无侧移框架柱的计算长度系数 μ

K_2 \ K_1	0	0.05	0.1	0.2	0.3	0.4	0.5	1	2	3	4	5	$\geqslant 10$
0	1.000	0.990	0.981	0.964	0.949	0.935	0.922	0.875	0.820	0.791	0.773	0.760	0.732
0.05	0.990	0.981	0.971	0.955	0.940	0.926	0.914	0.867	0.814	0.784	0.766	0.754	0.726
0.1	0.981	0.971	0.962	0.946	0.931	0.918	0.906	0.860	0.807	0.778	0.760	0.748	0.721
0.2	0.964	0.955	0.946	0.930	0.916	0.903	0.891	0.846	0.795	0.767	0.749	0.737	0.711
0.3	0.949	0.940	0.931	0.916	0.902	0.889	0.878	0.834	0.784	0.756	0.739	0.728	0.701
0.4	0.935	0.926	0.918	0.903	0.889	0.877	0.866	0.823	0.774	0.747	0.730	0.719	0.693
0.5	0.922	0.914	0.906	0.891	0.878	0.866	0.855	0.813	0.765	0.738	0.721	0.710	0.685
1	0.875	0.867	0.860	0.846	0.834	0.823	0.813	0.774	0.729	0.704	0.688	0.677	0.654
2	0.820	0.814	0.807	0.795	0.784	0.774	0.765	0.729	0.686	0.663	0.648	0.638	0.615
3	0.791	0.784	0.778	0.767	0.756	0.747	0.738	0.704	0.663	0.640	0.625	0.616	0.593
4	0.773	0.766	0.760	0.749	0.739	0.730	0.721	0.688	0.648	0.625	0.611	0.601	0.580
5	0.760	0.754	0.748	0.737	0.728	0.719	0.710	0.677	0.638	0.616	0.601	0.592	0.570
$\geqslant 10$	0.732	0.726	0.721	0.711	0.701	0.693	0.685	0.654	0.615	0.593	0.580	0.570	0.549

注：1. 附表中的计算长度系数 μ 值系按下式所得：

$$\left[\left(\frac{\pi}{\mu}\right)^2 + 2(K_1 + K_2) - 4K_1 K_2\right] \frac{\pi}{\mu} \cdot \sin\frac{\pi}{\mu} - 2\left[(K_1 + K_2)\left(\frac{\pi}{\mu}\right)^2 + 4K_1 K_2\right] \cos\frac{\pi}{\mu} + 8K_1 K_2 = 0$$

式中，K_1、K_2 分别为相交于柱上端、柱下端的横梁线刚度之和与柱线刚度之和的比值。当横梁远端为铰接时，应将横梁线刚度乘以1.5；当横梁远端为嵌固时，则将横梁线刚度乘以2。

2. 当横梁与柱铰接时，取横梁线刚度为零。

3. 对底层框架柱：当柱与基础铰接时，取 $K_2 = 0$（对平板支座可取 $K_2 = 0.1$）；当柱与基础刚接时，取 $K_2 = 10$。

4. 当与柱刚性连接的横梁所受轴心压力 N_b 较大时，横梁线刚度应乘以折减系数 α_N；

横梁远端与柱刚接和横梁远端铰支时：$\alpha_N = 1 - N_b / N_{Eb}$

横梁远端嵌固时：$\alpha_N = 1 - N_b / (2N_{Eb})$

式中，$N_{Eb} = \pi^2 E I_b / l^2$，$I_b$ 为横梁截面惯性矩，l 为横梁长度。

附表 6.2　有侧移框架柱的计算长度系数 μ

K_1 \ K_2	0	0.05	0.1	0.2	0.3	0.4	0.5	1	2	3	4	5	≥10
0	∞	6.02	4.46	3.42	3.01	2.78	2.64	2.33	2.17	2.11	2.08	2.07	2.03
0.05	6.02	4.16	3.47	2.86	2.58	2.42	2.31	2.07	1.94	1.90	1.87	1.86	1.83
0.1	4.46	3.47	3.01	2.56	2.33	2.20	2.11	1.90	1.79	1.75	1.73	1.72	1.70
0.2	3.42	2.86	2.56	2.23	2.05	1.94	1.87	1.70	1.60	1.57	1.55	1.54	1.52
0.3	3.01	2.58	2.33	2.05	1.90	1.80	1.74	1.58	1.49	1.46	1.45	1.44	1.42
0.4	2.78	2.42	2.20	1.94	1.80	1.71	1.65	1.50	1.42	1.39	1.37	1.37	1.35
0.5	2.64	2.31	2.11	1.87	1.74	1.65	1.59	1.45	1.37	1.34	1.32	1.32	1.30
1	2.33	2.07	1.90	1.70	1.58	1.50	1.45	1.32	1.24	1.21	1.20	1.19	1.17
2	2.17	1.94	1.79	1.60	1.49	1.42	1.37	1.24	1.16	1.14	1.12	1.12	1.10
3	2.11	1.90	1.75	1.57	1.46	1.39	1.34	1.21	1.14	1.11	1.10	1.09	1.07
4	2.08	1.87	1.73	1.55	1.45	1.37	1.32	1.20	1.12	1.10	1.08	1.08	1.06
5	2.07	1.86	1.72	1.54	1.44	1.37	1.32	1.19	1.12	1.09	1.08	1.07	1.05
≥10	2.03	1.83	1.70	1.52	1.42	1.35	1.30	1.17	1.10	1.07	1.06	1.05	1.03

注：1. 附表中的计算长度系数 μ 值系按下式所得：

$$\left[36K_1K_2-\left(\frac{\pi}{\mu}\right)^2\right]\sin\frac{\pi}{\mu}+6(K_1+K_2)\frac{\pi}{\mu}\cdot\cos\frac{\pi}{\mu}=0$$

式中，K_1、K_2 分别为相交于柱上端、柱下端的横梁线刚度之和与柱线刚度之和的比值。当横梁远端为铰接时，应将横梁线刚度乘以 0.5；当横梁远端为嵌固时，则应乘以 2/3。

2. 当横梁与柱铰接时，取横梁线刚度为零。

3. 对底层框架柱：当柱与基础铰接时，取 $K_2=0$（对平板支座可取 $K_2=0.1$）；当柱与基础刚接时，取 $K_2=10$。

4. 当与柱刚性连接的横梁所受轴心压力 N_b 较大时，横梁线刚度应乘以折减系数 α_N；

横梁远端与柱刚接时：　　$\alpha_N=1-N_b/(4N_{Eb})$

横梁远端铰支时：　　　　$\alpha_N=1-N_b/N_{Eb}$

横梁远端嵌固时：　　　　$\alpha_N=1-N_b/(2N_{Eb})$

式中 N_{Eb} 的计算式见附表 6.1 注 4。

附表 6.3 柱上端为自由的单阶柱下段的计算长度系数 μ_2

η_1 \ K_1	0.06	0.08	0.10	0.12	0.14	0.16	0.18	0.20	0.22	0.24	0.26	0.28	0.3	0.4	0.5	0.6	0.7	0.8
0.2	2.00	2.01	2.01	2.01	2.01	2.01	2.01	2.02	2.02	2.02	2.02	2.02	2.02	2.03	2.04	2.05	2.06	2.07
0.3	2.01	2.02	2.02	2.03	2.03	2.03	2.03	2.04	2.04	2.05	2.05	2.05	2.06	2.08	2.10	2.12	2.13	2.15
0.4	2.02	2.03	2.04	2.04	2.05	2.06	2.07	2.07	2.08	2.09	2.09	2.10	2.11	2.14	2.18	2.21	2.25	2.28
0.5	2.04	2.05	2.06	2.07	2.09	2.10	2.11	2.12	2.13	2.15	2.16	2.17	2.18	2.24	2.29	2.35	2.40	2.45
0.6	2.06	2.08	2.10	2.12	2.14	2.16	2.18	2.19	2.21	2.23	2.25	2.26	2.28	2.36	2.44	2.52	2.59	2.66
0.7	2.10	2.13	2.16	2.18	2.21	2.24	2.26	2.29	2.31	2.34	2.36	2.38	2.41	2.52	2.62	2.72	2.81	2.90
0.8	2.15	2.20	2.24	2.27	2.31	2.34	2.38	2.41	2.44	2.47	2.50	2.53	2.56	2.70	2.82	2.94	3.06	3.16
0.9	2.24	2.29	2.35	2.39	2.44	2.48	2.52	2.56	2.60	2.63	2.67	2.71	2.74	2.90	3.05	3.19	3.32	3.44
1.0	2.36	2.43	2.48	2.54	2.59	2.64	2.69	2.73	2.77	2.82	2.86	2.90	2.94	3.12	3.29	3.45	3.59	3.74
1.2	2.69	2.76	2.83	2.89	2.95	3.01	3.07	3.12	3.17	3.22	3.27	3.32	3.37	3.59	3.80	3.99	4.17	4.34
1.4	3.07	3.14	3.22	3.29	3.36	3.42	3.48	3.55	3.61	3.66	3.72	3.78	3.83	4.09	4.33	4.56	4.77	4.97
1.6	3.47	3.55	3.63	3.71	3.78	3.85	3.92	3.99	4.07	4.12	4.18	4.25	4.31	4.61	4.88	5.14	5.38	5.62
1.8	3.88	3.97	4.05	4.13	4.21	4.29	4.37	4.44	4.52	4.59	4.66	4.73	4.80	5.13	5.44	5.73	6.00	6.26
2.0	4.29	4.39	4.48	4.57	4.65	4.74	4.82	4.90	4.99	5.07	5.14	5.22	5.30	5.66	6.00	6.32	6.63	6.92
2.2	4.71	4.81	4.91	5.00	5.10	5.19	5.28	5.37	5.46	5.54	5.63	5.71	5.80	6.19	6.57	6.92	7.26	7.58
2.4	5.13	5.24	5.34	5.44	5.54	5.64	5.74	5.84	5.93	6.03	6.12	6.21	6.30	6.73	7.14	7.52	7.89	8.24
2.6	5.55	5.66	5.77	5.88	5.99	6.10	6.20	6.31	6.41	6.51	6.61	6.71	6.80	7.27	7.71	8.13	8.52	8.90
2.8	5.97	6.09	6.21	6.33	6.44	6.55	6.67	6.78	6.89	6.99	7.10	7.21	7.31	7.81	8.28	8.73	9.16	9.57
3.0	6.39	6.52	6.64	6.77	6.89	7.01	7.13	7.25	7.37	7.48	7.59	7.71	7.82	8.35	8.86	9.34	9.80	10.24

简图：

$K_1 = \dfrac{I_1}{I_2} \cdot \dfrac{H_2}{H_1}$

$\eta_1 = \dfrac{H_1}{H_2} \sqrt{\dfrac{N_1}{N_2} \cdot \dfrac{I_2}{I_1}}$

N_1—上段柱轴心力；
N_2—下段柱轴心力

注：附表中的计算长度系数 μ_2 值系按下式计算得出：

$$\eta_1 K_1 \cdot \tan\dfrac{\pi}{\mu_2} \cdot \tan\dfrac{\pi\eta_1}{\mu_2} - 1 = 0$$

附表 6.4 柱上端可移动但不能转动的单阶柱下段的计算长度系数 μ_2

η_1 \ K_1	0.06	0.08	0.10	0.12	0.14	0.16	0.18	0.20	0.22	0.24	0.26	0.28	0.3	0.4	0.5	0.6	0.7	0.8
0.2	1.96	1.94	1.93	1.91	1.90	1.89	1.88	1.86	1.85	1.84	1.83	1.82	1.81	1.76	1.72	1.68	1.65	1.62
0.3	1.96	1.94	1.93	1.92	1.91	1.89	1.88	1.87	1.86	1.85	1.84	1.83	1.82	1.77	1.73	1.70	1.66	1.63
0.4	1.96	1.95	1.94	1.92	1.91	1.90	1.89	1.88	1.87	1.86	1.85	1.84	1.83	1.79	1.75	1.72	1.68	1.66
0.5	1.96	1.95	1.94	1.93	1.92	1.91	1.90	1.89	1.88	1.87	1.86	1.85	1.85	1.81	1.77	1.74	1.71	1.69
0.6	1.97	1.96	1.95	1.94	1.93	1.92	1.91	1.90	1.90	1.89	1.88	1.87	1.87	1.83	1.80	1.78	1.75	1.73
0.7	1.97	1.97	1.96	1.95	1.94	1.94	1.93	1.92	1.92	1.91	1.90	1.90	1.89	1.86	1.84	1.82	1.80	1.78
0.8	1.98	1.98	1.97	1.96	1.96	1.95	1.95	1.94	1.94	1.93	1.93	1.93	1.92	1.90	1.88	1.87	1.86	1.84
0.9	1.99	1.99	1.98	1.98	1.98	1.97	1.97	1.97	1.97	1.96	1.96	1.96	1.96	1.95	1.94	1.93	1.92	1.92
1.0	2.00	2.00	2.00	2.00	2.00	2.00	2.00	2.00	2.00	2.00	2.00	2.00	2.00	2.00	2.00	2.00	2.00	2.00
1.2	2.03	2.04	2.04	2.05	2.06	2.07	2.07	2.08	2.08	2.09	2.10	2.10	2.11	2.13	2.15	2.17	2.18	2.20
1.4	2.07	2.09	2.11	2.12	2.14	2.16	2.17	2.18	2.20	2.21	2.22	2.23	2.24	2.29	2.33	2.37	2.40	2.42
1.6	2.13	2.16	2.19	2.22	2.25	2.27	2.30	2.32	2.34	2.36	2.37	2.39	2.41	2.48	2.54	2.59	2.63	2.67
1.8	2.22	2.27	2.31	2.35	2.39	2.42	2.45	2.48	2.50	2.53	2.55	2.57	2.59	2.69	2.76	2.83	2.88	2.93
2.0	2.35	2.41	2.46	2.50	2.55	2.59	2.62	2.66	2.69	2.72	2.75	2.77	2.80	2.91	3.00	3.08	3.14	3.20
2.2	2.51	2.57	2.63	2.68	2.73	2.77	2.81	2.85	2.89	2.92	2.95	2.98	3.01	3.14	3.25	3.33	3.41	3.47
2.4	2.68	2.75	2.81	2.87	2.92	2.97	3.01	3.05	3.09	3.13	3.17	3.20	3.24	3.38	3.50	3.59	3.68	3.75
2.6	2.87	2.94	3.00	3.06	3.12	3.17	3.22	3.27	3.31	3.35	3.39	3.43	3.46	3.62	3.75	3.86	3.95	4.03
2.8	3.06	3.14	3.20	3.27	3.33	3.38	3.43	3.48	3.53	3.58	3.62	3.66	3.70	3.87	4.01	4.13	4.23	4.32
3.0	3.26	3.34	3.41	3.47	3.54	3.60	3.65	3.70	3.75	3.80	3.85	3.89	3.93	4.12	4.27	4.40	4.51	4.61

简图：

$$K_1 = \frac{I_1}{I_2} \cdot \frac{H_2}{H_1}$$

$$\eta_1 = \frac{H_1}{H_2}\sqrt{\frac{N_1}{N_2} \cdot \frac{I_2}{I_1}}$$

N_1——上段柱轴心力；
N_2——下段柱轴心力

注：附表中的计算长度系数 μ_2 值系按下式计算得出：

$$\tan\frac{\pi\eta_1}{\mu_2} + \eta_1 K_1 \cdot \tan\frac{\pi}{\mu_2} = 0$$

附表 6.5　柱上端为自由的双阶柱下段的计算长度系数 μ_3

简图	η_1	K_1 K_2 η_2	\multicolumn{11}{c}{0.05}
			0.2	0.3	0.4	0.5	0.6	0.7	0.8	0.9	1.0	1.1	1.2
	0.2	0.2	2.02	2.03	2.04	2.05	2.05	2.06	2.07	2.08	2.09	2.10	2.10
		0.4	2.08	2.11	2.15	2.19	2.22	2.25	2.29	2.32	2.35	2.39	2.42
		0.6	2.20	2.29	2.37	2.45	2.52	2.60	2.67	2.73	2.80	2.87	2.93
		0.8	2.42	2.57	2.71	2.83	2.95	3.06	3.17	3.27	3.37	3.47	3.56
		1.0	2.75	2.95	3.13	3.30	3.45	3.60	3.74	3.87	4.00	4.13	4.25
		1.2	3.13	3.38	3.60	3.80	4.00	4.18	4.35	4.51	4.67	4.82	4.97
	0.4	0.2	2.04	2.05	2.05	2.06	2.07	2.08	2.09	2.09	2.10	2.11	2.12
		0.4	2.10	2.14	2.17	2.20	2.24	2.27	2.31	2.34	2.37	2.40	2.43
		0.6	2.24	2.32	2.40	2.47	2.54	2.62	2.68	2.75	2.82	2.88	2.94
		0.8	2.47	2.60	2.73	2.85	2.97	3.08	3.19	3.29	3.38	3.48	3.57
		1.0	2.79	2.98	3.15	3.32	3.47	3.62	3.75	3.89	4.02	4.14	4.26
		1.2	3.18	3.41	3.62	3.82	4.01	4.19	4.36	4.52	4.68	4.83	4.98
	0.6	0.2	2.09	2.09	2.10	2.10	2.11	2.12	2.12	2.13	2.14	2.15	2.15
		0.4	2.17	2.19	2.22	2.25	2.28	2.31	2.34	2.38	2.41	2.44	2.47
		0.6	2.32	2.38	2.45	2.52	2.59	2.66	2.72	2.79	2.85	2.91	2.97
		0.8	2.56	2.67	2.79	2.90	3.01	3.11	3.22	3.32	3.41	3.50	3.60
		1.0	2.88	3.04	3.20	3.36	3.50	3.65	3.78	3.91	4.04	4.16	4.26
		1.2	3.26	3.46	3.66	3.86	4.04	4.22	4.38	4.55	4.70	4.85	5.00
	0.8	0.2	2.29	2.24	2.22	2.21	2.21	2.22	2.22	2.22	2.23	2.23	2.24
		0.4	2.37	2.34	2.34	2.36	2.38	2.40	2.43	2.45	2.48	2.51	2.54
		0.6	2.52	2.52	2.56	2.61	2.67	2.73	2.79	2.85	2.91	2.96	3.02
		0.8	2.74	2.79	2.88	2.98	3.08	3.17	3.27	3.36	3.46	3.55	3.63
		1.0	3.04	3.15	3.28	3.42	3.56	3.69	3.82	3.95	4.07	4.19	4.31
		1.2	3.39	3.55	3.73	3.91	4.08	4.25	4.42	4.58	4.73	4.88	5.02
	1.0	0.2	2.69	2.57	2.51	2.48	2.46	2.45	2.45	2.44	2.44	2.44	2.44
		0.4	2.75	2.64	2.60	2.59	2.59	2.59	2.60	2.62	2.63	2.65	2.67
		0.6	2.86	2.78	2.77	2.79	2.83	2.87	2.91	2.96	3.01	3.06	3.10
		0.8	3.04	3.01	3.05	3.11	3.19	3.27	3.35	3.44	3.52	3.61	3.69
		1.0	3.29	3.32	3.41	3.52	3.64	3.76	3.89	4.01	4.13	4.24	4.35
		1.2	3.60	3.69	3.83	3.99	4.15	4.31	4.47	4.62	4.77	4.92	5.06
	1.2	0.2	3.16	3.00	2.92	2.87	2.84	2.81	2.80	2.79	2.78	2.77	2.77
		0.4	3.21	3.05	2.98	2.94	2.92	2.90	2.90	2.90	2.90	2.91	2.92
		0.6	3.30	3.15	3.10	3.08	3.08	3.10	3.12	3.15	3.18	3.22	3.26
		0.8	3.43	3.32	3.30	3.33	3.37	3.43	3.49	3.56	3.63	3.71	3.78
		1.0	3.62	3.57	3.60	3.68	3.77	3.87	3.98	4.09	4.20	4.31	4.42
		1.2	3.88	3.88	3.98	4.11	4.25	4.39	4.54	4.68	4.83	4.97	5.10
	1.4	0.2	3.66	3.46	3.36	3.29	3.25	3.23	3.20	3.19	3.18	3.17	3.16
		0.4	3.70	3.50	3.40	3.35	3.31	3.29	3.27	3.26	3.26	3.26	3.26
		0.6	3.77	3.58	3.49	3.45	3.43	3.42	3.42	3.43	3.45	3.47	3.49
		0.8	3.87	3.70	3.64	3.63	3.64	3.67	3.70	3.75	3.81	3.86	3.92
		1.0	4.02	3.89	3.87	3.90	3.96	4.04	4.12	4.22	4.31	4.41	4.51
		1.2	4.23	4.15	4.19	4.27	4.39	4.51	4.64	4.77	4.91	5.04	5.17

$$K_1 = \frac{I_1}{I_3} \cdot \frac{H_3}{H_1}$$

$$K_2 = \frac{I_2}{I_3} \cdot \frac{H_3}{H_2}$$

$$\eta_1 = \frac{H_1}{H_3}\sqrt{\frac{N_1}{N_3} \cdot \frac{I_3}{I_1}}$$

$$\eta_2 = \frac{H_2}{H_3}\sqrt{\frac{N_2}{N_3} \cdot \frac{I_3}{I_2}}$$

N_1—上段柱轴心力；
N_2—中段柱轴心力；
N_3—下段柱轴心力

续表

简图	η_1	η_2 K_2	K_1 0.10										
			0.2	0.3	0.4	0.5	0.6	0.7	0.8	0.9	1.0	1.1	1.2
	0.2	0.2	2.03	2.03	2.04	2.05	2.06	2.07	2.08	2.08	2.09	2.10	2.11
		0.4	2.09	2.12	2.16	2.19	2.23	2.26	2.29	2.33	2.36	2.39	2.42
		0.6	2.21	2.30	2.38	2.46	2.53	2.60	2.67	2.74	2.81	2.87	2.93
		0.8	2.44	2.58	2.71	2.84	2.96	3.07	3.17	3.28	3.37	3.47	3.56
		1.0	2.76	2.96	3.14	3.30	3.46	3.60	3.74	3.88	4.01	4.13	4.25
		1.2	3.15	3.39	3.61	3.81	4.00	4.18	4.35	4.52	4.68	4.83	4.98
	0.4	0.2	2.07	2.07	2.08	2.08	2.09	2.10	2.11	2.12	2.12	2.13	2.14
		0.4	2.14	2.17	2.20	2.23	2.26	2.30	2.33	2.36	2.39	2.42	2.46
		0.6	2.28	2.36	2.43	2.50	2.57	2.64	2.71	2.77	2.84	2.90	2.96
		0.8	2.53	2.65	2.77	2.88	3.00	3.10	3.21	3.31	3.40	3.50	3.59
		1.0	2.85	3.02	3.19	3.34	3.49	3.64	3.77	3.91	4.03	4.16	4.28
		1.2	3.24	3.45	3.65	3.85	4.03	4.21	4.38	4.54	4.70	4.85	4.99
	0.6	0.2	2.22	2.19	2.18	2.17	2.18	2.18	2.19	2.19	2.20	2.20	2.21
		0.4	2.31	2.30	2.31	2.33	2.35	2.38	2.41	2.44	2.47	2.49	2.52
		0.6	2.48	2.49	2.54	2.60	2.66	2.72	2.78	2.84	2.90	2.96	3.02
		0.8	2.72	2.78	2.87	2.97	3.07	3.17	3.27	3.36	3.46	3.55	3.64
		1.0	3.04	3.15	3.28	3.42	3.56	3.70	3.83	3.95	4.08	4.20	4.31
		1.2	3.40	3.56	3.74	3.91	4.09	4.26	4.42	4.58	4.73	4.88	5.03
	0.8	0.2	2.63	2.49	2.43	2.40	2.38	2.37	2.37	2.36	2.36	2.37	2.37
		0.4	2.71	2.59	2.55	2.54	2.54	2.55	2.57	2.59	2.61	2.63	2.65
		0.6	2.86	2.76	2.76	2.78	2.82	2.86	2.91	2.96	3.01	3.07	3.12
		0.8	3.06	3.02	3.06	3.13	3.20	3.29	3.37	3.46	3.54	3.63	3.71
		1.0	3.33	3.35	3.44	3.55	3.67	3.79	3.90	4.03	4.15	4.26	4.37
		1.2	3.65	3.73	3.86	4.02	4.18	4.34	4.49	4.64	4.79	4.94	5.08
	1.0	0.2	3.18	2.95	2.84	2.77	2.73	2.70	2.68	2.67	2.66	2.65	2.65
		0.4	3.24	3.03	2.93	2.88	2.85	2.84	2.84	2.84	2.85	2.86	2.87
		0.6	3.36	3.16	3.09	3.07	3.08	3.09	3.12	3.15	3.19	3.23	3.27
		0.8	3.52	3.37	3.34	3.36	3.41	3.46	3.53	3.60	3.67	3.75	3.82
		1.0	3.74	3.64	3.67	3.74	3.83	3.93	4.03	4.14	4.25	4.35	4.46
		1.2	4.00	3.97	4.05	4.17	4.31	4.45	4.59	4.73	4.87	5.01	5.14
	1.2	0.2	3.77	3.47	3.32	3.23	3.17	3.12	3.09	3.07	3.05	3.04	3.03
		0.4	3.82	3.53	3.39	3.31	3.26	3.22	3.20	3.19	3.19	3.19	3.19
		0.6	3.91	3.64	3.51	3.45	3.42	3.42	3.42	3.43	3.45	3.48	3.50
		0.8	4.04	3.80	3.71	3.68	3.69	3.72	3.76	3.81	3.86	3.92	3.98
		1.0	4.21	4.02	3.97	3.99	4.05	4.12	4.20	4.29	4.39	4.48	4.58
		1.2	4.43	4.30	4.31	4.38	4.48	4.60	4.72	4.85	4.98	5.11	5.24
	1.4	0.2	4.37	4.01	3.82	3.71	3.63	3.58	3.54	3.51	3.49	3.47	3.45
		0.4	4.41	4.06	3.88	3.77	3.70	3.66	3.63	3.60	3.59	3.58	3.57
		0.6	4.48	4.15	3.98	3.89	3.83	3.80	3.79	3.78	3.79	3.80	3.81
		0.8	4.59	4.28	4.13	4.07	4.04	4.04	4.06	4.08	4.12	4.16	4.21
		1.0	4.74	4.45	4.35	4.32	4.43	4.38	4.43	4.50	4.58	4.66	4.74
		1.2	4.92	4.69	4.63	4.65	4.72	4.80	4.90	5.10	5.13	5.24	5.36

$K_1 = \dfrac{I_1}{I_3} \cdot \dfrac{H_3}{H_1}$

$K_2 = \dfrac{I_2}{I_3} \cdot \dfrac{H_3}{H_2}$

$\eta_1 = \dfrac{H_1}{H_3}\sqrt{\dfrac{N_1}{N_3} \cdot \dfrac{I_3}{I_1}}$

$\eta_2 = \dfrac{H_2}{H_3}\sqrt{\dfrac{N_2}{N_3} \cdot \dfrac{I_3}{I_2}}$

N_1—上段柱轴心力；
N_2—中段柱轴心力；
N_3—下段柱轴心力

附录6 柱的计算长度系数　　417

续表

简 图	K_1 η_1 \ η_2 K_2		0.20										
			0.2	0.3	0.4	0.5	0.6	0.7	0.8	0.9	1.0	1.1	1.2
	0.2	0.2	2.04	2.04	2.05	2.06	2.07	2.08	2.08	2.09	2.10	2.11	2.12
		0.4	2.10	2.13	2.17	2.20	2.24	2.27	2.30	2.34	2.37	2.40	2.43
		0.6	2.23	2.31	2.39	2.47	2.54	2.61	2.68	2.75	2.82	2.88	2.94
		0.8	2.46	2.60	2.73	2.85	2.97	3.08	3.18	3.29	3.38	3.48	3.57
		1.0	2.79	2.98	3.15	3.32	3.47	3.61	3.75	3.89	4.02	4.14	4.26
		1.2	3.18	3.41	3.62	3.82	4.01	4.19	4.36	4.52	4.68	4.83	4.98
	0.4	0.2	2.15	2.13	2.13	2.14	2.14	2.15	2.16	2.17	2.17	2.18	
		0.4	2.24	2.24	2.26	2.29	2.32	2.35	2.38	2.41	2.44	2.47	2.50
		0.6	2.40	2.44	2.50	2.56	2.63	2.69	2.76	2.82	2.88	2.94	3.00
		0.8	2.66	2.74	2.84	2.95	3.05	3.15	3.25	3.35	3.44	3.53	3.62
		1.0	2.98	3.12	3.25	3.40	3.54	3.68	3.81	3.94	4.07	4.19	4.30
		1.2	3.35	3.53	3.71	3.90	4.08	4.25	4.41	4.57	4.73	4.87	5.02
	0.6	0.2	2.57	2.42	2.37	2.34	2.33	2.32	2.32	2.32	2.32	2.32	2.33
		0.4	2.67	2.54	2.50	2.50	2.51	2.52	2.54	2.56	2.58	2.61	2.63
		0.6	2.83	2.74	2.73	2.76	2.80	2.85	2.90	2.96	3.01	3.06	3.12
		0.8	3.06	3.01	3.05	3.12	3.20	3.29	3.38	3.46	3.55	3.63	3.72
		1.0	3.34	3.35	3.44	3.56	3.68	3.80	3.92	4.04	4.15	4.27	4.38
		1.2	3.67	3.74	3.88	4.03	4.19	4.35	4.50	4.65	4.80	4.94	5.08
	0.8	0.2	3.25	2.96	2.82	2.74	2.69	2.66	2.64	2.62	2.61	2.61	2.60
		0.4	3.33	3.05	2.93	2.87	2.84	2.83	2.83	2.83	2.84	2.85	2.87
		0.6	3.45	3.21	3.12	3.10	3.10	3.12	3.14	3.18	3.22	3.26	3.30
		0.8	3.63	3.44	3.39	3.41	3.45	3.51	3.57	3.64	3.71	3.79	3.86
		1.0	3.86	3.73	3.73	3.80	3.88	3.98	4.08	4.18	4.29	4.39	4.50
		1.2	4.13	4.07	4.13	4.24	4.36	4.50	4.64	4.78	4.91	5.05	5.18
	1.0	0.2	4.00	3.60	3.39	3.26	3.18	3.13	3.08	3.05	3.03	3.01	3.00
		0.4	4.06	3.67	3.48	3.37	3.30	3.26	3.23	3.21	3.21	3.20	3.20
		0.6	4.15	3.79	3.63	3.54	3.50	3.48	3.49	3.50	3.51	3.54	3.57
		0.8	4.29	3.97	3.84	3.80	3.79	3.81	3.85	3.90	3.95	4.01	4.07
		1.0	4.48	4.21	4.13	4.13	4.17	4.23	4.31	4.39	4.48	4.57	4.66
		1.2	4.70	4.49	4.47	4.52	4.60	4.71	4.82	4.94	5.07	5.19	5.31
	1.2	0.2	4.76	4.26	4.00	3.83	3.72	3.65	3.59	3.54	3.51	3.48	3.46
		0.4	4.81	4.32	4.07	3.91	3.82	3.75	3.70	3.67	3.65	3.63	3.62
		0.6	4.89	4.43	4.19	4.05	3.98	3.93	3.91	3.89	3.89	3.90	3.91
		0.8	5.00	4.57	4.36	4.26	4.21	4.20	4.21	4.23	4.26	4.30	4.34
		1.0	5.15	4.76	4.59	4.53	4.53	4.55	4.60	4.66	4.73	4.80	4.88
		1.2	5.34	5.00	4.88	4.87	4.91	4.98	5.07	5.17	5.27	5.38	5.49
	1.4	0.2	5.53	4.94	4.62	4.42	4.29	4.19	4.12	4.06	4.02	3.98	3.95
		0.4	5.57	4.99	4.68	4.49	4.36	4.27	4.21	4.16	4.13	4.10	4.08
		0.6	5.64	5.07	4.78	4.60	4.49	4.42	4.38	4.35	4.33	4.32	4.32
		0.8	5.74	5.19	4.92	4.77	4.69	4.64	4.62	4.62	4.63	4.65	4.67
		1.0	5.86	5.35	5.12	5.00	4.95	4.94	4.96	4.99	5.03	5.09	5.15
		1.2	6.02	5.55	5.36	5.29	5.28	5.31	5.37	5.44	5.52	5.61	5.71

$K_1 = \dfrac{I_1}{I_3} \cdot \dfrac{H_3}{H_1}$

$K_2 = \dfrac{I_2}{I_3} \cdot \dfrac{H_3}{H_2}$

$\eta_1 = \dfrac{H_1}{H_3}\sqrt{\dfrac{N_1}{N_3} \cdot \dfrac{I_3}{I_1}}$

$\eta_2 = \dfrac{H_2}{H_3}\sqrt{\dfrac{N_2}{N_3} \cdot \dfrac{I_3}{I_2}}$

N_1—上段柱轴心力；
N_2—中段柱轴心力；
N_3—下段柱轴心力

续表

简图	K_1		\multicolumn{11}{c}{0.30}
	η_1	η_2 \ K_2	0.2	0.3	0.4	0.5	0.6	0.7	0.8	0.9	1.0	1.1	1.2
	0.2	0.2	2.05	2.05	2.06	2.07	2.08	2.09	2.09	2.10	2.11	2.12	2.13
		0.4	2.12	2.15	2.18	2.21	2.25	2.28	2.31	2.35	2.38	2.41	2.44
		0.6	2.25	2.33	2.41	2.48	2.56	2.63	2.69	2.76	2.83	2.89	2.95
		0.8	2.49	2.62	2.75	2.87	2.98	3.09	3.20	3.30	3.39	3.49	3.58
		1.0	2.82	3.00	3.17	3.33	3.48	3.63	3.76	3.90	4.02	4.15	4.27
		1.2	3.20	3.43	3.64	3.83	4.02	4.20	4.37	4.53	4.69	4.84	4.99
	0.4	0.2	2.26	2.21	2.20	2.19	2.19	2.20	2.20	2.21	2.21	2.22	2.23
		0.4	2.36	2.33	2.33	2.35	2.38	2.40	2.43	2.46	2.49	2.51	2.54
		0.6	2.54	2.54	2.58	2.63	2.69	2.75	2.81	2.87	2.93	2.99	3.04
		0.8	2.79	2.83	2.91	3.01	3.10	3.20	3.30	3.39	3.48	3.57	3.66
		1.0	3.11	3.20	3.32	3.46	3.59	3.72	3.85	3.98	4.10	4.22	4.33
		1.2	3.47	3.60	3.77	3.95	4.12	4.28	4.45	4.60	4.75	4.90	5.04
	0.6	0.2	2.93	2.68	2.57	2.52	2.49	2.47	2.46	2.45	2.45	2.45	2.45
		0.4	3.02	2.79	2.71	2.67	2.66	2.66	2.67	2.69	2.70	2.72	2.74
		0.6	3.17	2.98	2.93	2.93	2.95	2.98	3.02	3.07	3.11	3.16	3.21
		0.8	4.37	3.24	3.23	3.27	3.33	3.41	3.48	3.56	3.64	3.72	3.80
		1.0	3.63	3.56	3.60	3.69	3.79	3.90	4.01	4.12	4.23	4.34	4.45
		1.2	3.94	3.92	4.02	4.15	4.29	4.43	4.58	4.72	4.87	5.01	5.14
	0.8	0.2	3.78	3.38	3.18	3.06	2.98	2.93	2.89	2.86	2.84	2.83	2.82
		0.4	3.85	3.47	3.28	3.18	3.12	3.09	3.07	3.06	3.06	3.06	3.06
		0.6	3.96	3.61	3.46	3.39	3.36	3.35	3.36	3.38	3.41	3.44	3.47
		0.8	4.12	3.82	3.70	3.67	3.68	3.72	3.76	3.82	3.88	3.94	4.01
		1.0	4.32	4.07	4.01	4.03	4.08	4.16	4.24	4.33	4.43	4.52	4.62
		1.2	4.57	4.38	4.38	4.44	4.54	4.66	4.78	4.90	5.03	5.16	5.29
	1.0	0.2	4.68	4.15	3.86	3.69	3.57	3.49	3.43	3.38	3.35	3.32	3.30
		0.4	4.73	4.21	3.94	3.78	3.68	3.61	3.57	3.54	3.51	3.50	3.49
		0.6	4.82	4.33	4.08	3.95	3.87	3.83	3.80	3.80	3.80	3.81	3.83
		0.8	4.94	4.49	4.28	4.18	4.14	4.13	4.14	4.17	4.20	4.25	4.29
		1.0	5.10	4.70	4.53	4.48	4.48	4.51	4.56	4.62	4.70	4.77	4.85
		1.2	5.30	4.95	4.84	4.83	4.88	4.96	5.05	5.15	5.26	5.37	5.48
	1.2	0.2	5.58	4.93	4.57	4.35	4.20	4.10	4.01	3.95	3.90	3.86	3.83
		0.4	5.62	4.98	4.64	4.43	4.29	4.19	4.12	4.07	4.03	4.01	3.98
		0.6	5.70	5.08	4.75	4.56	4.44	4.37	4.32	4.29	4.27	4.26	4.26
		0.8	5.80	5.21	4.91	4.75	4.66	4.61	4.59	4.59	4.60	4.62	4.65
		1.0	5.93	5.38	5.12	5.00	4.95	4.94	4.95	4.99	5.03	5.09	5.15
		1.2	6.10	5.59	5.38	5.31	5.30	5.33	5.39	5.46	5.54	5.63	5.73
	1.4	0.2	6.49	5.72	5.30	5.03	4.85	4.72	4.62	4.54	4.48	4.43	4.38
		0.4	6.53	5.77	5.35	5.10	4.93	4.80	4.71	4.64	4.59	4.55	4.51
		0.6	6.59	5.85	5.45	5.21	5.05	4.95	4.87	4.82	4.78	4.76	4.74
		0.8	6.68	5.96	5.59	5.37	5.24	5.15	5.10	5.08	5.06	5.06	5.07
		1.0	6.79	6.10	5.76	5.58	5.48	5.43	5.41	5.41	5.44	5.47	5.51
		1.2	6.93	6.28	5.98	5.84	5.78	5.76	5.79	5.83	5.89	5.95	6.03

$K_1 = \dfrac{I_1}{I_3} \cdot \dfrac{H_3}{H_1}$

$K_2 = \dfrac{I_2}{I_3} \cdot \dfrac{H_3}{H_2}$

$\eta_1 = \dfrac{H_1}{H_3}\sqrt{\dfrac{N_1}{N_3} \cdot \dfrac{I_3}{I_1}}$

$\eta_2 = \dfrac{H_2}{H_3}\sqrt{\dfrac{N_2}{N_3} \cdot \dfrac{I_3}{I_2}}$

N_1——上段柱轴心力；
N_2——中段柱轴心力；
N_3——下段柱轴心力

注：附表中的计算长度系数 μ_3 值系按下式算得：

$$\dfrac{\eta_1 K_1}{\eta_2 K_2} \cdot \tan\dfrac{\pi\eta_1}{\mu_3} \cdot \tan\dfrac{\pi\eta_2}{\mu_3} + \eta_1 K_1 \cdot \tan\dfrac{\pi\eta_1}{\mu_3} \cdot \tan\dfrac{\pi}{\mu_3} + \eta_2 K_2 \cdot \tan\dfrac{\pi\eta_2}{\mu_3} \cdot \tan\dfrac{\pi}{\mu_3} - 1 = 0$$

附表6.6 柱上端可移动但不能转动的双阶柱下段的计算长度系数 μ_3

简图	η_1	η_2	K_1 0.05										
			K_2 0.2	0.3	0.4	0.5	0.6	0.7	0.8	0.9	1.0	1.1	1.2
	0.2	0.2	1.99	1.99	2.00	2.00	2.01	2.02	2.02	2.03	2.04	2.05	2.06
		0.4	2.03	2.06	2.09	2.12	2.16	2.19	2.22	2.25	2.29	2.32	2.35
		0.6	2.12	2.20	2.28	2.36	2.43	2.50	2.57	2.64	2.71	2.77	2.83
		0.8	2.28	2.43	2.57	2.70	2.82	2.94	3.04	3.15	3.25	3.34	3.43
		1.0	2.53	2.76	2.96	3.13	3.29	3.44	3.59	3.72	3.85	3.98	4.10
		1.2	2.86	3.15	3.39	3.61	3.80	3.99	4.16	4.33	4.49	4.64	4.79
	0.4	0.2	1.99	1.99	2.00	2.01	2.01	2.02	2.03	2.04	2.04	2.05	2.06
		0.4	2.03	2.06	2.09	2.13	2.16	2.19	2.23	2.26	2.29	2.32	2.35
		0.6	2.12	2.20	2.28	2.36	2.44	2.51	2.58	2.64	2.71	2.77	2.84
		0.8	2.29	2.44	2.58	2.71	2.83	2.94	3.05	3.15	3.25	3.35	3.44
		1.0	2.54	2.77	2.96	3.14	3.30	3.45	3.59	3.73	3.85	3.98	4.10
		1.2	2.87	3.15	3.40	3.61	3.81	3.99	4.17	4.33	4.49	4.65	4.79
	0.6	0.2	1.99	1.98	2.00	2.01	2.02	2.03	2.04	2.04	2.05	2.06	2.07
		0.4	2.04	2.07	2.10	2.14	2.17	2.20	2.23	2.27	2.30	2.33	2.36
		0.6	2.13	2.21	2.29	2.37	2.45	2.52	2.59	2.65	2.72	2.78	2.84
		0.8	2.30	2.45	2.59	2.72	2.84	2.95	3.06	3.16	3.26	3.35	3.44
		1.0	2.56	2.78	2.97	3.15	3.31	3.46	3.60	3.73	3.86	3.99	4.11
		1.2	2.89	3.17	3.41	3.62	3.82	4.00	4.17	4.34	4.50	4.65	4.80
	0.8	0.2	2.00	2.01	2.02	2.02	2.03	2.04	2.05	2.05	2.06	2.07	2.08
		0.4	2.05	2.08	2.12	2.15	2.18	2.21	2.25	2.28	2.31	2.34	2.37
		0.6	2.15	2.23	2.31	2.39	2.46	2.53	2.60	2.67	2.73	2.79	2.85
		0.8	2.32	2.47	2.61	2.73	2.85	2.96	3.07	3.17	3.27	3.36	3.45
		1.0	2.59	2.80	2.99	3.16	3.32	3.47	3.61	3.74	3.87	3.99	4.11
		1.2	2.92	3.19	3.42	3.63	3.83	4.01	4.18	4.35	4.51	4.66	4.81
	1.0	0.2	2.02	2.02	2.03	2.04	2.05	2.05	2.06	2.07	2.08	2.09	2.09
		0.4	2.07	2.10	2.14	2.17	2.20	2.23	2.26	2.30	2.33	2.36	2.39
		0.6	2.17	2.26	2.33	2.41	2.48	2.55	2.62	2.68	2.75	2.81	2.87
		0.8	2.36	2.50	2.63	2.76	2.87	2.98	3.08	3.19	3.28	3.38	3.47
		1.0	2.62	2.83	3.01	3.18	3.34	3.48	3.62	3.75	3.88	4.01	4.12
		1.2	2.95	3.21	3.44	3.65	3.82	4.02	4.20	4.36	4.52	4.67	4.81
	1.2	0.2	2.04	2.05	2.06	2.06	2.07	2.08	2.09	2.09	2.10	2.11	2.12
		0.4	2.10	2.13	2.17	2.20	2.23	2.26	2.29	2.32	2.35	2.38	2.41
		0.6	2.22	2.29	2.37	2.44	2.51	2.58	2.64	2.71	2.77	2.83	2.89
		0.8	2.41	2.54	2.67	2.78	2.90	3.00	3.11	3.20	3.30	3.39	3.48
		1.0	2.68	2.87	3.04	3.21	3.36	3.50	3.64	3.77	3.90	4.02	4.14
		1.2	3.00	3.25	3.47	3.67	3.86	4.04	4.21	4.37	4.53	4.68	4.83
	1.4	0.2	2.10	2.10	2.10	2.11	2.11	2.12	2.13	2.13	2.14	2.15	2.15
		0.4	2.17	2.19	2.21	2.24	2.27	2.30	2.33	2.36	2.39	2.41	2.44
		0.6	2.29	2.35	2.41	2.48	2.55	2.61	2.67	2.74	2.80	2.86	2.91
		0.8	2.48	2.60	2.71	2.82	2.93	3.03	3.13	3.23	3.32	3.41	3.50
		1.0	2.74	2.92	3.08	3.24	3.39	3.53	3.66	3.79	3.92	4.04	4.15
		1.2	3.06	3.29	3.50	3.70	3.89	4.06	4.23	4.39	4.55	4.70	4.84

$K_1 = \dfrac{I_1}{I_3} \cdot \dfrac{H_3}{H_1}$

$K_2 = \dfrac{I_2}{I_3} \cdot \dfrac{H_3}{H_2}$

$\eta_1 = \dfrac{H_1}{H_3}\sqrt{\dfrac{N_1}{N_3} \cdot \dfrac{I_3}{I_1}}$

$\eta_2 = \dfrac{H_2}{H_3}\sqrt{\dfrac{N_2}{N_3} \cdot \dfrac{I_3}{I_2}}$

N_1—上段柱轴心力；
N_2—中段柱轴心力；
N_3—下段柱轴心力

续表

$K_1 = \dfrac{I_1}{I_3} \cdot \dfrac{H_3}{H_1}$

$K_2 = \dfrac{I_2}{I_3} \cdot \dfrac{H_3}{H_2}$

$\eta_1 = \dfrac{H_1}{H_3}\sqrt{\dfrac{N_1}{N_3} \cdot \dfrac{I_3}{I_1}}$

$\eta_2 = \dfrac{H_2}{H_3}\sqrt{\dfrac{N_2}{N_3} \cdot \dfrac{I_3}{I_2}}$

N_1—上段柱轴心力；
N_2—中段柱轴心力；
N_3—下段柱轴心力

η_1	η_2	K_1=0.10										
		K_2=0.2	0.3	0.4	0.5	0.6	0.7	0.8	0.9	1.0	1.1	1.2
0.2	0.2	1.96	1.96	1.97	1.97	1.98	1.98	1.99	2.00	2.00	2.01	2.02
	0.4	2.00	2.02	2.05	2.08	2.11	2.14	2.17	2.20	2.23	2.26	2.29
	0.6	2.07	2.14	2.22	2.29	2.36	2.43	2.50	2.56	2.63	2.69	2.75
	0.8	2.20	2.35	2.48	2.61	2.73	2.84	2.94	3.05	3.14	3.24	3.33
	1.0	2.41	2.64	2.83	3.01	3.17	3.32	3.46	3.59	3.72	3.85	3.97
	1.2	2.70	2.99	3.23	3.45	3.65	3.84	4.01	4.18	4.34	4.49	4.64
0.4	0.2	1.96	1.97	1.97	1.98	1.98	1.99	2.00	2.00	2.01	2.02	2.03
	0.4	2.00	2.03	2.06	2.09	2.12	2.15	2.18	2.21	2.24	2.27	2.30
	0.6	2.08	2.15	2.23	2.30	2.37	2.44	2.51	2.57	2.64	2.70	2.76
	0.8	2.21	2.36	2.49	2.62	2.73	2.85	2.95	3.05	3.15	3.24	3.34
	1.0	2.43	2.65	2.84	3.02	3.18	3.33	3.47	3.60	3.73	3.85	3.97
	1.2	2.71	3.00	3.24	3.46	3.66	3.85	4.02	4.19	4.34	4.49	4.64
0.6	0.2	1.97	1.98	1.98	1.99	2.00	2.00	2.01	2.02	2.02	2.03	2.04
	0.4	2.01	2.04	2.07	2.10	2.13	2.16	2.19	2.22	2.26	2.29	2.32
	0.6	2.09	2.17	2.24	2.32	2.39	2.46	2.52	2.59	2.65	2.71	2.77
	0.8	2.23	2.38	2.51	2.64	2.75	2.86	2.97	3.07	3.16	3.26	3.35
	1.0	2.45	2.68	2.86	3.03	3.19	3.34	3.48	3.61	3.74	3.86	3.98
	1.2	2.74	3.02	3.26	3.48	3.67	3.86	4.03	4.20	4.35	4.50	4.65
0.8	0.2	1.99	1.99	2.00	2.01	2.01	2.02	2.03	2.04	2.04	2.05	2.06
	0.4	2.03	2.06	2.09	2.12	2.15	2.19	2.22	2.25	2.28	2.31	2.34
	0.6	2.12	2.19	2.27	2.34	2.41	2.48	2.55	2.61	2.67	2.73	2.79
	0.8	2.27	2.41	2.54	2.66	2.78	2.89	2.99	3.09	3.18	3.28	3.37
	1.0	2.49	2.70	2.89	3.06	3.21	3.36	3.50	3.63	3.76	3.88	4.00
	1.2	2.78	3.05	3.29	3.50	3.69	3.88	4.05	4.21	4.37	4.52	4.66
1.0	0.2	2.01	2.02	2.03	2.04	2.04	2.05	2.06	2.07	2.07	2.08	2.09
	0.4	2.06	2.10	2.13	2.16	2.19	2.22	2.25	2.28	2.31	2.34	2.37
	0.6	2.16	2.24	2.31	2.38	2.45	2.51	2.58	2.64	2.70	2.76	2.82
	0.8	2.32	2.46	2.58	2.70	2.81	2.92	3.02	3.12	3.21	3.30	3.39
	1.0	2.55	2.75	2.93	3.09	3.25	3.39	3.53	3.66	3.78	3.90	4.02
	1.2	2.84	3.10	3.32	3.53	3.72	3.90	4.07	4.23	4.39	4.54	4.68
1.2	0.2	2.07	2.08	2.08	2.09	2.09	2.10	2.11	2.11	2.12	2.13	2.13
	0.4	2.13	2.16	2.18	2.21	2.24	2.27	2.30	2.33	2.35	2.38	2.41
	0.6	2.24	2.30	2.37	2.43	2.50	2.56	2.63	2.68	2.74	2.80	2.86
	0.8	2.41	2.53	2.64	2.75	2.86	2.96	3.06	3.15	3.24	3.33	3.42
	1.0	2.64	2.82	2.98	3.14	3.29	3.43	3.56	3.69	3.81	3.93	4.04
	1.2	2.92	3.16	3.37	3.57	3.76	3.93	4.10	4.26	4.41	4.56	4.70
1.4	0.2	2.20	2.18	2.17	2.17	2.17	2.18	2.18	2.19	2.19	2.20	2.20
	0.4	2.26	2.26	2.27	2.29	2.32	2.34	2.37	2.39	2.42	2.44	2.47
	0.6	2.37	2.41	2.46	2.51	2.57	2.63	2.68	2.74	2.80	2.85	2.91
	0.8	2.53	2.62	2.72	2.82	2.92	3.01	3.11	3.20	3.29	3.37	3.46
	1.0	2.75	2.90	3.05	3.20	3.34	3.47	3.60	3.72	3.84	3.96	4.07
	1.2	3.02	3.23	3.43	3.62	3.80	3.97	4.13	4.29	4.44	4.59	4.73

附录 6 柱的计算长度系数   421

续表

简图	K_1 K_2 η_1 η_2	0.20										
		0.2	0.3	0.4	0.5	0.6	0.7	0.8	0.9	1.0	1.1	1.2
	0.2 / 0.2	1.94	1.93	1.93	1.93	1.93	1.93	1.94	1.94	1.95	1.95	1.69
	0.2 / 0.4	1.96	1.98	1.99	2.02	2.04	2.07	2.09	2.12	2.15	2.17	2.20
	0.2 / 0.6	2.02	2.07	2.13	2.19	2.26	2.32	2.38	2.44	2.50	2.56	2.62
	0.2 / 0.8	2.12	2.23	2.35	2.47	2.58	2.68	2.78	2.88	2.98	3.07	3.15
	0.2 / 1.0	2.28	2.47	2.65	2.82	2.97	3.12	3.26	3.39	3.51	3.63	3.75
	0.2 / 1.2	2.50	2.77	3.01	3.22	3.42	3.60	3.77	3.93	4.09	4.23	4.38
	0.4 / 0.2	1.93	1.93	1.93	1.93	1.94	1.94	1.95	1.95	1.96	1.96	1.97
	0.4 / 0.4	1.97	1.98	2.00	2.03	2.05	2.08	2.11	2.13	2.16	2.19	2.22
	0.4 / 0.6	2.03	2.08	2.14	2.21	2.27	2.33	2.40	2.46	2.52	2.58	2.63
	0.4 / 0.8	2.13	2.25	2.37	2.48	2.59	2.70	2.80	2.90	2.99	3.08	3.17
	0.4 / 1.0	2.29	2.49	2.67	2.83	2.99	3.13	3.27	3.40	3.53	3.64	3.76
	0.4 / 1.2	2.52	2.79	3.02	3.23	3.43	3.61	3.78	3.94	4.10	4.24	4.39
	0.6 / 0.2	1.95	1.95	1.95	1.95	1.96	1.96	1.97	1.97	1.98	1.98	1.99
	0.6 / 0.4	1.98	2.00	2.02	2.05	2.08	2.10	2.13	2.16	2.19	2.21	2.24
	0.6 / 0.6	2.04	2.10	2.17	2.23	2.30	2.36	2.42	2.48	2.54	2.60	2.66
	0.6 / 0.8	2.15	2.27	2.39	2.51	2.62	2.72	2.82	2.92	3.01	3.10	3.19
	0.6 / 1.0	2.32	2.52	2.70	2.86	3.01	3.16	3.29	3.42	3.55	3.66	3.78
	0.6 / 1.2	2.55	2.82	3.05	3.26	3.45	3.63	3.80	3.96	4.11	4.26	4.40
	0.8 / 0.2	1.97	1.97	1.98	1.98	1.99	1.99	2.00	2.01	2.01	2.02	2.03
	0.8 / 0.4	2.00	2.03	2.06	2.08	2.11	2.14	2.17	2.20	2.22	2.25	2.28
	0.8 / 0.6	2.08	2.14	2.21	2.27	2.34	2.40	2.46	2.52	2.58	2.64	2.69
	0.8 / 0.8	2.19	2.32	2.44	2.55	2.66	2.76	2.86	2.96	3.05	3.13	3.22
	0.8 / 1.0	2.37	2.57	2.74	2.90	3.05	3.19	3.33	3.45	3.58	3.69	3.81
	0.8 / 1.2	2.61	2.87	3.09	3.30	3.49	3.66	3.83	3.99	4.14	4.29	4.42
	1.0 / 0.2	2.01	2.02	2.03	2.03	2.04	2.05	2.05	2.06	2.07	2.07	2.08
	1.0 / 0.4	2.06	2.09	2.11	2.14	2.17	2.20	2.23	2.25	2.28	2.31	2.33
	1.0 / 0.6	2.14	2.21	2.27	2.34	2.40	2.46	2.52	2.58	2.63	2.69	2.74
	1.0 / 0.8	2.27	2.39	2.51	2.62	2.72	2.82	2.91	3.00	3.09	3.18	3.26
	1.0 / 1.0	2.46	2.64	2.81	2.96	3.10	3.24	3.37	3.50	3.61	3.73	3.84
	1.0 / 1.2	2.69	2.94	3.15	3.35	3.53	3.71	3.87	4.02	4.17	4.32	4.46
	1.2 / 0.2	2.13	2.12	2.12	2.13	2.13	2.14	2.14	2.15	2.15	2.16	2.16
	1.2 / 0.4	2.18	2.19	2.21	2.24	2.26	2.29	2.31	2.34	2.36	2.38	2.41
	1.2 / 0.6	2.27	2.32	2.37	2.43	2.49	2.54	2.60	2.65	2.70	2.76	2.81
	1.2 / 0.8	2.41	2.50	2.60	2.70	2.80	2.89	2.98	3.07	3.15	3.23	3.32
	1.2 / 1.0	2.59	2.74	2.89	3.04	3.17	3.30	3.43	3.55	3.66	3.78	3.89
	1.2 / 1.2	2.81	3.03	3.23	3.42	3.59	3.76	3.92	4.07	4.22	4.36	4.49
	1.4 / 0.2	2.35	2.31	2.29	2.28	2.27	2.27	2.27	2.27	2.27	2.28	2.28
	1.4 / 0.4	2.40	2.37	2.37	2.38	2.39	2.41	2.43	2.45	2.47	2.49	2.51
	1.4 / 0.6	2.48	2.49	2.52	2.56	2.61	2.65	2.70	2.75	2.80	2.58	2.89
	1.4 / 0.8	2.60	2.66	2.73	2.82	2.90	2.98	3.07	3.15	3.23	3.31	3.38
	1.4 / 1.0	2.77	2.88	3.01	3.14	3.26	3.38	3.50	3.62	3.73	3.84	3.94
	1.4 / 1.2	2.97	3.15	3.33	3.50	3.67	3.83	3.98	4.13	4.27	4.41	4.54

$K_1 = \dfrac{I_1}{I_3} \cdot \dfrac{H_3}{H_1}$

$K_2 = \dfrac{I_2}{I_3} \cdot \dfrac{H_3}{H_2}$

$\eta_1 = \dfrac{H_1}{H_3}\sqrt{\dfrac{N_1}{N_3} \cdot \dfrac{I_3}{I_1}}$

$\eta_2 = \dfrac{H_2}{H_3}\sqrt{\dfrac{N_2}{N_3} \cdot \dfrac{I_3}{I_2}}$

N_1—上段柱轴心力；
N_2—中段柱轴心力；
N_3—下段柱轴心力

续表

简图	η_1	η_2 \ K_2 / K_1	0.30										
			0.2	0.3	0.4	0.5	0.6	0.7	0.8	0.9	1.0	1.1	1.2
	0.2	0.2	1.92	1.91	1.90	1.89	1.89	1.89	1.90	1.90	1.90	1.90	1.91
		0.4	1.95	1.95	1.96	1.97	1.99	2.01	2.04	2.06	2.08	2.11	2.13
		0.6	1.99	2.03	2.08	2.13	2.18	2.24	2.29	2.35	2.41	2.46	2.52
		0.8	2.07	2.16	2.27	2.37	2.47	2.57	2.66	2.75	2.84	2.93	3.01
		1.0	2.20	2.37	2.53	2.69	2.83	2.97	3.10	3.23	3.35	3.46	3.57
		1.2	2.39	2.63	2.85	3.05	3.24	3.42	3.58	3.74	3.89	4.03	4.17
	0.4	0.2	1.92	1.91	1.91	1.90	1.90	1.91	1.91	1.91	1.92	1.92	1.92
		0.4	1.95	1.96	1.97	1.99	2.01	2.03	2.05	2.08	2.10	2.12	2.15
		0.6	2.00	2.04	2.09	2.14	2.20	2.26	2.31	2.37	2.42	2.48	2.53
		0.8	2.08	2.18	2.28	2.39	2.49	2.59	2.68	2.77	2.86	2.95	3.03
		1.0	2.22	2.39	2.55	2.71	2.58	2.99	3.12	3.24	3.36	3.48	3.59
		1.2	2.41	2.65	2.87	3.07	3.26	3.34	3.60	3.75	3.90	4.04	4.18
	0.6	0.2	1.93	1.93	1.92	1.92	1.93	1.93	1.93	1.94	1.94	1.95	1.95
		0.4	1.96	1.97	1.99	2.01	2.03	2.06	2.08	2.11	2.13	2.16	2.18
		0.6	2.02	2.06	2.12	2.17	2.23	2.29	2.35	2.40	2.46	2.51	2.57
		0.8	2.11	2.21	2.32	2.42	2.52	2.62	2.71	2.80	2.89	2.98	3.06
		1.0	2.25	2.42	2.59	2.74	2.88	3.02	3.15	3.27	3.39	3.50	3.61
		1.2	2.44	2.69	2.91	3.11	3.29	3.46	3.62	3.78	3.93	4.07	4.20
	0.8	0.2	1.96	1.95	1.96	1.96	1.97	1.97	1.98	1.98	1.99	1.99	2.00
		0.4	1.99	2.01	2.03	2.05	2.08	2.10	2.13	2.15	2.18	2.21	2.23
		0.6	2.05	2.10	2.16	2.22	2.28	2.34	2.40	2.45	2.51	2.56	2.81
		0.8	2.15	2.26	2.37	2.47	2.57	2.67	2.76	2.85	2.94	3.02	3.10
		1.0	2.30	2.48	2.64	2.79	2.93	3.07	3.19	3.31	3.43	3.54	3.65
		1.2	2.50	2.74	2.96	3.15	3.33	3.50	3.66	3.81	3.96	4.10	4.23
	1.0	0.2	2.01	2.02	2.02	2.03	2.04	2.04	2.05	2.06	2.06	2.06	2.07
		0.4	2.05	2.08	2.10	2.13	2.16	2.18	2.21	2.23	2.26	2.28	2.31
		0.6	2.13	2.19	2.25	2.30	2.36	2.42	2.47	2.53	2.58	2.63	2.68
		0.8	2.24	2.35	2.45	2.55	2.65	2.74	2.83	2.92	3.00	3.08	3.16
		1.0	2.40	2.57	2.72	2.86	3.00	3.13	3.25	3.37	3.48	3.59	3.70
		1.2	2.60	2.83	3.03	3.22	3.39	3.56	3.71	3.86	4.01	4.14	4.28
	1.2	0.2	2.17	2.16	2.16	2.16	2.16	2.16	2.17	2.17	2.18	2.18	2.19
		0.4	2.22	2.22	2.24	2.26	2.28	2.30	2.32	2.34	2.36	2.39	2.41
		0.6	2.29	2.33	2.38	2.43	2.48	2.53	2.58	2.62	2.67	2.72	2.77
		0.8	2.41	2.49	2.58	2.67	2.75	2.84	2.92	3.00	3.08	3.16	3.23
		1.0	2.56	2.69	2.83	2.96	3.09	3.21	3.33	3.44	3.55	3.66	3.76
		1.2	2.74	2.94	3.13	3.30	3.47	3.63	3.78	3.92	4.06	4.20	4.33
	1.4	0.2	2.45	2.40	2.37	2.35	2.35	2.34	2.34	2.34	2.34	2.34	2.34
		0.4	2.48	2.45	2.44	2.44	2.45	2.46	2.48	2.49	2.51	2.53	2.55
		0.6	2.55	2.54	2.56	2.60	2.63	2.67	2.71	2.75	2.80	2.84	2.88
		0.8	2.64	2.68	2.74	2.81	2.89	2.96	3.04	3.11	3.18	3.25	3.33
		1.0	2.77	2.87	2.98	3.09	3.20	3.32	3.43	3.53	3.64	3.74	3.84
		1.2	2.94	3.09	3.26	3.41	3.57	3.72	3.86	4.00	4.13	4.26	4.39

$$K_1 = \frac{I_1}{I_3} \cdot \frac{H_3}{H_1}$$

$$K_2 = \frac{I_2}{I_3} \cdot \frac{H_3}{H_2}$$

$$\eta_1 = \frac{H_1}{H_3}\sqrt{\frac{N_1}{N_3} \cdot \frac{I_3}{I_1}}$$

$$\eta_2 = \frac{H_2}{H_3}\sqrt{\frac{N_2}{N_3} \cdot \frac{I_3}{I_2}}$$

N_1——上段柱轴心力；
N_2——中段柱轴心力；
N_3——下段柱轴心力

注：附表中的计算长度系数 μ_3 值系按下式算得：

$$\frac{\eta_1 K_1}{\eta_2 K_2} \cdot \cot\frac{\pi\eta_1}{\mu_3} \cdot \cot\frac{\pi\eta_2}{\mu_3} + \frac{\eta_1 K_1}{(\eta_2 K_2)^2} \cdot \cot\frac{\pi\eta_1}{\mu_3} \cdot \cot\frac{\pi}{\mu_3} + \frac{1}{\eta_2 K_2} \cdot \cot\frac{\pi\eta_2}{\mu_3} \cdot \cot\frac{\pi}{\mu_3} - 1 = 0$$

附录7 疲劳计算的构件和连接分类

项次	简 图	说 明	类别
1		无连接处的主体金属 （1）轧制型钢 （2）钢板 a. 两边为轧制边或刨边 b. 两边为自动、半自动切割边（切割质量标准应符合现行国家标准GB 50205—2001《钢结构工程施工质量验收规范》）	1 1 2
2		横向对接焊缝附近的主体金属 （1）符合现行国家质量标准GB 50205—2001《钢结构工程施工质量验收规范》的一级焊缝 （2）经加工、磨平的一级焊缝	3 2
3		不同厚度（或宽度）横向对接焊缝附近的主体金属，焊缝加工成平滑过渡并符合一级焊缝标准	2
4		纵向对接焊缝附近的主体金属，焊缝符合二级焊缝标准	2
5		翼缘连接焊缝附近的主体金属 （1）翼缘板与腹板的连接焊缝 a. 自动焊，二级T形对接和角接组合焊缝 b. 自动焊，角焊缝，外观质量标准符合二级 c. 手工焊，角焊缝，外观质量标准符合二级 （2）双层翼缘板之间的连接焊缝 a. 自动焊，角焊缝，外观质量标准符合二级 b. 手工焊，角焊缝，外观质量标准符合二级	 2 3 4 3 4
6		横向加劲肋端部附近的主体金属 （1）肋端不断弧（采用回焊） （2）肋端断弧	4 5

续表

项次	简图	说明	类别
7	（$r \geqslant 60$ mm）	梯形节点板用对接焊缝焊于梁翼缘、腹板以及桁架构件处的主体金属，过渡处在焊后铲平、磨光、圆弧过渡，不得有焊接起弧、灭弧缺陷	5
8		矩形节点板焊接于构件翼缘或腹板处的主体金属，$l>150$ mm	7
9		翼缘板中断处的主体金属（板端有正面焊缝）	7
10		向正面角焊缝过渡处的主体金属	6
11		两侧面角焊缝连接端部的主体金属	8
12		三面围焊的角焊缝端部主体金属	7

附录7 疲劳计算的构件和连接分类　　425

续表

项次	简　图	说　明	类别
13		三面围焊或两侧面角焊缝连接的节点板主体金属(节点板计算宽度按应力扩散角 θ 等于 $30°$ 考虑)	7
14		K形坡口T形对接与角接组合焊缝处的主体金属,两板轴线偏离小于 $0.15t$,焊缝为二级,焊趾角 $\alpha \leqslant 45°$	5
15		十字接头角焊缝处的主体金属,两板轴线偏离小于 $0.15\,t$	7
16	角焊缝	按有效截面确定的剪应力幅计算	8
17		铆钉连接处的主体金属	3
18		连系螺栓和虚孔处的主体金属	3
19		高强度螺栓摩擦型连接处的主体金属	2

注：1. 所有对接焊缝及T形对接和角接组合焊缝均需焊透。所有焊缝的外形尺寸均应符合现行标准 JB 7949—1999《钢结构焊缝外形尺寸》的规定。

2. 角焊缝应符合 GB 50017—2003《钢结构设计规范》中 8.2.7 条和 8.2.8 条的要求。

3. 项次16中的剪应力幅 $\Delta\tau = \tau_{max} - \tau_{min}$，其中 τ_{min} 的正负值为：与 τ_{max} 同方向时，取正值；与 τ_{max} 反方向时，取负值。

4. 第17、18项中的应力应以净截面面积计算，第19项应以毛截面面积计算。

附录 8 常用型钢规格及截面特性

附表 8.1 热轧等边角钢截面特性表（按 GB 9787—1988 计算）

b—肢宽； I—截面惯性矩； z_0—形心距离；
d—肢厚； W—截面抵抗矩； $r_1 = d/3$（肢端圆弧半径）；
r—内圆弧半径； i—回转半径。

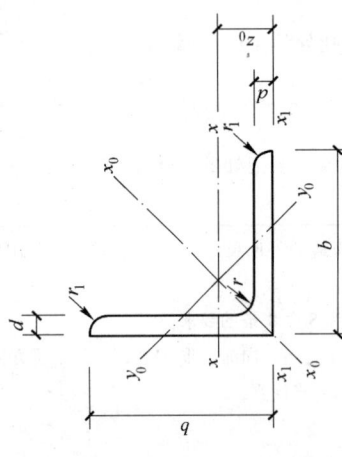

尺寸/mm			截面面积 A/cm²	质量/(kg/m)	表面积/(m²/m)	x-x				x_0-x_0			y_0-y_0			x_1-x_1	z_0/cm
b	d	r				I_x/cm⁴	i_x/cm	$W_{x\,min}$/cm³	$W_{x\,max}$/cm³	I_{x0}/cm⁴	i_{x0}/cm	W_{x0}/cm³	I_{y0}/cm⁴	i_{y0}/cm	$W_{y0\,min}$/cm³	$W_{y0\,max}$/cm³	I_{x1}/cm⁴	
20	3	3.5	1.132	0.889	0.078	0.40	0.59	0.29	0.66	0.63	0.746	0.445	0.17	0.388	0.20	0.23	0.81	0.60
	4		1.459	1.145	0.077	0.50	0.59	0.36	0.78	0.78	0.731	0.552	0.22	0.388	0.24	0.29	1.09	0.64
25	3	3.5	1.432	1.124	0.098	0.82	0.76	0.46	1.12	1.29	0.949	0.730	0.34	0.487	0.33	0.37	1.57	0.73
	4		1.859	1.459	0.097	1.03	0.74	0.59	1.34	1.62	0.934	0.916	0.43	0.481	0.40	0.47	2.11	0.76
30	3	4.5	1.749	1.373	0.117	1.46	0.91	0.68	1.72	2.31	1.149	1.089	0.61	0.591	0.51	0.56	2.71	0.85
	4		2.276	1.786	0.117	1.84	0.90	0.87	2.08	2.92	1.133	1.376	0.77	0.582	0.62	0.71	3.63	0.89
36	3	4.5	2.109	1.656	0.141	2.58	1.11	0.99	2.59	4.09	1.393	1.607	1.07	0.712	0.76	0.82	4.67	1.00
	4		2.756	2.163	0.141	3.29	1.09	1.28	3.18	5.22	1.376	2.051	1.37	0.705	0.93	1.05	6.25	1.04
	5		3.382	2.654	0.141	3.95	1.08	1.56	3.68	6.24	1.358	2.451	1.65	0.698	1.09	1.26	7.84	1.07

附录8 常用型钢规格及截面特性

续表

尺寸/mm			截面面积 A/cm^2	质量/(kg/m)	表面积/(m^2/m)	$x-x$					x_0-x_0			y_0-y_0				x_1-x_1	z_0/cm
b	d	r				I_x/cm^4	i_x/cm	$W_{x\min}$/cm^3	$W_{x\max}$/cm^3		I_{x0}/cm^4	i_{x0}/cm	W_{x0}/cm^3	I_{y0}/cm^4	i_{y0}/cm	$W_{y0\min}$/cm^3	$W_{y0\max}$/cm^3	I_{x1}/cm^4	
40	3	5	2.359	1.852	0.157	3.59	1.23	1.23	3.28		5.69	1.553	2.012	1.49	0.795	0.96	1.03	6.41	1.09
	4		3.086	2.422	0.157	4.60	1.22	1.60	4.05		7.29	1.537	2.577	1.91	0.787	1.19	1.31	8.56	1.13
	5		3.791	2.976	0.156	5.53	1.21	1.96	4.72		8.76	1.520	3.097	2.30	0.779	1.39	1.58	10.74	1.17
45	3	5	2.659	2.088	0.177	5.17	1.39	1.58	4.25		8.20	1.756	2.577	2.14	0.897	1.24	1.31	9.12	1.22
	4		3.486	2.736	0.177	6.65	1.38	2.05	5.29		10.56	1.740	3.319	2.75	0.888	1.54	1.69	12.18	1.26
	5		4.292	3.369	0.176	8.04	1.37	2.51	6.20		12.74	1.723	4.004	3.33	0.881	1.81	2.04	15.25	1.30
	6		5.076	3.985	0.176	9.33	1.36	2.95	6.99		14.76	1.705	4.639	3.89	0.875	2.06	2.38	18.36	1.33
50	3	5.5	2.971	2.332	0.197	7.18	1.55	1.96	5.36		11.37	1.956	3.216	2.98	1.002	1.57	1.64	12.50	1.34
	4		3.897	3.059	0.197	9.26	1.54	2.56	6.70		14.69	1.942	4.155	3.82	0.990	1.96	2.11	16.69	1.38
	5		4.803	3.770	0.196	11.21	1.53	3.13	7.90		17.79	1.925	5.032	4.63	0.982	2.31	2.56	20.90	1.42
	6		5.688	4.465	0.196	13.05	1.51	3.68	8.95		20.68	1.907	5.849	5.42	0.976	2.63	2.98	25.14	1.46
56	3	6	3.343	2.624	0.221	10.19	1.75	2.48	6.86		16.14	2.197	4.076	4.24	1.126	2.02	2.09	17.56	1.48
	4		4.390	3.446	0.220	13.18	1.73	3.24	8.63		20.92	2.183	5.283	5.45	1.114	2.52	2.69	23.43	1.53
	5		5.415	4.251	0.220	16.02	1.72	3.97	10.22		25.42	2.167	6.419	6.61	1.105	2.98	3.26	29.33	1.57
	8		8.367	6.568	0.219	23.63	1.68	6.03	14.06		37.37	2.113	9.437	9.89	1.087	4.16	4.85	47.24	1.68
63	4	7	4.978	3.907	0.248	19.03	1.96	4.13	11.22		30.17	2.462	6.772	7.89	1.259	3.29	3.45	33.35	1.70
	5		6.143	4.822	0.248	23.17	1.94	5.08	13.33		36.77	2.447	8.254	9.57	1.248	3.90	4.20	41.73	1.74
	6		7.288	5.721	0.247	27.12	1.93	6.00	15.26		43.03	2.430	9.659	11.20	1.240	4.46	4.91	50.14	1.78
	8		9.515	7.469	0.247	34.46	1.90	7.75	18.59		54.56	2.395	12.247	14.33	1.227	5.47	6.26	67.11	1.85
	10		11.657	9.151	0.246	41.09	1.88	9.39	21.34		64.85	2.359	14.557	17.33	1.219	6.37	7.53	84.31	1.93

续表

尺寸/mm			截面面积 A/cm²	质量/(kg/m)	表面积/(m²/m)	$x-x$					x_0-x_0			y_0-y_0				x_1-x_1	z_0/cm
b	d	r				I_x/cm⁴	i_x/cm	$W_{x\min}$/cm³	$W_{x\max}$/cm³		I_{x0}/cm⁴	i_{x0}/cm	W_{x0}/cm³	I_{y0}/cm⁴	i_{y0}/cm	$W_{y0\min}$/cm³	$W_{y0\max}$/cm³	I_{x1}/cm⁴	
70	4	8	5.570	4.372	0.275	26.39	2.18	5.14	14.16		41.80	2.739	8.445	10.99	1.405	4.17	4.32	45.74	1.86
	5		6.875	5.397	0.275	32.21	2.16	6.32	16.89		51.08	2.726	10.320	13.34	1.393	4.95	5.26	57.21	1.91
	6		8.160	6.406	0.275	37.77	2.15	7.48	19.39		59.93	2.710	12.108	15.61	1.383	5.67	6.16	68.73	1.95
	7		9.424	7.398	0.275	43.09	2.14	8.59	21.68		68.35	2.693	13.809	17.82	1.375	6.34	7.02	80.29	1.99
	8		10.667	8.373	0.274	48.17	2.13	9.68	23.79		76.37	2.676	15.429	19.98	1.369	6.98	7.86	91.92	2.03
75	5	9	7.412	5.818	0.295	39.96	2.32	7.30	19.73		63.30	2.922	11.936	16.61	1.497	5.80	6.10	70.36	2.03
	6		8.797	6.905	0.294	46.91	2.31	8.63	22.69		74.38	2.908	14.025	19.43	1.486	6.65	7.14	84.51	2.07
	7		10.160	7.976	0.294	53.57	2.30	9.93	25.42		84.96	2.892	16.020	22.18	1.478	7.44	8.15	98.71	2.11
	8		11.503	9.030	0.294	59.96	2.28	11.20	27.93		95.07	2.875	17.926	24.86	1.470	8.19	9.13	112.97	2.15
	10		14.126	11.089	0.293	71.98	2.26	13.64	32.40		113.92	2.840	21.481	30.05	1.459	9.56	11.01	141.71	2.22
80	5	9	7.912	6.211	0.315	48.79	2.48	8.34	22.70		77.330	3.126	13.670	20.25	1.600	6.66	6.98	85.36	2.15
	6		9.397	7.376	0.314	57.35	2.47	9.87	26.16		90.980	3.112	16.083	23.72	1.589	7.65	8.18	102.50	2.19
	7		10.860	8.525	0.314	65.58	2.46	11.37	29.38		104.07	3.096	18.397	27.10	1.580	8.58	9.35	119.70	2.23
	8		12.303	9.658	0.314	73.49	2.44	12.83	32.36		116.60	3.079	20.612	30.39	1.572	9.46	10.48	136.97	2.27
	10		15.126	11.874	0.313	88.43	2.42	15.64	37.68		140.09	3.043	24.764	36.77	1.559	11.08	12.65	171.74	2.35
90	6	10	10.637	8.350	0.354	82.77	2.79	12.61	33.99		131.26	3.513	20.625	34.28	1.795	9.95	10.51	145.87	2.44
	7		12.301	9.656	0.354	94.83	2.78	14.54	38.28		150.47	3.497	23.644	39.18	1.785	11.19	12.02	170.30	2.48
	8		13.944	10.946	0.353	106.47	2.76	16.42	42.30		168.97	3.481	26.551	43.97	1.776	12.35	13.49	194.80	2.52
	10		17.167	13.476	0.353	128.58	2.74	20.07	49.57		203.90	3.446	32.039	53.26	1.761	14.52	16.31	244.08	2.59
	12		20.306	15.940	0.352	149.22	2.71	23.57	55.93		236.21	3.411	37.116	62.22	1.750	16.49	19.01	293.77	2.67

续表

尺寸/mm			截面面积 A/cm²	质量/(kg/m)	表面积/(m²/m)	$x-x$					x_0-x_0			y_0-y_0				x_1-x_1	z_0/cm
b	d	r				I_x/cm⁴	i_x/cm	$W_{x\,min}$/cm³	$W_{x\,max}$/cm³		I_{x0}/cm⁴	i_{x0}/cm	W_{x0}/cm³	I_{y0}/cm⁴	i_{y0}/cm	$W_{y0\,min}$/cm³	$W_{y0\,max}$/cm³	I_{x1}/cm⁴	
100	6	12	11.932	9.360	0.393	114.95	3.10	15.68	43.04		181.98	3.905	25.736	47.92	2.004	12.69	13.18	200.07	2.67
	7		13.796	10.830	0.393	131.86	3.09	18.10	48.57		208.97	3.892	29.553	54.74	1.992	14.26	15.08	233.54	2.71
	8		15.638	12.276	0.393	148.24	3.08	20.47	53.78		235.07	3.877	33.244	61.41	1.982	15.75	16.93	267.09	2.76
	10		19.261	15.120	0.392	179.51	3.05	25.06	63.29		284.68	3.844	40.259	74.35	1.965	18.54	20.49	334.48	2.84
	12		22.800	17.898	0.391	208.90	3.03	29.48	71.72		330.95	3.810	46.803	86.84	1.952	21.08	23.89	402.34	2.91
	14		26.256	20.611	0.391	236.53	3.00	33.73	79.19		374.06	3.774	52.900	98.99	1.942	23.44	27.17	470.75	2.99
	16		29.627	23.257	0.390	262.53	2.98	37.82	85.81		414.16	3.739	58.571	110.89	1.935	25.63	30.34	539.80	3.06
110	7	12	15.196	11.928	0.433	177.16	3.41	22.05	59.78		280.94	4.300	36.119	73.28	2.196	17.51	18.41	310.64	2.96
	8		17.238	13.532	0.433	199.46	3.40	24.95	66.36		316.49	4.285	40.689	82.42	2.187	19.39	20.70	355.21	3.01
	10		21.261	16.690	0.432	242.19	3.38	30.60	78.48		384.39	4.252	49.419	99.98	2.169	22.91	25.10	444.65	3.09
	12		25.200	19.782	0.431	282.55	3.35	36.05	89.34		448.17	4.217	57.618	116.93	2.154	26.15	29.32	534.60	3.16
	14		29.056	22.809	0.431	320.71	3.32	41.31	99.07		508.01	4.181	65.312	133.40	2.143	29.14	33.38	625.16	3.24
125	8	14	19.750	15.504	0.492	297.03	3.88	32.52	88.20		470.89	4.883	53.275	123.16	2.497	25.86	27.18	521.01	3.37
	10		24.373	19.133	0.491	361.67	3.85	39.97	104.81		573.89	4.852	64.928	149.46	2.476	30.62	33.01	651.93	3.45
	12		28.912	22.696	0.491	423.16	3.83	47.17	119.88		671.44	4.819	75.964	174.88	2.459	35.03	38.61	783.42	3.53
	14		33.367	26.193	0.490	481.65	3.80	54.16	133.56		763.73	4.784	86.405	199.57	2.446	39.13	44.00	915.61	3.61
140	10	14	27.373	21.488	0.551	514.65	4.34	50.58	134.55		817.27	5.464	82.556	212.04	2.783	39.20	41.91	915.11	3.82
	12		32.512	25.522	0.551	603.68	4.31	59.80	154.62		958.79	5.431	96.851	248.57	2.765	45.02	49.12	1099.28	3.90
	14		37.567	29.490	0.550	688.81	4.28	68.75	173.02		1093.56	5.395	110.465	284.06	2.750	50.45	56.07	1284.22	3.98
	16		42.539	33.393	0.549	770.24	4.26	77.46	189.90		1221.81	5.359	123.420	318.67	2.737	55.55	62.81	1470.07	4.06

续表

尺寸/mm			截面面积 A/cm²	质量/(kg/m)	表面积/(m²/m)	$x-x$				x_0-x_0			y_0-y_0				x_1-x_1	z_0/cm
b	d	r				I_x/cm⁴	i_x/cm	$W_{x\min}$/cm³	$W_{x\max}$/cm³	I_{x0}/cm⁴	i_{x0}/cm	W_{x0}/cm³	I_{y0}/cm⁴	i_{y0}/cm	$W_{y0\min}$/cm³	$W_{y0\max}$/cm³	I_{x1}/cm⁴	
160	10	16	31.502	24.729	0.630	779.53	4.97	66.70	180.77	1 237.30	6.267	109.362	321.76	3.196	52.75	55.63	1 365.33	4.31
	12		37.441	29.391	0.630	916.58	4.95	78.98	208.58	1 455.68	6.235	128.664	377.49	3.175	60.74	65.29	1 639.57	4.39
	14		43.296	33.987	0.629	1 048.36	4.92	90.95	234.37	1 665.02	6.201	147.167	431.70	3.158	68.24	74.63	1 914.68	4.47
	16		49.067	38.518	0.629	1 175.08	4.89	102.63	258.27	1 865.57	6.166	164.893	484.59	3.143	75.31	83.70	2 190.82	4.55
180	12	16	42.241	33.159	0.710	1 321.35	5.59	100.82	270.03	2 100.10	7.051	164.998	542.61	3.584	78.41	83.60	2 332.80	4.89
	14		48.896	38.383	0.709	1 514.48	5.57	116.25	304.57	2 407.42	7.020	189.143	621.53	3.570	88.38	95.73	2 723.48	4.97
	16		55.467	43.542	0.709	1 700.99	5.54	131.13	336.86	2 703.37	6.981	212.395	698.60	3.549	97.83	107.52	3 115.29	5.05
	18		61.955	48.634	0.708	1 881.12	5.51	146.11	367.05	2 988.24	6.945	234.776	774.01	3.535	106.79	119.00	3 508.42	5.13
200	14	18	54.642	42.894	0.788	2 103.55	6.20	144.70	385.08	3 343.26	7.822	236.402	863.83	3.976	111.82	119.75	3 734.10	5.46
	16		62.013	48.680	0.788	2 366.15	6.18	163.65	426.99	3 760.88	7.788	265.932	971.41	3.958	123.96	134.62	4 270.39	5.54
	18		69.301	54.401	0.787	2 620.64	6.15	182.22	466.45	4 164.54	7.752	294.473	1 076.74	3.942	135.52	149.11	4 808.13	5.62
	20		76.505	60.056	0.787	2 867.30	6.12	200.42	503.58	4 554.55	7.716	322.052	1 180.04	3.927	146.55	163.26	5 347.51	5.69
	24		90.661	71.168	0.785	3 338.20	6.07	235.78	571.45	5 294.97	7.642	374.407	1 381.43	3.904	167.22	190.63	6 431.99	5.84

附录 8 常用型钢规格及截面特性

附表 8.2 热轧不等边角钢截面特性表（按 GB 9788—1988 计算）

B—长肢宽； I—截面惯性矩； x_0、y_0—形心距离；
b—短肢宽； W—截面抵抗矩； r—内圆弧半径；
d—肢厚； i—回转半径； $r_1 = d/3$（肢端圆弧半径）。

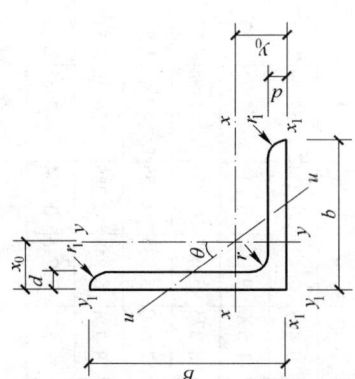

尺寸/mm				截面面积 A/cm²	质量/(kg/m)	表面积/(m²/m)	x-x					y-y				x_1-x_1		y_1-y_1		u-u				
B	b	d	r				I_x/cm⁴	i_x/cm	$W_{x\min}$/cm³	$W_{x\max}$/cm³		I_y/cm⁴	i_y/cm	$W_{y\min}$/cm³	$W_{y\max}$/cm³	I_{x1}/cm⁴	y_0/cm	I_{y1}/cm⁴	x_0/cm	I_u/cm⁴	i_u/cm	W_u/cm³	$\tan\theta$
25	16	3	3.5	1.162	0.912	0.080	0.70	0.78	0.43	0.82		0.22	0.435	0.19	0.53	1.56	0.86	0.43	0.42	0.13	0.34	0.16	0.392
25	16	4	3.5	1.499	1.176	0.079	0.88	0.77	0.55	0.98		0.27	0.424	0.24	0.60	2.09	0.90	0.59	0.46	0.17	0.34	0.20	0.381
32	20	3	3.5	1.492	1.171	0.102	1.53	1.01	0.72	1.41		0.46	0.555	0.30	0.93	3.27	1.08	0.82	0.49	0.28	0.43	0.25	0.382
32	20	4	3.5	1.939	1.522	0.101	1.93	1.00	0.93	1.72		0.57	0.542	0.39	1.08	4.37	1.12	1.12	0.53	0.35	0.42	0.32	0.374
40	25	3	4	1.890	1.484	0.127	3.08	1.28	1.15	2.32		0.93	0.701	0.49	1.59	6.39	1.32	1.59	0.59	0.56	0.54	0.40	0.386
40	25	4	4	2.467	1.936	0.127	3.93	1.26	1.49	2.88		1.18	0.692	0.63	1.88	8.53	1.37	2.14	0.63	0.71	0.54	0.52	0.381
45	28	3	5	2.149	1.687	0.143	4.45	1.44	1.47	3.02		1.34	0.790	0.62	2.08	9.10	1.47	2.23	0.64	0.80	0.61	0.51	0.383
45	28	4	5	2.806	2.203	0.143	5.69	1.42	1.91	3.76		1.70	0.778	0.80	2.49	12.14	1.51	3.00	0.68	1.02	0.60	0.66	0.380
50	32	3	5.5	2.431	1.908	0.161	6.24	1.60	1.84	3.89		2.02	0.912	0.82	2.78	12.49	1.60	3.31	0.73	1.20	0.70	0.68	0.404
50	32	4	5.5	3.177	2.494	0.160	8.02	1.59	2.39	4.86		2.58	0.901	1.06	3.36	16.65	1.65	4.45	0.77	1.53	0.69	0.87	0.402

续表

尺寸/mm				截面面积 A/cm²	质量/(kg/m)	表面积/(m²/m)	$x-x$					$y-y$				x_1-x_1		y_1-y_1		$u-u$			
B	b	d	r				I_x/cm⁴	i_x/cm	$W_{x\min}$/cm³	$W_{x\max}$/cm³		I_y/cm⁴	i_y/cm	$W_{y\min}$/cm³	$W_{y\max}$/cm³	I_{x1}/cm⁴	y_0/cm	I_{y1}/cm⁴	x_0/cm	I_u/cm⁴	i_u/cm	W_u/cm³	$\tan\theta$
56	36	3	6	2.743	2.153	0.181	8.88	1.80	2.32	5.00		2.92	1.032	1.05	3.63	17.54	1.78	4.70	0.80	1.73	0.79	0.87	0.408
56	36	4	6	3.590	2.818	0.180	11.45	1.79	3.03	6.28		3.76	1.023	1.37	4.43	23.39	1.82	6.31	0.85	2.21	0.78	1.12	0.407
56	36	5	6	4.415	3.466	0.180	13.86	1.77	3.71	7.43		4.49	1.008	1.65	5.09	29.24	1.87	7.94	0.88	2.67	0.78	1.36	0.404
63	40	4	7	4.058	3.185	0.202	16.49	2.02	3.87	8.10		5.23	1.135	1.70	5.72	33.30	2.04	8.63	0.92	3.12	0.88	1.40	0.398
63	40	5	7	4.993	3.920	0.202	20.02	2.00	4.74	9.62		6.31	1.124	2.07	6.61	41.63	2.08	10.86	0.95	3.76	0.87	1.71	0.396
63	40	6	7	5.908	4.638	0.201	23.36	1.99	5.59	11.01		7.29	1.111	2.43	7.36	49.98	2.12	13.14	0.99	4.38	0.86	2.01	0.393
63	40	7	7	6.802	5.339	0.201	26.53	1.97	6.40	12.27		8.24	1.101	2.78	8.00	58.34	2.16	15.47	1.03	4.97	0.86	2.29	0.389
70	45	4	7.5	4.553	3.574	0.226	22.97	2.25	4.82	10.28		7.55	1.288	2.17	7.43	45.68	2.23	12.26	1.02	4.47	0.99	1.79	0.408
70	45	5	7.5	5.609	4.403	0.225	27.95	2.23	5.92	12.26		9.13	1.276	2.65	8.64	57.10	2.28	15.39	1.06	5.40	0.98	2.19	0.407
70	45	6	7.5	6.644	5.215	0.225	32.70	2.22	6.99	14.08		10.62	1.264	3.12	9.69	68.54	2.32	18.59	1.10	6.29	0.97	2.57	0.405
70	45	7	7.5	7.657	6.011	0.225	37.22	2.20	8.03	15.75		12.01	1.252	3.57	10.60	79.99	2.36	21.84	1.13	7.16	0.97	2.94	0.402
75	50	5	8	6.125	4.808	0.245	34.86	2.39	6.83	14.65		12.61	1.435	3.30	10.75	70.23	2.40	21.04	1.17	7.32	1.09	2.72	0.436
75	50	6	8	7.260	5.699	0.245	41.12	2.38	8.12	16.86		14.70	1.423	3.88	12.12	84.30	2.44	25.37	1.21	8.54	1.08	3.19	0.435
75	50	8	8	9.467	7.431	0.244	52.39	2.35	10.52	20.79		18.53	1.399	4.99	14.39	112.50	2.52	34.23	1.29	10.87	1.07	4.10	0.429
75	50	10	8	11.590	9.098	0.244	62.71	2.33	12.79	24.15		21.96	1.376	6.04	16.14	140.82	2.60	43.43	1.36	13.10	1.06	4.99	0.423
80	50	5	8	6.375	5.005	0.255	41.96	2.57	7.78	16.11		12.82	1.418	3.32	11.28	85.21	2.60	21.06	1.14	7.66	1.10	2.74	0.388
80	50	6	8	7.560	5.935	0.255	49.49	2.56	9.25	18.58		14.95	1.406	3.91	12.71	102.26	2.65	25.41	1.18	8.94	1.09	3.23	0.386
80	50	7	8	8.724	6.848	0.255	56.16	2.54	10.58	20.87		16.96	1.394	4.48	13.96	119.32	2.69	29.82	1.21	10.18	1.08	3.70	0.384
80	50	8	8	9.867	7.745	0.254	62.83	2.52	11.92	23.00		18.85	1.382	5.03	15.06	136.41	2.73	34.32	1.25	11.38	1.07	4.16	0.381

附录8 常用型钢规格及截面特性

续表

尺寸/mm				截面面积 A/cm²	质量/(kg/m)	表面积/(m²/m)	x-x				y-y				x_1-x_1		y_1-y_1		u-u				tan θ
B	b	d	r				I_x/cm⁴	i_x/cm	$W_{x\,min}$/cm³	$W_{x\,max}$/cm³	I_y/cm⁴	i_y/cm	$W_{y\,min}$/cm³	$W_{y\,max}$/cm³	I_{x1}/cm⁴	y_0/cm	I_{y1}/cm⁴	x_0/cm	I_u/cm⁴	i_u/cm	W_u/cm³	
90	56	5	9	7.212	5.661	0.287	60.45	2.90	9.92	20.81	18.32	1.594	4.21	14.70	121.32	2.91	29.53	1.25	10.98	1.23	3.49	0.385
90	56	6	9	8.557	6.717	0.286	71.03	2.88	11.74	24.06	21.42	1.582	4.96	16.65	145.59	2.95	35.58	1.29	12.82	1.22	4.10	0.384
90	56	7	9	9.880	7.756	0.286	81.22	2.86	13.49	27.12	24.36	1.570	5.70	18.38	169.87	3.00	41.71	1.33	14.60	1.22	4.70	0.383
90	56	8	9	11.183	8.779	0.286	91.03	2.85	15.27	29.98	27.15	1.558	6.41	19.91	194.17	3.04	47.93	1.36	16.34	1.21	5.29	0.380
100	63	6	10	9.617	7.550	0.320	99.06	3.21	14.64	30.62	30.94	1.794	6.35	21.69	199.71	3.24	50.50	1.43	18.42	1.38	5.25	0.394
100	63	7	10	11.111	8.722	0.320	113.45	3.47	16.88	34.59	35.26	1.781	7.29	24.06	233.00	3.28	59.14	1.47	21.00	1.37	6.02	0.393
100	63	8	10	12.584	9.878	0.319	127.37	3.18	19.08	38.33	39.39	1.769	8.21	26.18	266.32	3.32	67.88	1.50	23.50	1.37	6.78	0.391
100	63	10	10	15.467	12.142	0.319	153.81	3.15	23.32	45.18	47.12	1.745	9.98	29.83	333.06	3.40	85.73	1.58	28.33	1.35	8.24	0.387
100	80	6	10	10.637	8.350	0.354	107.04	3.17	15.19	36.24	61.24	2.399	10.16	31.03	199.83	2.95	102.68	1.97	31.65	1.73	8.37	0.627
100	80	7	10	12.301	9.656	0.354	122.73	3.16	17.52	40.96	70.08	2.387	11.71	34.79	233.20	3.00	119.98	2.01	36.17	1.71	9.60	0.626
100	80	8	10	13.944	10.946	0.353	137.92	3.14	19.81	45.40	78.58	2.374	13.21	38.27	266.61	3.04	137.37	2.05	40.58	1.71	10.80	0.625
100	80	10	10	17.167	13.476	0.353	166.87	3.12	24.24	53.54	94.65	2.348	16.12	44.45	333.63	3.12	172.48	2.13	49.10	1.69	13.12	0.622
110	70	6	10	10.637	8.350	0.354	133.37	3.54	17.85	37.80	42.92	2.009	7.900	27.36	265.78	3.53	69.08	1.57	25.36	1.54	6.53	0.403
110	70	7	10	12.301	9.656	0.354	153.00	3.53	20.60	42.82	49.01	1.996	9.090	30.48	310.07	3.57	80.83	1.61	28.96	1.53	7.50	0.402
110	70	8	10	13.944	10.946	0.353	172.04	3.51	23.30	47.57	54.87	1.984	10.25	33.31	354.39	3.62	92.70	1.65	32.45	1.53	8.45	0.401
110	70	10	10	17.167	13.476	0.353	208.39	3.48	28.54	56.36	65.88	1.959	12.48	38.24	443.13	3.70	116.83	1.72	39.20	1.51	10.29	0.397
125	80	7	11	14.096	11.066	0.403	227.98	4.02	26.86	56.81	74.42	2.298	12.01	41.24	454.99	4.01	120.32	1.80	43.81	1.76	9.92	0.408
125	80	8	11	15.989	12.551	0.403	256.77	4.01	30.41	63.28	83.49	2.285	13.56	45.28	519.99	4.06	137.85	1.84	49.15	1.75	11.18	0.407
125	80	10	11	19.712	15.474	0.402	312.04	3.98	37.33	75.35	100.67	2.260	16.56	52.41	650.09	4.14	173.40	1.92	59.45	1.74	13.64	0.404
125	80	12	11	23.351	18.330	0.402	364.41	3.95	44.01	86.34	116.67	2.235	19.43	58.46	780.39	4.22	209.67	2.00	69.35	1.72	16.01	0.400

续表

尺寸/mm				截面面积 A/cm²	质量 /(kg/m)	表面积 /(m²/m)	$x-x$						$y-y$					x_1-x_1		y_1-y_1		$u-u$			
B	b	d	r				I_x /cm⁴	i_x /cm	$W_{x\,min}$ /cm³	$W_{x\,max}$ /cm³	I_y /cm⁴	i_y /cm	$W_{y\,min}$ /cm³	$W_{y\,max}$ /cm³			I_{x1} /cm⁴	y_0 /cm	I_{y1} /cm⁴	x_0 /cm	I_u /cm⁴	i_u /cm	W_u /cm³	$\tan\theta$
140	90	8	12	18.038	14.160	0.453	365.64	4.50	38.48	81.30	120.69	2.587	17.34	59.15	730.53	4.50	195.79	2.04	70.83	1.98	14.31	0.411
140	90	10	12	22.261	17.475	0.452	445.50	4.47	47.31	97.19	146.03	2.561	21.22	68.94	913.20	4.58	245.93	2.12	85.82	1.96	17.48	0.409
140	90	12	12	26.400	20.724	0.451	521.59	4.44	55.87	111.81	169.79	2.536	24.95	77.38	1 096.09	4.66	296.89	2.19	100.21	1.95	20.54	0.406
140	90	14	12	30.456	23.908	0.451	594.10	4.42	64.18	125.26	192.10	2.511	28.54	84.68	1 279.26	4.74	348.82	2.27	114.13	1.94	23.52	0.403
160	100	10	13	25.315	19.872	0.512	668.69	5.14	62.13	127.69	205.03	2.846	26.56	89.94	1 362.89	5.24	336.59	2.28	121.74	2.19	21.92	0.390
160	100	12	13	30.054	23.592	0.511	784.91	5.11	73.49	147.54	239.06	2.820	31.28	101.45	1 635.56	5.32	405.94	2.36	142.33	2.18	25.79	0.388
160	100	14	13	34.709	27.247	0.510	896.30	5.08	84.56	165.97	271.20	2.795	35.83	111.53	1 908.50	5.40	476.42	2.43	162.23	2.16	29.56	0.385
160	100	16	13	39.281	30.835	0.510	1 003.04	5.05	95.33	183.11	301.60	2.771	40.24	120.37	2 181.79	5.48	548.22	2.51	181.57	2.15	33.25	0.382
180	110	10	14	28.373	22.273	0.571	956.25	5.81	78.96	162.37	278.11	3.131	32.49	113.91	1 940.40	5.89	447.22	2.44	166.50	2.42	26.88	0.376
180	110	12	14	33.712	26.464	0.571	1 124.72	5.78	93.53	188.23	325.03	3.105	38.32	129.03	2 328.38	5.98	538.94	2.52	194.87	2.40	31.66	0.374
180	110	14	14	38.967	30.589	0.570	1 286.91	5.75	107.76	212.46	369.55	3.082	43.97	142.41	2 716.60	6.06	631.95	2.59	222.30	2.39	36.32	0.372
180	110	16	14	44.139	34.649	0.569	1 443.06	5.72	121.64	235.16	411.85	3.055	49.44	154.26	3 105.15	6.14	726.46	2.67	248.94	2.37	40.87	0.369
200	125	12	14	37.912	29.761	0.641	1 570.90	6.44	116.73	240.10	483.16	3.570	49.99	170.46	3 193.85	6.54	787.74	2.83	285.79	2.75	41.23	0.392
200	125	14	14	43.867	34.436	0.640	1 800.97	6.41	134.65	271.86	550.83	3.544	57.44	189.24	3 726.17	6.62	922.47	2.91	326.58	2.73	47.34	0.390
200	125	16	14	49.739	39.045	0.639	2 023.35	6.38	152.18	301.81	615.44	3.518	64.69	206.12	4 258.85	6.70	1 058.86	2.99	366.21	2.71	53.32	0.388
200	125	18	14	55.526	43.588	0.639	2 238.30	6.35	169.33	330.05	677.19	3.492	71.74	221.30	4 792.00	6.78	1 197.13	3.06	404.83	2.70	59.18	0.385

附表 8.3 热轧等边角钢组合截面特性表（按 GB 9787—1988 计算）

y-y 轴截面特性

a 为角钢肢背之间的距离，mm

角钢型号	两个角钢的截面积 /cm²	两个角钢的质量 /(kg/m)	$a=0$ mm W_y/cm³	$a=0$ mm i_y/cm	$a=4$ mm W_y/cm³	$a=4$ mm i_y/cm	$a=6$ mm W_y/cm³	$a=6$ mm i_y/cm	$a=8$ mm W_y/cm³	$a=8$ mm i_y/cm	$a=10$ mm W_y/cm³	$a=10$ mm i_y/cm	$a=12$ mm W_y/cm³	$a=12$ mm i_y/cm	$a=14$ mm W_y/cm³	$a=14$ mm i_y/cm	$a=16$ mm W_y/cm³	$a=16$ mm i_y/cm
2∟20×3	2.26	1.78	0.81	0.85	1.03	1.00	1.15	1.08	1.28	1.17	1.42	1.25	1.57	1.34	1.72	1.43	1.88	1.52
4	2.92	2.29	1.09	0.87	1.38	1.02	1.55	1.11	1.73	1.19	1.91	1.28	2.10	1.37	2.30	1.46	2.51	1.55
2∟25×3	2.86	2.25	1.26	1.05	1.52	1.20	1.66	1.27	1.82	1.36	1.98	1.44	2.15	1.53	2.33	1.61	2.52	1.70
4	3.72	2.92	1.69	1.07	2.04	1.22	2.21	1.30	2.44	1.38	2.66	1.47	2.89	1.55	3.13	1.64	3.38	1.73
2∟30×3	3.50	2.75	1.81	1.25	2.11	1.39	2.28	1.47	2.46	1.55	2.65	1.63	2.84	1.71	3.05	1.80	3.26	1.88
4	4.55	3.57	2.42	1.26	2.83	1.41	3.06	1.49	3.30	1.57	3.55	1.65	3.82	1.74	4.09	1.82	4.38	1.91
2∟36×3	4.22	3.31	2.60	1.49	2.95	1.63	3.14	1.70	3.35	1.78	3.56	1.86	3.79	1.94	4.02	2.03	4.27	2.11
4	5.51	4.33	3.47	1.51	3.95	1.65	4.21	1.73	4.49	1.80	4.78	1.89	5.08	1.97	5.39	2.05	5.72	2.14
5	6.76	5.31	4.36	1.52	4.96	1.67	5.30	1.75	5.64	1.83	6.01	1.91	6.39	1.99	6.78	2.08	7.19	2.16
2∟40×3	4.72	3.70	3.20	1.65	3.59	1.79	3.80	1.86	4.02	1.94	4.26	2.01	4.50	2.09	4.76	2.18	5.02	2.26
4	6.17	4.85	4.28	1.67	4.80	1.81	5.09	1.88	5.39	1.96	5.70	2.04	6.03	2.12	6.37	2.20	6.72	2.29
5	7.58	5.95	5.37	1.68	6.03	1.83	6.39	1.90	6.77	1.98	7.17	2.06	7.58	2.14	8.01	2.23	8.45	2.31
2∟45×3	5.32	4.18	4.05	1.85	4.48	1.99	4.71	2.06	4.95	2.14	5.21	2.21	5.47	2.29	5.75	2.37	6.04	2.45
4	6.97	5.47	5.41	1.87	5.99	2.01	6.30	2.08	6.63	2.16	6.97	2.24	7.33	2.32	7.70	2.40	8.09	2.48
5	8.58	6.74	6.78	1.89	7.51	2.03	7.91	2.10	8.32	2.18	8.76	2.26	9.21	2.34	9.67	2.42	10.15	2.50
6	10.15	7.97	8.16	1.90	9.05	2.05	9.53	2.12	10.04	2.20	10.56	2.28	11.10	2.36	11.66	2.44	12.24	2.53
2∟50×3	5.94	4.66	5.00	2.05	5.47	2.19	5.72	2.26	5.98	2.33	6.26	2.41	6.55	2.48	6.85	2.56	7.16	2.64
4	7.79	6.12	6.68	2.07	7.31	2.21	7.65	2.28	8.01	2.36	8.38	2.43	8.77	2.51	9.17	2.59	9.58	2.67
5	9.61	7.54	8.36	2.09	9.16	2.23	9.59	2.30	10.05	2.38	10.52	2.45	11.00	2.53	11.51	2.61	12.03	2.70
6	11.38	8.93	10.06	2.10	11.03	2.25	11.56	2.32	12.10	2.40	12.67	2.48	13.26	2.56	13.87	2.64	14.50	2.72

续表

$y-y$ 轴截面特性

a 为角钢肢背之间的距离，mm

角钢型号	两个角钢的截面积 /cm²	两个角钢的质量 /(kg/m)	$a=0$ mm W_y /cm³	i_y /cm	$a=4$ mm W_y /cm³	i_y /cm	$a=6$ mm W_y /cm³	i_y /cm	$a=8$ mm W_y /cm³	i_y /cm	$a=10$ mm W_y /cm³	i_y /cm	$a=12$ mm W_y /cm³	i_y /cm	$a=14$ mm W_y /cm³	i_y /cm	$a=16$ mm W_y /cm³	i_y /cm
2∟56×3	6.69	5.25	6.27	2.29	6.79	2.43	7.06	2.50	7.35	2.57	7.66	2.64	7.97	2.72	8.30	2.80	8.64	2.88
4	8.78	6.89	8.37	2.31	9.07	2.45	9.44	2.52	9.83	2.59	10.24	2.67	10.66	2.74	11.10	2.82	11.55	2.90
5	10.83	8.50	10.47	2.33	11.36	2.47	11.83	2.54	12.33	2.61	12.84	2.69	13.38	2.77	13.93	2.85	14.49	2.93
8	16.73	13.14	16.87	2.38	18.34	2.52	19.13	2.60	19.94	2.67	20.78	2.75	21.65	2.83	22.55	2.91	23.46	3.00
2∟63×4	9.96	7.81	10.59	2.59	11.36	2.72	11.78	2.79	12.21	2.87	12.66	2.94	13.12	3.02	13.60	3.09	14.10	3.17
5	12.29	9.64	13.25	2.61	14.23	2.74	14.75	2.82	15.30	2.89	15.86	2.96	16.45	3.04	17.05	3.12	17.67	3.20
6	14.58	11.44	15.92	2.62	17.11	2.76	17.75	2.83	18.41	2.91	19.09	2.98	19.80	3.06	20.53	3.14	21.28	3.22
8	19.03	14.94	21.31	2.66	22.94	2.80	23.80	2.87	24.70	2.95	25.62	3.03	26.58	3.10	27.56	3.18	28.57	3.26
10	23.31	18.30	26.77	2.69	28.85	2.84	29.95	2.91	31.09	2.99	32.26	3.07	33.46	3.15	34.70	3.23	35.97	3.31
2∟70×4	11.14	8.74	13.07	2.87	13.92	3.00	14.37	3.07	14.85	3.14	15.34	3.21	15.84	3.29	16.36	3.36	16.90	3.44
5	13.75	10.79	16.35	2.88	17.43	3.02	18.00	3.09	18.60	3.16	19.21	3.24	19.85	3.31	20.50	3.39	21.18	3.47
6	16.32	12.81	19.64	2.90	20.95	3.04	21.64	3.11	22.36	3.18	23.11	3.26	23.88	3.33	24.67	3.41	25.48	3.49
7	18.85	14.80	22.94	2.92	24.49	3.06	25.31	3.13	26.16	3.20	27.03	3.28	27.94	3.36	28.86	3.43	29.82	3.51
8	21.33	16.75	26.26	2.94	28.05	3.08	29.00	3.15	29.97	3.22	30.98	3.30	32.02	3.38	33.09	3.46	34.18	3.54
2∟75×5	14.82	11.64	18.76	3.08	19.91	3.22	20.52	3.29	21.15	3.36	21.81	3.43	22.48	3.50	23.17	3.58	23.89	3.66
6	17.59	13.81	22.54	3.10	23.93	3.24	24.67	3.31	25.43	3.38	26.22	3.45	27.04	3.53	27.87	3.60	28.73	3.68
7	20.32	15.95	26.32	3.12	27.97	3.26	28.84	3.33	29.74	3.40	30.67	3.47	31.62	3.55	32.60	3.63	33.61	3.71
8	23.01	18.06	30.13	3.13	32.03	3.27	33.03	3.35	34.07	3.42	35.13	3.50	36.23	3.57	37.36	3.65	38.52	3.73
10	28.25	22.18	37.79	3.17	40.22	3.31	41.49	3.38	42.81	3.46	44.16	3.54	45.55	3.61	46.97	3.69	48.43	3.77

附录 8 常用型钢规格及截面特性

续表

y-y 轴截面特性
a 为角钢肢背之间的距离，mm

角钢型号	两个角钢的截面面积/cm²	两个角钢的质量/(kg/m)	$a=0$ mm		$a=4$ mm		$a=6$ mm		$a=8$ mm		$a=10$ mm		$a=12$ mm		$a=14$ mm		$a=16$ mm	
			W_y/cm³	i_y/cm	W_y/cm³	i_y/cm	W_y/cm³	i_y/cm	W_y/cm³	i_y/cm	W_y/cm³	i_y/cm	W_y/cm³	i_y/cm	W_y/cm³	i_y/cm	W_y/cm³	i_y/cm
2∟80×5	15.82	12.42	21.34	3.28	22.56	3.42	23.20	3.49	23.86	3.56	24.55	3.63	25.26	3.71	25.99	3.78	26.74	3.86
6	18.79	14.75	25.63	3.30	27.10	3.44	27.88	3.51	28.69	3.58	29.52	3.65	30.37	3.73	31.25	3.80	32.15	3.88
7	21.72	17.05	29.93	3.32	31.67	3.46	32.59	3.53	33.53	3.60	34.51	3.67	35.51	3.75	36.54	3.83	37.60	3.90
8	24.61	19.32	34.24	3.34	36.25	3.48	37.31	3.55	38.40	3.62	39.53	3.70	40.68	3.77	41.87	3.85	43.08	3.93
10	30.25	23.75	42.93	3.37	45.50	3.51	46.84	3.58	48.23	3.66	49.65	3.74	51.11	3.81	52.61	3.89	54.14	3.97
2∟90×6	21.27	16.70	32.41	3.70	34.06	3.84	34.92	3.91	35.81	3.98	36.72	4.05	37.66	4.12	38.63	4.20	39.62	4.27
7	24.60	19.31	37.84	3.72	39.78	3.86	40.79	3.93	41.84	4.00	42.91	4.07	44.02	4.14	45.15	4.22	46.31	4.30
8	27.89	21.89	43.29	3.74	45.52	3.88	46.69	3.95	47.90	4.02	49.13	4.09	50.40	4.17	51.71	4.24	53.04	4.32
10	34.33	26.95	54.24	3.77	57.08	3.91	58.57	3.98	60.09	4.06	61.66	4.13	63.27	4.21	64.91	4.28	66.59	4.36
12	40.61	31.88	65.28	3.80	68.75	3.95	70.56	4.02	72.42	4.09	74.32	4.17	76.27	4.25	78.26	4.32	80.30	4.40
2∟100×6	23.86	18.73	40.01	4.09	41.82	4.23	42.77	4.30	43.75	4.37	44.75	4.44	45.78	4.51	46.83	4.58	47.91	4.66
7	27.59	21.66	46.71	4.11	48.84	4.25	49.95	4.32	51.10	4.39	52.27	4.46	53.48	4.53	54.72	4.61	55.98	4.68
8	31.28	24.55	53.42	4.13	55.87	4.27	57.16	4.34	58.48	4.41	59.83	4.48	61.22	4.55	62.64	4.63	64.09	4.70
10	38.52	30.24	66.90	4.17	70.02	4.31	71.65	4.38	73.32	4.45	75.03	4.52	76.79	4.60	78.58	4.67	80.41	4.75
12	45.60	35.80	80.47	4.20	84.28	4.34	86.26	4.41	88.29	4.49	90.37	4.56	92.50	4.64	94.67	4.71	96.89	4.79
14	52.51	41.22	94.15	4.23	98.66	4.38	101.00	4.45	103.40	4.53	105.85	4.60	108.36	4.68	110.92	4.75	113.52	4.83
16	59.25	46.51	107.96	4.27	113.16	4.41	115.89	4.49	118.66	4.56	121.49	4.64	124.38	4.72	127.33	4.80	130.33	4.87

续表

$y\text{-}y$ 轴截面特性
a 为角钢肢背之间的距离，mm

角钢型号		两个角钢的截面积 /cm²	两个角钢的质量 /(kg/m)	$a=0$ mm		$a=4$ mm		$a=6$ mm		$a=8$ mm		$a=10$ mm		$a=12$ mm		$a=14$ mm		$a=16$ mm	
				W_y /cm³	i_y /cm	W_y /cm³	i_y /cm	W_y /cm³	i_y /cm	W_y /cm³	i_y /cm	W_y /cm³	i_y /cm	W_y /cm³	i_y /cm	W_y /cm³	i_y /cm	W_y /cm³	i_y /cm
2∟110×7		30.39	23.86	56.48	4.52	58.80	4.65	60.01	4.72	61.25	4.79	62.52	4.86	63.82	4.94	65.15	5.01	66.51	5.08
	8	34.48	27.06	64.58	4.54	67.25	4.67	68.65	4.74	70.07	4.81	71.54	4.88	73.03	4.96	74.56	5.03	76.13	5.10
	10	42.52	33.38	80.84	4.57	84.24	4.71	86.00	4.78	87.81	4.85	89.66	4.92	91.56	5.00	93.49	5.07	95.46	5.15
	12	50.40	39.56	97.20	4.61	101.34	4.75	103.48	4.82	105.68	4.89	107.93	4.96	110.22	5.04	112.57	5.11	114.96	5.19
	14	58.11	45.62	113.67	4.64	118.56	4.78	121.10	4.85	123.69	4.93	126.34	5.00	129.05	5.08	131.81	5.15	134.62	5.23
2∟125×8		39.50	31.01	83.36	5.14	86.36	5.27	87.92	5.34	89.52	5.41	91.15	5.48	92.81	5.55	94.52	5.62	96.25	5.69
	10	48.75	38.27	104.31	5.17	108.12	5.31	110.09	5.38	112.11	5.45	114.17	5.52	116.28	5.59	118.43	5.66	120.62	5.74
	12	57.82	45.39	125.35	5.21	129.98	5.34	132.38	5.41	134.84	5.48	137.34	5.56	139.89	5.63	142.49	5.70	145.15	5.78
	14	66.73	52.39	146.50	5.24	151.98	5.38	154.82	5.45	157.71	5.52	160.66	5.59	163.67	5.67	166.73	5.74	169.85	5.82
2∟140×10		54.75	42.98	130.73	5.78	134.94	5.92	137.12	5.98	139.34	6.05	141.61	6.12	143.92	6.20	146.27	6.27	148.67	6.34
	12	65.02	51.04	157.04	5.81	162.16	5.95	164.81	6.02	167.50	6.09	170.25	6.16	173.06	6.23	175.91	6.31	178.81	6.38
	14	75.13	58.98	183.46	5.85	189.51	5.98	192.63	6.06	195.82	6.13	199.06	6.20	202.36	6.27	205.72	6.34	209.13	6.42
	16	85.08	66.79	210.01	5.88	217.01	6.02	220.62	6.09	224.29	6.16	228.03	6.23	231.84	6.31	235.71	6.38	239.64	6.46
2∟160×10		63.00	49.46	170.67	6.58	175.42	6.72	177.87	6.78	180.37	6.85	182.91	6.92	185.50	6.99	188.14	7.06	190.81	7.13
	12	74.88	58.78	204.95	6.62	210.43	6.75	213.70	6.82	216.73	6.89	219.81	6.96	222.95	7.03	226.14	7.10	229.38	7.17
	14	86.59	67.97	239.33	6.65	246.10	6.79	249.67	6.86	253.24	6.93	256.87	7.00	260.56	7.07	264.32	7.14	268.13	7.21
	16	98.13	77.04	273.85	6.68	281.74	6.82	285.79	6.89	289.91	6.96	294.10	7.03	298.36	7.10	302.68	7.18	307.07	7.25

续表

y-y 轴截面特性
a 为角钢肢背之间的距离,mm

角钢型号	两个角钢的截面面积 /cm²	两个角钢的质量 /(kg/m)	$a=0$ mm W_y /cm³	$a=0$ mm i_y /cm	$a=4$ mm W_y /cm³	$a=4$ mm i_y /cm	$a=6$ mm W_y /cm³	$a=6$ mm i_y /cm	$a=8$ mm W_y /cm³	$a=8$ mm i_y /cm	$a=10$ mm W_y /cm³	$a=10$ mm i_y /cm	$a=12$ mm W_y /cm³	$a=12$ mm i_y /cm	$a=14$ mm W_y /cm³	$a=14$ mm i_y /cm	$a=16$ mm W_y /cm³	$a=16$ mm i_y /cm
2∟180×12	84.48	66.32	259.20	7.43	265.62	7.56	268.92	7.63	272.27	7.70	275.68	7.77	279.14	7.84	282.66	7.91	286.23	7.98
14	97.79	76.77	302.61	7.46	310.19	7.60	314.07	7.67	318.02	7.74	322.04	7.81	326.11	7.88	330.25	7.95	334.45	8.02
16	110.93	87.08	346.14	7.49	354.90	7.63	359.38	7.70	363.94	7.77	368.57	7.84	373.27	7.91	378.03	7.98	382.86	8.06
18	123.91	97.27	389.82	7.53	399.77	7.66	404.86	7.73	410.04	7.80	415.29	7.87	420.62	7.95	426.02	8.02	431.50	8.09
2∟200×14	109.28	85.79	373.41	8.27	381.75	8.40	386.02	8.47	390.36	8.54	394.76	8.61	399.22	8.67	403.75	8.75	408.33	8.82
16	124.03	97.36	427.04	8.30	436.67	8.43	441.59	8.50	446.59	8.57	451.66	8.64	456.80	8.71	462.02	8.78	467.30	8.85
18	138.60	108.80	480.81	8.33	491.75	8.47	497.34	8.53	503.01	8.60	508.76	8.67	514.59	8.75	520.50	8.82	526.48	8.89
20	153.01	120.11	534.75	8.36	547.01	8.50	553.28	8.57	559.63	8.64	566.07	8.71	572.60	8.78	579.21	8.85	585.91	8.92
24	181.32	142.34	643.20	8.42	658.16	8.56	665.80	8.63	673.55	8.71	681.39	8.78	689.34	8.85	697.38	8.92	705.52	9.00

附表 8.4 热轧不等边角钢组合截面特性表（按 GB 9788—1988 计算）

角钢型号	两角钢的截面积 /cm²	两角钢的质量 /(kg/m)	长肢相连时绕 y-y 轴回转半径 i_y/cm									短肢相连时绕 y-y 轴回转半径 i_y/cm								
			$a=$ 0 mm	$a=$ 4 mm	$a=$ 6 mm	$a=$ 8 mm	$a=$ 10 mm	$a=$ 12 mm	$a=$ 14 mm	$a=$ 16 mm	$a=$ 0 mm	$a=$ 4 mm	$a=$ 6 mm	$a=$ 8 mm	$a=$ 10 mm	$a=$ 12 mm	$a=$ 14 mm	$a=$ 16 mm
2 L 25×16×3	2.32	1.82	0.61	0.76	0.84	0.93	1.02	1.11	1.20	1.30	1.16	1.32	1.40	1.48	1.57	1.66	1.74	1.83
4	3.00	2.35	0.63	0.78	0.87	0.96	1.05	1.14	1.23	1.33	1.18	1.34	1.42	1.51	1.60	1.68	1.77	1.86
2 L 32×20×3	2.98	2.24	0.74	0.89	0.97	1.05	1.14	1.23	1.32	1.41	1.48	1.63	1.71	1.79	1.88	1.96	2.05	2.14
4	3.88	3.04	0.76	0.91	0.99	1.08	1.16	1.25	1.34	1.44	1.50	1.66	1.74	1.82	1.90	1.99	2.08	2.17
2 L 40×25×3	3.78	2.97	0.92	1.06	1.13	1.21	1.30	1.38	1.47	1.56	1.84	1.99	2.07	2.14	2.23	2.31	2.39	2.48
4	4.93	3.87	0.93	1.08	1.16	1.24	1.32	1.41	1.50	1.58	1.86	2.01	2.09	2.17	2.25	2.34	2.42	2.51
2 L 45×28×3	4.30	3.37	1.02	1.15	1.23	1.31	1.39	1.47	1.56	1.64	2.06	2.21	2.28	2.36	2.44	2.52	2.60	2.69
4	5.61	4.41	1.03	1.18	1.25	1.33	1.41	1.50	1.59	1.67	2.08	2.23	2.31	2.39	2.47	2.55	2.63	2.72
2 L 50×32×3	4.86	3.82	1.17	1.30	1.37	1.45	1.53	1.61	1.69	1.78	2.27	2.41	2.49	2.56	2.64	2.72	2.81	2.89
4	6.35	4.99	1.18	1.32	1.40	1.47	1.55	1.64	1.72	1.81	2.29	2.44	2.51	2.59	2.67	2.75	2.84	2.92
2 L 56×36×3	5.49	4.31	1.31	1.44	1.51	1.59	1.66	1.74	1.83	1.91	2.53	2.67	2.75	2.82	2.90	2.98	3.06	3.14
4	7.18	5.64	1.33	1.46	1.53	1.61	1.69	1.77	1.85	1.94	2.55	2.70	2.77	2.85	2.93	3.01	3.09	3.17
5	8.83	6.93	1.34	1.48	1.56	1.63	1.71	1.79	1.88	1.96	2.57	2.72	2.80	2.88	2.96	3.04	3.12	3.20
2 L 63×40×4	8.12	6.37	1.46	1.59	1.66	1.74	1.81	1.89	1.97	2.06	2.86	3.01	3.09	3.16	3.24	3.32	3.40	3.48
5	9.99	7.84	1.47	1.61	1.68	1.76	1.84	1.92	2.00	2.08	2.89	3.03	3.11	3.19	3.27	3.35	3.43	3.51
6	11.82	9.28	1.49	1.63	1.71	1.78	1.86	1.94	2.03	2.11	2.91	3.06	3.13	3.21	3.29	3.37	3.45	3.53
7	13.60	10.68	1.51	1.65	1.73	1.81	1.89	1.97	2.05	2.14	2.93	3.08	3.16	3.24	3.32	3.40	3.48	3.56
2 L 70×45×4	9.11	7.15	1.64	1.77	1.84	1.91	1.99	2.07	2.15	2.23	3.17	3.31	3.39	3.46	3.54	3.62	3.69	3.77
5	11.22	8.81	1.66	1.79	1.86	1.94	2.01	2.09	2.17	2.25	3.19	3.34	3.41	3.49	3.57	3.64	3.72	3.80
6	13.29	10.43	1.67	1.81	1.88	1.96	2.04	2.11	2.20	2.28	3.21	3.36	3.44	3.51	3.59	3.67	3.75	3.83
7	15.31	12.02	1.69	1.83	1.90	1.98	2.06	2.14	2.22	2.30	3.23	3.38	3.46	3.54	3.61	3.69	3.77	3.86

附录 8　常用型钢规格及截面特性

续表

角钢型号		两角钢的截面面积 /cm²	两角钢的质量 /(kg/m)	长肢相连时绕 y-y 轴回转半径 i_y/cm									短肢相连时绕 y-y 轴回转半径 i_y/cm								
				$a=$ 0 mm	$a=$ 4 mm	$a=$ 6 mm	$a=$ 8 mm	$a=$ 10 mm	$a=$ 12 mm	$a=$ 14 mm	$a=$ 16 mm	$a=$ 0 mm	$a=$ 4 mm	$a=$ 6 mm	$a=$ 8 mm	$a=$ 10 mm	$a=$ 12 mm	$a=$ 14 mm	$a=$ 16 mm
2 ∟ 75×50×5		12.25	9.62	1.85	1.99	2.06	2.13	2.20	2.28	2.36	2.44	3.39	3.53	3.60	3.68	3.76	3.83	3.91	3.99
	6	14.52	11.40	1.87	2.00	2.08	2.15	2.23	2.30	2.38	2.46	3.41	3.55	3.63	3.70	3.78	3.86	3.94	4.02
	8	18.93	14.86	1.90	2.04	2.12	2.19	2.27	2.35	2.43	2.51	3.45	3.60	3.67	3.75	3.83	3.91	3.99	4.07
	10	23.18	18.20	1.94	2.08	2.16	2.24	2.31	2.40	2.48	2.56	3.49	3.64	3.71	3.79	3.87	3.95	4.03	4.12
2 ∟ 80×50×5		12.75	10.01	1.82	1.95	2.02	2.09	2.17	2.24	2.32	2.40	3.66	3.80	3.88	3.95	4.03	4.10	4.18	4.26
	6	15.12	11.87	1.83	1.97	2.04	2.11	2.19	2.27	2.34	2.43	3.68	3.82	3.90	3.98	4.05	4.13	4.21	4.29
	7	17.45	13.70	1.85	1.99	2.06	2.13	2.21	2.29	2.37	2.45	3.70	3.85	3.92	4.00	4.08	4.16	4.23	4.32
	8	19.73	15.49	1.86	2.00	2.08	2.15	2.23	2.31	2.39	2.47	3.72	3.87	3.94	4.02	4.10	4.18	4.26	4.34
2 ∟ 90×56×5		14.42	11.32	2.02	2.15	2.22	2.29	2.36	2.44	2.52	2.59	4.10	4.25	4.32	4.39	4.47	4.55	4.62	4.70
	6	17.11	13.43	2.04	2.17	2.24	2.31	2.39	2.46	2.54	2.62	4.12	4.27	4.34	4.42	4.50	4.57	4.65	4.73
	7	19.76	15.51	2.05	2.19	2.26	2.33	2.41	2.48	2.56	2.64	4.15	4.29	4.37	4.44	4.52	4.60	4.68	4.76
	8	22.37	17.56	2.07	2.21	2.28	2.35	2.43	2.51	2.59	2.67	4.17	4.31	4.39	4.47	4.54	4.62	4.70	4.78
2 ∟ 100×63×6		19.23	15.10	2.29	2.42	2.49	2.56	2.63	2.71	2.78	2.86	4.56	4.70	4.77	4.85	4.92	5.00	5.08	5.16
	7	22.22	17.44	2.31	2.44	2.51	2.58	2.65	2.73	2.80	2.88	4.58	4.72	4.80	4.87	4.95	5.03	5.10	5.18
	8	25.17	19.76	2.32	2.46	2.53	2.60	2.67	2.75	2.83	2.91	4.60	4.75	4.82	4.90	4.97	5.05	5.13	5.21
	10	30.93	24.28	2.35	2.49	2.57	2.64	2.72	2.79	2.87	2.95	4.64	4.79	4.86	4.94	5.02	5.10	5.18	5.26
2 ∟ 100×80×6		21.27	16.70	3.11	3.24	3.31	3.38	3.45	3.52	3.59	3.67	4.33	4.47	4.54	4.62	4.69	4.76	4.84	4.91
	7	24.60	19.31	3.12	3.26	3.32	3.39	3.47	3.54	3.61	3.69	4.35	4.49	4.57	4.64	4.71	4.79	4.86	4.94
	8	27.89	21.89	3.14	3.27	3.34	3.41	3.49	3.56	3.64	3.71	4.37	4.51	4.59	4.66	4.73	4.81	4.88	4.96
	10	34.33	26.95	3.17	3.31	3.38	3.45	3.53	3.60	3.68	3.75	4.41	4.55	4.63	4.70	4.78	4.85	4.93	5.01
2 ∟ 110×70×6		21.27	16.70	2.55	2.68	2.74	2.81	2.88	2.96	3.03	3.11	5.00	5.14	5.21	5.29	5.36	5.44	5.51	5.59
	7	24.60	19.31	2.56	2.69	2.76	2.83	2.90	2.98	3.05	3.13	5.02	5.16	5.24	5.31	5.39	5.46	5.53	5.62
	8	27.89	21.89	2.58	2.71	2.78	2.85	2.92	3.00	3.07	3.15	5.04	5.19	5.26	5.34	5.41	5.49	5.56	5.64
	10	34.33	26.95	2.61	2.74	2.82	2.89	2.96	3.04	3.12	3.19	5.08	5.23	5.30	5.38	5.46	5.53	5.61	5.69

续表

角钢型号	两角钢的截面面积 /cm²	两角钢的质量 /(kg/m)	长肢相连时绕 y-y 轴回转半径 i_y/cm									短肢相连时绕 y-y 轴回转半径 i_y/cm								
			$a=$ 0 mm	$a=$ 4 mm	$a=$ 6 mm	$a=$ 8 mm	$a=$ 10 mm	$a=$ 12 mm	$a=$ 14 mm	$a=$ 16 mm	$a=$ 0 mm	$a=$ 4 mm	$a=$ 6 mm	$a=$ 8 mm	$a=$ 10 mm	$a=$ 12 mm	$a=$ 14 mm	$a=$ 16 mm
2∟125×80×7	28.19	22.13	2.92	3.05	3.13	3.18	3.25	3.33	3.40	3.47	5.68	5.82	5.90	5.97	6.04	6.12	6.20	6.27
8	31.98	25.10	2.94	3.07	3.15	3.20	3.27	3.35	3.42	3.49	5.70	5.85	5.92	5.99	6.07	6.14	6.22	6.30
10	39.42	30.95	2.97	3.10	3.17	3.24	3.31	3.39	3.46	3.54	5.74	5.89	5.96	6.04	6.11	6.19	6.27	6.34
12	46.70	36.66	3.00	3.13	3.20	3.28	3.35	3.43	3.50	3.58	5.78	5.93	6.00	6.08	6.16	6.23	6.31	6.39
2∟140×90×8	36.08	28.32	3.29	3.42	3.49	3.56	3.63	3.70	3.77	3.84	6.36	6.51	6.58	6.65	6.73	6.80	6.88	6.95
10	44.52	34.95	3.32	3.45	3.52	3.59	3.66	3.73	3.81	3.88	6.40	6.55	6.62	6.70	6.77	6.85	6.92	7.00
12	52.80	41.45	3.35	3.49	3.56	3.63	3.70	3.77	3.85	3.92	6.44	6.59	6.66	6.74	6.81	6.89	6.97	7.04
14	60.91	47.82	3.38	3.52	3.59	3.66	3.74	3.81	3.89	3.97	6.48	6.63	6.70	6.78	6.86	6.93	7.01	7.09
2∟160×100×10	50.63	39.74	3.65	3.77	3.84	3.91	3.98	4.05	4.12	4.19	7.34	7.48	7.55	7.63	7.70	7.78	7.85	7.93
12	60.11	47.18	3.68	3.81	3.87	3.94	4.01	4.09	4.16	4.23	7.38	7.52	7.60	7.67	7.75	7.82	7.90	7.97
14	69.42	54.49	3.70	3.84	3.91	3.98	4.05	4.12	4.20	4.27	7.42	7.56	7.64	7.71	7.79	7.86	7.94	8.02
16	78.56	61.67	3.74	3.87	3.94	4.02	4.09	4.16	4.24	4.31	7.45	7.60	7.68	7.75	7.83	7.90	7.98	8.06
2∟180×110×10	56.75	44.55	3.97	4.10	4.16	4.23	4.30	4.36	4.44	4.51	8.27	8.41	8.49	8.56	8.63	8.71	8.78	8.36
12	67.42	52.93	4.00	4.13	4.19	4.26	4.33	4.40	4.47	4.54	8.31	8.46	8.53	8.60	8.68	8.75	8.83	8.90
14	77.93	61.18	4.03	4.16	4.23	4.30	4.37	4.44	4.51	4.58	8.35	8.50	8.57	8.64	8.72	8.79	8.87	8.95
16	88.28	69.30	4.06	4.19	4.26	4.33	4.40	4.47	4.55	4.62	8.39	8.53	8.61	8.68	8.76	8.84	8.91	8.99
2∟200×125×12	75.82	59.52	4.56	4.69	4.75	4.82	4.88	4.95	5.02	5.09	9.18	9.32	9.39	9.47	9.54	9.62	9.69	9.76
14	87.73	68.87	4.59	4.72	4.78	4.85	4.92	4.99	5.06	5.13	9.22	9.36	9.43	9.51	9.58	9.66	9.73	9.81
16	99.48	78.09	4.61	4.75	4.81	4.88	4.95	5.02	5.09	5.17	9.25	9.40	9.47	9.55	9.62	9.70	9.77	9.85
18	111.05	87.18	4.64	4.78	4.85	4.92	4.99	5.06	5.13	5.21	9.29	9.44	9.51	9.59	9.66	9.74	9.81	9.89

附表 8.5　热轧普通工字钢规格及截面特性（按 GB 706—1988 计算）

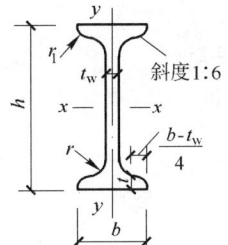

I—截面惯性矩；
W—截面抵抗矩；
S—半截面面积矩；
i—截面回转半径。

型号	尺寸/mm						截面面积 A/cm²	每米质量 /(kg/m)	截面特性					
									x-x 轴				y-y 轴		
	h	b	t_w	t	r	r_1			I_x/cm⁴	W_x/cm³	S_x/cm³	i_x/cm	I_y/cm⁴	W_y/cm³	i_y/cm
I 10	100	68	4.5	7.6	6.5	3.3	14.33	11.25	245	49.0	28.2	4.14	32.8	9.6	1.51
I 12.6	126	74	5.0	8.4	7.0	3.5	18.10	14.21	488	77.4	44.2	5.19	46.9	12.7	1.61
I 14	140	80	5.5	9.1	7.5	3.8	21.50	16.88	712	101.7	58.4	5.75	64.3	16.1	1.73
I 16	160	88	6.0	9.9	8.0	4.0	26.11	20.50	1 127	140.9	80.8	6.57	93.1	21.1	1.89
I 18	180	94	6.5	10.7	8.5	4.3	30.74	24.13	1 699	185.4	106.5	7.37	122.9	26.2	2.00
I 20a	200	100	7.0	11.4	9.0	4.5	35.55	27.91	2 369	236.9	136.1	8.16	157.9	31.6	2.11
I 20b	200	102	9.0	11.4	9.0	4.5	39.55	31.05	2 502	250.2	146.1	7.95	169.0	33.1	2.07
I 22a	220	110	7.5	12.3	9.5	4.8	42.10	33.05	3 406	309.6	177.7	8.99	225.9	41.1	2.32
I 22b	220	112	9.5	12.3	9.5	4.8	46.50	36.50	3 583	325.8	189.8	8.78	240.2	42.9	2.27
I 25a	250	116	8.0	13.0	10.0	5.0	48.51	38.08	5 017	401.4	230.7	10.17	280.4	48.4	2.40
I 25b	250	118	10.0	13.0	10.0	5.0	53.51	42.01	5 278	422.2	246.3	9.93	297.3	50.4	2.36
I 28a	280	122	8.5	13.7	10.5	5.3	55.37	43.47	7 115	508.2	292.7	11.34	344.1	56.4	2.49
I 28b	280	124	10.5	13.7	10.5	5.3	60.97	47.86	7 481	534.4	312.3	11.08	363.8	58.7	2.44
I 32a	320	130	9.5	15.0	11.5	5.8	67.12	52.69	11 080	692.5	400.5	12.85	459.0	70.6	2.62
I 32b	320	132	11.5	15.0	11.5	5.8	73.52	57.71	11 626	726.7	426.1	12.58	483.8	73.3	2.57
I 32c	320	134	13.5	15.0	11.5	5.8	79.92	62.74	12 173	760.8	451.7	12.34	510.1	76.1	2.53
I 36a	360	136	10.0	15.8	12.0	6.0	76.44	60.00	15 796	877.6	508.8	12.38	554.9	81.6	2.69
I 36b	360	138	12.0	15.8	12.0	6.0	83.64	65.66	16 574	920.8	541.2	14.08	583.6	84.6	2.64
I 36c	360	140	14.0	15.8	12.0	6.0	90.84	71.31	17 351	964.0	573.6	13.82	614.0	87.7	2.60
I 40a	400	142	10.5	16.5	12.5	6.3	86.07	67.56	21 714	1 085.7	631.2	15.88	659.9	92.9	2.77
I 40b	400	144	12.5	16.5	12.5	6.3	94.07	73.84	22 781	1 139.0	671.0	15.56	692.8	96.2	2.71
I 40c	400	146	14.5	16.5	12.5	6.3	102.07	80.12	23 847	1 192.4	711.0	15.29	727.5	99.7	2.67
I 45a	450	150	11.5	18.0	13.5	6.8	102.40	80.38	32 241	1 432.9	836.4	17.74	855.0	114.0	2.89
I 45b	450	152	13.5	18.0	13.5	6.8	111.40	87.45	33 759	1 500.4	887.1	17.41	895.4	117.8	2.84
I 45c	450	154	15.5	18.0	13.5	6.8	120.40	94.51	35 278	1 567.9	937.7	17.12	938.0	121.8	2.79
I 50a	500	158	12.0	20.0	14.0	7.0	119.25	93.61	46 472	1 858.9	1 084.1	19.74	1 121.5	142.0	3.07
I 50b	500	160	14.0	20.0	14.0	7.0	129.25	101.46	48 556	1 942.2	1 146.6	19.38	1 171.4	146.4	3.01
I 50c	500	162	16.0	20.0	14.0	7.0	139.25	109.31	50 639	2 025.6	1 209.1	19.07	1 223.9	151.1	2.96
I 56a	560	166	12.5	21.0	14.5	7.3	135.38	106.27	65 576	2 342.0	1 368.8	22.01	1 365.8	164.6	3.18
I 56b	560	168	14.5	21.0	14.5	7.3	146.58	115.06	68 503	2 446.5	1 447.2	21.62	1 423.8	169.5	3.12
I 56c	560	170	16.5	21.0	14.5	7.3	157.78	123.85	71 430	2 551.1	1 525.6	21.28	1 484.8	174.7	3.07
I 63a	630	176	13.0	22.0	15.0	7.5	154.59	121.36	94 004	2 984.3	1 747.4	24.66	1 702.6	193.5	3.32
I 63b	630	178	15.0	22.0	15.0	7.5	167.19	131.35	98 171	3 116.6	1 846.6	24.23	1 770.7	199.0	3.25
I 63c	630	180	17.0	22.0	15.0	7.5	179.79	141.14	102 339	3 248.9	1 945.9	23.86	1 842.4	204.7	3.20

注：普通工字钢的通常长度：I 10～I 18，为 5～19 m；I 20～I 63，为 6～19 m。

附表8.6 热轧轻型工字钢规格及截面特性（按 YB 163—1963 计算）

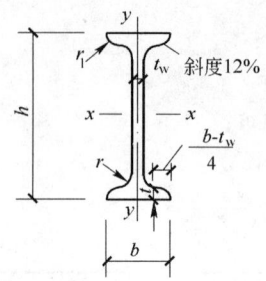

I—截面惯性矩；
W—截面抵抗矩；
S—半截面面积矩；
i—截面回转半径。

型号	尺寸/mm						截面面积 A/cm^2	每米质量 /(kg/m)	截面特性						
									x-x 轴				y-y 轴		
	h	b	t_w	t	r	r_1			I_x /cm^4	W_x /cm^3	S_x /cm^3	i_x /cm	I_y /cm^4	W_y /cm^3	i_y /cm
Ⅰ10	100	55	4.5	7.2	7.0	2.5	12.05	9.46	198	39.7	23.0	4.06	17.9	6.5	1.22
Ⅰ12	120	64	4.8	7.3	7.5	3.0	14.71	11.55	351	58.4	33.7	4.88	27.9	8.7	1.38
Ⅰ14	140	73	4.9	7.5	8.0	3.0	17.43	13.68	572	81.7	46.8	5.73	41.9	11.5	1.55
Ⅰ16	160	81	5.0	7.8	8.5	3.5	20.24	15.89	873	109.2	62.3	6.57	58.6	14.5	1.70
Ⅰ18	180	90	5.1	8.1	9.0	3.5	23.38	18.35	1 288	143.1	81.4	7.42	82.6	18.4	1.88
Ⅰ18a	180	100	5.1	8.3	9.0	3.5	25.38	19.92	1 431	159.0	89.8	7.51	114.2	22.8	2.12
Ⅰ20	200	100	5.2	8.4	9.5	4.0	26.81	21.04	1 840	184.0	104.2	8.28	115.4	23.1	2.08
Ⅰ20a	200	110	5.2	8.6	9.5	4.0	28.91	22.69	2 027	202.7	114.1	8.37	154.9	28.2	2.32
Ⅰ22	220	110	5.4	8.7	10.0	4.0	30.62	24.04	2 554	232.1	131.2	9.13	157.4	28.6	2.27
Ⅰ22a	220	120	5.4	8.9	10.0	4.0	32.82	25.76	2 792	253.8	142.7	9.22	205.9	34.3	2.50
Ⅰ24	240	115	5.6	9.5	10.5	4.0	34.83	27.35	3 465	288.7	163.1	9.97	198.5	34.5	2.39
Ⅰ24a	240	125	5.6	9.8	10.5	4.0	37.45	29.40	3 801	316.7	177.9	10.07	260.0	41.6	2.63
Ⅰ27	270	125	6.0	9.8	11.0	4.5	40.17	31.54	5 011	371.2	210.0	11.17	259.6	41.5	2.54
Ⅰ27a	270	135	6.0	10.2	11.0	4.5	43.17	33.89	5 500	407.4	229.1	11.29	337.5	50.0	2.80
Ⅰ30	300	135	6.5	10.2	12.0	5.0	46.48	36.49	7 084	472.3	267.8	12.35	337.0	49.9	2.69
Ⅰ30a	300	145	6.5	10.7	12.0	5.0	49.91	39.18	7 776	518.4	292.1	12.48	435.8	60.1	2.95
Ⅰ33	330	140	7.0	11.2	13.0	5.0	53.82	42.25	9 845	596.6	339.2	13.52	419.4	59.9	2.79
Ⅰ36	360	145	7.5	12.3	14.0	6.0	61.86	48.56	13 377	743.2	423.3	14.71	515.8	71.2	2.89
Ⅰ40	400	155	8.0	13.0	15.0	6.0	71.44	56.08	18 932	946.6	540.1	16.28	666.3	86.0	3.05
Ⅰ45	450	160	8.6	14.2	16.0	7.0	83.03	65.18	27 446	1 219.8	699.0	18.18	806.9	100.9	3.12
Ⅰ50	500	170	9.5	15.2	17.0	7.0	97.84	76.81	39 295	1 571.8	905.0	20.04	1 041.8	122.5	3.26
Ⅰ55	550	180	10.3	16.5	18.0	7.0	114.43	89.83	55 155	2 005.6	1 157.7	21.95	1 353.0	150.3	3.44
Ⅰ60	600	190	11.1	17.8	20.0	8.0	132.46	103.98	75 456	2 515.2	1 455.0	23.07	1 720.1	181.1	3.60
Ⅰ65	650	200	12.0	19.2	22.0	9.0	152.80	119.94	101 412	3 120.4	1 809.4	25.76	2 170.1	217.0	3.77
Ⅰ70	700	210	13.0	20.8	24.0	10.0	176.03	138.18	134 609	3 846.0	2 235.1	27.65	2 733.3	260.3	3.94
Ⅰ70a	700	210	15.0	24.0	24.0	10.0	201.67	158.31	152 706	4 363.0	2 547.5	27.52	3 243.5	308.9	4.01
Ⅰ70b	700	210	17.5	28.2	24.0	10.0	234.14	183.80	175 374	5 010.7	2 941.6	27.37	3 914.7	372.8	4.09

注：轻型工字钢的通常长度：Ⅰ10～Ⅰ18，为 5～19 m；Ⅰ20～Ⅰ70，为 6～19 m。

附表 8.7　热轧普通槽钢的规格及截面特性(按 GB 707—1988 计算)

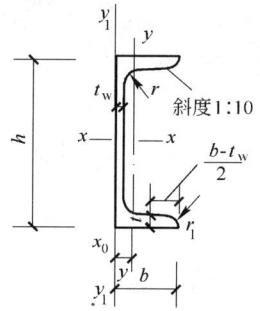

I—截面惯性矩；
W—截面抵抗矩；
S—半截面面积矩；
i—截面回转半径。

型号	尺寸/mm						截面面积 A/cm²	每米质量 /(kg/m)	x_0 /cm	x-x 轴				y-y 轴				y_1-y_1 轴
	h	b	t_w	t	r	r_1				I_x /cm⁴	W_x /cm³	S_x /cm³	i_x /cm	I_y /cm⁴	$W_{y\max}$ /cm³	$W_{y\min}$ /cm³	i_y /cm	I_{y1} /cm⁴
[5	50	37	4.5	7.0	7.0	3.50	6.92	5.44	1.35	26.0	10.4	6.4	1.94	8.3	6.2	3.5	1.10	20.9
[6.3	63	40	4.8	7.5	7.5	3.75	8.45	6.63	1.39	51.2	16.3	9.8	2.46	11.9	8.5	4.6	1.19	28.3
[8	80	43	5.0	8.0	8.0	4.00	10.24	8.04	1.42	101.3	25.3	15.1	3.14	16.6	11.7	5.8	1.27	37.4
[10	100	48	5.3	8.5	8.5	4.25	12.74	10.00	1.52	198.3	39.7	23.5	3.94	25.6	16.9	7.8	1.42	54.9
[12.6	126	53	5.5	9.0	9.0	4.50	15.69	12.31	1.59	388.5	61.7	36.4	4.98	38.0	23.9	10.3	1.56	77.8
[14a	140	58	6.0	9.5	9.5	4.75	18.51	14.53	1.71	563.7	80.5	47.5	5.52	53.2	31.2	13.0	1.70	107.2
[14b	140	60	8.0	9.5	9.5	4.75	21.31	16.73	1.67	609.4	87.1	52.4	5.35	61.1	36.6	14.1	1.69	120.6
[16a	160	63	6.5	10.0	10.0	5.00	21.95	17.23	1.79	866.2	108.3	63.9	6.28	73.4	40.9	16.3	1.83	144.1
[16b	160	65	8.5	10.0	10.0	5.00	25.15	19.75	1.75	934.5	116.8	70.2	6.10	83.4	47.6	17.6	1.82	160.8
[18a	180	68	7.0	10.5	10.5	5.25	25.69	20.17	1.88	1 272.7	141.4	83.5	7.04	98.6	52.3	20.0	1.96	189.7
[18b	180	70	9.0	10.5	10.5	5.25	29.29	22.99	1.84	1 369.9	152.2	91.6	6.84	111.0	60.4	21.5	1.95	210.1
[20a	200	73	7.0	11.0	11.0	5.50	28.83	22.63	2.01	1 780.4	178.0	104.7	7.86	128.0	63.8	24.2	2.11	244.0
[20b	200	75	9.0	11.0	11.0	5.50	32.83	25.77	1.95	1 913.7	191.4	114.7	7.64	143.6	73.7	25.9	2.09	268.4
[22a	220	77	7.0	11.5	11.5	5.75	31.84	24.99	2.10	2 393.9	217.6	127.6	8.67	157.8	75.1	28.2	2.23	298.2
[22b	220	79	9.0	11.5	11.5	5.75	36.24	28.45	2.03	2 571.3	233.8	139.7	8.42	176.5	86.8	30.1	2.21	326.3
[25a	250	78	7.0	12.0	12.0	6.00	34.91	27.40	2.07	3 359.1	268.7	157.6	9.81	175.9	85.1	30.7	2.24	324.8
[25b	250	80	9.0	12.0	12.0	6.00	39.91	31.33	1.99	3 619.5	289.6	173.5	9.52	196.4	98.5	32.7	2.22	355.1
[25c	250	82	11.0	12.0	12.0	6.00	44.91	35.25	1.96	3 880.0	310.4	189.1	9.30	215.9	110.1	34.6	2.19	388.6
[28a	280	82	7.5	12.5	12.5	6.25	40.02	31.42	2.09	4 752.5	339.5	200.2	10.90	217.9	104.1	35.7	2.33	393.3
[28b	280	84	9.5	12.5	12.5	6.25	45.62	35.81	2.02	5 118.4	365.6	219.8	10.59	241.6	119.3	37.9	2.30	428.5
[28c	280	86	11.5	12.5	12.5	6.25	51.22	40.21	1.99	5 484.3	391.7	239.4	10.35	264.1	132.6	40.0	2.27	467.3
[32a	320	88	8.0	14.0	14.0	7.00	48.50	38.07	2.24	7 510.6	469.4	276.9	12.44	304.7	136.2	46.4	2.51	547.5
[32b	320	90	10.0	14.0	14.0	7.00	54.90	43.10	2.16	8 056.8	503.5	302.2	12.11	335.6	155.0	49.1	2.47	592.9
[32c	320	92	12.0	14.0	14.0	7.00	61.30	48.12	2.13	8 602.9	537.7	328.1	11.85	365.0	171.5	51.6	2.44	642.7
[36a	360	96	9.0	16.0	16.0	8.00	60.89	47.80	2.44	11 874.1	659.7	389.9	13.96	455.0	186.2	63.6	2.73	818.5
[36b	360	98	11.0	16.0	16.0	8.00	68.09	53.45	2.37	12 651.7	702.9	422.3	13.63	496.7	209.2	66.9	2.70	880.5
[36c	360	100	13.0	16.0	16.0	8.00	75.29	59.10	2.34	13 429.3	746.1	454.7	13.36	536.6	229.5	70.0	2.67	948.0
[40a	400	100	10.5	18.0	18.0	9.00	75.04	58.91	2.49	17 577.0	878.9	524.4	15.30	592.0	237.6	78.8	2.81	1 057.9
[40b	400	102	12.5	18.0	18.0	9.00	83.04	65.19	2.44	18 644.4	932.2	564.4	14.98	640.6	262.4	82.6	2.78	1 135.8
[40c	400	104	14.5	18.0	18.0	9.00	91.04	71.47	2.42	19 711.0	985.6	604.4	14.71	687.8	284.4	86.2	2.75	1 220.3

注：普通槽钢的通常长度：[5 ~ [8，为 5 ~ 12 m；[10 ~ [18，为 5 ~ 19 m；[20 ~ [40，为 6 ~ 19 m。

附表 8.8 热轧轻型槽钢的规格及截面特性（按 YB 164—1963 计算）

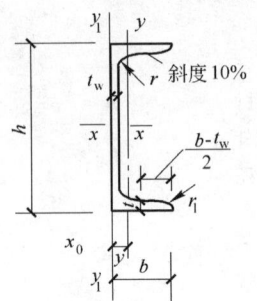

I—截面惯性矩；
W—截面抵抗矩；
S—半截面面积矩；
i—截面回转半径。

型号	尺寸/mm						截面面积 A/cm²	每米质量/(kg/m)	x_0/cm	x-x 轴				y-y 轴				y_1-y_1 轴
	h	b	t_w	t	r	r_1				I_x/cm⁴	W_x/cm³	S_x/cm³	i_x/cm	I_y/cm⁴	W_{ymax}/cm³	W_{ymin}/cm³	i_y/cm	I_{y1}/cm⁴
⌐5	50	32	4.4	7.0	6.0	2.5	6.16	4.84	1.16	22.8	9.1	5.6	1.92	5.6	4.8	2.8	0.95	13.9
⌐6.5	65	36	4.4	7.2	6.0	2.5	7.51	5.70	1.24	48.6	15.0	9.0	2.54	8.7	7.0	3.7	1.08	20.2
⌐8	80	40	4.5	7.4	6.5	2.5	8.98	7.05	1.31	89.4	22.4	13.3	3.16	12.8	9.8	4.8	1.19	28.2
⌐10	100	46	4.5	7.6	7.0	3.0	10.94	8.59	1.44	173.9	34.8	20.4	3.99	20.4	14.2	6.5	1.37	43.0
⌐12	120	52	4.8	7.8	7.5	3.0	13.28	10.43	1.54	303.9	50.6	29.6	4.78	31.2	20.2	8.5	1.53	62.8
⌐14	140	58	4.9	8.1	8.0	3.0	15.65	12.28	1.67	491.1	70.2	40.8	5.60	45.4	27.1	11.0	1.70	89.2
⌐14a	140	62	4.9	8.7	8.0	3.0	16.98	13.33	1.87	544.8	77.8	45.1	5.66	57.5	30.7	13.3	1.84	116.9
⌐16	160	64	5.0	8.4	8.5	3.5	18.12	14.22	1.80	747.0	93.4	54.1	6.42	63.3	35.1	13.8	1.87	122.2
⌐16a	160	68	5.0	9.0	8.5	3.5	19.54	15.34	2.00	823.3	102.9	59.4	6.49	78.8	39.4	16.4	2.01	157.1
⌐18	180	70	5.1	8.7	9.0	3.5	20.71	16.25	1.94	1 086.3	120.7	69.8	7.24	86.0	44.4	17.0	2.04	163.6
⌐18a	180	74	5.1	9.3	9.0	3.5	22.23	17.45	2.14	1 190.7	132.3	76.1	7.32	105.4	49.4	20.0	2.18	206.7
⌐20	200	76	5.2	9.0	9.5	4.0	23.40	18.37	2.07	1 522.0	152.2	87.8	8.07	113.4	54.9	20.5	2.20	213.3
⌐20a	200	80	5.2	9.7	9.5	4.0	25.16	19.75	2.28	1 672.4	167.2	95.9	8.15	138.6	60.6	24.2	2.35	269.3
⌐22	220	82	5.4	9.5	10.0	4.0	26.72	20.97	2.21	2 109.5	191.8	110.4	8.89	150.6	68.0	25.1	2.37	281.4
⌐22a	220	87	5.4	10.2	10.0	4.0	28.81	22.62	2.46	2 327.3	211.6	121.1	8.99	187.1	76.1	30.0	2.55	361.3
⌐24	240	90	5.6	10.0	10.5	4.0	30.64	24.05	2.42	2 901.1	241.8	138.8	9.73	207.6	85.7	31.6	2.60	387.4
⌐24a	240	95	5.6	10.7	10.5	4.0	32.89	25.82	2.67	3 181.2	265.1	151.3	9.83	253.6	95.0	37.2	2.78	488.5
⌐27	270	95	6.0	11.0	11.0	4.5	35.23	27.66	2.47	4 163.3	308.4	177.6	10.87	261.8	105.8	37.3	2.73	477.5
⌐30	300	100	6.5	11.0	12.0	5.0	40.47	31.77	2.52	5 808.3	387.2	224.0	11.98	326.6	129.8	43.6	2.84	582.9
⌐33	330	105	7.0	11.7	13.0	5.0	46.52	36.52	2.59	7 984.1	483.9	280.9	13.10	410.1	158.3	51.8	2.97	722.2
⌐36	360	110	7.5	12.6	14.0	6.0	53.37	41.90	2.68	10 815.0	600.9	349.6	14.24	513.5	191.3	61.8	3.10	898.2
⌐40	400	115	8.0	13.5	15.0	6.0	61.53	48.30	2.75	15 219.6	761.0	444.3	15.73	642.3	233.1	73.4	3.23	1 109.2

注：轻型槽钢的通常长度：⌐5 ~ ⌐8，为 5 ~ 12 m；⌐10 ~ ⌐18，为 5 ~ 19 m；⌐20 ~ ⌐40，为 6 ~ 19 m。

附表 8.9 宽、中、窄翼缘 H 型钢的规格及截面特性（按 GB/T11263—1998 计算）

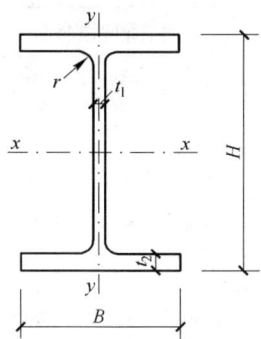

H—高度；
B—宽度；
t_1—腹板厚度；
t_2—翼缘厚度；
r—圆角半径

类型	型号（高度×宽度）	截面尺寸/mm				截面面积/cm²	理论质量/(kg/m)	截面特性参数					
								惯性矩/cm⁴		惯性半径/cm		截面模量/cm³	
		$H \times B$	t_1	t_2	r			I_x	I_y	i_x	i_y	W_x	W_y
HW	100×100	100×100	6	8	10	21.90	17.2	383	134	4.18	2.47	76.5	26.7
	125×125	125×125	6.5	9	10	30.31	23.8	847	294	5.29	3.11	136	47.0
	150×150	150×150	7	10	13	40.55	31.9	1 660	564	6.39	3.73	221	75.1
	175×175	175×175	7.5	11	13	51.43	40.3	2 900	984	7.50	4.37	331	112
	200×200	200×200	8	12	16	64.28	50.5	4 770	1 600	8.61	4.99	477	160
		#200×204	12	12	16	72.28	56.7	5 030	1 700	8.35	4.85	503	167
	250×250	250×250	9	14	16	92.18	72.4	10 800	3 650	10.8	6.29	867	292
		#250×255	14	14	16	104.7	82.2	11 500	3 880	10.5	6.09	919	304
	300×300	#294×302	12	12	20	108.3	85.0	17 000	5 520	12.5	7.14	1 160	365
		300×300	10	15	20	120.4	94.5	20 500	6 760	13.1	7.49	1 370	450
		300×305	15	15	20	135.4	106	21 600	7 100	12.6	7.24	1 440	466
	350×350	#344×348	10	16	20	146.0	115	33 300	11 200	15.1	8.78	1 940	646
		350×350	12	19	20	173.9	137	40 300	13 600	15.2	8.84	2 300	776
	400×400	#388×402	15	15	24	179.2	141	49 200	16 300	16.6	9.52	2 540	809
		#394×398	11	18	24	187.6	147	56 400	18 900	17.3	10.0	2 860	951
		400×400	13	21	24	219.5	172	66 900	22 400	17.5	10.1	3 340	1 120
		#400×408	21	21	24	251.5	197	71 100	23 800	16.8	9.73	3 560	1 170
		#414×405	18	28	24	296.2	233	93 000	31 000	17.7	10.2	4 490	1 530
		#428×407	20	35	24	361.4	284	119 000	39 400	18.2	10.4	5 580	1 930
		*458×417	30	50	24	529.3	415	187 000	60 500	18.8	10.7	8 180	2 900
		*498×432	45	70	24	770.8	605	298 000	94 400	19.7	11.1	12 000	4 370

续表

类型	型号(高度×宽度)	截面尺寸/mm				截面面积/cm²	理论质量/(kg/m)	截面特性参数					
								惯性矩/cm⁴		惯性半径/cm		截面模量/cm³	
		$H×B$	t_1	t_2	r			I_x	I_y	i_x	i_y	W_x	W_y
HM	150×100	148×100	6	9	13	27.25	21.4	1 040	151	6.17	2.35	140	30.2
	200×150	194×150	6	9	16	39.76	31.2	2 740	508	8.30	3.57	283	67.7
	250×175	244×175	7	11	16	56.24	44.1	6 120	985	10.4	4.18	502	113
	300×200	294×200	8	12	20	73.03	57.3	11 400	1 600	12.5	4.69	779	160
	350×250	340×250	9	14	20	101.5	79.7	21 700	3 650	14.6	6.00	1 280	292
	400×300	390×300	10	16	24	136.7	107	38 900	7 210	16.9	7.26	2 000	481
	450×300	440×300	11	18	24	157.4	124	56 100	8 110	18.9	7.18	2 550	541
	500×300	482×300	11	15	28	146.4	115	60 800	6 770	20.4	6.80	2 520	451
		488×300	11	18	28	164.4	129	71 400	8 120	20.8	7.03	2 930	541
	600×300	582×300	12	17	28	174.5	137	103 000	7 670	24.3	6.63	3 530	511
		588×300	12	20	28	192.5	151	118 000	9 020	24.8	6.85	4 020	601
		#594×302	14	23	28	222.4	175	137 000	10 600	24.9	6.90	4 620	701
	100×50	100×50	5	7	10	12.16	9.54	192	14.9	3.98	1.11	38.5	5.96
	125×60	125×60	6	8	10	17.01	13.3	417	29.3	4.95	1.31	66.8	9.75
	150×75	150×75	5	7	10	18.16	14.3	679	49.6	6.12	1.65	90.6	13.2
	175×90	175×90	5	8	10	23.21	18.2	1 220	97.6	7.26	2.05	140	21.7
	200×100	198×99	4.5	7	13	23.59	18.5	1 610	114	8.27	2.20	163	23.0
		200×100	5.5	8	13	27.57	21.7	1 880	134	8.25	2.21	188	26.8
	250×125	248×124	5	8	13	32.89	25.8	3 560	255	10.4	2.78	287	41.1
		250×125	6	9	13	37.87	29.7	4 080	294	10.4	2.79	326	47.0
	300×150	298×149	5.5	8	16	41.55	32.6	6 460	443	12.4	3.26	433	59.4
		300×150	6.5	9	16	47.53	37.3	7 350	508	12.4	3.27	490	67.7
	350×175	346×174	6	9	16	53.19	41.8	11 200	792	14.5	3.86	649	91.0
		350×175	7	11	16	63.66	50.0	13 700	985	14.7	3.93	782	113
	#400×150	#400×150	8	13	16	71.12	55.8	18 800	734	16.3	3.21	942	97.9
	400×200	396×199	7	11	16	72.16	56.7	20 000	1 450	16.7	4.48	1 010	145
		400×200	8	13	16	84.12	66.0	23 700	1 740	16.8	4.54	1 190	174
	#450×150	#450×150	9	14	20	83.41	65.5	27 100	793	18.0	3.08	1 200	106

续表

类型	型号（高度×宽度）	截面尺寸/mm				截面面积/cm²	理论质量/(kg/m)	截面特性参数					
								惯性矩/cm⁴		惯性半径/cm		截面模量/cm³	
		$H \times B$	t_1	t_2	r			I_x	I_y	i_x	i_y	W_x	W_y
HN	450×200	446×199	8	12	20	84.95	66.7	29 000	1 580	18.5	4.31	1 300	159
		450×200	9	14	20	97.41	76.5	33 700	1 870	18.6	4.38	1 500	187
	#500×150	#500×150	10	16	20	98.23	77.1	38 500	907	19.8	3.04	1 540	121
	500×200	496×199	9	14	20	101.3	79.5	41 900	1 840	20.3	4.27	1 690	185
		500×200	10	16	20	114.2	89.6	47 800	2 140	20.5	4.33	1 910	214
		#506×201	11	19	20	131.3	103	56 500	2 580	20.8	4.43	2 230	257
	600×200	596×199	10	15	24	121.2	95.1	69 300	1 980	23.9	4.04	2 330	199
		600×200	11	17	24	135.2	106	78 200	2 280	24.1	4.11	2 610	228
		#606×201	12	20	24	153.3	120	91 000	2 720	24.4	4.21	3 000	271
	700×300	#692×300	13	20	28	211.5	166	172 000	9 020	28.6	6.53	4 980	602
		700×300	13	24	28	235.5	185	201 000	10 800	29.3	6.78	5 760	722
	*800×300	*792×300	14	22	28	243.4	191	254 000	9 930	32.3	6.39	6 400	662
		*800×300	14	26	28	267.4	210	292 000	11 700	33.0	6.62	7 290	782
	*900×300	*890×299	15	23	28	270.9	213	345 000	10 300	35.7	6.16	7 760	688
		*900×300	16	28	28	309.8	243	411 000	12 600	36.4	6.39	9 140	843
		*912×302	18	34	38	364.0	286	498 000	15 700	37.0	6.56	10 900	1 040

注：1. "#"表示的规格为非常用规格。
2. "*"表示的规格，目前国内尚未生产。
3. 型号属同一范围的产品，其内侧尺寸高度是一致的。
4. 截面面积计算公式为：$t_1(H - 2t_2) + 2Bt_2 + 0.858r^2$。

附表 8.10　宽、中、窄翼缘剖分 T 型钢的规格及截面特性（按 GB/T11263—1998 计算）

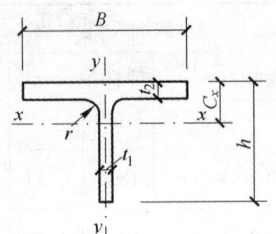

h—高度；
B—宽度；
t_1—腹板厚度；
t_2—翼缘厚度；
C_x—重心；
r—圆角半径

类别	型号（高度×宽度）	截面尺寸/mm					截面面积 /cm²	理论质量 /(kg/m)	截面特性参数						对应H型钢系列型号
									惯性矩 /cm⁴		惯性半径 /cm		截面模量 /cm³		重心 /cm	
		h	B	t_1	t_2	r			I_x	I_y	i_x	i_y	W_x	W_y	C_x	
TW	50×100	50	100	6	8	10	10.95	8.56	16.1	66.9	1.21	2.47	4.03	13.4	1.00	100×100
	62.5×125	62.5	125	6.5	9	10	15.16	11.9	35.0	147	1.52	3.11	6.91	23.5	1.19	125×125
	75×150	75	150	7	10	13	20.28	15.9	66.4	282	1.81	3.73	10.8	37.6	1.37	150×150
	87.5×175	87.5	175	7.5	11	13	25.71	20.2	115	492	2.11	4.37	15.9	56.2	1.55	175×175
	100×200	100	200	8	12	16	32.14	25.2	185	801	2.40	4.99	22.3	80.1	1.73	200×200
		#100	204	12	12	16	36.14	28.3	256	851	2.66	4.85	32.4	83.5	2.09	
	125×250	125	250	9	14	16	46.09	36.2	412	1 820	2.99	6.29	39.5	146	2.08	250×250
		#125	255	14	14	16	52.34	41.1	589	1 940	3.36	6.09	59.4	152	2.58	
	150×300	#147	302	12	12	20	54.16	42.5	858	2 760	3.98	7.14	72.3	183	2.83	300×300
		150	300	10	15	20	60.22	47.3	798	3 380	3.64	7.49	63.7	225	2.47	
		150	305	15	15	20	67.72	53.1	1 110	3 550	4.05	7.24	92.5	283	3.02	
	175×350	#172	348	10	16	20	73.00	57.3	1 230	5 620	4.11	8.78	84.7	323	2.67	350×350
		175	350	12	19	20	86.94	68.2	1 520	6 790	4.18	8.84	104	388	2.86	
	200×400	#194	402	15	15	24	89.62	70.3	2 480	8 130	5.26	9.52	158	405	3.69	400×400
		#197	398	11	18	24	93.80	73.6	2 050	9 460	4.67	10.0	123	476	3.01	
		200	400	13	21	24	109.7	86.1	2 480	11 200	4.75	10.1	147	560	3.21	
		#200	408	21	21	24	125.7	98.7	3 650	11 900	5.39	9.73	229	584	4.07	
		#207	405	18	28	24	148.1	116	3 620	15 500	4.95	10.2	213	766	3.68	
		#214	407	20	35	24	180.7	142	4 380	19 700	4.92	10.4	250	967	3.90	
TM	74×100	74	100	6	9	13	13.63	10.7	51.7	75.4	1.95	2.35	8.80	15.1	1.55	150×100
	97×150	97	150	6	9	16	19.88	15.6	125	254	2.50	3.57	15.8	33.9	1.78	200×150
	122×175	122	175	7	11	16	28.12	22.1	289	492	3.20	4.18	29.1	56.3	2.27	250×175
	147×200	147	200	8	12	20	36.52	28.7	572	802	3.96	4.69	48.2	80.2	2.82	300×200

附录 8 常用型钢规格及截面特性

续表

类别	型号（高度×宽度）	截面尺寸/mm					截面面积/cm²	理论质量/(kg/m)	截面特性参数							对应H型钢系列型号
									惯性矩/cm⁴		惯性半径/cm		截面模量/cm³		重心/cm	
		h	B	t_1	t_2	r			I_x	I_y	i_x	i_y	W_x	W_y	C_x	
TM	170×250	170	250	9	14	20	50.76	39.9	1 020	1 830	4.48	6.00	73.1	146	3.09	350×250
	200×300	195	300	10	16	24	68.37	53.7	1 730	3 600	5.03	7.26	108	240	3.40	400×300
	220×300	220	300	11	18	24	78.69	61.8	2 680	4 060	5.84	7.18	150	270	4.05	450×300
	250×300	241	300	11	15	28	73.23	57.5	3 420	3 380	6.83	6.80	178	226	4.90	500×300
		244	300	11	18	28	82.23	64.5	3 620	4 060	6.64	7.03	184	271	4.65	
	300×300	291	300	12	17	28	87.25	68.5	6 360	3 830	8.54	6.63	280	256	6.39	600×300
		294	300	12	20	28	96.25	75.5	6 710	4 510	8.35	6.85	288	301	6.08	
		#297	302	14	23	28	111.2	87.3	7 920	5 290	8.44	6.90	339	351	6.33	
TN	50×50	50	50	5	7	10	6.079	4.79	11.9	7.45	1.40	1.11	3.18	2.98	1.27	100×50
	62.5×60	62.5	60	6	8	10	8.499	6.67	27.5	14.6	1.80	1.31	5.96	4.88	1.63	125×60
	75×75	75	75	5	7	10	9.079	7.14	42.7	24.8	2.17	1.65	7.46	6.61	1.78	150×75
	87.5×90	87.5	90	5	8	10	11.60	9.14	70.7	48.8	2.47	2.05	10.4	10.8	1.92	175×90
	100×100	99	99	4.5	7	13	11.80	9.26	94.0	56.9	2.82	2.20	12.1	11.5	2.13	200×100
		100	100	5.5	8	13	13.79	10.8	115	67.1	2.88	2.21	14.8	13.4	2.27	
	125×125	124	124	5	8	13	16.45	12.9	208	128	3.56	2.78	21.3	20.6	2.62	250×125
		125	125	6	9	13	18.94	14.8	249	147	3.62	2.79	25.6	23.5	2.78	
	150×150	149	149	5.5	8	16	20.77	16.3	395	221	4.36	3.26	33.8	29.7	3.22	300×150
		150	150	6.5	9	16	23.76	18.7	465	254	4.42	3.27	40.0	33.9	3.38	
	175×175	173	174	6	9	16	26.60	20.9	681	396	5.06	3.86	50.0	45.5	3.68	350×175
		175	175	7	11	16	31.83	25.0	816	492	5.06	3.93	59.3	56.3	3.74	
	200×200	198	199	7	11	16	36.08	28.3	1 190	724	5.76	4.48	76.4	72.7	4.17	400×200
		200	200	8	13	16	42.06	33.0	1 400	868	5.76	4.54	88.6	86.8	4.23	
	225×200	223	199	8	12	20	42.54	33.4	1 880	790	6.65	4.31	109	79.4	5.07	450×200
		225	200	9	14	20	48.71	38.2	2 160	936	6.66	4.38	124	93.6	5.13	
	250×200	248	199	9	14	20	50.64	39.7	2 840	922	7.49	4.27	150	92.7	5.90	500×200
		250	200	10	16	20	57.12	44.8	3 210	1 070	7.50	4.33	169	107	5.96	
		#253	201	11	19	20	65.65	51.5	3 670	1 290	7.48	4.43	190	128	5.95	
	300×200	298	199	10	15	24	60.62	47.6	5 200	991	9.27	4.04	236	100	7.76	600×200
		300	200	11	17	24	67.60	53.1	5 820	1 140	9.28	4.11	262	114	7.81	
		#303	201	12	20	24	76.63	60.1	6 580	1 360	9.26	4.21	292	135	7.76	

注："#"表示的规格为非常用规格。

附表 8.11 热轧无缝钢管的规格及截面特性（按 YB 231—70 计算）

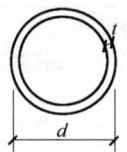

I—截面惯性矩；
W—截面抵抗矩；
i—截面回转半径。

尺寸/mm		截面面积 A /cm²	每米质量 /(kg/m)	截面特性			尺寸/mm		截面面积 A /cm²	每米质量 /(kg/m)	截面特性		
d	t			I /cm⁴	W /cm³	i /cm	d	t			I /cm⁴	W /cm³	i /cm
32	2.5	2.32	1.82	2.54	1.59	1.05	60	3.0	5.37	4.22	21.88	7.29	2.02
	3.0	2.73	2.15	2.90	1.82	1.03		3.5	6.21	4.88	24.88	8.29	2.00
	3.5	3.13	2.46	3.23	2.02	1.02		4.0	7.04	5.52	27.73	9.24	1.98
	4.0	3.52	2.76	3.52	2.20	1.00		4.5	7.85	6.16	30.41	10.14	1.97
38	2.5	2.79	2.19	4.41	2.32	1.26		5.0	8.64	6.78	32.94	10.98	1.95
	3.0	3.30	2.59	5.09	2.68	1.24		5.5	9.42	7.39	35.32	11.77	1.94
	3.5	3.79	2.98	5.70	3.00	1.23		6.0	10.18	7.99	37.56	12.52	1.92
	4.0	4.27	3.35	6.26	3.29	1.21	63.5	3.0	5.70	4.48	26.15	8.24	2.14
42	2.5	3.10	2.44	6.07	2.89	1.40		3.5	6.60	5.18	29.79	9.38	2.12
	3.0	3.68	2.89	7.03	3.35	1.38		4.0	7.48	5.87	33.24	10.47	2.11
	3.5	4.23	3.32	7.91	3.77	1.37		4.5	8.34	6.55	36.50	11.50	2.09
	4.0	4.78	3.75	8.71	4.15	1.35		5.0	9.19	7.21	39.60	12.47	2.08
45	2.5	3.34	2.62	7.56	3.36	1.51		5.5	10.02	7.87	42.52	13.39	2.06
	3.0	3.96	3.11	8.77	3.90	1.49		6.0	10.84	8.51	45.28	14.26	2.04
	3.5	4.56	3.58	9.89	4.40	1.47	68	3.0	6.13	4.81	32.42	9.54	2.30
	4.0	5.15	4.04	10.93	4.86	1.46		3.5	7.09	5.57	36.99	10.88	2.28
50	2.5	3.73	2.93	10.55	4.22	1.68		4.0	8.04	6.31	41.34	12.16	2.27
	3.0	4.43	3.48	12.28	4.91	1.67		4.5	8.98	7.05	45.47	13.37	2.25
	3.5	5.11	4.01	13.90	5.56	1.65		5.0	9.90	7.77	49.41	14.53	2.23
	4.0	5.78	4.54	15.41	6.16	1.63		5.5	10.80	8.48	53.14	15.63	2.22
	4.5	6.43	5.05	16.81	6.72	1.62		6.0	11.69	9.17	56.68	16.67	2.20
	5.0	7.07	5.55	18.11	7.25	1.60	70	3.0	6.31	4.96	35.50	10.14	2.37
54	3.0	4.81	3.77	15.68	5.81	1.81		3.5	7.31	5.74	40.53	11.58	2.35
	3.5	5.55	4.36	17.79	6.59	1.79		4.0	8.29	6.51	45.33	12.95	2.34
	4.0	6.28	4.93	19.76	7.32	1.77		4.5	9.26	7.27	49.89	14.26	2.32
	4.5	7.00	5.49	21.61	8.00	1.76		5.0	10.21	8.01	54.24	15.50	2.30
	5.0	7.70	6.04	23.34	8.64	1.74		5.5	11.14	8.75	58.38	16.68	2.29
	5.5	8.38	6.58	24.96	9.24	1.73		6.0	12.06	9.47	62.31	17.80	2.27
	6.0	9.05	7.10	26.46	9.80	1.71	73	3.0	6.60	5.18	40.48	11.09	2.48
57	3.0	5.09	4.00	18.61	6.53	1.91		3.5	7.64	6.00	46.26	12.67	2.46
	3.5	5.88	4.62	21.14	7.42	1.90		4.0	8.67	6.81	51.78	14.19	2.44
	4.0	6.66	5.23	23.52	8.25	1.88		4.5	9.68	7.60	57.04	15.63	2.43
	4.5	7.42	5.83	25.76	9.04	1.86		5.0	10.68	8.38	62.07	17.01	2.41
	5.0	8.17	6.41	27.86	9.78	1.85		5.5	11.66	9.16	66.87	18.32	2.39
	5.5	8.90	6.99	29.84	10.47	1.83		6.0	12.63	9.91	71.43	19.57	2.38
	6.0	9.61	7.55	31.69	11.12	1.82	76	3.0	6.88	5.40	45.91	12.08	2.58
								3.5	7.97	6.26	52.50	13.82	2.57
								4.0	9.05	7.10	58.81	15.48	2.55
								4.5	10.11	7.93	64.85	17.07	2.53
								5.0	11.15	8.75	70.62	18.59	2.52
								5.5	12.18	9.56	76.14	20.04	2.50
								6.0	13.19	10.36	81.41	21.42	2.48

附录 8 常用型钢规格及截面特性

续表

尺寸/mm		截面面积 A /cm²	每米质量 /(kg/m)	截面特性			尺寸/mm		截面面积 A /cm²	每米质量 /(kg/m)	截面特性		
d	t			I /cm⁴	W /cm³	i /cm	d	t			I /cm⁴	W /cm³	i /cm
83	3.5	8.74	6.86	69.19	16.67	2.81	127	4.0	15.46	12.13	292.61	46.08	4.35
	4.0	9.93	7.79	77.64	18.71	2.80		4.5	17.32	13.59	325.29	51.23	4.33
	4.5	11.10	8.71	85.76	20.67	2.78		5.0	19.16	15.04	357.14	56.24	4.32
	5.0	12.25	9.62	93.56	22.54	2.76		5.5	20.99	16.48	388.19	61.13	4.30
	5.5	13.39	10.51	101.04	24.35	2.75		6.0	22.81	17.90	418.44	65.90	4.28
	6.0	14.51	11.39	108.22	26.08	2.73		6.5	24.61	19.32	447.92	70.54	4.27
	6.5	15.62	12.26	115.10	27.74	2.71		7.0	26.39	20.72	476.63	75.06	4.25
	7.0	16.71	13.12	121.69	29.32	2.70		7.5	28.16	22.10	504.58	79.46	4.23
89	3.5	9.40	7.38	86.05	19.34	3.03		8.0	29.91	23.48	531.80	83.75	4.22
	4.0	10.68	8.38	96.68	21.73	3.01	133	4.0	16.21	12.73	337.53	50.76	4.56
	4.5	11.95	9.38	106.92	24.03	2.99		4.5	18.17	14.26	375.42	56.45	4.55
	5.0	13.19	10.36	116.79	26.24	2.98		5.0	20.11	15.78	412.40	62.02	4.53
	5.5	14.43	11.33	126.29	28.38	2.96		5.5	22.03	17.29	448.50	67.44	4.51
	6.0	15.65	12.28	135.43	30.43	2.94		6.0	23.94	18.79	483.72	72.74	4.50
	6.5	16.85	13.22	144.22	32.41	2.93		6.5	25.83	20.28	518.07	77.91	4.48
	7.0	18.03	14.16	152.67	34.31	2.91		7.0	27.71	21.75	551.58	82.94	4.46
95	3.5	10.06	7.90	105.45	22.20	3.24		7.5	29.57	23.21	584.25	87.86	4.45
	4.0	11.44	8.98	118.60	24.97	3.22		8.0	31.42	24.66	616.11	92.65	4.43
	4.5	12.79	10.04	131.31	27.64	3.20	140	4.5	19.16	15.04	440.12	62.87	4.79
	5.0	14.14	11.10	143.58	30.23	3.19		5.0	21.21	16.65	483.76	69.11	4.78
	5.5	15.46	12.14	155.43	32.72	3.17		5.5	23.24	18.24	526.40	75.20	4.76
	6.0	16.78	13.17	166.86	35.13	3.15		6.0	25.26	19.83	568.06	81.15	4.74
	6.5	18.07	14.19	177.89	37.45	3.14		6.5	27.26	21.40	608.76	86.97	4.73
	7.0	19.35	15.19	188.51	39.69	3.12		7.0	29.25	22.96	648.51	92.64	4.71
102	3.5	10.83	8.50	131.52	25.79	3.48		7.5	31.22	24.51	687.32	98.19	4.69
	4.0	12.32	9.67	148.09	29.04	3.47		8.0	33.18	26.04	725.21	103.60	4.68
	4.5	13.78	10.82	164.14	32.18	3.45		9.0	37.04	29.08	798.29	114.04	4.64
	5.0	15.24	11.96	179.68	35.23	3.43		10	40.84	32.06	867.86	123.98	4.61
	5.5	16.67	13.09	194.72	38.18	3.42	146	4.5	20.00	15.70	501.16	68.65	5.01
	6.0	18.10	14.21	209.28	41.03	3.40		5.0	22.15	17.39	551.10	75.49	4.99
	6.5	19.50	15.31	223.35	43.79	3.38		5.5	24.28	19.06	599.95	82.19	4.97
	7.0	20.89	16.40	236.96	46.46	3.37		6.0	26.39	20.72	647.73	88.73	4.95
114	4.0	13.82	10.85	209.35	36.73	3.89		6.5	28.49	22.36	694.44	95.13	4.94
	4.5	15.48	12.15	232.41	40.77	3.87		7.0	30.57	24.00	740.12	101.39	4.92
	5.0	17.12	13.44	254.81	44.70	3.86		7.5	32.63	25.62	784.77	107.50	4.90
	5.5	18.75	14.72	276.58	48.52	3.84		8.0	34.68	27.23	828.41	113.48	4.89
	6.0	20.36	15.98	297.73	52.23	3.82		9.0	38.74	30.41	912.71	125.03	4.85
	6.5	21.95	17.23	318.26	55.84	3.81		10	42.73	33.54	993.16	136.05	4.82
	7.0	23.53	18.47	338.19	59.33	3.79	152	4.5	20.85	16.37	567.61	74.69	5.22
	7.5	25.09	19.70	357.58	62.73	3.77		5.0	23.09	18.13	624.43	82.16	5.20
	8.0	26.64	20.91	376.30	66.02	3.76		5.5	25.31	19.87	680.06	89.48	5.18
121	4.0	14.70	11.54	251.87	41.63	4.14		6.0	27.52	21.60	734.52	96.65	5.17
	4.5	16.47	12.93	279.83	46.25	4.12		6.5	29.71	23.32	787.82	103.66	5.15
	5.0	18.22	14.30	307.05	50.75	4.11		7.0	31.89	25.03	839.97	110.52	5.13
	5.5	19.96	15.67	333.54	55.13	4.09		7.5	34.05	26.73	891.03	117.24	5.12
	6.0	21.68	17.02	359.32	59.39	4.07		8.0	36.19	28.41	940.97	123.81	5.10
	6.5	23.38	18.35	384.40	63.54	4.05		9.0	40.43	31.74	1 037.59	136.53	5.07
	7.0	25.07	19.68	408.80	67.57	4.04		10	44.61	35.02	1 129.99	148.68	5.03
	7.5	26.74	20.99	432.51	71.49	4.02							
	8.0	28.40	22.29	455.57	75.30	4.01							

续表

尺寸/mm		截面面积 A /cm²	每米质量 /(kg/m)	截面特性			尺寸/mm		截面面积 A /cm²	每米质量 /(kg/m)	截面特性		
d	t			I /cm⁴	W /cm³	i /cm	d	t			I /cm⁴	W /cm³	i /cm
159	4.5	21.84	17.15	652.27	82.05	5.46	219	6.0	40.15	31.52	2 278.74	208.10	7.53
	5.0	24.19	18.99	717.88	90.30	5.45		6.5	43.39	34.06	2 451.64	223.89	7.52
	5.5	26.52	20.82	782.18	98.39	5.43		7.0	46.62	36.60	2 622.04	239.46	7.50
	6.0	28.84	22.64	845.19	106.31	5.41		7.5	49.83	39.12	2 789.96	254.79	7.48
	6.5	31.14	24.45	906.92	114.08	5.40		8.0	53.03	41.63	2 955.43	269.90	7.47
	7.0	33.43	26.24	967.41	121.69	5.38		9.0	59.38	46.61	3 279.12	299.46	7.43
	7.5	35.70	28.02	1 026.65	129.14	5.36		10	65.66	51.54	3 593.29	328.15	7.40
	8.0	37.95	29.79	1 084.67	136.44	5.35		12	78.04	61.26	4 193.81	383.00	7.33
	9.0	42.41	33.29	1 197.12	150.58	5.31		14	90.16	70.78	4 758.50	434.57	7.26
	10	46.81	36.75	1 304.88	164.14	5.28		16	102.04	80.10	5 288.81	483.00	7.20
168	4.5	23.11	18.14	772.96	92.02	5.78	245	6.5	48.70	38.23	3 465.46	282.89	8.44
	5.0	25.60	20.10	851.14	101.33	5.77		7.0	52.34	41.08	3 709.06	302.78	8.42
	5.5	28.08	22.04	927.85	110.46	5.75		7.5	55.96	43.93	3 949.52	322.41	8.40
	6.0	30.54	23.97	1 003.12	119.42	5.73		8.0	59.56	46.76	4 186.87	341.79	8.38
	6.5	32.98	25.89	1 076.95	128.21	5.71		9.0	66.73	52.38	4 652.32	379.78	8.35
	7.0	35.41	27.79	1 149.36	136.83	5.70		10	73.83	57.95	5 105.63	416.79	8.32
	7.5	37.82	29.69	1 220.38	145.28	5.68		12	87.84	68.95	5 976.67	487.89	8.25
	8.0	40.21	31.57	1 290.01	153.57	5.66		14	101.60	79.76	6 801.68	555.24	8.18
	9.0	44.96	35.29	1 425.22	169.67	5.63		16	115.11	90.36	7 582.30	618.96	8.12
	10	49.64	38.97	1 555.13	185.13	5.60							
180	5.0	27.49	21.58	1 053.17	117.02	6.19	273	6.5	54.42	42.72	4 834.18	354.15	9.42
	5.5	30.15	23.67	1 148.79	127.64	6.17		7.0	58.50	45.92	5 177.30	379.29	9.41
	6.0	32.80	25.75	1 242.72	138.08	6.16		7.5	62.56	49.11	5 516.47	404.14	9.39
	6.5	35.43	27.81	1 335.00	148.33	6.14		8.0	66.60	52.28	5 851.71	428.70	9.37
	7.0	38.04	29.87	1 425.63	158.40	6.12		9.0	74.64	58.60	6 510.56	476.96	9.34
	7.5	40.64	31.91	1 514.64	168.29	6.10		10	82.62	64.86	7 154.09	524.11	9.31
	8.0	43.23	33.93	1 602.04	178.00	6.09		12	98.39	77.24	8 396.14	615.10	9.24
	9.0	48.35	37.95	1 772.12	196.90	6.05		14	113.91	89.42	9 579.75	701.81	9.17
	10	53.41	41.92	1 936.01	215.11	6.02		16	129.18	101.41	10 706.79	784.38	9.10
	12	63.33	49.72	2 245.84	249.54	5.95							
194	5.0	29.69	23.31	1 326.54	136.76	6.68	299	7.5	68.68	53.92	7 300.02	488.30	10.31
	5.5	32.57	25.57	1 447.86	149.26	6.67		8.0	73.14	57.41	7 747.42	518.22	10.29
	6.0	35.44	27.82	1 567.21	161.57	6.65		9.0	82.00	64.37	8 628.09	577.13	10.26
	6.5	38.29	30.06	1 684.61	173.67	6.63		10	90.79	71.27	9 490.15	634.79	10.22
	7.0	41.12	32.28	1 800.08	185.57	6.62		12	108.20	84.93	11 159.52	746.46	10.16
	7.5	43.94	34.50	1 913.64	197.28	6.60		14	125.35	98.40	12 757.61	853.35	10.09
	8.0	46.75	36.70	2 025.31	208.79	6.58		16	142.25	111.67	14 286.48	955.62	10.02
	9.0	52.31	41.06	2 243.08	231.25	6.55	325	7.5	74.81	58.73	9 431.80	580.42	11.23
	10	57.81	45.38	2 453.55	252.94	6.51		8.0	79.67	62.54	10 013.92	616.24	11.21
	12	68.61	53.86	2 853.25	294.15	6.45		9.0	89.35	70.14	11 161.33	686.85	11.18
203	6.0	37.13	29.15	1 803.07	177.64	6.97		10	98.96	77.68	12 286.52	756.09	11.14
	6.5	40.13	31.50	1 938.81	191.02	6.95		12	118.00	92.63	14 471.45	890.55	11.07
	7.0	43.10	33.84	2 072.43	204.18	6.93		14	136.78	107.38	16 570.98	1 019.75	11.01
	7.5	46.06	36.16	2 203.94	217.14	6.92		16	155.32	121.93	18 587.38	1 143.84	10.94
	8.0	49.01	38.47	2 333.37	229.89	6.90	351	8.0	86.21	67.67	12 684.36	722.76	12.13
	9.0	54.85	43.06	2 586.08	254.79	6.87		9.0	96.70	75.91	14 147.55	806.13	12.10
	10	60.63	47.60	2 830.72	278.89	6.83		10	107.13	84.10	15 584.62	888.01	12.06
	12	72.01	56.52	3 296.49	324.78	6.77		12	127.80	100.32	18 381.63	1 047.39	11.99
	14	83.13	65.25	3 732.07	367.69	6.70		14	148.22	116.35	21 077.86	1 201.02	11.93
	16	94.00	73.79	4 138.78	407.76	6.64		16	168.39	132.19	23 675.75	1 349.05	11.86

注：热轧无缝钢管的通常长度为 3~12 m。

附表 8.12 电焊钢管的规格及截面特性（按 YB 242—1963 计算）

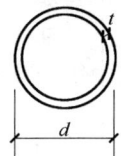

I—截面惯性矩；
W—截面抵抗矩；
i—截面回转半径。

尺寸/mm		截面面积 A /cm²	每米质量 /(kg/m)	截面特性			尺寸/mm		截面面积 A /cm²	每米质量 /(kg/m)	截面特性		
d	t			I /cm⁴	W /cm³	i /cm	d	t			I /cm⁴	W /cm³	i /cm
32	2.0	1.88	1.48	2.13	1.33	1.06	60	2.5	4.52	3.55	18.70	6.23	2.03
	2.5	2.32	1.82	2.54	1.59	1.05		3.0	5.37	4.22	21.88	7.29	2.02
38	2.0	2.26	1.78	3.68	1.93	1.27		3.5	6.21	4.88	24.88	8.29	2.00
	2.5	2.79	2.19	4.41	2.32	1.26	63.5	2.0	3.86	3.03	18.29	5.76	2.18
40	2.0	2.39	1.87	4.32	2.16	1.35		2.5	4.79	3.76	22.32	7.03	2.16
	2.5	2.95	2.31	5.20	2.60	1.33		3.0	5.70	4.48	26.15	8.24	2.14
42	2.0	2.51	1.97	5.04	2.40	1.42		3.5	6.60	5.18	29.79	9.38	2.12
	2.5	3.10	2.44	6.07	2.89	1.40	70	2.0	4.27	3.35	24.72	7.06	2.41
45	2.0	2.70	2.12	6.26	2.78	1.52		2.5	5.30	4.16	30.23	8.64	2.39
	2.5	3.34	2.62	7.56	3.36	1.51		3.0	6.31	4.96	35.50	10.14	2.37
	3.0	3.96	3.11	8.77	3.90	1.49		3.5	7.31	5.74	40.53	11.58	2.35
51	2.0	3.08	2.42	9.26	3.63	1.73		4.5	9.26	7.27	49.89	14.26	2.32
	2.5	3.81	2.99	11.23	4.40	1.72	76	2.0	4.65	3.65	31.85	8.38	2.62
	3.0	4.52	3.55	13.08	5.13	1.70		2.5	5.77	4.53	39.03	10.27	2.60
	3.5	5.22	4.10	14.81	5.81	1.68		3.0	6.88	5.40	45.91	12.08	2.58
53	2.0	3.20	2.52	10.43	3.94	1.80		3.5	7.97	6.26	52.50	13.82	2.57
	2.5	3.97	3.11	12.67	4.78	1.79		4.0	9.05	7.10	58.81	15.48	2.55
	3.0	4.71	3.70	14.78	5.58	1.77		4.5	10.11	7.93	64.85	17.07	2.53
	3.5	5.44	4.27	16.75	6.32	1.75	83	2.0	5.09	4.00	41.76	10.06	2.86
57	2.0	3.46	2.71	13.08	4.59	1.95		2.5	6.32	4.96	51.26	12.35	2.85
	2.5	4.28	3.36	15.93	5.59	1.93		3.0	7.54	5.92	60.40	14.56	2.83
	3.0	5.09	4.00	18.61	6.53	1.91		3.5	8.74	6.86	69.19	16.67	2.81
	3.5	5.88	4.62	21.14	7.42	1.90		4.0	9.93	7.79	77.64	18.71	2.80
60	2.0	3.64	2.86	15.34	5.11	2.05		4.5	11.10	8.71	85.76	20.67	2.78

续表

尺寸/mm		截面面积 A/cm²	每米质量/(kg/m)	截面特性			尺寸/mm		截面面积 A/cm²	每米质量/(kg/m)	截面特性		
d	t			I/cm⁴	W/cm³	i/cm	d	t			I/cm⁴	W/cm³	i/cm
89	2.0	5.47	4.29	51.75	11.63	3.08	114	5.0	17.12	13.44	254.81	44.70	3.86
	2.5	6.79	5.33	63.59	14.29	3.06	121	3.0	11.12	8.73	193.69	32.01	4.17
	3.0	8.11	6.36	75.02	16.86	3.04		3.5	12.92	10.14	223.17	36.89	4.16
	3.5	9.40	7.38	86.05	19.34	3.03		4.0	14.70	11.54	251.87	41.63	4.14
	4.0	10.68	8.38	96.68	21.73	3.01	127	3.0	11.69	9.17	224.75	35.39	4.39
	4.5	11.95	9.38	106.92	24.03	2.99		3.5	13.58	10.66	259.11	40.80	4.37
95	2.0	5.84	4.59	63.20	13.31	3.29		4.0	15.46	12.13	292.61	46.08	4.35
	2.5	7.26	5.70	77.76	16.37	3.27		4.5	17.32	13.59	325.29	51.23	4.33
	3.0	8.67	6.81	91.83	19.33	3.25		5.0	19.16	15.04	357.14	56.24	4.32
	3.5	10.06	7.90	105.45	22.20	3.24	133	3.5	14.24	11.18	298.71	44.92	4.58
102	2.0	6.28	4.93	78.57	15.41	3.54		4.0	16.21	12.73	337.53	50.76	4.56
	2.5	7.81	6.13	96.77	18.97	3.52		4.5	18.17	14.26	375.42	56.45	4.55
	3.0	9.33	7.32	114.42	22.43	3.50		5.0	20.11	15.78	412.40	62.02	4.53
	3.5	10.83	8.50	131.52	25.79	3.48	140	3.5	15.01	11.78	349.79	49.97	4.83
	4.0	12.32	9.67	148.09	29.04	3.47		4.0	17.09	13.42	395.47	56.50	4.81
	4.5	13.78	10.82	164.14	32.18	3.45		4.5	19.16	15.04	440.12	62.87	4.79
	5.0	15.24	11.96	179.68	35.23	3.43		5.0	21.21	16.65	483.76	69.11	4.78
108	3.0	9.90	7.77	136.49	25.28	3.71		5.5	23.24	18.24	526.40	75.20	4.76
	3.5	11.49	9.02	157.02	29.08	3.70	152	3.5	16.33	12.82	450.35	59.26	5.25
	4.0	13.07	10.26	176.95	32.77	3.68		4.0	18.60	14.60	509.59	67.05	5.23
114	3.0	10.46	8.21	161.24	28.29	3.93		4.5	20.85	16.37	567.61	74.69	5.22
	3.5	12.15	9.54	185.63	32.57	3.91		5.0	23.09	18.13	624.43	82.16	5.20
	4.0	13.82	10.85	209.35	36.73	3.89		5.5	25.31	19.87	680.06	89.48	5.18
	4.5	15.48	12.15	232.41	40.77	3.87							

注：电焊钢管的通常长度：$d=32\sim70$ mm 时，为 $3\sim10$ m；$d=76\sim152$ mm 时，为 $4\sim10$ m。

附表 8.13　冷弯薄壁焊接圆钢管的规格及截面特性

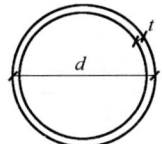

尺寸/mm		截面面积 /cm²	每米长质量 /(kg/m)	I /cm⁴	i /cm	W /cm³
d	t					
25	1.5	1.11	0.87	0.77	0.83	0.61
30	1.5	1.34	1.05	1.37	1.01	0.91
30	2.0	1.76	1.38	1.73	0.99	1.16
40	1.5	1.81	1.42	3.37	1.36	1.68
40	2.0	2.39	1.88	4.32	1.35	2.16
51	2.0	3.08	2.42	9.26	1.73	3.63
57	2.0	3.46	2.71	13.08	1.95	4.59
60	2.0	3.64	2.86	15.34	2.05	5.10
70	2.0	4.27	3.35	24.72	2.41	7.06
76	2.0	4.65	3.65	31.85	2.62	8.38
83	2.0	5.09	4.00	41.76	2.87	10.06
83	2.5	6.32	4.96	51.26	2.85	12.35
89	2.0	5.47	4.29	51.74	3.08	11.63
89	2.5	6.79	5.33	63.59	3.06	14.29
95	2.0	5.84	4.59	63.20	3.29	13.31
95	2.5	7.26	5.70	77.76	3.27	16.37
102	2.0	6.28	4.93	78.55	3.54	15.40
102	2.5	7.81	6.14	96.76	3.52	18.97
102	3.0	9.33	7.33	114.40	3.50	22.43
108	2.0	6.66	5.23	93.6	3.75	17.33
108	2.5	8.29	6.51	115.4	3.73	21.37
108	3.0	9.90	7.77	136.5	3.72	25.28
114	2.0	7.04	5.52	110.4	3.96	19.37
114	2.5	8.76	6.87	136.2	3.94	23.89
114	3.0	10.46	8.21	161.3	3.93	28.30
121	2.0	7.48	5.87	132.4	4.21	21.88
121	2.5	9.31	7.31	163.5	4.19	27.02
121	3.0	11.12	8.73	193.7	4.17	32.02

续表

尺寸/mm		截面面积 /cm²	每米长质量 /(kg/m)	I /cm⁴	i /cm	W /cm³
d	t					
127	2.0	7.85	6.17	153.4	4.42	24.16
127	2.5	9.78	7.68	189.5	4.40	29.84
127	3.0	11.69	9.18	224.7	4.39	35.39
133	2.5	10.25	8.05	218.2	4.62	32.81
133	3.0	12.25	9.62	259.0	4.60	38.95
133	3.5	14.24	11.18	298.7	4.58	44.92
140	2.5	10.80	8.48	255.3	4.86	36.47
140	3.0	12.91	10.13	303.1	4.85	43.29
140	3.5	15.01	11.78	349.8	4.83	49.97
152	3.0	14.04	11.02	389.9	5.27	51.30
152	3.5	16.33	12.82	450.3	5.25	59.25
152	4.0	18.60	14.60	509.6	5.24	67.05
159	3.0	14.70	11.54	447.4	5.52	56.27
159	3.5	17.10	13.42	517.0	5.50	65.02
159	4.0	19.48	15.29	585.3	5.48	73.62
168	3.0	15.55	12.21	529.4	5.84	63.02
168	3.5	18.09	14.20	612.1	5.82	72.87
168	4.0	20.61	16.18	693.3	5.80	82.53
180	3.0	16.68	13.09	653.5	6.26	72.61
180	3.5	19.41	15.24	756.0	6.24	84.00
180	4.0	22.12	17.36	856.8	6.22	95.20
194	3.0	18.00	14.13	821.1	6.75	84.64
194	3.5	20.95	16.45	950.5	6.74	97.99
194	4.0	23.88	18.75	1 078	6.72	111.1
203	3.0	18.85	15.00	943	7.07	92.87
203	3.5	21.94	17.22	1 092	7.06	107.55
203	4.0	25.01	19.63	1 238	7.04	122.01
219	3.0	20.36	15.98	1 187	7.64	108.44
219	3.5	23.70	18.61	1 376	7.62	125.65
219	4.0	27.02	21.81	1 562	7.60	142.62
245	3.0	22.81	17.91	1 670	8.56	136.3
245	3.5	26.55	20.84	1 936	8.54	158.1
245	4.0	30.28	23.77	2 199	8.52	179.5

附表 8.14 冷弯薄壁方钢管的规格及截面特性

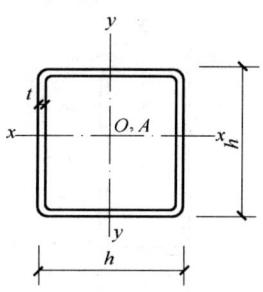

尺寸/mm		截面面积 /cm²	每米长质量 /(kg/m)	I_x /cm⁴	i_x /cm	W_x /cm³
h	t					
25	1.5	1.31	1.03	1.16	0.94	0.92
30	1.5	1.61	1.27	2.11	1.14	1.40
40	1.5	2.21	1.74	5.33	1.55	2.67
40	2.0	2.87	2.25	6.66	1.52	3.33
50	1.5	2.81	2.21	10.82	1.96	4.33
50	2.0	3.67	2.88	13.71	1.93	5.48
60	2.0	4.47	3.51	24.51	2.34	8.17
60	2.5	5.48	4.30	29.36	2.31	9.79
80	2.0	6.07	4.76	60.58	3.16	15.15
80	2.5	7.48	5.87	73.40	3.13	18.35
100	2.5	9.48	7.44	147.91	3.05	29.58
100	3.0	11.25	8.83	173.12	3.92	34.62
120	2.5	11.48	9.01	260.88	4.77	43.48
120	3.0	13.65	10.72	306.71	4.74	51.12
140	3.0	16.05	12.60	495.68	5.56	70.81
140	3.5	18.58	14.59	568.22	5.53	81.17
140	4.0	21.07	16.44	637.97	5.50	91.14
160	3.0	18.45	14.49	749.64	6.37	93.71
160	3.5	21.38	16.77	861.34	6.35	107.67
160	4.0	24.27	19.05	969.35	6.32	121.17
160	4.5	27.12	21.05	1 073.66	6.29	134.21
160	5.0	29.93	23.35	1 174.44	6.26	146.81

附表 8.15 冷弯薄壁矩形钢管的规格及截面特性

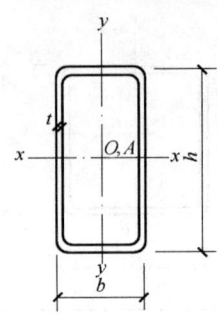

尺寸/mm			截面面积 /cm²	每米长质量 /(kg/m)	x-x			y-y		
h	b	t			I_x /cm⁴	i_x/cm	W_x /cm³	I_y /cm⁴	i_y /cm	W_y /cm³
30	15	1.5	1.20	0.95	1.28	1.02	0.85	0.42	0.59	0.57
40	20	1.6	1.75	1.37	3.43	1.40	1.72	1.15	0.81	1.15
40	20	2.0	2.14	1.68	4.05	1.38	2.02	1.34	0.79	1.34
50	30	1.6	2.39	1.88	7.96	1.82	3.18	3.60	1.23	2.40
50	30	2.0	2.94	2.31	9.54	1.80	3.81	4.29	1.21	2.86
60	30	2.5	4.09	3.21	17.93	2.09	5.80	6.00	1.21	4.00
60	30	3.0	4.81	3.77	20.50	2.06	6.83	6.79	1.19	4.53
60	40	2.0	3.74	2.94	18.41	2.22	6.14	9.83	1.62	4.92
60	40	3.0	5.41	4.25	25.37	2.17	8.46	13.44	1.58	6.72
70	50	2.5	5.59	4.20	38.01	2.61	10.86	22.59	2.01	9.04
70	50	3.0	6.61	5.19	44.05	2.58	12.58	26.10	1.99	10.44
80	40	2.0	4.54	3.56	37.36	2.87	9.34	12.72	1.67	6.36
80	40	3.0	6.61	5.19	52.25	2.81	13.06	17.55	1.63	8.78
90	40	2.5	6.09	4.79	60.69	3.16	13.49	17.02	1.67	8.51
90	50	2.0	5.34	4.19	57.88	3.29	12.86	23.37	2.09	9.35
90	50	3.0	7.81	6.13	81.85	2.24	18.19	32.74	2.05	13.09
100	50	3.0	8.41	6.60	106.45	3.56	21.29	36.05	2.07	14.42
100	60	2.6	7.88	6.19	106.66	3.68	21.33	48.47	2.48	16.16
120	60	2.0	6.94	5.45	131.92	4.36	21.99	45.33	2.56	15.11
120	60	3.2	10.85	8.52	199.88	4.29	33.31	67.94	2.50	22.65
120	60	4.0	13.35	10.48	240.72	4.25	40.12	81.24	2.47	27.08
120	80	3.2	12.13	9.53	243.54	4.48	40.59	130.48	3.28	32.62
120	80	4.0	14.96	11.73	294.57	4.44	49.09	157.28	3.24	39.32
120	80	5.0	18.36	14.41	353.11	4.39	58.85	187.75	3.20	46.94
120	80	6.0	21.63	16.98	406.00	4.33	67.67	214.98	3.15	53.74
140	90	3.2	14.05	11.04	384.01	5.23	54.86	194.80	3.72	43.29
140	90	4.0	17.35	13.63	466.59	5.19	66.66	235.92	3.69	52.43
140	90	5.0	21.36	16.78	562.61	5.13	80.37	283.32	3.64	62.96
150	100	3.2	15.33	12.04	488.18	5.64	65.09	262.26	4.14	52.45

附表 8.16 冷弯薄壁等边角钢的规格及截面特性

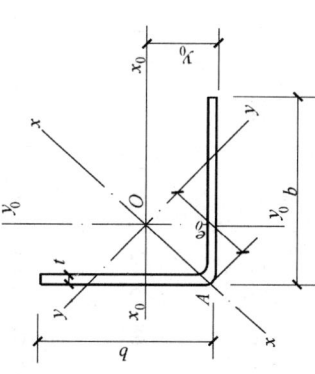

尺寸/mm		截面面积/cm²	每米长质量/(kg/m)	y_0/cm	x_0-x_0				$x-x$		$y-y$		x_1-x_1	e_0/cm	I_t/cm⁴	U_y/cm⁵
b	t				I_{x0}/cm⁴	i_{x0}/cm	W_{x0max}/cm³	W_{x0min}/cm³	I_x/cm⁴	i_x/cm	I_y/cm⁴	i_y/cm	I_{x1}/cm⁴			
30	1.5	0.85	0.67	0.828	0.77	0.95	0.93	0.35	1.25	1.21	0.29	0.58	1.35	1.07	0.006 4	0.613
30	2.0	1.12	0.88	0.855	0.99	0.94	1.16	0.46	1.63	1.21	0.36	0.57	1.81	1.07	0.014 9	0.775
40	2.0	1.52	1.19	1.105	2.43	1.27	2.20	0.84	3.95	1.61	0.90	0.77	4.28	1.42	0.020 8	2.585
40	2.5	1.87	1.47	1.132	2.96	1.26	2.62	1.03	4.85	1.61	1.07	0.76	5.36	1.42	0.039 0	3.104
50	2.5	2.37	1.86	1.381	5.93	1.58	4.29	1.64	9.65	2.02	2.20	0.96	10.44	1.78	0.049 4	7.890
50	3.0	2.81	2.21	1.408	6.97	1.57	4.95	1.94	11.40	2.01	2.54	0.95	12.55	1.78	0.084 3	9.169
60	2.5	2.87	2.25	1.630	10.41	1.90	6.38	2.38	16.90	2.43	3.91	1.17	18.03	2.13	0.059 8	16.80
60	3.0	3.41	2.68	1.657	12.29	1.90	7.42	2.83	20.02	2.42	4.56	1.16	21.66	2.13	0.102 3	19.63
75	2.5	3.62	2.84	2.005	20.65	2.39	10.30	3.76	33.43	3.04	7.87	1.48	35.20	2.66	0.075 5	42.09
75	3.0	4.31	3.39	2.031	24.47	2.38	12.05	4.47	39.70	3.03	9.23	1.46	42.26	2.66	0.120 3	49.47

附表 8.17 冷弯薄壁卷边等边角钢的规格及截面特性

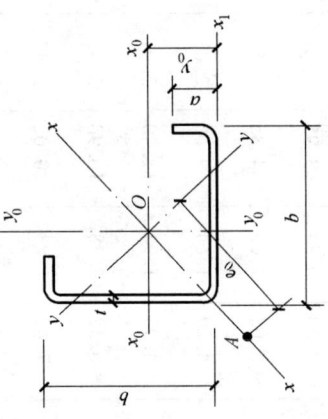

尺寸/mm			截面面积/cm²	每米长质量/(kg/m)	y_0/cm	x_0-x_0				$x-x$			$y-y$			x_1-x_1 I_{x1}/cm⁴	e_0/cm	I_t/cm⁴	I_ω/cm⁶	U_y/cm⁵
b	a	t				I_{x0}/cm⁴	i_{x0}/cm	W_{x0max}/cm³	W_{x0min}/cm³	I_x/cm⁴	i_x/cm		I_y/cm⁴	i_y/cm						
40	15	2.0	1.95	1.53	1.404	3.93	1.42	2.80	1.51	5.74	1.72		2.12	1.01		7.78	2.37	0.0260	3.88	3.747
60	20	2.0	2.95	2.32	2.026	13.83	2.17	6.83	3.48	20.56	2.64		7.11	1.55		25.94	3.38	0.0394	22.64	21.01
75	20	2.0	3.55	2.79	2.396	25.60	2.69	10.68	5.02	39.01	3.31		12.19	1.85		45.99	3.82	0.0473	36.55	51.84
75	20	2.5	4.36	3.42	2.401	30.76	2.66	12.81	6.03	46.91	3.28		14.60	1.83		55.90	3.80	0.0909	43.33	61.93

附录 8 常用型钢规格及截面特性

附表 8.18 冷弯薄壁槽钢的规格及截面特性

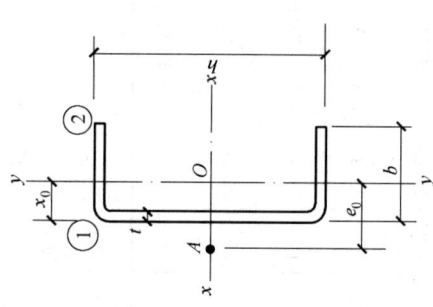

尺寸/mm			截面面积/cm²	每米长质量/(kg/m)	x_0/cm	x-x			y-y				y_1-y_1 I_{y1}/cm⁴	e_0/cm	I_t/cm⁴	I_ω/cm⁶	k/cm⁻¹	$W_{\omega 1}$/cm⁴	$W_{\omega 2}$/cm⁴	U_y/cm⁵
h	b	t				I_x/cm⁴	i_x/cm	W_x/cm³	I_y/cm⁴	i_y/cm	W_{ymax}/cm³	W_{ymin}/cm³								
40	20	2.5	1.763	1.384	0.629	3.914	1.489	1.957	0.651	0.607	1.034	0.475	1.350	1.255	0.036 7	1.332	0.102 95	1.360	0.671	1.440
50	30	2.5	2.513	1.972	0.951	9.574	1.951	3.829	2.245	0.945	2.359	1.096	4.521	2.013	0.052 3	7.945	0.050 34	3.550	2.045	5.259
60	30	2.5	2.74	2.15	0.883	14.38	2.31	4.89	2.40	0.94	2.71	1.13	4.53	1.88	0.057 1	12.21	0.042 5	4.72	2.51	7.942
70	40	2.5	3.496	2.74	1.202	26.703	2.763	7.629	5.639	1.269	4.688	2.015	10.697	2.653	0.072 8	413.05	0.026 04	9.499	5.439	19.429
80	40	2.5	3.74	2.94	1.132	36.70	3.13	9.18	5.92	1.26	2.23	2.06	10.71	2.51	0.077 9	57.36	0.022 9	11.61	6.37	26.089
80	40	3.0	4.43	3.48	1.159	42.66	3.10	10.67	6.93	1.25	5.98	2.44	12.87	2.51	0.132 8	64.58	0.028 2	13.64	7.34	30.575

续表

尺寸/mm			截面面积/cm²	每米长质量/(kg/m)	x_0/cm	$x-x$			$y-y$				y_1-y_1	e_0/cm	I_t/cm⁴	I_ω/cm⁶	k/cm⁻¹	$W_{\omega 1}$/cm⁴	$W_{\omega 2}$/cm⁴	U_y/cm⁵
h	b	t				I_x/cm⁴	i_x/cm	W_x/cm³	I_y/cm⁴	i_y/cm	$W_{y\max}$/cm³	$W_{y\min}$/cm³	I_{y1}/cm⁴							
100	40	2.5	4.24	3.33	1.013	62.07	3.83	12.41	6.37	1.23	6.29	2.13	10.72	2.30	0.088 4	99.70	0.018 5	17.07	8.44	42.672
100	40	3.0	5.03	3.95	1.039	72.44	3.80	14.49	7.47	1.22	7.19	2.52	12.89	2.30	0.150 8	113.23	0.022 7	20.20	9.79	50.247
120	40	2.5	4.74	3.72	0.919	95.92	4.50	15.99	6.72	1.19	7.32	2.18	10.73	2.13	0.098 8	156.19	0.015 6	23.62	10.59	63.644
120	40	3.0	5.63	4.42	0.944	112.28	4.47	18.71	7.90	1.19	8.37	2.58	12.91	2.12	0.168 8	178.49	0.019 1	28.13	12.33	75.140
140	50	3.0	6.83	5.36	1.187	191.53	5.30	27.36	15.52	1.51	13.08	4.07	25.13	2.75	0.204 8	487.60	0.012 8	48.99	22.93	160.572
140	50	3.5	7.89	6.20	1.211	218.88	5.27	31.27	17.79	1.50	14.69	4.70	29.37	2.74	0.322 3	546.44	0.015 1	56.72	26.09	184.730
160	50	3.0	8.03	6.30	1.432	300.87	6.12	37.61	26.90	1.83	18.79	5.89	43.35	3.37	0.240 8	1 119.78	0.009 1	78.25	38.21	303.617
160	50	3.5	9.29	7.29	1.456	344.94	6.09	43.12	30.92	1.82	21.23	6.81	50.63	3.37	0.379 4	1 264.16	0.010 8	90.71	43.68	349.963
180	60	4.0	11.350	8.910	1.390	510.374	6.705	56.708	35.956	1.779	25.856	7.800	57.908	3.217	0.605 3	1 872.165	0.011 15	135.194	57.111	511.702
180	60	5.0	13.985	10.978	1.440	616.044	6.636	68.449	43.601	1.765	30.274	9.562	72.611	3.217	1.165 4	2 190.181	0.014 30	170.048	68.632	625.549
200	60	4.0	12.150	9.538	1.312	658.605	7.362	65.860	37.016	1.745	28.208	7.896	57.940	3.062	0.648 0	2 424.951	0.010 13	165.206	65.012	644.574
200	60	5.0	14.985	11.763	1.360	796.658	7.291	79.665	44.923	1.731	33.012	9.683	72.674	3.062	1.248 8	2 849.111	0.012 98	209.464	78.322	789.191

附表 8.19　冷弯薄壁卷边槽钢的规格及截面特性

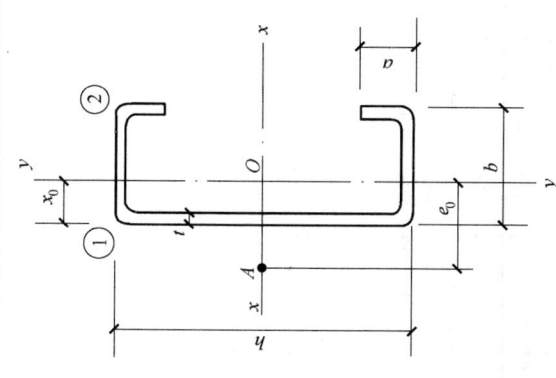

尺寸/mm				截面面积/cm²	每米长质量/(kg/m)	x_0/cm	$x-x$			$y-y$				y_1-y_1	e_0/cm	I_t/cm⁴	I_ω/cm⁶	k/cm⁻¹	$W_{\omega 1}$/cm⁴	$W_{\omega 2}$/cm⁴
h	b	a	t				I_x/cm⁴	i_y/cm	W_x/cm³	I_y/cm⁴	i_y/cm	$W_{y\max}$/cm³	$W_{y\min}$/cm³	I_{y1}/cm⁴						
80	40	15	2.0	3.47	2.72	1.45	34.16	3.14	8.54	7.79	1.50	5.36	3.06	15.10	3.36	0.0462	112.90	0.0126	16.03	15.74
100	50	15	2.5	5.23	4.11	1.70	81.34	3.94	16.27	17.19	1.81	10.08	5.22	32.41	3.94	0.1090	352.80	0.0109	34.47	29.41
120	50	20	2.5	5.98	4.70	1.70	129.40	4.65	21.57	20.96	1.87	12.28	6.36	38.36	4.08	0.1246	660.90	0.0085	51.04	48.36
120	60	20	3.0	7.65	6.01	2.10	170.68	4.72	28.45	37.36	2.21	17.74	9.59	71.31	4.87	0.2296	1153.20	0.0087	75.68	68.84
140	50	20	2.0	5.27	4.14	1.59	154.03	5.41	22.00	18.56	1.88	11.68	5.44	31.86	3.87	0.0703	794.79	0.0058	51.44	52.22
140	50	20	2.2	5.76	4.52	1.59	167.40	5.39	23.91	20.03	1.87	12.62	5.87	34.53	3.84	0.0929	852.46	0.0065	55.98	56.84
140	50	20	2.5	6.48	5.09	1.58	186.78	5.39	26.68	22.11	1.85	13.96	6.47	38.38	3.80	0.1351	931.89	0.0075	62.56	63.56
140	50	20	3.0	8.25	6.48	1.96	245.42	5.45	35.06	39.49	2.19	20.11	9.79	71.33	4.61	0.2476	1589.80	0.0078	92.69	79.00
160	60	20	2.0	6.07	4.76	1.85	236.59	6.24	29.57	29.99	2.22	16.19	7.23	50.83	4.52	0.0809	1596.28	0.0044	76.92	71.30
160	60	20	2.2	6.64	5.21	1.85	257.57	6.23	32.20	32.45	2.21	17.53	7.82	55.19	4.50	0.1071	1717.82	0.0049	83.82	77.55

续表

尺寸/mm				截面面积/cm²	每米长质量/(kg/m)	x_0/cm	x−x			y−y				y_1-y_1	e_0/cm	I_t/cm⁴	I_ω/cm⁶	k/cm⁻¹	$W_{\omega 1}$/cm⁴	$W_{\omega 2}$/cm⁴
h	b	a	t				I_x/cm⁴	i_x/cm	W_x/cm³	I_y/cm⁴	i_y/cm	$W_{y\max}$/cm³	$W_{y\min}$/cm³	I_{y1}/cm⁴						
160	60	20	2.5	7.48	5.87	1.85	288.13	6.21	36.02	35.96	2.19	19.47	8.66	61.49	4.45	0.155 9	1 887.71	0.005 6	93.87	86.63
160	70	20	3.0	9.45	7.42	2.22	373.64	6.29	46.71	60.42	2.53	27.17	12.65	107.20	5.25	0.283 6	3 070.50	0.006 0	135.49	109.92
180	70	20	2.0	6.87	5.39	2.11	343.93	7.08	38.21	45.18	2.57	21.37	9.25	75.87	5.17	0.091 6	2 934.34	0.003 5	109.50	95.22
180	70	20	2.2	7.52	5.90	2.11	374.90	7.06	41.66	48.97	2.55	23.19	10.02	82.49	5.14	0.121 3	3 165.62	0.003 8	119.44	103.58
180	70	20	2.5	8.48	6.66	2.11	420.20	7.04	46.69	54.42	2.53	25.82	11.12	92.08	5.10	0.176 7	3 492.15	0.004 4	133.99	115.73
200	70	20	2.0	7.27	5.71	2.00	440.04	7.78	44.00	46.71	2.54	23.32	9.35	75.88	4.96	0.096 9	3 672.33	0.003 2	126.74	106.15
200	70	20	2.2	7.96	6.25	2.00	479.87	7.77	47.99	50.64	2.52	25.31	10.13	82.49	4.93	0.128 4	3 963.82	0.003 5	138.26	115.74
200	70	20	2.5	8.98	7.05	2.00	538.21	7.74	53.82	56.27	2.50	28.18	11.25	92.09	4.89	0.187 1	4 376.18	0.004 1	155.14	129.75
220	75	20	2.0	7.87	6.18	2.08	574.45	8.54	52.22	56.88	2.69	27.35	10.50	90.93	5.18	0.104 9	5 313.52	0.002 8	158.43	127.32
220	75	20	2.2	8.62	6.77	2.08	626.85	8.53	56.99	61.71	2.68	29.70	11.38	98.91	5.15	0.139 1	5 742.07	0.003 1	172.92	138.93
220	75	20	2.5	9.73	7.64	2.07	703.76	8.50	63.98	68.66	2.66	33.11	12.65	110.51	5.11	0.202 8	6 351.05	0.003 5	194.18	155.94

附表 8.20 冷弯薄壁卷边 Z 形钢的规格及截面特性

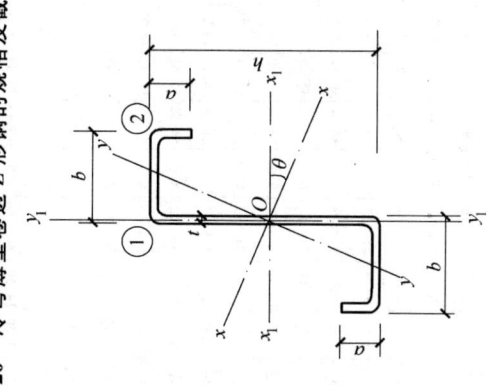

尺寸/mm				截面面积/cm²	每米长质量/(kg/m)	θ	x_1-x_1			y_1-y_1			$x-x$				$y-y$				$I_{x_1y_1}$/cm⁴	I_t/cm⁴	I_ω/cm⁶	k/cm⁻¹	$W_{\omega 1}$/cm⁴	$W_{\omega 2}$/cm⁴
h	b	a	t				I_{x1}/cm⁴	i_{x1}/cm	W_{x1}/cm³	I_{y1}/cm⁴	i_{y1}/cm	W_{y1}/cm³	I_x/cm⁴	i_x/cm	W_{x1}/cm³	W_{x2}/cm³	I_y/cm⁴	i_y/cm	W_{y1}/cm³	W_{y2}/cm³						
100	40	20	2.0	4.07	3.19	24°1′	60.04	8.84	12.01	17.02	2.05	4.36	70.70	4.17	15.93	11.94	6.36	1.25	3.36	4.42	23.93	0.054 2	325.0	0.008 1	49.97	29.16
100	40	20	2.5	4.98	3.91	23°46′	72.10	3.80	14.42	20.02	2.00	5.17	84.63	4.12	19.18	14.47	7.49	1.23	4.07	5.28	28.45	0.103 8	381.9	0.010 2	62.25	35.03
120	50	20	2.0	4.87	3.82	24°3′	106.97	4.69	17.83	30.23	2.49	6.17	126.06	5.09	23.55	17.40	11.14	1.51	4.83	5.74	42.77	0.064 9	785.2	0.005 7	84.05	43.96
120	50	20	2.5	5.98	4.70	23°50′	129.39	4.65	21.57	35.91	2.45	7.37	152.05	5.04	28.55	21.21	13.25	1.49	5.89	6.89	51.30	0.124 6	930.9	0.007 2	104.68	52.94
120	50	20	3.0	7.05	5.54	23°36′	150.14	4.61	25.02	40.88	2.41	8.43	175.92	4.99	33.18	24.80	15.11	1.46	6.89	7.92	58.99	0.211 6	1 058.9	0.008 7	125.37	61.22
140	50	20	2.5	6.48	5.09	19°25′	186.77	5.37	26.68	35.91	2.35	7.37	209.19	5.67	32.55	26.34	14.48	1.49	6.69	6.78	60.75	0.135 0	1 289.0	0.006 4	137.04	60.03
140	50	20	3.0	7.65	6.01	19°12′	217.26	5.33	31.04	40.83	2.31	8.43	241.62	5.62	37.76	30.70	16.52	1.47	7.84	7.81	69.93	0.229 6	1 468.2	0.007 7	164.94	69.51
160	60	20	2.5	7.48	5.87	19°59′	288.12	6.21	36.01	58.15	2.79	9.90	323.13	6.57	44.00	34.95	23.14	1.76	9.00	8.71	96.32	0.155 9	2 634.3	0.004 8	205.98	86.28
160	60	20	3.0	8.85	6.95	19°47′	336.66	6.17	42.08	66.66	2.74	11.39	376.76	6.52	51.48	41.08	26.56	1.73	10.58	10.07	111.51	0.265 6	3 019.4	0.005 8	247.41	100.15
160	70	20	2.5	7.98	6.27	23°46′	319.13	6.32	39.89	87.74	3.32	12.76	374.76	6.85	52.35	38.23	32.11	2.01	10.53	10.86	126.37	0.166 3	3 793.3	0.004 1	238.87	106.91
160	70	20	3.0	9.45	7.42	23°34′	373.64	6.29	46.71	101.10	3.27	14.76	437.72	6.80	61.33	45.01	37.03	1.98	12.39	12.58	146.86	0.283 6	4 365.0	0.005 0	285.78	124.26
180	70	20	2.5	8.48	6.66	20°22′	420.18	7.04	46.69	187.74	3.22	12.76	473.34	7.47	57.27	44.88	34.58	2.02	11.66	10.86	143.18	0.176 7	4 907.9	0.003 7	294.53	119.41
180	70	20	3.0	10.05	7.89	20°11′	492.61	7.00	54.73	101.11	3.17	14.76	553.83	7.42	67.22	52.89	39.89	1.99	13.72	12.59	166.47	0.301 6	5 652.2	0.004 5	353.32	138.92

附表 8.21 冷弯薄壁斜卷边 Z 形钢的规格及截面特性

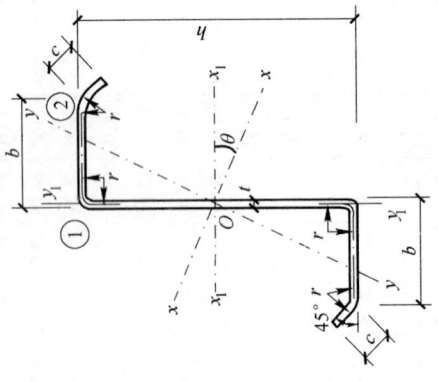

序号	截面代号	截面尺寸/mm				截面面积 A/cm²	质量 g/(kg/m)	θ/(°)	x_1-x_1				y_1-y_1				$x-x$					$y-y$					I_{x1y1}/cm⁴	I_t/cm⁴	I_ω/cm⁶	k/cm⁻¹	$W_{\omega 1}$/cm⁴	$W_{\omega 2}$/cm⁴
		h	b	c	t				I_{x1}/cm⁴	i_{x1}/cm	W_{x1}/cm³		I_{y1}/cm⁴	i_{y1}/cm	W_{y1}/cm³		I_x/cm⁴	i_x/cm	W_{x1}/cm³	W_{x2}/cm³		I_y/cm⁴	i_y/cm	W_{y1}/cm³	W_{y2}/cm³						
1	Z140×2.0	140	50	20	2.0	5.392	4.233	21.99	162.07	5.48	23.15		39.37	2.70	6.23		185.96	5.87	29.26	27.67		15.47	1.69	6.22	8.03	59.19	0.071 9	968.9	0.005 3	53.36	67.41
2	Z140×2.2	140	50	20	2.2	5.909	4.638	22.00	176.81	5.47	25.26		42.93	2.70	6.81		202.93	5.86	32.00	30.09		16.81	1.69	6.80	9.04	64.64	0.095 3	1 050.3	0.005 9	58.34	73.57
3	Z140×2.5	140	50	20	2.5	6.676	5.240	22.02	198.45	5.45	28.35		48.15	2.69	7.66		227.83	5.84	36.04	33.61		18.77	1.68	7.65	10.68	72.66	0.139 1	1 167.2	0.006 8	65.68	82.60
4	Z160×2.0	160	60	20	2.0	6.192	4.861	22.10	246.83	6.31	30.85		60.27	3.12	8.24		283.68	6.77	38.98	37.11		23.42	1.95	8.15	10.11	90.73	0.082 6	1 900.7	0.004 1	78.75	90.38
5	Z160×2.2	160	60	20	2.2	6.789	5.329	22.11	269.59	6.30	33.70		65.80	3.11	9.01		309.89	6.76	42.66	40.42		25.50	1.94	8.91	11.34	99.18	0.109 5	2 064.7	0.004 5	86.18	98.70
6	Z160×2.5	160	60	20	2.5	7.676	6.025	22.13	303.09	6.28	37.89		73.93	3.10	10.14		348.49	6.74	48.11	45.25		28.54	1.93	10.04	13.29	111.64	0.159 9	2 301.9	0.005 2	97.16	110.91
7	Z180×2.0	180	70	20	2.0	6.992	5.489	22.19	356.62	7.14	39.62		87.42	3.54	10.51		410.32	7.66	50.04	47.90		33.72	2.20	10.34	12.46	131.67	0.093 2	3 437.7	0.003 6	111.10	119.13
8	Z180×2.2	180	70	20	2.2	7.669	6.020	22.19	389.84	7.13	43.32		95.52	3.53	11.50		448.59	7.65	54.80	52.22		36.76	2.19	11.31	13.94	144.03	0.123 7	3 740.3	0.003 6	121.66	130.18
9	Z180×2.5	180	70	20	2.5	8.676	6.810	22.21	438.84	7.11	48.76		107.46	3.52	12.96		505.09	7.63	61.86	58.57		41.21	2.18	12.76	16.25	162.31	0.180 7	4 179.8	0.004 1	137.30	146.42
10	Z200×2.0	200	70	20	2.0	7.392	5.803	19.31	455.43	7.85	45.54		87.42	3.44	10.51		506.90	8.28	54.52	52.61		35.94	2.21	11.32	13.81	146.94	0.098 6	4 348.7	0.003 3	132.47	129.17
11	Z200×2.2	200	70	20	2.2	8.109	6.365	19.31	498.02	7.84	49.80		95.52	3.43	11.50		554.35	8.27	59.92	57.41		39.20	2.20	12.39	15.48	160.76	0.130 8	4 733.4	0.003 7	145.15	141.17
12	Z200×2.5	200	70	20	2.5	9.176	7.203	19.31	560.92	7.82	56.09		107.46	3.42	12.96		624.42	8.25	67.42	64.47		43.96	2.19	13.98	18.11	181.18	0.191 2	5 293.3	0.003 7	163.95	158.85
13	Z220×2.0	220	75	20	2.0	7.992	6.274	18.30	592.79	8.61	53.89		103.58	3.60	11.75		652.87	9.04	63.38	61.42		43.50	2.33	13.08	15.84	181.66	0.106 6	6 260.3	0.002 6	166.31	152.62
14	Z220×2.2	220	75	20	2.2	8.769	6.884	18.30	648.52	8.60	58.96		113.22	3.59	12.86		714.28	9.03	69.44	67.08		47.47	2.33	14.32	17.73	198.80	0.141 5	6 819.4	0.002 8	182.31	166.86
15	Z220×2.5	220	75	20	2.5	9.926	7.792	18.31	730.93	8.58	66.45		127.44	3.58	14.50		805.09	9.01	78.43	75.41		53.28	2.32	16.17	20.72	224.18	0.206 8	7 635.0	0.003 2	206.07	187.86

附录9 锚栓和螺栓规格

附表9.1 Q235钢(Q345钢)锚栓规格

锚栓直径 d /mm	锚栓截面有效面积 A_e /cm²	连接尺寸 单螺母 a/mm	单螺母 b/mm	双螺母 a/mm	双螺母 b/mm	锚固长度 l/mm I型 C15	I型 C20	II型 C15	II型 C20	III型 C15	III型 C20	锚板尺寸 c/mm	t/mm	每个锚栓的受拉承载力设计值 N_t^a/kN
20	2.448	45	75	60	90	500(600)	400(500)							34.3(44.1)
22	3.034	45	75	65	95	550(660)	440(550)							42.5(54.6)
24	3.525	50	80	70	100	600(720)	480(600)							49.4(63.5)
27	4.594	50	80	75	105	675(810)	540(675)							64.3(82.7)
30	5.606	55	85	80	110	750(900)	600(750)							78.5(100.9)
33	6.936	55	90	85	120	825(990)	660(825)							97.1(124.8)
36	8.167	60	95	90	125	900(1 080)	720(900)							114.3(147.0)
39	9.758	65	100	95	130	1 000(1 170)	780(1 000)							136.6(175.6)
42	11.21	70	105	100	135			1 050(1 260)	840(1 050)	630(755)	505(630)	140	20	156.9(201.8)
45	13.06	75	110	105	140			1 125(1 350)	900(1 125)	675(810)	540(675)	140	20	182.8(235.1)
48	14.73	80	120	110	150			1 200(1 440)	960(1 200)	720(865)	575(720)	200	20	206.2(265.1)
52	17.58	85	125	120	160			1 300(1 560)	1 040(1 300)	780(935)	625(780)	200	20	246.1(316.6)
56	20.30	90	130	130	170			1 400(1 680)	1 120(1 400)	840(1 010)	670(840)	200	20	284.2(365.4)

续表

锚栓直径 d /mm	锚栓截面有效面积 A_e /cm²	连接尺寸 垫板顶面面标高 基础顶面标高				锚固长度及细部尺寸					锚板尺寸		每个锚栓的受拉承载力设计值 N_t^a /kN
		单螺母		双螺母		I型	II型		III型				
		a/mm	b/mm	a/mm	b/mm	C15 / C20	C15	C20	C15	C20	c/mm	t/mm	
60	23.62	95	135	140	180		1 500(1 800)	1 200(1 500)	900(1 080)	720(900)	240	25	330.7(425.2)
64	26.76	100	145	150	195		1 600(1 920)	1 280(1 600)	960(1 150)	770(960)	240	25	374.6(481.7)
68	30.55	105	150	160	205		1 700(2 040)	1 360(1 700)	1 020(1 225)	815(1 020)	280	30	427.7(549.9)
72	34.60	110	155	170	215		1 800(2 160)	1 440(1 800)	1 080(1 300)	865(1 080)	280	30	484.4(622.8)
76	38.89	115	160	180	225		1 900(2 280)	1 520(1 900)	1 140(1 370)	910(1 140)	320	30	544.5(700.0)
80	43.44	120	165	190	235		2 000(2 400)	1 600(2 000)	1 200(1 440)	960(1 200)	350	40	608.2(781.9)
85	49.48	130	180	200	250		2 125(2 550)	1 700(2 125)	1 275(1 530)	1 020(1 275)	350	40	692.7(890.6)
90	55.91	140	190	210	260		2 250(2 700)	1 800(2 250)	1 350(1 620)	1 080(1 350)	400	40	782.7(1 006)
95	62.73	150	200	220	270		2 375(2 850)	1 900(2 375)	1 425(1 710)	1 140(1 425)	450	45	878.2(1 129)
100	69.95	160	210	230	280		2 500(3 000)	2 000(2 500)	1 500(1 800)	1 200(1 500)	500	45	979.3(1 259)

注：Q345钢锚栓规格按括号内的数值选取。

附表 9.2　普通螺栓规格

公称直径 d/mm	12	14	16	18	20	22	24	27	30
螺距 t/mm	1.75	2.0	2.0	2.5	2.5	2.5	3.0	3.0	3.5
中径 d_2/mm	10.863	12.701	14.701	16.376	18.376	20.376	22.052	25.052	27.727
内径 d_1/mm	10.106	11.835	13.835	15.294	17.294	19.294	20.752	23.752	26.211
计算净截面积 A_n/cm²	0.84	1.15	1.57	1.92	2.45	3.03	3.53	4.59	5.61

注：计算净截面积按下式算得：$A_n = \dfrac{\pi}{4}\left(\dfrac{d_2+d_3}{2}\right)^2$，式中 $d_3 = d_1 - 0.144\,4t$。

附录 10　型钢螺栓线距表

附表 10.1　热轧角钢的规线距离

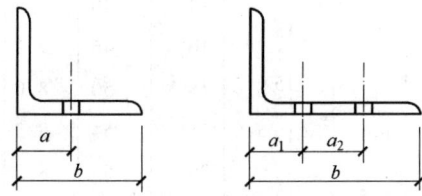

边宽 b /mm	单行排列		交错排列			双行排列		
	a /mm	孔的最大直径 /mm	a_1 /mm	a_2 /mm	孔的最大直径 /mm	a_1 /mm	a_2 /mm	孔的最大直径 /mm
45	25	11	—	—	—	—	—	—
50	30	13	—	—	—	—	—	—
56	30	15	—	—	—	—	—	—
63	35	17	—	—	—	—	—	—
70	40	19	—	—	—	—	—	—
75	45	21.5	—	—	—	—	—	—
80	45	21.5	—	—	—	—	—	—
90	50	23.5	—	—	—	—	—	—
100	55	23.5	—	—	—	—	—	—
110	60	25.5	—	—	—	—	—	—
125	70	25.5	55	35	23.5	—	—	—
140	—	—	60	45	23.5	55	60	19
160	—	—	60	65	25.5	60	70	23.5
180	—	—	—	—	—	65	80	25.5
200	—	—	—	—	—	80	80	25.5

附表 10.2 热轧工字钢的规线距离

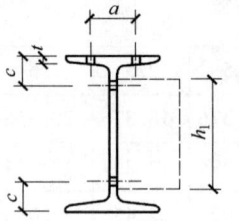

t—翼缘在规线处的厚度；
h_1—连接件的最大高度。

普通工字钢						轻型工字钢						
	翼 缘			腹 板				翼 缘			腹 板	
型号	a/mm	t/mm	最大孔径/mm	c/mm	h_1/mm	最大孔径/mm	型号	a/mm	t/mm	最大孔径/mm	c/mm	h_1/mm	最大孔径/mm
10	36	7.6	11	35	63	9	10	32	7.1	9	35	70	9
12.6	42	8.2	11	35	89	11	12	36	7.2	11	35	88	11
14	44	9.2	13	40	103	13	14	40	7.4	13	40	107	13
							16	46	7.7	13	40	125	15
16	44	10.2	15	45	119	15	18	50	8.0	15	45	143	15
18	50	10.7	17	50	137	17	18a	54	8.2	17	45	142	15
20a 20b	54	11.5	17	50	155	17	20	54	8.3	17	50	161	17
							20a	60	8.5	19	50	160	17
22a 22b	54	12.8	19	50	171	19	22	60	8.6	19	55	178	21.5
							22a	64	8.8	21.5	55	178	21.5
25a 25b	64	13.0	21.5	60	197	21.5	24	60	9.5	19	55	196	21.5
28a 28b	64	13.9	21.5	60	226	21.5	24a	70	9.5	21.5	55	195	21.5
							27	70	9.5	21.5	60	224	21.5
32a 32b 32c	70	15.3	21.5	65	260	21.5	27a	70	9.9	23.5	60	222	23.5
							30	70	9.9	23.5	65	251	23.5
36a 36b 36c	74	16.1	23.5	65	298	23.5	30a	80	10.4	23.5	65	248	23.5
							33	80	10.8	23.5	65	277	23.5
40a 40b 40c	80	16.5	23.5	70	336	23.5	36	80	12.1	23.5	65	302	23.5
							40	80	12.8	23.5	70	339	25.5
45a 45b 45c	84	18.1	25.5	75	380	25.5	45	90	13.9	23.5	70	384	25.5
							50	100	14.9	25.5	75	430	25.5
50a 50b 50c	94	19.6	25.5	75	424	25.5	55	100	16.2	28.5	80	475	28.5
							60	110	17.2	28.5	80	518	28.5
56a 56b 56c	104	20.1	25.5	80	480	25.5	65	110	19.0	28.5	85	561	28.5
							70	120	20.2	28.5	90	604	28.5
63a 63b 63c	110	21.0	25.5	80	546	25.5	70a	120	23.5	28.5	100	598	28.5
							70b	120	27.8	28.5	100	591	28.5

附表10.3 热轧槽钢的规线距离

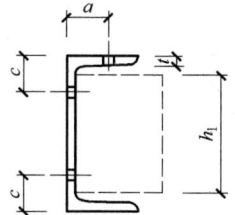

t—翼缘在规线处的厚度；
h_1—连接件的最大高度。

普通槽钢 型号	a /mm	t /mm	翼缘 最大孔径/mm	c /mm	h_1 /mm	腹板 最大孔径/mm	轻型槽钢 型号	a /mm	t /mm	翼缘 最大孔径/mm	c /mm	h_1 /mm	腹板 最大孔径/mm
5	20	7.1	11	—	26	—	5	20	6.8	9	—	22	—
6.3	22	7.5	11	—	32	—	6.5	20	7.2	11	—	37	—
8	25	7.9	13	—	47	—	8	25	7.1	11	—	50	—
10	28	8.4	13	35	63	11	10	30	7.1	13	30	68	9
12.6	30	8.9	17	45	85	13	12	30	7.6	17	40	86	13
14a 14b	35	9.4	17	45	99	17	14	35	7.7	17	45	104	15
							14a	35	8.5	17	45	102	15
16a 16b	35	10.1	21.5	50	117	21.5	16	40	7.8	19	45	122	17
18a 18b	40	10.5	21.5	55	135	21.5	16a	40	8.6	19	45	120	17
							18	40	8.0	21.5	50	140	19
20a 20b	45	10.7	21.5	55	153	21.5	18a	45	8.8	23.5	50	138	19
22a 22b	45	11.4	21.5	60	171	21.5	20	45	8.6	23.5	55	158	21.5
							20a	50	9.0	23.5	55	156	21.5
25a 25b 25c	50	11.7	21.5	60	197	21.5	22	50	8.9	25.5	60	175	23.5
							22a	50	9.8	25.5	60	173	23.5
28a 28b 28c	50	12.4	25.5	65	225	25.5	24	50	9.8	25.5	65	192	25.5
							24a	60	9.7	25.5	65	190	25.5
32a 32b 32c	50	14.2	25.5	70	260	25.5	27	60	9.6	25.5	65	220	25.5
36a 36b 36c	60	15.7	25.5	75	291	25.5	30	60	10.3	25.5	65	247	25.5
							33	60	11.3	25.5	70	273	25.5
40a 40b 40c	60	17.9	25.5	75	323	25.5	36	70	11.5	25.5	70	300	25.5
							40	70	12.7	25.5	75	335	25.5

索 引

A
安全系数　　factor of safety

B
板件　　elements　　225
板梁　　plate girders　　136
半刚性连接　　partially restrained connections　　268
包辛格效应　　Bauschinger effect　　32
部分焊透的对接焊缝　　partial penetration butt welds　　83
部分加劲板件　　partially stiffened elements　　225

C
长细比　　slenderness ratio　　187
侧向失稳　　lateral buckling　　127
冲击韧性　　notch toughness　　25
次梁　　joists　　151
脆性破坏　　brittle fracture　　23
脆性转变温度　　Nil Ductility Temperature (NDT)　　34

D
单层厂房钢结构　　single-story industrial steel structures　　301
低合金高强度结构钢　　high strength low alloy structural steels　　18
低周疲劳　　low-cycle fatigue　　32
地震　　earthquake　　387
地震烈度　　seismic intensity　　387
地震作用　　earthquake action　　387
吊车梁　　crane girders　　175
对接焊缝　　butt welds　　62

E
二阶弹性分析　　second order elastic analysis　　12

F

非加劲板件	unstiffened elements	225

G

概率极限状态设计法	proparbility limit state design method	6
钢	steel	1
钢材	steel products	1
刚接	fully restrained connections	265
钢拉铆钉	steel blind rivets	60
高强度螺栓	high-strength bolts	1
高强度螺栓连接	high-strength bolted connections	59
高周疲劳	high-cycle fatigue	32
格构式柱	latticed columns	214

H

焊接	welding	1
焊接残余变形	welding residual deformations	86
焊接残余应力	welding residual stresses	85
焊接连接	welded connections	52
耗能能力	energy absorbing capacity	387
桁架	trusses	326
换算长细比	equivalent slenderness ratio	204
回转半径	radius of gyration	190

J

机构	mechanism	376
极限分析	limit analysis	376
计算长度（有效长度）	effective length	190
加劲板件	stiffened elements	225
简单塑性分析	simple plastic analysis	376
剪心	shear center	120
角焊缝	fillet welds	66
铰接	hinged connection	265
局部稳定	local stability	133

K

抗拉强度	tensile strength	25
抗震设防	seismic fortification	387

抗震设计	seismic design	387
可靠性	reliability	6
可靠指标	reliability index	8
宽厚比	width to thickness ratio	136
框架	frames	303

L

喇叭形焊缝	flare groove welds	84
冷弯薄壁型钢	cold-formed shin-walled steels	179
冷弯性能	cold-bending behavior	25
连接	connections	52
梁	beams	118
梁-柱（压弯构件）	beam-columns	231
临界弯矩	critical moment	127
檩条	purlins	317
螺栓连接	bolted connections	59

M

铆钉	rivets	1
铆钉连接	riveted connections	59
米泽斯屈服条件	Mises yield condition	26

N

内力重分布	redistribution of internal forces	375
扭转	torsion	123
扭转屈曲	torsional buckling	189

O

欧拉临界力	Euler critical force	189

P

疲劳	fatigue	32
坡口焊缝	groove welds	62

Q

墙梁	wall beam	180
翘曲扭转	warping torsion	124
翘曲扭转常数	warping constant	124
屈服点	yield point, or yield strength	24

屈服弯矩	yield moment	118
屈曲后强度	post-buckling strength	145
屈曲后性能	post-buckling behavior	133
全塑性转变温度	Fracture Transition Plastic (FTP)	34

S

射钉	powder-actuated fasteners	60
伸长率	elongation	25
受力蒙皮作用	stressed skin action	113
受弯构件	flexural members	118
双力矩	bimoment	126
塑性铰	plastic hinge	119
塑性破坏	ductile fracture	23
塑性设计	plastic design	375
塑性弯矩	plastic moment	119

T

| 碳素结构钢 | carbon structural steels | 18 |
| 特征周期 | characteristic period | 394 |

W

弯扭屈曲	flexural torsional buckling	189
弯曲屈曲	flexural buckling	189
温度伸缩缝	temperature joint	303

X

夏比 V 型缺口	Charpy V-notch	26
线性累积损伤准则	linear cumulative damage criteria	40
斜角角焊缝	obligue fillet welds	82
形心	centroid	118

Y

压型钢板	profiled steel sheets	322
一阶弹性分析	first order elastic analysis	12
优质碳素结构钢	quality carbon structure steels	45
有效宽度	effective width	146

Z

| 张力场 | tension-field | 146 |

整体弯扭失稳	overall flexural-torsional buckling	127
整体稳定	overall stability	129
支撑	bracings	305
滞回环（滞回性能）	hysteretic loops	32
中和轴	neutral axis	121
中间加劲板件	elements with intermediate stiffner	225
轴心受拉构件	axially tension members	183
轴心受力构件	axially loaded members	183
轴心受压构件	axially compression members	183
主梁	girders, or floor beams	151
柱	columns	183
柱脚	column bases	279
柱网布置	layout of column rows	302
铸铁	iron	1
转动能力	rotation capacity	376
自攻螺钉	self drilling screws	60
自由扭转	pure torsion	123
自振周期	fundamental period	394

参考文献

[1] 钟善桐. 钢结构 [M]. 北京：中国建筑工业出版社，1988.

[2] 王国周. 钢结构原理与设计 [M]. 北京：清华大学出版社，1993.

[3] 夏志斌，姚谏. 钢结构 [M]. 杭州：浙江大学出版社，1998.

[4] 沈祖炎. 钢结构基本原理 [M]. 北京：中国建筑工业出版社，2000.

[5] 魏明钟. 钢结构 [M]. 武汉：武汉理工大学出版社，2002.

[6] 陈绍蕃，顾强. 钢结构：上册 钢结构基础 [M]. 北京：中国建筑工业出版社，2003.

[7] 陈绍蕃. 钢结构设计原理 [M]. 北京：科学出版社，1998.

[8] 陈骥. 钢结构稳定理论与设计 [M]. 北京：科学出版社，2001.

[9] 中华人民共和国国家质量监督检验检疫总局. GB/T 700—2006 碳素结构钢 [S]. 北京：中国标准出版社，2006.

[10] 中华人民共和国国家质量监督检验检疫总局. GB/T 1591—2008 低合金高强度结构钢 [S]. 北京：中国标准出版社，2008.

[11] 中华人民共和国建设部. GB 50068—2001 建筑结构可靠度设计统一标准 [S]. 北京：中国建筑工业出版社，2001.

[12] 中华人民共和国建设部. GB 50017—2003 钢结构设计规范 [S]. 北京：中国计划出版社，2003.

[13] 中华人民共和国建设部. GB 50018—2002 冷弯薄壁型钢结构技术规范 [S]. 北京：中国计划出版社，2003.

[14] 中国建筑金属结构协会建筑钢结构委员会. CECS 102—2002 门式刚架轻型房屋钢结构技术规程 [S]. 北京：中国计划出版社，2003.

[15] 中华人民共和国建设部、国家质量监督检验检疫总局. GB 50011—2010. 建筑抗震设计规范 [S]. 北京：中国建筑工业出版社，2010.

[16] AS 4100-1990. Steel Structures [S]. Standards Australia，1990.

[17] EN 1993-1-1：2005　Eurocode 3：Design of Steel Structures–Par1-1：General Rules and Rules for Buildings [S]. European Committee for Standardization，2005.

[18] EN 1993-1-10：2005　Eurocode 3：Design of Steel Structures–Par1-10：Material Toughness and Through-thickness Properties [S]. European Committee for Standardization，2005.

[19] ANSI/AISC 360-05　Specification for Structural Steel Buildings [S]. American Institute of Steel Construction，2005.

[20] Бцрюлева В В　Проектирование Металлических Конструкчий [M]. Ленинград

Стройиздат, 1990.
- [21] 日本钢结构协会. 钢结构技术总览：建筑篇 [M]. 陈以一，傅功义，译. 北京：中国建筑工业出版社，2003.
- [22] 田锡唐. 焊接结构 [M]. 北京：机械工业出版社，1982.
- [23] 史美堂. 金属材料及热处理 [M]. 上海：上海科学技术出版社，1980.
- [24] 王光煜. 钢结构缺陷及其处理 [M]. 上海：同济大学出版社，1988.
- [25] 若林實. 铁骨構造学詳論 [M]. 東京：丸善株式會社，1985.
- [26] 《钢结构设计规范》编写组. 《钢结构设计规范》专题指南 [M]. 北京：中国计划出版社，2003.
- [27] 《钢结构设计手册》编写组. 钢结构设计手册 [M]. 北京：中国建筑工业出版社，1983.
- [28] 重庆钢铁设计研究院. 工业厂房钢结构设计手册 [M]. 北京：冶金工业出版社，1980.
- [29] 中华人民共和国建设部，中华人民共和国国家质量监督检验检疫总局. GB 50019—2003 采暖通风与空气调节设计规范 [S]. 北京：中国计划出版社，2003.

郑 重 声 明

高等教育出版社依法对本书享有专有出版权。任何未经许可的复制、销售行为均违反《中华人民共和国著作权法》，其行为人将承担相应的民事责任和行政责任，构成犯罪的，将被依法追究刑事责任。为了维护市场秩序，保护读者的合法权益，避免读者误用盗版书造成不良后果，我社将配合行政执法部门和司法机关对违法犯罪的单位和个人给予严厉打击。社会各界人士如发现上述侵权行为，希望及时举报，本社将奖励举报有功人员。

反盗版举报电话：（010）58581897/58581896/58581879
反盗版举报传真：（010）82086060
E - mail：dd@hep.com.cn
通信地址：北京市西城区德外大街4号
　　　　　高等教育出版社打击盗版办公室
邮　　编：100120

购书请拨打电话：（010）58581118

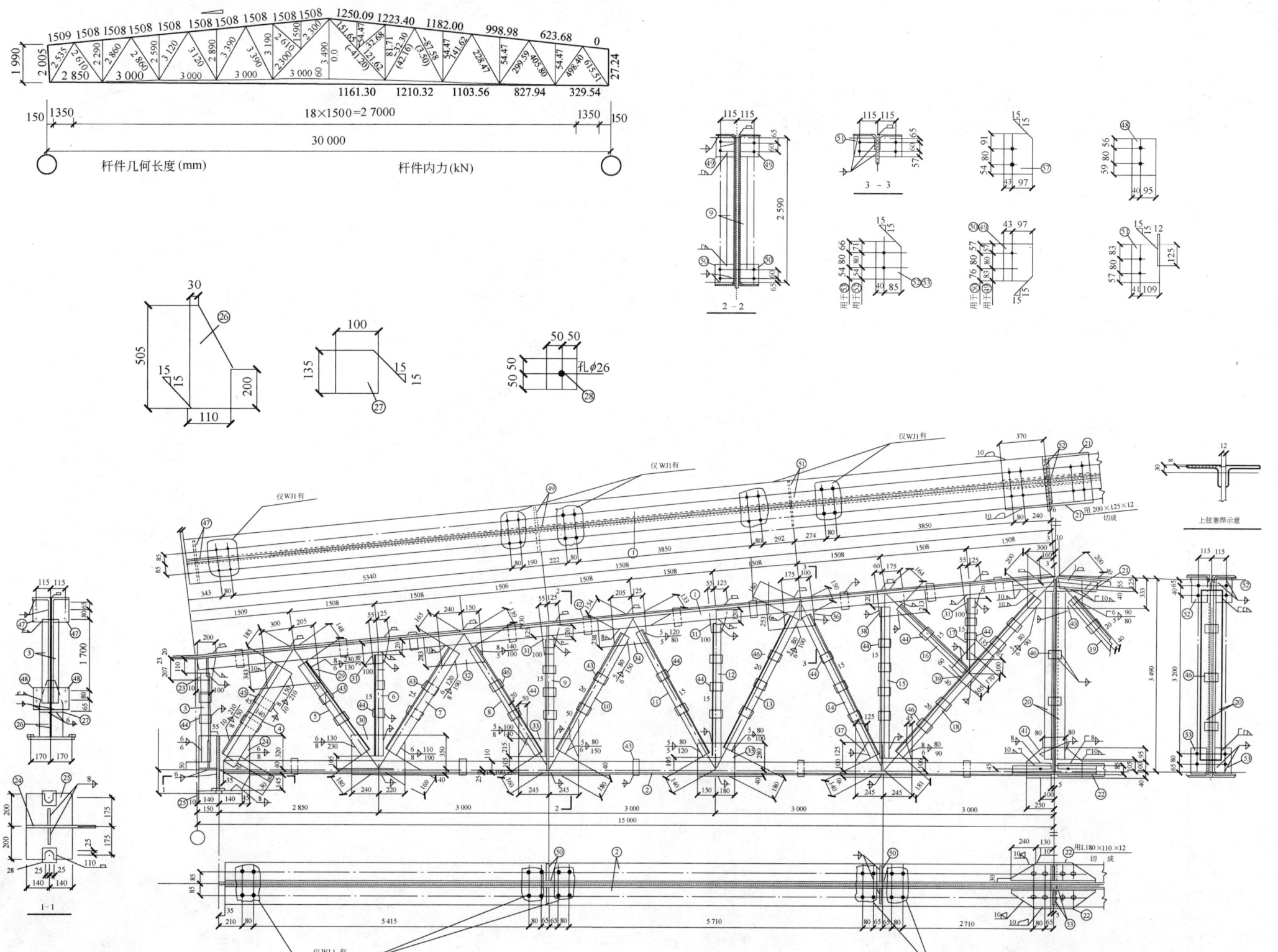

图 9.7.22 屋架施工图 例题 9.3 图